刘志明 武赫男 田佳梅 / 编著

SolidWorks 2020
完全实战技术手册

U0377882

清华大学出版社

北京

内 容 简 介

SolidWorks 2020版本在设计创新、易学易用和提高整体性能等方面都有了显著提升，比如增强了大装配处理能力、复杂曲面设计能力，以及专门为中国市场的需要而进一步增强了国标（GB）内容等。

本书从软件的基本应用及行业知识入手，以SolidWorks 2020软件的模块和插件程序的应用为主线，以实例为引导，按照由浅入深、循序渐进的方式，讲解软件的新特性和软件操作方法，使读者能够快速掌握SolidWorks的软件设计技巧。

对于SolidWorks软件的基础应用，本书内容讲解得非常详细。笔者通过实例和方法的有机统一，使本书内容既有操作上的针对性，又有方法上的普遍性。本书图文并茂，讲解深入浅出、去繁就简、贴近工程，把众多专业和软件知识点，有机地融合到每章的具体内容中。本书的介绍生动而不涩滞，内容编排张弛有度，实例叙述实用而不烦琐，能够开拓读者思路，提高读者阅读兴趣，使其掌握方法，提高读者对知识的综合运用能力。通过对本书内容的学习、理解和练习，相信读者能够真正具备SolidWorks设计者的水平和素质。

本书既可以作为院校机械CAD、模具设计、数控加工、产品设计等专业的教材，也可作为对制造行业有浓厚兴趣的读者的自学用书。

本书封面贴有清华大学出版社防伪标签，无标签者不得销售。

版权所有，侵权必究。举报：010-62782989，beiqinquan@tup.tsinghua.edu.cn。

图书在版编目（CIP）数据

SolidWorks 2020 完全实战技术手册 / 刘志明，武赫男，田佳梅编著 . —北京：清华大学出版社，2021.5
ISBN 978-7-302-57122-3

Ⅰ . ① S… Ⅱ . ①刘… ②武… ③田… Ⅲ . ①计算机辅助设计－应用软件－技术手册 Ⅳ . ① TP391.72-62

中国版本图书馆 CIP 数据核字（2020）第 259356 号

责任编辑：陈绿春
封面设计：潘国文
责任校对：胡伟民
责任印制：宋 林

出版发行：清华大学出版社
   网 址：http://www.tup.com.cn，http://www.wqbook.com
   地 址：北京清华大学学研大厦 A 座   邮 编：100084
   社 总 机：010-62770175   邮 购：010-83470235
   投稿与读者服务：010-62776969，c-service@tup.tsinghua.edu.cn
   质 量 反 馈：010-62772015，zhiliang@tup.tsinghua.edu.cn
印 装 者：大厂回族自治县彩虹印刷有限公司
经 销：全国新华书店
开 本：188mm×260mm   印 张：36.5   字 数：1130 千字
版 次：2021 年 6 月第 1 版   印 次：2021 年 6 月第 1 次印刷
定 价：109.90 元

产品编号：086608-01

SolidWorks三维设计软件是法国达索公司的旗舰产品。自问世以来，以其优异的性能、易用性和创新性，极大地提高了机械工程师的设计效率。在与同类软件的激烈竞争中已经确立了其市场地位，成为三维机械设计软件的标准，应用范围涉及机械、航空航天、汽车、造船、通用机械、医疗器械和电子等诸多领域。

本书内容

本书以SolidWorks 2020软件为基础，向读者详细地讲解了SolidWorks的基本功能及其他插件功能的应用。

全书分5大篇共28章，包括基础篇、机械设计篇、产品设计篇、模具设计篇和其他模块设计篇。

- 基础篇（第1～9章）：基础篇中以循序渐进的方式介绍了SolidWorks 2020软件的概况、常见的基本操作、软件设置与界面设置、参考几何体、草图、文件与数据管理等内容。
- 机械设计篇（第10～15章）：本篇主要讲解跟机械零件设计相关的功能指令，包括基本实体特征、高级实体特征、零件装配设计、机械工程图设计及机械设计案例等内容。
- 产品设计篇（第16～21章）：本篇主要讲解跟产品外观造型相关的功能指令及其应用，包括基本曲面特征、高级曲面特征、曲面编辑与操作、模型检测与质量评估、产品高级渲染和产品设计案例等内容。
- 模具设计篇（第22～24章）：本篇主要讲解关于模具设计相关的功能指令及模具设计插件的综合应用，包括模具设计基础、模流分析及分模设计等内容。
- 其他模块设计篇（第25～第28章）：SolidWorks除了上述模块及插件应用外，行业应用也是十分广泛，本篇主要讲解了机构动画与运动分析、钣金结构体设计、管道线路设计及CAM数控加工等。

本书特色

本书从软件的基本应用及行业知识入手，以SolidWorks 2020软件的模块和插件程序的应用为主线，以实例为引导，按照由浅入深、循序渐进的方式，讲解软件的新特性和软件操作方法，使读者能快速掌握SolidWorks的软件设计技巧。

本书的内容也是按照行业应用进行划分的，基本上囊括了现今热门的设计与制造行业，可读性十分强，让不同专业的读者能够学习到相同的知识，确实不可多得。

本书的讲解生动而不乏味，动静结合，相得益彰。全书多达上百个实战案例，涵盖各行各业。

本书既可以作为院校机械CAD、模具设计、数控加工、钣金设计、电气设计、产品设计等专业的教材，也可作为对制造行业有浓厚兴趣的读者的自学用书。

作者信息

本书由生态环境部核与辐射安全中心的刘志明、空军航天大学的武赫男及乐山市特种设备监督检验所的田佳梅等编写。感谢您选择了本书，希望我们的努力对您的工作和学习有所帮助，也希望您把对本书的意见和建议告诉我们。

配套资源和技术支持

本书的配套素材和视频教学文件请用微信扫描下面的二维码进行下载。如果有任何技术性的问题，请用微信扫描下面的二维码，联系相关技术人员进行解决。

如果在配套资源下载过程中碰到问题，请联系陈老师，邮箱chenlch@tup.tsinghua.edu.cn。

配套素材

视频教学

技术支持

编者
2021年4月

第4篇　模具设计篇

第22章　模具设计基础 ············ 436

第23章　Plastics模流分析 ······· 457

第24章　SolidWorks分模设计 ··· 480

学习本教程，首先要了解入门知识。本章将着重介绍SolidWorks 2020的软件简介、SolidWorks 2020的安装、SolidWorks 2020的学习界面等入门知识。读者可通过学习入门知识，对SolidWorks 2020软件有个初步印象，并为后续的课程打下良好基础。

知识要点

- ⊙ 了解SolidWorks设计意图体现
- ⊙ 掌握SolidWorks的安装方法
- ⊙ 掌握SolidWorks 2020工作界面
- ⊙ 了解SolidWorks资源和设计库
- ⊙ 查看帮助文档

1.1 了解SolidWorks 2020

SolidWorks软件是法国达索公司旗下的第一个在世界上基于Windows开发的三维CAD系统。下面就SolidWorks软件最新版本SolidWorks 2020在行业中的应用做简要介绍。

1.1.1 SolidWorks的发展历程

SolidWorks公司成立于1993年，由PTC公司的技术副总裁与CV公司的副总裁发起，总部位于马萨诸塞州的康克尔郡（Concord, Massachusetts）内，当初所赋予的任务是希望在每一个工程师的桌面上，提供一套具有生产力的实体模型设计系统。从1995年推出第一套SolidWorks三维机械设计软件至今，它已经拥有分布全球的办事处，并经由300家经销商在全球140个国家进行销售。SolidWorks软件是世界上第一个基于Windows开发的三维CAD系统。该系统在1995—1999年获得全球微机平台CAD系统评比第一名；从1995年至今，已经累计获得17项国际大奖，其中仅从1999年起，美国权威的CAD专业杂志CADENCE连续4年授予SolidWorks最佳编辑奖，以表彰SolidWorks的创新、活力和简明。至此，SolidWorks所遵循的易用、稳定和创新三大原则得到了全面的落实和证明。使用SolidWorks，设计师大大缩短了设计时间，产品得以快速、高效地投向市场。

由于出色的技术和市场表现，SolidWorks成为CAD行业一颗耀眼的明星，终在1997年被法国达索公司全资并购。并购后的SolidWorks以原来的品牌和管理技术队伍继续独立运作，成为CAD行业一家高素质的专业化公司，SolidWorks三维机械设计软件也成为达索企业中最具竞争力的CAD产品。

1.1.2 SolidWorks 2020功能概览

SolidWorks采用了参数化和特征造型技术，能方便地创建任何复杂的实体、快捷地组成装配体、灵活地生成工程图，并可以进行装配体干涉检查、碰撞检查、钣金设计、生成爆炸图；利用SolidWorks插件还可以进行管道设计、工程分析、高级渲染、数控加工等。可见，SolidWorks不只是一个简单的三维建模工具，而是一套高度集成的CAD / CAE / CAM 一体化软件，是一个产品级的设计和制造系统，为工程师提供了一个功能强大的模拟工作平台。

对于习惯了操作以绘图为主的二维CAD软件的设计师来说，三维SolidWorks的功能和特点主要包括以下几个方面。

1. 参数化尺寸驱动

SolidWorks采用的是参数化尺寸驱动建模技术，即尺寸控制图形。当改变尺寸时，相应的模型、装配体、工程图的形状和尺寸将随之变化，非常有利于新产品在设计阶段的反复修改，如图1-1所示。

图1-1　参数化尺寸驱动设计

2. 三维实体造型

在传统的二维CAD设计过程中，设计师欲绘制一个复杂的零件工程图，由于不可能一下子记住所有的设计细节，必须经过"三维→二维→三维→二维"这样一个反复不断的过程，时刻都要进行着投影关系的校正，这就使得设计师的工作十分枯燥和乏味。

而SolidWorks进行设计工作时直接从三维空间开始，设计师可以马上知道自己的操作所生成的零件形状。由于把大量烦琐的投影工作让计算机来

完成，设计师就可以专注于零件的功能和结构，工作过程轻松了许多，工作中也增添了趣味性。实体造型模型中包含精确的几何、质量等特性信息，可以方便准确地计算零件或装配体的体积和重量，轻松地进行零件模型之间的干涉检查，如图1-2所示。

图1-2　三维实体造型

3. 3个基本模块联动

SolidWorks具有3个功能强大的基本模块，即零件模块、装配体模块和工程图模块，分别用于完成零件设计、装配体设计和工程图设计。虽然这3个模块处于不同的工作环境中，但依然保持了二维与三维几何数据的全相关性，如图1-3所示。

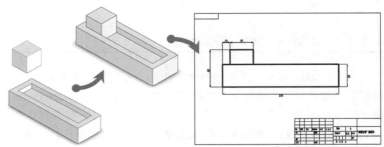

图1-3　零件模块、装配体模块和工程图模块的联动设计

4. 特征管理器（设计树）

设计师完成的二维CAD图纸，表现不出线条绘制的顺序、文字标注的先后，不能反映设计师的操作过程。

与之不同的是，SolidWorks采用了特征管理器（设计树）技术，如图1-4所示。可以详细地记录零件、装配体和工程图环境下的每一个操作步骤，非常有利于设计师在设计过程中的修改与编辑。设计树各节点与图形区的操作对象相互联动，为设计师的操作带来了极大方便。

5. 源于黄金伙伴的高效插件

SolidWorks在CAD领域的出色表现，以及在市场销售上的迅猛势头，吸引了世界上许多著名的专业软件公司成为自己的黄金合作伙伴。

SolidWorks向黄金伙伴开放了自己软件的底层代码，使其所开发的世界顶级的专业化软件与自身无缝集成，为用户提供了高效且具有特色的COSMOS系列插件（见图1-5）：有限元分析软件COSMOSWorks、运动与动力学动态仿真软件COSMOSMotion、流体分析软件COSMOSFloWorks、动画模拟软件MotionManager、

高级渲染软件PhotoWorks、数控加工控制软件CAMWorks等。

图1-4 特征管理器

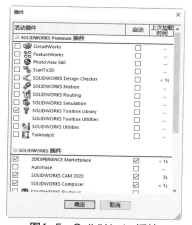

图1-5 SolidWorks插件

6．支持国标（GB）的智能化标准件库Toolbox

Toolbox是同三维软件SolidWorks完全集成的三维标准零件库。

SolidWorks中的Toolbox支持中国国家标准（GB），如图1-6所示。Toolbox包含了机械设计中常用的型材和标准件，诸如角钢、槽钢、紧固件、联接件、密封件、轴承等。在Toolbox中，还有符合国际标准（ISO）的三维零件库，包含了常用的动力件——齿轮，与中国国家标准（GB）一致，调用非常方便。Toolbox是充分利用了SolidWorks的智能零件技术而开发的三维标准零件库，与SolidWorks的智能装配技术相配合，可以快捷地进行大量标准件的装配工作，其速度之快令人瞠目。

有了Toolbox，你无需再翻阅《机械设计手册》来查找标准件的规格和尺寸，无需进行零件模型设计，无需逐个进行垫片、螺栓、螺母的装配。当用户打开Toolbox，看到鲜艳的五星红旗标志，会倍感亲切。

图1-6 Toolbox标准件库

7．eDrawings ——网上设计交流工具

SolidWorks免费为用户提供eDrawings（一个通过电子邮件传递设计信息的工具），如图1-7所示。该工具专门用于设计师在网上进行交流，当然也可以用于设计师与客户、业务员、主管领导之间进行沟通，共享设计信息。eDrawings可以使所传输的文件尽可能地小，极大地提高了在网上的传输速度。eDrawings可以在网上传输二维工程图形，也可以进行零件、装配体3D模型的传输。eDrawings还允许将零件、装配体文件转存为.exe类型。

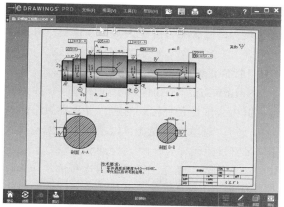

图1-7 SolidWorks eDrawings网上设计交流工具

用户无需安装SolidWorks和其他任何CAD软

件，就可以在网上快速地浏览eDrawings的.exe文件，随心所欲地旋转查看三维零件和装配体模型，轻松地接收设计信息。eDrawings还提供了在网上进行信息反馈的功能，允许浏览者在图纸需要更改处夸张地圈红批注，并用留言的方式提出自己的建议，发回给设计者进行修改，因而是一个非常有用的设计交流工具。

8. API开发工具接口

SolidWorks为用户提供了自由、开放、功能完整的API开发工具接口，用户可以选择Visual C++、Visual Basic、VBA等开发程序进行二次开发。通过数据转换接口，可以很容易地将目前市场几乎所有的机械CAD软件都集成到现在的设计环境中来。其支持的数据标准有：IGES、STEP、SAT、STL、DWG、DXF、VDAFS、VRML、Parasolid等，可直接与Pro/E、UG等软件的文件交换数据。

9. SolidWorks 3D打印

访问丰富的商用 3D 打印机列表，并基于SolidWorks几何体，直接创建切片用于 3D 打印。

10. 云端互连的从设计到制造生态系统

通过基于云的 3DEXPERIENCE 平台，轻松地将SolidWorks 2020 与关键工具连接起来。其优势是构建无缝的产品开发工作流程，并随着业务需求的变化，使用新工具轻松扩展这些工作流程。

➢ 数据共享和协作：在 SolidWorks 和 3DEXPERIENCE 工具之间来回共享模型。在世界各地通过任何设备实时协作。

➢ 扩展的工作流程：在云端使用新功能轻松扩展你的设计生态系统，如细分建模、概念设计、产品生命周期和项目管理等功能。

11. SolidWorks 2020新增功能

SolidWorks 2020提供了许多增强和改进功能，其中大多数是直接针对客户要求而做出的增强和改进。这些增强功能可以帮助用户加速和改进产品开发流程（从概念设计到制造产品）。

➢ 工作流程：设计、模拟、制造和协作方面的改进，让你可以使用新的工作流程来缩短上市时间和提高产品质量，并降低制造成本。

➢ 性能：工程图和装配体中的改进功能极大地加快了大型装配体设计和出详图的速度。

➢ 直接连接到3DEXPERIENCE 平台：为3DEXPERIENCE应用程序的无缝集成提供了可扩展性和灵活性，可显著改善概念开发、设计和协作的方式。

1.2 SolidWorks 2020的安装

SolidWorks 软件产品的安装分单机安装和多个客户端安装，这里仅将单机安装的过程做详细介绍。进行安装的人员必须能够亲手操作计算机，通过独立的设置，并在不同的计算机上安装不同版本。

动手操作——安装SolidWorks 2020

1. 安装主程序

01 在安装目录中双击 🔳 setup.exe，启动【SolidWorks 2020 SP1.0安装管理程序】界面。

02 保留该界面中各选项的默认设置，接着单击【下一步】按钮💽进入下一页，如图1-8所示。

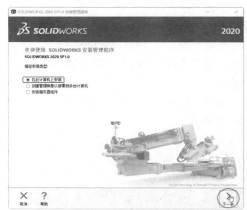

图1-8 【SolidWorks 2020安装管理程序】界面

03 随后弹出序列号输入界面。在序列号文本框内依次输入SolidWorks产品提供的标准序列号，然后再单击【下一步】按钮💽，如图1-9所示。

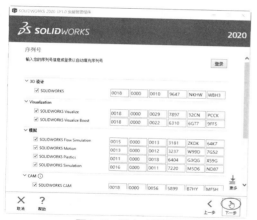

图1-9　输入序列号

图1-11　创建映像管理

技术要点

　　建议用2020版本的序列号输入。若用户在安装前已断开网络，则系统会弹出安装警示对话框。此时可单击【取消】按钮，直接进入下一安装操作，如图1-10所示。

图1-10　安装警示对话框

　　04 经过系统查询确认序列号正确无误后，安装程序再弹出创建管理镜像界面。用户可以根据需要，通过单击界面中的【更改】按钮，更改要安装的产品、是否创建映像、更改安装路径等。勾选【我接受SolidWorks条款】复选框后，单击【现在安装】按钮，进入SolidWorks主程序的安装进程，如图1-11所示。

　　05 随后会弹出许可证服务配置对话框，输入端口及服务器名"25734@localhost"，单击【确定】按钮，完成服务器配置，如图1-12所示。

提示

　　可单击【取消】按钮，后续激活时重新设置。

图1-12　配置服务器

　　06 经过一定时间的程序安装过程后，再单击安装界面中的【完成】按钮，结束SolidWorks主程序安装操作，如图1-13所示。

图1-13　完成安装

2. 产品激活

　　01 在SolidWorks安装完成后，必须首先激活个人计算机的许可，才能在该计算机上运行SolidWorks产品。

　　02 在桌面上双击SolidWorks 2020图标 **SW** 启动SolidWorks 2020软件，图1-14所示为启动界面。

**图1-14　SolidWorks 2020启动
界面**

03 图1-15所示为【SolidWorks产品激活】对话框，通过该对话框可以手动激活产品，也可以通过互联网进行激活。

图1-15　【SolidWorks产品激活】对话框

04 激活后弹出【SolidWorks许可协议】对话框。单击【接受】按钮，完成产品激活，如图1-16所示。

图1-16　接受许可协议

05 稍后会自动启动SolidWorks 2020软件界面。

1.3 SolidWorks 2020用户界面

初次启动SolidWorks 2020

软件，会弹出欢迎界面。在欢迎界面中，用户可以选择SolidWorks文件创建类型，或打开已有的SolidWorks文件，即可进入SolidWorks 2020软件用户界面中，图1-17所示为欢迎界面。

图1-17　欢迎界面

SolidWorks 2020用户界面经过重新设计，极大地利用了空间。虽然功能增加不少，但整体界面并没有多大变化，基本上与SolidWorks 2019保持一致。图1-18所示为SolidWorks 2020的用户界面。

图1-18　SolidWorks 2020用户界面

SolidWorks 2020用户界面中包括菜单栏、功能区、命令选项卡、设计树、过滤器、图形区、状态栏、前导功能区、任务窗格及弹出式帮助菜单等内容，具体介绍如下。

1.3.1　菜单栏

菜单栏中几乎包括SolidWorks 2020的所有命令，如图1-19所示。

图1-19　菜单栏

菜单栏中的菜单命令，可根据活动的文档类型和工作流程来调用，菜单栏中的许多命令也可通过命令选项卡、功能区、快捷菜单和任务窗格进行调用。

1.3.2 功能区

功能区对于大部分SolidWorks工具以及插件产品均可使用。命名的工具选项卡可帮助用户进行特定的设计任务，如应用曲面或工程图曲线等。由于命令选项卡中的命令显示在功能区中，并占用了功能区大部，其余工具栏一般情况下是默认关闭的。要显示其余SolidWorks工具栏，则可通过执行右键菜单命令，将SolidWorks工具栏调出来，如图1-20所示。

图1-20　调出SolidWorks工具栏

1.3.3 命令选项卡

命令选项卡是一个上下文相关工具选项卡，它可以根据用户要使用的工具栏进行动态更新。默认情况下，它根据文档类型嵌入相应的工具栏，例

如导入的文件是实体模型，【特征】功能区中将显示用于创建特征的所有命令，如图1-21所示。

图1-21　【特征】选项卡

若用户需要使用其他命令选项卡中的命令，可单击位于命令选项卡下面的选项卡按钮，它将更新以显示该功能区。例如，选择【草图】选项卡，草图工具将显示在功能区中，如图1-22所示。

图1-22　【草图】选项卡

技术要点

在选项卡执行右键菜单中的【使用带有文本的大按钮】命令，命令选项卡中将不显示工具命令的文本。

1.3.4 设计树

SolidWorks界面窗口左边的设计树提供激活零件、装配体或工程图的大纲视图。用户通过设计树将使观察模型设计状态或装配体如何建造以及检查工程图中的各个图纸和视图变得更加容易。设计树控制面板包括FeatureManager（特征管理器）设计树、PropertyManager（属性管理器）、ConfigurationManager（配置管理器）和DimXpertManager（尺寸管理器）标签，如图1-23所示。FeatureManager设计树如图1-24所示。

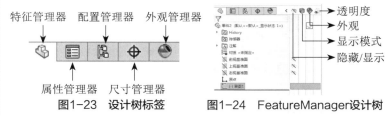

图1-23　设计树标签　　图1-24　FeatureManager设计树

1.3.5 状态栏

状态栏是设计人员与计算机进行信息交互的主要窗口之一，很多系统信息都在这里显示，包括操作提示、各种警告信息、出错信息等，所以设计人员在操作过程中要养成随时浏览状态栏的习惯。状态栏如图1-25所示。

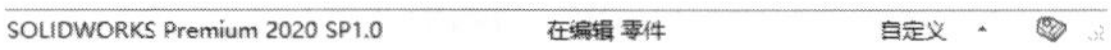

SOLIDWORKS Premium 2020 SP1.0　　在编辑 零件　　自定义　●

图1-25　状态栏

1.3.6 前导视图工具栏

图形区是用户设计、编辑及查看模型的操作区域。图形区中的前导视图工具栏为用户提供模型外观编辑、视图操作工具，包括"整屏显示全图""局部放大""上一视图""剖面视图""视图定向""显示样式""显示/隐藏项目""编辑外观""应用布景"及"视图设定"等视图工具，如图1-26所示。

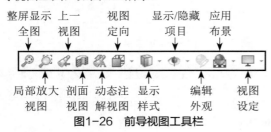

图1-26 前导视图工具栏

1.4 任务窗格

任务窗格向用户提供当前设计状态下的多重任务工具，它包括SolidWorks论坛、SolidWorks资源、设计库、文件探索器、查看调色板、外观/布景和自定义属性等工具面板，如图1-27所示。

图1-27 任务窗格

1.4.1 SolidWorks资源

【SolidWorks资源】属性面板的主要内容有命令、链接和信息，其中包括"开始""社区""在线资源""机械设计""模具设计"及"消费品设计"等任务，如图1-28所示。

用户可以通过"开始"任务来新建零件模型，并可参考指导教程来完成零件模型的设计。同理，在每个任务中，用户皆可参考相关的指导教程来完成各项设计任务。

图1-28 【SolidWorks资源】属性面板

技术要点

用户在设计过程中还可在SolidWorks资源面板底部参考"日积月累"提示来操作。单击【下一提示】命令将显示其他提示。

1.4.2 设计库

任务窗格中的【设计库】属性面板提供了可重复使用的元素（如零件、装配体及草图）的中心位置。它不识别不可重用的单元，如SolidWorks工程图、文本文件或其他非SolidWorks文件，如图1-29所示。

图1-29 【设计库】属性面板

用户从设计库中调用标准件至图形区以后，根据实际的设计需求还可对该标准件进行编辑。

1. 文件探索器

文件探索器可从Windows系统硬盘中打开SolidWorks文件。文件可以通过外部环境的应用软件打开，也可以从SolidWorks中打开。【文件探索器】属性面板如图1-30所示。

图1-30　【文件探索器】属性面板

从SolidWorks中打开的文件只能是零件图标 的文件。用户还可以通过文件探索器直接将零件文件拖到SolidWorks的图形区中。

2. 视图调色板

视图调色板可快速插入一个或多个预定义的视图到工程图中。它包含所选模型的标准视图、注解视图、剖面视图和平板型式（钣金零件）图像。用户可以将视图拖到工程图纸中以此生成工程视图。【视图调色板】属性面板如图1-31所示。

技术要点

仅当创建工程图文件后，才可使用视图调色板来查看模型的视图。

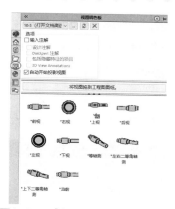

图1-31　【视图调色板】属性面板

3. 外观、布景和贴图

【外观、布景和贴图】属性面板用于设置模型的外观颜色、材质纹理及界面背景，如图1-32所示。通过该面板，可以将外观拖至特征管理器的特征上，或直接拖动至图形区的模型中，以此渲染零件、面、单个特征等元素。

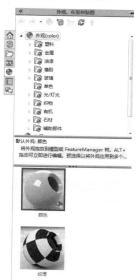

图1-32　【外观、布景和贴图】属性面板

4. 自定义属性

使用任务窗格中的【自定义属性】面板可以查看并将自定义的属性输入到SolidWorks文件中。

在装配体中，可以将这些属性同时分配给多个零件。如果选择装配体的某个轻化零部件，还可以在任务窗格中查看该零部件的自定义属性，而不将零部件还原。如果编辑值，则会提示将零部件还原，这样可以保存更改。

初始使用自定义属性时，【自定义属性】面板中没有要定义的属性页面，此时可单击面板中的【现在生成】按钮 现在生成... ，启动【属性标签编制程序】窗口，如图1-33所示。

技术要点

要设置自定义的属性类型，在窗口左侧双击属性类型，然后在【自定义属性】栏再双击该类型，即可在窗口右侧弹出的文本框中输入要定义的属性文本。

图1-33　【属性标签编制程序】窗口

1.5　SolidWorks帮助

SolidWorks帮助分为本地帮助文件（.chm）和基于Internet的Web文档。当用户计算机的Internet连接较慢或无法使用时，最好使用本地帮助文件。

在菜单栏中执行【帮助】｜【SolidWorks帮助】命令，程序会弹出【SolidWorks】帮助窗口，如图1-34所示。

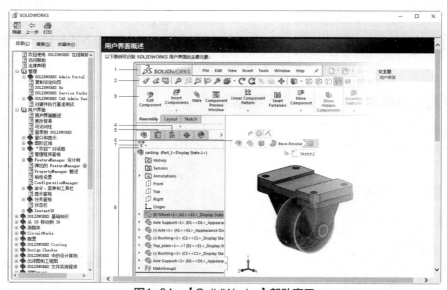

图1-34　【SolidWorks】帮助窗口

技术要点

在菜单栏中执行【帮助】｜【使用SolidWorks Web帮助】命令，可以切换本地帮助与Internet连接的Web帮助，如图1-35所示。

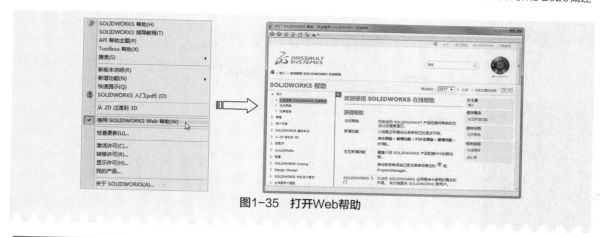

图1-35　打开Web帮助

1.6　SolidWorks指导教程

　　SolidWorks的指导教程包括文件指导教程、机械设计指导教程，以及模具设计指导教程等。在任务窗格的【SolidWorks资源】属性面板中，选择【开始】选项区的【指导教程】命令，即可打开【SolidWorks指导教程】窗口，如图1-36所示。

　　用户也可以在菜单栏执行【帮助】｜【SolidWorks指导教程】命令，来打开该窗口。【SolidWorks指导教程】窗口中包括从文件创建开始到所有的SolidWorks应用模块的教程。指导教程是以范例的形式向用户介绍SolidWorks功能的。

　　要学习某一教程，可在窗口右侧的教程启动按钮群组中单击该按钮，或者在窗口左侧的目录列表中选择教程目录，随后即可进入教程学习。

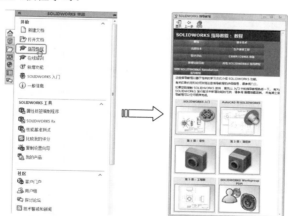

图1-36　打开【SolidWorks指导教程】窗口

1.7　课后习题

　　1. SolidWorks的发展历程是什么？

　　2. SolidWorks的功能和特点主要包括哪几个方面？

　　3. SolidWorks 2020用户界面中包括哪些内容？

学习本教程，首先要了解入门知识。本章将着重介绍SolidWorks 2020的系统选项设置、SolidWorks文件管理、模型视图的操控，以及键鼠应用等入门要点知识。读者可通过学习入门知识，对SolidWorks 2020软件有个初步印象，并为后续的课程打下良好基础。

知识要点

- ⊙ 了解SolidWorks设计意图体现
- ⊙ 掌握SolidWorks的安装方法
- ⊙ 掌握SolidWorks 2020工作界面
- ⊙ 了解SolidWorks资源和设计库

- ⊙ 掌握参考几何体的创建方法
- ⊙ 掌握环境设置方法
- ⊙ 查看帮助文档

2.1 环境配置

尽管在前面介绍了一些常用的界面及工具命令，但对于SolidWorks这个功能十分强大的三维CAD软件来说，它所有的功能不可能都一一罗列在界面上供用户调用。这就需要在特定情况下，通过对SolidWorks的环境配置选项进行设置，来满足用户设计需求。

2.1.1 系统选项设置

使用的零件、装配及工程图模块功能时，可以对软件系统环境进行设置，这包括系统选项设置和文档属性设置。

在菜单栏执行【工具】|【选项】命令，程序弹出【系统选项（S）-普通】对话框，对话框中包含【系统选项】选项卡和【文档属性】选项卡。

【系统选项】选项卡中主要有工程图、颜色、草图、显示/选择等系列选项，用户在左边选项列表中选择一个选项，该选项名将在对话框顶端显示。

同理，若单击【文档属性】选项卡，对话框顶部将显示"文档属性（D）"名称，横线后面显示的是选项列表框中所选择的设置项目名称，如图2-1所示。在【文档属性】选项卡中主要有工程图中的图形标注，包括注解、尺寸、表格、单位等选项。

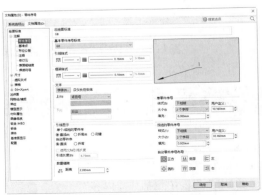

图2-1 【文档属性（D）】标签

2.1.2　管理功能区

SolidWorks功能区包含了所有菜单命令的快捷方式。通过使用功能区，可以大大提高设计效率，用户根据个人习惯可以自定义功能区。

1. 定义功能区

合理利用功能区设置，既可以在操作上方便快捷，又不会使操作界面过于复杂。在菜单栏执行【工具】|【自定义】命令或在功能区区域右击，在弹出的快捷菜单中选择【自定义】命令，程序会弹出图2-2所示的【自定义】对话框。

在对话框的【工具栏】选项卡下，选择想显示的每个功能区复选框，同时消除选择想隐藏的功能区复选框。当鼠标指针指在工具按钮时，就会出现对此工具的说明。

如果显示的功能区位置不理想，可以将光标指向功能区上按钮之间空白的地方，然后拖动功能区到想要的位置。如果将功能区拖到SolidWorks窗口的边缘，功能区就会自动定位在该边缘。

图2-2　【自定义】对话框

2. 定义命令

在【自定义】对话框的【命令】选项卡下，选择左侧的命令类别，右侧将显示该类别的所有命令按钮。选中要使用的命令按钮，将其拖放到功能区上的新位置，可以实现重新安排功能区上的按钮的目的，如图2-3所示。

图2-3　拖放命令按钮至功能区中

3. SolidWorks插件

为了操作界面简单化，SolidWorks的许多插件没有放置于命令选项卡中。在菜单栏执行【工具】|

【插件】命令，程序将弹出【插件】对话框，如图2-4所示。

该对话框包含2种插件：SolidWorks Premium Add-ins插件和SolidWorks插件。SolidWorks Premium Add-ins插件添加后将置于菜单栏中，SolidWorks插件添加后则置于命令选项卡中。勾选要添加的插件选项，然后单击【确定】按钮，即可完成插件的添加。

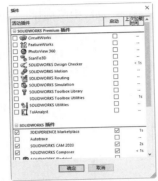

图2-4 【插件】对话框

2.2 SolidWorks 2020文件管理

管理文件是设计者进入软件建模界面、保存模型文件及关闭模型文件的重要工作。下面介绍SolidWorks 2020的管理文件的几个重要内容，如新建文件、打开文件、保存文件和退出文件。

启动SolidWorks 2020，弹出欢迎界面，如图2-5所示。在欢迎界面中，用户可以通过在顶部的【标准】选项卡中执行相应的命令来管理文件，还可以在界面右侧的【SolidWorks资源】管理面板中管理文件。

图2-5 SolidWorks 2020欢迎界面

2.2.1 新建文件

01 在SolidWorks 2020的欢迎界面中单击【标准】工具栏中的【新建】按钮，或者在菜单栏中执行【文件】|【新建】命令，或者在任务窗格的【SolidWorks资源】属性面板【开始】选项区中选择【新建文档】命令，将弹出【新建SolidWorks文件】对话框，如图2-6所示。

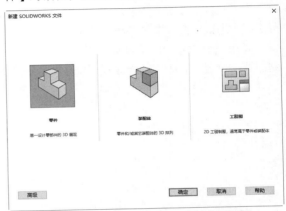

图2-6 【新建SolidWorks文件】对话框

技术要点

在SolidWorks 2020界面顶部单击右三角按钮，便可展开菜单栏，如图2-7所示。

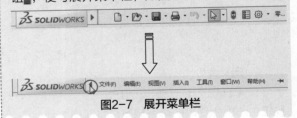

图2-7 展开菜单栏

02 【新建SolidWorks文件】对话框中包含零件、装配体和工程图模板文件。

03 单击对话框左下角的【高级】按钮，用户可以在随后弹出的【模板】标签和【Tutorial】选项卡中选择GB标准或ISO标准的模板。

> 【模板】选项卡：在【模板】选项卡中显示的是具有GB标准的模板，如图2-8所示。

> 【Tutorial】选项卡：显示的是具有ISO标准的通用模板文件，如图2-9所示。

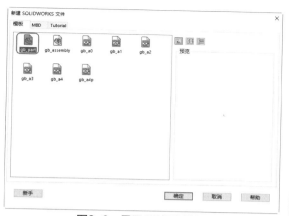

图2-8 显示GB标准模板

图2-9 显示ISO标准的模板

04 选择一个GB标准模板后,单击【确定】按钮即可进入相应的设计环境。如果选择【零件】模板,将进入到SolidWorks零件设计环境中;若选择【装配】模板,将创建装配体文件,并进入到装配设计环境中;若选择【工程图】模板将创建工程图文件,并进入到工程制图设计环境中。

技术要点

除了使用SolidWorks提供的标准模板,用户还可以通过系统选项设置来定义模板,并将设置后的模板另存为零件模板(.prtdot)、装配模板(.asmdot)或工程图模板(.drwdot)。

2.2.2 打开文件

打开文件的方式有多种,如下所述。

➢ 直接双击打开SolidWorks文件(包括零件文件、装配文件和工程图文件)。

➢ 在SolidWorks工作界面中,在菜单栏执行【文件】|【打开】命令,弹出【打开】对话框,通过该对话框打开SolidWorks文件。

➢ 在标准选项卡单击【打开】按钮,弹出【打开】对话框,在对话框中勾选【缩略图】复选框,并找到文件所在的文件夹,通过预览功能选择要打开的文件,然后单击【打开】按钮,即可打开文件,如图2-10所示。

图2-10 【打开】对话框

技术要点

SolidWorks可以打开属性为"只读"的文件,也可将"只读"文件插入到装配体中并建立几何关系,但不能保存"只读"文件。

若要打开最近查看过的文档,则可在【标准】工具栏中选择【浏览最近文档】命令,随后弹出【欢迎-SOLIDWORKS Premium 2020 SP1.0】对话框,在该对话框的【最近】|【文件】标签下,用户可以选择最近打开的文档,如图2-11所示。用户也可以在菜单栏【文件】下拉菜单中直接选择先前打开过的文档。

图2-11 打开最近查看过的文档

从SolidWorks中,用户可以打开其他软件格式的文件,如UG、CATIA、Pro/E及CREO、RHINO、STL、DWG等,如图2-12所示。

图2-12　打开其他软件格式的文件

技术要点

SolidWorks有修复其他软件格式文件的功能。通常不同格式文件，在转换时可能会因公差的不同产生模型的修复问题。如图2-13所示，打开CATIA格式的文件后，SolidWorks将自动修复。

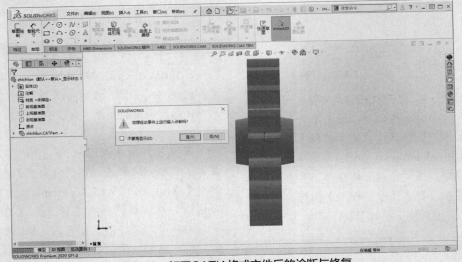

图2-13　打开CATIA格式文件后的诊断与修复

2.2.3　保存文件

SolidWorks提供了4种文件保存方法：保存、另存为、全部保存和出版eDrawings文件。

➢ 保存：是将修改的文档保存在当前文件夹中。

➢ 另存为：是将文档作为备份，另存在其他文件夹中。

➢ 全部保存：是将SolidWorks图形区中存在的多个文档修改后全部保存在各自文件夹中。

➢ 出版eDrawings文件：eDrawings是SolidWorks集成的出版程序，通过该程序可以将文件保存为.eprt文件。

初次保存文件，程序会弹出图2-14所示的【另存为】对话框。用户可以更改文件名，也可以沿用原有的名称。

图2-14　【另存为】对话框

SolidWorks eDrawings出版程序

SolidWorks eDrawings应用程序为用户提供生成、观阅，以及共享3D模型和2D工程图的强大功能。要使用eDrawings，须在安装SolidWorks时一并安装。

SolidWorks eDrawings还可以为其他2D、3D软件所用，这里面包括AutoCAD、Autodesk Inventor Series、CATIA、UG、Pro/E、Solid Edge。但前提是这些软件必须在eDrawings安装之前安装。

利用SolidWorks eDrawings Publishers（CAD应用程序插件）可以生成eDrawings文件，还可以使用SolidWorks eDrawings浏览器来观阅eDrawings文件，也可以对eDrawings文件进行标注（通过标注评述进行查看），如图2-15所示。

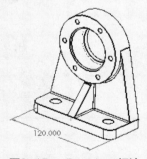

图2-15　eDrawings标注

2.2.4　关闭文件

要退出（或关闭）单个文件，在SolidWorks设计窗口（也称工作区域）的右上方单击【关闭】按钮 ⊠ 即可，如图2-16所示。要同时关闭多个文件，可以在菜单栏执行【窗口】|【关闭所有】命令。关闭文件后，最终退回到SolidWorks初始界面状态。

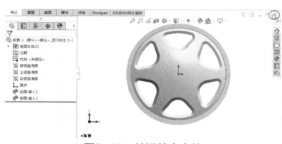

图2-16　关闭单个文件

技术要点 🔍

SolidWorks软件界面右上方的【关闭】按钮 ⊠ ，是控制关闭软件界面的命令按钮。

2.3　控制模型视图

在应用SolidWorks建模时，用户可以利用【视图】工具栏或者前导视图工具栏中的各项命令进行视图显示或隐藏的控制与操作，【视图】工具栏如图2-17所示。

图2-17　【视图】工具栏

2.3.1　缩放视图

在设计过程中，需要经常改变视角来观察模型，观察模型常用的方法有整屏显示、局部放大或缩小、放大所选范围、旋转、翻转和平移等。

表2-1列出了【视图】工具栏中缩放视图工具的说明及图解。

表2-1　缩放视图工具的说明及图解

图标	说　　明	图　　解
整屏显示全图🔍	重新调整模型的大小，将绘图区内的所有模型调整到合适的大小和位置	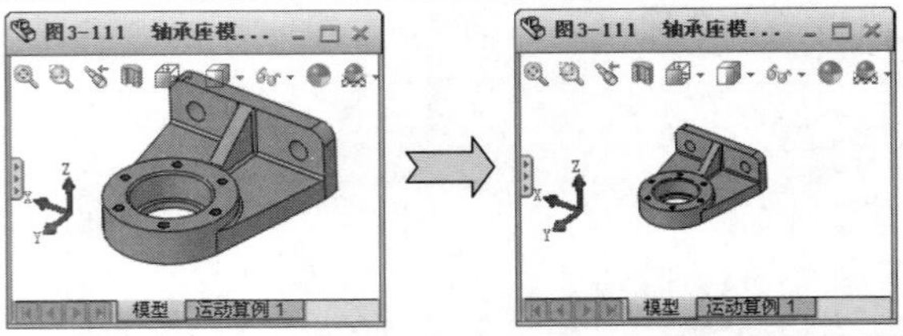
局部放大🔍	放大所选的局部范围。在绘图区内确定放大的矩形范围，即可将矩形范围内的模型放大为全屏显示	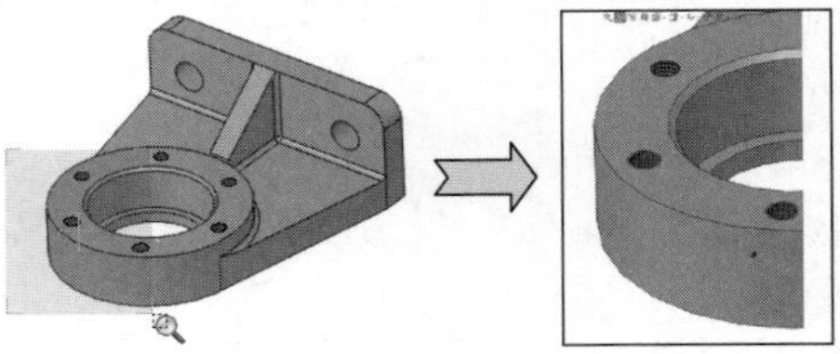
放大或缩小🔍	动态放大或缩小绘图区内的模型。在绘图区内按住鼠标左键不放并移动鼠标，向上移动则放大图像，向下移动则缩小图像	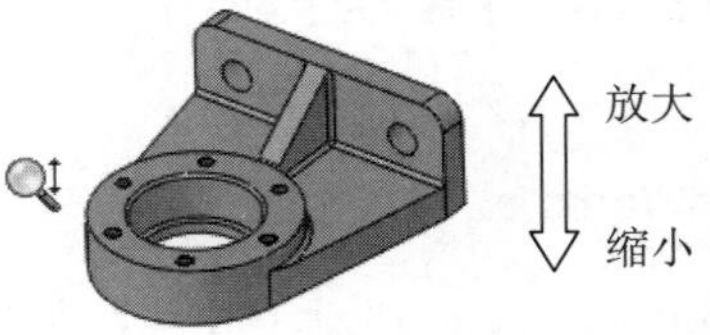 放大　缩小
放大所选范围🔍	放大所选模型中的一部分。在绘图区中选择要放大的实体，再单击【放大所选范围】按钮🔍，即可将所选实体放大为全屏显示	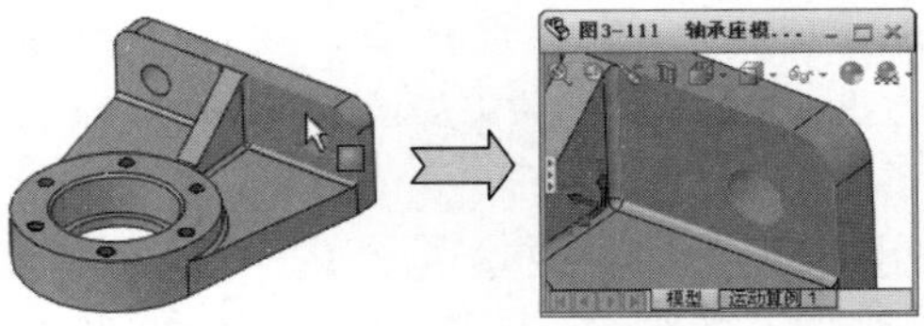
旋转视图🔁	在零件和装配体文档中旋转模型视图	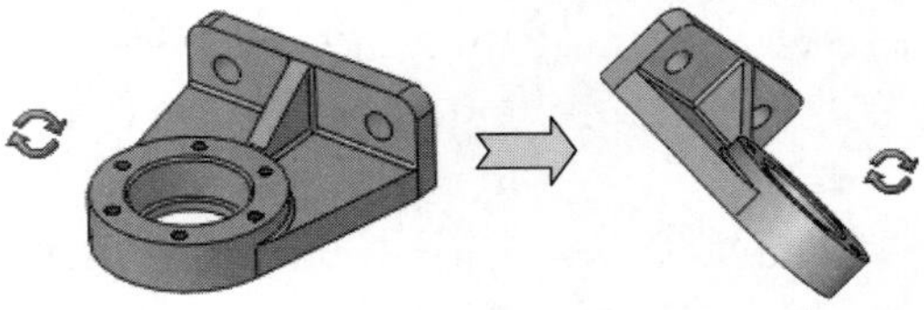
翻转视图	在零件和装配体文档中翻滚模型视图	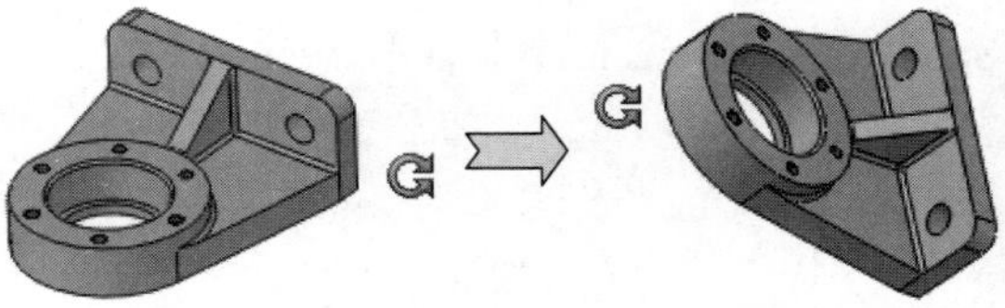
平移✛	平移模型视图。单击【平移】按钮✛，按住鼠标左键不放并移动鼠标	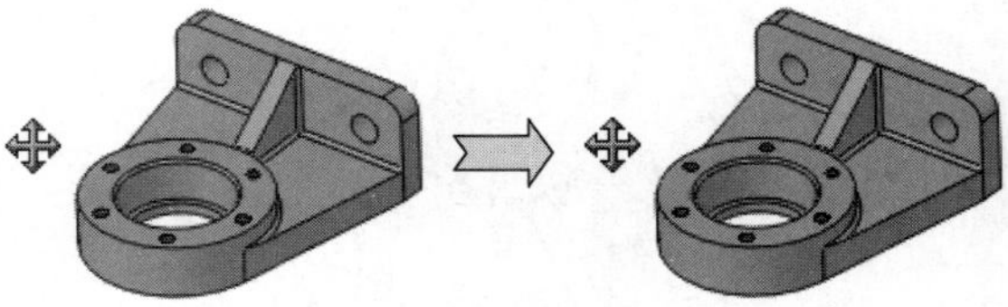

2.3.2　定向视图

在设计过程中，通过改变视图的定向可以方便地观察模型。在前导视图工具栏中单击【视图定向】按钮，弹出【定向视图】下拉菜单，如图2-18所示。

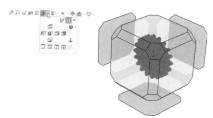

图2-18　【定向视图】下拉菜单

表2-2列出了【定向视图】下拉菜单中各视图定向命令的使用方法及说明。

表2-2　【定向视图】命令的使用方法及说明

图标与说明	图解	图标与说明	图解
前视：将零件模型以前视图显示		上视：将零件模型以上视图显示	
后视：将零件模型以后视图显示		下视：将零件模型以下视图显示	
左视：将零件模型以左视图显示		等轴测：将零件模型以等轴测图显示	
右视：将零件模型以右视图显示		上下二等角轴测：将零件模型以上下二等角轴测图显示	
左右二等角轴测：将零件模型以左右二等角轴测图显示		正视于：正视于所选的任何面或基准面	
单一视图：以单一视图窗口显示零件模型		连接视图：连接视窗中的所有视图，以便一起移动和旋转（在单一视图中该功能不能使用）	
二视图—水平：以前视图和上视图显示零件模型		二视图—垂直：以前视图和右视图显示零件模型	
四视图：以第一和第三角度投影显示零件模型			

用户还可以利用视图定向的更多选项功能来定义视图方向、更新视图或重设视图。在前导视图工具栏单击【视图定向】按钮，显示图2-19所示的视图方向面板。再单击面板右侧的展开按钮，展开更多的视图选项。

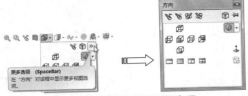

图2-19　展开更多视图选项

➢ 上一视图：单击该按钮，返回上一视图状态。

➢ 新视图：单击该按钮，弹出图2-20所示的【命名视图】对话框，可以将当前的视图方向以新名称保存在【方向】对话框中。

➢ 更新标准视图：将当前的视图方向定义为指定的视图。

➢ 重设视图：将所有标准模型视图恢复为默认设置。

➢ 视图选择器：显示或隐藏关联内视图选择器，以从各种标准和非标准视图方向进行选择，效果如图2-21所示。

图2-20　【命名视图】对话框

图2-21　视图选择器

技术要点

在任何时候均可以按空格键，通过弹出的【方向】对话框方便、快捷地改变视角来进行操作。

2.3.3　模型显示样式

调整模型以线框图或着色图来显示有利于模型分析和设计操作。在前导视图工具栏单击【显示样式】按钮，弹出【视图显示样式】命令下拉菜单，如图2-22所示。

带边线上色
上色
消除隐藏线
隐藏线可见
线架图

图2-22　【视图显示样式】命令下拉菜单

表2-3列出了前导视图工具栏中的【模型显示样式】菜单命令的说明及图解。

表2-3　模型显示工具的说明及图解

图　标	说　明	图　解
带边线上色	对模型零件进行带边线上色	
上色	对模型零件进行上色	
消除隐藏线	模型零件的隐藏线不可见	
隐藏线可见	模型零件的隐藏线以细虚线表示	
线架图	模型零件的所有边线可见	
上色模式中的阴影 环境封闭 透视图 卡通	在上色模式中的模型零件下面显示阴影	

2.3.4　隐藏/显示项目

前导视图工具栏中的【隐藏/显示项目】工具，可以用来更改图形区中项目的显示状态。单击【隐藏/显示项目】按钮，则弹出图2-23所示的下拉菜单。

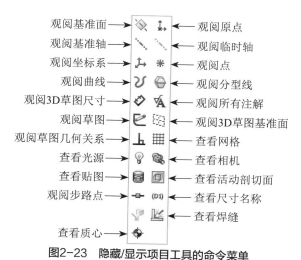

图2-23　隐藏/显示项目工具的命令菜单

2.3.5　剖视图

剖面视图功能以指定的基准面或面切除模型，从而显示模型的内部结构，通常用于观察零件或装配体的内部结构。

在前导视图工具栏中单击【剖面视图】按钮🔲，然后在弹出的属性管理器【剖面视图】属性面板中选择剖面（或者在弹出式设计树中选择基准面），再单击面板中的【确定】按钮✔即可创建模型的剖面视图，如图2-24所示。

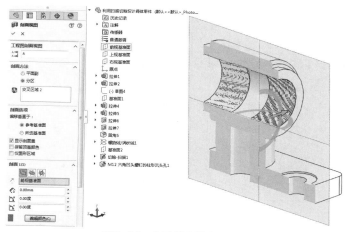

图2-24　创建模型的剖面视图

在PropertyManager中，除了选择3个基准面作为剖切面，还可选择用户自定义的平面来剖切模型，还可以为剖切面设置移动距离｜翻转角度等。PropertyManager的【剖面视图】属性面板中各选项含义如下所述。

➤ 剖面1：创建剖面视图的第1个平面，也可以创建多个剖面视图。

➤ 参考剖面：可以选择前视｜上视和右视基准面，也可以在绘

图区中选择平面作为参考剖面。

➤ 反转截面方向🔁：单击此按钮，反转显示剖面视图，供用户选择。

➤ 等距距离🔏：剖切面的偏移距离，输入值可平移剖切面。

➤ X旋转🔁：输入角度值可使剖切面绕Z轴旋转。

➤ Y旋转🔁：输入角度值可使剖切面绕X轴旋转。

➤ 编辑颜色：单击此按钮，可以打开【颜色】对话框来编辑剖切面的颜色，如图2-25所示。

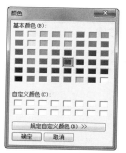

图2-25　【颜色】对话框

➤ 保留顶盖颜色：勾选此复选项，以显示颜色剖切面。

➤ 剖面2：勾选此复选项，可以通过第2个剖面的选项来创建剖切面。创建剖面2后，还可以继续创建第3个剖面。

➤ 保存：单击按钮，弹出【另存为】对话框。可以保存模型剖切视图和工程图注解视图，如图2-26所示。

图2-26　【另存为】对话框

技术要点 ▣

剖视图工具只能创建3个剖切面。要创建剖面3，必须先创建剖面2。

2.4 键鼠应用技巧

鼠标和键盘按键在SolidWorks软件中的应用频率非常高，可以用其实现平移、缩放、旋转、绘制几何图素以及创建特征等操作。

2.4.1 键鼠快捷键

基于SolidWorks系统的特点，建议读者使用三键滚轮鼠标，在设计时可以有效地提高设计效率。表2-4列出了三键滚轮鼠标的使用方法。

表2-4　三键滚轮鼠标的使用方法

鼠标按键	作　　用	操　作　说　明
左键	用于选择命令，以及按钮和绘制几何图元等	单击或双击鼠标左键，可执行不同的效果
中键（滚轮）	放大或缩小视图（相当于🔍）	按Shift+中键并上下移动光标，可以放大或缩小视图；直接滚动滚轮，也可放大或缩小视图
	平移（相当于✛）	按Ctrl+中键并移动光标，可将模型按鼠标移动的方向平移
	旋转（相当于🔄）	按住中键不放并移动光标，即可旋转模型
右键	按住右键不放，可以通过【指南】在零件或装配体模式中设置上视、下视、左视和右视4个基本定向视图	
	按住右键不放，可以通过【指南】在工程图模式中设置8个工程图指导	

2.4.2 鼠标笔势

使用鼠标笔势作为执行命令的一个快捷键，类似于键盘快捷

键。按文件模式的不同，按下鼠标右键并拖动可弹出不同的鼠标笔势。

在零件装配体模式中，当用户利用右键拖动鼠标时，会弹出图2-27所示的包含4种定向视图的笔势指南。当鼠标移动至一个方向的命令映射时，指南会高亮显示用户即将选取的命令。

图2-27　零件或装配体模式的笔势指南

图2-28所示为在工程图模式中，按鼠标右键并拖动时弹出的包含4种工程图命令的笔势指南。

图2-28　工程图模式下的笔势指南

用户还可以为笔势指南添加其余笔势。通过执行【自定义】命令，在【自定义】对话框【鼠标笔势】选项卡【笔势】下拉列表中，选择笔势选项即可。例如，选择【4笔势】选项，将显示4笔势的预览，如图2-29所示。

当选择【8笔势】选项后，再在零件模式视图或工程图视图中按下右键并拖动鼠标，则会弹出图2-30所示的8笔势指南。

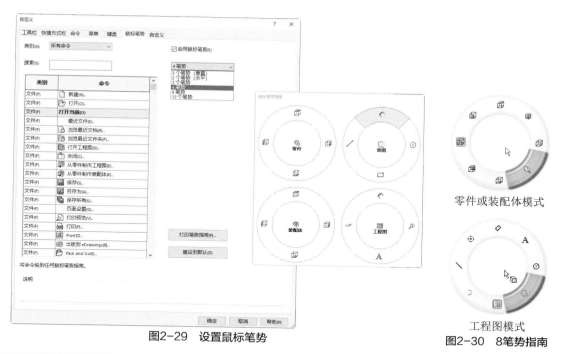

图2-29　设置鼠标笔势

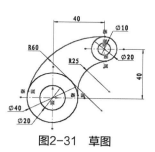

零件或装配体模式

工程图模式

图2-30　8笔势指南

技术要点 🔍

如果要取消使用鼠标笔势，在鼠标笔势指南中放开鼠标即可。或者选择一个笔势后，鼠标笔势指南自动消失。

动手操作——利用鼠标笔势绘制草图

这里介绍如何利用鼠标笔势的功能来辅助作图。本实训的任务是绘制图2-31所示的零件草图。

01 新建零件文件。

02 在菜单栏执行【工具】|【自定义】命令，打开【自定义】对话框。在【鼠标笔势】选项卡中设置鼠标笔势为"8笔势"。

03 在功能区【草图】选项卡中单击【草图绘制】按钮 ，选择上视基准平面作为草图平面，并进入到草图模式中，如图2-32所示。

图2-31　草图

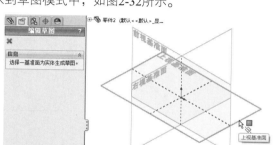

图2-32　指定草图平面

04 在图形区单击右键显示鼠标笔势，并滑至【绘制直线】笔势上，如图2-33所示。

05 然后绘制草图的定位中心线，如图2-34所示。

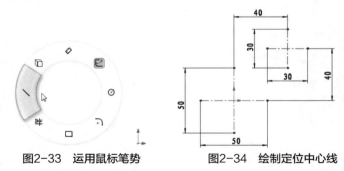

图2-33　运用鼠标笔势　　　　图2-34　绘制定位中心线

06 单击右键滑动至【绘制圆】的笔势上，然后绘制图2-35所示的4个圆。

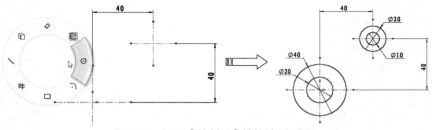

图2-35　运用【绘制圆】笔势绘制4个圆

07 单击【草图】选项卡中的【3点圆弧】按钮，然后在直径40的圆上和直径20的圆上分别取点，绘制半径圆弧，如图2-36所示。

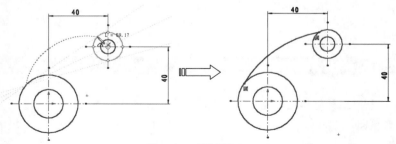

图2-36　绘制圆弧

08 在【草图】选项卡中选择【添加几何关系】命令，打开【添加几何关系】属性面板。选择圆弧和直径40的圆进行几何约束，约束关系为"相切"，如图2-37所示。

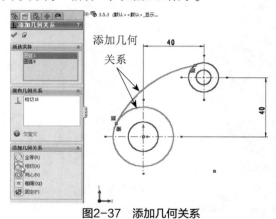

图2-37　添加几何关系

09 同理，将圆弧与直径为20的圆也添加相切约束。

10 运用【智能尺寸】笔势，尺寸约束圆弧，半径取值为20，如图2-38所示。

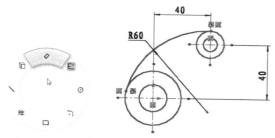

图2-38　运用鼠标笔势尺寸约束圆弧

11 同理，绘制另一圆弧，并且进行几何约束和尺寸约束，如图2-39所示。

12 至此，运用鼠标笔势完成了草图的绘制。

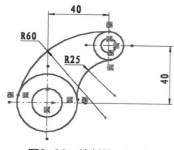

图2-39　绘制另一圆弧

2.5　综合实战——管件设计

引入素材：无

结果文件：\综合实战\结果文件\Ch02\管件.sldprt

视频文件：\视频\Ch02\管件.avi

　　进入SolidWorks 2020软件功能的全面学习之前，先利用部分草图、实体功能来创建一个机械零件模型，让大家对SolidWorks 2020的建模思想有个初步理解。

　　图2-40所示为管件设计的图纸参考与结果。

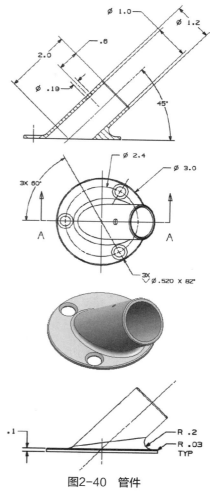

图2-40　管件

操作步骤

01 在标题栏单击【新建】按钮 ，新建一个零件文件，如图2-41所示。

图2-41　新建零件文件

02 在功能区的【特征】选项卡中单击【拉伸凸台/基体】按钮 ，弹出【拉伸】属性面板。然后按提示指定前视基准平面作为草图平面，绘制图2-42所示的草图。

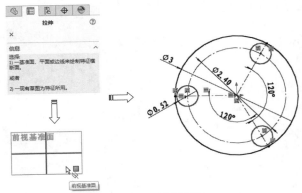

图2-42　绘制草图

03 退出草图环境后，在【拉伸】属性面板中输入拉伸深度为"0.1"，单击【确定】按钮 ✅ 完成拉伸特征的创建，如图2-43所示。

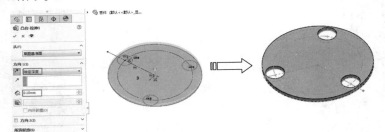

图2-43　创建拉伸特征

04 在【特征】选项卡单击【旋转凸台/基体】按钮 ⊕，打开【旋转】属性面板，然后选择"上视基准平面"作为草图平面，绘制图2-44所示的草图。

技术要点 📖

默认情况下，3个基准平面是隐藏的，用户可以通过特征树选取基准平面。

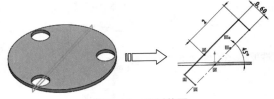

图2-44　绘制草图

技术要点 📖

旋转截面可以是封闭的，也可以是开放的。当截面为开放时，如果要创建旋转实体而非旋转曲面，系统会提示是否将截面封闭，如图2-45所示。

图2-45　系统提示

05 退出草图环境，在【旋转】属性面板中选择旋转轴和轮廓，如图2-46所示。

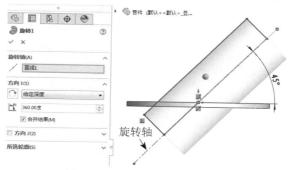

图2-46 创建旋转凸台基体特征

06 最后单击【确定】按钮 ✔，完成旋转凸台基体的创建。

07 单击【抽壳】按钮 🔲，在【抽壳1】属性面板中设置抽壳厚度为0.1，再选择旋转基体的两个端面作为要移除的面，如图2-47所示。

08 再单击属性面板中的【确定】按钮 ✔ 完成抽壳。

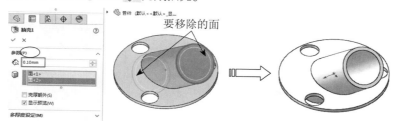

图2-47 选择要移除的面

09 单击【基准面】按钮，打开【基准面】属性面板，选择拉伸凸台的底端面为参考平面，输入偏距为0，单击【基准面】属性面板中的【确定】按钮完成基准平面的创建，如图2-48所示。

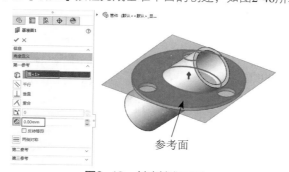

图2-48 创建基准平面

10 单击【曲面切除】按钮 🔳，打开【使用曲面切除】属性面板。选择基准平面对旋转凸台特征进行切除，切除方向向下，单击【确定】按钮完成切除，结果如图2-49所示。

选择基准平面　　　　　确定切除方向　　　　　切除结果

图2-49 切除旋转凸台

11 再单击【旋转切除】按钮 ⬡，在上视基准平面上绘制旋转截面，如图2-50所示。

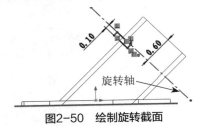

图2-50　绘制旋转截面

12 退出草图后指定旋转轴，再单击【确定】按钮完成旋转切除特征的创建，如图2-51所示。

图2-51　创建旋转切除

13 单击【拔模】按钮 ⬠，打开【拔模】属性面板，选择中性面和拔模面后单击【确定】按钮完成创建，如图2-52所示。

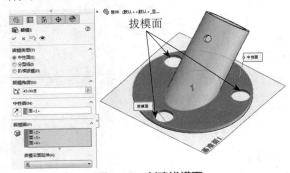

图2-52　创建拔模面

14 单击【圆角】按钮 ⬡，打开【圆角】属性面板。选择要倒圆的边，然后输入0.03的圆角半径，单击【确定】按钮完成圆角的创建，如图2-53所示。

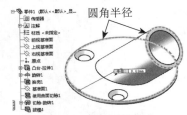

图2-53　创建圆角

15 同理，再选择实体边创建半径为0.2的圆角，如图2-54所示。

16 至此，就完成了管件的设计。

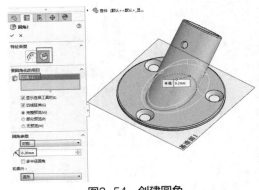

图2-54　创建圆角

2.6　课后练习

1. 渐开线齿轮建模

本练习是利用鼠标笔势功能辅助绘制连接片截面草图，如图2-55所示。

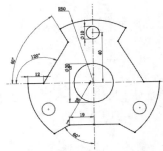

图2-55　渐开线齿轮实体模型

2. 简单零件建模

本练习是利用草图和拉伸命令设计一个零件，模型如图2-56所示。

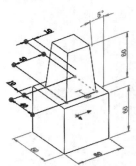

图2-56　蜗杆实体模型

踏入SolidWorks 2020的关键性第二阶，就是熟悉并熟练掌握SolidWorks 2020的基本操作，以极大地提高设计效率。SolidWorks 2020的基本操作包括掌握对象的选择方法、使用三重轴、注释和控标以及Instant3D的使用等。

知识要点

- ⊙ 掌握对象的选择方法
- ⊙ 使用三重轴
- ⊙ 注释和控标
- ⊙ 使用Instant3D

3.1 选择对象

在默认情况下，退出命令后SolidWorks中的箭头光标始终处于选择激活状态。当选择模式激活时，可使用指针在图形区域或在FeatureManager（特征管理器）设计树中选择图形元素。

3.1.1 选中并显示对象

图形区域中的模型及单个特征在用户进行选取时，或者将指针移到特征上面时将动态高亮显示。

技术要点

用户可以通过在菜单栏执行【工具】|【选项】命令，在弹出的【系统选项】对话框选择"颜色"选项来设置高亮显示。

1. 动态高亮显示对象

将指针动态移动到某个边线或面上时，边线则以粗实线高亮显示，面的边线以细实线高亮显示，如图3-1所示。

面的边线以细实线高亮显示　　边线作为粗实线高亮显示　　面的边线以单色线高亮显示

图3-1　动态高亮显示面/边线

在工程图设计模式中，边线以细实线动态高亮显示，如图3-2所示。而面的边线则以细虚线动态高亮显示。

2. 高亮显示提示

当有端点、中点以及顶点之类的几何约束在指针接近时高亮显示，然后在指针将之选择时而更改颜色，如图3-3所示。

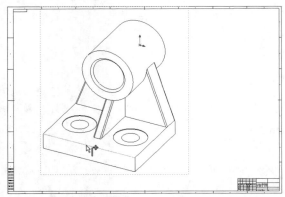

图3-2　工程图模式中边线的显示状态

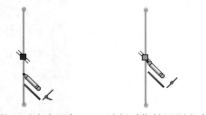

接近时中点黑色　　　选择时指针识别出中点
高亮显示　　　　　　　并橙色显示

图3-3　几何约束的高亮显示提示

3.1.2　对象的选择

随着对SolidWorks环境的熟悉，如何高效率地选择模型对象，将有助于用户的快速设计。SolidWorks提供了选择对象的多种方法，下面进行详解。

1. 框选择

【框选择】是将指针从左到右拖动，完全位于矩形框内的独立项目被选择，如图3-4所示。在默认情况下，框选类型只能选择零件模式下的边线、装配体模式下的零部件，以及工程图模式下的草图实体、尺寸和注解等。

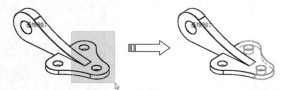

图3-4　【框选择】方法

技术要点 🔍

【框选择】方法仅仅选取框内独立的特征——如点、线及面。非独立的特征不包括在内。

2. 交叉选择

【交叉选择】是将指针从右到左拖动，除了矩形框内的对象外，穿越框边界的对象也会被选定，如图3-5所示。

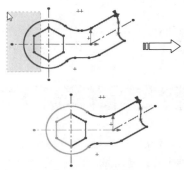

图3-5　交叉选择对象

技术要点 🔍

当选择工程图中的边线和面时，隐藏的边线和面不被选择。若想选择多个实体，完成第一个选择后再进行选择时按住Ctrl键即可。

3. 逆转选择（反转选择）

某些情况下，当一个对象内部包含许多的元素且需选择其中大部分元素时，逐一选择会耽误不少操作时间，这时就需要使用【逆转选择】方法。

选择方法如下所述。

01 先选择少数不需要的元素。

02 然后在【选择过滤器】工具栏中单击【逆转选择】按钮 🔍。

03 随后即可将需要选择的多数元素选中，如图3-6所示。

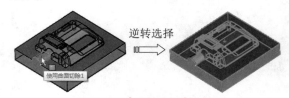

图3-6　【逆转选择】方法

4. 选择环

使用【选择环】方法可在零件上选择一相连边线环组，隐藏的边线在所有视图模式中都将被选择。如图3-7所示，在一实体边上用右键选择【选择环】命令，与之相切或相邻的实体边则被自动选取。

图3-7　使用【选择环】方法选择实体边

技术要点 📖

在模型中选择一条边线，此边线可能涉及几个环的共用，因此需要单击控标更改环选择。如图3-8所示，单击控标来改变环的高亮选取。

图3-8　更改环选取

5. 选择链

【选择链】方法与【选择环】方法近似，所不同的是【选择链】仅仅针对草图曲线，如图3-9所示。而【选择环】方法也仅在模型实体中适用。

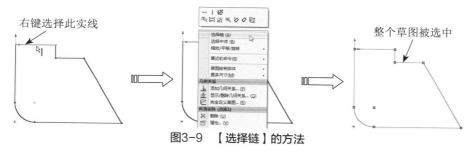

图3-9　【选择链】的方法

技术要点 📖

在零件设计模式下使用曲线工具创建的曲线，是不能以【选择环】和【选择链】方法来进行选择的。

6. 选择其它

当模型中要进行选择的对象元素被遮挡或隐藏后，可利用【选择其它】方法进行选择。在零件或装配体中，在图形区域中用右键单击模型，然后选择【选择其它】命令，随后弹出【选择其它】对话框，该对话框中列出模型中指针欲选范围的项目，同时鼠标指针也由 🖰 变成了 👆 形状（仅当指针在【选择其它】对话框外才显示），如图3-10所示。

图3-10　利用【选择其它】方法选择对象

7. 选择相切

利用【选择相切】方法，可选择一组相切曲线、边线或面，然后将诸如圆角或倒角之类的特征应用于所选项目，隐藏的边线在所有视图模式中都被选择。

在具有相切连续面的实体中，右键选取边、曲线或面时，在弹出的右键菜单中选择【选择相切】命令，程序自动将与其相切的边、曲线或面全部选中，如图3-11所示。

图3-11 利用【选择相切】方法选择对象

8. 通过透明度选择

与前面的【选择其它】方法原理相通，【通过透明度选择】方法也是在无法直接选择对象的情况下进行的。【通过透明度选择】方法是透过透明物体选择非透明对象，这包括装配体中通过透明零部件的不透明零部件，以及零件中通过透明面的内部面、边线及顶点等。

如图3-12所示，当要选择长方体内的球体时，直接选择是无法完成的，这时就可以用右键选取遮蔽球体的长方体面，并选择右键菜单【更改透明度】命令，在修改了遮蔽面的透明度后，就能顺利地选择球体了。

图3-12 利用"通过透明度"方法选择对象

技术要点

为便于选择，透明度表示为10%以上为透明，具有10%以下透明度的实体被视为不透明。

9. 强劲选择

【强劲选择】方法是通过预先设定的选择类型来强制选择对象。在菜单栏执行【工具】|【强劲选择】命令，或者在SolidWorks界面顶部的标准选项卡中选择【强劲选择】命令，程序将在右侧的任务窗格中显示【强劲选择】属性面板，如图3-13所示。

在【强劲选择】属性面板的【选择什么】选项组中勾选要选择的实体选项，再通过【过滤器与参数】列表中的过滤选项，过滤出符合条件的对象。当单击【搜寻】按钮后，程序会将自动搜索出的对象排列于下面的【结果】选项组中，且【搜寻】按钮变成【新

搜索】按钮。如要重新搜索对象，再单击【新搜索】按钮，重新选择实体类型。

图3-13 【强劲选择】属性面板

例如，在勾选【边线】选项和【边线凸形】选项后，单击【搜寻】按钮，在图形区高亮显示所有符合条件的对象，如图3-14所示。

图3-14 强劲选择对象

技术要点

要使用【强劲选择】方法来选择对象，必须在【强劲选择】属性面板的【选择什么】选项组和【过滤器与参数】选项组中至少勾选一个选项，否则程序会弹出信息提示对话框，提示"请选择至少一个过滤器或实体选项"。

动手操作——高效选择对象并进行特征设计

本例要设计一个箱体类零件——阀体，如图3-15所示。

01 新建零件文件，进入零件模式。

02 在【特征】选项卡单击【拉伸凸台/基体】按钮，选择上视基准面作为草绘平面，并绘制出阀体底座的截面草图，如图3-16所示。

03 退出草图模式后，以默认拉伸方向创建出深度为"12"的底座特征，如图3-17所示。

图3-15　阀体零件

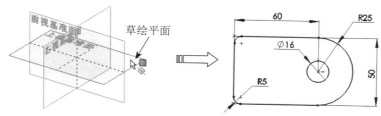

图3-16　绘制阀体底座草图

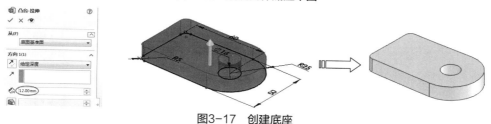

图3-17　创建底座

04 使用【拉伸凸台/基体】工具，选择底座上表面作为草绘平面，并创建出拉伸深度为"56"的阀体支承部分特征，如图3-18所示。

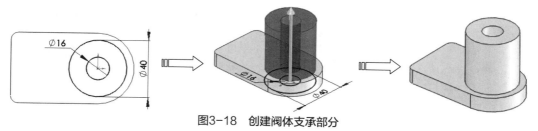

图3-18　创建阀体支承部分

05 使用【拉伸凸台/基体】工具，选择右视基准面作为草绘平面，并绘制出草图曲线，如图3-19所示。退出草图模式后，在【拉伸】属性面板中重新选择轮廓，如图3-20所示。

图3-19　绘制草图

图3-20　重新选择轮廓

06 在【拉伸】属性面板中选择终止条件为【两侧对称】，并输入深度为"50"，最终创建完成的第1个拉伸特征如图3-21所示。

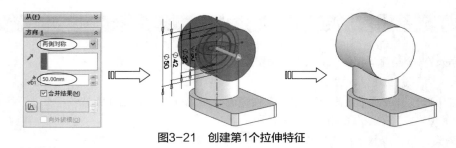

图3-21　创建第1个拉伸特征

技术要点 🔍

重新选择轮廓后，余下的轮廓将作为后续设计拉伸特征的轮廓。

07 在特征管理器设计树中，将第1个拉伸特征的草图设为"显示"，图形区显示草图，如图3-22所示。

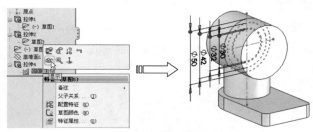

图3-22　显示草图

08 使用【拉伸凸台/基体】工具，选择草图中直径为"42"的圆作为轮廓，然后创建出两侧对称且拉伸深度为"60"的第2个拉伸特征，如图3-23所示。

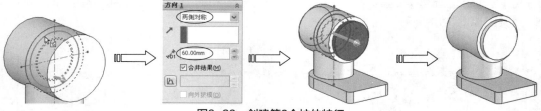

图3-23　创建第2个拉伸特征

09 单击【拉伸切除】按钮 🔳，选择草图中直径为"30"的圆作为轮廓，然后创建出两侧对称且拉伸深度为"60"的第1个拉伸切除特征，如图3-24所示。

图3-24　创建第1个拉伸切除特征

10 使用【拉伸切除】工具，选择草图中直径为"32"的圆作为轮廓，然后创建出两侧对称且拉伸深度为"16"的第2个拉伸切除特征，如图3-25所示。

11 单击【圆角】按钮 🔷，选择阀体工作部分（前面创建的2个拉伸加特征和2个减特征）的边线，创建出圆角半径为"2"的圆角特征，如图3-26所示。

图3-25 创建第2个拉伸切除特征

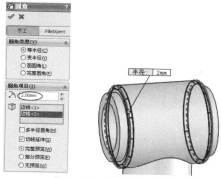

图3-26 创建圆角特征

12 在菜单栏执行【插入】|【曲线】|【螺旋线/涡状线】命令，弹出【螺旋线／涡状线】属性面板，然后按图3-27所示进行设置并创建出螺旋线。

图3-27 创建螺旋线

技术要点 📖

要创建扫描切除特征，必须先绘制扫描轮廓并创建扫描路径。

13 在【草图】选项卡单击【草图绘制】按钮，选择前视基准面作为草绘平面，在螺旋线起点绘制图3-28所示的草图。

14 单击【扫描切除】按钮，选择上一步骤绘制的草图作为扫描轮廓，选择螺旋线作为扫描路径，并创建出阀体工作部分的螺纹特征，如图3-29所示。

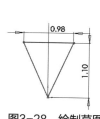

图3-28 绘制草图

图3-29 创建扫描切除特征

15 单击【异形孔向导】按钮 🔩，在阀体底座上创建出图3-30所示的沉头孔。

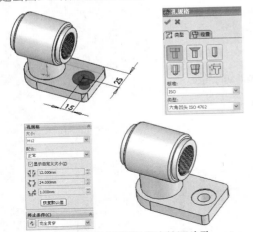

图3-30　创建阀体底座的沉头孔

16 至此，阀体零件的创建工作已全部完成。最后单击【保存】按钮 🖫 保存结果。

3.2　使用三重轴

在SolidWorks中，三重轴便利于操纵各个对象，例如3D草图、零件、某些特征，以及装配体中的零部件。三重轴可用于模型的控制和属性的修改。

3.2.1　三重轴

三重轴包括环、中心球、轴和侧翼等元素。在零件模式下显示的三重轴如图3-31所示。

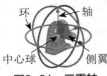

图3-31　三重轴

要使用三重轴，须满足下列条件：

➤ 在装配体中，右键单击可移动零部件，并选择【以三重轴移动】菜单命令；

➤ 在装配体爆炸图编辑过程中，选择要移动的零部件；

➤ 在零件模式下，在属性管理器的【移动/复制实体】属性面板中单击【平移/旋转】按钮；

➤ 在3D草图中，右键单击实体，并选择【显示草图程序三重轴】命令。

表3-1中列出了三重轴的操作方法。

表3-1　三重轴的操作方法

三重轴	操作方法	图　解
环	拖动环可以绕环的轴旋转对象	
中心球	拖动中心球可以自由移动对象	
	按Alt键并拖动中心球，可以自由地拖动三重轴但不移动对象	
轴	拖动轴可以朝X、Y或Z方向自由地平移对象	
侧翼	拖动侧翼可以沿侧翼的基准面拖动对象	

技术要点 🔍

如果要精确地移动三重轴，可以右键单击三重环，并选择【移动到选择】命令，然后选择一个精确位置即可。

3.2.2　参考三重轴

参考三重轴出现在零件和装配体文件中，以帮助用户在查看模型时进行导向操作，用户也可将之用来更改视图方向。

参考三重轴默认情况下在图形区的左下角。可通过在菜单栏执行【工具】|【选项】命令，在弹出的【系统选项】对话框中选择【显示/选择】选项，然后勾选或取消勾选【显示参考三重轴】复选项，即可打开或关闭参考三重轴的显示。

表3-2中列出了参考三重轴的操作方法。

表3-2　参考三重轴的操作方法

操　作	操作结果	图　解
选择一个轴	查看相对于屏幕的正视图	*上视
选择垂直于屏幕的轴	将视图方向旋转90°	*前视 ⇩ *右视
按Shift+选择轴	绕该轴旋转90°	
按Shift+Ctrl+选择轴	反方向绕该轴旋转90°	

动手操作——使用三重轴复制特征

三重轴主要用于3D模型的控制和属性的修改。本例中，通过一个三重轴的操作演示来达到移动/旋转模型的目的。练习模型如图3-32所示。

图3-32　练习模型

01 打开本例光盘文件"零件1.prt"。

02 在【特征】选项卡中单击【移动/复制实体】按钮，属性管理器显示【移动/复制实体】属性面板，如图3-33所示。

图3-33　【移动/复制实体】属性面板

03 在图形区中选择要操作的模型实体，如图3-34所示。

图3-34　选择实体

04 选择模型后，模型高亮显示，程序自动将选择的实体添加至面板中的【要移动实体】选项区的列表中，如图3-35所示。

图3-35　添加选择的实体

05 在面板的【选项】选项区中单击【平移/旋转】按钮，图形区中显示三重轴，且三重轴重合于所选实体的质量中心，如图3-36所示。

图3-36　显示三重轴

技术要点

可以将三重轴的中心球拖动到图形区的任意位置。这样，对模型进行旋转或平移操作后，将把拖动后的位置作为模型新位置，如图3-37所示。若按Alt键+拖动中心球，只能自由地拖动三重轴。

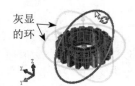

拖动到新位置
原模型

图3-37　拖动三重轴的中心球

06 选中三重轴Y方向的环，其余两环将灰显，如图3-38所示。

07 选中环并按住鼠标不放，拖动指针绕坐标系的X轴旋转一定角度，如图3-39所示。

灰显的环

图3-38　选中要旋转的环　图3-39　拖动指针旋转环

08 旋转环后放开鼠标，再次选中环，则显示其余环。

09 选中坐标系Y轴方向的轴（三重轴的轴），然后按住鼠标拖动指针至一定距离，如图3-40所示。

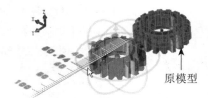

原模型

图3-40　拖动指针平移模型

10 松开鼠标后，再单击该轴将显示平移后的预览，如图3-41所示。

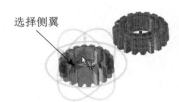

原模型

图3-41　显示平移的预览

技术要点

选择一个三重轴的轴后，用户将只能在该轴上进行正反方向平移。

11 选择三重轴的侧翼（与YZ基准平面重合的侧翼），其他侧翼及轴/环都将灰显，如图3-42所示。

选择侧翼

图3-42　选择侧翼

12 按住鼠标拖动指针，模型将随之平移，且只能在YZ基准平面内平移，如图3-43所示。

平移模型

图3-43　拖动指针平移模型

13 放开鼠标并单击侧翼，显示平移后的预览。最后在【移动/复制实体】属性面板中单击【确定】按钮✔，完成模型的平移和旋转操作。

3.3　注释和控标

在SolidWorks零件模式中，系统向用户提供了用于对象注释和对象操控的工具。这些工具方便用户轻易地认识对象，并能快速地修改对象。

3.3.1　注释

用户在使用某些工具时，在图形区域中会出

现装满文字的方框，这个方框就是对象的注释。注释可以帮助用户轻易区分不同的对象。

例如在创建扫描特征时，选择轮廓曲线和引导线后，图形区中显示对象注释，如图3-44所示。这类注释是不能进行编辑的。

有些注释可以直接进行编辑。在创建圆角特征时，选择要倒圆的边后，可以在显示的注释中输入半径值，如图3-45所示。

图3-44　不能编辑的注释　　图3-45　能编辑的注释

3.3.2　控标

控标允许用户在不退出图形区域的情形下，动态单击、移动和设置某些参数。拖动控标跨越拉伸的总长度，控标表达了可以拉伸的方向。

当在创建拉伸特征时，默认情况下只显示一个箭头的控标，但在属性管理器中设置第2个方向后，将会显示两个箭头的控标，如图3-46所示。

图3-46　控标

技术要点

当用户利用拖动控标创建拉伸特征时，所能创建的单方向的特征厚度最小值为"0.0001"，最大厚度为1000000。

动手操作——拖动控标创建支座零件

本例要设计一个叉架类零件——支座，如图3-47所示。

图3-47　支座零件

01 新建零件文件，进入零件模式。

02 使用【拉伸凸台/基体】工具，选择前视基准面作为草绘平面，并绘制出底座的截面草图，如图3-48所示。

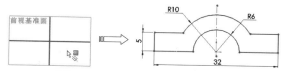

图3-48　选择草绘平面并绘制草图

03 通过【凸台-拉伸】属性面板，指定拉伸深度及拉伸方向，或者拖动控标并查看数值为16，最终创建完成的底座主体如图3-49所示。

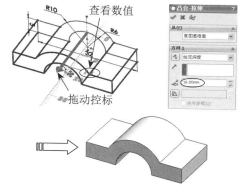

图3-49　创建底座主体

04 使用"拉伸切除"工具，以底座表面作为草绘平面，并绘制出图3-50所示的草图。

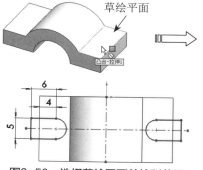

图3-50　选择草绘平面并绘制草图

05 完成草图后，拖动控标直至预览实体图像超出前一拉伸特征，在底座主体上创建一个U形缺口，如图3-51所示。

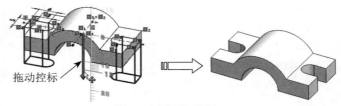

图3-51　创建U形缺口

06 同理，使用"拉伸凸台/基体"工具，以前视基准面为草绘平面，绘制草图后再拖动控标，创建出深度为"14"的凸台特征，如图3-52所示。

图3-52　创建凸台

07 使用"拉伸切除"工具，以凸台表面为草绘平面，在凸台上创建一个深度为"7"的方形缺口特征，如图3-53所示。

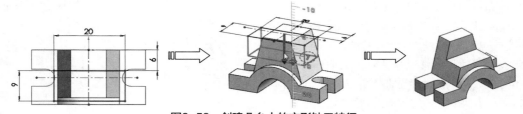

图3-53　创建凸台中的方形缺口特征

08 使用"拉伸切除"工具，以前视基准面为草绘平面，在凸台上创建一个深度为"10"的圆形缺口特征，如图3-54所示。

图3-54　创建凸台中的圆形缺口特征

09 同理，使用"拉伸凸台/基体"工具，以前视基准面为草绘平面，创建出深度为"7"的圆环实体特征（轴套），如图3-55所示。

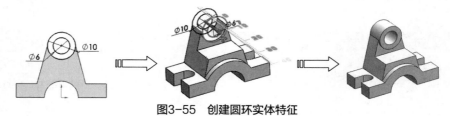

图3-55　创建圆环实体特征

⑩ 使用"异形孔向导"工具，在凸台中创建直径为"5"的螺纹钻孔，如图3-56所示。

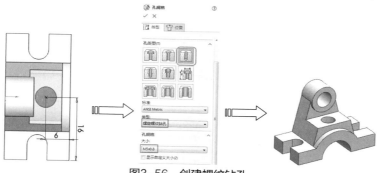

图3-56 创建螺纹钻孔

⑪ 至此，工作台零件的创建工作已全部完成。最后单击【保存】按钮 💾 保存结果。

3.4 使用Instant3D

在SolidWorks中，用户可以使用Instant3D功能来拖动几何体和尺寸操纵杆以生成和修改特征。在草图模式或工程图模式中是不支持使用Instant3D功能的。

在【特征】选项卡单击【Instant3D】按钮 🔧，即可使用Instant3D功能。

使用Instant3D功能，可以进行以下操作：

➢ 在零件模式下拖动几何体和尺寸操纵杆以调整特征大小；

➢ 对于装配体，可以装配体内的零部件，也可以编辑装配体层级草图/装配体特征以及配合尺寸；

➢ 使用标尺可以精确测量修改；

➢ 从所选的轮廓或草图生成拉伸或切除凸台；

➢ 可以使用拖动控标来捕捉几何体；

➢ 动态切割模型几何体以查看和操纵特征；

➢ 可以编辑内部草图轮廓；

➢ 可以使用Instant3D操纵镜向或阵列几何体；

➢ Instant3D可用于对2D和3D的焊件零件进行操作。

3.4.1 使用Instant3D编辑特征

可以使用Instant3D功能来选择草图轮廓或实体边，并拖动尺寸操纵杆以生成和修改特征。

1. 拖动控标指针生成特征

在特征上选择一边线或面，随后显示拖动控标。选择边线与面所显示的控标有所不同。若选择边线，将显示双箭头的控标，表示可以从4个方向拖动；若选择面，则会显示一个箭头的控标，这意味着只能从2个方向拖动，如图3-57所示。

图3-57 选择不同对象所显示的控标

若是双箭头的控标，可以任意拖动而不受特征厚度的限制，如图3-58所示。在拖动过程中，尺寸操纵杆上黄色显示的距离段为拖动距离。

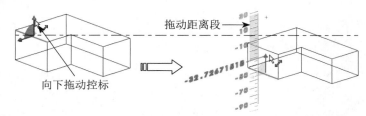

图3-58 不受厚度限制的拖动控标

若是单箭头的控标，在拖动面时则要受厚度限制，拖动后生成的新特征不得低于5mm，如图3-59所示。

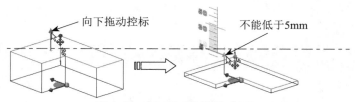

图3-59 受厚度限制的拖动控标

技术要点

当选择的边为竖直方向的边时，拖动控标可创建拔模特征，也就是绕另一侧的实体边旋转。

2. 拖动草图至现有几何体生成特征

将草图轮廓拖至现有几何体时，草图轮廓拓扑和用户选择轮廓的位置将决定所生成特征的默认类型。表3-3列出了草图曲线与现有几何体的位置关系，以及拖动控标所生成的默认特征类型。

表3-3 草图曲线与现有几何体的位置关系及生成的默认特征

选择原则	生成的默认特征	图 解
选择在面内的草图曲线	切除拉伸	
选择在面外的草图曲线	凸台拉伸	
草图曲线一半接触面，选择接触面的区域	切除拉伸	

续表

选择原则	生成的默认特征	图　解
草图曲线一半接触面，选择不接触面的区域	凸台拉伸	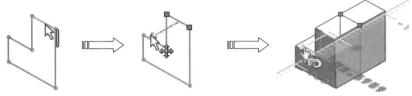

3. 拖动控标创建对称特征

用户可以选择草图轮廓，拖动控标，并按住M键，可以创建出具有对称性的新特征，如图3-60所示。

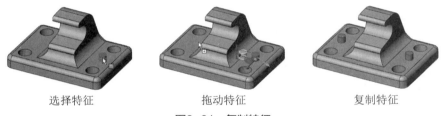

图3-60　拖动控标创建对称特征

4. 修改特征

用户可以拖动控标来修改面和边线。使用三重轴中心可以将整个特征拖动或复制（复制特征需按住Ctrl键）到其他面上，如图3-61所示。

选择特征　　　　　　拖动特征　　　　　　复制特征

图3-61　复制特征

先按下Ctrl键，同时拖动圆角，可以将其复制到模型的另一个边线上，如图3-62所示。

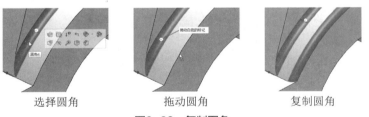

选择圆角　　　　　　拖动圆角　　　　　　复制圆角

图3-62　复制圆角

技术要点 📖

如果某实体不可拖动，该控标就会变为黑色，或在用户尝试拖动实体时出现 🚫 图标。此时，特征不受支持或受到限制。

3.4.2　Instant3D标尺

在拖动控标生成或修改特征时，会显示Instant3D标尺。使用屏幕上的标尺可精确测量特征的修改。

Instant3D标尺包括直标尺和角度标尺。一般拖动控标做平移将显示直标尺，如图3-63所示；在使用三重轴环旋转活动剖面时，则显示角度标尺，如图3-64所示。

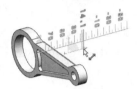

图3-63　直标尺

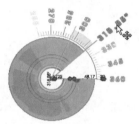

图3-64　角度标尺

在装配体中，当选择快捷菜单上的【以三重轴移动】时，标尺会以三重轴显示，以便能够将零部件移至定义的位置，如图3-65所示。

图3-65　装配体中的标尺

当指针远离标尺时，可以自由拖动尺寸，在标尺上移动指针可捕捉到标尺增量，如图3-66所示。

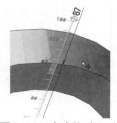

图3-66　自由拖动尺寸

3.4.3　活动剖切面

用户可以使用活动剖切面，并选择任何基准面或平面动态地生成模型的剖面。使用活动剖切面作为分析工具，可以从不同角度研究设计任务，还可以一直显示多个活动剖切面，这些剖切面会自动随模型保存。

在图形区中选择一个基准面或者平面，并选择右键菜单的【活动剖切面】命令，模型中将显示三重轴。利用三重轴的特性，平移或旋转拖动三重轴可以改变剖面的大小，如图3-67所示。

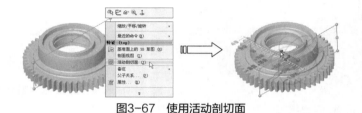

图3-67　使用活动剖切面

技术要点 📖

若要全剖模型且显示的剖切面不够大时，可以拖动剖切面上的球形控标，直至可以全剖模型为止。

动手操作——修改零件

使用Instant3D功能来拖动几何体和尺寸操纵杆，可以生成和修改模型，这可以帮助用户完成快速建模过程。在实际的设计过程中，设计人员常常使用此功能来快速建模。

本例练习模型（为一个实体与一个草图）和Instant3D操作完成的结果，如图3-68所示。

01 打开本例素材文件"零件2.prt"。

图3-68　练习模型

02 在【特征】选项卡上单击【Instant3D】按钮 📐，然后在图形区选择实体的表面作为修改面。随后修改面上出现控标，实体模型中显示标注的草图尺寸，如图3-69所示。

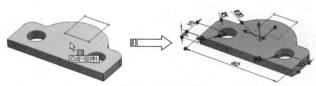

图3-69　选择修改面

03 拖动Z方向上的控标，至一定位置后放开鼠标，实体将随之更新，如图3-70所示。在图形区的空白位置单击，完成修改操作。

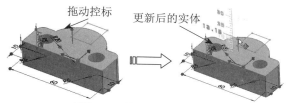

图3-70　拖动控标修改实体

技术要点

　　显示控标后，模型中被标注的草图是不能被修改的。当用户选择被尺寸约束的面、边线或中心球时，控标将灰显。同时指针显示警示符号🚫并显示警告信息，如图3-71所示。

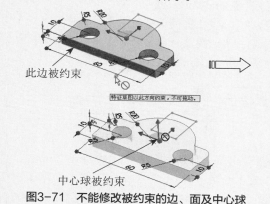

此边被约束

特征草图以此方向约束，不可拖动。

中心球被约束

图3-71　不能修改被约束的边、面及中心球

04 在激活的Instant3D状态下，选择实体模型中的一个圆形孔面，随后显示2个控标。一个是控制整个模型的控标，另一个是控制孔的控标，如图3-72所示。

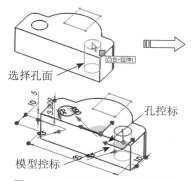

选择孔面

孔控标

模型控标

图3-72　选择修改面并显示控标

05 由于该孔被直径尺寸约束，但定位位置未被尺寸约束，因此可以更改孔特征在模型中的位置。拖动孔控标至模型外，程序会生成孔实体，且模型中的孔特征被移除，如图3-73所示。

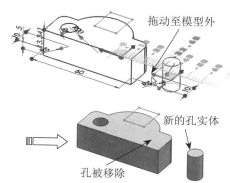

拖动至模型外

新的孔实体

孔被移除

图3-73　拖动控标以生成新的特征

技术要点

　　若拖动孔控标始终在模型内，最后的结果会是孔特征被移动到新的位置，如图3-74所示。

06 选择另一个孔面，并显示孔控标和模型控标，如图3-75所示。

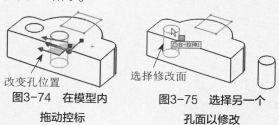

改变孔位置

选择修改面

图3-74　在模型内　　　图3-75　选择另一个
　　　拖动控标　　　　　　孔面以修改

07 拖动模型控标，程序则弹出【删除确认】对话框，如图3-76所示。

图3-76　拖动模型控标弹出【删除确认】对话框

08 单击该对话框中的【删除】按钮，即可删除模型的定位几何约束，删除后才可以修改模型。

09 向Y方向拖动模型控标，模型则随之移动，如图3-77所示。

技术要点

　　由于模型的边界已被尺寸约束，因此拖动控标将不能修改模型尺寸，则只能平移模型。

10 在图形区中选择草图曲线以进行特征的修改（选择时须注意指针位置），如图3-78所示。

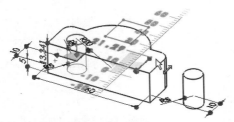

图3-77　拖动模型控标平移模型

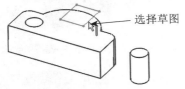

图3-78　选择草图曲线作为修改对象

11 模型中会出现控标，向Z方向拖动控标，模型中显示新特征的预览，如图3-79所示。

12 放开鼠标并在空白区域单击，完成新特征的创建，如图3-80所示。

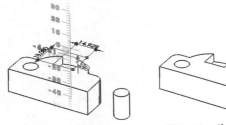

图3-79　拖动控标　　　图3-80　生成新特征

13 最后单击【标准】选项卡上的【保存】按钮，将本例操作的结果文件保存。

3.5　综合实战——轴承支座零件建模案例

引入素材：无

结果文件：综合实战\结果文件\Ch03\轴承支座.sldprt

视频文件：\视频\Ch03\轴承支座设计.avi

　　轴承支座属于机械四大类零件中的叉架类零件。本例将以轴承座模型的创建，为初学者简要介绍在零件设计环境中，如何构建一个完整的零件，轴承支座零件创建完成后的模型如图3-81所示。

图3-81　轴承支座零件

　　轴承支座零件的结构为左右对称结构，在建模过程中，将会利用特征建模工具如【筋】【异型孔】【圆角】等来完成最终模型。

操作步骤

01 启动SolidWorks 2020软件。

02 在【特征】选项卡中单击【拉伸凸台/基体】按钮，然后选择前视基准面作为草绘平面，进入草图环境中绘制图3-82所示的草图。

图3-82　绘制草图

03 退出草图环境后，再拖动控标至250mm，再单击【凸台-拉伸】属性面板中的【确定】按钮，完成拉伸实体（轴承基座）的创建，如图3-83所示。

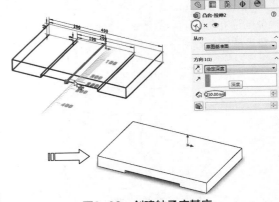

图3-83　创建轴承座基座

04 再次使用【拉伸凸台/基体】工具，选择轴承座基座后端面作为草图平面，绘制图3-84所示草图。

05 退出草图环境，然后拖动控标分别向默认的两个方向拉伸草图，深度分别为98mm、22mm，如图3-85所示。

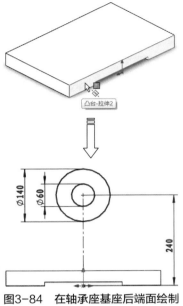

图3-84 在轴承座基座后端面绘制
草图

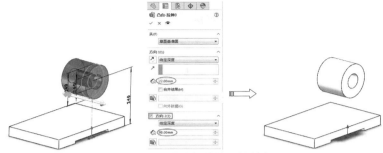

图3-86 完成拉伸特征的创建

图3-87 创建轴承座支撑板特征

技术要点 📖

　　绘制草图时，使用【转换实体引用】命令将轴承座的圆柱凸台外圆和基座上表面转换为草图，用户可以使用【剪裁实体】命令将多余的线条移除，也可以在拉伸的时候单击选择要拉伸的封闭区域。

08 在菜单栏中执行【插入】|【参考几何体】|【基准面】命令 📐，选择轴承座基体上表面作为第一参考，设置距离为285mm，创建图3-88所示的基准面。

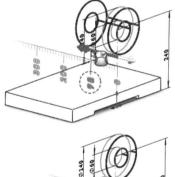

图3-88 创建基准面

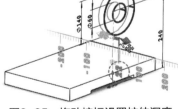

图3-85 拖动控标设置拉伸深度

06 单击【凸台-拉伸】属性面板中的【确定】按钮 ✓，完成拉伸实体的创建，如图3-86所示。

07 再使用【拉伸凸台/基体】工具，选择轴承座后端面为草图平面，绘制草图，并拖动控标前进30mm，创建完成的轴承座支撑板特征如图3-87所示。

09 在创建的基准面上绘制图3-89所示的草图，在"前导视图"中选择"隐藏线可见" 🔲 的显示样式。绘制中心线，绘制圆，圆心落在中心线上，并标注圆心距圆柱凸台60mm的距离。

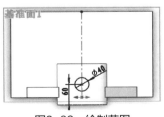

图3-89 绘制草图

10 退出草图环境后，在【凸台-拉伸】属性面板上设置拉伸方式为【成型到一面】，完成的结果如图3-90所示。

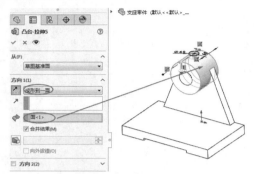

图3-90　完成凸台创建

11 单击【特征】选项卡的【拉伸切除】按钮 ，选择上步创建的圆形凸台顶面基为绘图平面，绘制与凸台同心的圆，标注直径为20mm，切除方式选择"给定深度"，拖动控标至80mm处，最后单击【确定】按钮 完成凸台孔的切除，如图3-91所示。

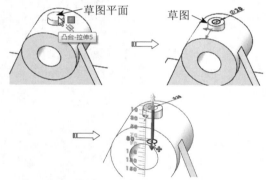

图3-91　创建凸台圆孔

12 在菜单栏中执行【视图】|【显示/隐藏】|【隐藏所有类型】命令，将基准面隐藏。

13 在【特征】选项卡中单击【筋】按钮 ，选择右视基准面作为绘图平面绘制图示草图，如图3-92所示。

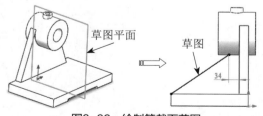

图3-92　绘制筋截面草图

14 在【筋】属性面板中设置相应的参数，单击【确定】按钮 创建【筋】特征，如图3-93所示。

图3-93　创建筋

15 在【特征】选项卡中单击【异型孔向导】按钮 ，在弹出的【孔位置】属性面板单击【位置】选项卡，然后选择基座上表面作为3D草图平面，并绘制孔的位置，如图3-94所示。

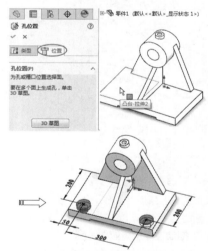

图3-94　在3D草图中定位孔位置

16 在【孔位置】属性面板的【类型】选项卡中设置相关参数，最后单击【确定】按钮 创建异型孔，如图3-95所示。

17 在【特征】选项卡中单击【圆角】按钮 ，设置圆角半径为40mm，基座前端的两条棱边，创建圆角，如图3-96所示。

18 至此，已经完成了轴承座的模型创建。将模型文件另存为"轴承支座"。

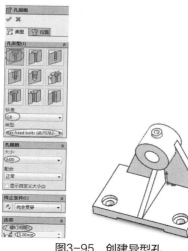

图3-95 创建异型孔

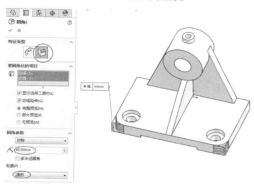

图3-96 创建圆角

3.6 课后习题

1. 操作模型

本练习的主轴模型如图3-97所示。

练习要求与步骤：

➢ 打开练习模型。

➢ 在【特征】选项卡单击 **图3-97 主轴**

【移动/复制实体】按钮 ，打开【移动/复制实体】属性面板。

➢ 单击【平移/旋转】按钮，显示三重轴。

➢ 激活三重轴的环，旋转主轴模型。

➢ 激活三重轴的轴，平移主轴模型。

2. 修改模型

本练习的模型与修改特征的完成结果如图3-98所示。

 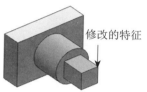

修改的特征

图3-98 修改卡座模型

练习要求与步骤：

➢ 打开练习模型。

➢ 激活Instant3D。

➢ 在图形区中选择顶部小矩形块的表面作为修改面。

➢ 向垂直于修改面的方向拖动控标20mm。

➢ 保存修改结果。

3. 生成或修改特征

本练习的模型与修改特征的完成结果如图3-99所示。

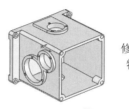 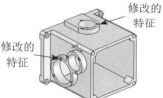

修改的特征

修改的特征

图3-99 修改箱体模型

练习要求与步骤：

➢ 打开练习模型。

➢ 激活Instant3D。

➢ 在图形区中选择箱体中侧向凸台（含一个孔）的表面作为修改面。

➢ 向垂直于修改面的正方向拖动控标10mm。

➢ 在图形区中选择箱体中侧向凸台（含两个孔）的表面作为修改面。

➢ 向垂直于修改面的正方向拖动控标10mm。

➢ 最后保存修改结果。

考虑到SolidWorks 2020基本操作的工具很多，我们特意地把参考几何体的应用、录制与执行宏、FeatureWorks工具的应用等，作为踏入SolidWorks 2020的第三阶，只有跨过此三阶，在后续的课程中，我们才会更加轻松地学习。

知识要点

⊙ 参考几何体　　　　　　　　　　⊙ FeatureWorks
⊙ 录制与执行宏

4.1　参考几何体

在SolidWorks中，参考几何体定义曲面或实体的形状或组成。参考几何体包括基准面、基准轴、坐标系和点。

4.1.1　基准面

基准面是用于草绘曲线、创建特征的参照平面。SolidWorks向用户提供了3个基准面：前视基准面、右视基准面和上视基准面，如图4-1所示。

除了使用SolidWorks程序提供的3个基准面来绘制草图外，还可以在零件或装配体文档中生成基准面，图4-2所示为以零件表面为参考来创建的新基准面。

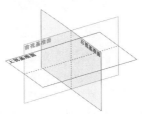

图4-1　SolidWorks的3个基准面　　　　图4-2　以零件表面为参考创建的基准面

技术要点

一般情况下，程序提供的3个基准面为隐藏状态。要想显示基准面，在右键菜单中单击【显示】按钮 👁 即可，如图4-3所示。

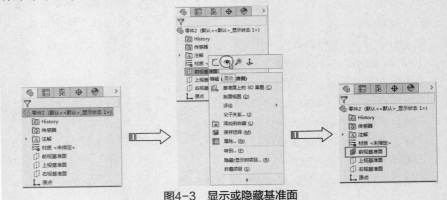

图4-3　显示或隐藏基准面

在【特征】命令功能区的【参考几何体】下拉菜单中选择【基准面】命令，在设计树的属性管理器选项卡中显示【基准面】属性面板，如图4-4所示。

图4-4 【基准面】属性面板

当选择的参考为平面时，【第一参考】选项区将显示图4-5所示的约束选项。当选择的参考为实体圆弧表面时，【第一参考】选项区将显示图4-6所示的约束选项。

图4-5 平面参考的　　图4-6 圆弧参考的
　　约束选项　　　　　　约束选项

【第一参考】选项区中各约束选项的含义如表4-1所示。

表4-1 基准面约束选项含义

图标	说　明	图　解
第一参考	在图形区中为创建基准面来选择平面参考	第一参考

续表

图标	说　明	图　解
平行	选择此项，将生成一个与选定参考平面平行的基准面	与参考平行
垂直	选择此项，将生成一个与选定参考垂直的基准面	与参考垂直
重合	选择此项，将生成一个穿过选定参考的基准面	与参考重合
两面夹角	选择此项，将生成一个通过一条边线、轴线或草图线，并与一个圆柱面或基准面成一定角度的基准面	通过此边
偏移距离	选择此项，将生成一个与选定参考平面偏移一定距离的基准面。通过输入面数，来生成多个基准面	
两侧对称	在选定的两个参考平面之间生成一个两侧对称的基准面	在两参考之间
相切	选择此项，将生成一个与所选圆弧面相切的基准面	与圆弧相切

注：在【基准面】属性面板中勾选【反转】复选项，可在相反的位置生成基准面。

【第二参考】选项区与【第三参考】选项区中包含与【第一参考】中相同的选项，具体情况取决于用户的选择和模型几何体。根据需要设置这两个参考来生成所需的基准面。

动手操作——创建基准面

01 打开本例素材文件。

02 在【特征】选项卡的【参考几何体】下拉菜单中选择【基准面】命令，属性管理器显示【基准面】属性面板，如图4-7所示。

图4-7 【基准面】属性面板

03 在图形区中选择图4-8所示的模型表面作为第一参考，随后面板中显示平面约束选项，如图4-9所示。

图4-8 选择第一参考

图4-9 显示平面约束选项

04 选择参考后，图形区中自动显示基准面的预览，如图4-10所示。

05 在【第一参考】选项区的【偏移距离】文本框中输入值"50"，然后单击【确定】按钮，完成新基准面的创建，如图4-11所示。

图4-10 显示基准面预览

图4-11 输入偏移距离，并完成新基准面的创建

技术要点

当输入偏移距离值后，可以按Enter键查看基准面的生成预览。

4.1.2 基准轴

通常在创建几何体或创建阵列特征时会使用基准轴。当用户创建旋转特征或孔特征后，程序会自动在其中心显示临时轴，如图4-12所示。通过在菜单栏执行【视图】|【临时轴】命令，或者在前导功能区的【隐藏/显示项目】下拉菜单中单击【观阅临时轴】按钮，可以即时显示或隐藏临时轴。

用户还可以创建参考轴（也称构造轴）。在【特征】选项卡的【参考几何体】下拉菜单中选择【基准轴】命令，在属性管理器选项卡中显示【基准轴】属性面板，如图4-13所示。

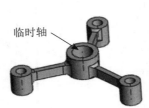

图4-12 显示或隐藏临时轴　　图4-13 【基准轴】属性面板

【基准轴】属性面板中包括5种基准轴定义方式，如表4-2所示。

表4-2 5种基准轴定义方式

图标	说　　明	图　　解
一直线/边线/轴	选择一草图直线、边线，或选择视图、临时轴来创建基准轴	边线
两平面	选择两个参考平面，且两平面的相交线将作为轴	面1　轴　面2

续表

图标	说　　明	图　　解
两点/顶点	选择两个点（可以是实体上的顶点、中点或任意点）作为确定轴的参考	点1　点2　轴
圆柱/圆锥面	选择一圆柱或圆锥面，则将该面的圆心线（或旋转中心线）作为轴	轴　圆柱面
点和面/基准面	选择一曲面或基准面及顶点或中点。所产生的轴通过所选顶点、点或中点而垂直于所选曲面或基准面。如果曲面为非平面，则点必须位于曲面上	平面　轴　点

图4-15　【基准轴】属性面板

参考实体

基准面

图4-16　选择参考实体

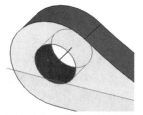

图4-17　显示基准轴预览

技术要点 📄

在【基准轴】属性面板的"参考实体"激活框中，若用户选择的参考对象错误，需要重新选择，可执行右键菜单【删除】命令将其删除，如图4-14所示。

图4-14　删除参考对象

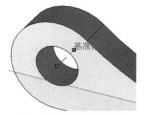

图4-18　创建基准轴

4.1.3　坐标系

在SolidWorks中，坐标系用于确定模型在视图中的位置，以及定义实体的坐标参数。在【特征】选项卡的【参考几何体】下拉菜单中选择【坐标系】命令，在设计树的属性管理器选项卡中显示【坐标系】属性面板，如图4-19所示。默认情况下，坐标系建立在原点，如图4-20所示。

动手操作——创建基准轴

01 在【特征】选项卡的【参考几何体】下拉菜单中选择【基准轴】命令，属性管理器显示【基准轴】属性面板。接着在【选择】选项区中单击【圆柱/圆锥面】按钮，如图4-15所示。

02 在图形区中选择图4-16所示的圆柱孔表面作为参考实体。

03 随后模型圆柱孔中心显示基准轴预览，如图4-17所示。

04 最后单击【基准轴】属性面板中的【确定】按钮 ✅，完成基准轴的创建，如图4-18所示。

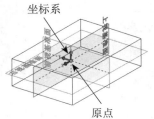

图4-19 【坐标系】 图4-20 在原点处默认建立
属性面板 的坐标系

若用户要定义零件或装配体的坐标系，可以按以下方法选择参考：

➤ 选择实体中的一个点（边线中点或顶点）；
➤ 选择一个点，再选择实体边或草图曲线以指定坐标轴方向；
➤ 选择一个点，再选择基准面以指定坐标轴方向；
➤ 选择一个点，再选择非线性边线或草图实体以指定坐标轴方向；
➤ 当生成新的坐标系时，最好起一个有意义的名称以说明它的用途。在特征管理器设计树中，在坐标系图标位置选择右键菜单【属性】命令，在弹出的【属性】对话框中可以输入新的名称，如图4-21所示。

图4-21 更改坐标系名称以说明用途

动手操作——创建坐标系

01 在【特征】选项卡的【参考几何体】下拉菜单中选择【坐标系】命令，属性管理器显示【坐标系】属性面板。图形区中显示默认的坐标系（即绝对坐标系），如图4-22所示。

02 接着在图形区的模型中选择一个点作为坐标系原点，如图4-23所示。

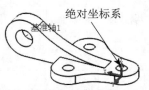

图4-22 显示【坐标系】属性面板和绝对坐标系

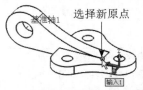

图4-23 选择新坐标系原点

03 选择新原点后，绝对坐标系移动至新原点上，如图4-24所示。接着激活面板中的【X轴方向参考】列表，然后在图形区中选择图4-25所示的模型边线作为X轴方向参考。

图4-24 【基准轴】 图4-25 选择X轴
属性面板 方向参考

04 随后新坐标系的X轴与所选边线重合，如图4-26所示。

05 最后单击【坐标系】属性面板中的【确定】按钮✔，完成新坐标系的创建，如图4-27所示。

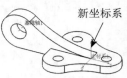

图4-26 X轴与所选 图4-27 创建新坐标系
边线重合

4.1.4 创建点

SolidWorks参考点可以用作构造对象，例如用作直线起点、标注参考位置、测量参考位置等。

用户可以通过多种方法来创建点。在【特征】选项卡的【参考几何体】下拉菜单中选择【点】命令，在设计树的属性管理器选项卡中将显示【点】属性面板,如图4-28所示。

图4-28 【点】属性面板

【点】属性面板中各选项含义如下所述。

- ➤ 参考实体：显示用来生成参考点的所选参考。
- ➤ 圆弧中心：在所选圆弧或圆的中心生成参考点。
- ➤ 面中心：所选面的中心生成一参考点。这里可选择平面或非平面。
- ➤ 交叉点：在两个所选实体的交点处生成一参考点。可选择边线、曲线,以及草图线段。
- ➤ 投影：生成从一实体投影到另一实体的参考点。
- ➤ 沿曲线距离或多个参考点：沿边线、曲线或草图线段生成一组参考点。此方法包括"距离""百分比"和"均匀分布"。其中,"距离"是指按用户设定的距离生成参考点数;"百分比"是指按用户设定的百分比生成参考点数;"均匀分布"是指在实体上均匀分布的参考点数。

动手操作——创建点

01 在【特征】功能区的【参考几何体】下拉菜单中选择【点】命令,属性管理器显示【点】属性面板。然后在面板中单击【圆弧中心】按钮,如图4-29所示。

02 接着在图形区的模型中选择图4-30所示孔边线作为参考实体。

03 再单击【点】属性面板中的【确定】按钮,程序自动完成参考点的创建,如图4-31所示。

04 最后单击【标准】功能区上的【保存】按钮,将本例操作结果保存。

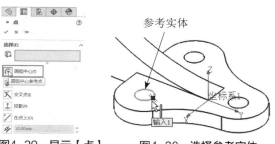

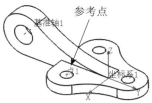

图4-29 显示【点】 图4-30 选择参考实体
属性面板并选择参考类型

图4-31 完成参考点的创建

4.2 录制与执行宏

宏是记录用户执行命令的一种便捷方式,也是执行用户操作命令后的结果。对于初学者来说,最好利用录制宏来解决日常工作中的重复操作。SolidWorks向用户提供了宏工具,图4-32所示为【宏】工具栏。

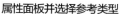

图4-32 【宏】工具栏

4.2.1 新建宏

【新建宏】工具可以帮助建立新宏。当生成新的宏时,用户可以直接从自定义的编辑宏应用程序(如Microsoft Visual Basic)中进行相应操作。

在【宏】工具栏单击【新建宏】按钮,程序将弹出【新建宏】对话框,通过该对话框将新建的宏文件保存在SolidWorks安装路径下的Macros(可自定义命名)的文件夹下,如图4-33所示。

图4-33 【另存为】对话框

4.2.2 录制/暂停宏

通过使用"录制/暂停宏"工具,用户可以将SolidWorks工作界面中所执行的操作录制下来。宏会记录所有鼠标单击的位置、菜单的选项,以及键盘所输入的值或字母,以便以后执行。

在【宏】工具栏单击【录制/暂停宏】按钮,程序随后进入录制用户执行SolidWorks命令过程,在此过程中可再次单击【录制/暂停宏】按钮暂停录制操作。

当录制完成时,单击【宏】工具栏上的【停止宏】按钮,然后将录制的宏进行保存。

4.2.3 为宏指定快捷键和菜单

录制宏后,可以为宏定制自定义的快捷键和菜单。在【标准】选项卡选择【自定义】命令打开【自定义】对话框。在对话框的【键盘】标签中选择【宏】类别,并在下面宏列表中激活"快捷键"选项,此时用户可根据键盘操作习惯来设置快捷命令,然后单击对话框中的【确定】按钮,即可完成宏快捷命令的定义,如图4-34所示。

图4-34 为"宏"定义快捷键命令

技术要点

在【类别】下拉列表中如果没有列出【宏】选项,则必须事先录制宏,并将宏保存在MACORS文件夹中。

同理,用户也可按上述方法在【自定义】对话框的【菜单】标签中为宏指定新的参数选项。

4.2.4 执行宏与编辑宏

在【宏】工具栏单击【执行宏】按钮,程序随即运行宏。

录制宏后,可使用"编辑宏"工具对宏进行编辑或调试。在【宏】工具栏单击【编辑宏】按钮,随后在打开的【编辑宏】对话框,双击保存的宏文件,然后弹出【Microsoft Visual Basic】程序窗口,如图4-35所示。

图4-35 【Microsoft Visual Basic】程序窗口

通过该程序窗口,使用VB程序语言对宏进行自定义编辑,编辑完成后,单击窗口中的【保存】按钮并关闭该窗口。

SolidWorks VBA

Visual Basic for Applications(VBA)是在SolidWorks中录制、执行或编辑宏的引擎。用户录制的宏以.swp VBA项目文件的形式保存;可以使用VBA编辑器来读取和编辑 .swb及.swp(VBA)文件;当编辑现有的.swb文件时,文件会自动转换为.swp 件;用户可以将模块输出到其他VB项目中使用。

4.3 FeatureWorks

FeatureWorks是第一个为CAD用户设计的特征识别应用程序。与其他CAD系统共享三维模型，充分利用原有的设计数据，更快地向SolidWorks系统过渡，这就是特征识别软件FeatureWorks所带来的好处。

4.3.1 FeatureWorks特点

FeatureWorks提供了崭新灵活的功能，包括在任何时间按任意顺序交互式操作，以及自动进行特征识别。FeatureWorks提供了在新的特征树内进行再识别和组合多个特征的功能，新增功能还包含识别拔模特征和筋特征的能力。

下面对FeatureWorks功能特点做简要介绍。

1. 便捷的重建模型

标准的数据转换器使人们可以共享不同CAD系统的几何信息，但是转换的模型有时成功，有时不成功，通常需要人工重建模型。人们往往需要引入新的设计意图，或增加转换过程中丢失的信息。FeatureWorks软件能让用户迅速而方便地在转化的数据模型中添加新的设计意图。

2. 第一个为用户设计的特征识别应用程序

FeatureWorks与SolidWorks完全集成，是第一个为用户设计的特征识别应用程序。

FeatureWorks能对由标准数据转换器转换来的几何模型进行特征识别，为几何模型添加信息，形成SolidWorks特征管理员中的特征。

3. 方便用户对孔、切除、圆角、倒角和拉伸的尺寸和位置进行修改

一旦特征识别完成后，用户可以用SolidWorks的命令按需要对设计进行修改。例如用户可以简单地将识别后的孔直径从3cm改成5cm。由FeatureWorks识别的特征是完全可以编辑的，是全相关的和参数化的，而且可随时增加新的特征。FeatureWorks给以前的设计数据赋予新的价值，使不同的CAD用户之间更方便、更快地共享三维设计模型。

4. 保持设计思想，提高产品质量

FeatureWorks不仅能够灵活地对转化数据进行修改，而且能保持或修改新的设计思想。例如一个孔原来是"盲孔"或"通孔"，转换时它可能丢失就需要重新定义，因此转换时需要保持原始的设计思想，以确保产品质量。

5. 使用特征识别，节省时间

FeatureWorks可以从标准转换器转换的几何模型捕捉所有的数据，然后进行特征识别。标准数据格式包括STEP、IGES、SAT（ACIS）、VDAFS和Parasolid。FeatureWorks最适合识别规则的机加工轮廓和钣金特征，其中包括：

➢ 拉伸特征，特征的轮廓是由直线、圆或圆弧构成；

➢ 圆柱或圆锥形状的旋转特征；

➢ 所有孔特征，包括简单孔、螺纹孔和台阶孔；

➢ 筋和拔模特征；

➢ 等半径圆角；

➢ 其他诸如倒角或圆角的特征。

6. 自动和交互两种方式

FeatureWorks提供自动和交互两种特征识别方式。自动的方式不需要人工干预。一般情况下，如果不能自动识别特征时，就有一个交互式的对话框弹出，通过简单的交互，点取一个孔或凸台的一个面，通过控制或指定设计意图来实现特征识别。模型指示器显示特征识别前后的轮廓变化。在交互识别方式和自动识别方式上可以交替使用。

7. 安装简单，易学易用，与SolidWorks完全集成

启动FeatureWorks非常简单。用户可以从SolidWorks菜单中选取所有的FeatureWorks命令，SolidWorks中的特征（设计树）会自动保存经FeatureWorks识别的特征，整个操作过程直观、简单。

4.3.2 关闭和激活FeatureWorks

FeatureWorks在SolidWorks的零件文档中可以对输入实体中的特征进行识别。对初学者来说，FeatureWorks可以帮助用户了解没有详细设计参数的模型的建模过程。

要使用FeatureWorks，需要在【标准】选项卡中选择【插件】命令，然后在弹出的【插件】对话框的【活动插件】列表框中勾选【FeatureWorks】复选项，再单击【确定】按钮，即可在【特征】选项卡中显示FeatureWorks工具，如图4-36所示。

图4-36　在【特征】选项卡显示的FeatureWorks工具

一般情况下，在SolidWorks中打开的是具有详细设计参数的模型时，启动FeatureWorks的按钮命令【识别特征】未激活呈灰色显示。当打开具体参数的模型后，【识别特征】按钮命令已激活。

要关闭FeatureWorks，可在【插件】对话框取消对【FeatureWorks】选项的勾选。

用户可通过以下方式来执行FeatureWorks命令：

➢ 在【特征】选项卡单击【识别特征】按钮 ⬚ 或者【FeatureWorks选项】按钮 ⬚ ；
➢ 在菜单栏执行【插入】|【FeatureWorks】|【识别特征】或【选项】命令；
➢ 在图形区选中模型并执行右键菜单【识别特征】或【选项】命令；
➢ 在特征管理器设计树中选择"输入"特征，并执行右键菜单【识别特征】或【选项】命令。

4.3.3　FeatureWorks识别方法与类型

FeatureWorks识别特征的方法包括自动特征识别、交互特征识别和逐步识别。

1. 自动特征识别

FeatureWorks的自动识别方法可以自动识别并高亮显示尽可能多的特征，这种方法的好处是加速特征的识别，而不必选取面或特征。

技术要点 🔖

如果 FeatureWorks 软件自动识别到用户模型中大部分或所有的特征，则会使用自动特征识别。

2. 交互特征识别

交互特征识别方法是选择特征类型和构成所要识别特征的实体。这种方法的好处是可以控制所识别的特征。例如，当决定要将圆柱切除识别为拉伸、旋转或孔时。此外，还可以借助所选的面及边线来决定特征草图的位置及复杂程度。

3. 逐步识别

逐步识别方法可以识别零件的某些输入实体特征，保存该零件，稍后再识别同一输入实体的其他特征；也可以识别部分零件（包含输入实体和识别特征）的特征；可以保存部分识别的文档，以便保留各个识别阶段。

逐步识别被自动特征识别和交互特征识别或这些方法的组合所支持。

逐步识别方法的好处是：

➢ 逐步识别可供多体零件或带钣金特征的零件使用；
➢ 识别前的特征名称在识别后不被保留；
➢ 查找阵列、组合特征和重新识别命令仅适用于当前显示在PropertyManager属性管理器中的特征。

4. 识别类型

FeatureWorks最适合识别带有长方形、圆锥形、圆柱形的零件和钣金零件。表4-3列出了使用交互特征识别方法可识别的标准特征类型。

续表

表4-3 可识别的标准特征类型

特征类型	选择对象	所需选择	图 解
凸台拉伸或切除拉伸	面	选择代表特征草图的模型面	
	边线或环	选择代表特征草图的一组边线或环	
	多个面	选择代表特征草图的每个面，然后在【成形到面】方框中选择此公共面	
凸台旋转或切除旋转	面	选择代表旋转特征草图的一组面	
	面	如果勾选【链旋转面】复选框，为此旋转特征选择一个面，FeatureWorks选择连续的面	
倒角	面	选择代表倒角面的模型面	
拔模	面	选择拔模面和代表中性面的面	
圆角/圆化	面	选择代表圆角面的模型面	
	面	选择一个半径圆角	

特征类型	选择对象	所需选择	图 解
孔	面	选择代表孔特征草图的一组面。FeatureWorks识别异型孔和向导孔	
基体-放样	面	选择端面1和端面2	
筋	面	选择对于筋独特的面	
	面	选择用来生成垂直于草图的筋的面（筋上）	
	面	选择对于筋独特的面，识别包括负拔模的筋	
抽壳	面	选择抽壳特征顶端的面。只有具有统一厚度的抽壳特征才可被识别	
基体/扫描	面	选择端面1下面一端的面，然后选择端面2下另一端的面	
体积特征	面	选择代表加厚曲面的模型面	

4.3.4 FeatureWorks操作选项

当打开其他stp格式的文件时，可以在特征选项卡单击【识别特征】按钮，属性管理器中显示【FeatureWorks】属性面板。【FeatureWorks】属性面板中包含2种识别模式：自动和交互。"自动"识别模式的选项设置如图4-37所示。"交互"识别模式的选项设置如图4-38所示。

图4-37 "自动"识别 模式　　　图4-38 "交互"识别 模式

技术要点

当打开其他软件生成的文件（实体或钣金零件）时，"识别特征"工具才可用。

【FeatureWorks】属性面板中各选项、按钮的含义如下所述。

- 信息：信息列表中显示用户进行下一步操作的提示。
- 自动：单击此单选按钮，按自动识别的方法识别特征。
- 交互：单击此单选按钮，按交互特征识别的方法识别特征。
- 标准特征：表4-3中的特征类型即是标准特征。单击此单选按钮，将在【自动特征】选项组中显示标准特征复选项。
- 钣金特征：FeatureWorks所能识别的钣金特征。单击此单选按钮，将在【自动特征】选项组中显示钣金特征复选项。
- 复选所有过滤器：单击此按钮，则【自动特征】选项组中的所有复选项被自动勾选。
- 取消复选所有过滤器：单击此按钮，则【自动特征】选项组中所有被选中的复选项被自动取消勾选。

- 本地识别实体：当用户选择特征进行识别时，"本地识别实体"列表中将列出选择的特征。
- 特征类型：在"特征类型"下拉列表中包含了FeatureWorks所能识别的交互特征。
- 所选实体：从图形区域选择用户想识别的几何体为所选的实体。
- 成形到面：选取特征终止的面。FeatureWorks从草图基准面拉伸特征到所选的面。
- 检查平行面：识别非类型特征（如果它们具有与选定面平行的面）。
- 识别阵列：识别阵列特征类型。
- 识别相同：选择该复选框来识别具有相同特点的特征。例如，图形区中拥有数个具有矩形截面的凸台拉伸，选择其中一个凸台的面，这些特征会同时识别。
- 识别：单击此按钮，FeatureWorks运行识别功能。
- 删除面：删除在"所选实体"列表中的特征。

4.3.5　FeatureWorks选项设置

用户可以设置FeatureWorks选项，以帮助识别。在特征选项卡单击【FeatureWorks选项】按钮，程序弹出【FeatureWorks选项】对话框，如图4-39所示。

图4-39 【FeatureWorks选项】对话框

该对话框中包括【普通】【尺寸/几何关系】【调整大小工具】【高级控制】等选项设置。

1.【普通】选项设置

【普通】选项设置用于在FeatureWorks识别特征后零件文件中的生成方式和打开零件时是否识别特征，包括3个选项，含义如下所述。

> 覆写现有零件：在现有的零件文件中生成新特征，并且替换原来的输入实体。
> 生成新文件：在新的零件文件中生成新特征。
> 零件打开时提示识别特征：选择此选项时，当用户在SolidWorks 零件文件中打开来自另一系统的零件作为输入实体时，将自动开始特征识别。

2.【尺寸/几何关系】选项设置

【尺寸/几何关系】选项主要设置在草图中是否启用标注尺寸，如图4-40所示。各选项含义如下所述。

> 启用草图自动标注尺寸：自动将尺寸添加到识别的特征。
> 模式：将尺寸标注方案设定为基准线、链或尺寸链。
> 放置：设定尺寸的水平和垂直放置方式。
> 几何关系：是否为草图添加几何约束。

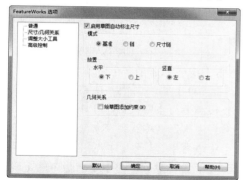

图4-40　【尺寸/几何关系】选项设置

技术要点

在上图中，如果【给草图添加约束】复选框没有被勾选，在识别特征后，特征中的草图实体将处于"欠定义"状态。

3.【调整大小工具】选项设置

【调整大小工具】选项主要用于调整特征的识别顺序，如图4-41所示。该设置中各选项含义如下所述。

> 识别顺序：为编辑特征设定识别顺序。
> 调序的特征：该列表框中列出了识别特征项目，单击上移按钮⬆或下移按钮⬇，可调整选中的特征项目的顺序。

> 在使用编辑特征时自动识别子特征：在使用编辑特征识别输入实体上的面时，识别面的子特征。右边下拉列表框中列出3个选项，分别为"是""否"和"提示"。

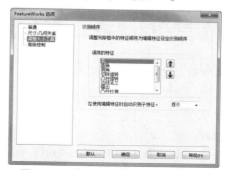

图4-41　【调整大小工具】选项设置

4.【高级控制】选项设置

【高级控制】选项主要用于设置诊断、检查识别特征，以及是否识别向导孔特征，如图4-42所示。

图4-42　【高级控制】选项设置

该设置中的各选项含义如下所述。

> 允许失败的特征生成：允许软件生成有重建模型错误的特征。如果不选择此复选框，当一个或多个特征有重建模型错误时，软件无法识别任何特征。
> 进行实体区别检查：在特征识别后比较原始的输入实体及新的实体。
> 不进行特征侵入检查：当选择此复选框时，软件在自动特征识别过程中不会对侵入另一特征的特征进行检查。
> 不进行实体检查：当选择此复选框时，软件可以在特征识别过程中周期性地检查实体。如果不选择此复选框，软件不为实体检查任何错误。

➤ 识别孔为异型孔向导孔：FeatureWorks 支持识别柱孔、锥孔、螺纹孔、管道螺纹孔，简单直孔类型等特征。

4.4 综合实战——台灯设计

本章前面讲解了SolidWorks 2020的一些基本功能应用，下面用一个台灯设计案例，让大家巩固前面所学的软件功能与技巧。

引入素材：无
结果文件：综合实战\结果文件\Ch04\台灯.sldprt
视频文件：视频\Ch04\台灯.avi

在开始建立模型之前，先对模型进行分析。台灯的模型由基座、连杆和灯头3个部分组成，如图4-43所示。

图4-43 台灯

4.4.1 基座建模

操作步骤

01 单击【新建】按钮，新建零件文件。

02 在特征管理器设计树中选择【前视基准面】，单击鼠标右键，在弹出的菜单中选择【草图绘制】，或者在图形区选择前视基准面，然后选择弹出菜单中的【草图绘制】，如图4-44所示。

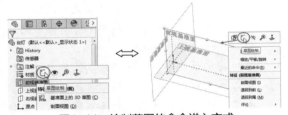

图4-44 绘制草图的命令进入方式

03 接着绘制出图4-45所示的草图1并标注尺寸。

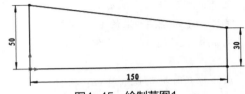

图4-45 绘制草图1

04 选中绘制的草图1，然后单击【特征】选项卡上的【拉伸凸台/基体】按钮，打开【凸台-拉伸】属性面板。在面板的【方向1】的【终止条件】列表中选择【两侧对称】选项，在【深度】输入框中输入深度值为120，单击【确定】按钮完成拉伸1的创建，如图4-46所示。

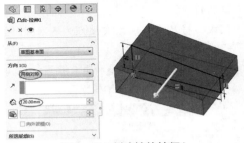

图4-46 创建拉伸特征1

05 单击【特征】选项卡上的【拔模】按钮，打开【拔模1】属性面板。单击【手工】按钮，选择拔模类型为【中性面】，输入拔模角度值为10。然后在图形区中选择实体前面作为中性面。激活【拔模面】选项区，再在图形区中选择两个侧面为拔模面，最后单击属性面板中的【确定】按钮完成拔模，如图4-47所示。

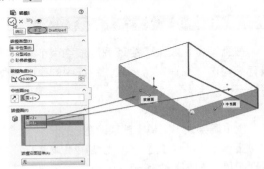

图4-47 创建拔模

06 单击【特征】选项卡上【圆角特征】按钮，选择圆角类型为【恒定大小圆角】，输入半径值为10，然后选择4个侧边和顶面4个边，再单击属性面板中的【确定】按钮完成圆角特征的创建，如图4-48所示。

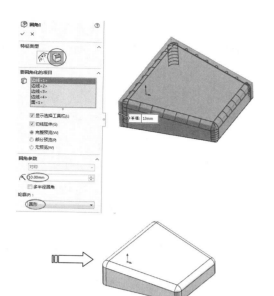

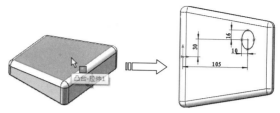

图4-51　绘制草图2

10 在【特征】选项卡单击【基准面】按钮，首选选择椭圆草图中的点作为第一参考，激活第二参考，并选择上视基准面，单击【垂直】按钮，使新基准面垂直于上视基准面。激活第三参考，选择右视基准面为第三参考，最后单击【确定】按钮✔完成创建，如图4-52所示。

图4-48　创建圆角特征

07 同理，再给底面的4条边创建半径为2的圆角，如图4-49所示。

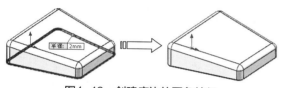

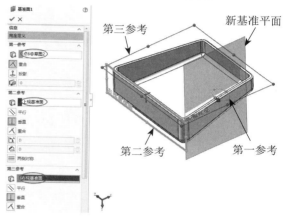

第三参考　　　新基准平面

第二参考　　　第一参考

图4-52　创建新基准平面

图4-49　创建底边的圆角特征

08 单击【特征】选项卡上的【抽壳】按钮，在【厚度】文本框中输入厚度值为5；激活【移除的面】方框，再在图形区中选择模型底面，单击属性面板中的【确定】按钮，生成抽壳特征，如图4-50所示。

11 在新建的基准面1被自动选中的情况下，单击右键，在弹出的菜单中选择【草图绘制】命令，绘制图4-53所示的草图3（封闭的草图）。

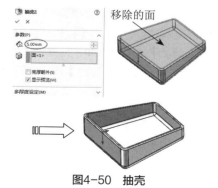

移除的面

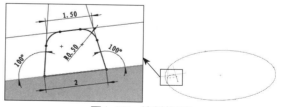

图4-53　绘制草图3

12 单击【特征】选项卡上的【扫描】按钮，选择刚才绘制的草图3为轮廓，再选择草图2为路径进行扫描，单击【确定】按钮✔完成扫描操作，如图4-54所示。

图4-50　抽壳

09 选择实体上表面作为草图平面，单击【草图】选项卡上的【草图绘制】按钮，绘制图4-51所示的椭圆形草图2，并标注尺寸。

13 隐藏基准面1，在实体上表面绘制图4-55所示草图，并标注尺寸，完成草图4的绘制。

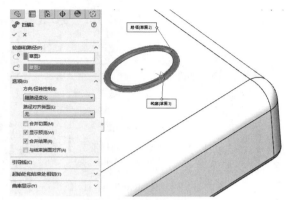

图4-54　创建扫描特征

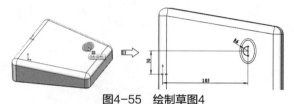

图4-55　绘制草图4

14 单击【特征】选项卡上的【旋转凸台/基体】按钮，输入角度值为180，如果方向不对，可以单击【反向】按钮改变旋转方向，单击【确定】按钮，结果如图4-56所示。

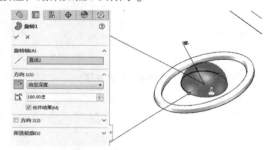

图4-56　创建旋转特征

15 选择【上视基准面】再单击【基准面】按钮，打开【基准面】属性面板。在【偏移距离】文本框中输入60，单击【确定】按钮，生成图4-57所示的基准面2。

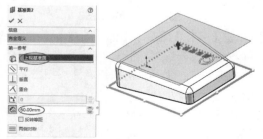

图4-57　新建基准平面2

16 在特征管理器设计树中选择【基准面2】，再选择【草图绘制】命令，绘制图4-58所示的草图5。

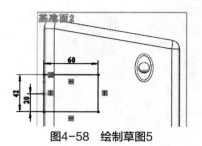

图4-58　绘制草图5

17 单击【拉伸凸台/基体】按钮，选择拉伸方法为【成形到实体】，更改拉伸方向，最后单击【确定】按钮，生成图4-59所示的凸台基体。

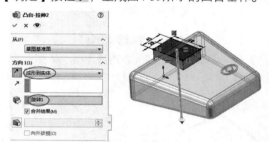

图4-59　创建拉伸凸台

18 在基准面2上继续绘制草图6，如图4-60所示。

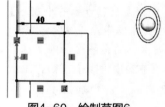

图4-60　绘制草图6

19 单击【特征】选项卡上的【拉伸凸台/基体】按钮，在【深度】框中输入40，预览效果如图4-61所示。单击属性面板的【确定】按钮，生成凸台基体。

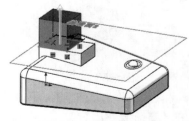

图4-61　创建凸台预览

20 单击【特征】选项卡上【圆角特征】按钮，选择圆角类型为【面圆角】，选择图4-62所示的两个面，输入半径值为20，单击【确定】按钮，生成圆角。

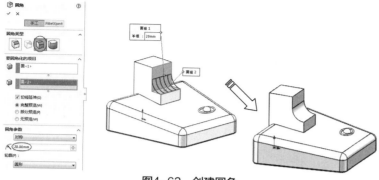

图4-62　创建圆角

21 继续为模型添加圆角，在【圆角】属性面板中选择【完整圆角】类型，再依次选择面组1、中央面组和面组2，如图4-63所示，自动创建圆角。输入半径值为5。

22 继续为模型的其余边添加圆角（分2次添加），选择【恒定大小圆角】类型，输入半径值为5，创建圆角如图4-64所示。

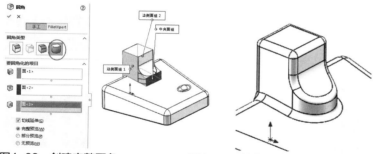

图4-63　创建完整圆角　　　图4-64　创建恒定大小圆角

23 选中底座上表面，绘制图4-65所示草图7。

24 单击【拉伸凸台/基体】按钮，打开【凸台-拉伸】属性面板。激活【拉伸方向】框，然后在图形区选择实体中竖直的圆角边作为拉伸方向参考，并输入给定的深度值为60，最后单击【确定】按钮，完成图4-66所示的拉伸凸台。

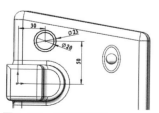

图4-65　绘制草图7

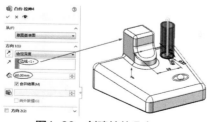

图4-66　创建拉伸凸台

25 为模型添加圆角，输入半径值为1，如图4-67所示。

图4-67　创建圆角

4.4.2　连杆建模

操作步骤

01 在前视基准面上绘制草图8，如图4-68所示。

图4-68　绘制草图8

02 接着在凸台表面绘制草图9，如图4-69所示。

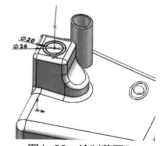

图4-69　绘制草图9

03 单击【特征】选项卡上的【扫描】按钮，选择草图9为轮廓，选择草图8为路径，单击【确定】按钮，完成图4-70所示的台灯连杆建模。

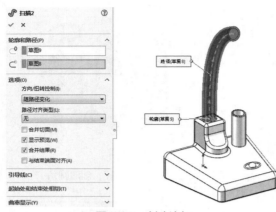

图4-70　创建连杆

4.4.3　灯头建模

操作步骤

01 在连杆头的端面单击右键，在弹出的菜单中选择【草图绘制】命令，绘制图4-71所示草图10（注意添加的相切关系）。

02 单击【特征】选项卡上的【拉伸凸台/基体】按钮，选择草图10，输入深度值为10，创建图4-72所示的拉伸凸台。

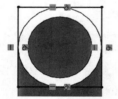

图4-71　绘制草图10　　图4-72　创建拉伸凸台

03 以上一步骤所创建的拉伸凸台的下表面为基准面绘制草图11，如图4-73所示。

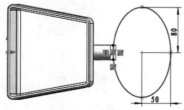

图4-73　绘制草图11

04 单击【特征】选项卡上的【拉伸凸台/基体】按钮，选择草图11，输入深度值为27，创建出图4-74所示的拉伸凸台。

图4-74　创建拉伸凸台

05 单击【特征】选项卡上的【圆顶】按钮，选择图4-75拉伸凸台的上表面，输入距离值为45，勾选【椭圆圆顶】复选框，单击【确定】按钮，完成圆顶的创建。

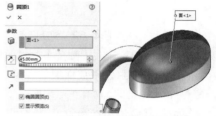

图4-75　创建圆顶

06 在拉伸凸台下表面绘制图4-76所示的草图12。

07 单击【特征】选项卡上的【拉伸切除】按钮，选择草图12，输入深度值为30，单击【确定】按钮，完成图4-77所示结果。

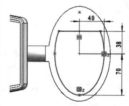

图4-76　绘制草图12　　图4-77　创建拉伸
切除特征

08 在拉伸切除内部创建两个拉伸圆柱体（直径为14、拉伸深度为80）作为灯管，并进行圆顶（圆顶距离为7）操作，如图4-78所示。

09 最终完成效果如图4-79所示。

图4-78　创建灯管　　图4-79　最终设计完成的
台灯

4.5 课后习题

1. 设计皮带轮

摸索着利用旋转、拉伸、拉伸切除等命令，创建图4-80所示的皮带轮（可以打开本习题的结果文件参照着练习）。

2. 设计齿轮传动轴

摸索着利用旋转、拉伸切除等命令，创建图4-81所示的齿轮传动轴（可以打开本习题的结果文件参照着练习）。

图4-80　皮带轮　　　图4-81　齿轮传动轴

SolidWorks 2020的草图是模型建立之基础，本章要学习的内容包括草图环境简介、草图基本曲线绘制、高级曲线绘制等。

知识要点

- ⊙ SolidWorks 2020草图环境介绍
- ⊙ 草图动态导航
- ⊙ 草图对象的选择
- ⊙ 绘制草图基本曲线
- ⊙ 绘制草图高级曲线

5.1 SolidWorks 2020草图环境

草图是由直线、圆弧等基本几何元素构成的几何实体，它构成了特征的截面轮廓或路径，并由此生成特征。

SolidWorks的草图表现形式有两种：二维草图和3D草图。

两者之间的主要区别在于二维草图是在草图平面上进行绘制的；3D草图则无需选择草图绘制平面就可以直接进入绘图状态，绘出空间的草图轮廓。

5.1.1 SolidWorks 2020草图界面

SolidWorks 2020向用户提供了直观、便捷的草图工作环境。在草图环境中，可以使用草图绘制工具绘制曲线；可以选择已绘制的曲线进行编辑；可以对草图几何体进行尺寸约束和几何约束；还可以修复草图，等等。

SolidWorks 2020草图环境界面如图5-1所示。

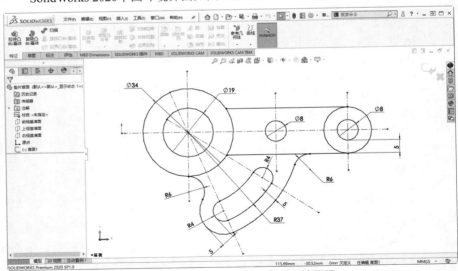

图5-1 SolidWorks 2020草图环境界面

5.1.2 草图绘制方法

在SolidWorks中绘制二维草图时通常有两种绘制方法："单击-拖动"方法和

"单击-单击"方法。

1. "单击-拖动"方法

"单击-拖动"方法适用于单条草图曲线的绘制。例如，绘制线段、圆。在图形区单击一位置作为起点后，在不释放指针的情况下拖动，直至在线段终点位置释放指针，就会绘制出一条线段，如图5-2所示。

图5-2 使用"单击-拖动"方法绘制线段

技术要点

使用"单击-拖动"方法绘制草图后，草图命令仍然处于激活状态，但不会连续绘制。绘制圆时可以采用任意绘制方法。

2. "单击-单击"方法

当单击第一个点并释放指针，则是应用了"单击-单击"的绘制方法。当绘制线段和圆弧，并处于"单击-单击"模式下时，单击时会生成连续的线段（链）。

例如，绘制两条线段时，在图形区单击一位置作为线段1的起点，释放指针后在另一位置单击（此位置也是第1条线段的起点），完成线段1绘制。然后在线段命令仍然激活的状态下，再在其他位置单击鼠标（此位置为第2条线段的终点），以此绘制出第2条线段，如图5-3所示。

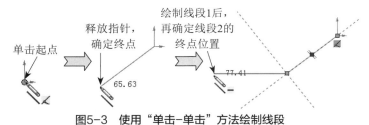

图5-3 使用"单击-单击"方法绘制线段

同理，按此方法可以连续绘制出首尾相连的多条线段。要退出"单击-单击"模式，双击鼠标即可。

技术要点

当用户使用"单击-单击"方法绘制草图曲线，并在现有草图曲线的端点结束线段或圆弧时，该工具会保持激活状态，但会连续绘制。

5.1.3 草图约束信息

在进入草图模式绘制草图时，可能因操作错误而出现草图约束信息。默认情况下，草图的约束信息显示在属性管理器中，有的也会显示在状态栏。下面介绍几种常见的草图约束信息。

1. 欠定义

草图中有些尺寸未定义，欠定义的草图曲线呈蓝色，此时草图的形状会随着光标的拖动而改变，同时属性管理器的面板中显示欠定义符号，如图5-4所示。

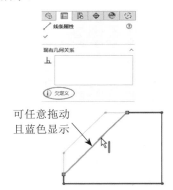

图5-4 欠定义的草图

技术要点

解决"欠定义"草图的方法是：为草图添加尺寸约束和几何约束，使其草图变为"完全定义"，但不要"过定义"。

2. 完全定义

所有曲线变成黑色，即草图的位置由尺寸和几何关系完全固定，如图5-5所示。

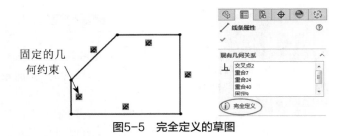

图5-5　完全定义的草图

3. 过定义

如果对完全定义的草图再进行尺寸标注，系统会弹出【将尺寸设为从动？】对话框，选择【保留此尺寸为驱动】选项，此时的草图即是过定义的草图，状态信息在状态显示栏，如图5-6所示。

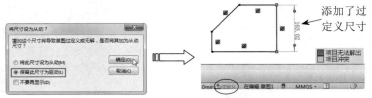

图5-6　过定义的草图

技术要点

如果是将上图中的尺寸设为"将此尺寸设为从动"，那么就不会过定义。因为此尺寸仅仅作为参考使用，没有起到尺寸约束作用。

4. 项目无法解出

表示草图项目无法决定一个或多个草图曲线的位置，无法解出的尺寸在图形区中以红色显示（图中尺寸为80的位置），如图5-7所示。

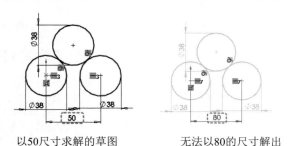

以50尺寸求解的草图　　无法以80的尺寸解出

图5-7　项目无法解出

5. 发现无效的解

草图中出现无效的几何体。如零长度直线、零半径圆弧或自相交叉的样条曲线。图5-8所示为产生自相交的样条曲线。SolidWorks中不允许样条曲线自相交，在绘制样条时系统会自动控制用户不要产生自相交。

当编辑拖动样条的端点意图使其自相交时，就会显示警告信息。

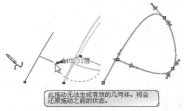

图5-8　发现无效的解

技术要点

在使用草图生成特征前，可以不需要完全标注或定义草图。但在零件完成之前，应该完全定义草图。

5.2　草图动态导航

在SolidWorks软件中，为了提高绘图效率，在草图中使用了动态导航（Dynamic Navigator）技术。所谓动态导航技术，就是当光标位于某些特定的位置或者进行某项工作时，程序可以根据当前的命令状态、光标位置、几何元素的类型和相互关系，显示不同的光标和图形，并且自动捕捉端点、中点、交点、圆心等关键点，从而推断设计者的设计意图，引导设计者进行高效的设计。

5.2.1　动态导航的推理图标

动态导航在绘制草图的时候，程序可以智能地识别不同的尺寸类型，例如线性尺寸、角度尺寸等，并且还可以自动捕捉草图的位置关系，与此同时还能自动反馈信息，这些反馈信息包括光标状态、数字反馈信息和各种引导线等，这些光标或者引导线成为推理指针和推理引导线。

对于初学者而言，熟练掌握各种推理指针和推理线所代表的含义，有着十分重要的意义。表5-1给出了一些在草图中常用的推理指针图标，仅供用户参考。

表5-1　常见的推理指针

指针	名称	说　　明	指针	名称	说　　明
	直线	绘制的是直线或者中心线		矩形	当前绘制的是矩形
	多边形	当前绘制的是多边形		圆	当前绘制的是圆
	三点圆弧	当前绘制的是三点圆弧		切线弧	当前绘制的是切线弧
	样条曲线	当前绘制的是样条曲线		椭圆	当前绘制的是椭圆
	点	当前绘制的是点		剪切	剪切草图实体
	延伸	延伸草图实体		圆周阵列	可以圆周阵列草图
	线性阵列	可以线性阵列草图		水平直线	可以绘制一条水平直线
	竖直	可以绘制垂直直线		端点或圆心	捕捉到点的端点或圆心
	重合点	当前点和某个草图重合		中点	捕捉到曲线的中点
	垂直直线	当前绘制一条直线与另一条垂直		平行直线	当前可以绘制一条与另一直线平行的直线
	相切直线	可以绘制一条相切直线		尺寸	表示标注尺寸

5.2.2　图标的显示设置

表5-1是用户在绘制草图的时候经常看见的推理指针显示符号，用户可以通过【程序选项】对话框中的【几何关系/捕捉】界面来设置，如图5-9所示。

图5-9　设置程序选项

另外就是在草图中使用动态导航技术能够快速地捕捉对象，但是在捕捉的对象附近有多个关键点的时候会出现干扰，如图5-10所示。在捕捉原点的时候，有可能会捕捉到中点。

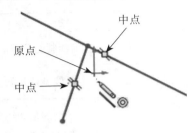

图5-10　点的捕捉

为了解决上述问题，SolidWorks专门提供了过滤器的功能。通过该功能，用户可以有选择地捕捉需要的几何对象，过滤掉其他不需要的对象类型。

常用的调用【选择过滤器】工具栏的方式是单击【标准】上的【切换过滤器选项卡】按钮，或者按【F5】键，都可以调出【选择过滤器】工具栏，如图5-11所示。该工具栏分为上下两行，上面一行的作用是控制下层按钮的状态；下层的每个按钮都代表了模型和草图中被捕捉的对象类型，如点、面、线等，当某个工具按钮被选中时，表示该按钮所代表的对象类型可以被捕捉。

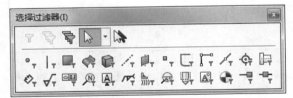

图5-11　【选择过滤器】工具栏

技术要点

如果用户希望所有的草图捕捉都有效，可以按下【选择过滤器】选项卡中的【选择所有过滤器】按钮；反之，如果用户想要取消所有的过滤按钮，让所有捕捉在草图中失效，可以按下【选择过滤器】选项卡中的【清除所有过滤器】按钮。

5.3　草图对象的选择

在使用SolidWorks进行设计的时候，经常会用到选择草图、选择特征等项目，以便对其进行编辑、修改、查看属性等操作，因此选择是SolidWorks中非常重要的操作之一，也是程序默认的工作状态。

当正常进入草图绘制环境之后，【标准】选项卡中【选择】下拉菜单中的【选择】命令处于激活状态，如图5-12所示。此时鼠标在工作区域以图标显示。当执行其他命令后，【选择】命令会自动进入关闭状态。

图5-12　处于激活状态的【选择】命令

5.3.1　选择预览

选择是进行操作的基础，在绘制和编辑草图之前都需要进行相应的操作。在SolidWorks软件中，【选择】命令提供了很多方面的交互符号。当鼠标指针接近被选择的对象时，该对象会以高亮度显示，单击鼠标左键即可选中，这种功能称为选择预览，如图5-13所示。

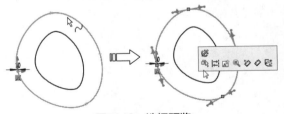

图5-13　选择预览

当选择不同类型的对象时，鼠标的显示形状也不尽相同。表格5-2列举了草图实体对象和指针的关系，仅供参考。

表5-2 草图实体对象类型与鼠标指针的对应关系

鼠标指针形状	鼠标指针形状	选择对象的类型	鼠标指针形状
直线	⌐▯	端点	⌐●
单个点	⌐＊	圆心	⌐＋
圆	⌐⊕	样条曲线	⌐～
椭圆	⌐⊘	抛物线	⌐∪
面	⌐▪	基准面	⌐◇

5.3.2 选择多个对象

在SolidWorks 2020中，除了单个选择对象外，用户还可以同时选择多个对象。

常用的操作方法有以下两种。

➢ 在选择对象的同时，按下【Ctrl】键不放。

➢ 按住鼠标左键不放，拖曳一个矩形，矩形内的图形即被选中。

在使用矩形框选择对象的时候，鼠标指针拖动的方向不同，代表的意思也不同。如果鼠标拖动矩形框从左到右框选草图实体时，框选显示为实线，框选的草图实体只有完全被框选才能被选中，如图5-14（a）所示。

如果鼠标拖动矩形框从右到左框选草图实体时，框选显示为虚线，在选项框内和与选项框相交的对象都能被选中，如图5-14（b）所示。

另外，如果用户使用左键+矩形的方法取消选中矩形框中的对象时，依次按住【Ctrl】键选择需要取消的对象即可。

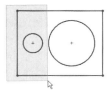
（a）从左到右框选

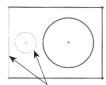
2个对象被选中

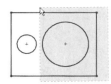
（b）从右到左框选

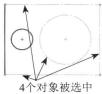
4个对象被选中

图5-14 选择多个对象

5.4 绘制草图基本曲线

在SolidWorks中，通常将草图曲线分为基本曲线和高级曲线。在本节中将详细介绍草图的基本曲线，包括直线、中心线、圆、圆弧和椭圆等。

5.4.1 直线与中心线

在所有的图形实体中，直线或中心线是最基本的图形实体。

单击【直线】按钮，程序属性管理器中显示【插入线条】属性面板，同时鼠标指针由箭头形状变为"笔形"，如图5-15所示。

当选择一种直线方向并绘制直线起点后，属性管理器再显示【线条属性】属性面板，如图5-16所示。

图5-15 【插入线条】属性面板

图5-16 【线条属性】属性面板

1. 插入线条

在【插入线条】属性面板中各选项含义如下所述。

➢ 按绘制原样：就是按设计者的意图进行绘制的方法。可以使用"单击-拖动"方法和"单击-单击"方法。

➢ 水平：绘制水平线，直到释放指针。无论使用何种绘制模式，且光标在窗口中的任意位置，都只能绘制出单条水平直线，如图5-17所示。

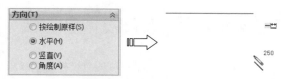

图5-17　绘制水平直线

技术要点

正常情况下，没有勾选此选项，要绘制水平直线，光标在水平位置平移即可，但光标不能远离锁定的水平线，远离了就只能绘制斜线了。

➢ 竖直：绘制竖直线，直到释放指针。无论使用何种绘制模式，都只能绘制出单条竖直直线。

➢ 角度：以与水平线成一定角度绘制直线，直到释放鼠标指针。可以使用"单击-拖动"模式和"单击-单击"模式。

➢ 作为构造线：勾选此复选项将生成一条构造线。

➢ 无限长度：勾选此复选项可生成一条可修剪的没有端点的直线。

技术要点

【方向】选项区的某些选项和【选项】选项区的【无限长度】选项将会辅以"快速捕捉"工具。

2. 线条属性

绘制直线或中心线的起点后，属性面板中显示【线条属性】，此面板中各选项含义如下所述。

➢ 【现有几何关系】选项区：所绘制的直线是否有水平、垂直约束，若有则将显示在列表中。

➢ 【添加几何关系】选项区：在【添加几何关系】选项区中包括水平、竖直和固定3种约束。任选一种约束，直线将按约束来进行绘制。

➢ 【参数】选项区：该选项区包括"长度"选项 和"角度"选项 ，如图5-18所示。其中"长度"选项用于输入直线的精确值；"角度"选项用于输入直线与水平线之间的角度值。当"方向"为水平或竖直时，"角度"选项不可用。

➢ 【额外参数】选项区：该选项区用以设置直线端点在坐标系中的参数，如图5-19所示。

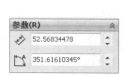

图5-18　【参数】　　　图5-19　【额外参数】
选项区　　　　　　　选项区

中心线用作草图的辅助线，其绘制过程不仅与直线相同，其属性管理器中的操控面板也是相同的。不同的是，使用"中心线"草图命令生成的仅是中心线。因此，这里就不再对中心线进行详细描述了。

利用【直线】命令，不但可以绘制直线，还可以绘制圆弧。下面通过实训操作详解如何绘制。

动手操作——利用【直线】【中心线】命令绘制直线、圆弧图形

01 新建SolidWorks零件文件。

02 在功能区【草图】命令选项卡中单击【草图绘制】按钮 ，选择前视基准平面作为草图平面，并自动进入草绘环境中，如图5-20所示。

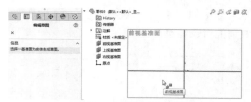

图5-20　选择草图平面

03 单击【中心线】按钮 ，在【插入】属性面板中选择【水平】单选项，再输入【长度】值"100"，光标在原点位置单击以确定中心线的起点，向左拖动光标并单击以确定终点，即可完成水平中心线的绘制，如图5-21所示。

04 同理，继续绘制中心线，结果如图5-22所示。

05 单击【直线】按钮 ，然后绘制图5-23所示的3条连续直线，但不要终止直线命令。

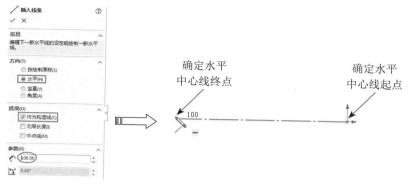

图5-21 绘制水平中心线

技术要点

不终止命令，是想将直线绘制自动转换成圆弧绘制。

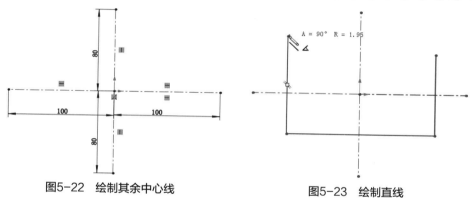

图5-22 绘制其余中心线

图5-23 绘制直线

06 在没有终止【直线】命令的情况下，并在绘制下一直线时，光标移动到该直线的起点位置，然后重新移动光标，此时看见即将绘制的曲线非直线而是圆弧，如图5-24所示。

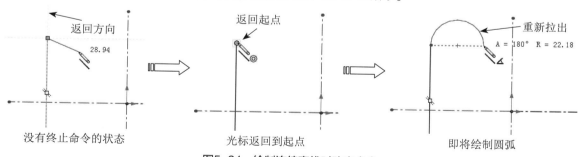

图5-24 绘制连续直线时改变命令

技术要点

绘制连续直线时，当光标返回到直线起点后，会因拖动光标的方向不同而产生不同的圆弧。图5-25所示为几个不同方向所产生的圆弧绘制效果。

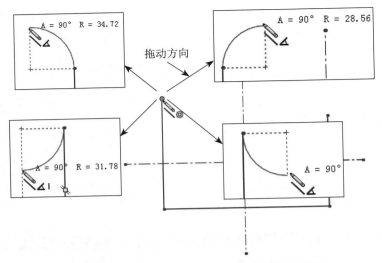

图5-25 拖动光标由几种不同方向生成的圆弧情况

技术要点

　　当按下鼠标左键不放并拖动光标继续绘制图线时，新图线与原图线不再自动连接，如图5-26所示。

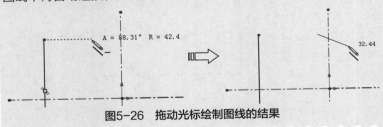

图5-26 拖动光标绘制图线的结果

07 同理，当绘制完圆弧后又变为直线绘制，此时只需要再重复上一步的操作，即可再绘制出相切的连接圆弧，直至完成多个连续圆弧的绘制，结果如图5-27所示。

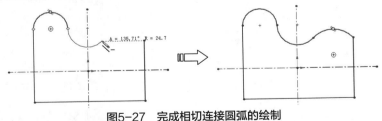

图5-27 完成相切连接圆弧的绘制

08 最后退出草图，并保存文件。

5.4.2 圆与周边圆

　　在草图模式中，SolidWorks向用户提供了两种圆工具：圆和周边圆。按绘制方法圆可分为"中心圆"类型和"周边圆"类型。实际上"周边圆"工具就是【圆形】工具当中的一种圆绘制类型（周边圆）。

　　单击【圆形】按钮 ⊙，程序属性管理器中显示【圆形】属性面板，同时鼠标指针由箭头 形状变为"笔形" ，绘制了圆后，【圆形】属性面板变成了图5-28所示的选项设置样式。

　　在【圆形】属性面板中，包括两种圆的绘制类型：圆和周边圆。

图5-28 【圆形】属性面板

1. 圆

　　【圆形】类型是以圆心及圆上一点的方式来绘制圆。【圆形】类型的各选项设置、按钮命令的含义如下所述。

➤ 现有几何关系：当绘制的圆与其他曲线有几何约束关系时，程序会将几何关系显示在列表中。通过该列表，用户还可以删除所有约束和单个约束，如图5-29所示。

➤ 固定关系：单击此按钮，可将欠定义的圆进行固定，使其完全定义。固定后的圆不再被允许编辑，如图5-30所示。

 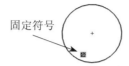

固定符号

图5-29　删除现有几何关系　　图5-30　固定欠定义的圆

➤ X坐标置中 ⊙x：圆心在X坐标上的参数值，用户可更改此值。

➤ Y坐标置中 ⊙y：圆心在Y坐标上的参数值，用户可更改此值。

➤ 半径 ⟋：圆的半径值，用户可以更改此值。

选择【圆形】类型来绘制圆，首先指定圆心位置，然后拖动指针来指定圆的半径，当选择一个位置定位圆上一点时，圆绘制完成，如图5-31所示。在【圆形】属性面板没有关闭的情况下，用户可继续绘制圆。

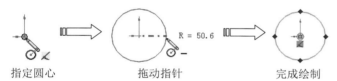

指定圆心　　　　　　拖动指针　　　　　　完成绘制

图5-31　圆的绘制过程

技术要点 📖

　　在对面板中的选项及按钮命令进行解释时，若有与前面介绍的选项相同的选项，此处不再介绍。同理，后面若有相同的选项，也不再重复介绍，除有特殊意义外。

2. 周边圆

　　"周边圆"类型的选项设置与【圆形】类型的相同。"周边圆"类型是通过设定圆上的3个点位置或坐标来绘制圆的。

　　例如，首先在图形区中指定一点作为圆上第1点，拖动指针以指定圆上第2点，单击鼠标后再拖动指针以指定第3点，最后单击鼠标完成圆的绘制，其过程如图5-32所示。

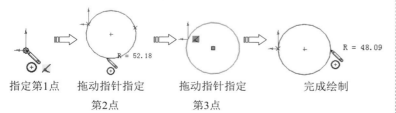

指定第1点　　拖动指针指定　　拖动指针指定　　完成绘制
　　　　　　　　第2点　　　　　第3点

图5-32　绘制周边圆的过程

01 新建零件文件。

02 单击【草图绘制】按钮，再选择前视基准平面作为草图平面，进入草图环境中。

03 单击【圆形】按钮 ⊙，然后绘制图5-33所示的3组同心圆，暂且不管圆的尺寸及位置。

图5-33　绘制圆

04 标注尺寸。单击【智能尺寸】按钮 ◇，然后对圆进行尺寸约束（将在后面章节详解尺寸约束的用法），结果如图5-34所示。

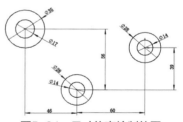

图5-34　尺寸约束绘制的圆

05 再绘制1个直径为14的圆，如图5-35所示。

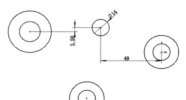

图5-35　绘制圆

06 利用"实训10"中的连续直线绘制方法，单击【直线】按钮，绘制出图5-36所示的直线和圆弧。

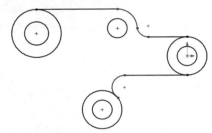

图5-36　绘制连续直线

07 单击【添加几个关系】按钮（后面章节中详解其用法），对绘制的连续直线使用几何约束，结果如图5-37所示。

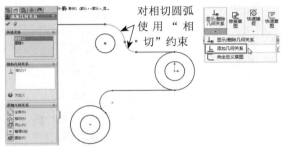

对相切圆弧使用"相切"约束

图5-37　几何约束圆弧

08 同理，继续选择圆弧与圆进行同心几何约束，如图5-38所示。

技术要点

必须先几何约束，再尺寸约束，否则绘制产生过定义约束。

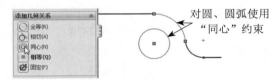

对圆、圆弧使用"同心"约束

图5-38　同心约束圆与圆弧

09 对下面的圆弧和圆也添加"相切"几何约束关系，如图5-39所示。

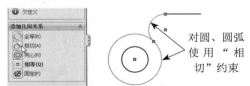

对圆、圆弧使用"相切"约束

图5-39　添加相切几何约束

10 利用【智能尺寸】命令，对约束后的圆弧进行尺寸约束，结果如图5-40所示。

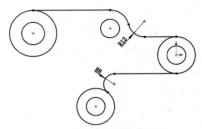

图5-40　使用尺寸约束

11 单击【周边圆】按钮，然后创建一个圆。暂且不管圆大小，但须与附近的2个圆公切，如图5-41所示。

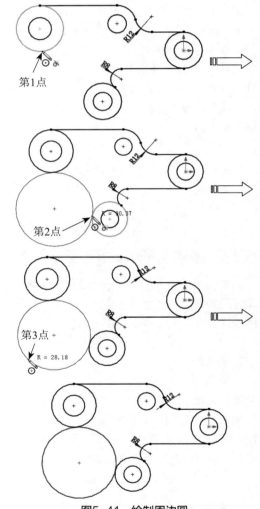

第1点

第2点

第3点

图5-41　绘制周边圆

12 对绘制的周边圆应用尺寸约束，如图5-42所示。

13 单击【剪裁实体】按钮，最后对周边圆进行修剪，结果如图5-43所示。

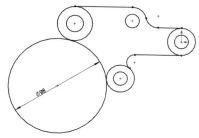

图5-42　尺寸约束周边圆

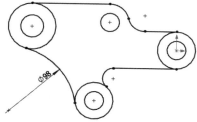

图5-43　修剪周边圆

5.4.3　圆弧

圆弧为圆上的一段弧，SolidWorks向用户提供了3种圆弧绘制方法：圆心/起/终点画弧、切线弧和3点圆弧。

单击【圆心/起/终点画弧】按钮 ，程序属性管理器中显示【圆弧】属性面板，同时鼠标指针由箭头 形状变为"笔形" ，如图5-44所示。

图5-44　【圆弧】属性面板

在【圆弧】属性面板中，包括3种圆的绘制类型：圆心/起/终点画弧、切线弧和3点圆弧，具体介绍如下。

1. 圆心/起/终点画弧

"圆心/起/终点画弧"类型是以圆心、起点和终点方式来绘制圆。如果圆弧不受几何关系约束，用户可在【参数】选项区中指定以下参数。

➢ X坐标置中 ：圆心在X坐标上的参数值。

➢ Y坐标置中 ：圆心在Y坐标上的参数值。

➢ 开始X坐标 ：起点在X坐标上的参数值。

➢ 开始Y坐标 ：起点在Y坐标上的参数值。

➢ 结束X坐标 ：终点在X坐标上的参数值。

➢ 结束Y坐标 ：终点在Y坐标上的参数值。

➢ 半径 ：圆的半径值，用户可以更改此值。

➢ 角度 ：圆弧所包含的角度。

选择"圆心/起/终点画弧"类型来绘制圆弧，首先指定圆心位置，然后拖动指针来指定圆弧起点（同时也确定了圆的半径），指定起点后再拖动指针指定圆弧的终点，如图5-45所示。

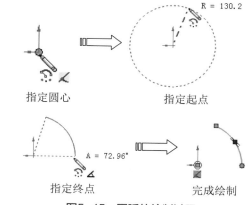

指定圆心　　　　　　　指定起点

指定终点　　　　　　　完成绘制

图5-45　圆弧的绘制过程

技术要点

在绘制圆弧的面板还没有关闭的情况下，是不能使用指针来修改圆弧的。若要使用指针修改圆弧，须先关闭面板，再编辑圆弧。

2. 切线弧

"切线弧"类型的选项与"圆心/起/终点画弧"类型的选项相同。切线弧是与直线、圆弧、椭圆或样条曲线相切的圆弧。

绘制切线弧的过程是，首先在直线、圆弧、椭圆或样条曲线的终点上单击以指定圆弧起点，接着拖动指针以指定相切圆弧的终点，释放指针后完成一段切线弧的绘制，如图5-46所示。

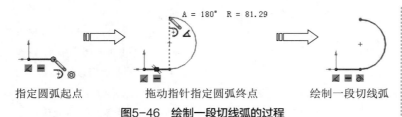

| 指定圆弧起点 | 拖动指针指定圆弧终点 | 绘制一段切线弧 |

图5-46　绘制一段切线弧的过程

技术要点

在绘制切线弧之前，必须先绘制参照曲线如直线、圆弧、椭圆或样条曲线，否则程序会弹出警告提示，如图5-47所示。

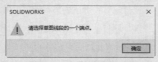

图5-47　警告提示框

当绘制第1段切线弧后，圆弧命令仍然处于激活状态。若用户需要创建多段相切圆弧，在没有中断切线弧绘制的情况下继续绘制出第2、3……段切线弧，此时可按Esc键，或双击鼠标，或选择右键菜单【选择】命令，以结束切线弧的绘制。图5-48所示为按用户需要来绘制的多段切线弧。

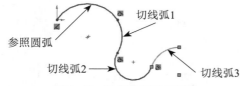

图5-48　绘制的多段切线弧

3. 3点圆弧

"3点圆弧"类型也具有与"圆心/起/终点画弧"类型相同的选项设置，"3点圆弧"类型是指定圆弧的起点、终点和中点的绘制方法。

绘制3点圆弧的过程是，首先指定圆弧起点，接着拖动指针以指定相切圆弧的终点，最后拖动指针再指定圆弧中点，如图5-49所示。

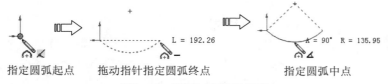

| 指定圆弧起点 | 拖动指针指定圆弧终点 | 指定圆弧中点 |

图5-49　绘制3点圆弧的过程

5.4.4　椭圆与部分椭圆

椭圆或椭圆弧是由两个轴和一个中心点定义的，椭圆的形状和位置由3个因素决定：中心点、长轴、短轴。椭圆轴决定了椭圆的方向，中心点决定了椭圆的位置。

1. 椭圆

单击【椭圆】按钮 ⊘，指针由箭头 ↖ 变成 ↘。

在图形区指定一点作为椭圆中心点，属性管理器中将灰显【椭圆】属性面板，直至在图形区依次指定长轴端点和短轴端点完成椭圆的绘制后，【椭圆】属性面板才亮显，如图5-50所示。

【椭圆】属性面板【参数】选项区的选项含义如下。

➤ 作为构造线：勾选此复选框，绘制的椭圆将转换为构造线（与中心线类型相同）。

➤ X坐标置中 ⊙ₓ：中心点在X轴中的坐标值。

➤ Y坐标置中 ⊙ᵧ：中心点在Y轴中的坐标值。

➤ 半径1 ↙：椭圆长轴半径。

➤ 半径2 ↙：椭圆短轴半径。

2. 部分椭圆

与绘制椭圆的过程类似，部分椭圆不但要指定中心点、长轴端点和短轴端点，还需指定椭圆弧的起点和终点。"部分椭圆"的绘制方法与"圆心/起/终点画弧"是相同的。

单击【部分椭圆】按钮 ⊘；指针由箭头 ↖ 变成 ↘。在图形区指定一点作为椭圆中心点，属性管理器中将灰显【椭圆】属性面板，直至在图形区依次指定长轴端点、短轴端点、椭圆弧起点和终点，并完成椭圆弧的绘制后，属性管理器亮显【椭圆】属性面板，如图5-51所示。

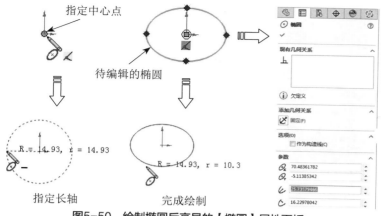

图5-50　绘制椭圆后亮显的【椭圆】属性面板

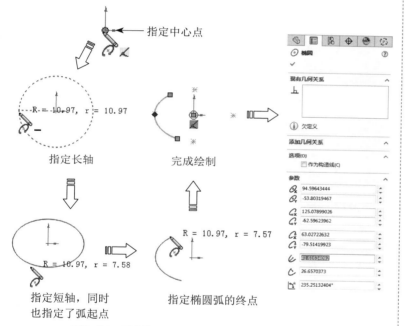

图5-51　绘制部分椭圆后显示的【椭圆】属性面板

技术要点

在指定椭圆弧的起点和终点时，无论指针是否在椭圆轨迹上，都将产生弧的起点与终点。这是因为起点和终点都是由中心点至指针的连线与椭圆相交而产生的，如图5-52所示。

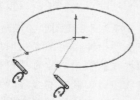

图5-52　椭圆弧起点和终点的指定

动手操作——利用"圆弧""椭圆""椭圆弧"绘制草图

01 新建零件文件。

02 选择前视基准平面为草图平面进入草图环境。

03 利用【圆形】命令绘制图5-53所示的同心圆。

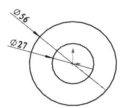

图5-53　绘制同心圆

04 单击【椭圆】按钮，然后选取同心圆的圆心作为椭圆的圆心，创建出图5-54所示的椭圆。

椭圆圆心与同心圆圆心重合

图5-54　创建椭圆

05 单击【圆心/起/终点画弧】按钮，然后绘制圆弧1，并将圆弧进行尺寸约束，结果如图5-55所示。

06 再利用【圆心/起/终点画弧】命令绘制图5-56所示的圆弧2。

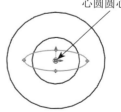

81

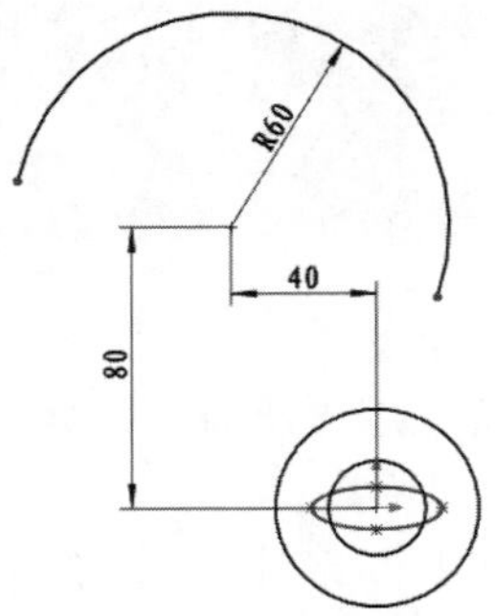

图5-55　绘制圆弧1并尺寸约束

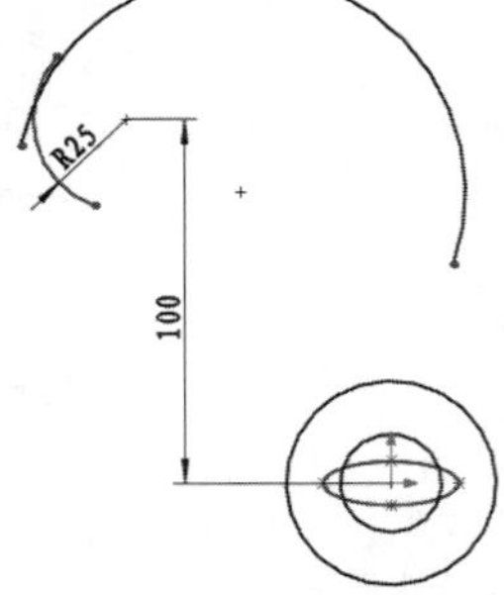

图5-56　绘制圆弧2

07 利用几何约束，将圆弧2与圆弧进行相切约束，如图5-57所示。

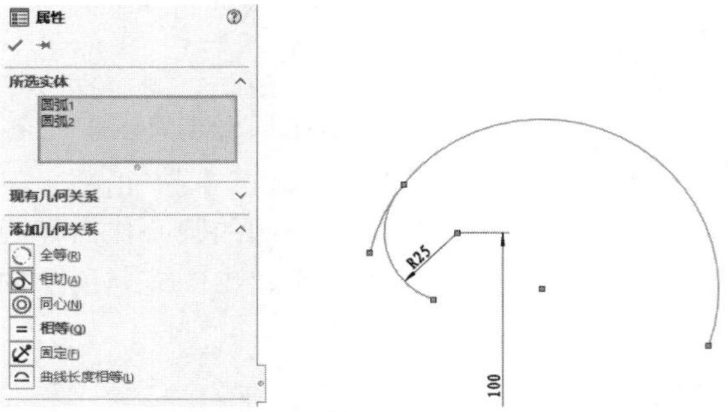

图5-57　几何约束圆弧1和圆弧2

技术要点

相切约束之前，删除部分尺寸约束后，需要将圆弧1使用“固定”约束关系，否则圆弧1的位置会产生移动。

08 单击【3点画弧】按钮，然后绘制图5-58所示的两条圆弧。

09 利用尺寸约束和几何约束命令，对两个圆弧分别进行尺寸标注和相切约束，结果如图5-59所示。

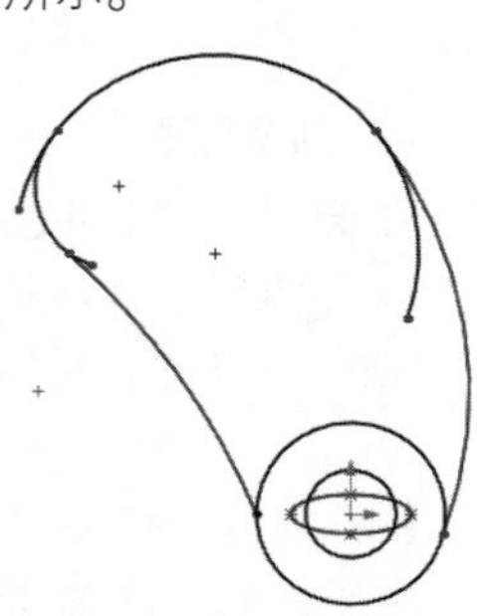

图5-58　绘制圆弧

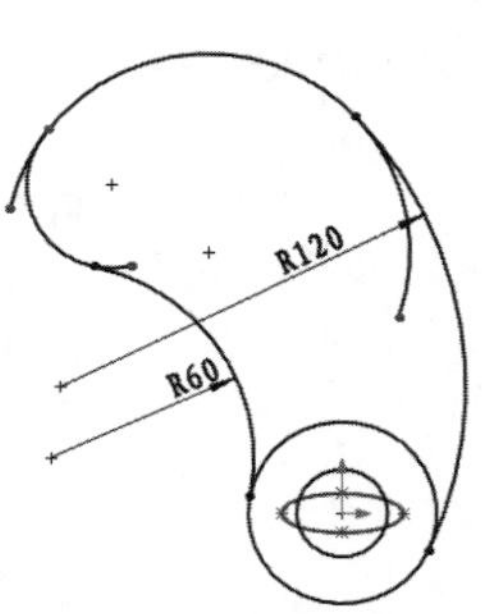

图5-59　使用尺寸约束和几何约束

10 利用【剪裁实体】命令，对整个图形进行修剪，结果如图5-60所示。

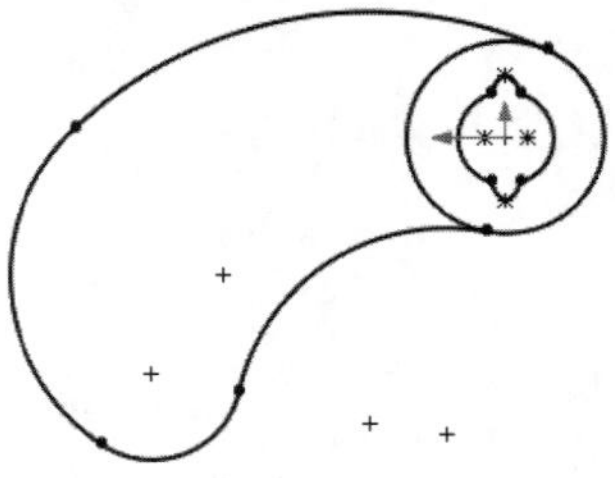

图5-60　修剪实体

5.4.5　抛物线与圆锥双曲线

抛物线与圆、椭圆及双曲线在数学方程中同为二次曲线。二次曲线是由截面截取圆锥所形成的截线，二次曲线的形状由截面与圆锥的角度而定，同时在平行于上视基准面、右视基准面上由设定的点来定位。一般二次曲线圆、椭圆、抛物线和双曲线的截面示意图如图5-61所示。

用户可通过以下命令方式来执行【抛物线】命令。

- 单击【抛物线】按钮。
- 在【草图】工具栏上单击【抛物线】按钮。
- 在菜单栏执行【工具】|【草图绘制实体】|【抛物线】命令。

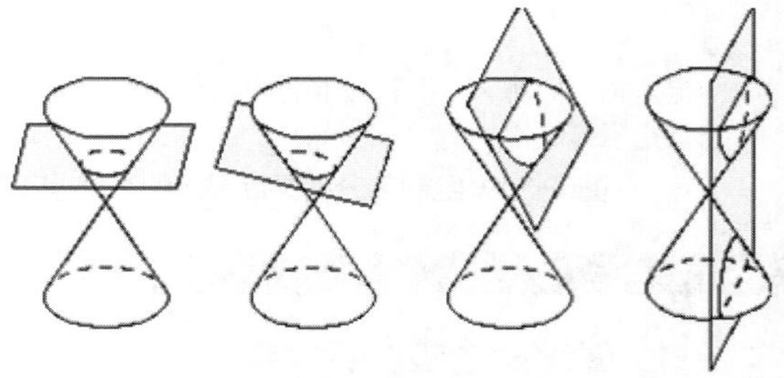

图5-61　一般二次曲线的截面示意图

当用户执行【抛物线】命令后，指针由箭头变成。在图形区首先指定抛物线的焦点，接着拖动指针指定抛物线顶点，指定顶点后将显示抛物线的轨迹，此时用户根据轨迹来截取需要的抛物线段，截取的线段就是绘制完成的抛物线。完成抛物线的绘制后，在属性管理器将显示【抛物线】属性面板，如图5-62所示。

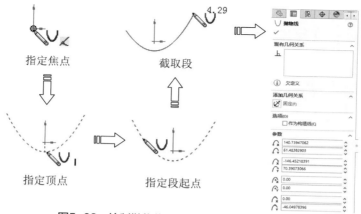

图5-62 绘制抛物线后显示【抛物线】属性面板

【抛物线】属性面板中各选项含义如下所述。

➤ 开始X坐标：抛物线截取段起点的X坐标。

➤ 开始Y坐标：抛物线截取段起点的Y坐标。

➤ 结束X坐标：抛物线截取段终点的X坐标。

➤ 结束Y坐标：抛物线截取段终点的Y坐标。

➤ 中央X坐标：抛物线焦点的X坐标。

➤ 中央Y坐标：抛物线焦点的Y坐标。

➤ 顶点X坐标：抛物线顶点的X坐标。

➤ 顶点Y坐标：抛物线顶点的Y坐标。

技术要点

用户可以拖动抛物线的控标，以此更改抛物线。

5.5 绘制草图高级曲线

所谓高级曲线，是指在SolidWorks设计过程中不常用的曲线类型，包括矩形、槽口曲线、多边形、样条曲线、抛物线、交叉曲线、圆角、倒角和文本。

5.5.1 矩形

SolidWorks向用户提供了5种矩形绘制类型，包括边角矩形、中心矩形、3点边角矩形、3点中心矩形和平行四边形。

单击【边角矩形】按钮，指针由箭头变成。在属性管理器中显示【边角矩形】属性面板，但该面板【参数】选项区灰显，当绘制矩形后面板完全亮显，如图5-63所示。

通过该面板可以为绘制的矩形添加几何关系，【添加几何关系】选项区的选项如图5-64所示。还可以通过参数设置对矩形重定义，【参数】选项区的选项如图5-65所示。

图5-63 【边角矩形】属性面板

图5-64 【添加几何关系】选项 **图5-65 【参数】选项**

【参数】选项区各选项含义如下所述。

➤ X坐标：矩形中4个顶点的X坐标值。

➤ Y坐标：矩形中4个顶点的Y坐标值。

➤ 中心点X坐标：矩形中心点X坐标值。

➤ 中心点Y坐标：矩形中心点Y坐标值。

83

在【边角矩形】属性面板的【矩形类型】选项区包含5种矩形绘制类型，见表5-3。

向用户提供了4种槽口曲线绘制类型，包括直槽口、中心点槽口、3点圆弧槽口和中心点圆弧槽口等。

表5-3 5种矩形的绘制类型

类　型	图　解	说　明
边角矩形		"边角矩形"类型是指定矩形对角点来绘制标准矩形。在图形区指定一位置以放置矩形的第一个角点，拖动指针使矩形的大小和形状正确时，然后单击以指定第二个角点，完成边角矩形的绘制
中心矩形		"中心矩形"类型是以中心点与一个角点的方法来绘制矩形。在图形区指定一位置以放置矩形中心点，拖动指针使矩形的大小和形状正确时，然后单击以指定矩形的一个角点，完成边角矩形的绘制
3点边角矩形		"3点边角矩形"类型是以3个角点来确定矩形的方式。其绘制过程是，在图形区指定一位置作为第1角点，拖动指针以指定第2角点，再拖动指针以指定第3角点，3个角点指定后立即生成矩形
3点中心矩形		"3点中心矩形"类型是以所选的角度绘制带有中心点的矩形。其绘制过程是，在图形区指定一位置作为中心点，拖动指针在矩形平分线上指定中点，然后拖动指针以一定的角度移动来指定矩形角点
平行四边形		"平行四边形"类型是以指定3个角度的方法来绘制4条边两两平行且不相互垂直的平行四边形。平行四边形的绘制过程是，首先在图形区指定一个位置作为第1角点，拖动指针指定第2角点，再拖动指针以一定的角度移动来指定第3角点，完成绘制

单击【直槽口】按钮，指针由箭头变成，且属性管理器中显示【槽口】属性面板，如图5-66所示。

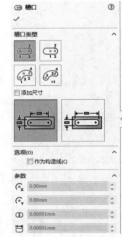

图5-66 【槽口】属性面板

【槽口】属性面板中包含4种槽口类型，"3点圆弧槽口""中心点圆弧槽口"类型的选项设置，与"直槽口""中心点槽口"类型的选项设置（图5-66）不同，如图5-67所示。

图5-67 "中心点圆弧槽口"类型
选项设置

5.5.2 槽口曲线

槽口曲线工具是用来绘制机械零件中键槽特征的草图。SolidWorks

【槽口】属性面板中各选项、按钮的含义如下所述。

➢ 添加尺寸：勾选此复选框，将显示槽口的长度和圆弧尺寸。

➢ 中心到中心▮▮▮：以两个中心间的长度作为直槽口的长度。

➢ 总长度▮▮▮：以槽口的总长度作为直槽口的长度。

➢ X坐标置中 ⊙ₓ：槽口中心点的X坐标。

➢ Y坐标置中 ⊙ᵧ：槽口中心点的Y坐标。

➢ 圆弧半径 ⟋：槽口圆弧的半径。

➢ 圆弧角度 ◿：槽口圆弧的角度。

➢ 槽口宽度 ◧：槽口的宽度。

➢ 槽口长度 ▭：槽口的长度。

1. 直槽口

"直槽口"类型是以两个端点来绘制槽。绘制过程如图5-68所示。

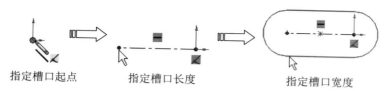

指定槽口起点　　　　指定槽口长度　　　　指定槽口宽度

图5-68　绘制直槽口

2. 中心点槽口

"中心点槽口"类型是以中心点和槽口的一个端点来绘制槽。绘制方法是，在图形区中指定某位置作为槽口的中心点，然后移动指针以指定槽口的另一端点，在指定端点后再移动指针以指定槽口宽度，如图5-69所示。

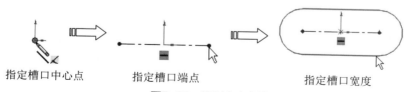

指定槽口中心点　　　　指定槽口端点　　　　指定槽口宽度

图5-69　绘制中心点槽口

技术要点 📄

在指定槽口宽度时，指针无须在槽口曲线上，也可以是离槽口曲线很远的位置（只要是在宽度水平延伸线上即可）。

3. 3点圆弧槽口

"3点圆弧槽口"类型是在圆弧上用3个点绘制圆弧槽口。其绘制方法是，在图形区单击以指定圆弧的起点，通过移动指针指定圆弧的终点并单击，接着又移动指针指定圆弧的第三点再单击，最后移动指针指定槽口宽度，如图5-70所示。

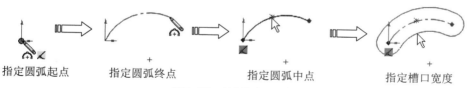

指定圆弧起点　　　　指定圆弧终点　　　　指定圆弧中点　　　　指定槽口宽度

图5-70　绘制3点圆弧槽口

4. 中心点圆弧槽口

"中心点圆弧槽口"类型是用圆弧半径的中心点和两个端点绘制圆弧槽口。其绘制方法是，在图形区单击以指定圆弧的中心点，通过移动指针指定圆弧的半径和起点，接着通过移动指针指定槽口长度并单击，再移动指针指定槽口宽度，并单击以生成槽口，如图5-71所示。

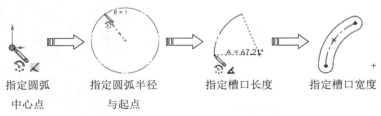

| 指定圆弧中心点 | 指定圆弧半径与起点 | 指定槽口长度 | 指定槽口宽度 |

图5-71 绘制中心点圆弧槽口

5.5.3 多边形

【多边形】工具可用来绘制圆的内切或外接正多边形，边数为3～40。

单击【多边形】按钮⊙，指针由箭头 ↖ 变成 ✎，且属性管理器中显示【多边形】属性面板，如图5-72所示。

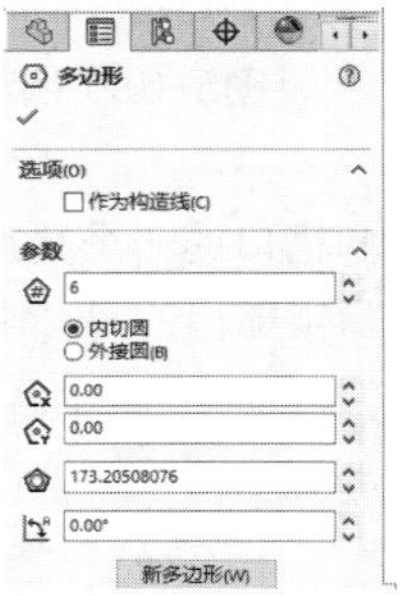

【多边形】属性面板中各选项含义如下所述。

➢ 边数 #：通过单击上调、下调按钮或输入值来设定多边形中的边数。

➢ 内切圆：在多边形内显示内切圆以定义多边形的大小。圆为构造几何线。

➢ 外接圆：在多边形外显示外接圆以定义多边形的大小。圆为构造几何线。

➢ X坐标置中 ⊙：多边形的中心点在X坐标上的值。

➢ Y坐标置中 ⊙：多边形的中心点在Y坐标上的值。

➢ 圆直径 ⬡：设定内切圆或外接圆的直径。

➢ 角度 ⬠：多边形的旋转角度。

➢ 新多边形：单击此按钮以生成另外的坐标系。

绘制多边形，需要指定3个参数：中点、圆直径和角度。例如要绘制一个正三角形，首先在图形区指定正三角形中点，然后拖动指针指定圆的直径，并旋转正三角形使其符合要求，如图5-73所示。

图5-72 【多边形】属性面板

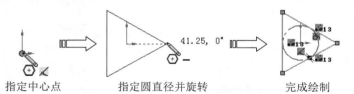

| 指定中心点 | 指定圆直径并旋转 | 完成绘制 |

图5-73 绘制正三角形

技术要点

多边形是不存在任何几何关系的。

5.5.4 样条曲线

样条曲线是使用诸如通过点或根据极点的方式来定义的曲线，也是方程式驱动的曲线。SolidWorks向用户提供了3种样条曲线的生成和方法：样条曲线、样式样条曲线和方程式驱动的曲线。

1. 样条曲线

利用【样条曲线】命令，用户可以绘制由2个或2个以上极点构成的样条曲线。

单击【样条曲线】按钮 ∩，指针由箭头 ↖ 变成 ✎，当绘制了样条曲线且双击鼠标后（或按Esc键结束绘制后再选中样条曲线），属性管理器中显示【样条曲线】属性面板，如图5-74所示。

图5-74 【样条曲线】属性面板

【样条曲线】属性面板中各选项含义如下所述。

➤ 作为构造线：勾选此复选框，绘制的曲线将作为参考曲线使用。

➤ 显示曲率：勾选此复选框，PropertyManager将曲率检查梳形图添加到样条曲线，如图5-75所示。

图5-75 显示曲率梳

➤ 保存内部连续性：勾选此选项，曲率比例逐渐减小，如图5-76所示；取消勾选，则曲率比例大幅度减小，如图5-77所示。

图5-76 逐渐减小曲率 图5-77 大幅减小曲率

➤ 样条曲线控制点数：在图形区域中高亮显示所选样条曲线点。

➤ X坐标：指定样条曲线起点的X坐标。

➤ Y坐标：指定样条曲线起点的Y坐标。

➤ 曲率半径：在任何样条曲线点控制曲率半径。

➤ 曲率：在曲率控制所添加的点处显示曲率度数。

技术要点

"曲率半径"选项、"曲率"选项，仅从【样条曲线工具】工具栏或快捷菜单选择【添加曲率控制】命令，并将曲率指针添加到样条曲线时才出现，如图5-78所示。

曲率指针

图5-78 添加曲率指针

➤ 相切重量1：通过修改样条曲线点处的样条曲线曲率度数来控制左相切向量。

➤ 相切重量2：通过修改样条曲线点处的样条曲线曲率度数来控制右相切向量。

➤ 相切径向方向：通过修改相对于X、Y或Z轴的样条曲线倾斜角度来控制相切方向。

➤ 相切驱动：当"相切重量"和"相切径向方向"选项被激活时，该选项被激活，主要用于样条曲线的相切控制。

➤ 重设此控标：单击此按钮，将所选样条曲线控标重返到其初始状态。

➤ 重设所有控标：单击此按钮，将所有样条曲线控标重返到其初始状态。

➤ 弥张样条曲线：如果拖动样条曲线控标使其不平滑，可单击此按钮以将形状重新参数化（平滑），如图5-79所示。"弛张样条曲线"命令可通过拖动控制多边形上的节点而重新使用。

图5-79 弛张样条曲线

➤ 成比例：拖动端点时保留样条曲线的形状。整个样条曲线会按比例调整大小。

非均匀有理B样条曲线

SolidWorks中的样条为NURBS样条曲线（非均匀有理B样条曲线）。B样条曲线拟合逼真，形状控制方便，是CAD/CAM领域描述曲线和曲面的标准。

样条阶次

"样条阶次"是指定义样条曲线多项式公式的次数，UG最高的样条阶次为24次，通常为3次样条。由不同幂指数变量组成的表达式称为多项式。多项式中最大指数被称为多项式的阶次。例如：

$7X^2+5-3=35$（阶次为2）

$2t^3-3t^2+t=6$（阶次为3）

曲线的阶次用于判断曲线的复杂程度，而不是精确程度。对于1、2、3次的曲线，可以判断曲线的顶点和曲率反向的数量。例如：

顶点数=阶次-1

曲率反向点=阶次-2

低阶次曲线的优点如下：

➢ 更加灵活；

➢ 更加靠近它们的极点；

➢ 后续操作（加工和显示等）运行速度更快；

➢ 便于数据传唤，因为许多系统只接受3次曲线。

高阶次曲线的缺点：

➢ 灵活性差；

➢ 可能引起不可预见的曲率波动；

➢ 造成数据转换问题；

➢ 导致后续操作执行速度减缓。

（1）样条曲线的段数

可以采用单段或多段的方式来创建。

➢ 单段方式：单段样条的阶次由定义点的数量控制，阶次=顶点数-1，因此单段样条最多只能使用25个点。这种方式受到一定的限制。定义的数量越多，样条的阶次就越高，样条形状就会出现意外结果，所以一般不采用，另外单段样条不能封闭。

➢ 多段方式：多段样条的阶次由用户指定（≤24），样条定义点的数量没有限制，但至少比阶次多一点（如5次样条，至少需要6个定义点）。在汽车设计中，一般采用3~5次样条曲线。

（2）定义点

定义样条曲线的极点，在图形区中任意选择位置以设定极点，还可以通过选择样条曲线上的点进行坐标编辑。

（3）节点

在样条每段上的端点，主要是针对多段样条而言，单段样条只有2个节点，即起点和终点。

2. 样式样条曲线

【样式样条曲线】命令是SolidWorks 2020新增的草图功能。【样式样条曲线】命令可以绘制带有控制点的样条曲线，如图5-80所示。可通过移动控制点达到调整样条曲线形状的目的。

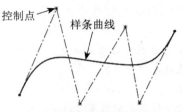

图5-80　样条曲线的控制点

3. 方程式驱动曲线

方程式驱动曲线是通过定义曲线的方程式来绘制的曲线。

单击【方程式驱动的曲线】按钮 ∿，属性管理器中显示【方程式驱动的曲线】属性面板。该面板中有两种方程式驱动曲线的绘制类型：【显性】和【参数性】。【显性】类型的选项设置如图5-81所示。【参数性】类型的选项设置如图5-82所示。

图5-81　【显性】类型　　图5-82　【参数性】类型
　　的选项设置　　　　　　的选项设置

在【参数】选项区中每个选项含义如下所述。

➢ 输入方程式作为X的函数 y_x：定义曲线方程式，Y是X的函数。

➢ 为方程式输入开始X值 x_1 和结束X值 x_2：为方程式指定1的数值范围，其中1为起点，2为终点（例如，X1=0，X2=2*pi）。

➢ 输入方程式作为t的函数 x_t、y_t：定义曲线方程式，X、Y是t的函数。

➢ 为方程式输入开始参数 t_1 和结束参数 t_2：为方程式指定1和2的数值范围。

➢ 选取以在曲线上锁定/解除锁定开始点位置 🔒：在曲线上锁定或解除锁定起点的位置。

➢ 选取以在曲线上锁定/解除锁定结束点位置 🔒：在曲线上锁定或解除锁定终点的位置。

（1）【显性】类型

【显性】类型是通过为范围的起点和终点定

义X值，Y值沿X值的范围而计算。显性方程主要包括正弦函数、一次函数和二次函数。

例如在【方程式】文本框输入"2*sin(3*x+pi/2)"，然后在x_1文本框输入"–pi/2"、在x_2文本框输入"pi/2"，单击【确定】按钮✔后生成正弦函数的方程式曲线，如图5-83所示。

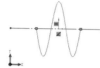

图5-83   绘制正弦函数的方程式曲线

技术要点

当用户输入错误的方程式后，错误的方程式将红色显示。正确的方程式应是黑字体。若强制执行错误的方程式，属性管理器将提示"方程式无效，请输入正确方程式"。

（2）【参数性】类型

【参数性】类型为范围的起点和终点定义T值。参数性方程包括阿基米德螺线、渐开线、螺旋线、圆周曲线，以及星形线、叶形曲线等。

用户可为X值定义方程式，并为Y值定义另一个方程式，两个方程式都沿T值范围求解。例如绘制阿基米德螺旋线，在【参数】选项区输入阿基米德螺旋线方程式（Xt=10*(1+t)*cos(t*2*pi)、Yt=10*(1+t)*sin(t*2*pi)、T1=0、T2=2）后，单击【确定】按钮✔后生成曲线，如图5-84所示。

图5-84   绘制阿基米德螺旋线

5.5.5   绘制圆角

【绘制圆角】工具在两个草图曲线的交叉处剪裁掉角部，从而生成一个切线弧。此工具在2D和3D草图中均可使用。

单击【绘制圆角】按钮⌐，属性管理器中显示【绘制圆角】属性面板，如图5-85所示。

【绘制圆角】属性面板中各选项含义如下所述。

图5-85   【绘制圆角】属性面板

➢ 要圆角化的实体：当选取一个草图实体时，它出现在该列表中。

➢ 圆角半径⌒：输入值以控制圆角半径。

➢ 保持拐角处的约束条件：如果顶点具有尺寸或几何关系，将保留虚拟交点。如果消除选择，且如果顶点具有尺寸或几何关系，将会询问用户是否想在生成圆角时删除这些几何关系。

➢ 标注每个圆角的尺寸：将尺寸添加到每个圆角，当消除选定时，在圆角之间添加有相等几何关系。

技术要点

具有相同半径的连续圆角不会单独标注尺寸；它们自动与该系列中的第一个圆角具有相等几何关系。

要绘制圆角，事先得绘制要圆角处理的草图曲线。例如要在矩形的一个顶点位置绘制出圆角曲线，其指针选择的方法大致有两种。一种是选择矩形两条边，如图5-86所示。另一种则是选取矩形顶点，如图5-87所示。

图5-86   选择边以绘制圆角曲线

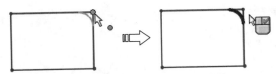

图5-87　选取顶点以绘制圆角曲线

5.5.6　绘制倒角

用户可以使用"绘制倒角"工具在草图曲线中绘制倒角。SolidWorks提供两种定义倒角参数类型：角度距离、距离-距离。

单击【绘制倒角】按钮，属性管理器中显示【绘制倒角】属性面板。在【绘制倒角】属性面板的【倒角参数】选项区中有【角度距离】和【距离-距离】两种倒角类型，如图5-88所示。

图5-88　两种倒角类型

两种参数选项设置中的选项含义如下所述。

- 【角度距离】类型：将按角度参数和距离参数来定义倒角，如图5-89（a）所示。
- 【距离-距离】类型：将按距离参数和距离参数来定义倒角，如图5-89（b）所示。
- 相等距离：将按相等的距离来定义倒角，如图5-89（c）所示。

（a）角度-距离　（b）距离-距离　（c）相等距离

图5-89　倒角参数

- 距离1：设置"角度-距离"的距离参数。
- 方向1角度：设置"角度-距离"的角度参数。
- 距离1：设置"距离-距离"的距离1参数。
- 距离2：设置"距离-距离"的距离2参数。

与绘制倒圆的方法一样，绘制倒角也可以通过选择边或选取顶点来完成。

技术要点

在为绘制倒角而选择边时，可以一个一个选择，也可以按住Ctrl键连续选择。

动手操作——绘制轴承座轮廓草图

本例的轴承座轮廓草图主要由直线、圆形和圆弧等曲线构成，如图5-90所示。

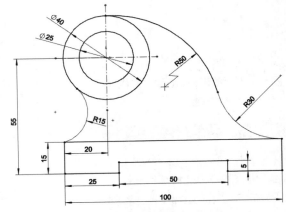

图5-90　轴承座

01 新建零件文件。

02 单击【草图绘制】按钮，选择上视基准面作为草图平面进入草图环境中。

03 单击【圆形】按钮，以草图坐标系原点为圆心，绘制直径为40mm和25mm的两个同心圆，如图5-91所示。按Esc键结束当前绘制命令（此操作适用于任何草图绘制命令）。

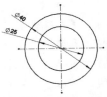

图5-91　绘制两个同心圆

技术要点

要想在绘制图形过程中自动产生尺寸约束，可以将【草图数字输入】命令和【添加尺寸】命令添加到【草图】选项卡中使用，如图5-92所示。添加这两个命令后，先单击【草图数字输入】按钮，执行相关绘制命令后，再单击【添加尺寸】按钮，即可在绘图过程中即时输入尺寸以控制草图。

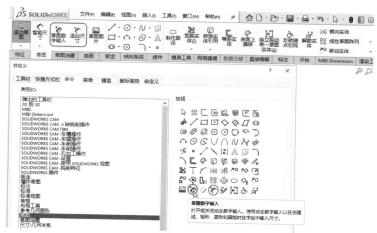

图5-92　添加命令

04 单击【边角矩形】按钮□·，绘制一个长100mm、宽15mm的矩形，如图5-93所示。

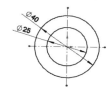

图5-93　绘制矩形

05 单击【智能尺寸】按钮，对矩形添加尺寸约束以进行定位，如图5-94所示。

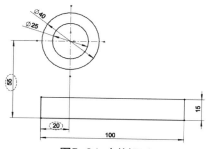

图5-94　定位矩形

06 单击【三点圆弧】按钮，然后依次在 φ40 圆、矩形左上角顶点，以及该两点之间的右侧区域单击，绘制一段未知半径的圆弧，如图5-95所示。

07 然后利用【智能尺寸】命令进行尺寸约束，接着按Ctrl键选取大圆和圆弧，并在弹出的【属性】属性面板中单击【相切】按钮，添加相切约束关系，如图5-96所示。

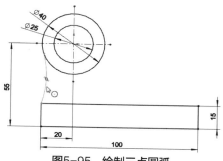

图5-95　绘制三点圆弧

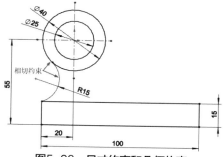

图5-96　尺寸约束和几何约束

08 同理，再利用【三点圆弧】命令绘制其余两段圆弧，如图5-97所示。

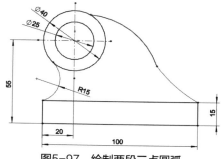

图5-97　绘制两段三点圆弧

09 接着为两段圆弧添加尺寸约束和几何相切约束（方法同上步骤），结果如图5-98所示。

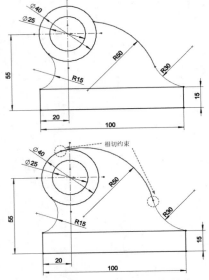

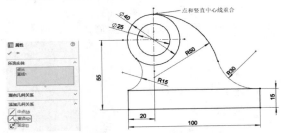

图5-98　添加尺寸约束和几何约束

10 再按Ctrl键选取R50圆弧的端点和竖直中心线进行"重合"几何约束，如图5-99所示。

图5-99　添加重合约束

11 单击【中心矩形】按钮 回，在矩形底边的中点位置绘制一个长50mm、宽10mm的小矩形，如图5-100所示。

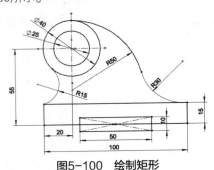

图5-100　绘制矩形

12 单击【剪裁实体】按钮 ，弹出【剪裁实体】属性面板。移动光标至图形区域，按住左键

在待剪裁图元上划过，即可完成剪裁，修剪结果如图5-101所示。

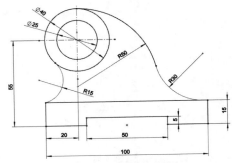

图5-101　剪裁多余线条

13 至此，轴承座草图已经完成。最后将草图文件保存。

5.5.7　文本

用户可以使用【文本】工具在任何连续曲线或边线组上（包括零件面上由直线、圆弧或样条曲线组成的圆或轮廓）绘制文本，并且拉伸或剪切文本以创建实体特征。

单击【文本】按钮 A，属性管理器中显示【草图文本】属性面板，如图5-102所示。

图5-102　【草图文本】属性面板

【草图文本】属性面板中各选项含义如下所述。

➢ 曲线：选择边线、曲线、草图以及草图段。所选对象的名称显示在框中，文本沿对象出现。

➢ 文本：在该文本框中输入字体，可以切换键盘语法输入中文。

➢ 链接到属性 ：将草图文本链接到自定义属性。

➤ 加粗 **B**、倾斜 **/**、旋转 **⟳**：将选择的文本加粗、倾斜、旋转，如图5-103所示。

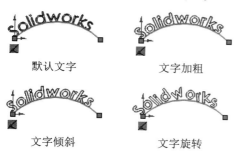

默认文字　　　　　　　　文字加粗

文字倾斜　　　　　　　　文字旋转

图5-103　文本样式

➤ 左对齐 **≡**、居中 **≡**、右对齐 **≡**、两端对齐 **≡**：使文本沿参照对象左对齐、居中、右对齐、两端对齐，如图5-104所示。

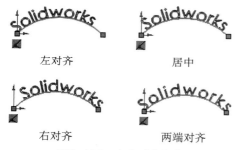

左对齐　　　　　　　　　　居中

右对齐　　　　　　　　　两端对齐

图5-104　文本对齐方式

➤ 竖直反转 **A**、水平反转 **AB**：使文本沿参照对象竖直反转、水平反转，如图5-105所示。

反转前　　　　竖直反转　　　　水平反转

图5-105　文本的反转

➤ 宽度因子 **A**：文本宽度比例。仅当取消【使用文档字体】勾选时才可用。

➤ 间距 **AB**：文本字体间距比例。仅当取消【使用文档字体】勾选时才可用。

➤ 使用文档字体：使用用户默认输入的字体。

➤ 字体：当取消选择【使用文档字体】复选框后，【字体】按钮亮显。单击此按钮，可以打开【选择字体】对话框，以此设置自定义的字体样式和大小等，如图5-106所示。

在默认情况下绘制的文本是以坐标原点为对齐参照的，因此在【草图文本】属性面板中，文本对齐方式的按钮命令、反转命令都将灰显，如图5-107所示。

图5-106　【选择字体】对话框

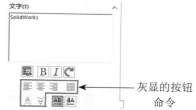

灰显的按钮命令

图5-107　没有参照对象时灰显的按钮命令

技术要点 🗒

　　文本对齐方式只能在有参照对象时才可用。在没有选择任何参照且直接在图形区中绘制文本时，这些命令将灰显。

5.6　综合实战：绘制垫片草图

引入素材：无
结果文件：综合实战\结果文件\Ch05\垫片草图.sldprt
视频文件：视频\Ch05\垫片草图.avi

　　垫片的草图绘制过程与阀座草图的绘制过程是相同的，也是按：绘制尺寸基准线→绘制已知线段→绘制中间线段→绘制连接线段→几何约束→尺寸约束的绘制步骤进行。

　　本练习的垫片草图如图5-108所示。

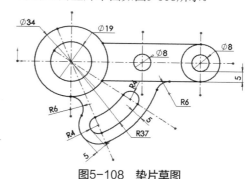

图5-108　垫片草图

操作步骤

01 启动SolidWorks。

02 单击【新建】按钮 ，弹出【新建SolidWorks文件】对话框。在该对话框中选择"零件"模板，再单击【确定】按钮，进入零件设计环境中。

03 单击【草图绘制】按钮 ，然后按图5-109所示的操作步骤，绘制出垫片草图的尺寸基准线。

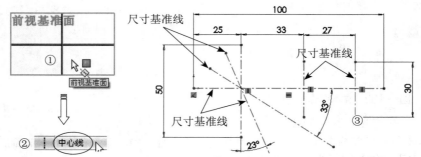

图5-109　绘制尺寸基准线

04 为便于后续草图曲线的绘制，将所有中心线（尺寸基准线）使用"固定"几何约束，如图5-110所示。

05 使用【圆形】工具，在中心线交点绘制出4个已知圆，如图5-111所示。

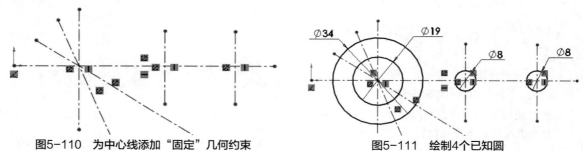

图5-110　为中心线添加"固定"几何约束　　　　图5-111　绘制4个已知圆

06 使用【圆心/起/终点画弧】工具，绘制出图5-112所示的圆弧。

07 使用【圆形】工具，在两个圆弧中间绘制直径为"8"的两个圆，如图5-113所示。

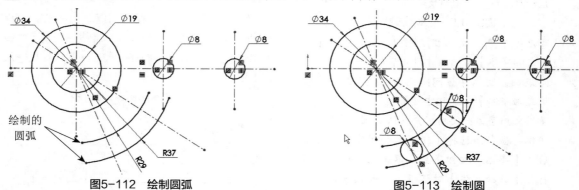

图5-112　绘制圆弧　　　　　　　　　　　图5-113　绘制圆

08 单击【等距实体】按钮 ，然后按图5-114所示的操作步骤，绘制圆、圆弧的等距曲线。

09 同理，再使用【等距实体】工具，以相同的等距距离，在其余位置绘制出图5-115所示的等距实体。

10 使用【直线】工具，绘制出图5-116所示的两条直线，两直线均与圆相切。

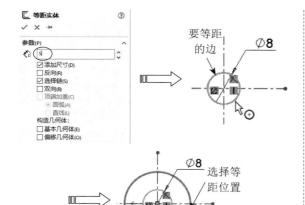

图5-114　绘制等距实体

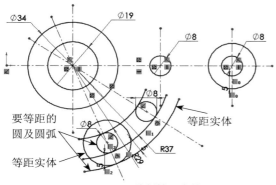

图5-115　绘制等距实体

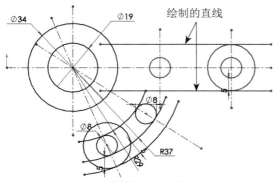

图5-116　绘制与圆相切的两条直线

11 为了能看清后面继续绘制的草图曲线，使用【剪裁实体】工具，将草图中多余图线剪裁掉，如图5-117所示。

12 使用【3点圆弧】工具，在图5-118所示的位置创建出连接相切的圆弧。

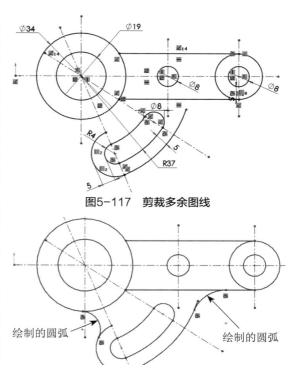

图5-117　剪裁多余图线

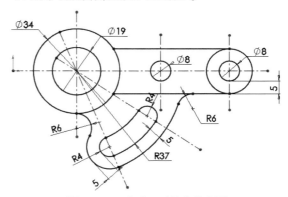

图5-118　绘制相切的连接圆弧

13 使用【剪裁实体】工具，将草图中多余图线剪裁掉，然后对草图（主要是没有固定的图线）尺寸约束，完成结果如图5-119所示。

图5-119　完成尺寸约束的草图

14 至此，垫片草图已绘制完成，最后将结果保存。

5.7　课后习题

1. 绘制曲柄草图

本练习的曲柄草图如图5-120所示。

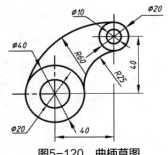

图5-120　曲柄草图

2. 绘制阀座草图

本练习的阀座草图如图5-121所示。

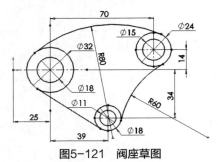

图5-121　阀座草图

3. 绘制垫片草图

本练习的垫片草图如图5-122所示。

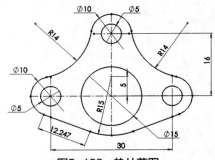

图5-122　垫片草图

草图变换与编辑是指对绘制的草图曲线进行变换操作和修改，有了草图变换与编辑工具，我们就能绘制复杂的草图。在本章我们就来学习和掌握草图变换与编辑的基本知识。

知识要点

⊙ 掌握草图实体工具的应用
⊙ 掌握草图曲线的编辑方法

⊙ 掌握转换实体工具的应用
⊙ 掌握修复草图的应用

6.1 草图编辑工具

在SolidWorks中，草图编辑工具是对草图曲线进行合并、剪裁、延伸、分割等操作和定义的工具，如图6-1所示。

图6-1 草图曲线的修改工具

6.1.1 剪裁实体

【剪裁实体】工具用于剪裁或延伸草图曲线。此工具提供的多种剪裁类型适用于2D草图和3D草图。

在功能区【草图】选项卡中单击【剪裁实体】按钮 ，在属性管理器中显示【剪裁】属性面板，如图6-2所示。

在面板的【选项】选项区中包含5种剪裁类型：【强劲剪裁】、【边角】、【在内剪除】、【在外剪除】和【剪裁到最近端】，其中【强劲剪裁】和【剪裁到最近端】类型最为常用。

图6-2 【剪裁】属性面板

1. 强劲剪裁

"强劲剪裁"选项用于大量曲线的修剪。修剪曲线时，无须逐一选取要修剪的对象，可以在图形区中按住左键并拖动指针，与指针画线相交的草图曲线将被自动修剪。

此修剪曲线的方法是最常用的一种快捷修剪方法。图6-3所示为"强劲剪裁"草图曲线的操作过程示意图。

原图　　　　　　画线修剪的轨迹　　　　　　修剪结果

图6-3 强劲剪裁曲线的操作过程

技术要点 📖

此方法没有局限性,可以修剪任何形式的草图曲线。只能划线修剪,不能单击修剪。

2. 边角

"边角"修剪方法主要用于修剪相交曲线,并需要指定保留部分。选取曲线的光标位置就是保留的区域,如图6-4所示。方法是:先选择交叉曲线之一,再选择交叉曲线之二。

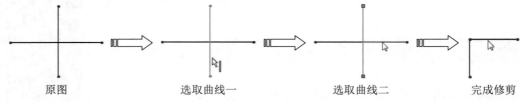

原图　　　　　　　选取曲线一　　　　　　　选取曲线二　　　　　　　完成修剪

图6-4　　"边角"修剪曲线的过程

技术要点 📖

此修剪方法只能修剪相交的曲线,不相交的曲线无法使用,具有局限性。使用【边角】类型剪裁曲线时,剪裁操作可以延伸一个草图曲线而缩短另一曲线,或者同时延伸两个草图曲线,如图6-5所示。

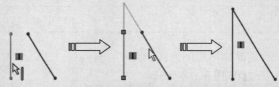

图6-5　　利用【边角】修剪方法达到延伸曲线的目的

3. 在内剪除

"在内剪除"是选择两个边界曲线或一个面,然后选择要修剪的曲线,修剪的部分为边界曲线内,操作过程如图6-6所示。

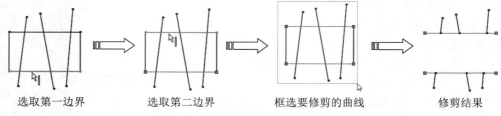

选取第一边界　　　　选取第二边界　　　　框选要修剪的曲线　　　　修剪结果

图6-6　　"在内剪除"修剪曲线的过程

4. 在外剪除

"在外剪除"与"在内剪除"修剪的结果正好相反,如图6-7所示。

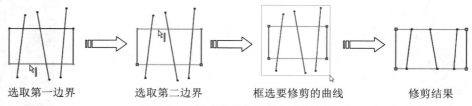

选取第一边界　　　　选取第二边界　　　　框选要修剪的曲线　　　　修剪结果

图6-7　　"在外剪除"修剪曲线的过程

5. 裁减到最近端

"裁剪到最近端"也是一种快速修剪曲线的方法，操作过程如图6-8所示。

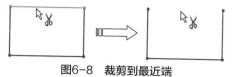

图6-8 裁剪到最近端

技术要点

此方法是修剪选取的曲线，与"强劲剪裁"的修剪方法不同，"裁剪到最近端"是单击修剪，一次仅修剪一条曲线，"强劲剪裁"是划线修剪。

动手操作——绘制拨叉草图

绘制图6-9所示的拨叉草图。

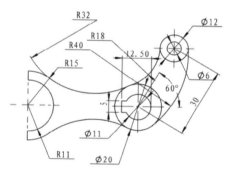

图6-9 拨叉草图

操作步骤

01 新建文件。选择下拉菜单【文件】|【新建】命令，出现【新建SolidWorks文件】对话框，在对话框中选择【零件】图标，单击【确定】按钮。

02 选择绘图平面。在特征管理器中选择【前视基准面】，然后单击【草图】选项卡中的【草图绘制】按钮，进入草图绘制。

03 单击【草图】选项卡中的【中心线】按钮，分别绘制一条水平中心线、两条竖直中心线，如图6-10所示。

04 单击【草图】选项卡中的【圆形】按钮，绘制两个圆，直径分别为"20"和"11"，单击【草图】选项卡中的【3点圆弧】按钮，绘制两段圆弧，半径分别为"15"和"11"，如图6-11所示。

图6-10 绘制中心线

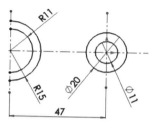

图6-11 绘制圆和圆弧

05 单击【草图】选项卡中的【中心线】按钮，绘制与水平呈60°的中心线，绘制与圆心距离为30并与刚绘制的中心线相垂直的中心线，如图6-12所示。

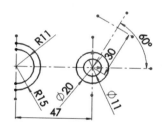

图6-12 绘制角度为60°中心线

06 以刚绘制的中心线的交点为圆心，绘制直径分别为"6"和"12"的圆，如图6-13所示。

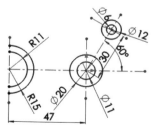

图6-13 绘制直径为12和6的圆

07 单击【草图】选项卡中的【圆形】按钮，绘制两个直径为"64"的圆，且与直径为"20"和"30"的圆相切，如图6-14所示。

08 单击【草图】选项卡中的【3点圆弧】按钮，绘制圆弧，标注尺寸，该圆弧与端点处的两个圆相切，然后单击【草图】选项卡中的【剪裁实体】按钮，剪去多余线段，结果如图6-15所示。

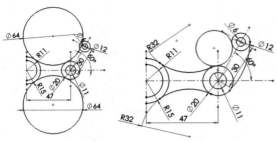

图6-14　绘制相切圆　　图6-15　剪裁图形
　　　　　　　　　　　　　　　　　并绘制切线弧

09 单击【草图】选项卡中的【直线】按钮，绘制键槽轮廓曲线并为其添加几何关系，使键槽关于水平中心线对称，剪裁多余线段，并调整尺寸，结果如图6-16所示。

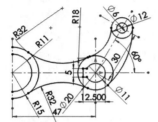

图6-16　添加几何关系并调整尺寸

6.1.2　延伸实体

使用【延伸实体】工具可以增加草图曲线（直线、中心线或圆弧）的长度，使得要延伸的草图曲线延伸至与另一草图曲线相交。

在功能区【草图】选项卡中单击【延伸实体】按钮，指针由 ▷ 变为 ▷T。在图形区将指针靠近要延伸的曲线，随后用红色显示延伸曲线的预览，单击曲线将完成延伸操作，如图6-17所示。

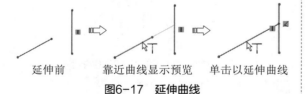

延伸前　　　靠近曲线显示预览　　　单击以延伸曲线

图6-17　延伸曲线

技术要点

若要将曲线延伸至多个曲线，第一次单击要延伸的曲线可以将其延伸至第一相交曲线，再单击可以延伸至第二相交曲线。

6.1.3　分割实体

利用【分割实体】命令 ⌐ ，可以将一条草图曲线打断进而生成两条草图曲线，反之还可以将多条曲线合并成单一的草图曲线。

分割实体可以用来打断曲线，并在分割点标注尺寸。

技术要点

如果【草图】选项卡中没有【分割实体】命令，可以打开【自定义】对话框，选择【命令】选项卡【类别】列表中的【草图】选项，在右边显示的按钮中找到分割实体图标 ⌐ ，拖动到功能区【草图】选项卡的任意位置。

1. 分割草图

分割对象只能是单一的草图曲线，如直线、圆弧/圆、样条曲线，称为开放曲线，如图6-18所示。

图6-18　开放曲线

开放曲线仅需一个分割点就可以完成分割。但是封闭的草图曲线，如圆、椭圆及闭合样条曲线等，必须要两个分割点才能完成分割。

动手操作——分割草图曲线

操作步骤

01 首先演示一下单一草图的分割。首先利用【直线】、【圆心/起/终点画弧】、【样条曲线】等命令分别绘制直线、圆弧和样条曲线，如图6-19所示。

图6-19　绘制草图曲线

02 单击【分割实体】按钮 ⌐ ，光标变成 ⚒ ，然后按信息提示选择直线来放置分割点，如图6-20所示。

图6-20　选择直线上的位置放置分割点

技术要点 🔲

　　值得注意的是，草图曲线的端点是不能作为分割点的，也不可以在端点处创建分割点。

03 同理，继续在圆弧和样条曲线上放置分割点，并完成分割，如图6-21所示。

图6-21　完成圆弧和样条曲线的分割

04 那么对于封闭的草图曲线又是怎样分割的呢？绘制一个整圆，然后单击【分割实体】按钮 ，当在圆上单击一处后（即放置分割点后），草图的颜色由深蓝变成浅蓝，表示还在激活状态，未完成当前操作。【分割实体】属性面板中则提示"再次单击闭合的草图实体进行分割"，接着再在圆上另一位置单击并放置分割点，随即完成整圆的分割操作，过程及结果如图6-22所示。

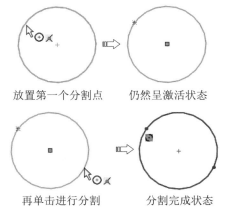

放置第一个分割点　　仍然呈激活状态

再单击进行分割　　分割完成状态

图6-22　封闭草图曲线的分割

2. 合并草图

　　合并草图与分割草图是相反的两个操作。合并草图更为简单，只是将分割后的草图曲线中的分割点按Delete键删除即可。

技术要点 🔲

　　合并草图只能删除分割点，其他点如端点、中点是不能删除的。

6.1.4　线段

　　【线段】工具其实也是分割实体工具，只不过【分割实体】是手动分割草图，而【线段】是设置参数后自动分割。开放草图和封闭草图的分割是一样的，不受任何限制。

　　在【草图】选项卡单击【线段】按钮 ，打开【线段】属性面板，如图6-23所示。

图6-23　【线段】属性面板

该属性面板中的选项含义如下所述。

➤ 　：选择单个实体，即开放曲线和封闭曲线，选择后草图实体显示在选项框中。

➤ 　：输入分割点的个数，或者输入线段的段数。

➤ 【草图绘制点】：单选此选项，在上面的 文本框中输入的数字表示分割点的个数。

➤ 【草图片段】：单选此选项，在上面的 文本框中输入的数字表示线段的段数。

动手操作——创建线段

操作步骤

01 利用矩形工具绘制一个矩形，如图6-24所示。再利用【等距实体】工具创建内偏置距离为10的矩形，如图6-25所示。

02 单击【线段】按钮 ，打开【线段】属性面板。首先选择要等分的单一曲线（选择等距实体的一条边），然后输入线段数量5，最后单击【确定】按钮 完成线段的创建，如图6-26所示。

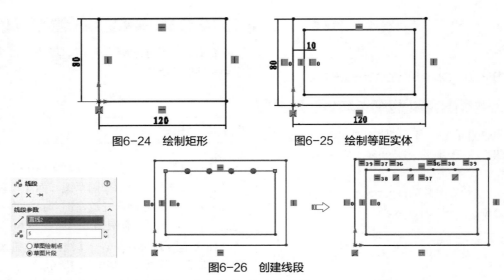

图6-24 绘制矩形　　　　　　图6-25 绘制等距实体

图6-26 创建线段

03 再执行【线段】命令，在对称的另一边也创建5等分的线段，如图6-27所示。

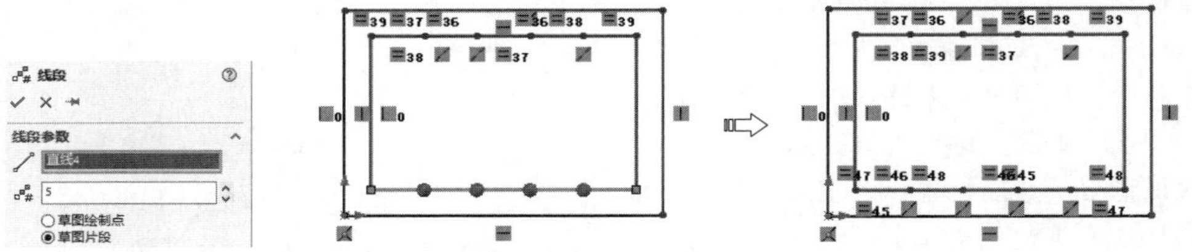

图6-27 创建对称的线段

04 同理，在等距实体的左右两侧也分别创建4等分的线段，如图6-28所示。

05 最后利用【直线】工具，将分割后的线段一一对应连接起来，结果如图6-29所示。

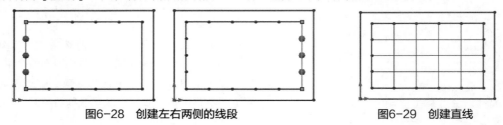

图6-28 创建左右两侧的线段　　　　　　图6-29 创建直线

6.2 草图变换工具

草图的变换是将草图图元进行等距偏移、复制、移动、镜像、旋转、缩放、伸展等常规动态操作，目的是为了能够快速绘图，并帮助用户提高工作效率。

6.2.1 等距实体

【等距实体】工具可以将一个或多个草图曲线、所选模型边线，或模型面，按指定距离值等距离偏移、复制。

在功能区【草图】选项卡中单击【等距实体】按钮，属性管理器中显示【等距实体】属性面板，如图6-30所示。

【等距实体】属性
面板的【参数】选项区
中各选项含义如下。

图6-30　【等距实体】
属性面板

➤ 等距距离 ：设定
数值以特定距离来
等距草图曲线。

➤ 添加尺寸：勾选此
选项，等距曲线后
将显示尺寸约束。

➤ 反向：勾选此选项，将反转偏距方向。当勾
选【双向】选项时，此选项不可用。

➤ 选择链：勾选此选项，将自动选择曲线链作
为等距对象。

➤ 双向：勾选此选项，可双向生成等距曲线。

➤ 基本几何体、偏移几何体：【基本几何体】
选项是将原曲线变成构造线，如图6-31所
示；【偏移几何体】选项是将等距复制出来
的曲线变成构造曲线。

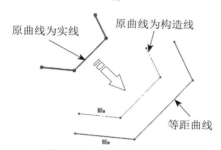

图6-31　应用【基本几何体】选项

➤ 顶端加盖：为【双向】的等距曲线生成封闭
端曲线，包括【圆弧】和【直线】两种封闭
形式，如图6-32所示。

双向等距（无盖）　圆弧加盖　　直线加盖

图6-32　为双向等距曲线加盖

动手操作——绘制连杆草图

连杆草图比较简单。绘制方法是使用"圆""直
线""等距实体""绘制圆角"和"修剪实体"工具
就可以完成。完成后的连杆草图如图6-33所示。

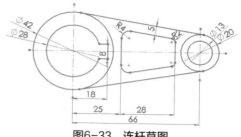

图6-33　连杆草图

操作步骤

01 新建零件，选择前视视图作为草绘平面，并进
入草图模式中。

02 使用"中心线"工具，在图形区中绘制图6-34所
示的中心线。

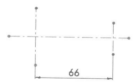

图6-34　绘制中心线

03 在【草图】选项卡中单击【圆形】按钮 ⊙，绘
制4个圆，完成结果如图6-35所示。

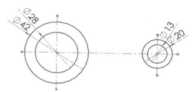

图6-35　绘制4个圆

04 在【草图】选项卡中单击【直线】按钮 ✐，绘
制两条相切线，完成结果如图6-36所示。

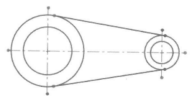

图6-36　绘制相切线

05 在【草图】选项卡中单击【等距实体】按钮
 ℂ，将其中一条相切线进行等距复制，其过程如
图6-37所示。

06 用相同的方法将另一条相切线进行等距复制，
完成结果如图6-38所示。

07 在【草图】选项卡中单击【直线】按钮 ✐，
绘制水平直线和3条竖直直线，完成结果如图6-39
所示。

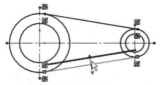

预览等距实体

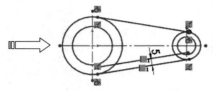

完成等距实体

图6-37　等距复制切线

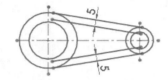

图6-38　继续等距复制切线

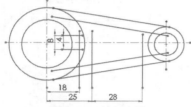

图6-39　绘制直线

08 在【草图】选项卡中单击【剪切实体】按钮，对草图进行相互剪切，完成结果如图6-40所示。

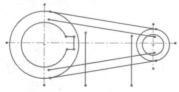

图6-40　剪切草图实体

09 在【草图】选项卡中单击【绘制圆角】按钮，对草图进行圆角处理，完成结果如图6-41所示。

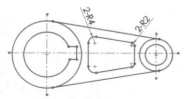

图6-41　对草图进行圆角处理

10 在【草图】选项卡中单击【智能尺寸】按钮，对连杆草图进行尺寸标注，完成结果如图6-42所示。

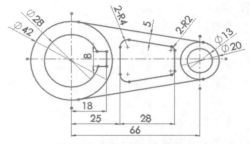

图6-42　标注连杆草图尺寸

6.2.2　复制实体

SolidWorks草图环境中提供了用于草图曲线的移动、复制、旋转、缩放比例及伸展等操作的工具。

1. 移动或复制实体

【移动实体】是将草图曲线在基准面内按指定方向进行平移操作。【复制实体】是将草图曲线在基准面内按指定方向进行平移，但要生成对象副本。

在功能区【草图】选项卡中单击【移动实体】按钮或【复制实体】按钮后，属性管理器中显示【移动】属性面板，如图6-43所示，或者显示【复制】属性面板，如图6-44所示。

图6-43　【移动】　　　　图6-44　【复制】
　　　属性面板　　　　　　　　属性面板

【移动】或【复制】属性面板中各选项含义如下所述。

➢ 草图项目或注解：列出要移动或复制的对象。

➢ 保留几何关系：勾选此复选框，所选对象之间的几何关系被保留。

> ➢ 从/到：单选此选项，将通过选择起点和终点，将对象移动或复制。
> ➢ X/Y：单选此选项，将通过输入X、Y的坐标值来移动或复制对象。
> ➢ 重复：单击此按钮，将 ΔX 和 ΔY 文本框内的值以倍数增加。

【移动实体】工具的应用如图6-45所示。

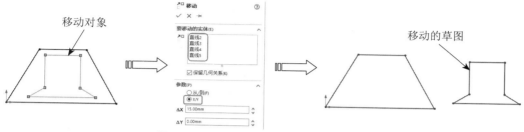

图6-45　使用【移动实体】工具移动对象

技术要点

当草图被几何约束后，不能再使用此工具进行移动操作，除非删除草图中的约束。

【复制实体】工具的应用如图6-46所示。

图6-46　使用【复制实体】工具复制对象

技术要点

　　【移动】和【复制】操作将不生成几何关系。若想生成几何关系，用户可使用【添加几何关系】工具为其添加新的几何关系。

2. 旋转实体

　　使用【旋转实体】工具可将选择的草图曲线绕旋转中心进行旋转，不生成副本。在【草图】选项卡中单击【旋转实体】按钮，属性管理器中显示【旋转】属性面板，如图6-47所示。

　　通过【旋转】属性面板，为草图曲线指定旋转中心点及旋转角度后，单击【确定】按钮 ✔ 即可完成【旋转实体】的操作，如图6-48所示。

图6-47　【旋转】属性面板

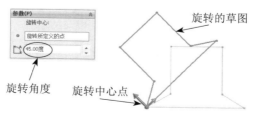

图6-48　【旋转实体】操作

3. 缩放实体比例

【缩放实体比例】是指将草图曲线按设定的比例因子进行缩小或放大。【缩放实体比例】工具可以生成对象的副本。

在【草图】选项卡中单击【缩放实体比例】按钮，属性管理器中显示【比例】属性面板，如图6-49所示。通过此面板，选择要缩放的对象，并为缩放指定基准点，再设定比例因子，即可将参考对象进行缩放，如图6-50所示。

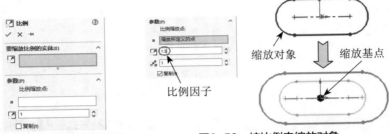

图6-49 【比例】属性面板　　　　图6-50 按比例来缩放对象

【比例】属性面板中各选项含义如下所述。

➢ 缩放比例对象：为缩放比例添加草图曲线。
➢ 比例缩放基准点：激活此列表框，为缩放指定基准点。
➢ 比例因子：在此文本框中输入缩小或放大的比例倍数。

技术要点

为缩放指定比例因子，其值必须为大于等于1e-006，并且是小于等于1000000。否则不能进行缩放操作。

➢ 复制：勾选此复选框，可创建所选实体的副本。可在弹出的【份数】文本框中输入副本数量。图6-51所示为不复制缩放对象的缩放操作，图6-52所示为要复制对象的缩放操作。

图6-51 不复制缩放对象　　　　图6-52 要复制缩放对象

4. 伸展实体

【伸展实体】是指将草图中选定的部分曲线按指定的距离进行延伸，使其整个草图被伸展。

在【草图】选项卡中单击【伸展实体】按钮，在属性管理器中显示【伸展】属性面板，如图6-53所示。通过此面板，在图形区选择要伸展的对象，并设定伸展距离，即可伸展选定的对象，如图6-54所示。

技术要点

若用户选择草图中所有的曲线进行伸展，最终结果是对象没有被伸展，而仅仅按指定的距离进行平移。

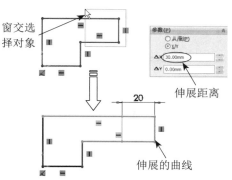

图6-53　【伸展】属性面板　　　　图6-54　伸展选定的对象

动手操作——绘制摇柄草图

操作步骤

01 新建零件文件，再选择前视基准平面作为草图平面进入草绘环境中。

02 利用【中心线】命令 ⚊，绘制零件草图的定位中心线，如图6-55所示。

03 单击【圆形】按钮 ⊙，绘制直径为19的圆，如图6-56所示。

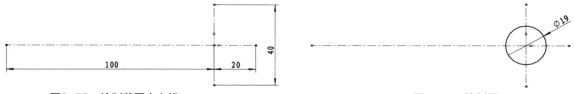

图6-55　绘制草图中心线　　　　　　　　　图6-56　绘制圆

04 单击【缩放实体比例】命令 ↗，属性管理器显示【比例】属性面板。选择直径为19的圆进行缩放，缩放点在圆心，缩放比例为0.7。创建缩放后的圆如图6-57所示。

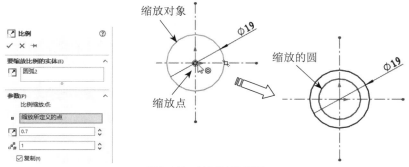

图6-57　绘制缩放的圆

技术要点 📖

在【比例】属性面板中勾选【复制】选项，才能创建比例缩小的圆。

---

05 同理，再利用【缩放实体比例】命令，绘制缩放比例为1.6的圆，结果如图6-58所示。

06 利用【圆形】命令 ⊙，绘制图6-59所示的两个同心圆（直径分别为9和5）。

07 绘制两条与水平中心线呈98°和13°的斜中心线，如图6-60所示。

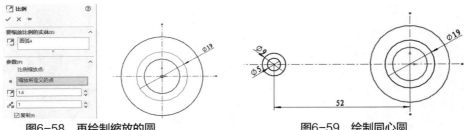

图6-58　再绘制缩放的圆　　　　　　　　图6-59　绘制同心圆

08 单击【中心点圆弧槽口】按钮 ⊙⊙ ，选择两个小同心圆的圆心为中心点，然后确定槽口的起点和终点（在斜中心线上）后，单击【槽口】属性面板中的【确定】按钮 ✅ 完成绘制，如图6-61所示。

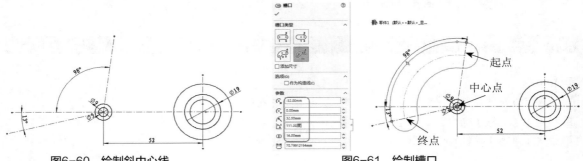

图6-60　绘制斜中心线　　　　　　　　　　图6-61　绘制槽口

09 单击【等距实体】按钮 ⊏ ，选择槽口曲线作为偏移的参考曲线，然后创建出偏移距离为3的等距实体，如图6-62所示。

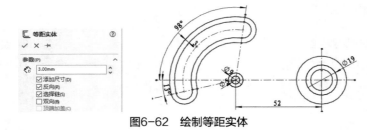

图6-62　绘制等距实体

10 利用【3点圆弧】命令 ⌒ ，绘制连接槽口曲线与圆（缩放1.6倍的圆）的圆弧，然后对其进行相切约束，如图6-63所示。

技术要点 📄

约束圆弧前，必须对先前绘制的草图完全定义，要么是尺寸约束，要么是【固定】几何约束，否则会使先前绘制的圆及槽口曲线产生平移。

11 利用【圆形】命令 ⊙ 绘制一个半径为8且与大圆相切的圆，并将其进行精确定位，如图6-64所示。

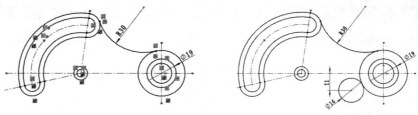

图6-63　绘制圆弧　　　　　　　　　　　图6-64　绘制圆

12 利用【直线】命令 ✎ ，绘制与槽口曲线和上步的圆分别相切的直线，如图6-65所示。

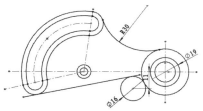

图6-65 绘制直线

13 最后利用【剪裁实体】命令 ✄，修剪图形，结果如图6-66所示。

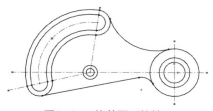

图6-66 修剪图形的结果

6.2.3 镜像实体

【镜像实体】工具是以直线、中心线、模型实体边及线性工程图边线作为对称中心来镜像复制曲线的。在功能区【草图】选项卡中单击【镜像实体】按钮 ⊭，属性管理器中显示【镜像】[①]属性面板，如图6-67所示。

图6-67 【镜像】属性面板

【镜像】属性面板的【选项】选项区中各选项含义如下所述。

➢ 选择要镜像的实体 ⊭：将选择的要镜像的草图曲线对象列表于其中。

➢ 复制：勾选此复选项，镜像曲线后仍保留原曲线。取消勾选，将不保留原曲线，如

---

① 图 6-67 界面中的"镜向"一词属于软件翻译错误，正确翻译应为"镜像"，正文中将按正确翻译进行讲解。

图6-68所示。

➢ 镜像点 ⊭：选择镜像中心线。

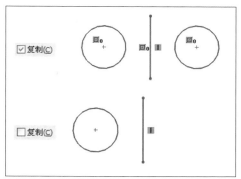

图6-68 镜像复制与镜像不复制

要绘制镜像曲线，先选择要镜像的对象曲线，然后选择镜像中心线（选择镜像中心线时必须激活【镜像点】列表框），最后单击面板中的【确定】按钮 ✔ 完成镜像操作，如图6-69所示。

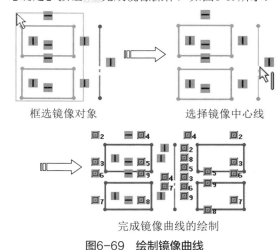

框选镜像对象　　　　　选择镜像中心线

完成镜像曲线的绘制

图6-69 绘制镜像曲线

技术要点 📖

要以线性工程图边线作为镜像中心线来绘制镜像曲线，则要镜像的草图曲线必须位于工程视图边界中，如图6-70所示。

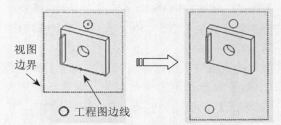

图6-70 以线性工程图边线绘制镜像曲线

动手操作——绘制对称的零件草图

绘制图6-71所示的草图，并标注尺寸。

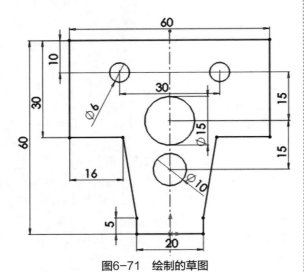

图6-71 绘制的草图

操作步骤

01 新建零件文件。

02 选择前视基准平面作为草图平面，并进入草图环境中。

03 单击【草图】选项卡中的【中心线】按钮，绘制竖直中心线，如图6-72所示。

04 单击【直线】按钮，绘制外形轮廓直线，如图6-73所示。

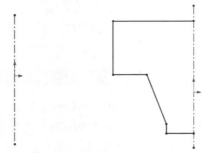

图6-72 绘制的中心线　　图6-73 绘制轮廓形状

05 利用【圆形】命令，在中心线上绘制3个圆，如图6-74所示。

06 单击【镜像】按钮，弹出【镜像】属性面板。选取部分图形为镜像实体，镜像轴为中心线。单击【确定】按钮，完成草图的绘制，如图6-75所示。

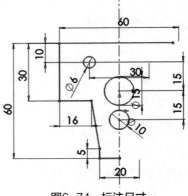

图6-74 标注尺寸

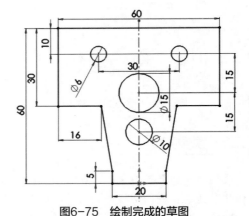

图6-75 绘制完成的草图

6.2.4 旋转实体

使用【旋转实体】工具可将选择的草图曲线绕旋转中心进行旋转，不生成副本。在【草图】选项卡中单击【旋转实体】按钮，属性管理器中显示【旋转】属性面板，如图6-76所示。

图6-76 【旋转】属性面板

通过【旋转】属性面板，为草图曲线指定旋转中心点及旋转角度后，单击【确定】按钮即可完成【旋转实体】的操作，如图6-77所示。

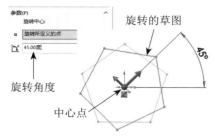

图6-77 旋转实体操作

6.2.5 缩放实体比例

【缩放实体比例】是指将草图曲线按设定的比例因子进行缩小或放大。【缩放实体比例】工具可以生成对象的副本。

在【草图】选项卡中单击【缩放实体比例】按钮 ↗，属性管理器中显示【比例】属性面板，如图6-78所示。通过此面板，选择要缩放的对象，并为缩放指定基准点，再设定比例因子，即可将参考对象进行缩放，如图6-79所示。

图6-78 【比例】属性面板

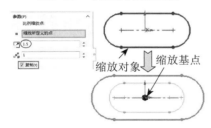

图6-79 按比例来缩放对象

【比例】属性面板中各选项含义如下所述。

- ➤ 缩放比例对象 ↗：为缩放比例添加草图曲线。
- ➤ 比例缩放基准点 ■：激活此列表框，为缩放指定基准点。
- ➤ 比例因子 ↗：在此文本框中输入缩小或放大的比例倍数。

技术点拨 🗐

为缩放指定比例因子，其值必须为大于等于1e-006并且小于等于1 000 000。否则不能进行缩放操作。

- ➤ 复制：勾选此复选框，将弹出【份数】⟦# 文本框，通过该文本框输入要复制的数量。6-80所示为不复制缩放对象的缩放操作，图6-81所示为要复制对象的缩放操作。

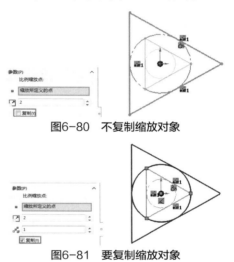

图6-80 不复制缩放对象

图6-81 要复制缩放对象

6.2.6 伸展实体

【伸展实体】是指将草图中选定的部分曲线按指定的距离进行延伸，使其整个草图被伸展。在【草图】选项卡中单击【伸展实体】按钮 ⌊ᵢ，属性管理器中显示【伸展】属性面板，如图6-82所示。通过此面板，在图形区选择要伸展的对象，并设定伸展距离，即可伸展选定的对象，如图6-83所示。

图6-82 【伸展】属性面板

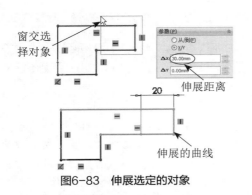

窗交选择对象

伸展距离

伸展的曲线

图6-83　伸展选定的对象

技术点拨

若用户选择草图中所有曲线进行伸展，最终结果是对象没有被伸展，而仅仅按指定的距离进行平移。

6.3　草图阵列

对象的阵列是一个对象复制过程，阵列的方式包括圆形阵列和矩形阵列。它可以在圆形或矩形阵列上创建出多个副本。

在功能区【草图】选项卡中单击【线性阵列】按钮或【圆周阵列】按钮，属性管理器将显示【线性阵列】属性面板，如图6-84所示。执行【圆周阵列】命令后，指针由变为，属性管理器将显示【圆周阵列】属性面板，如图6-85所示。

图6-84　【线性阵列】属性面板

图6-85　【圆周阵列】属性面板

6.3.1　线性阵列

【线性阵列】属性面板中各选项含义如下。

➢ 【方向1】选项区：主要设置X轴方向的阵列参数。

➢ 反向：单击此按钮，将更改阵列方向。图形区将显示阵列方向箭头，拖动箭头顶点可以更改阵列间距和角度，如图6-86所示。

➢ 间距：设定阵列对象的间距。

➢ 标注X间距：勾选此选项，生成阵列后将显示X轴方向（第一方向）阵列成员之间的间距尺寸。

➢ 数量：在X轴方向上阵列的对象数目。

➢ 显示实例记数：勾选此选项，生成阵列后将显示阵列的数目记号。

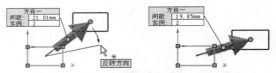

图6-86　拖动方向箭头以更改间距和角度

➢ 角度：设置与X轴（第一方向）有一定角度的阵列。

➢ 【方向2】选项区：主要设置Y轴方向上的阵列参数。

技术要点

如果选取一模型边线来定义方向1，那么方向2被自动激活。否则，必须手工选取方向2将之激活。

➢ 在轴之间添加角度尺寸：生成阵列后将显示角度阵列的角度尺寸。

➢ 要阵列的实体：选择要进行阵列的对象。

➢ 要跳过的单元：在整个阵列中选择不需要的阵列对象。

使用【线性阵列】工具进行线性阵列的操作，如图6-87所示。

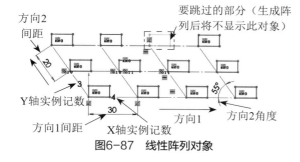

图6-87 线性阵列对象

动手操作——绘制槽孔板草图

绘制图6-88所示的草图并标注。

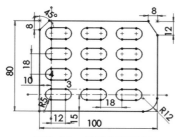

图6-88 待绘制的草图

操作步骤

01 新建零件文件。

02 在特征树中选择前视基准面，再单击【草图】选项卡中的【草图绘制】按钮，进入草图环境。

03 单击【草图】选项卡中的【边角矩形】按钮，以原点作为矩形起点，绘制矩形。然后利用【绘制倒角】命令进行倒角处理后，标注尺寸，得到图6-89所示的草图。

04 绘制两条中心线，并标注尺寸，如图6-90所示。

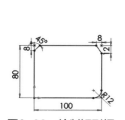

图6-89 绘制矩形框　　图6-90 绘制中心线

05 以两条中心线的交点为圆心，以半径为5mm绘制一个圆，然后在水平中心线上移动12mm继续绘制一个半径为5mm的圆，选择【直线】按钮，

绘制两条直线，并绘制两圆相切，剪裁后得到图6-91所示的草图。

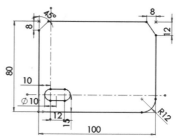

图6-91 绘制阵列的几何实体

06 利用【线性阵列】命令，将X轴间距值设定为30mm，实例数设为3；Y轴间距值设定为18mm，实例数设为4；激活【要阵列的实体】选择框，再在图形区中选择要阵列的实体；最后单击【确定】按钮，完成线性阵列，如图6-92所示。

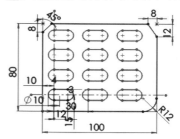

图6-92 线性阵列几何实体

07 添加尺寸约束，得到图6-93所示完全定义的草图。

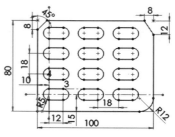

图6-93 添加尺寸约束

6.3.2 圆周阵列

【圆周阵列】属性面板中各选项含义如下。

➤ 反向旋转：单击此按钮，可以更改旋转阵列的方向。默认方向为顺时针方向。

➤ 中心X：沿X轴设定阵列中心。默认的中心点为坐标系原点。

➤ 中心Y ⊙ᵧ：沿Y轴设定阵列中心。

➤ 间距 🔄：设定阵列成员的总旋转角度值。

➤ 圆弧角度 🔄：设定阵列中心点相对于参考对象的旋转角度。例如设定为30°，那么阵列中心点与参考对象之间的连线与水平轴呈30°角。

➤ 等间距：勾选此复选框，将使阵列对象彼此间距相等。

➤ 标注半径：勾选此复选框，将标注圆周阵列的半径尺寸。

➤ 标注角间距：勾选此复选框，将标注成员之间的角间距尺寸。

➤ 实例数 ✸：设定阵列成员的数量。

➤ 半径 🔨：阵列参考对象中心（此中心始终固定）至阵列中心之间的距离。

➤ 圆弧角度 🔄：设定从所选实体的中心到阵列的中心点或顶点所测量的夹角。

使用【圆周阵列】工具进行圆周阵列的操作，如图6-94所示。

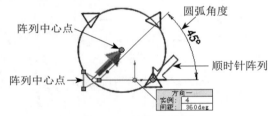

图6-94　圆周阵列对象

动手操作——绘制法兰草图

法兰草图中包括圆、直线和中心线。其图形的编辑包括使用【剪裁实体】工具修剪多余曲线，使用【等距实体】工具绘制偏移曲线，使用【阵列实体】工具阵列相同曲线，使用【几何约束】或【尺寸约束】约束草图等。

法兰草图如图6-95所示。

图6-95　法兰草图

操作步骤

01 新建零件文件。选择前视视图作为草绘平面，并进入草图模式中。

02 使用【中心线】工具在图形区中绘制中心线，如图6-96所示。

03 使用【圆形】工具，在定位基准线中绘制直径为140的圆，如图6-97所示。

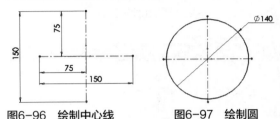

图6-96　绘制中心线　　　　图6-97　绘制圆

04 在【草图】选项卡单击【等距实体】按钮 ⊏，属性管理器显示【等距实体】属性面板。在面板中输入等距距离为35，并勾选【反向】复选框。然后在图形区选择圆作为等距参考，程序自动创建出偏距为35的圆，如图6-98所示。

图6-98　设置等距参数并绘制等距实体

05 单击【等距实体】属性面板中的【确定】按钮 ✔，关闭面板。

06 同理，选择大圆作为参考，绘制出等距离为45且反向的等距实体，如图6-99所示。

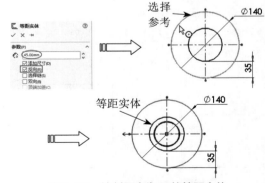

图6-99　绘制距离为45的等距实体

07 使用【等距实体】工具，选择水平中心线作为等距参考，绘制出偏距为5的正、反方向的等距实体，如图6-100所示。

08 使用【剪裁实体】工具，修剪上步绘制的水平等距实体，如图6-101所示。

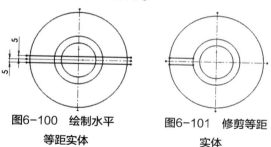

图6-100　绘制水平
等距实体

图6-101　修剪等距
实体

09 在【草图】选项卡中单击【圆周阵列】按钮，属性管理器显示【圆周阵列】属性面板。在图形区中选择基准中心点作为圆周阵列的中心，如图6-102所示。

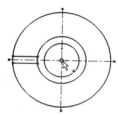

图6-102　选择阵列中心

10 回到面板中，设置阵列的数量为3，并激活【要阵列的实体】列表。然后在图形区中选择修剪的水平等距实体作为阵列对象，随后自动显示阵列的预览，如图6-103所示。

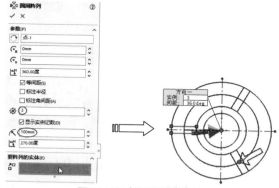

图6-103　设置阵列参数

11 单击【圆周阵列】属性面板中的【确定】按钮✓，关闭面板并完成操作。

12 使用【智能】尺寸工具，对绘制完成的图形进行尺寸标注，结果如图6-104所示。

13 至此，法兰草图绘制完成。最后在【标准】选项卡单击【保存】按钮💾，将结果保存。

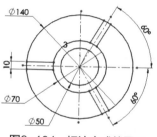

图6-104　标注完成的图形

6.4　由实体和曲面转换草图

用户可以将草图环境外的实体和曲面通过投影、相交而形成的曲线转换成当前的草图曲线。

6.4.1　转换实体引用

用户可通过投影一边线、环、面、曲线，或外部草图轮廓线，一组边线或一组草图曲线到草图基准面上，以在草图中生成一条或多条曲线。

动手操作——转换实体引用

操作步骤

01 打开本例的源文件"模型.sldprt"。

02 选择模型上的一个面作为草图平面，然后选择菜单中的【草图绘制】命令进入草图环境，如图6-105所示。

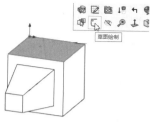

图6-105　选择草图平面

03 单击【转换实体引用】按钮🔲，弹出【转换实体引用】属性面板。

04 选取模型上表面作为要转换的对象，再单击【确定】按钮完成转换，如图6-106所示。

05 退出草图环境。然后单击【拉伸凸台/基体】按钮🔩，打开【拉伸凸台/基体】属性面板。

图6-106　选择转换对象

06 选择转换实体引用的草图作为拉伸轮廓，然后设置拉伸参数及选项，如图6-107所示。最后单击【确定】按钮 ✔ 完成特征的创建。

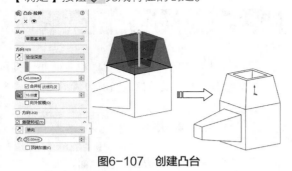

图6-107　创建凸台

6.4.2　侧影实体

【侧影实体】命令是通过投影已有实体的最大外形轮廓得到草图。在【特征】选项卡中单击【侧影实体】按钮 ，弹出【侧影实体】属性面板。选择要投影轮廓的实体后，单击【确定】按钮 ✔ ，完成投影曲线的创建，如图6-108所示。

图6-108　创建侧影曲线

6.4.3　交叉曲线

交叉曲线是通过两组对象相交而产生的相交线。两组对象可以是以下任一情形：

➢ 基准面和曲面或模型面；
➢ 两个曲面；
➢ 曲面和模型面；
➢ 基准面和整个零件；
➢ 曲面和整个零件。

交叉曲线可以用来测量产品不同截面处的厚度；可以作为零件表面上的扫掠路径；还可以从输入实体得出剖面以生成参数零件。

单击【交叉曲线】按钮 ，弹出【交叉曲线】属性面板，如图6-109所示。

图6-109　【交叉曲线】属性面板

只需要选择已有实体（或曲面）对象和其相交的曲面（或平面），就可以创建交叉曲线，如图6-110所示。

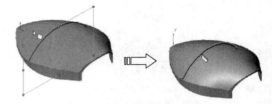

图6-110　创建交叉曲线

6.5　修改草图和修复草图

当用户绘制了草图后，可以使用【修改草图】工具来旋转、移动或按比例缩放草图。还可以利用【修复草图】工具来修复草图中存在的错误。

6.5.1　修改草图

【修改草图】命令可按指定的参考点对草图中的曲线进行平移、旋转或缩放操作。在活动的草图中，在【草图】选项卡单击【修改草图】按钮 （此工具需要从【自定义】中调出），程序弹出【修改草图】对话框，且指针由 变为 。如图6-111所示。

图6-111　【修改草图】对话框

【修改草图】对话框中有3个选项组：比例相对于、平移和旋转。在对话框中输入修改参数后，再按Enter键即可完成草图修改操作。

1.【比例相对于】选项组

【比例相对于】选项组下各选项含义如下。

- 草图原点：沿草图原点均匀比例缩放。
- 可移动原点：沿可移动原点缩放草图比例。
- 缩放因子：缩放草图的比例因子。比例因子必须大于0.001且小于1000。

2.【平移】选项组

【平移】选项组中各选项含义如下。

- X值：X方向的增量值。
- Y值：Y方向的增量值。
- 定位所选点：勾选此复选框，可将草图移动到一特定位置。

在图形区中，按照指针上显示的图标（平移和旋转），单击鼠标左键可以平移草图；当指针靠近3个黑色原点之一时，指针会显示图6-112所示的图标。

沿双轴反转草图　　沿X轴反转草图　　沿Y轴反转草图

图6-112　靠近黑色原点时显示的指针图标

技术要点

【修改草图】工具将整个草图几何体(包括草图原点)相对于模型进行平移。此外，在默认情况下，黑色的草图原点出现在草图中心，可以移动草图原点来改变草图的位置。

3.【旋转】选项组

在【旋转】选项组的【旋转角度】文本框中输入值，可以绕黑色原点旋转草图。除此外，也可在图形区按住右键并拖动指针，草图将按10°或15°的默认增量值进行旋转，如图6-113所示。

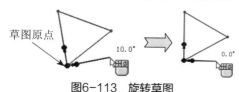

草图原点　　　　　　10.0°　　　　　　0.0°

图6-113　旋转草图

技术要点

如果草图具有外部参考，则无法移动或缩放草图。程序会弹出【SolidWorks】警告信息框，如图6-114所示。

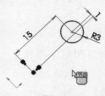 

图6-114　无法修改带有外部参考的草图

6.5.2　修复草图

利用【修复草图】命令可以找出草图错误，有些情况下还可以修复这些错误。在【草图】选项卡中单击【修复草图】按钮，弹出【修复草图】对话框，如图6-115所示。对话框中各选项、按钮的含义如下。

- 显示小于以下的缝隙：用于找出缝隙或重叠错误的最大值。较大的缝隙或重叠值被视为是特意设计的。
- 刷新：单击此按钮，按重新设定的缝隙值运行修复草图。
- 隐藏或显示放大镜：单击此按钮，切换放大镜以高亮显示草图中的错误。如果没有发现问题，该按钮为隐藏放大镜。反之为显示放大镜。图6-116所示为使用放大镜检查模型的情况。

图6-115　【修复草图】对话框

图6-116　使用放大镜

6.6 综合实战：绘制花形草图

引入素材：无
结果文件：综合实战\结果文件\Ch06\花形草图.sldprt
视频文件：视频\Ch06\花形草图.avi

利用相关的草图曲线绘制命令和草图编辑、变换操作指令来制作图6-117所示的花形草图。

操作步骤

01 启动SolidWorks，新建零件文件。

02 在【草图】选项卡中单击【草图绘制】按钮 □，选择上视基准面作为绘图平面，并进入草图环境。

03 单击【多边形】按钮 ⊙，选取坐标原点作为多边形内接圆的圆心，然后绘制正六边形，设置其边长为20mm，为正六边形的上边添加"水平"几何关系，如图6-118所示。

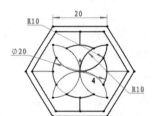
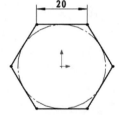

图6-117 花形草图　　图6-118 绘制正六边形

04 单击【等距实体】按钮 ❌，在弹出的【等距实体】属性面板中设置等距距离为2mm，勾选【反向】复选项，选取正六边形进行等距偏移，如图6-119所示。

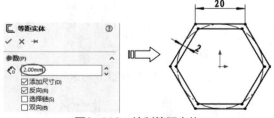

图6-119 绘制等距实体

05 单击【圆形】按钮 ⊙，弹出【圆形】属性面板。在原点位置绘制直径为20mm的圆，如图6-120所示。

06 单击【直线】按钮 ✐，捕捉正六边形上边、下边的中点来绘制直线，再绘制连接左右顶点的直线，结果如图6-121所示。

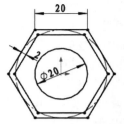
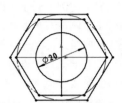

图6-120 绘制圆　　图6-121 绘制两条直线

07 单击【剪裁实体】按钮 ⊭，对多余线条进行修剪，剪裁后的图形如图6-122所示。

图6-122 修剪直线段

08 单击【圆形】按钮 ⊙，以 φ20的圆和水平，或竖直直线的交点分别绘制直径为20mm的两个圆，如图6-123所示。

09 再使用【剪裁实体】命令 ⊭，修剪多余线条，修剪后的结果如图6-124所示。

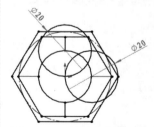
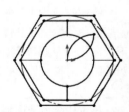

图6-123 绘制两个圆　　图6-124 修剪多余线条

10 单击【圆周草图阵列】按钮 ᲆᲆ，选取修剪图形后的两段圆弧作为要阵列的对象，再选取原点作为阵列中心，设置阵列数量为4，输入阵列半径为10mm，并勾选【等间距】复选项，最后单击【确定】按钮 ✓ 完成圆周阵列，如图6-125所示。

11 使用【剪裁实体】工具，删除多余线条，完成花形草图的绘制，如图6-126所示。

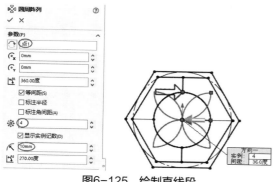

图6-125 绘制直线段

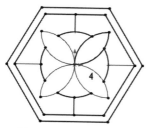

图6-126 绘制直线段

6.7 课后习题

1. 绘制垫板草图

本练习的垫板草图如图6-127所示。

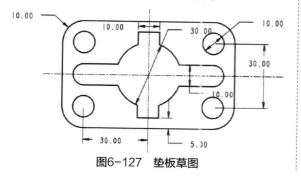

图6-127 垫板草图

2. 绘制链盘草图

本练习的链盘草图如图6-128所示。

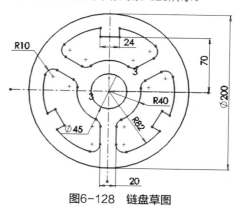

图6-128 链盘草图

3. 绘制吊钩草图

本练习的吊钩草图如图6-129所示。

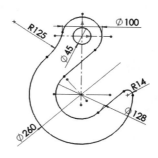

图6-129 吊钩草图

施加草图约束是为了限制草图图元在平面中的自由度。可以施加尺寸约束或几何约束将未定义的草图完全定义。本章中将主要介绍2D草图的几何约束和其他辅助草图绘制功能。

知识要点

- ⊙ 掌握草图几何约束关系
- ⊙ 掌握草图尺寸约束的应用
- ⊙ 掌握捕捉工具的应用
- ⊙ 掌握草图捕捉技巧
- ⊙ 完全定义草图
- ⊙ 掌握爆炸草图工具的应用

7.1　草图几何约束

　　草图几何约束是草图图元之间或与基准面、基准轴、边线或顶点之间所存在的一种位置几何关系，可以自动或手动添加几何约束关系。

7.1.1　几何约束类型

　　几何约束其实也是草图捕捉的一种特殊方式。几何约束类型包括推理和添加类型。表7-1列出了SolidWorks草图模式中所有的几何关系。

表7-1　草图几何关系

几何关系	类型	说　明	图　解
水平	推理	绘制水平线	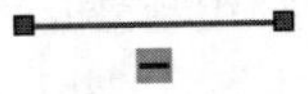
垂直	推理	按垂直于第一条直线的方向绘制第二条直线。草图工具处于激活状态，因此草图捕捉中点显示在直线上	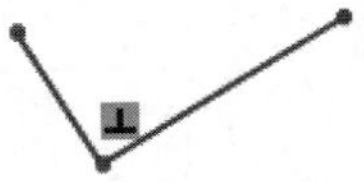
平行	推理	按平行几何关系绘制两条直线	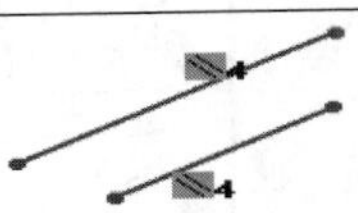
水平和相切	推理	添加切线弧到水平线	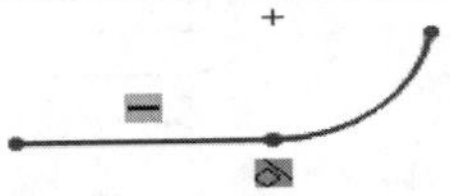
水平和重合	推理	绘制第二个圆。草图工具处于激活状态，因此草图捕捉的象限显示在第二个圆弧上	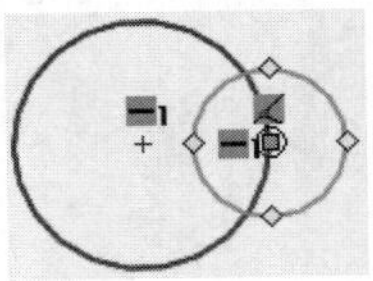
竖直、水平、相交和相切	推理和添加	按中心推理到草图原点绘制圆（竖直），水平线与圆的象限相交，添加相切几何关系	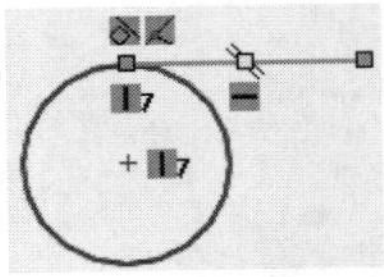

续表

几何关系	类型	说　明	图　解
水平、竖直和相等	推理和添加	推理水平和竖直几何关系，添加相等几何关系	
同心	添加	添加同心几何关系	

推理类型的几何约束仅在绘制草图的过程中自动出现。而添加类型的几何约束则需要用户手动添加。

技术要点

推理类型的几何约束，仅在【系统选项】的【草图】设置中【自动几何关系】选项被勾选的情况下才显示。

7.1.2　添加几何关系

一般说来，用户在绘制草图过程中，程序会自动添加其几何约束关系。但是当【自动添加几何关系】的选项（系统选项）未被设置时，就需要用户手动添加几何约束关系了。

在命令管理器的【草图】选项卡上单击【添加几何关系】按钮 上，属性管理器将显示【添加几何关系】属性面板，如图7-1所示。当选择要添加几何关系的草图曲线后，【添加几何关系】选项区将显示几何关系选项，如图7-2所示。

图7-1　【添加几何关系】属性面板

图7-2　选择草图后显示几何关系选项

根据所选的草图曲线不同，则【添加几何关系】属性面板中的几何关系选项也会不同。表7-2说明了用户可为几何关系选择的草图曲线，以及所产生的几何关系的特点。

表7-2　选择草图曲线所产生的几何关系及特点

几何关系	图　标	要选择的草图	所产生的几何关系
水平或竖直	━ ┃	一条或多条直线，或两个或多个点	直线会变成水平或竖直（由当前草图的空间定义），而点会水平或竖直对齐
共线	⟋	两条或多条直线	项目位于同一条无限长的直线上
全等	⟳	两个或多个圆弧	项目会共用相同的圆心和半径
垂直	⊥	两条直线	两条直线相互垂直
平行	⟍	两条或多条直线，3D草图中一条直线和一基准面	项目相互平行，直线平行于所选基准面
沿X	⊿	3D草图中一条直线和一基准面（或平面）	直线相对于所选基准面与YZ基准面平行
沿Y	⊿	3D草图中一条直线和一基准面(或平面)	直线相对于所选基准面与ZX基准面平行
沿Z	⊿	3D草图中一条直线和一基准面（或平面）	直线与所选基准面的面正交
相切	⟋	一圆弧、椭圆或样条曲线，以及一直线或圆弧	两个项目保持相切
同轴心	◎	两个或多个圆弧，或一个点和一个圆弧	圆弧共用同一圆心
中点	⟋	两条直线或一个点和一条直线	点保持位于线段的中点
交叉	✕	两条直线和一个点	点位于直线、圆弧或椭圆上
重合	⟋	一个点和一直线、圆弧或椭圆	点位于直线、圆弧或椭圆上
相等	=	两条或多条直线，或两个或多个圆弧	直线长度或圆弧半径保持相等
对称	▣	一条中心线和两个点、直线、圆弧或椭圆	项目保持与中心线相等的距离，并位于一条与中心线垂直的直线上
固定	▣	任何实体	草图曲线的大小和位置被固定。然而，固定直线的端点可以自由地沿其下无限长的直线移动

技术要点 📖

在上表中，3D草图中整体轴的几何关系称为【沿X】、【沿Y】及【沿Z】。而在2D草图中，则称为【水平】、【竖直】和【法向】。

7.1.3　显示/删除几何关系

用户可以使用【显示/删除几何关系】工具将草图中的几何约束保留或者删除。在命令管理器的【草图】选项卡上单击【显示/删除几何关系】按钮 ↳•，属性管理器将显示【显示/删除几何关系】属性面板，如图7-3所示。面板中的【实体】选项区如图7-4所示。

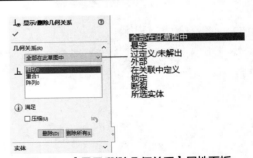

图7-3　【显示/删除几何关系】属性面板

图7-4　【实体】选项区

【显示/删除几何关系】属性面板中各选项含义如下。

➢ 过滤器：过滤器用于指定显示哪些几何关系。过滤器包括8种几何关系过滤类型。

➢ 几何关系列表 ⊥：列出系统自动计算的几何关系。

➢ 信息 ⓘ：显示所选草图曲线的状态。

➢ 压缩：压缩所选草图曲线的几何关系，几何关系的名称变成灰暗色，图标也灰显，而信息状态从满足更改到从动，如图7-5所示。

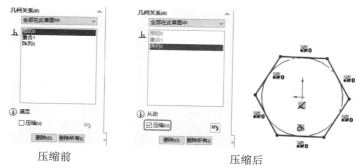

压缩前　　　　　　　　　　　　压缩后

图7-5　压缩几何关系

➢ 删除：单击此按钮，将几何关系列表中所选的几何关系删除。

➢ 删除所有：单击此按钮，将删除草图中所有的几何关系。

技术要点 🔍

　　用户也可以在列表位置选择右键菜单【删除】命令或【删除所有】命令，将所选几何关系删除或全部删除。

➢ 撤销 ↺：单击此按钮，撤销前一步的删除操作。

➢ 实体：在几何关系列表中列举每个所选草图实体。

➢ 拥有者：显示草图实体所属的零件。

➢ 装配体：为外部模型中的草图实体显示几何关系所生成的顶层装配体名称。

➢ 替换：单击此按钮，可将选择的草图曲线替换另一草图曲线。

动手操作——几何约束在草图中的应用

　　转轮架草图的绘制方法与手柄支架草图的绘制是完全相同的。绘制草图，对于初学者来说，往往不知道该从何处着手，感觉从任何位置都可以操作。其实草图绘制与特征建模相似，都需要从确立基准开始。

　　本例的转轮架草图如图7-6所示。

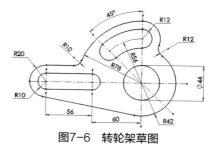

图7-6　转轮架草图

操作步骤

01 新建零件，选择前视视图作为草图平面，并进入草图环境。

02 使用【中心线】工具，在图形区中绘制草图的定位中心线，如图7-7所示。

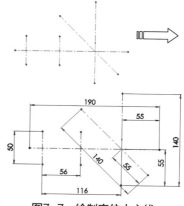

图7-7　绘制定位中心线

03 中心线绘制后将其全部固定。使用【圆形】工具,绘制图7-8所示的圆。

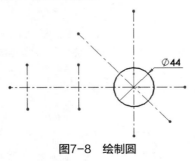

图7-8　绘制圆

技术要点

　　在使用【添加几何约束】工具时,一个元素与其他多个元素是不能同时进行约束的。这需要不断地更换约束与被约束对象。

04 使用【圆心/起/终点画弧】工具,绘制图7-9所示的圆弧。

图7-9　绘制圆弧

技术要点

　　对于使用【圆心/起/终点画弧】类型来绘制圆弧,顺序是首先在图形区确定圆弧起点,然后输入圆弧半径,最后才画弧。

05 使用【直线】工具,绘制两条水平直线,且添加几何约束使水平直线与相接的圆弧相切,如图7-10所示。

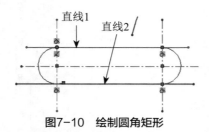

图7-10　绘制圆角矩形

06 使用【等距实体】工具,选择图7-11所示的圆弧,分别绘制出偏距为【10】、【22】和【34】的且反向的等距实体。

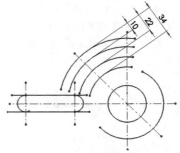

图7-11　挤出拉伸

07 为了便于操作,使用【裁减实体】工具将图形进行部分修剪,如图7-12所示。

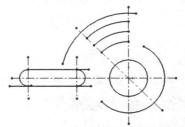

图7-12　修剪部分图形

08 使用【圆心/起/终点画弧】工具,绘制图7-13所示的圆弧。

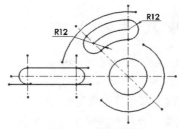

图7-13　绘制圆弧

09 使用【等距实体】工具,在草图中绘制等距实体,如图7-14所示。

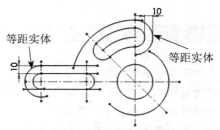

图7-14　绘制等距实体

10 使用【直线】工具,绘制一斜线。添加几何关系使该斜线与相邻圆弧相切,如图7-15所示。

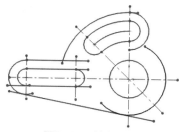

图7-15　绘制斜线

11 使用【绘制圆角】工具，在草图中分别绘制半径为12mm和10mm的两个圆弧，如图7-16所示。

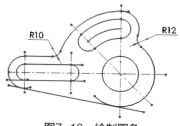

图7-16　绘制圆角

12 使用【裁减实体】工具，将草图中多余的图线修剪。

13 为绘制的草图进行尺寸约束，如图7-17所示。至此，转轮架草图绘制完成。

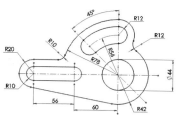

图7-17　绘制完成的转轮架草图

14 最后在【标准】选项卡单击【保存】按钮，将结果保存。

7.2 草图尺寸约束

尺寸约束就是创建草图的尺寸标注，使草图满足设计者的要求，并让草图固定。SolidWorks尺寸约束共有6种，

在【草图】选项卡就包含了这6种尺寸约束类型，如图7-18所示。

图7-18　6种草图尺寸约束类型

7.2.1　草图尺寸设置

在命令管理器的【草图】选项卡上单击【智能尺寸】按钮或其他尺寸标注按钮，用户可以在图形区为草图标注尺寸，标注尺寸后属性管理器将显示【尺寸】属性面板。

技术要点

在标注尺寸的过程中，属性管理器将显示【线条属性】属性面板。通过该面板可为草图曲线定义几何约束。

【尺寸】属性面板中包括3个选项卡：数值、引线和其它。【数值】选项卡的选项设置如图7-19所示；【引线】选项卡的选项设置如图7-20所示；【其它】选项卡的选项设置如图7-21所示。

图7-19【数值】选项卡　　图7-20 【引线】选项卡　　图7-21 【其它】选项卡

1.【数值】选项卡

【数值】选项卡中包括5个选项区，每个选项区可进行不同的选项设置。

（1）【样式】选项区

该选项区为尺寸和各种注解（注释、形位公差符号、表面粗糙

度符号及焊接符号）定义与文字处理文件中段落样式相类似的样式。

各选项含义如下。

➢ 将默认属性应用到所选尺寸：单击此按钮，要将尺寸或注解的属性重设到文件默认状态。

➢ 添加或更新样式：单击此按钮，将弹出【添加或更新样式】对话框，如图7-22所示。通过该对话框，可将新样式添加到SolidWorks程序文件中。

➢ 删除样式：单击此按钮，可将【设定当前样式】列表中选中的样式删除。

➢ 保存样式：单击此按钮，保存样式以供在另一草图尺寸标注或工程图标注中使用。

➢ 装入样式：单击此按钮，可将SolidWorks程序文件中的样式文件装载进当前草图中。

➢ 设定当前样式：【设定当前样式】列表中列出可用的样式。

（2）【公差/精度】选项区

【公差/精度】选项区主要设置尺寸的公差与精度。各选项含义如下。

➢ 公差类型：公差类型列表中包含了所有公差类型，如图7-23所示。

➢ 单位精度：设置尺寸单位的小数位数。

图7-22 【添加或更新样式】 图7-23 公差类型
对话框

表7-3列出了所有的公差类型、说明及图解。

表7-3 公差类型、说明及图解

公差类型	说　　明	图　　解
无	标准尺寸标注	
基本	沿尺寸文字添加一方框。在形位尺寸与公差中，基本表示尺寸理论上的准确值	

续表

公差类型	说　　明	图　　解
双边	显示后面跟有上、下公差的标称尺寸	
限制	显示尺寸的上限和下限	
对称	显示后面跟有公差的标称尺寸	
最小	显示标称值并带后缀【最小】	
最大	显示标称值并带后缀【最大】	
套合	在尺寸值后设置孔套合与轴套合	
与公差套合	在套合中设置单位精度和公差精度	
套合（仅对公差）	使用套合值但不将之显示	

（3）【主要值】选项区

该选项区主要为驱动尺寸进行更改以改变模型。在选项区中包含两个选项列表。名称列表显示所选尺寸的名称；尺寸值列表显示尺寸数值，可以更改此值。

（4）【标注尺寸文字】选项区

该选项区主要用来设置标注文字的样式，各选项含义如下。

➢ 添加括号：单击此按钮，使标注文字添加括号，如图7-24所示。

➢ 尺寸置中：单击此按钮，标注文字在尺寸线中间放置。

➢ 审查尺寸：单击此按钮，为标注文字添加审查标记，如图7-25所示。

➢ 等距文字：单击此按钮，使用引线从尺寸线偏移尺寸文字，如图7-26所示。

图7-24 添加括号　　图7-25 审查尺寸　　图7-26 等距文字

➤ 文字文本框：文字文本框中显示尺寸标注文字，尺寸标注文字以<DIM>表示。可以在文本框内添加新文字，若在<DIM>前添加，添加的文字则显示原标注文字之前，反之则在原标注文字之后。当按Delete键删除<DIM>时，程序会弹出【确认尺寸值文字覆写】对话框，单击【是】按钮后，即可在文字文本框内输入用户定义的文字，如图7-27所示。

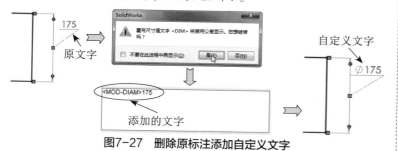

图7-27 删除原标注添加自定义文字

技术要点 📄

对于某些类型的尺寸，额外文字会自动出现。例如，柱形沉头孔的孔标注显示孔的直径和深度。

➤ 文字对齐、符号：在文字文本框下方的文字对齐和符号，可以设置标注文字的对齐方式，以及是否单击符号按钮来添加符号。
➤ 更多符号：单击此按钮，将弹出【符号】对话框，如图7-28所示。通过此对话框，可以添加SolidWorks提供的标注符号。

（5）【双制尺寸】选项区

该选项区可以指定双制（英制和公制）尺寸的单位精度和公差精度，如图7-29所示。

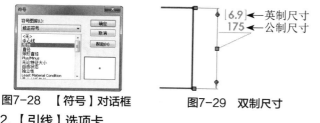

图7-28 【符号】对话框　　图7-29 双制尺寸

2.【引线】选项卡

【引线】选项卡包括引线和尺寸界线的选项设置。选项卡中各选项含义如下。

➤ 外面 ⊠：单击此按钮，尺寸线的箭头在尺寸界线外面，如图7-30（a）所示。
➤ 里面 ⊠：单击此按钮，尺寸线的箭头在尺寸界线里面，如图7-30（b）所示。
➤ 智能 ⊠：单击此按钮，在空间过小、不足以容纳尺寸文字和箭头的情况下，将箭头自动放置于延伸线外侧，如图7-30（c）所示。
➤ 指引的引线 ✓：可以相对于特征的曲面而以任何角度定向，并可平行于特征轴而放置于注解基准面中，如图7-30（d）所示。此设置仅当为3D模型进行引线标注后才可用。

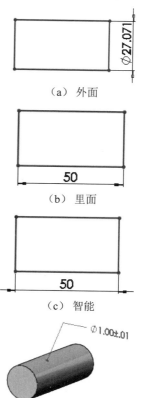

（a）外面

（b）里面

（c）智能

（d）指引的引线

图7-30 尺寸线箭头的放置

技术要点

当尺寸被选中时，尺寸箭头出现圆形控标，当指针位于箭头控标上时，形状变为。单击箭头控标，可以改变箭头位置。

➢ 样式：在【样式】下拉列表中包含13种尺寸线箭头样式，用户可以在列表中选择一种样式作为尺寸标注的箭头样式，如图7-31所示。若是直径或半径标注时，还会显示半径尺寸线样式设置按钮，如图7-32所示。半径/直径尺寸线样式见表7-4。

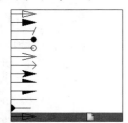

图7-31　尺寸线箭头样式

图7-32　直径或半径标注的尺寸线样式设置

表7-4　半径/直径标注的尺寸线样式

尺寸线样式		图标	说　明	图　解
半径			指定以半径标注圆弧或圆的尺寸	
直径			指定以直径标注圆弧或圆的尺寸	
线性	与轴垂直		指定以线性尺寸（非径向）标注直径尺寸，且与轴垂直	
	与轴平行		指定以线性尺寸（非径向）标注直径尺寸，且与轴平行	

尺寸线样式	图标	说　明	图　解
尺寸线打折		以（折断）的半径尺寸线标注尺寸	
实引线		以穿过圆的实线显示标注径向尺寸。ANSI标准下不可用	
空引线		以圆内为空的实线来标注径向尺寸	

➢ 使用文档第二箭头：对包含外部箭头的直径尺寸（非线性），指定以文档默认的形式设置第二箭头。

➢ 使用文档的折弯长度：勾选此选项，将使用在【系统选项】的【文档属性】选项卡下设置的折弯长度标注。

➢ 使用文档显示：勾选此选项，可以使用为系统选项默认的设置来显示线型。

➢ 引线样式：引线样式下拉列表中包含程序提供的引线样式选项，如图7-33所示。

➢ 引线粗度：引线粗度下拉列表中包含程序提供的引线线型粗细选项，如图7-34所示。

 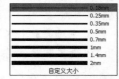

图7-33　引线样式选项　　图7-34　引线粗度选项

➢ 实引线，文字对齐：此自定义的文字位置如图7-35（a）所示。

➢ 折断引线，水平文字：此自定义的文字位置如图7-35（b）所示。

➢ 折断引线，文字对齐：此自定义的文字位置如图7-35（c）所示。

技术要点

当尺寸线被折断时，它们将绕附近的线折断。如果尺寸的移动幅度较大，它可能不会绕新的附近尺寸折断。若想更新显示，解除尺寸线折断然后再将它们折断即可。

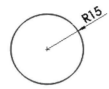 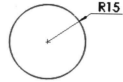 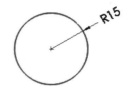

（a）实引线，文字对齐　　（b）折断引线，水平文字　　（c）折断引线，文字对齐

图7-35　自定义的文字位置

3.【其它】选项卡

【其它】选项卡用于指定标注尺寸单位、标注字体的样式等。选项卡中各选项含义如下。

➢ 长度单位：长度单位下拉列表中包含了程序提供的英制和公制单位，如图7-36所示。

➢ 使用文档字体：勾选此选项，将使用程序默认的字体样式。不勾选，可以自定义设置字体样式。

➢ 字体：单击此按钮，弹出【选择字体】对话框，如图7-37所示。通过该对话框，可以为标注文字设置自定义的字体样式。

图7-36　尺寸单位选项

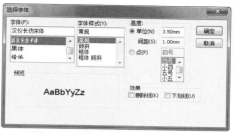

图7-37　【选择字体】对话框

7.2.2　尺寸约束类型

SolidWorks向用户提供了6种尺寸约束类型：智能尺寸、水平尺寸、竖直尺寸、尺寸链、水平尺寸链和竖直尺寸链。其中智能尺寸类型也包含了水平尺寸类型和竖直尺寸类型。

智能尺寸是程序自动判断选择对象并进行对应的尺寸标注。这种类型的好处是标注灵活，由一个对象可标注出多个尺寸约束。但由于此类型几乎包含了所有的尺寸标注类型，所以针对性不强，有时也会产生不便。

表7-5中列出了SolidWorks的所有尺寸标注类型。

表7-5　尺寸标注类型

尺寸标注类型	图标	说　明	图　解
竖直尺寸链	🔢	竖直标注的尺寸链组	
水平尺寸链	🔢	水平标注的尺寸链组	
尺寸链	🔢	从工程图或草图中的零坐标开始测量的尺寸链组	

续表

尺寸标注类型		图 标	说 明	图 解
竖直尺寸		⊥	标注的尺寸总是与坐标系的Y轴平行	50
水平尺寸		⊟	标注的尺寸总是与坐标系的X轴平行	100
智能尺寸	平行尺寸	⬨	标注的尺寸总是与所选对象平行	100
	角度尺寸		指定以线性尺寸（非径向）标注直径尺寸，且与轴平行	25°
	直径尺寸		标注圆或圆弧的直径尺寸	⌀70
	半径尺寸		标注圆或圆弧的半径尺寸	R35
	弧长尺寸		标注圆弧的弧长尺寸。标注方法是先选择圆弧，然后依次选择圆弧的两个端点	120

技术要点 🔍

尺寸链有两种方式。一种是链尺寸，另一种是基准尺寸。基准尺寸主要用来标注孔在模型中的具体位置，如图7-38所示。要使用基准尺寸，可在系统选项设置的【文档属性】选项卡下【尺寸链】选项的【尺寸标注方法】选项组中，单击【基准尺寸】单选按钮即可。

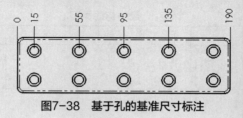

图7-38 基于孔的基准尺寸标注

7.2.3 尺寸修改

当尺寸不符合设计要求时，就需要重新修改。尺寸的修改可以通过【尺寸】属性面板来进行，也可以通过【修改】对话框来进行。

在草图中双击标注的尺寸，程序将弹出【修改】对话框，如图7-39所示。

【修改】对话框中命令按钮的含义如下。

- ➢ 保存 ✔：单击此按钮，保存当前的数值并退出此对话框。
- ➢ 恢复 ✖：单击此按钮，恢复原始值并退出此对话框。
- ➢ 重建模型 ⦿：单击此按钮，以当前的数值重建模型。
- ➢ 反转尺寸方向 ↗：单击此按钮，反转尺寸方向。
- ➢ 重设增量值 ±?：单击此按钮，重新设定尺寸增量值。
- ➢ 标注 ✎：单击此按钮，标注要输入工程图中的尺寸。此命令仅在零件和装配体模式中可用。当插入模型项到工程图中时，可插入所有尺寸，或只插入标注的尺寸。

要修改尺寸数值，可以输入数值；可以单击微调按钮 ⬍；可以单击微型旋轮；还可以在图形区滚动鼠标滚轮。

默认情况下，除直接输入尺寸值外，其他几种修改方法都是以10的增量在增加或减少尺寸值。用户可以单击【重设增量值】按钮 ±?，在随后弹出的【增量】对话框中设置自定义的尺寸增量值，如图7-40所示。

修改增量值后，勾选【增量】对话框的【成为默认值】复选项，新设定的值就成为以后的默认增量值。

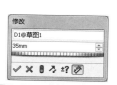

图7-39　【修改】对话框　　图7-40　　【增量】对话框

动手操作——尺寸约束在草图中的应用

要绘制一个完整的平面图形，需要对图形做尺寸分析。在本例中，手柄支架图形主要有尺寸基准、定位尺寸和定形尺寸。从对图形进行线段分析来看，主要包括已知线段、连接线段和中间线段。

在绘制图形过程中，会使用直线、中心线、圆、圆弧、等距实体、移动实体、剪裁实体、几何约束、尺寸约束等工具来完成草图。手柄支架草图如图7-41所示。

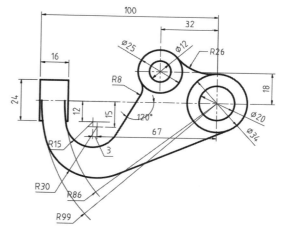

图7-41　手柄支架草图

01 新建零件，选择前视基准平面作为草图平面，并进入草图环境。

02 使用【中心线】工具，在图形区中绘制图7-42所示的中心线。

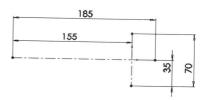

图7-42　绘制中心线

03 使用【圆心/起/终点画弧】工具在图形区绘制半径为56mm的圆弧，并将此圆弧设为【作为构造线】，如图7-43所示。

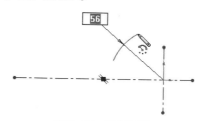

图7-43　绘制圆弧

技术要点 🔖

将圆弧设为【构造线】，是因为圆弧将作为定位线而存在。

04 使用【直线】工具，绘制一条与圆弧相交的构造线，如图7-44所示。

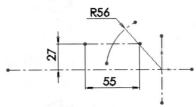

图7-44　绘制构造直线

05 使用【圆形】工具在图形区中绘制4个直径分别为52mm、30mm、34mm、16mm的圆，如图7-45所示。

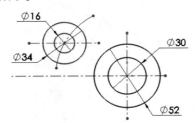

图7-45　绘制4个圆

06 使用【等距实体】工具，选择竖直中心线作为等距参考，绘制出两条偏距分别为150mm和126mm的等距实体，如图7-46所示。

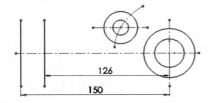

图7-46　绘制等距实体

07 使用【直线】工具绘制出图7-47所示的水平直线。

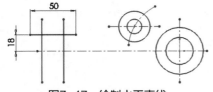

图7-47　绘制水平直线

08 在【草图】选项卡中单击【镜像实体】按钮 ，属性管理器中显示【镜像实体】属性面板。按信息提示在图形区选择要镜像的实体，如图7-48所示。

09 勾选【复制】复选框，并激活【镜像点】列表，然后在图形区选择水平中心线作为镜像中

心，如图7-49所示。

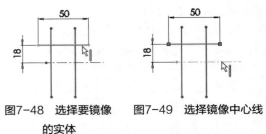

图7-48　选择要镜像　　图7-49　选择镜像中心线
　　的实体

10 最后单击【确定】按钮 ，完成镜像操作，如图7-50所示。

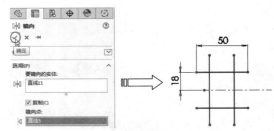

图7-50　完成镜像操作

11 使用【圆心/起/终点】工具在图形区绘制两条半径分别为148mm和128mm的圆弧，如图7-51所示。

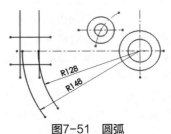

图7-51　圆弧

技术要点

　　如果绘制的圆弧不是希望的圆弧，而是圆弧的补弧，那么在确定圆弧的终点时，可以顺时针或逆时针调整所需要的圆弧。

12 使用【直线】工具，绘制两条水平短直线，如图7-52所示。

13 使用【添加几何关系】工具，将前面绘制的所有图线固定。

14 使用【圆心/起/终点】工具，在图形区绘制半径为22mm的圆弧，如图7-53所示。

15 使用【添加几何关系】工具，选择图7-54所示的两段圆弧，将其几何约束为【相切】。

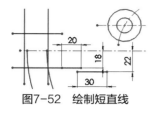
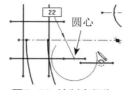

图7-52　绘制短直线　　图7-53　绘制半径为
22mm的圆弧

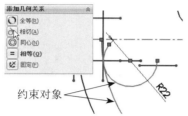

图7-54　相切约束两圆弧

16 同理，再绘制半径为43mm的圆弧，并添加几何约束将其与另一圆弧相切，如图7-55所示。

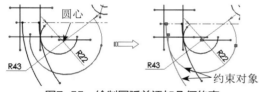

图7-55　绘制圆弧并添加几何约束

17 使用【直线】工具，绘制一直线构造线，使之与半径为22mm的圆弧相切，并与水平中心线平行，如图7-56所示。

18 使用【直线】工具再绘制直线，使该直线与上步绘制的直线构造线呈60°。添加几何关系，使其相切于半径为22mm的圆弧，如图7-57所示。

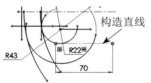
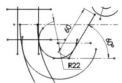

图7-56　绘制水平的　　图7-57　绘制角度直线
构造直线

19 使用【裁减实体】工具，先将图形做处理，结果如图7-58所示。

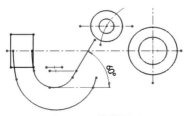

图7-58　修剪图形

20 使用【直线】工具，绘制一条角度直线，并添加几何约束关系，使其与另一圆弧和圆相切，如图7-59所示。

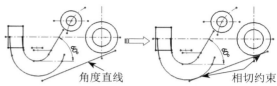

图7-59　绘制与圆、圆弧都相切的直线

21 使用【3点圆弧】工具，在两个圆之间绘制半径为40mm的连接圆弧，并添加几何约束关系，使其与两个圆都相切，如图7-60所示。

技术要点

绘制圆弧时，圆弧的起点与终点不要与其他图线中的顶点、交叉点或中点重合，否则无法添加新的几何关系。

22 同理，在图形区另一位置绘制半径为12mm的圆弧，添加几何约束关系，使其与角度直线和圆都相切，如图7-61所示。

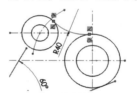
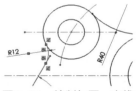

图7-60　绘制与两圆　　图7-61　绘制与圆、直线
都相切的圆弧　　　　　都相切的圆弧

23 使用【圆弧】工具，以基准线中心为圆弧中心，绘制半径为80mm的圆弧，如图7-62所示。

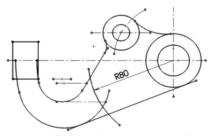

图7-62　绘制半径为80mm的圆弧

24 使用【剪裁实体】工具，将草图中多余的图线全部修剪掉，完成结果如图7-63所示。

25 使用【显示/删除几何关系】工具，除中心线外删除其余草图图线的几何关系，然后对草图进行尺寸标注，完成结果如图7-64所示。

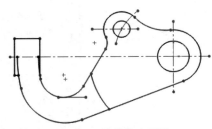

图7-63　修剪多余图线

26 至此，手柄支架草图已绘制完成。最后在【标准】选项卡中单击【保存】按钮 🖫 ，将草图保存。

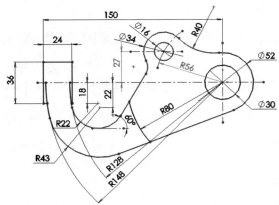

图7-64　绘制完成的手柄支架草图

7.3　插入尺寸

在绘制草图过程中，可以即时插入尺寸并添加尺寸，从而快速提高工作效率。

7.3.1　草图数字输入

在旧版本中绘制草图的过程是：先利用绘图命令绘制草图曲线，然后进行尺寸标注，既费时又麻烦。通过草图数字和尺寸的输入达到快速制图的目的。

要想运用此功能，可以在【系统选项】对话框中【草图】选项页面中勾选【在生成实体时启用荧屏上数字输入】复选框，如图7-65所示。

图7-65　启用数字输入功能

7.3.2　添加尺寸

在绘制草图过程中，要添加时时尺寸标注，避免待草图绘制后才进行尺寸标注。而添加的尺寸是驱动尺寸，可以编辑。【添加尺寸】命令需要用户自定义添加。默认界面中没有此命令。

技术要点 📇

【添加尺寸】功能仅当启用了【草图数字输入】功能后才可用，且仅仅针对单一草图曲线使用。

下面我们用一个草图绘制案例来说明草图数字输入和添加尺寸的用法。

动手操作——绘制扳手草图

要绘制的扳手草图如图7-66所示。

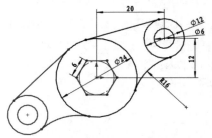

图7-66　扳手草图

操作步骤

01 新建文件。在【草图】选项卡单击【草图绘制】按钮 ⌷ ，选择前视基准面作为草图平面，进入草图环境。

02 先开启草图数字输入功能，单击【多边形】按钮 ⊙，打开【多边形】属性面板。

03 在面板中设置边数为6，内切圆直径暂时保留默认，然后在中心位置绘制正六边形，如图7-67所示。

图7-67　绘制正六边形

技术要点 🔲

　　由于多边形不是单一草图曲线，所以不能使用【添加尺寸】功能，它的尺寸是由属性面板或后期标注的【智能尺寸】控制的。

04 使用【智能尺寸】标注正六边形的一条边，修改长度为6，如图7-68所示。

05 单击【圆形】按钮 ⊙·，再单击【添加尺寸】按钮 ✎，然后绘制直径为24mm且与正六边形同心的圆，如图7-69所示。

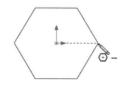

图7-68　重新标注、　　　　图7-69　绘制圆
　　　　修改尺寸

06 继续绘制直径为12mm和直径为6mm的两个同心圆，如图7-70所示。

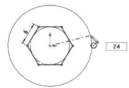

图7-70　绘制同心圆

07 使用【智能尺寸】工具，为同心圆标注定位尺寸，如图7-71所示。

08 使用【3点圆弧】工具，绘制一条斜线和圆弧，如图7-72所示。

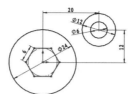
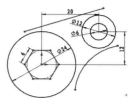

图7-71　定位同心圆　　图7-72　绘制斜线和圆弧

09 使用【添加几何关系】工具，然后为斜线和圆添加相切约束，如图7-73所示。

10 同理，为圆弧和圆添加相切约束，并标注圆弧半径，如图7-74所示。

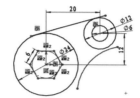

图7-73　为斜线和圆　　图7-74　为圆弧和圆
　　添加相切约束　　　　添加相切约束

11 剪裁实体，结果如图7-75所示。

12 使用【中心线】工具，过原点绘制一条斜线，与水平方向夹角角度为120°，如图7-76所示。

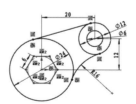
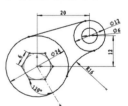

图7-75　修剪草图　　　　图7-76　绘制斜线

13 使用【镜像实体】工具，将两个同心圆、相切直线和相切圆弧镜像至斜线（中心线）的另一侧，如图7-77所示。

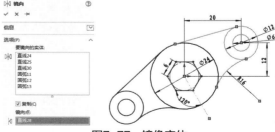

图7-77　镜像实体

14 至此，完成了扳手草图的绘制。

7.4 草图捕捉工具

用户在绘制草图过程中，可以使用SolidWorks提供的草图捕捉工具精确绘制图像。草图捕捉工具是绘制草图的辅助工具，它包括【草图捕捉】和【快速捕捉】两种捕捉模式。

7.4.1 草图捕捉

草图捕捉就是在绘制草图过程中根据自动判断的约束进行画线。草图捕捉模式共有14种常见的捕捉类型，如图7-78所示。

图7-78 草图捕捉类型

表7-6列出了14种常见的捕捉类型。

表7-6 常见的草图捕捉类型

草图捕捉	图标	说　　明
端点和草图点	·	捕捉直线、多边形、矩形、平行四边形、圆角、圆弧、抛物线、部分椭圆、样条曲线、点、倒角的端点
中心点	⊙	捕捉到以下草图实体的中心：圆、圆弧、圆角、抛物线以及部分椭圆
中点	╱	捕捉到直线、多边形、矩形、平行四边形、圆角、圆弧、抛物线、部分椭圆、样条曲线和中心线的中点
象限点	◑	捕捉到圆、圆弧、圆角、抛物线、椭圆和部分椭圆的象限
交叉点	✕	捕捉到相交或交叉实体的交叉点

续表

草图捕捉	图标	说　　明
靠近	⟋	支持所有草图。单击【靠近】目标，激活所有捕捉。指针不需要紧邻其他草图实体，即可显示推理点或捕捉到该点
相切	ᓍ	捕捉到圆、圆弧、圆角、抛物线、椭圆、部分椭圆和样条曲线的切线
垂直	⊻	将直线捕捉到另一直线
平行	◨	给直线生成平行实体
水平/竖直	⌐	竖直捕捉直线到现有水平草图直线，以及水平捕捉直线到现有竖直草图直线
与点水平/竖直	⠶	竖直或水平捕捉直线到现有草图点
长度	⊢⊣	捕捉直线到网格线设定的增量，无需显示网格线
网格	▦	捕捉草图实体到网格的水平和竖直分隔线。默认情况下，这是唯一未激活的草图捕捉
角度	◿	捕捉到角度。要设定角度，执行【工具】|【选项】|【系统选项】|【草图】命令，然后选择【几何关系/捕捉】选项，再设定【捕捉角度】的数值

7.4.2 快速捕捉

快速捕捉是草图过程中执行的单步草图捕捉。也就是说，当用户执行草图实体绘制命令后，即可使用Solidworks提供的快速捕捉工具在另一草图中捕捉点。

要使用快速捕捉工具，用户可通过以下方式来选择命令。

➢ 在命令管理器的【草图】选项卡上选择快速捕捉命令。

➢ 在【快速捕捉】工具条上选择【快速捕捉】命令。

➢ 在激活的草图中，再执行另一草图命令，然后在图形区选择右键菜单【快速捕捉】命令。

➢ 在菜单栏执行【工具】\|【几何关系】\|【快速捕捉】\|【点】命令或其他命令。

【快速捕捉】工具条如图7-79所示。该工具条中的捕捉工具与前面介绍的草图捕捉工具是相同的，这里就不赘述了。

图7-79　【快速捕捉】工具条

技术要点 📖

无论是否通过【选项】进行捕捉选项设置，在绘制草图过程中仍然能够使用【快速捕捉】工具。

激活一草图（绘制的圆）后，再在【草图】选项卡单击【直线】按钮 ✏，接着在【快速捕捉】工具条中单击【相切捕捉】按钮 🔗，此时指针靠近圆即将绘制直线时，圆上显示一捕捉点，此点可以在圆上任意移动，同时指针变为 ✏🔗。

将捕捉点作为直线起点后，【草图捕捉】工具条中其余灰显的捕捉命令全部亮显，用户可以再选择其他的捕捉工具，如单击【垂直捕捉】按钮 ✎ 以确定直线的终点，如图7-80所示。

图7-80　快速捕捉点

7.5　完全定义草图

当草图或所选的草图曲线欠定义时，可使用【完全定义草图】工具来添加几何约束或尺寸约束。

在【尺寸/几何关系】工具条中单击【完全定义草图】按钮 ⊏，或者在菜单栏中执行【工具】|【标注尺寸】|【完全定义草图】命令，属性管理器中将显示【完全定义草图】属性面板，如图7-81所示。

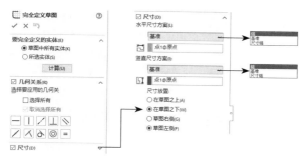

图7-81　【完全定义草图】属性面板

【完全定义草图】属性面板中各选项区选项及按钮命令的含义如下。

➢ 草图中所有实体：单选此选项，将对草图中所有曲线几何，应用几何关系和尺寸的组合来完全定义。

➢ 所选实体：单选此选项，仅对特定的草图曲线应用几何关系和尺寸。

➢ 计算：分析当前草图，以生成合理的几何关系和尺寸约束。

➢ 选择所有：勾选此复选框，在完全定义的草图中将包含所有的几何关系（【几何关系】选项区下方所有的几何关系图标被自动选中）。

➢ 取消选择所有：当勾选【选择所有】复选框后，此复选项被激活。勾选【取消选择所有】复选框，用户可以根据实际情况自行选择几何关系来完全定义草图。

➢ 水平尺寸方案：提供水平标注尺寸的几种可选类型，包括基准、链和尺寸链，如图7-82所示。

➢ 水平尺寸基准点 📐：激活此选项，可以添加或删除水平尺寸的标注基准。基准可以是点，也可以是边线（或曲线）。

➢ 竖直尺寸方案：提供水平标注尺寸的几种可选类型，包括基准、链和尺寸链。

➢ 竖直尺寸基准点 📐：激活此选项，可以添加或删除竖直尺寸的基准。

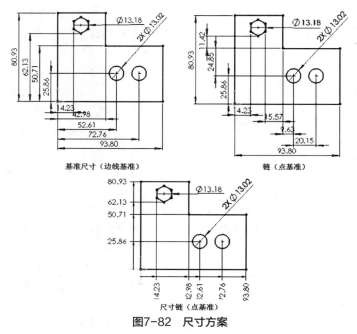

基准尺寸（边线基准）　　　　　　　链（点基准）

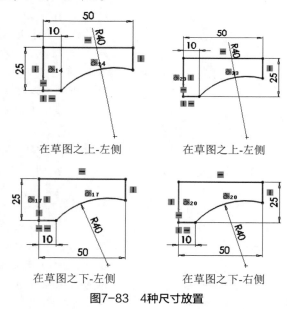

尺寸链（点基准）

图7-82　尺寸方案

➢ 尺寸放置：尺寸在草图中的位置。完全定义草图提供了4种尺寸位置，如图7-83所示。

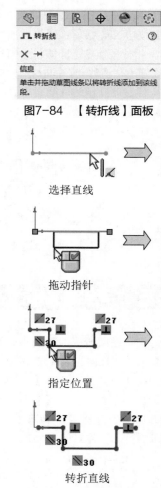

3D草图中转折草图线。2D草图中，在【爆炸草图】工具条单击【转折线】按钮 ⊓，属性管理器显示【转折线】属性面板，如图7-84所示。按照面板中提供的信息，在图形区中选择一直线开始进行转折，然后拖动指针预览转折宽度和深度，再单击该直线，即可完成直线的转折，如图7-85所示。

图7-84　【转折线】面板

选择直线

拖动指针

指定位置

转折直线

图7-85　2D草图转折

在草图之上-左侧　　　　　　　在草图之上-左侧

在草图之下-左侧　　　　　　　在草图之下-右侧

图7-83　4种尺寸放置

7.6　爆炸草图

　　【爆炸草图】工具条中包括有【布路线】和【转折线】两个工具。【布路线】工具用于创建装配工程图的爆炸视图（这里不做介绍）。【转折线】工具用于在零件、装配体、工程图文件的2D或

在【转折线】属性面板没有关闭的情况下，用户可以继续转折直线或者插入多个转折。

　　对于3D草图，用户可以按

Tab键来更改转折的基准面。不同基准面中的3D转折直线如图7-86所示。

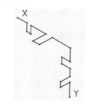

图7-86 3D草图转折

技术要点 📖

要绘制转折线，草图或工程图中必须有直线。对于其他曲线，如圆/圆弧、椭圆/弧、样条曲线等是不被转折的。

7.7 综合实战

本章介绍了草图尺寸约束和几何约束，下面再用两个实战案例加强草图绘制训练，巩固草图绘制方法。

7.7.1 绘制吊钩草图

引入素材：无
结果文件：综合实战\结果文件\Ch07\吊钩草图.sldprt
视频文件：视频\Ch07\吊钩草图.avi

吊钩草图比较简单。使用【直线】、【圆形】和【周边圆】工具就可以完成草图绘制，但在处理多余曲线时，需要使用在下一章才讲的【剪裁实体】工具，如图7-87所示。

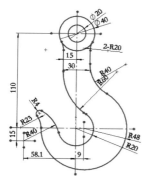

图7-87 标注吊钩尺寸抽取曲线

操作步骤

01 新建零件文件。

02 在【草图】选项卡中单击【草图绘制】按钮，属性管理器将显示【编辑草图】属性面板，指针由变为，图形区则显示程序默认的3个基准平面。在图形区中选择默认的XY基准面（前视基准面）作为草绘的平面，如图7-88所示。

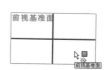

图7-88 显示【编辑草图】属性面板和基准平面

03 在【草图】选项卡中单击【中心线】按钮，属性管理器则显示【插入线条】属性面板，如图7-89所示。

04 保留面板中默认的选项设置，在图形区绘制定位中心线，如图7-90所示。

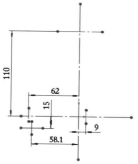

图7-89 【插入线条】 图7-90 绘制定位中心线
属性面板

05 在【草图】选项卡中单击【圆形】按钮，绘制圆，完成结果如图7-91所示。

06 在【草图】选项卡中单击【直线】按钮，绘制两条垂直直线，完成结果如图7-92所示。

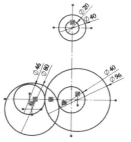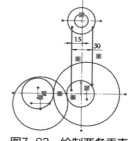

图7-91 绘制已知圆 图7-92 绘制两条垂直直线

07 选中所有的草图，单击【添加几何关系】按钮 ⏦ 添加几何关系，弹出【添加几何关系】属性面板，如图7-93所示。在属性面板中单击【固定】按钮 ⊠，将所有草图的位置固定好，草图中将显示固定符号，如图7-94所示。

图7-93 【属性】
属性面板

图7-94 固定好的草图

08 在【草图】选项卡中单击【周边圆】按钮 ⊚，绘制连接圆，完成结果如图7-95所示。

09 在【草图】选项卡中单击【剪切实体】按钮 ⊯，将多余的线条剪掉，完成结果如图7-96所示。

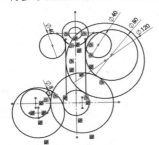

图7-95 绘制连接圆　　　图7-96 剪切多余线条

10 在【草图】选项卡中单击【智能尺寸】按钮 ◇，对吊钩进行尺寸标注，完成结果如图7-97所示。

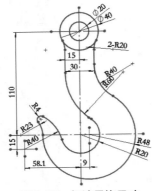

图7-97 标注吊钩尺寸

7.7.2　绘制转轮架草图

引入素材：无
结果文件：综合实战\结果文件\Ch07\转轮架草图.sldprt
视频文件：视频\Ch07\转轮架草图.avi

绘制图7-98所示的转轮架草图。

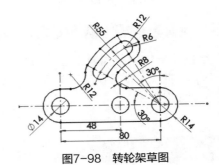

图7-98 转轮架草图

操作步骤

01 新建零件文件。

02 单击【草图绘制】按钮 ⃞，选择前视基准面作为草图平面，进入到草图环境中。

03 选择【草图】选项卡中【中心线】 ⟋，绘制中心线，绘制圆并标注尺寸，如图7-99所示。

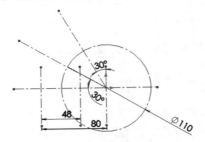

图7-99 绘制中心线

04 绘制圆并标注尺寸，如图7-100所示。

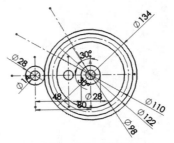

图7-100 绘制圆

05 剪裁图形，如图7-101所示。

06 镜像几何实体，如图7-102所示。

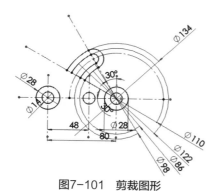

图7-101 剪裁图形

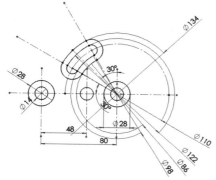

图7-102 镜像几何体

07 绘制水平直线,剪裁图形,如图7-103所示。

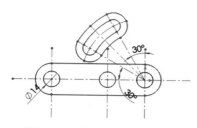

图7-103 绘制水平直线

08 绘制切线弧并添加几何约束,如图7-104所示。

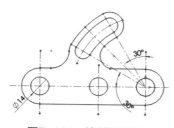

图7-104 绘制切线弧

09 标注尺寸,重新调整尺寸,并给未完全约束的几何实体添加几何约束,如图7-105所示。

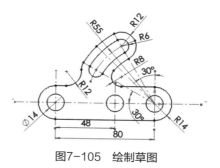

图7-105 绘制草图

7.8 课后习题

1. 绘制方格板草图

本练习的方格板草图如图7-106所示。

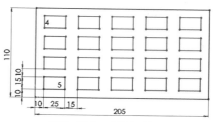

图7-106 方格板草图

2. 绘制链子盒草图

本练习的链子盒草图如图7-107所示。

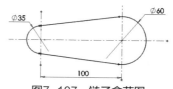

图7-107 链子盒草图

曲线是曲面建模的基础,曲面模型由曲线框架和多个曲面组合而成。本章所介绍的曲线属于空间曲线,包括3D草图和曲线工具所创建的曲线。接下来本章将详细介绍3D草图、曲线的具体操作及编辑。

知识要点

⊙ 认识3D草图　　　　　　⊙ 曲线及曲面建模训练
⊙ 曲线工具

8.1　认识3D草图

3D草图就是不用选取面作为载体,可以直接在图形区绘制的空间草图,实际上也称作空间曲线。在绘制3D草图时,可以时时切换草图平面,将平面草图的绘制方法应用到3D空间中。图8-1所示为利用直线命令在3个基准平面(前视基准面、右视基准面和上视基准面)绘制的空间连续直线。

在功能区【草图】选项卡中单击【3D草图】命令按钮 3D,即可进入3D草图环境,并利用2D草图环境中的草图工具来绘制3D草图,如图8-2所示。

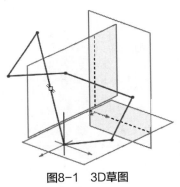

图8-1　3D草图

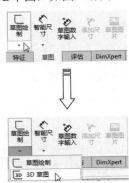

图8-2　进入3D草图环境

本节将主要讲解3D草图中常见的草图命令。

8.1.1　3D空间控标

在3D草图绘制中,图形空间控标可以帮助用户在数个基准面上绘制时保持方位。在所选基准面上定义草图实体的第一个点时,空间控标就会出现。控标由两个相互垂直的轴构成,红色高亮显示,表示当前的草图平面。

在3D草图环境下,当用户执行绘图命令并定义草图第一个点后,图形区显示空间控标,且指针由 ⌖ 变为 ⌖xy,如图8-3所示。

技术要点

控标的作用除了显示当前所在的草图平面,另一作用就是可以选择控标所在的轴线以便沿该轴线绘图,如图8-4所示。

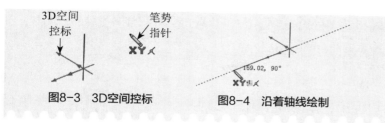

图8-3 3D空间控标　　图8-4 沿着轴线绘制

技术要点 🖢

用户还可以按键盘中的→、←、↑、↓键来自由旋转3D控标，但按住Shift键，再按→、←、↑、↓键，可以将控标旋转90°。

8.1.2 绘制3D直线

在3D草图环境下绘制直线，可以切换不同的草图基准面。在默认情况下，草绘平面为工作坐标系中的XY基准面。

在【草图】选项卡单击【直线】按钮╱，属性管理器中显示【插入线条】属性面板，图形区会显示控标且指针由 ☌ 变为 ☌，如图8-5所示。

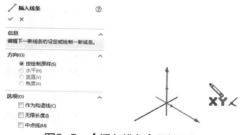

图8-5 【插入线条】属性面板

从面板中可以看出，【方向】选项区中有3个选项不可用，这3个选项主要用于2D草图直线的水平、竖直和角度约束。下面讲解3D直线的绘制方法。

1. 方法一：绘制单条直线

在默认的草绘平面上指定直线起点后，利用出现的空间控标来确定直线终点方位，然后拖动指针直至直线的终点，当完成第一段直线的绘制后，空间控标自行移动至该直线的终点，直线命令则仍然处于激活状态，按Esc键、双击鼠标或执行右键【选择】命令，即可完成单条直线的绘制，如图8-6所示。

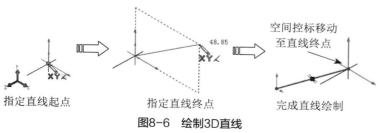

指定直线起点　　　指定直线终点　　　完成直线绘制

图8-6 绘制3D直线

技术要点 🖢

除了沿着控标轴线绘制延伸曲线，还能绘制45°角的延伸直线，如图8-7所示。

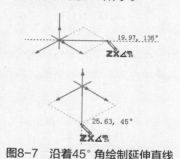

图8-7 沿着45°角绘制延伸直线

2. 方法二：绘制连续直线

当用户执行【直线】命令绘制第一条直线后，直线命令仍然处于激活状态下，第一条直线的终点将作为连续直线的起点，再拖动指针在图形区中指定新的位置作为连续直线的终点，同理，空间控标将移动至新位置点上，如图8-8所示。

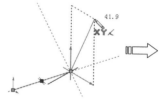

指定起点拖动指针

单击以指定终点

控标移动至终点

图8-8 绘制连续直线

技术要点 📄

在绘制连续直线过程中，可以按Tab键即时切换草绘平面。

3. 方法三：绘制连续圆弧

在绘制直线后命令仍然处在激活状态时，若拖动指针将绘制直线。要绘制连续圆弧，在绘制直线后（要绘制连续直线时），可将指针重新返回到起点（也是第一直线的终点）且指针变为 xyɛ⟨ 时，再拖动指针即可绘制圆弧，如图8-9所示。

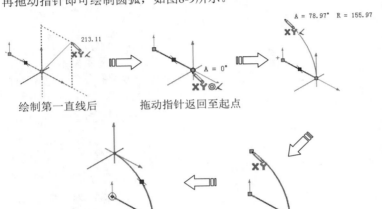

绘制第一直线后　　拖动指针返回至起点

空间控标移动至终点　　　单击以指定圆弧终点

图8-9　绘制连续圆弧

同理，要继续绘制连续圆弧，再按上述绘制圆弧的方法重新操作一次即可。

技术要点 📄

在绘制圆弧时，切记不要单击鼠标，否则不能绘制圆弧，而是继续绘制直线。

动手操作——绘制零件轴侧视图

下面利用3D直线和圆弧功能，绘制某机械零件的轴侧视图，如图8-10所示。

图8-10　零件的轴侧视图

操作步骤

01 进入3D草绘环境。

02 按Tab键将草图平面切换为ZX平面。然后单击【圆形】按钮 ⊙，在坐标系原点位置绘制直径为38的圆，如图8-11所示。

03 按Tab键将草图平面切换为XY平面。单击【直线】按钮 ✏，绘制长度为30的直线（转换成构造线），如图8-12所示。

04 再切换草绘平面为ZX平面。同理，利用【圆形】命令，以直

线顶点为圆心，绘制两个同心圆，如图8-13所示。

图8-11　绘制同心圆

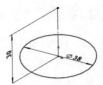

图8-12　绘制直线

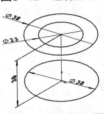

图8-13　绘制同心圆

技术要点 📄

便于后续图形绘制过程中约束的需要，先将绘制的几个图形使用【固定】约束。

05 单击【3点边角矩形】按钮 ◇，任意绘制一个矩形，如图8-14所示。

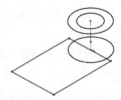

图8-14　绘制矩形

06 将矩形的3边分别约束至直径为38的圆及圆心上，约束结果如图8-15所示。

相切约束　　　重合约束

相切约束

图8-15　约束矩形

如果矩形的短边没有与圆心重合，那么请添加【重合】约束。以此保证矩形的两个端点在直径为38的圆的象限点上。

07▶ 按Ctrl键选取底部的矩形和圆，然后单击【复制实体】按钮🔐，打开【3D复制】属性面板，如图8-16所示。

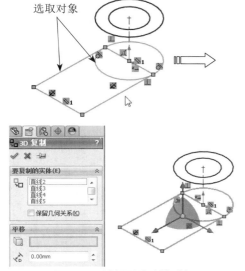

图8-16　选择要移动的对象

08▶ 选择竖直的构造线作为移动参考，然后输入移动距离为8，再单击【确定】按钮✔完成3D复制，如图8-17所示。

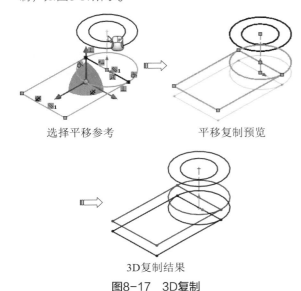

选择平移参考　　　　平移复制预览

3D复制结果

图8-17　3D复制

09▶ 为了便于看清后面一系列的操作，先将部分不需要的草图曲线删除，如图8-18所示。

删除后由于部分草图失去了约束，因此重新将没有约束的曲线进行固定。

10▶ 切换草图平面至XY平面，利用【直线】命令，绘制图8-19所示的两条竖直直线。

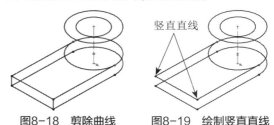

图8-18　剪除曲线　　　图8-19　绘制竖直直线

11▶ 同理，再绘制出图8-20所示的多条竖直和水平直线。

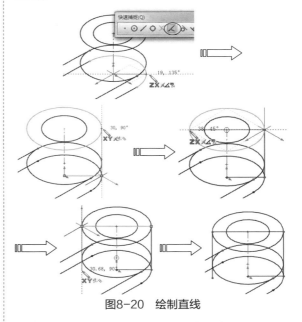

图8-20　绘制直线

在绘制过程中多利用【快速捕捉】工具条中的【最近端捕捉】工具进行点的捕捉，同时需要按Tab键不断切换草图平面。

12▶ 再删减部分草图曲线，如图8-21所示。

13▶ 利用【矩形】命令，切换草图平面为XY，绘制矩形，如图8-22所示。

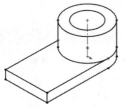

图8-21　修剪图形　　　图8-22　绘制矩形

14 切换草图平面为ZX，然后绘制3条平行的直线，如图8-23所示。

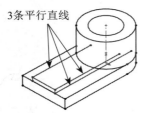

3条平行直线

图8-23　绘制平行直线

15 再利用【复制实体】命令，复制一段圆弧，如图8-24所示。

图8-24　3D复制圆弧

16 修剪曲线，结果如图8-25所示。

17 最后绘制一条直线连接圆弧，完成了零件的绘制，如图8-26所示。

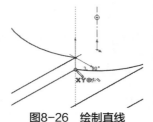

图8-25　修剪曲线　　　图8-26　绘制直线

8.1.3　绘制3D点

　　3D点与2D点的区别是，3D点是三维空间中的任意点，可以编辑X、Y和Z的坐标值，而2D点是平面上的点，只能编辑X和Y的坐标值。

　　绘制2D点时属性管理器显示的【点】属性面

板如图8-27所示。绘制3D点时属性管理器显示的【点】属性面板如图8-28所示。

图8-27　2D【点】　　图8-28　3D【点】
　　　属性面板　　　　　属性面板

技术要点

　　当绘制了点后，若要再绘制点，则不可以将新点绘制在原有点上，否则程序会弹出警告对话框，如图8-29所示。

图8-29　警告对话框

8.1.4　绘制3D样条曲线

　　3D样条曲线与3D直线的绘制方法相同。

　　在3D草图环境下的【草图】选项卡单击【样条曲线】按钮，指针由变为。在图形区指定样条曲线起点后，拖动指针以指定样条第二个极点，同时生成样条曲线，空间控标随后移动至新的极点上，然后继续拖动指针以指定其余的样条极点，如图8-30所示。要结束绘制，可按Esc键、双击鼠标，或执行右键【选择】命令。

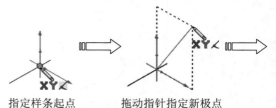

指定样条起点　　　拖动指针指定新极点

图8-30　绘制3D样条曲线（一）

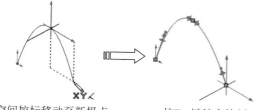

空间控标移动至新极点　　　　　按Esc键结束绘制

图8-30　绘制3D样条曲线（二）

8.1.5　曲面上的样条曲线

在3D草图环境下，使用【曲面上的样条曲线】工具可以在任意曲面上绘制与标准样条曲线有相同特性的样条。

曲面上的样条曲线包括如下特性：

➢ 沿曲面添加和拖动点；

➢ 生成一个通过点自动平滑的预览；

➢ 如果生成曲面的样条曲线相切则跨越多个曲面。

曲面上的样条曲线可应用于零件和模具设计，即曲面样条曲线可生成更为直观精确的分型线或过渡线，也可以应用于复杂扫描，即曲面样条曲线方便用户生成受曲面几何体限定的引导线。

要绘制曲面上的样条曲线，首先要创建出曲面特征。在3D草图环境下，单击【草图】选项卡中的【曲面上的样条曲线】按钮，然后在曲面中指定样条起点，并拖动指针指定出其余样条极点，如图8-31所示。

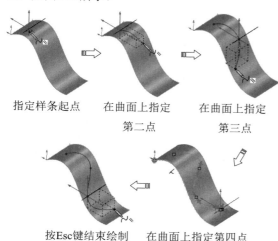

指定样条起点　　在曲面上指定　　在曲面上指定
　　　　　　　　第二点　　　　　第三点

按Esc键结束绘制　　在曲面上指定第四点

图8-31　绘制曲面上的样条曲线

技术要点

在绘制曲面上的样条曲线时，用户只能在曲面中指定点，而不能在曲面外指定，否则会显示错误警示符号。

8.1.6　3D草图基准平面

用户可以在3D草图插入草图基准平面，还可以在所选的基准平面上绘制3D草图。

1. 插入基准平面到3D草图

当需要利用【放样曲面】工具来创建放样特征时，需要创建多个基准平面上的3D草图。那么在3D环境下，就可使用【基准面】工具向3D草图插入基准面。

默认情况下，3D基准面是建立在XY平面（前视基准面）上的，且与其重合。在【草图】选项卡单击【基准面】按钮，在图形区显示基准面的预览，同时在属性管理器显示【草图绘制平面】属性面板，如图8-32所示。

与前视基准面重合

图8-32　显示【草图绘制平面】属性面板

绘制3D草图基准面后，在图形区单击3D基准面的【基准面1】文字标识，可以编辑3D草图基准面，属性管理器显示【基准面属性】面板，通过该面板可以重定位3D基准面，如图8-33所示。

单击【基准面1】标识

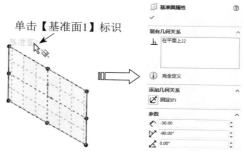

图8-33　显示【基准面属性】面板

【基准面属性】面板的【参数】选项区主要是根据角度和坐标在3D空间中定位基准面，各选项含义如下。

➢ 距离 ⟋：基准面沿X、Y或Z方向与草图原点之间的距离。

➢ 相切径向方向 ⟋：控制法线在前视基准面（XY基准面）上的投影与X方向之间的角度。

➢ 相切极坐标方向 ∠：控制法线与其在前视基准面（XY基准面）上的投影之间的角度。

上述3个参数选项的设置图解如图8-34所示。

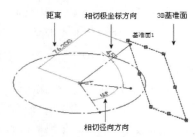

图8-34　3D基准面的参数选项设置

2. 基准面上的3D草图

当用户不需要绘制连续的3D草图曲线，而是需要在不同的基准平面上绘制单个的3D草图时，用户就可以选择要绘制草图的基准平面，然后在菜单栏执行【插入】|【基准面上的3D草图】命令，所选基准平面立即被激活，如图8-35所示。

技术要点 📖

或者用户也可以在【草图】选项卡的【草图绘制】下拉命令菜单中选择【基准面上的3D草图】命令。激活草图基准平面后，随后绘制的草图将全部在此平面中，此时如果再按Tab键进行草图平面的切换，也不会改变现状。

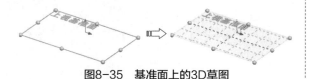

图8-35　基准面上的3D草图

动手操作——插入基准平面绘制3D草图

下面利用插入的基准平面创建一个放样特征。

操作步骤

01 首先进入3D草绘环境。

02 利用【直线】命令，切换草图为XY，绘制图8-36所示的构造线。

03 单击【基准面】按钮 ⊞，打开【草图绘制平面】属性面板，然后选择前视基准面和竖直构造线作为第一和第二参考，输入旋转角度为45、个数为4，再单击【确定】按钮 ✔️ 完成基准平面的插入，如图8-37所示。

图8-36　绘制竖直构造线

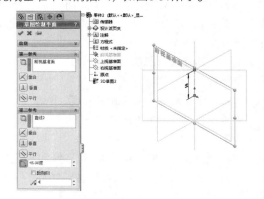

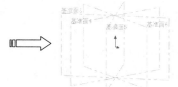

图8-37　插入基准平面的过程

04 选中【基准面3】，执行【插入】|【基准面上的3D草图】命令，并绘制图8-38所示的草图。

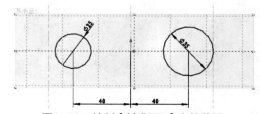

图8-38　绘制【基准面3】上的草图

05 选中【基准面4】，再执行【插入】|【基准面上的3D草图】命令，并绘制出图8-39所示的草图。

06 选中【基准面5】，再执行【插入】|【基准面上的3D草图】命令，并绘制出图8-40所示的草图。

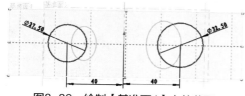

图8-39　绘制【基准面4】上的草图

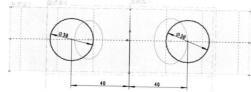

图8-40　绘制【基准面5】上的草图

07 选中【基准面6】，再执行【插入】|【基准面上的3D草图】命令，并绘制出图8-41所示的草图。

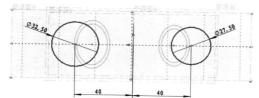

图8-41　绘制【基准面6】上的草图

08 绘制完成的草图如图8-42所示。

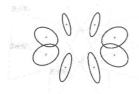

图8-42　绘制完成的草图

09 在【特征】选项卡中单击【放样凸台/基体】按钮，打开【放样】属性面板。

10 然后依次选择绘制的圆作为放样轮廓，如图8-43所示。

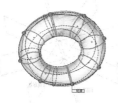

图8-43　选择放样轮廓

技术要点

每选取一个轮廓，注意光标选取的位置尽量保持一致，否则会产生扭曲，如图8-44所示。

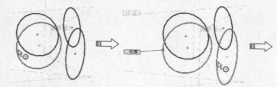

轮廓1-光标选取位置　　　　　轮廓2-光标选取位置

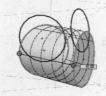
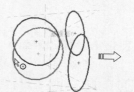

正确的放样预览　　　　　轮廓1-光标选取位置

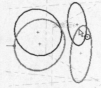
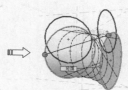

轮廓2-光标选取位置　　　　　扭曲的放样预览

图8-44　选取轮廓时须注意光标选取位置

11 最后单击【确定】按钮，完成特征的创建，结果如图8-45所示。

图8-45　创建的放样特征

8.1.7　编辑3D草图曲线

前面介绍了3D草图曲线的基本绘制方法，那么该如何编辑或操作3D草图，使其达到设计要求呢？下面介绍几种常见3D草图曲线的操作与编辑方法。

动手操作——手动操作3D草图

下面以绘制直线为例，手动操作3D草图。

操作步骤

01 如图8-46所示，在ZX草图平面上绘制一个矩形。

02 下面的操作是将平面上的矩形变成不在同一平面上的多条直线连接。首先将视图切换为【上视】，如图8-47所示。

图8-46 绘制ZX平面上的居矩形

图8-47 切换视图方向

03 选中矩形的一个角点（按住不放），然后拖移使矩形歪斜，如图8-48所示。

图8-48 使矩形变形

技术要点 📖

如果草图被约束了，是不能进行手动操作的，除非删除部分约束。

04 将视图方向切换至【右视】，然后选取矩形的角点进行拖移，结果如图8-49所示。

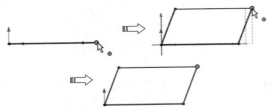
图8-49 在【右视】方向变形矩形

05 将视图切换到原先的【等轴侧】。从编辑结果看，原本是在ZX基准面上绘制的矩形，经过两次手动操作后，方位已发生改变，如图8-50所示。

技术要点 📖

在3D草图中，无论是矩形还是直线，都可以进行手动操作。

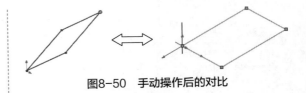
图8-50 手动操作后的对比

动手操作——利用草图程序三重轴修改草图

操作步骤

01 进入3D草绘环境。

02 利用矩形命令在ZX平面上绘制矩形，如图8-51所示。

03 选取矩形的一个角点，然后选择右键菜单中的【显示草图程序三重轴】命令，如图8-52所示。

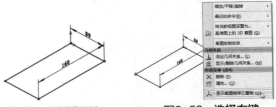
图8-51 绘制矩形　　图8-52 选择右键菜单命令

04 随后在角点上绘制显示三重轴，向上拖动三重轴的Y轴，矩形随之变化，如图8-53所示。

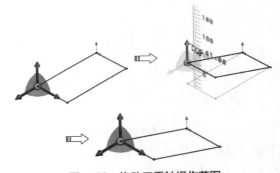
图8-53 拖动三重轴操作草图

技术要点 📖

操作草图时，不能施加任何的几何或尺寸约束。

05 再拖动三重轴的X轴，使其变形，结果如图8-54所示。

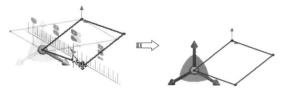

图8-54　拖动三重轴改变图形

技术要点 🔖

　　操作结束后，选中三重轴，然后执行右键菜单中的【隐藏草图程序三重轴】命令，即可隐藏。

8.2　曲线工具

　　SolidWorks的曲线工具是用来创建空间曲线的基本工具，由于多数空间曲线可以由2D草图或3D草图进行创建，因此创建曲线的工具仅有图8-55所示的6个工具。

图8-55　曲线工具

技术要点 🔖

　　曲线工具在【特征】选项卡或者是【曲面】选项卡的【曲线】下拉菜单中。

8.2.1　通过XYZ点的曲线

　　此工具可通过输入X、Y和Z的点坐标来生成空间曲线。

　　单击【通过XYZ点的曲线】按钮 ⅄，属性管理器中显示【通过XYZ点的曲线】属性面板，如图8-56所示。

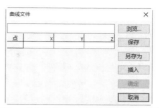

图8-56　【通过XYZ点的曲线】属性面板

　　【通过XYZ点的曲线】属性面板中各选项含义如下。

➢ 浏览：单击【浏览】按钮导览至要打开的曲线文件，可打开使用同样.sldcrv 文件格式的.sldcrv 文件或.txt 文件。打开的文件将显示在文件文本框中。

➢ 坐标输入：在一个单元格中双击，然后输入新的数值。当输入数值时，注意图形区域中会显示曲线的预览。

技术要点 🔖

　　默认情况下仅有1行，若要继续输入，可以双击【点】下面的空白行，即可添加新的坐标值输入行，如图8-57所示。若要删除该行，选中后按键盘上的Delete键即可。

图8-57　添加坐标值输入行

➢ 保存：可以单击【保存】按钮将定义的坐标点保存为曲线文件。曲线文件为.sldcrv 扩展名。

➢ 插入：当输入了第一行的坐标值，单击【点】列下的数字1即可选中第一行，再单击【插入】按钮，新的一行插入在所选行之下，如图8-58所示。

图8-58　插入新的行

技术要点 📑

如果仅仅有一行，【插入】命令是不起任何作用的。

技术要点 📑

【通过参考点的曲线】命令执行过程中，如果选取2个点，将创建直线，如果选取3个及3个点以上，将创建样条曲线。

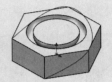

图8-62　封闭和不封闭的曲线

动手操作——输入坐标点创建空间样条曲线

操作步骤

01 新建SolidWorks零件文件。

02 在【曲线】工具条中单击【通过XYZ的点】按钮 ⚙，打开【曲线文件】对话框。

03 双击坐标单元格输入行，然后依次添加5个点的空间坐标，结果如图8-59所示。

04 单击对话框的【确定】按钮，完成样条曲线的创建，如图8-60所示。

图8-59　输入坐标点　　图8-60　创建样条曲线

8.2.2　通过参考点的曲线

【通过参考点的曲线】命令是在已经创建了参考点，或者已有模型上的点来创建曲线。单击【通过参考点的曲线】按钮 ⚙，弹出【通过参考点的曲线】属性面板，如图8-61所示。

图8-61　【通过参考点的曲线】属性面板

技术要点 📑

【通过参考点的曲线】命令仅当用户创建曲线或实体、曲面特征以后，才被激活。

选取的参考点将被自动收集到【通过点】收集器中。若勾选【闭环曲线】复选框，将创建封闭的样条曲线。图8-62所示为封闭和不封闭的样条曲线。

技术要点 📑

若选取2个点来创建曲线（直线），是不能创建闭环曲线的，若勾选了【闭环曲线】复选框，则会弹出警告信息，如图8-63所示。

图8-63　选取2个参考点不能形成封闭曲线

8.2.3　投影曲线

【投影曲线】命令是将绘制的2D草图投影到指定的曲面、平面或草图上。单击【投影曲线】按钮 ⚙，打开【投影曲线】属性面板，如图8-64所示。

图8-64　【投影曲线】属性面板

技术要点 📑

要投影的曲线只能是2D草图，3D草图和空间曲线是不能进行投影的。

属性面板中各选项含义如下。

➤ **面上草图**：选择此单选项，将2D草图投影到所选面、平面上，如图8-65所示。

技术要点 🔍

投影曲线时要注意投影方向，必须使曲线投影到曲面上的指示方向，否则不能创建投影曲线。

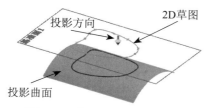

图8-65　【面上草图】投影类型

➤ **草图上的草图**：此类型是用于两个相交基准平面上的草图曲线进行相交投影，以此获得3D空间交汇曲线，如图8-66所示。

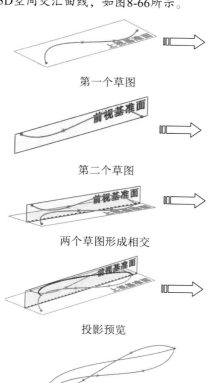

第一个草图

第二个草图

两个草图形成相交

投影预览

生成新的3D曲线

图8-66　【草图上草图】类型

技术要点 🔍

两个相交的草图必须形成交汇，否则不能创建投影曲线。图8-67所示的两个基准平面上的草图没有交汇，就不能创建【草图上草图】类型的投影曲线。

不能创建投影曲线

图8-67　不能创建投影曲线的范例

➤ **反转投影**：勾选此复选框，改变投影方向。

动手操作——利用投影曲线命令创建扇叶曲面

操作步骤

01 新建零件文件。

02 绘制草图。在设计树中选择前视基准面后单击【草图绘制】按钮 ✏️，在前视基准面中绘制草图1，如图8-68所示。

图8-68　在前视基准面中绘制草图1

03 拉伸生成圆柱曲面。单击【曲面】选项卡上的【拉伸曲面】按钮 📄，拉伸生成圆柱曲面的操作过程如图8-69所示。

04 添加基准面。在【特征】选项卡中单击【基准面】📭，建立距离上视基准面为50mm的平行基准面，添加新基准面的操作过程如图8-70所示。

05 绘制草图。在设计树中选择基准面1，单击【草图绘制】✏️，在基准面1中绘制草图2，如图8-71所示。

06 隐藏外面的两个圆柱曲面。用鼠标右键依次选择外面的两个圆柱曲面，在弹出的对话框中选择【隐藏】，只显示最里面的圆柱曲面。

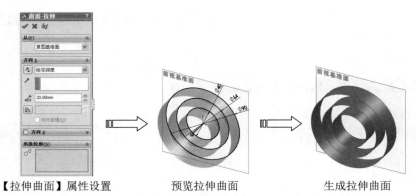

【拉伸曲面】属性设置　　　　预览拉伸曲面　　　　生成拉伸曲面

图8-69　拉伸生成圆柱曲面操作过程

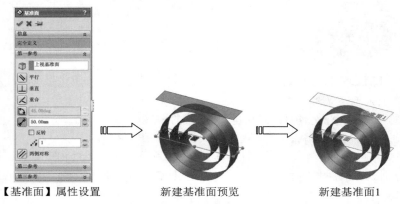

【基准面】属性设置　　　　新建基准面预览　　　　新建基准面1

图8-70　添加新基准面操作过程

07 向直径最小的圆柱表面投影曲线。单击【曲线】选项卡上的
【投影曲线】按钮 ⬚，弹出【投影曲线】属性面板，在【投影
类型】中选择【面上草图】选项，单击【要投影的草图】按钮
⬚，选择上步绘制的草图2，再单击【投影面】按钮 ⬚，对应
选择最里面的圆柱表面，勾选【反转投影】复选项，最后单击
【确定】按钮 ✓ 完成投影曲线的创建，操作过程如图8-72所示。

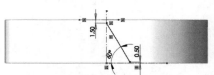

图8-71　在基准面1中绘制草图2

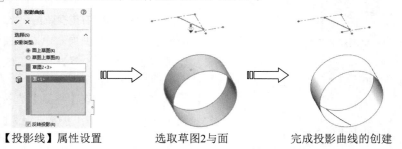

【投影线】属性设置　　　　选取草图2与面　　　　完成投影曲线的创建

图8-72　创建投影曲线的过程

08 显示最外部大的圆柱曲面。用鼠标右键单击模型树中的【曲面-拉伸1】，在弹出的对话框中选择【显示】选项即可。用鼠标右键依次选择里面的两个圆柱曲面，在弹出的对话框中选择【隐藏】选项，只显示最外部的圆柱曲面。

09 绘制草图3。在设计树中选择基准面1，单击【草图绘制】按钮 ⬚，在基准面1中绘制另一草图，如图8-73所示。

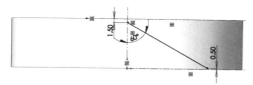

图8-73　在基准面1中绘制草图3

10 在最大圆柱面上创建投影曲线。单击【曲线】选项卡上的【投影曲线】按钮，弹出【投影曲线】属性面板，在【投影类型】中选择【面上草图】选项，单击【要投影的草图】按钮，选择上步骤绘制的草图3，再单击【投影面】按钮，对应选择最大的圆柱表面，勾选【反转投影】复选项，最后单击【确定】按钮完成投影曲线的创建，操作过程如图8-74所示。

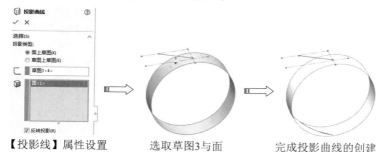

【投影线】属性设置　　　选取草图3与面　　　完成投影曲线的创建

图8-74　创建投影曲线的过程

11 显示中间的圆柱曲面。用鼠标右键单击模型树中的【曲面-拉伸1】，在弹出的对话框中选择【显示】选项即可。用鼠标右键依次选择外面和里面的两个圆柱曲面，在弹出的对话框中选择【隐藏】选项，只显示中间的圆柱曲面。

12 在基准面1上再绘制草图4，如图8-75所示，然后在中间的圆柱面上创建投影线，操作步骤如图8-76所示。

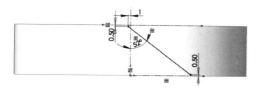

图8-75　绘制草图4

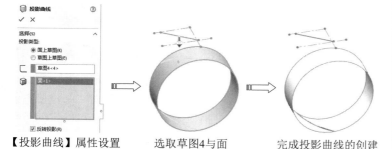

【投影曲线】属性设置　　　选取草图4与面　　　完成投影曲线的创建

图8-76　创建投影曲线的过程

13 生成叶片放样轮廓的3D曲线。单击【曲线】选项卡上的【通过参考点的曲线】按钮，依次选择图形区中分割线的6个端点，如图8-77所示。单击【确定】按钮完成3D曲线的创建，如图8-78所示。

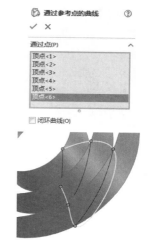

图8-77　选择投影曲线的6个端点

图8-78　生成的3D曲线

14 放样曲面生成叶片。隐藏外部两个圆柱面，单击【曲面】选项卡上的【放样曲面】按钮，在弹出【曲面-放样】属性面板中，在轮廓中依次选择3D曲线和小圆柱面上的投影曲线，放样曲面生成叶片过程如图8-79所示。

15 移动/复制生成所有圆周的叶片。在菜单栏执行【插入】|【曲面】|【移动/复制】命令，打开【移动/复制实体】属性面板。

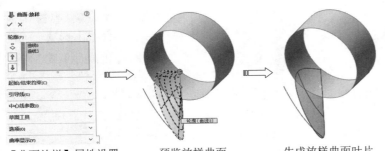

【曲面放样】属性设置　　　预览放样曲面　　　生成放样曲面叶片

图8-79　放样曲面生成风扇一个叶片

16 在图形区选择放样曲面叶片，选中【复制】复选框，将复制的数量设置为7。选取坐标原点作为旋转参考点，在【Z旋转角度】文本框中输入数值45，最后单击【确定】按钮✓完成叶片的旋转复制，如图8-80所示。

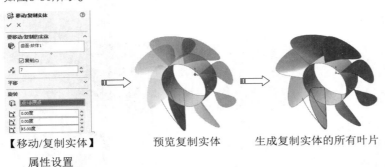

【移动/复制实体】　　预览复制实体　　　生成复制实体的所有叶片

属性设置

图8-80　移动/复制生成所有圆周的叶片

8.2.4　分割线

　　【分割线】是一个分割曲面的操作，分割曲面后所得的交线就是分割线。分割工具包括草图、实体、曲面、面、基准面，或曲面样条曲线。

技术要点 🔍

　　【分割线】命令也是仅当创建模型、草图或曲线后，才被激活。

　　在【曲线】工具条单击【分割线】按钮，打开【分割线】属性面板，如图8-81所示。

1.【轮廓】分割类型

　　当选择分割类型为【轮廓】时，【分割线】属性面板中各选项含义如下。

➢　拔模方向：即选取基准平面为拔模方向参考，拔模方向始终与基准平面（或分割线）是垂直的，如图8-82所示。拔模方向参考其实也是分割工具。

图8-81　【分割线】属性面板

拔模方向

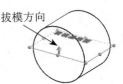

图8-82　拔模方向

➢　要分割的面 📦：为要分割的面（只能是曲面），要分割的面绝对不能是平面，如图8-83所示。

选择此面正确 ——

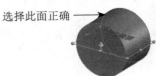

选择此面错误 ↓

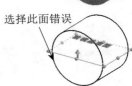

图8-83　要分割的面

➢　角度 📐：分割线与基准平面之间形成的夹角，如图8-84所示。

0度角分割

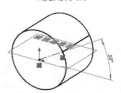

30度角分割

图8-84　角度

技术要点 🔍

　　要利用【轮廓】分割类型须满足两个条件——拔模方向参考仅仅局限于基准平面（平直的曲面不可以）；要分割的面必须是曲面（模型表面是平面也是不可以的）。

在一个零件实体模型上生成轮廓分割线的过程，如图8-85所示。

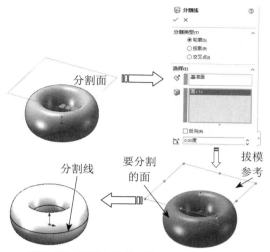

图8-85 零件实体模型上生成轮廓分割线

2.【投影】分割类型

【投影】分割类型是利用投影的草图曲线来分割实体、曲面，适用于多种类型的投影，例如可以：

➤ 将草图投影到平面上并分割；

➤ 将草图投影到曲面上并分割。

当选择分割类型中的投影时，【分割线】属性面板如图8-86所示。

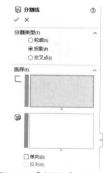

图8-86【投影】分割类型

【投影】类型中各选项含义如下。

➤ 要投影的草图 ⌐：选取要投影的草图，可从同一个草图中选择多个轮廓进行投影。

➤ 要分割的面 ◨：选取要投影草图的面，此面可以是平面也可以是曲面。

➤ 单向：单向往一个方向投影分割线。

➤ 反向：勾选改变投影方向。

在一个零件实体模型上生成投影分割线的过程，如图8-87所示。

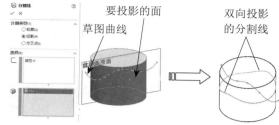

图8-87 零件实体模型上生成投影分割线

技术要点

默认情况下，不勾选【单向】复选框，草图将向曲面两侧同时投影，图8-88所示为单向和双向投影的情形。

图8-88 双向投影与单向投影

技术要点

上图中如果圆柱面是一个整体，只能进行双向投影。

3.【交叉点】分割类型

此分割类型是用交叉实体、曲面、面、基准面，或曲面样条曲线来分割面。

【分割线】属性面板中的【交叉点】分割类型选项设置如图8-89所示。

其中各选项含义如下。

图8-89 【分割线】属性面板

➤ 分割实体/面/基准面 ◨：选择分割工具（交叉实体、曲面、面、基准面，或曲面样条曲线）。

➤ 要分割的面/实体 ◨：后选择要投影分割工具的目标面或实体。

➤ 分割所有：勾选此复选框，将分割分割工具与分割对象接触的所有曲面。

技术要点 🖐

　　分割工具可以与所选单个曲面不完全接触，如图8-90所示。若完全接触则该复选框不起作用。

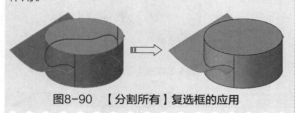

图8-90 　【分割所有】复选框的应用

➢ 自然：按默认的曲面、曲线的延伸规律进行分割，如图8-91所示。

➢ 线性：将不按延伸规律进行分割，如图8-92所示。

图8-91 　自然分割　　　　图8-92 　线性分割

动手操作——以【交叉点】类型分割模型

操作步骤

01 打开本例素材源文件"零件.sldprt"。

02 在特征树中显示3个创建的点，如图8-93所示。

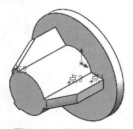

图8-93 　打开的模型

03 在【特征】选项卡上执行【参考几何体】|【基准面】命令，打开【基准面】属性面板。分别选取3个点作为第一、第二和第三参考，并完成基准平面的创建，如图8-94所示。

04 单击【分割线】按钮 🗇，打开【分割线】属性面板。选择【交叉点】分割类型，然后选择基准平面作为分割工具，再选择图8-95所示的模型表面作为要分割的面。

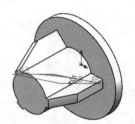

图8-94 　选取3个点作为参考创建基准平面

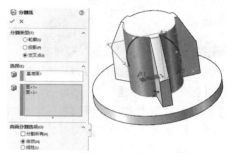

图8-95 　选择分割工具和分割的面

05 保留"曲面分割选项"的默认设置，单击【确定】按钮 ✔ 完成分割，如图8-96所示。

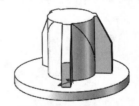

图8-96 　创建分割线

06 最后保存结果。

8.2.5 螺旋线/涡状线

　　螺旋线/涡状线是从一绘制的圆添加一螺旋线或涡状线。可在零件中生成螺旋线和涡状线曲线。此曲线可以被当成一个路径或引导曲线使用在扫描的特征上，或作为放样特征的引导曲线。

　　单击【螺旋线/涡状线】按钮 😅，选择草图平面进入草图环境绘制草图后，属性管理器中才显示【螺旋线/涡状线】属性面板。【螺旋线/涡状线】属性面板中4种螺旋线定义方式如图8-97所示。

图8-97 【螺旋线/涡状线】属性面板的4种螺旋线定义方式

【螺旋线/涡状线】属性面板中各选项区、选项的含义如下。

➢ **定义方式**：选择螺旋线/涡状线的定义方式。

➢ **螺距和圈数**：生成一由螺距和圈数所定义的螺旋线。

➢ **高度和圈数**：生成由高度和圈数所定义的螺旋线。

➢ **高度和螺距**：生成由高度和螺距所定义的螺旋线。

➢ **涡状线**：生成由螺距和圈数所定义的涡状线。

➢ **参数**：设置螺旋线/涡状线参数。

➢ **恒定螺距**：在螺旋线中生成恒定螺距。

➢ **可变螺距**：根据用户所指定的区域参数生成可变的螺距。

➢ **区域参数**（仅对于可变螺距）：为可变螺距螺旋线设定圈数（Rev）或高度（H）、直径（Dia）以及螺距率（P）。

➢ **高度**(仅限螺旋线)：设定高度。

➢ **螺距**：为每个螺距设定半径更改比率。

➢ **圈数**：设定旋转数。

➢ **反向**：将螺旋线从原点处往后延伸，或生成一向内涡状线。

➢ **开始角度**：设定在绘制的圆上开始初始旋转的地方。

➢ **顺时针**：设定旋转方向为顺时针。

➢ **逆时针**：设定旋转方向为逆时针。

➢ **锥形螺纹线**：设置锥形螺纹线

➢ **锥度角度**：设定锥度角度。

➢ **锥度外张**：将螺纹线锥度外张。

动手操作——创建螺旋线

操作步骤

01 新建零件文件。

02 利用草图中的【圆形】命令绘制图8-98所示的圆形。

03 单击【曲线】工具条中的【螺旋线/涡状线】按钮 ⑧，按信息提示选择绘制的草图，随后弹出【螺旋线/涡状线】属性面板，如图8-99所示。

图8-98 绘制草图   **图8-99 选择草图**

04 随后在【螺旋线/涡状线】属性面板中选择【螺距和圈数】方式，并设置图8-100所示的参数，单击【确定】按钮 ✔ 完成螺旋线的创建。

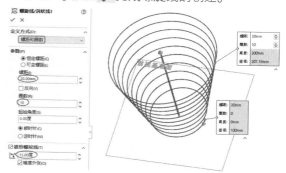

图8-100 创建的螺旋线

05 最后保存创建的结果。

8.2.6 组合曲线

通过将曲线、草图几何和模型边线组合为一条单一曲线来生成组合曲线。【组合曲线】工具是曲线合并和复制工具。注意，必须是连续的边或曲线才能进行组合。

当创建了草图、模型或曲面特征后，【组合曲线】命令才被激活。单击【组合曲线】按钮，打开【组合曲线】属性面板，如图8-101所示。

图8-101　【组合曲线】属性面板

在一个零件实体模型上生成组合曲线的过程，如图8-102所示。

图8-102　零件实体模型上生成组合曲线

8.3　综合实战——音箱建模

引入素材：无
结果文件：综合实战\结果文件\Ch08\小猪音箱.sldprt
视频文件：视频\Ch08\小猪音箱.avi

这款音箱采用了小猪造型，圆圆的看上去很可爱，大猪头是音箱主体，4个猪蹄儿是支架。还有两个大眼睛，耳朵下边以及猪肚子组成了5个扬声器。猪鼻子只起装饰作用，猪嘴巴是电源显示灯，接通后会发出绿光。小猪造型如图8-103所示。

图8-103　小猪造型音箱

1. 设计小猪音箱主体

音箱主体部分比较简单，一个完整的球体减去小部分，所使用的工具包括【旋转凸台/基体】、【实体切割】、【抽壳】等。

操作步骤

01 启动SolidWorks 2020。

02 在打开的SolidWorks 2020起始界面中，单击【新建】按钮，弹出【新建SolidWorks文件】对话框。在该对话框中选择【零件】模板，再单击【确定】按钮，进入零件设计环境中，如图8-104所示。

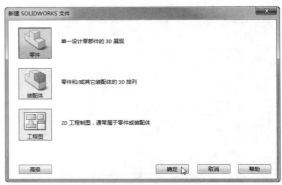

图8-104　新建零件文件

03 在【特征】选项卡中单击【旋转凸台/基体】按钮，然后按图8-105所示的操作步骤，创建旋转球体特征。

04 在【特征】选项卡的【参考几何体】下拉菜单中单击【基准面】按钮，按图8-106所示的操作步骤，创建用于分割旋转球体的基准面1。

技术要点

用于分割的旋转球体可以是参考基准平面，或者是一个平面，还可以是其他特征上的面。

05 在菜单栏执行【插入】|【特征】|【分割】命令，然后按图8-107所示的操作步骤，分割旋转球体。

06 在【特征】选项卡中单击【抽壳】按钮，然后按图8-108所示的操作步骤，创建抽壳特征。

07 使用【基准轴】工具，在前视基准面和右视基准面的交叉界线位置创建基准轴1，如图8-109所示。

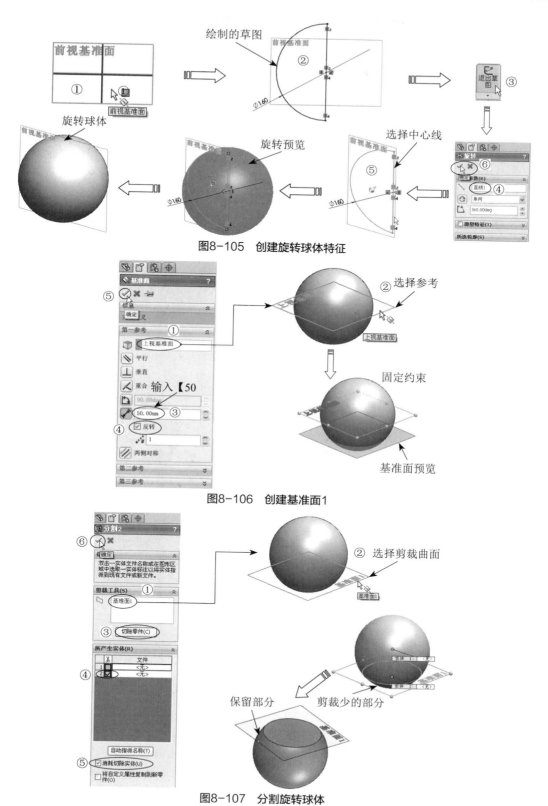

图8-105　创建旋转球体特征

图8-106　创建基准面1

图8-107　分割旋转球体

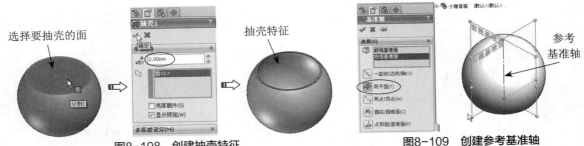

图8-108　创建抽壳特征　　　　　　　图8-109　创建参考基准轴

08 使用【基准面】工具，以前视基准面和参考基准轴为第一参考和第二参考，创建出图8-110所示的基准面2。

图8-110　创建基准面2

09 在【曲面】选项卡中单击【拉伸曲面】按钮🗾，然后按图8-111所示的操作步骤，创建拉伸曲面。

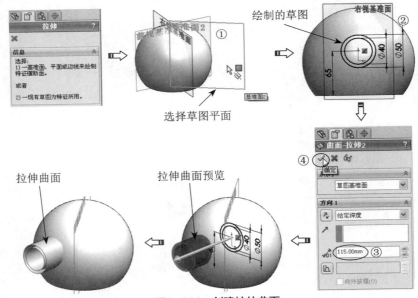

图8-111　创建拉伸曲面

10 在【特征】选项卡中单击【镜像】按钮🕮，然后按图8-112所示的操作步骤，将拉伸曲面镜像到右视基准面的另一侧。

11 使用【分割】工具，以两个曲面来分割抽壳的特征，如图8-113所示。

12 使用【基准轴】工具，以右视基准面和上视基准面作为参考，创建基准轴2，如图8-114所示。

13 使用【基准面】工具，以上视基准面和基准轴2作为参考，创建出基准面3，如图8-115所示。

14 使用【拉伸曲面】工具，以基准面3作为草图平面，创建出图8-116所示的拉伸曲面。

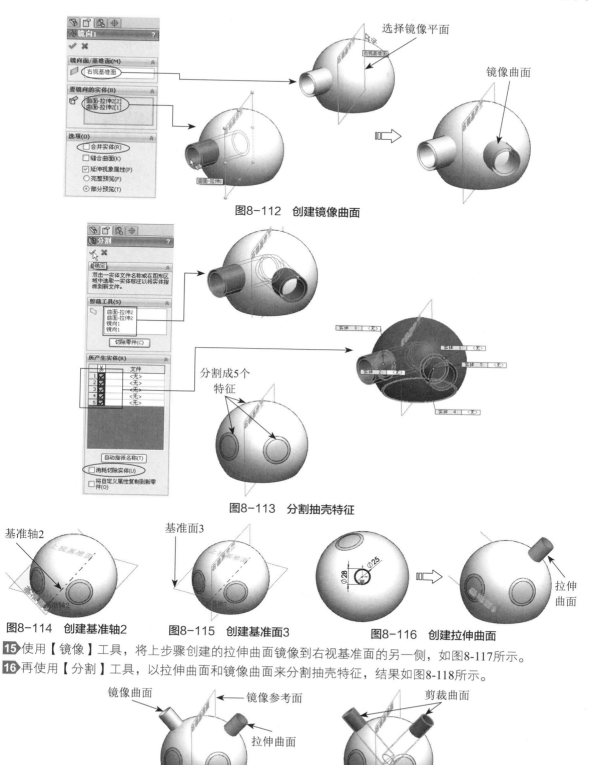

图8-112　创建镜像曲面

图8-113　分割抽壳特征

图8-114　创建基准轴2　　图8-115　创建基准面3　　图8-116　创建拉伸曲面

15 使用【镜像】工具，将上步骤创建的拉伸曲面镜像到右视基准面的另一侧，如图8-117所示。

16 再使用【分割】工具，以拉伸曲面和镜像曲面来分割抽壳特征，结果如图8-118所示。

图8-117　镜像拉伸曲面　　　　　　图8-118　剪裁抽壳特征

2. 设计音箱喇叭网盖

小猪音箱喇叭网盖的形状为圆形，其中有多个阵列的小圆孔。下面介绍创建方法。

01 使用【拉伸凸台/基体】工具，在抽壳特征的底部创建厚度为【2】的拉伸实体特征，如图8-119所示。

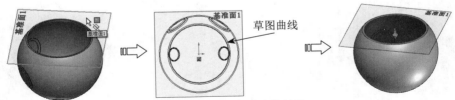

图8-119 创建拉伸实体特征

02 在【特征】选项卡单击【拉伸切除】按钮，然后按图8-120所示的操作步骤创建拉伸切除特征。

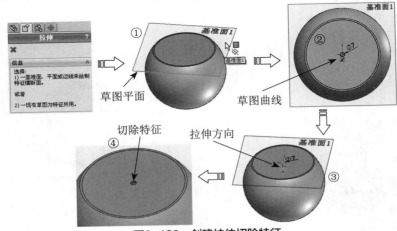

图8-120 创建拉伸切除特征

03 在【特征】选项卡中单击【填充阵列】按钮，然后按图8-121所示的操作步骤，创建拉伸切除特征（孔）的阵列。

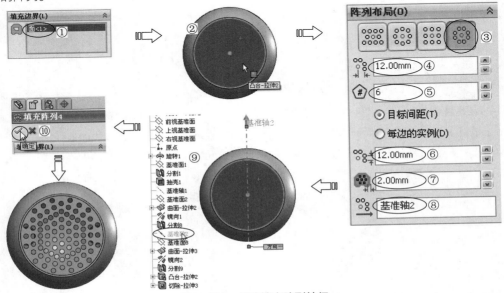

图8-121 创建填充阵列特征

04 对于曲面中的孔阵列，也可以使用【填充阵列】工具。使用【草图】工具，在基准面2中绘制出图8-122所示的草图。

05 使用【填充阵列】工具，按图8-123所示的操作步骤，在眼睛位置的网盖上创建出阵列孔特征。

06 使用【镜像】工具，以右视基准面作为镜像平面，将填充阵列的孔镜像到另一侧，如图8-124所示。镜像操作后，将另一侧的原分割特征隐藏。

图8-122　绘制草图

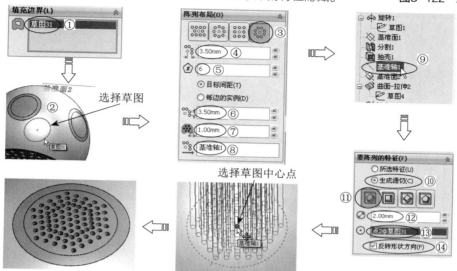

图8-123　创建填充阵列特征

07 耳朵位置喇叭网盖的设计与眼睛位置的网盖设计相同，过程这里就不详述了。创建的喇叭网盖如图8-125所示。

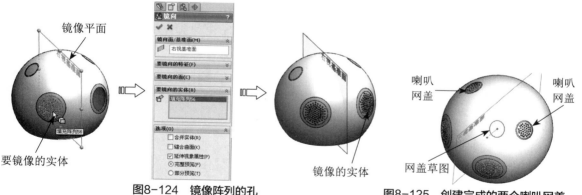

图8-124　镜像阵列的孔　　　　　　　图8-125　创建完成的两个喇叭网盖

3. 设计小猪音箱嘴巴和鼻子造型

小猪音箱鼻子的设计实际上也是曲面分割实体的操作，分割实体后，再使用【移动】工具移动分割实体的面，以此创建出鼻子造型。嘴巴的设计可以使用【拉伸切除】工具来完成。

01 使用【拉伸曲面】工具，在前视基准面绘制出图8-126所示的草图后，创建拉伸曲面。

02 使用【分割】工具，以拉伸曲面来分割音箱主体，结果如图8-127所示。

03 在菜单栏执行【插入】|【面】|【移动】命令，然后选择分割的实体面进行平移，如图8-128所示。

04 同理，鼻孔的两个小实体也按此方法移动。

05 在【特征】选项卡中单击【拔模】按钮，然后按图8-129所示的操作步骤创建拔模特征。

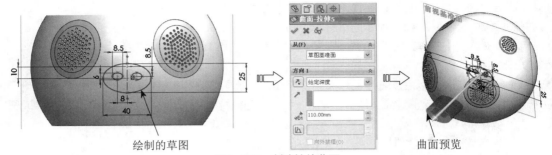

图8-126　创建拉伸曲面

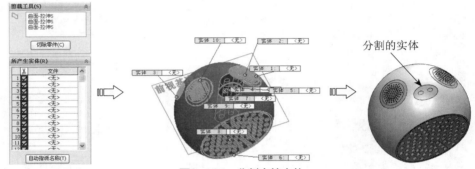

图8-127　分割音箱主体

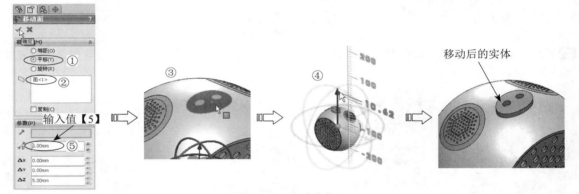

图8-128　平移实体面

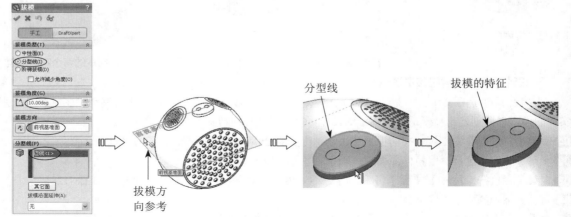

图8-129　创建拔模特征

06 使用【特征】选项卡中的【圆角】工具，选择图8-130所示的拔模实体边来创建半径为2的圆角特征。

图8-130　创建圆角特征

07 使用【拉伸切除】工具，在前视基准面绘制嘴巴草图后，创建出图8-131所示的拉伸切除特征。

08 使用【圆角】工具，在拉伸切除特征上创建圆角为【0.5】的特征，如图8-132所示。

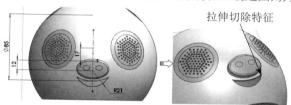

图8-131　创建拉伸切除特征

图8-132　创建圆角特征

4. 设计小猪音箱耳朵

小猪的耳朵在顶部小喇叭的位置，主要由一个旋转实体切除一部分实体来完成设计。

01 使用【旋转凸台/基体】工具，在前视基准面上绘制旋转截面，然后创建出如图8-133所示的旋转特征。

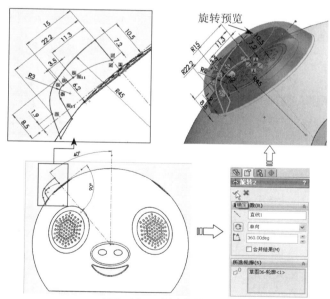

图8-133　创建旋转特征

02 使用【基准面】工具，创建出图8-134所示的基准面4。

技术要点

创建此基准面，是用来作为切除旋转实体的草图平面。

图8-134　创建基准面4

03 使用【拉伸切除】工具，在基准面4中绘制草图后，创建出图8-135所示的拉伸切除特征（即小猪耳朵）。

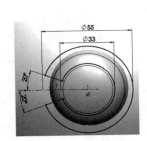

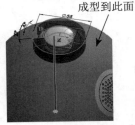
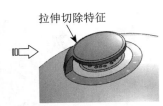

图8-135　创建拉伸切除特征

04 使用【镜像】工具，将小猪耳朵镜像至右视基准面的另一侧，如图8-136所示。

05 使用【圆角】工具，在两个耳朵上创建半径为【0.5】的圆角，如图8-137所示。

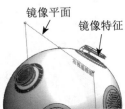
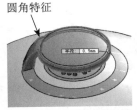

图8-136　镜像小猪耳朵　　图8-137　对耳朵圆角处理

06 在菜单栏执行【插入】|【特征】|【组合】命令，将音箱主体和2个耳朵组合成一个整体，如图8-138所示。

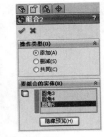

图8-138　组合耳朵与主体

5. 设计小猪音箱脚

小猪音箱的脚是按圆周阵列来放置的，创建其中一只脚，其余3只脚圆周阵列即可。

01 使用【基准面】工具，以右视基准面和基准轴1为参考，创建出旋转角度为45°的基准面5。如图8-139所示。

02 使用【旋转凸台/基体】工具，在基准面5中绘制图8-140所示的旋转截面。

03 绘制旋转截面后，退出草图模式，然后创建出图8-141所示的旋转特征（即小猪的脚）。

图8-139　新建　　　图8-140　绘制旋转截面
基准面5

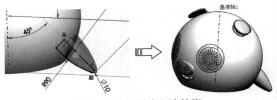

图8-141　创建小猪的脚

04 使用【圆周草图阵列】工具，圆周阵列出小猪的其余3只脚，如图8-142所示。

05 使用【编辑外观】工具，将小猪主体、耳朵、鼻子、嘴巴、脚的颜色更改为【粉红色】，将喇叭网盖、鼻孔的颜色设置为【黑色】，最终设计完成的小猪音箱外壳造型如图8-143所示。

图8-142　阵列其余　　　图8-143　设计完成的
　　　3只脚　　　　　　　　　小猪音箱造型

06 最后将小猪音箱造型设计完成的结果保存。

8.4　课后习题

1. 编织造型建模

本练习编织造型建模，编织造型如图8-144所示。

图8-144　编织造型

练习要求与步骤：

（1）绘制扫描曲面所用的轮廓曲线草图；

（2）用通过XYZ点的曲线绘制扫描曲面所用的路径草图；

（3）绘制扫描曲面生成编织造型。

2. 工艺瓶建模

本练习为工艺瓶建模，工艺瓶模型如图8-145所示。

图8-145　工艺瓶模型

练习要求与步骤：

（1）绘制旋转曲面所用的曲线草图；

（2）旋转曲面生成工艺瓶的基本轮廓；

（3）通过圆角曲面使轮廓曲面更加圆滑过渡；

（4）绘制分割线草图；

（5）通过分割线在工艺瓶下部侧面绘制分割线；

（6）通过删除面形成底面支脚缺口；

（7）利用曲面填充添加工艺瓶下半部封闭底面；

（8）通过加厚使删除曲面保留部分变厚。

SolidWorks向用户提供了用于数据导入/导出的接口。用户可以导入其他CAD软件生成的数据文件,还可以将SolidWorks生成的文件导出为其他软件格式文件。

在本章中,将重点介绍SolidWorks各种文件的管理,包括数据的转换、参考文件的管理、管理Toolbox文件、管理SolidWorks eDrawings文件等。

知识要点

- ⊙ SolidWorks文件结构与类型
- ⊙ 版本文件的转换
- ⊙ 文件的输入与输出

- ⊙ 输入文件与FeatureWorks识别特征
- ⊙ 管理Toolbox文件
- ⊙ SolidWorks eDrawings

9.1　SolidWorks文件结构与类型

SolidWorks文件信息的保存位置是唯一的。当某个文件需要参考其他文件的信息时,都必须从参考文件的保存位置来获取,而不是将参考文件的信息复制到当前文件中,因此文件之间存在外部参考。

9.1.1　外部参考

外部参考是文件之间的关联关系。SolidWorks文件之间并不是利用单独的数据库列出外部参考,而是利用在文件头的指针指向外部参考及其位置。文件之间的参考关系是绝对参考,即完整路径参考,如"D:\中文版SolidWorks 2020完全实战技术手册\阶梯轴.SLDPRT"。

SolidWorks中的外部参考是单向的。例如,装配体文件参考包含在其中的零件文件,而单独的零件并不会反过来参考装配体文件。换句话说,零件并不知道在什么地方被使用。

使用外部参考的好处就是,当零件的信息(如尺寸)变化时,所有使用该零件的其他文件也会进行相应的变化。因此,每一个文件必须知道所有参考文件的路径。

动手操作——修改外部参考关系

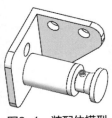

图9-1　装配体模型

零件和使用该零件的装配体、工程图之间存在外部参考。当零件的信息发生变化时,所有参考该零件的装配体和工程图也会发生相应的变化。本例中要修改的装配体文件如图9-1所示。

01 从本例光盘文件夹中依次打开装配体模型的3个文件——定位器装配体.SLDASM、支架.SLDPRT和定位器装配体.SLDDRW。

02 在菜单栏执行【窗口】|【纵向平铺】命令,使打开的3个文件纵向平铺,如图9-2所示。

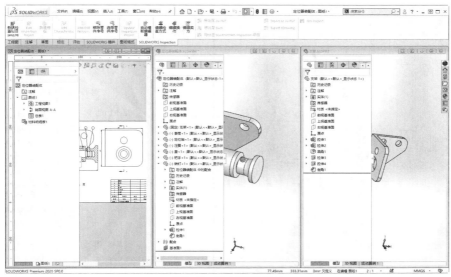

图9-2　纵向平铺窗口

03 在"支架"零件窗口中单击鼠标，激活该窗口。在特征设计树中，将"拉伸1"特征下的草图尺寸32修改为50，如图9-3所示。

04 激活"定位器装配体.SLDASM"文件窗口，由于该装配体参考了外部的"支架"零件，所以该子装配体需要重新建模。如图9-4所示，系统弹出重建模型对话框，单击【是】按钮重新建立装配体。装配体重建后，支架零件很明显就能观察到变化，如图9-5所示。

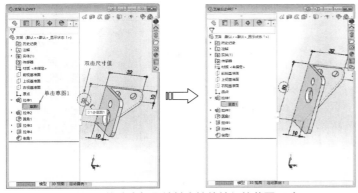

图9-3　修改支架零件某个拉伸特征的草图尺寸

图9-4　确定模型重建

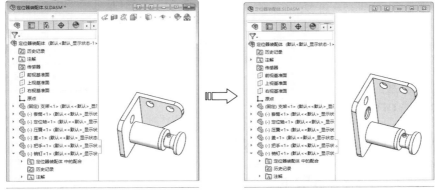

图9-5　自动更新的装配体模型

05 激活 "定位器装配体.SLDDRW" 工程图窗口，对模型进行重建以后，工程图中的视图发生了变化，如图9-6所示。

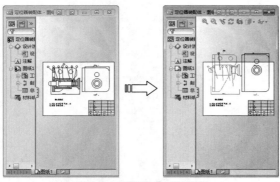

图9-6　重新建立工程视图

9.1.2　SolidWorks文件信息

为了使读者理解文件参考，这里介绍一下SolidWorks文件包含的信息。简单地说，可以认为一个SolidWorks文件中包含文件头（File header）、特征指令集（feature instruction set）、数据库（database of the resulting body）和视觉数据（visualization data）等4部分内容。

➢ 文件头：所用Windows文件都有文件头，它包含文件格式、文件名称、类型、大小和属性等信息。在SolidWorks文件中，文件头还包含了外部参考指针。

➢ 特征指令集：特征指令集可以认为是FeatureManager设计树的二进制形式，建模内核接受指令集并建立模型。

➢ 数据库：数据库是建模指令的结果，数据库中包含实体及其拓扑关系，也就是在SolidWorks图形区域看到的图形。

➢ 视觉数据：视觉数据用于提供在显示器上看到的图像信息，以及打开文件时的预览图像。

9.1.3　SolidWorks文件类型

与SolidWorks软件直接有关的文件类型有很多种，每一种文件都包含特有的文件信息。表9-1列出了SolidWorks常见的文件类型，以及不同文件类型保存的信息。

表9-1　SolidWorks常见文件类型

文件类型	文件后缀	保存信息
零件	.sldprt	参考几何体 参考文件列表 草图几何关系 草图尺寸和几何关系 特征定义 库特征 实体属性 选项设置 材料属性
装配体	.sldasm	参考几何体 装配体草图 参考文件列表 配合定义 爆炸视图路径 配置定义 装配体阵列定义
工程图	.slddrw	图样比例 模板信息 视图位置和视图内容 参考文件列表 在工程图中绘制的草图 注释 打断线
零件模板	.prtdot	文件选项设置 零件默认颜色 开始的几何体 材料属性
装配体模板	.asmdot	文件属性设置 装配体默认颜色 开始的几何体
工程图模板	.drwdot	图纸比例 图样比例 图纸格式 工程图选项设置 初始工程视图 链接的自定义属性
图纸格式	.slddrt	标题栏块 图样比例 工程图选项设置 链接的自定义属性
库特征	.sldflp	参考几何体 草图 特征定义 库特征实体属性 选项设置 配置定义 几何关系和尺寸

9.2　版本文件的转换

SolidWorks文件的结构将随着SolidWorks软件的升级而改变。因此，在新版本SolidWorks软件中建立的文件无法在旧版本软件中打开。而对于在旧版本的SolidWorks中建立的文件在更新的版本中打开时，文件格式将在文件保存后进行修改和更新。

存在文件转换过程意味着打开旧版本文件时需要更长的时间。当用户打开单个文件时可能意识不到这一点，但如果用户打开一个大型装配体文件，SolidWorks将花费很长的时间来打开并转换每一个参考文件。因此，为了缩短文件装入的过程，用户在升级SolidWorks软件时批量对文件进行转换和更新是非常重要的。

9.2.1　利用SolidWorks Task Scheduler转换

SolidWorks 2020的数据转换可以在Windows环境中进行。

文件转换任务为用户提供了一个简单实用的文件转换工具，利用它，用户可以很方便地将大量的SolidWorks文件转换为当前版本的格式。

与以前所有的版本不同，在SolidWorks 2020中，文件转换不再由文件转换向导执行，而是通过SolidWorks Task Scheduler中的转换文件任务来完成。

如图9-7所示，SolidWorks 2020软件安装成功后，在Windows系统界面的【开始】菜单中将添加SolidWorks Task Scheduler的快捷方式。

图9-7　【SolidWorks Task Scheduler】快捷方式

动手操作——利用SolidWorks Task Scheduler转换

01 执行SolidWorks Task Scheduler命令后，将打开【SolidWorks Task Scheduler】窗口，如图9-8所示。

图9-8　SolidWorks Task Scheduler

02 单击左侧列表中的【转换文件】命令，打开【转换】对话框，如图9-9所示。对话框中各选项作用如下。

➢ 【任务标题】：为任务输入一个标题。用户也可以使用默认的标题"文件转换"。

➢ 【任务文件或文件夹】：选择要转换的文件或文件夹。

➢ 【任务排定】：可以设定【运行模式】、【开始时间】和【开始日期】。当转换的文件很多时，可能需要很长时间，因此用户最好利用非工作时间并在后台运行转换文件任务。

图9-9　【转换】对话框

03 单击【转换】对话框中的【选项】按钮，系统弹出图9-10所示的【转换选项】选项卡，用户可以选择默认设置。如果需要备份旧版本文件，可在【备份文件】选项下勾选【备份文件到】复选框，并单击【浏览】按钮指定备份路径。文件转换完成后，旧版文件将以ZIP格式文件保存在此目录中。

04 单击【转换】对话框中的【高级】按钮，系统弹出图9-11所示的【任务选项】选项卡。各选项作用如下。

➤ 单击【浏览】按钮指定【任务工作文件夹】的位置。文件转换完成后，在此文件夹中将生成文件转换情况的报告文件。

➤ 在【超时】选项中指定转换任务持续的时间。SolidWorks Task Scheduler 在任务运行此时长后将结束任务，用户可根据实际情况设置时间的长短。

➤ 勾选【以最小化运行】复选框，系统会在后台运行转换任务。

图9-10 【转换选项】选项卡 图9-11 【任务选项】选项卡

05 在【转换】对话框中单击【添加文件】按钮，添加要转换版本的SolidWorks模型文件，单击【确定】按钮开始转换。转换开始后，程序首先把所有旧版本文件保存到备份目录中，然后逐一在新版本的SolidWorks中打开文件，转换成当前格式后保存。转换完成后，点开任务面板左上角的⊞，各个子任务及其标题、安排时间、安排日期、状态和进度会出现在任务面板上，如图9-12所示。

图9-12 文件转换任务面板

06 转换完成后，单击状态栏中的【完成-子任务】链接，打开系统自动生成的SolidWorks Task Scheduler 报告，如图9-13所示。该报告保存在指定的任务工作文件夹中。

图9-13 查看SolidWorks Task Scheduler报告

技术要点

其他软件生成的文件是不能进行转换的。

9.2.2 在SolidWorks 2020软件窗口中自动转换

如果是旧版本文件，可直接通过SolidWorks软件窗口打开，然后立即进行保存或另存为SolidWorks 2020的新版本文件。

旧版本文件打开后，光标置于标准工具栏中的【保存】按钮时，会显示"旧版本文件"提示，如图9-14所示。

图9-14 打开旧版本文件

单击此【保存】按钮，系统会自动转换旧版本文件，图标变为图标。

9.3 文件的输入与输出

文件的输入与输出，是将SolidWorks文件与其他三维、二维软件所生成的文件进行格式转换。SolidWorks也提供了2种途径可以输入、输出文件。

9.3.1 通过SolidWorks Task Scheduler输入、输出文件

在【SolidWorks Task Scheduler】窗口中，执行【输入

文件】命令，打开【输入文件】对话框，如图9-15所示。

图9-15　【输入文件】对话框

单击【添加文件】按钮，将其他软件格式的文件添加进来，这里以添加iges格式文件为例，如图9-16所示。

技术要点

通过SolidWorks Task Scheduler输入、输出文件，仅针对IGES/IGS、STP/STEP、DXF/DWG等3种格式。

图9-16　打开IGES文件

单击【完成】按钮，即可将IGES格式文件转换成SolidWorks的默认格式文件sldprt，如图9-17所示。

图9-17　输入IGES转换成sldprt文件

如果要输出文件，执行【输出文件】命令，打开【输出文件】对话框，如图9-18所示。对话框的【输出文件类型】下拉列表中列出了可以输出的文件格式。

图9-18　【输出文件】对话框

技术要点

SolidWorks Task Scheduler仅仅提供将SolidWorks的工程图格式文件输出为其他格式文件。

9.3.2　通过SolidWorks 2020窗口输入、输出文件

在多种情况下，我们会选择通过SolidWorks 2020窗口进行输入、输出文件的方法，这是因为SolidWorks 2020窗口中提供了几十种文件格式。

1. 输入文件

在SolidWorks 2020窗口顶部的标准工具栏中单击【打开】按钮，弹出【打开】对话框。对话框右下方的【所有文件】列表中列出了全部可以输出或输入的后缀格式，如图9-19所示。

技术要点

为了便于快速找到想要输入的文件，建议以"所有文件"的方式进行查询。

图9-19 【打开】对话框

2. 输出文件

要输出文件，在菜单栏中执行【文件】|【另存为】命令，打开【另存为】对话框。对话框的【保存类型】列表中列出了除SolidWorks文件外其他所有可以输出的文件格式，如图9-20所示。

图9-20 输出的文件格式

技术要点

输入文件的格式类型与输出文件的格式类型不一定相同，例如，可以输入犀牛RHINO软件格式的文件，但不能输出为RHINO格式文件。

9.4 输入文件与FeatureWorks识别特征

FeatureWorks插件是用来识别SolidWorks零件文件中输入实体的特征。特征识别后将与SolidWorks生成的特征相同，并带有某些设计特征的参数。

9.4.1 FeatureWorks插件载入

要应用FeatureWorks插件，可在【插件】对话框中勾选

【FeatureWorks】插件选项，单击【确定】按钮即可，如图9-21所示。

FeatureWorks有两个功能：识别特征和FeatureWorks选项。

图9-21 应用【FeatureWorks】插件

9.4.2 FeatureWorks选项

在菜单栏执行【插入】|【FeatureWorks】|【选项】命令，打开【FeatureWorks选项】对话框，如图9-22所示。

【FeatureWorks选项】对话框有4个页面设置，如下所述。

➤ 【普通】页面：此页面主要设置打开其他格式文件时需要做出的动作。勾选【零件打开时提示识别特征】复选框可以对模型进行诊断，并对诊断出现的错误进行修复。

➤ 【尺寸/几何关系】页面：此页面主要控制输入模型的尺寸标注和几何约束关系，如图9-23所示。

➤ 【调整大小工具】页面：此页面用来控制模型识别后，特征属性管理中所显示特征

的排列顺序，排序的方法是凸台/基体特征→切除特征→其他子特征，如图9-24所示。

图9-22 【FeatureWorks选项】对话框

图9-23 【尺寸/几何关系】页面

图9-24 【调整大小工具】页面

➢ 【高级控制】页面：此页面控制识别特征的方法和结果显示，如图9-25所示。

图9-25 【高级控制】页面

9.4.3 识别特征

对于软件初学者来说，此功能无疑极大地帮助

用户可以参考识别后的数据进行建模训练学习。

技术要点 📖

但此功能并非能将所有的特征都识别，例如在输入文件时，没有进行诊断或者诊断后没有修复错误的模型，是不能完全识别出所包含的特征的。

输入其他格式的文件模型后，在菜单栏执行【插入】|【FeatureWorks】|【识别特征】命令，打开【FeatureWorks】属性面板，如图9-26所示。

通过此属性面板，用户可以识别标准特征（即在建模环境下创建的模型）和钣金特征。

1. 自动识别

自动识别是根据用户在【FeatureWorks选项】对话框中设置的识别选项而进行的识别操作。自动识别的【标准特征】类型在【自动特征】选项区中，包括拉伸、体积、拔模、旋转、孔、圆角/倒角、筋等常见特征。

若不需要识别某些特征，可以在【自动特征】选项区中取消勾选。

在【钣金特征】类型中，可以修复多个钣金特征，如图9-27所示。

图9-26 【FeatureWorks】 图9-27 能识别的
　　　　属性面板　　　　　　钣金特征类型

2. 交互识别

交互识别是通过用户手动选取识别对象后，而进行的自我识别模式，如图9-28所示。例如，在【交互特征】选项区的【特征类型】中，选择其中一种特征类型，然后选取整个模型，SolidWorks会自动甄别模型中是否有识别的特征。如果能识

别，可以单击属性面板中的【下一步】按钮 ⊙，查看识别的特征。例如，选择一个模型来识别圆角，如图9-29所示。

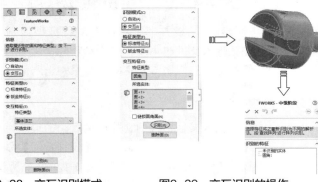

图9-28　交互识别模式　　　　图9-29　交互识别的操作

技术要点

如果用户选择了一种特征类型，而模型中却没有这种特征，那么是不会识别成功的，会弹出识别错误提示，如图9-30所示。

图9-30　不能识别的提示

当完成一个特征的识别后，该特征将会隐藏，余下的特征将继续进行识别，如图9-31所示。

单击【删除面】按钮，可以删除模型中的某些子特征。例如，选择了要删除的一个或多个特征所属的曲面后，单击【删除】按钮，此特征被移除，如图9-32所示。

图9-31　识别后（圆角）将不再显示此特征　　　图9-32　删除面

技术要点

并非所有类型的特征都能删除。父特征（凸台/基体特征）以及该特征上有子特征的，是不能删除的，会弹出警告信息，如图9-33所示。要删除的特征必须是独立的特征——即独立的子特征。

此面（特征）中包含孔特征，因此也算是一个父特征，是不能删除的

图9-33　不能删除的信息提示

动手操作——识别特征并修改特征

01 打开本例的"零件.prt"UG格式文件，如图9-34所示。

图9-34　打开UG格式文件

02 随后弹出【SolidWorks】信息提示对话框，单击【是】按钮，自动对载入的模型进行诊断，如图9-35所示。

技术要点

进行诊断，也是为了使特征的识别工作进行得更加顺利。关于"诊断"知识，我们将在下一章详细介绍。

图9-35　诊断确认

03 随后打开【输入诊断】属性面板。面板中显示无错误，单击【确定】按钮 ✔，完成诊断并载入零件模型，如图9-36所示。

图9-36　完成诊断并输入模型

技术要点

一般情况下，实体模型在转换时是不会产生错误的。而其他格式的曲面模型则会出现错误，包括前面交叉、缝隙、重叠等。需要及时进行修复。

04 在菜单栏执行【插入】|【FeatureWorks】|【识别特征】命令，或者在【数据迁移】选项卡中单击【识别特征】按钮 打开【FeatureWorks】属性面板。

05 选择"自动"识别模式，然后全部选中模型中的特征，如图9-37所示。

图9-37 全部选中要识别的特征

06 单击【下一步】按钮 ，运行自动识别，识别的结果显示在列表中，从结果可以看出此模型中有5个特征被成功识别，如图9-38所示。

07 单击【确定】按钮 完成特征识别操作，特征属性管理中显示的结果，如图9-39所示。

图9-38 识别特征

图9-39 显示识别结果

08 修改"凸台-拉伸2"特征，更改拉伸深度值"9"为"15"，单击【确定】按钮 完成更改，

如图9-40所示。

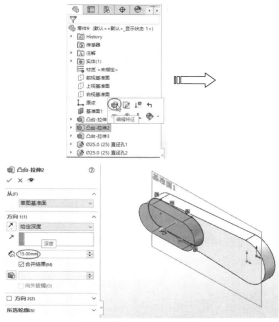

图9-40 编辑拉伸特征

09 完成后将结果保存。

9.5 管理Toolbox文件

Toolbox是SolidWorks的标准件库，与SolidWorks软件集成为一体。利用Toolbox，用户可以快速生成并应用标准件，或者直接向装配体中调入相应的标准件。SolidWorks Toolbox包含螺栓、螺母、轴承等标准件，以及齿轮、链轮等动力件。

管理Toolbox文件的过程实际上是配置Toolbox的过程。用户可以通过以下方式开始对Toolbox的配置过程。

（1）选择菜单栏中的【工具】|【选项】命令，或单击快速访问选项卡中的【选项】按钮 ，在【系统选项】中选择【异型孔/Toolbox】选项，如图9-41所示。

（2）配置过程开始后，系统弹出图9-42所示的Toolbox设置向导。设置向导共有5个步骤，分别为选取五金件、定义五金件、定义用户设定、设定权限、配置智能扣件。

图9-41　通过【系统选项】配置Toolbox

图9-42　Toolbox设置向导

9.5.1　生成Toolbox标准件的方式

　　Toolbox可以通过两种方式生成标准件：基于主零件建立配置，或者直接复制主零件为新零件。

　　Toolbox中提供的主零件文件包含用于建立零件的几何形状信息，每一个文件最初安装后只包含一个默认配置。对于不同规格的零件，Toolbox利用包含在Access数据库文件中的信息来建立。

　　用户向装配体中添加Toolbox标准件时，若是基于主零件建立配置，则装配体中的每个实例为单一文件的不同配置；若是直接通过复制的方法生成单独的零件文件，则装配体中每个不同的Toolbox标准件为单独的零件文件。

　　用户可以在配置Toolbox向导的第3个步骤中设定选项，以确定Toolbox零件的生成和管理方式。配置Toolbox向导中的第3个步骤如图9-43所示。

图9-43　Toolbox用户设定

　　其中各个选项含义介绍如下。

➢　【生成配置】：向装配体中添加的Toolbox标准件为主零件中生成的一个新配置，系统不生成新文件。

➢　【生成零件】：向装配体中添加的Toolbox标准件是单独生成的新文件。这种方式也可以通过在Toolbox浏览器中右击标准件图标，然后选择【生成零件】命令来实现。勾选该选项后，【在此文件夹生成零件】选项被激活，用户可以指定生成零件保存的位置。如果用户没有指定位置，则SolidWorks默认把生成的零件保存到"…\SolidWorks Data\CopiedParts"文件夹中。

➢　【在ctrl-拖动时生成零件】：这个选项允许用户在向装配体添加Toolbox标准件的过程中，对上述两种方式做出选择：如果直接从Toolbox浏览器拖放标准件到装配体中，采用【生成配置】方式；如果按住Ctrl键，从Toolbox浏览器拖放标准件到装配体中，采用【生成零件】方式。

9.5.2　Toolbox标准件的只读选项

　　Toolbox标准件是基于现有标准生成的，因此为了避免用户修改Toolbox零件，通常应该将Toolbox标准件设置为只读。

　　但是如果零件为只读的话，就无法保存可能生成的配置，并且不能使用【生成配置】选项。为了解决这个问题，可以使用【写入到只读文档】选项中的【写入前始终更改文档的只读状态】选项。SolidWorks临时将Toolbox零件的权限改为写入权，从而写入新的配置。零件保存后，

Toolbox标准件又将返回到只读状态。

该选项只用于Toolbox标准件，对其他文件没有影响。

动手操作——应用Toolbox标准件

本例通过介绍在"台虎钳"装配体中添加螺母标准件的过程，来说明使用Toolbox的不同选项所得到的不同结果。本例中，Toolbox安装在"D:\Program Files\SolidWorks Corp\SolidWorks Data"目录中。

下面的步骤采用基于主零件建立配置的方式向装配体中添加零件，所添加的零件只是在主零件中建立的配置。

01 打开本例的"台虎钳.SLDASM"装配体文件，如图9-44所示。

图9-44　打开装配体文件

02 打开的台虎钳装配体如图9-45所示。

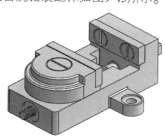

图9-45　台虎钳装配体模型

03 在功能区的【评估】选项卡中，单击【测量】按钮 ，打开【测量】对话框。选择装配体中的螺杆组件进行测量，如图9-46所示。

04 根据得到的螺杆半径为5，可以确定螺母标准件的直径应是M10。

05 在【设计库】属性面板中展开Toolbox库，找到GB六角螺母，如图9-47所示。

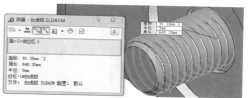

图9-46　测量螺杆

06 然后在GB六角螺母列表中选择"1型六角螺母 细牙GB/T6171-2000"螺母标准件，如图9-48所示。

图9-47　找到GB六角　　　图9-48　选择螺母
　　　　螺母库　　　　　　　　　类型

07 将选中的螺母拖移到图形区中的空白区域，然后再选择螺母参数，如图9-49所示。

技术要点

如果是添加多个同类型的螺母标准件，可以单击【OK】按钮，完成多个螺母的添加，如图9-50所示。当然也可以在随后打开的【配置零部件】属性面板中设置螺母参数，如果不需要添加多个螺母，按Esc键结束即可。

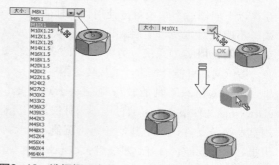

图9-49　选择螺母参数　　　图9-50　添加多个螺母

08 接下来需要将螺母标准件装配到螺杆上。单击【装配】选项卡中的【配合】按钮 ，打开【配合】对话框。

09 选择螺母的螺纹孔面与螺杆的螺纹面进行同心约束，如图9-51所示。

10 再选择螺母端面与台虎钳沉孔端面进行重合约束，如图9-52所示。

图9-51　同心约束

图9-52　重合约束

11 单击属性面板中的【确定】按钮，完成装配，最后将结果保存。

9.6　SolidWorks eDrawings

eDrawings是SolidWorks的一个免费插件，是第一个用电子邮件交流产品设计、开发过程的工具，是专为分享、传递和理解3D模型和2D工程图信息而开发设计的实用软件。模型的配置信息和工程图也可以随同eDrawings文件一起保存。eDrawings文件的类型和标准的SolidWorks文件类型相同，即后缀为".EPRT"的零件文件、后缀为".EASM"的装配体和后缀为".EDRW"的工程图文件3种类型。

在一个产品的开发、设计过程中，作为产品开发者经常要将工程图纸或产品模型图纸发给客户、供应商或生产部门进行交流。以前的方法是邮寄或传真图纸，时间周期长，而且只能看到2D效果。在Internet诞生后，可以通过电子邮件发送图纸，不管是在国外或是国内的任何地方，都能够快捷方便、准确无误地发送到对方手中。但也存在以下问题：不知道对方使用什么样的CAD系统、不确定对方是否使用SolidWorks软件，或者对方是否使用CAD系统。另外，如果产品比较复杂，图纸文件可能会很大，造成传送困难。

eDrawings工具能较好地解决上述问题：eDrawings文件很小，可通过电子邮件发送；自带浏览器浏览文件，不用其他任何浏览器，因此不用担心收件人能否打开这种文件；eDrawings不但可以发送2D工程图，还可以生成、观看、共享3D模型。当设计完一个产品后，使用eDrawings发送给客户、供应商或生产部门，收件人可以旋转模型，从不同的角度或以动画的形式观看设计效果，使收件人直接了解设计意图。同时，收件人

还能在模型上添加圈红和批注，提出建议，从而实现与发件人之间的快速交流。

eDrawings插件的功能很多，限于篇幅，本书不能一一进行介绍。本节就编者自身在工程实际中的应用经验，对将SolidWorks文件转换eDrawings文件并通过电子邮件发送eDrawings文件加以介绍。

激活eDrawings

在SolidWorks 2020中，SolidWorks eDrawings 2020插件是一个独立运行的程序，可随SolidWorks软件一起安装，也可以单独安装。用户可以通过如下方式激活SolidWorks eDrawings 2020。

从Windows的开始菜单中选择【程序】|【SolidWorks 2020】|【eDrawings 2020 x64 Edition】命令，如图9-53所示。

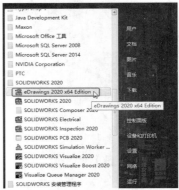

图9-53　选择【eDrawings 2020 x64 Edition】命令

动手操作——转换为eDrawings文件

将SolidWorks文件转换为eDrawings文件的操

作步骤如下所述。

01 在打开的SolidWorks文件中选择菜单栏【文件】|【另存为】命令，系统弹出【另存为】对话框。

02 在【保存类型】列表框中选择eDrawings文件类型，如图9-54所示。系统会自动适应当前的SolidWorks文件类型，如装配体文件"装置.SLDASM"被保存为"装置.EASM"eDrawings文件。

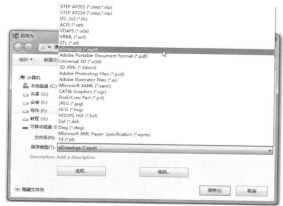

图9-54　另存为eDrawings文件类型

03 指定文件保存路径，如"D:\eDrawings文件"。单击【另存为】对话框中的【选项】按钮，系统弹出【输出选项】对话框。如果不需

要保护设计参数，用户可勾选【确定可测量此eDrawings文件】选项，如图9-55所示。

图9-55　设置输出选项

04 在eDrawings中打开该文件，如图9-56所示，用户可以像在SolidWorks中一样执行旋转、平移等操作，也可以在模型添加标注和戳记。

图9-56　在eDrawings中打开转换后的文件

在一些简单的机械零件实体建模过程中，首先从草图绘制开始，再通过实体特征工具建立基本实体模型，还可以编辑实体特征。对于复杂零件的实体建模过程，实质上是许多简单特征之间的叠加、切割、相交等方式的操作过程。

本章将主要介绍机械零件实体建模的基本操作和编辑。

知识要点

- ⊙ 特征建模基础
- ⊙ 拉伸/凸台基体特征
- ⊙ 旋转/凸台基体特征

- ⊙ 扫描特征
- ⊙ 放样/凸台基体特征
- ⊙ 边界/凸台基体特征

10.1 特征建模基础

所谓特征就是由点、线、面或实体构成的独立几何体。零件模型是由各种形状特征组合而成的，零件模型的设计就是特征的叠加过程。

SolidWorks中所应用的特征大致可以分为以下4类。

1. 基准特征

起辅助作用，为基体特征的创建和编辑提供定位和定形参考。基准特征不对几何元素产生影响。基准特征包括基准平面、基准轴、基准曲线、基准坐标系、基准点等，图10-1所示为SolidWorks中3个默认的基准平面——前视基准平面、右视基准平面和上视基准平面。

2. 基体特征

基体特征是基于草图而建立的扫掠特征，是零件模型的重要组成部分，也称父特征。基体特征用作构建零件模型的第一个特征。基体特征通常要求先草绘出特征的一个或多个截面，然后根据某种扫掠形式进行扫掠而生成基体特征。

基体特征分加材料特征和减材料特征。加材料就是特征的累加过程，减材料是特征的切除过程。在本章将主要介绍加材料的基体特征创建工具，减材料的切除特征工具的用法与加材料工具是完全相同的，只是操作结果不同而已。

常见的基体特征包括拉伸特征、旋转特征、扫描特征、放样特征和边界特征等，图10-2所示为利用【拉伸凸台/基体】命令来创建的拉伸特征。

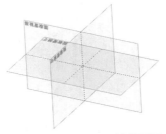

图10-1　SolidWorks基准平面

图10-2　拉伸特征

3. 工程特征

工程特征也可称作细节特征、构造特征或子特征，是对基本特征进行局部细化操作的结果。工程特征是系统提供或自定义的模板特征，其几何形状是确定的，构建时只需要提供工程特征的放置位置和尺寸即可。常见的工程特征包括倒角特征、圆角特征、孔特征、拔模特征、抽壳特征及筋特征等，如图10-3所示。

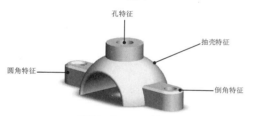

图10-3 工程特征

4. 曲面特征

曲面特征是用来构建产品外形表面的片体特征。曲面建模是与实体特征建模完全不同的建模方式。实体建模是以实体特征进行布尔运算得到的结果，实体模型是有质量的。而曲面建模是通过构建无数块曲面再进行消减、缝合后，得到产品外形的表面模型。曲面模型是空心的，没有质量。图10-4所示为由多种曲面工具的应用而构建的曲面模型。

图10-4 曲面模型

SolidWorks中零件建模的基本过程如图10-5所示。

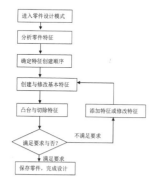

图10-5 零件模型的构建过程

10.2 拉伸凸台/基体特征

"拉伸凸台/基体特征"的意义是：利用拉伸操作来创建凸台或基体特征。第一个拉伸特征系

统称之为"基体"，而随后依序创建的拉伸特征则属于"凸台"范畴。所谓"拉伸"，就是在完成截面草图设计后，沿着法向于截面草图平面的正反方向进行推拉。

拉伸特征适合创建比较规则的实体。拉伸特征是最基本和常用的特征造型方法，而且操作比较简单，工程实践中的多数零件模型，都可以看成是多个拉伸特征相互叠加或切除的结果。

10.2.1 【凸台-拉伸】属性面板

单击【特征】选项卡中的【拉伸凸台/基体】按钮 ，将打开图10-6所示的【拉伸】属性面板，根据属性面板中的信息提示，须选择拉伸特征截面的草绘平面。进入草图环境中绘制截面草图后，退出草图环境，将显示【凸台-拉伸】属性面板，此面板用于定义拉伸特征的属性参数。

拉伸特征可以向一个方向拉伸，也可以向相反的两个方向拉伸，默认的情况下是向一个方向拉伸，如图10-7所示。

图10-6 【拉伸凸台/基体】属性面板

图10-7 单向拉伸特征

10.2.2 拉伸的开始条件和终止条件

【凸台-拉伸】属性面板中的开始条件和终止条件就是指定截面的拉伸方式。根据建模过程的

实际需要，系统提供多种定义拉伸方式。

1. 开始条件

在【凸台-拉伸】属性面板中的【从】下拉列表中，包含4种截面的起始拉伸方式，如图10-8所示。

➤ 草图基准面：选择此拉伸方式，将从草图平面开始将截面进行拉伸。

➤ 曲面/面/基准面：选择此拉伸方式，将以指定的曲面、平面或基准面作为截面起始位置，将截面进行拉伸。

➤ 顶点：此方式是选取一个参考点，将以此点作为截面拉伸的起始位置。

➤ 等距：选择此方式，可以输入基于草图平面的偏距值来定位截面拉伸的起始位置。

图10-8 【从】下拉列表中的拉伸方式

2. 终止条件

截面拉伸的终止条件主要有以下6种。

（1）条件1：给定深度

如图10-9所示，直接指定拉伸特征的拉伸长度，这是最常用的拉伸长度定义选项。

 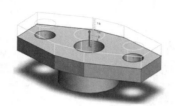

（a）在属性面板　　（b）拖动句柄修改值
文本框中修改值

图10-9 两种数值输入方法设定拉伸深度

（2）条件2：完全贯穿

拉伸特征沿拉伸方向穿越已有的所有特征，图10-10所示是一个切除材料的拉伸特征。

（3）条件3：成形到一顶点

拉伸特征延伸至下一个顶点位置，如图10-11所示。

图10-10　切除材料的　　图10-11　成形到一
　　　拉伸特征　　　　　　　　顶点

（4）条件4：成形到一面

拉伸特征沿拉伸方向延伸至指定的零件表面或一个基准面，如图10-12所示。

（5）条件5：两侧对称

拉伸特征以草绘平面为中心向两侧对称拉伸，如图10-13所示，拉伸长度两侧均分。

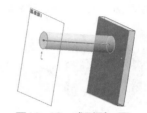

图10-12　成形到一面　　图10-13　两侧对称

（6）条件6：到离指定面指定的距离

拉伸特征延伸至距一个指定平面一定距离的位置，如图10-14所示。指定距离以指定平面为基准。

图10-14　到离指定面指定的距离

技巧点拨

此拉伸深度类型，只能选择在截面拉伸过程中所能相交的曲面，否则不能创建拉伸特征，如图10-15所示，选定没有相交的曲面，不能创建拉伸特征，并且强行创建特征会弹出【故障报警器】。

如果是加材料拉伸草绘截面时，程序总是将方向指向实体外部，如果是减材料拉伸时，则总是指向内部。

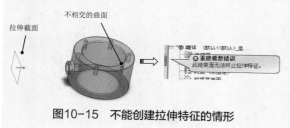

图10-15 不能创建拉伸特征的情形

10.2.3 拉伸截面的要求

在拉伸截面的过程中，需要注意以下几方面内容。

➤ 拉伸截面原则上必须是封闭的。如果是开放的，其开口处线段端点必须与零件模型的已有边线对齐，这种截面在生成拉伸特征时，系统自动将截面封闭。

➤ 草绘截面可以由一个或多个封闭环组成，封闭环之间不能自交，但封闭环之间可以嵌套。如果存在嵌套的封闭环，在生成增加材料的拉伸特征时，系统自动认为里面的封闭环类似于孔特征。

若所绘截面不满足以上要求，则通常不能正常结束草绘进入到下一步骤，如图10-16所示，草绘截面区域外出现了多余的图元，此时在所绘截面不合格的情况下，若单击【确定】按钮 ✔，程序在信息区会出现错误技巧点拨框，需要将其修剪后再进行下一步的操作。

图10-16 未完成的截面

上机实践——创建键槽支撑件

在原有的草绘基准平面上，用"从草绘平面以指定的深度值拉伸"拉伸方法创建特征，然后再创建切除材料的拉伸特征——孔。拉伸截面需要自行绘制。

01 按Ctrl+N快捷键，弹出【新建SolidWorks文件】对话框，新建零件文件，如图10-17所示。

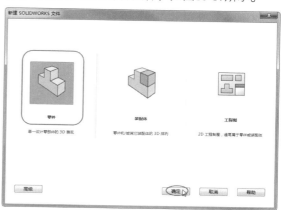

图10-17 新建零件文件

02 在【草图】选项卡中单击【草图绘制】按钮 ，选择前视基准面作为草绘平面，并自动进入草绘环境，如图10-18所示。

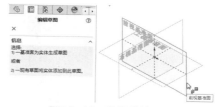

图10-18 选择草绘平面

03 使用【中心矩形】工具 ，在原点位置绘制一个长160、宽84的矩形，结果如图10-19所示。

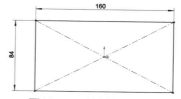

图10-19 绘制中心矩形

04 使用【圆角】工具 绘制4个半径为20的圆角，如图10-20所示。单击【草绘】选项卡中的【退出草图】按钮 退出草绘环境。

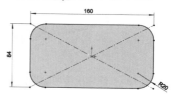

图10-20 绘制圆角

05 单击【拉伸凸台/基体】按钮 ⑩，选择草图截面，再在【凸台-拉伸】属性面板中保留默认的拉伸方法，输入拉伸高度为"20"，单击【确定】按钮 ✓，完成拉伸凸台特征1的创建，如图10-21所示。

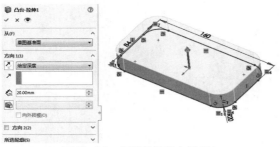

图10-21　创建拉伸凸台特征1

06 接下来创建拉伸切除实体。单击【拉伸切除】按钮 ⑩，选择第一个拉伸实体的侧面作为草绘平面进入草绘环境，如图10-22所示。

图10-22　选择草绘平面

07 执行【矩形】命令绘制图10-23所示的底板上的槽草图。

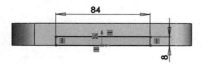

图10-23　绘制槽草图

08 单击【确定】按钮 ✓ 退出草绘环境。在【切除-拉伸】属性面板中更改拉伸方式为"完全贯穿"，如图10-24所示。再单击【确定】按钮 ✓，完成拉伸切除特征1的创建。

图10-24　创建拉伸切除特征1

09 继续创建拉伸切除特征2。单击【拉伸切除】

按钮 ⑩，选择凸台特征1的上表面作为草绘平面，进入草绘环境，绘制图10-25所示的圆形草图。

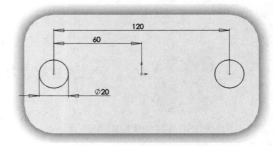

图10-25　绘制圆形草图

10 单击【确定】按钮 ✓ 退出草绘环境。在【切除-拉伸】属性面板中设置拉伸方法为"给定深度"，然后输入值为"8"，再单击【确定】按钮 ✓，完成第2个拉伸切除特征的创建（沉头孔的沉头部分），如图10-26所示。

图10-26　创建拉伸切除特征2

11 重复前面步骤，绘制图10-27所示的拉伸切除特征3的草图截面。

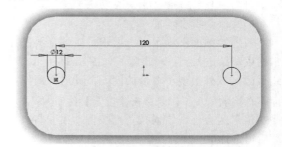

图10-27　绘制拉伸切除特征3的截面

12 单击【确定】按钮 ✓ 退出草绘环境后，在【切除-拉伸】属性面板中设置拉伸方法为"完全贯穿"，单击【确定】按钮 ✓，完成第3个拉伸切除特征的创建（沉头孔的孔部分），如图10-28所示。

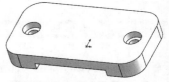

图10-28　创建拉伸切除特征3

13 使用【拉伸凸台/基体】工具 ，选择凸台特征的顶面作为草绘平面，进入草绘环境绘制图10-29所示的拉伸草图截面，注意圆与凸台边线对齐。

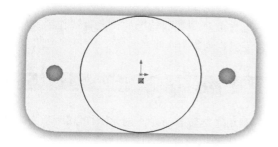

图10-29　绘制圆形草图

14 单击【确定】按钮 退出草绘环境后，在【凸台-拉伸】属性面板中设置拉伸方法为"给定深度"，然后输入值为"50"，再单击【确定】按钮 完成凸台特征2的创建，如图10-30所示。

图10-30　创建凸台特征2

15 使用【拉伸切除】工具 ，选择圆柱顶面作为草绘平面，进入草绘环境绘制草图截面，如图10-31所示。

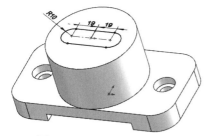

图10-31　绘制键槽孔草图

16 在【切除-拉伸】属性面板中设置拉伸类型为"完全贯穿"，单击【确定】按钮 ，完成拉伸切除特征4（键槽）的创建，如图10-32所示。

17 最后再利用【拉伸切除】工具 ，通过绘制草图截面和设置拉伸参数，创建出拉伸切除特征5，并完成零件设计，结果如图10-33所示。

18 键槽支撑零件完成后，将创建的零件保存。

图10-32　创建拉伸切除特征4

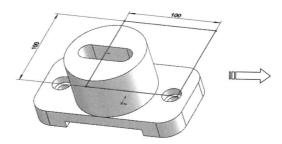

图10-33　圆柱上的槽特征

10.3　旋转凸台/基体特征

【旋转凸台/基体】命令是通过绕中心线旋转一个或多个轮廓来添加或移除材料。可以生成旋转凸台、旋转切除特征或旋转曲面。

要创建旋转特征需注意以下准则。

➢ 实体旋转特征的草图可以包含多个相交轮廓。

➢ 薄壁或曲面旋转特征的草图可包含多个开环的或闭环的相交轮廓。

➢ 轮廓不能与中心线交叉。如果草图包含一条以上中心线，请选择想要用作旋转轴的中心线。仅对于旋转曲面和旋转薄壁特征而言，草图不能位于中心线上。

➢ 当在中心线内为旋转特征标注尺寸时，将生成旋转特征的半径尺寸。如果通过中心线外为旋转特征标注尺寸时，将生成旋转特征的直径尺寸。

10.3.1 【旋转】属性面板

在【特征】选项卡中单击【旋转/凸台基体】按钮 🌡，弹出【旋转】属性面板。当进入草图环境完成草图绘制，并退出草图环境后，再显示图10-34所示的【旋转】属性面板。

草绘旋转特征截面时，其截面必须全部位于旋转中心线一侧，并且截面必须是封闭的，如图10-35所示。

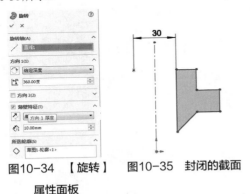

图10-34　【旋转】　　图10-35　封闭的截面
属性面板

10.3.2 关于旋转类型与角度

旋转特征草绘截面完成后，创建旋转特征时，可按要求选择旋转类型。图10-36所示的【旋转】属性面板中包括了系统提供的4种旋转类型。这几种旋转类型的含义与拉伸类型类似，这里就不再详解了。

旋转特征的生成取决于旋转角度和方向控制两个方面的作用。由图10-37可知，当旋转角度为100°时，特征由草绘平面逆时针旋转100°生成。

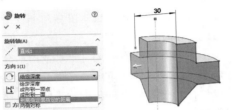

图10-36　旋转类型　　图10-37　给定角度旋转

10.3.3 关于旋转轴

旋转特征的旋转轴可以是外部参考（基准

轴），也可以是内部参考（自身轮廓边或绘制的中心线）。

默认情况下，SolidWorks会自动使用内部参考，如果用户没有绘制旋转中心线，可在退出草绘环境后创建基准轴作为参考。

当选取草图截面轮廓的一条直线作为旋转轴时，无需再绘制中心线。

上机实践——创建轴套零件模型

利用【旋转】命令，创建图10-38所示的轴套截面。所使用的旋转方法为"给定深度"，旋转轴为内部的基准中心线。

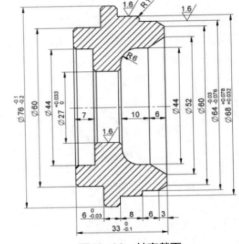

图10-38　轴套截面

01 启动SolidWorks，然后新建一个零件文件，如图10-39所示。

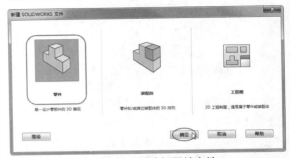

图10-39　创建新零件文件

02 在功能区的【特征】选项卡中单击【旋转凸台/基体】按钮 🌡，弹出【旋转】属性面板。按信息技巧点拨选择前视基准平面作为草绘平面，然后自动进入草绘环境中，如图10-40所示。

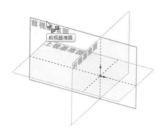

图10-40 选择草绘平面

技巧点拨

除在图形区中直接选择基准平面作为草绘平面外，还可以在模型树中选择基准平面。

03 首先使用基准中心线工具在坐标系的原点位置绘制一条竖直的参考中心线。

04 从轴套截面图得知，旋转截面为阴影部分，但这里仅仅绘制一个阴影截面即可。使用【直线】和【圆弧】工具绘制图10-41所示的草图。

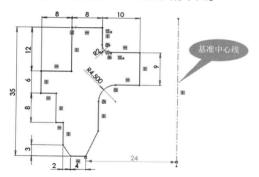

图10-41 绘制的草图

05 使用【倒角】命令，对基本草图进行倒斜角处理，如图10-42所示。

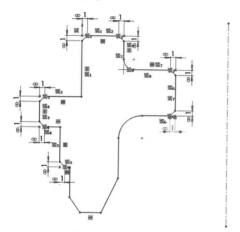

图10-42 倒斜角处理

06 退出草图环境，SolidWorks自动选择内部的基准中心线作为旋转轴，并显示旋转特征的预览，如图10-43所示。

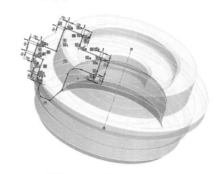

图10-43 旋转特征的预览

07 保留旋转类型及旋转参数的默认设置，单击属性面板中的【确定】按钮✔，完成轴套零件的设计，结果如图10-44所示。

图10-44 轴套零件

10.4 扫描凸台/基体特征

"扫描"是在沿一个或多个选定轨迹扫描截面时，通过控制截面的方向、旋转和几何来添加或移除材料的特征创建方法。轨迹线可看成是特征的外形线，而草绘平面可看成是特征截面。

扫描凸台/基体特征主要由扫描轨迹和扫描截面构成，如图10-45所示。扫描轨迹可以指定现有的曲线、边，也可以进入草绘器进行草绘。扫描的截面包括恒定截面和可变截面。

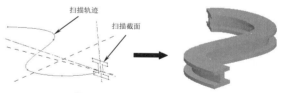

图10-45 扫描特征的构成

10.4.1 【扫描】属性面板

要创建扫描特征，必须先绘制扫描的截面和扫描轨迹（否则【扫描】命令不可用）。在【特征】选项卡中单击【扫描】按钮 🔧，弹出【扫描】属性面板，如图10-46所示。

图10-46 【扫描】属性面板

10.4.2 扫描轨迹的创建方法

简单扫描特征由一条轨迹线和一个特征截面构成。轨迹线可以是开放的也可以是封闭的，但特征截面必须是封闭的。否则不能创建出扫描特征，将弹出信息警告，如图10-47所示。

要创建扫描特征，不能像创建拉伸特征和旋转特征那样，从【拉伸】、【旋转】属性面板开始，绘制扫描截面和轨迹。而是要事先准备好扫描截面或扫描轨迹，才能执行【扫描凸台/基体】命令来创建扫描特征。

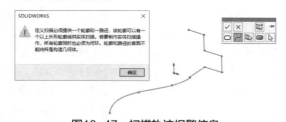

图10-47 扫描轨迹报警信息

轨迹线可以是草图线、空间曲线或模型的边，且轨迹线必须与截面的所在平面相交。另外，扫描引导线必须与截面或截面草图中的点重合。

在零件设计过程中，常常会在已有的模型上创建附加特征（子特征），那么对于扫描特征，可以选取现有的模型边作为扫描轨迹，如图10-48所示。

图10-48 选取模型边作为扫描轨迹

10.4.3 带引导线的扫描特征

简单扫描特征的特征截面是相同的；如果特征截面在扫描的过程中是变化的，则必须使用带引导线的方式创建扫描特征，也就是说，增加辅助轨迹线，并使之对特征截面的变化规律加以约束。从图10-49和图10-50中可见，添加与不添加引导线，特征形状是完全不同的。

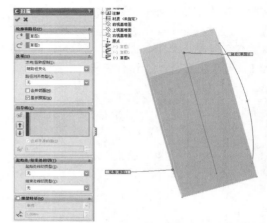

图10-49 无引导线扫描

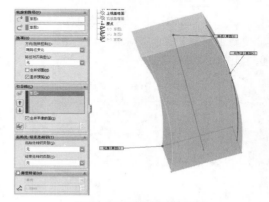

图10-50 有引导线扫描

上机实践——麻花绳建模

本实例将利用扫描的可变截面方法来创建一个麻花绳的造型。这种方法也可以针对一些不规则的截面用来设计具有造型曲面特点的弧形，由于操作简单、得到曲面质量好，而为广大SolidWorks用户所使用。下面来详解这一操作过程。

01 新建零件文件。

02 首先单击【草图】选项卡中的【草图绘制】按钮，弹出【编辑草图】属性面板，然后选择前视基准面作为草绘平面，并自动进入草绘环境。

03 单击【样条曲线】按钮，绘制图10-51所示的样条曲线作为扫描轨迹。

04 单击【草绘】选项卡中的【确定】按钮，退出草绘环境。下一步进行扫描截面的绘制，如图10-52所示，选择右视基准面作为草绘平面。

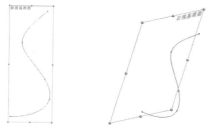

图10-51　样条曲线　　图10-52　选择草绘平面

05 在右视基准面中绘制图10-53所示的圆形阵列。注意右图方框位置，圆形阵列的中心与扫描轨迹线的端点对齐，阵列命令在后面的章节中会讲到。

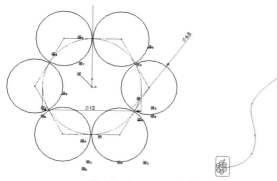

图10-53　圆形阵列

06 单击【扫描】按钮，打开【扫描】属性面板，选择图10-54所示的选项，注意在选项卡中，选择方向为沿路径扭转。如选择随路径变化，则无法实现纹路造型特征，如图10-55所示。

07 单击【确定】按钮，完成麻花绳扫描特征的创建，如图10-56所示。

08 最后将结果保存。

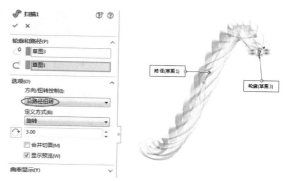

图10-54　扭转扫描特征

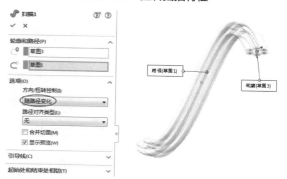

图10-55　随路径变化扫描特征

图10-56　麻花绳扫描特征创建完成

10.5　放样/凸台基体特征

【放样/凸台基体】命令是通过在轮廓之间进行过渡生成特征，如图10-57所示。放样可以是基体、凸台、切除或曲面。可以使用两个或多个轮廓生成放样。仅第一个或最后一个轮廓可以是点，也可以这两个轮廓均为点。

图10-57　放样特征

创建放样特征时，理论上各个特征截面的线段数量应相等，并且要合理地确定截面之间的对应点，如果系统自动创建的放样特征截面之间的对应点不符合用户的要求，则创建放样特征时必须使用引导线。

单击【放样凸台/基体】按钮 🐝 ，属性管理器中显示【放样】属性面板，如图10-58所示。

图10-58 【放样】属性面板

【放样】属性面板中各选项区、选项的含义如下。

> 轮廓：设置放样轮廓。
> 轮廓 ☀ ：决定用来生成放样的轮廓。选择要连接的草图轮廓、面或边线。放样根据轮廓选择的顺序而生成。
> 上移 ⬆ 和下移 ⬇ ：调整轮廓的顺序。选择一轮廓 🔲 并调整轮廓的顺序。
> 【起始/结束约束】选项区：应用约束以控制开始和结束轮廓的相切。
> 【引导线】选项区：设置放样引导线。
> 引导线 ✦ ：选择引导线来控制放样。
> 上移 ⬆ 和下移 ⬇ ：调整引导线的顺序。选择一引导线 🔲 并调整轮廓顺序。
> 【中心线参数】选项区：设置中心线参数。
> 中心线 🔱 ：使用中心线引导放样形状。在图形区域中选择一草图。
> 截面数：在轮廓之间围绕中心线添加截面。移动滑杆来调整截面数。
> 显示截面 👁 ：显示放样截面。单击箭头来显示截面。也可输入一截面数，然后单击【显

示截面】按钮 👁 以跳到此截面。

> 【草图工具】：可以拖动先前创建的3D草图。
> 【选项】选项区：设置放样选项。
> 合并切面：如果对应的线段相切，则使在所生成的放样中的曲面合并。
> 封闭放样：沿放样方向生成一闭合实体。此选项会自动连接最后一个和第一个草图。
> 显示预览：显示放样的上色预览。消除此选项，则只观看路径和引导线。
> 微公差：使用微小的几何图形为零件创建放样。
> 【薄壁特征】选项区：选择以生成一薄壁放样。

10.5.1 创建带引导线的放样特征

如果放样特征各个特征截面之间的融合效果不符合用户要求，可使用带引导线的方式来创建放样特征，如图10-59所示。

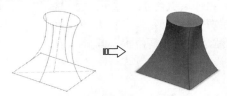

图10-59 带引导线的放样特征

使用引导线方式创建放样特征时，用户必须注意以下事项。

> 引导线必须与所有特征截面相交。
> 可以使用任意数量的引导线。
> 引导线可以相交于点。
> 可以使用任意草图曲线、模型边线或曲线作为引导线。
> 如果放样失败或扭曲，可以添加通过参考点的样条曲线作为引导线，可以选择适当的轮廓顶点以生成这条样条曲线。
> 引导线可以比生成的放样特征长，放样终止于最短引导线的末端。

10.5.2 创建带中心线的放样特征

放样特征在创建过程中，各个特征截面沿着一

条轨迹线扫描的同时相互融合，如图10-60所示。

图10-60　中心参考线的放样特征

技巧点拨

　　中心线参数选项卡中的截面数至少要选择50%以上，否则放样实体无法达到要求的形状。

上机实践——扁瓶造型

　　利用拉伸、放样等方法来创建图10-61所示的扁瓶。瓶口由拉伸命令创建，瓶体由放样特征实现。

01 新建零件文件。

02 使用【拉伸凸台/基体】工具，选择上视基准平面作为草绘平面，绘制图10-62所示的圆。

03 退出草绘环境后，再创建出拉伸长度为15mm的等距拉伸实体特征，如图10-63所示，等距距离为80mm。

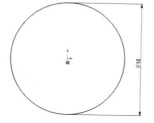

图10-61　扁瓶　　图10-62　绘制拉伸的截面草图

图10-63　等距拉伸实体

04 利用【基准面】命令，参照上视基准面平移55mm，添加基准面1，如图10-64所示。

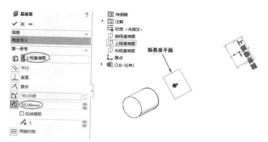

图10-64　创建基准面1

05 进入草绘环境，在上视基准面中绘制图10-65所示的椭圆形，长距和短距分别为15mm和6mm。

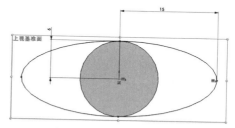

图10-65　绘制瓶底草图

06 在新添加的基准面1上，绘制图10-66所示的图形。

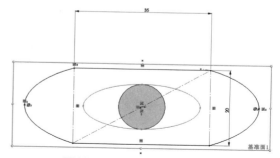

图10-66　绘制瓶身截面草图

07 单击【放样凸台/基体】按钮，打开【放样】属性面板，选择扫描截面和轨迹线后，单击【确定】按钮完成扁瓶的制作，如图10-67所示。

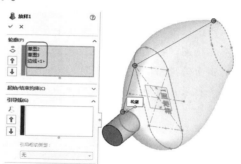

图10-67　创建瓶身（放样特征）

10.6 边界/凸台基体特征

【边界/凸台基体】命令是通过选择两个或多个截面来创建的混合形状特征。

用户可通过以下方式执行【边界凸台/基体】命令。

➢ 单击【特征】选项卡上的【边界凸台/基体】按钮 。

➢ 在菜单栏执行【插入】|【凸台/基体】|【边界】命令。

执行【边界】命令，属性面板才显示【边界】面板。【边界】面板如图10-68所示。

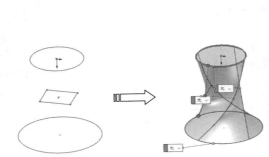

图10-68 【边界】属性面板

【边界】面板中各选项区、选项的含义如下。

【方向1】选项组：从一个方向设置。

➢ 曲线：确定用于以此方向生成边界特征的曲线。选择要连接的草图曲线、面或边线。边界特征根据曲线选择的顺序而生成。

➢ 上移 ⬆ 和下移 ⬇：调整曲线的顺序。选择曲线并调整顺序。

技巧点拨

如果预览显示的边界特征令人不满意，可以重新选择或重新排序草图以连接曲线上不同的点。

【方向2】选项组：选项与上述的方向1相同。

【选项与预览】选项组：通过选项来预览边界。

➢ 合并切面：如果对应的线段相切，则会使所生成的边界特征中的曲面保持相切。

➢ 合并结果：沿边界特征方向生成一闭合实体。此选项会自动连接最后一个和第一个草图。

➢ 拖动草图：激活拖动模式。在编辑边界特征时，用户可从任何已为边界特征定义了轮廓线的 3D 草图中拖动3D草图线段、点或基准面。

➢ 撤销草图拖动 ↶：撤销先前的草图拖动，并将预览返回到其先前状态。用户可撤销多个草图拖动和尺寸编辑。

➢ 显示预览：显示边界特征的上色预览。清除此选项以便只查看曲线。

【薄壁特征】选项组：选择以生成一薄壁特征边界。

➢ 网格预览：网格密度。调整网格的行数。

➢ 斑马条纹：可允许用户查看曲面中标准显示难以分辨的小变化。斑马条纹模仿在光泽表面上反射的长光线条纹。

➢ 曲率检查梳形图：提供了斜面以及零件、装配体及工程图文件中大部分草图实体曲率的直观增强功能。方向 1：切换沿方向1的曲率检查梳形图显示；方向2：切换沿方向2的曲率检查梳形图显示。

10.7 综合实战——矿泉水瓶造型

在本例的拓展训练中，将会使用一些基体特征工具和还没有学习的工具进行建模训练。还没有学习的工具提前使用，会帮助读者更好地在后面章节中掌握相关技能。本例的矿泉水瓶造型如图10-69所示。

建模的思路基本上是从瓶身主体（凸台/基体特征）到附加特征（去除材料或变换工具所生成的特征）的建模顺序。

10.7.1　创建瓶身主体

01 新建SolidWorks零件文件。

02 在【特征】选项卡中单击【旋转/凸台基体】按钮 ，然后选择前视基准平面作为草图平面并进入到草图环境中绘制图10-70所示草图1。

图10-69　矿泉水瓶

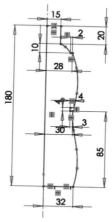

图10-70　旋转截面

03 退出草图环境后弹出【旋转】属性面板。选择草图中的中心线作为旋转轴，单击【确定】按钮 完成主体模型的创建，如图10-71所示。

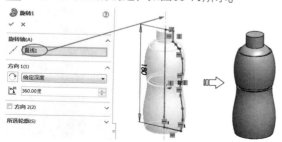

图10-71　创建旋转模型

04 创建圆角。创建的旋转体带有尖角，这样的瓶子握在手中会扎手，这是不允许的，需要创建圆角。单击【圆角】按钮 ，打开【圆角】属性面板。选择主体模型底部边线进行倒圆角，圆角半径为5mm，最后单击【确定】按钮 ，完成圆角创建，如图10-72所示。

05 单击【圆角】按钮 ，打开【圆角】属性面板。设置圆角类型为【完整圆角】 ，然后在主体模型的中段凹槽上依次选择相邻的3个面，最后单击【确定】按钮 ，完成完整圆角的创建，如图10-73所示。

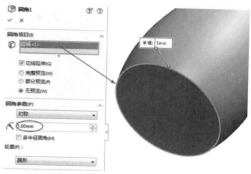

图10-72　创建圆角

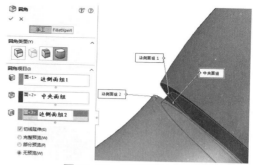

图10-73　创建完整圆角

06 最后，再创建多处半径相等（半径为2mm）的圆角特征，如图10-74所示。

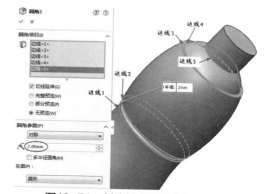

图10-74　创建其余相等半径的圆角

10.7.2　创建附加特征

01 绘制草图2。选择右视基准面作为草图，进入草图环境中，绘制一个点（此点将作为建立三维曲面的中心参考点），如图10-75所示。

02 在【草图】选项卡单击【草图绘制】的下三角按钮，激活【3D草图】命令。在3D草图环境中利用【点】 在瓶身曲面上创建图10-76所示的两个点，再用【样条曲线】工具 连接起来。

图10-75　绘制草图2

图10-76　绘制3D草图

技巧点拨

一定要先高亮预览瓶身曲面后，再创建3D点，否则创建的3D点会在准平面上生成。

03 在前视基准面上利用【样条曲线】工具绘制草图3，起点与经过点与3D草图点重合（如果没有重合，请约束为重合），如图10-77所示。

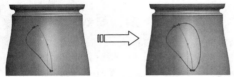

图10-77　绘制草图3

04 在【曲面】选项卡单击 投影曲线 按钮，选择样条曲线草图投影到瓶身曲面上，注意投影方向，如图10-78所示。

图10-78　创建投影曲线

05 在【曲面】选项卡单击【填充曲面】按钮，打开【曲面填充】属性面板。选择投影曲线和3D草图的样条曲线来创建填充曲面，如图10-79所示。

图10-79　创建填充曲面

06 在【曲面】选项卡单击 使用曲面切除 按钮，选择填充曲面作为切除工具，确定切除方向指向瓶身外，单击【确定】按钮 完成切除，如图10-80所示。

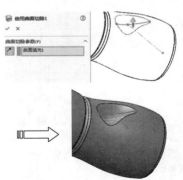

图10-80　创建切除特征

07 在【特征】选项卡单击 圆周阵列 按钮，打开【圆周阵列】属性面板。选择草图1中的中心线作为阵列轴，设置阵列数目为4，选择上步创建的曲面切除特征作为阵列对象，单击属性面板中的【确定】按钮，完成曲面切除特征的圆周阵列，如图10-81所示。

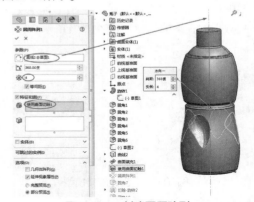

图10-81　创建圆周阵列

08 利用【圆角】工具在阵列的4个特征上创建半径为5mm的圆角特征，如图10-82所示。

图10-82　创建圆角特征

09 在前视基准面上绘制草图4，如图10-83所示。然后利用【旋转切除】工具 ，在瓶身底部创建旋转切除特征，如图10-84所示。

图10-83 绘制草图　　　图10-84 创建旋转切除

10 接着在旋转切除特征边线上创建圆角特征，如图10-85所示。

图10-85 创建圆角

11 在前视基准面绘制草图5（用【等距实体】命令绘制曲线），如图10-86所示。

图10-86 绘制草图5

12 创建基准平面1，基于上视基准面和上步绘制的草图点，如图10-87所示。

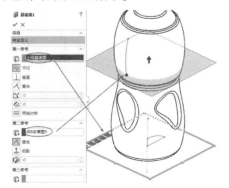

图10-87 创建基准平面

13 在创建的基准面上绘制草图6（圆），如图10-88所示。圆心与草图5中的点进行穿透约束。

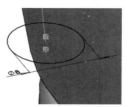

图10-88 绘制草图6

14 再利用【扫描切除】工具 扫描切除 创建扫描切除特征，如图10-89所示。

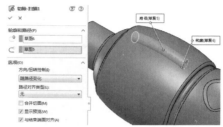

图10-89 创建扫描切除

15 单击【圆角】按钮 ，先后创建半径为2mm的圆角特征，如图10-90所示。

 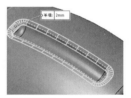

图10-90 创建圆角特征

16 单击 圆周阵列 按钮，创建图10-91所示的圆周阵列。

图10-91 创建圆周阵列

17 单击 抽壳 按钮，选择瓶口位置的端面作为抽壳的面，壳厚度为0.5mm，如图10-92所示。

18 在前视基准面上绘制草图7，如图10-93所示。然后创建旋转特征（选择草图1中的中心线作为旋转轴），如图10-94所示。

图10-92 创建抽壳

图10-93 绘制草图7

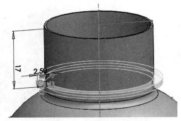

图10-94 创建旋转特征

19 利用【基准平面】工具创建新基准平面2，如图10-95所示。

图10-95 绘制新基准平面2

20 然后在新基准平面上绘制草图8（此草图圆的直径尽量比口小，避免在后面出现布尔运算问题），如图10-96所示。

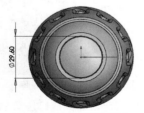

图10-96 绘制草图8

21 在【曲线】菜单中单击 螺旋线/涡状线 按钮，选择草图8为螺旋线横断面，然后设置螺旋线参数，单击【确定】按钮✓创建螺旋线，如图10-97所示。

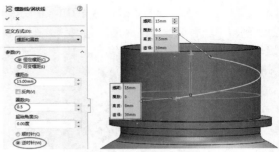

图10-97 创建螺旋线

22 在右视基准面上绘制草图9（从螺旋线端点出发，绘制2直线），如图10-98所示。然后以此草图直线创建新参考基准平面3，如图10-99所示。

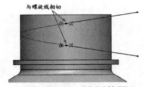

图10-98 绘制草图9

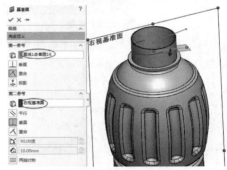

图10-99 创建基准平面3

23 接下来创建新基准平面4，如图10-100所示。

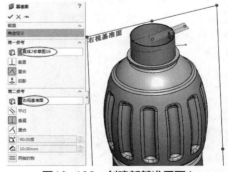

图10-100 创建新基准平面4

24 在基准平面3上绘制草图10——半径为R5的圆弧，此圆弧要与螺旋线相切，如图10-101所示。

25 同理，在基准平面4上绘制与草图10相同大小的圆弧（即草图11），如图10-102所示。

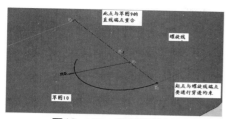

图10-101　绘制草图10

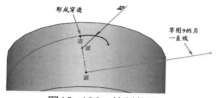

图10-102　绘制草图11

26单击【曲线】菜单中的 ⌢ 组合曲线 按钮，将螺旋线和与之相切的两个草图圆弧结合成一段完整的曲线，如图10-103所示。

图10-103　创建组合曲线

27在前视基准面上绘制图10-104所示的草图12作为即将要创建扫描特征的截面。

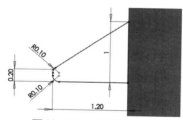

图10-104　绘制草图12

28单击 ✎ 扫描，选择草图12作为截面，选择组合曲线作为路径，创建图10-105所示的扫描特征（瓶口的螺纹）。

图10-105　创建扫描特征

29单击 ⬜ 分割 按钮（需要自定义此命令），用等距曲面去分割扫描特征，如图10-106所示。

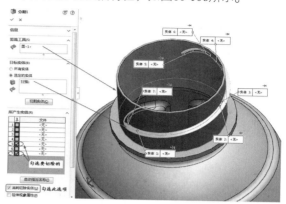

图10-106　分割扫描特征

30将分割后的扫描特征进行圆周阵列，阵列个数为3，如图10-107所示。

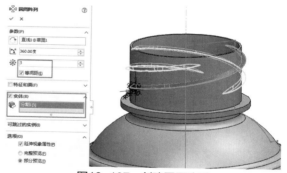

图10-107　创建圆周阵列

31阵列后使用【组合】工具 🗇 组合（要自定义此命令）将扫描特征与瓶身主体合并成整体，如图10-108所示。

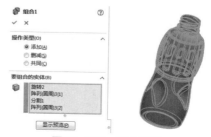

图10-108　组合特征

32至此完成了塑料瓶的造型。

10.8　课后习题

1. 带轮建模

本练习为带轮建模，带轮实体模型如图10-109所示。

图10-109　带轮实体模型

2. 减速器壳体建模

本练习为减速器壳体建模，减速器壳体实体模型如图10-110所示。

图10-110　减速器壳体实体模型

除了前面所介绍的基础特征，SolidWorks还包括形变类型及扣合类型的高级特征，之所以称为高级，是因为这些特征在造型结构及形状都较复杂的建模上应用很广泛。

知识要点

⊙ 自由形　　　　　　⊙ 弯曲

⊙ 变形　　　　　　　⊙ 包覆和圆顶

⊙ 压凹　　　　　　　⊙ 扣合特征

11.1　形变特征

通过形变特征来改变或生成实体模型和曲面。常用的形变特征有自由形、变形、压凹、弯曲和包覆。下面进行详细介绍。

11.1.1　自由形

自由形是通过在点上推动和拖动而在平面或非平面上添加变形曲面。

自由形特征用于修改曲面或实体的面。每次只能修改一个面，该面可以有任意条边线。设计人员可以通过生成控制曲线和控制点，然后推拉控制点来修改面，对变形进行直接的交互式控制。可以使用三重轴约束推拉方向。

在菜单栏选择【插入】|【特征】|【自由形】命令，或者在【特征】选项卡中单击【自由形】按钮 ，弹出【自由形】属性面板。【自由形】属性面板如图11-1所示。

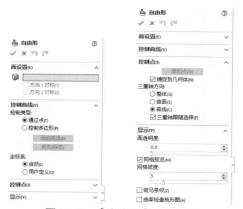

图11-1　【自由形】属性面板

技术要点

如果功能区的【特征】选项卡中没有【自由形】按钮 ，可以执行【工具】|【自定义】命令，然后在打开的【自定义】对话框的【命令】选项卡中调出此命令。

【自由形】属性面板中各选项区、选项的含义如下。

1. 面设置

➢ 要变形的面 📦：选择一个面以作为自由形特征进行修改。要变形的面的边界会显示边界连续性的控制方法，如图11-2所示。这些方法包括【可移动/相切】、【可移动】、【接触】、【相切】、【曲率】等5种。

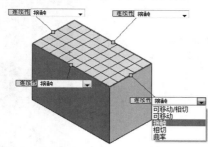

图11-2 要变形的面

边界连续性

边界连续性控制方法包括以下5种。

※ 可移动/相切：表示该边界可以通过拖动三重轴进行平移和相切（与该边界相邻的曲面相切），图11-3所示为移动与相切两种情形。

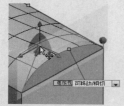

拖动三重轴的球心，　　　拖动三重轴的句柄，
为相切　　　　　　　　　为平移

图11-3 可移动/相切

※ 可移动：仅仅移动所选边界。
※ 接触：与相邻曲面或边界相接，为G0连续。
※ 相切：与相邻曲面或边界相切，为G1连续。
※ 曲率：与相邻曲面或边界相切，为G2连续。

➢ 方向1对称（当零件在一个方向对称时可用）。可在一个方向添加穿过面对称线的对称控制曲线。

➢ 方向2对称（当零件按网格所定义在两个方向对称时可用）。可在第二个方向添加对称控制曲线。

2. 控制曲线

➢ 通过点：在控制曲线上使用控制点，拖动控制点以修改面。

➢ 控制多边形：在控制曲线上使用控制多边形，拖动控制多边形以修改面。

➢ 添加曲线：切换到【添加曲线】模式，在该模式中，将指针移到所选的面上，然后单击以添加控制曲线。

➢ 反向（标签）：反转新控制曲线的方向，单击标签可切换方向。

➢ 坐标系-自然：工作区中默认的坐标系，为绝对坐标系。

➢ 坐标系-用户定义：用户定义、创建的坐标系，为相对坐标系。

3. 控制点

➢ 添加点：切换到【添加点】模式，在该模式中添加点到控制曲线。

➢ 捕捉到几何体：在移动控制点以修改面时将点捕捉到几何体。三重轴的中心在捕捉到几何体时会改变颜色。

➢ 三重轴方向：控制可用于精确移动控制点的三重轴的方向。整体：定向三重轴以匹配零件的轴。曲面：在拖动之前使三重轴垂直于曲面。曲线：使三重轴与控制曲线上3个点生成的垂直线方向平行。

➢ 三重轴跟随选择：将三重轴移到当前选择的控制点。

➢ 面透明度：设定值以调整所选面的透明度。

➢ 网格预览：显示可用于帮助放置控制点的网格。可以旋转网格预览，使之对齐用户创建的变形。量角器将显示旋转角度。

➢ 网格密度：调整网格的密度（行数）。

➢ 斑马条纹：可允许查看曲面中标准显示难以分辨的小变化。斑马条纹模仿在光泽表面上反射的长光线条纹。

➢ 曲率检查梳形图：沿网格线显示曲率检查梳形图。也可以使用快捷键菜单切换曲率检查梳形图的显示。

动手操作——自由形形变操作

操作步骤

01 新建零件文件。

02 利用【拉伸凸台/基体】命令，在前视基准平面上创建图11-4所示的拉伸凸台。

图11-4 创建拉伸凸台

03 单击【自由形】按钮，打开【自由形】属性面板。

04 在图形区选择要变形的模型上表面，然后在【控制曲线】选项区中选择【通过点】选项。单击【添加曲线】按钮，再在图形区中用鼠标在实体表面大概中间的位置添加一条曲线，如图11-5所示。

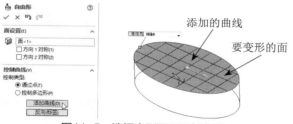

图11-5 选择变形面和添加曲线

技术要点

控制曲线仅仅在所选变形面中生成，为绿色虚拟线。如果添加曲线的方向不对，可以单击【反向（标签）】按钮进行更改。

05 在【控制点】选项区中，选择【曲线】选项，再单击【添加点】按钮并在曲线上均匀添加3个点，如图11-6所示。

06 再单击【添加点】按钮，并选取3个控制点中的其中之一点。此时在【控制点】选项最下面会出现3个方向的微调控制按钮和文本框，同时在该点上显示三重轴，如图11-7所示。

图11-6 添加3个控制点　　图11-7 显示三重轴

07 拖动三重轴上竖直方向的句柄，使所选曲面变形，结果如图11-8所示。

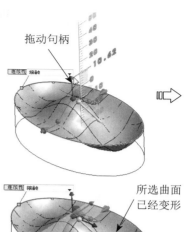

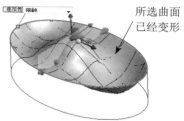

图11-8 拖动句柄改变曲面形状

08 单击属性面板中的【确定】按钮，完成自由形特征操作，如图11-9所示。

图11-9 自由形特征

11.1.2 变形

变形是将整体变形应用到实体或曲面实体。使用变形特征改变复杂曲面或实体模型的局部或整体形状，无需考虑用于生成模型的草图或特征约束。

变形提供一种简单方法虚拟改变模型（无论是有机的还是机械的），这在创建设计概念或对复杂模型进行几何修改时很有用，因为使用传统的草图、特征或历史记录编辑需要花费很长时间。

技术要点 📖

与变形特征相比，自由形可提供更多的方向控制。自由形可以满足生成曲线设计的消费产品设计师的要求。

单击【变形】按钮 ，弹出【变形】属性面板。【变形】属性面板如图11-10所示。

图11-10 【变形】属性面板

变形特征有3种变形类型：点、曲线到曲线和曲面推进。

1.【点】变形类型

点变形是改变复杂形状的最简单的方法。选择模型面、曲面、边线或顶点上的一点，或选择空间中的一点，然后选择用于控制变形的距离和球形半径，如图11-11所示。

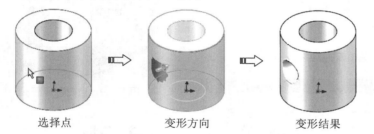

选择点　　　　　　变形方向　　　　　　变形结果

图11-11 【点】变形类型

点变形的变形设置选项如上图所示。各选项含义如下。

➢ 变形点 ：在要变形的曲面上单击以放置变形的位置点。

➢ 变形方向 ：选择一个平面或者基准平面作为变形方向参考，变形方向就是平面法向，如图11-12所示。

图11-12 变形方向与参考平面的示意图

技术要点 📖

单击【反转变形方向】按钮 ，可以改变其变形方向，还可以直接在图形中单击方向箭头来改变变形方向。

➢ 变形距离 ：输入值确定变形的长度，如图11-13所示。

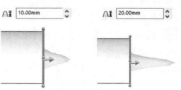

图11-13 变形长度

➢ 变形半径 ：输入值改变变形特征底部的半径，如图11-14所示。

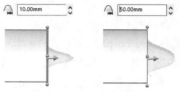

图11-14 变形半径

➢ 变形区域：勾选或取消勾选此复选框，将控制变形的区域。勾选复选框仅仅变形所选曲面区域，取消勾选，则对整个实体进行变形，如图11-15所示。

勾选，则变形局部区域

取消勾选，则变形整体

图11-15 变形区域的确定

➢ 固定曲线/边线/面 ：当勾选【变形区域】复选框后，此选项才显示。可以选取变形区域中的曲线、边界或分割面来控制变形区域。如图11-16所示，图中为选取了区域边界和没有选取区域边界的变形情况。

技术要点

当选取了所有的区域边界，产生的变形与没有选取边界是相同的。因此，要选取边界，仅仅选取其中一条边界即可，否则毫无意义。

选取了区域边界　　　　　　　没有选取

图11-16　固定曲线/边线/面

➢ 要变形的其他面 🗇：在实体上添加其他需要变形的曲面，如图11-17所示。

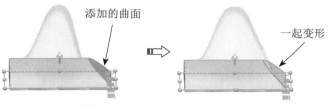

添加的曲面　　　　　　　一起变形

图11-17　添加要变形的其他面

➢ 要变形的实体 🗇：此选项针对多个实体同时变形的情况，如图11-18所示。

图11-18　多个实体变形的情况

➢ 变形轴 📐：激活此框，选取绕其变形的参考轴。
➢ 形状选项-刚度：表示实体变形后所产生尖角的大小。尖角越小，刚度越小，反之刚度就越大。具体包括3种刚度的形状表现，如图11-19所示。

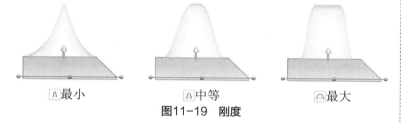

⋀最小　　　　　⋀中等　　　　　⋀最大

图11-19　刚度

➢ 精度 🔶：变形曲面的光滑度。可以通过滑块进行调节。精度越小，曲面越粗糙；精度越大，曲面越光滑。

➢ 保持边界：勾选此复选框，边界将固定，不会变形。反之，取消勾选将使边界一起变形，如图11-20所示。

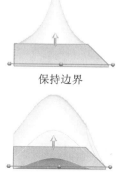

保持边界

不保持边界

图11-20　边界的变形问题

2.【曲线到曲线】变形类型

【曲线到曲线】变形是改变复杂形状更为精确的方法。通过将几何体从初始曲线（可以是曲线、边线、剖面曲线，以及草图曲线组等）映射到目标曲线，可以变形对象，如图11-21所示。

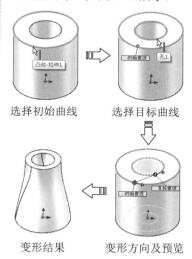

选择初始曲线　　　选择目标曲线

变形结果　　　变形方向及预览

图11-21　【曲线到曲线】变形类型

变形类型不同，属性面板中所显示的属性选项设置也会不同。图11-22所示为【曲线到曲线】变形类型的属性设置。

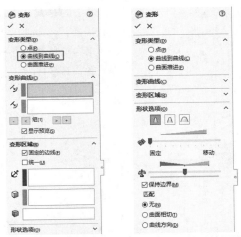

图11-22 【曲线到曲线】变形类型的属性设置

下面对不同的选项进行介绍。

➢ 初始曲线 ：即变形前的参考曲线。

➢ 目标曲线 ：即变形后的参考曲线。

➢ 组[1] ：通过单击【移除】按钮 和【增加】按钮 ，删除或添加多组曲线。单击【后退】 或【前进】按钮 ，可以选择参考进行编辑。由此可以知道，可以同时进行多组曲线的变形。

➢ 固定的边线：勾选此复选框，所选的边线将不会变形。

➢ 统一：勾选此复选框，整个实体将同时变形，反之则变形局部，如图11-23所示。

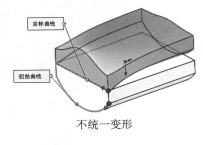

不统一变形

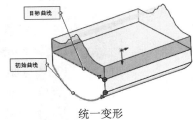

统一变形

图11-23 变形的统一性

➢ 匹配：这里指变形曲线与原实体曲面或曲线之间的连续性问题。包括3种匹配类型——

无、曲面相切和曲线相切。【无】表示曲线相接连续G0，【曲面相切】为曲面间的曲率连续G2，【曲线相切】为曲线间的相切连续G1，如图11-24所示。

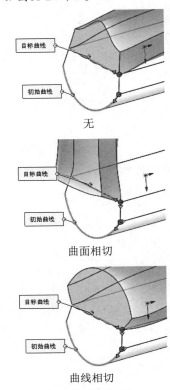

无

曲面相切

曲线相切

图11-24 匹配

3.【曲面推进】变形类型

【曲面推进】变形通过使用工具实体曲面替换（推进）目标实体曲面来改变其形状。目标实体曲面接近工具实体曲面，但在变形前后每个目标曲面之间保持一对一的对应关系，如图11-25所示。

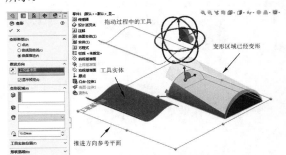

图11-25 【曲面推进】变形类型

【曲面推进】变形类型的属性选项如图11-26所示。

图11-26　【曲面推进】变形类型的属性选项

动手操作——变形操作

操作步骤

01 新建零件文件。

02 利用【草图绘制】命令 ⌐ ，在前视基准平面上绘制图11-27所示的草图曲线。

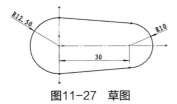

图11-27　草图

03 单击【基准面】按钮 ⬚ ，然后参考前视基准平面和草图曲线来创建新基准平面，如图11-28所示。

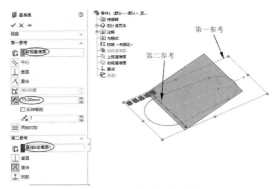

图11-28　创建基准平面

04 创建基准平面后，单击【拉伸凸台/基体】按钮 ⬚ ，然后选择前面绘制的草图进行拉伸，结果如图11-29所示。

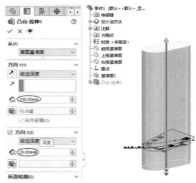

图11-29　创建拉伸特征

05 在菜单栏执行【插入】|【切除】|【使用曲面】命令，打开【使用曲面切除】属性面板。

06 选择新建的基准平面作为切除曲面，保留正确的切除方向，最后单击面板中的【确定】按钮 ✔ ，完成切除操作，如图11-30所示。

图11-30　切除特征

07 在上视基准平面绘制图11-31所示的样条曲线（此曲线作为变形的参考）。

08 在菜单栏执行【插入】|【特征】|【分割】命令，打开【分割】属性面板。

09 选择上视基准平面作为剪裁工具，激活【所产生实体】选项区，然后选择拉伸特征作为剪裁对象，最后单击【确定】按钮 ✔ ，完成分割，如图11-32所示。

图11-31　绘制样条曲线

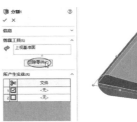

图11-32　分割拉伸特征

10 在菜单栏执行【插入】|【特征】|【变形】命令，打开【变形】属性面板。

11 选择【曲线到曲线】变形类型，选取分割的实体边作为初始曲线，再选取上步绘制的样条曲线作为目标曲线，如图11-33所示。

图11-33　选取变形曲线

12 选择固定的曲面（不能变形的区域），如图11-34所示。

图11-34　选择固定曲面

13 选择要变形的实体——即分割后的两个实体同时选择，如图11-35所示。

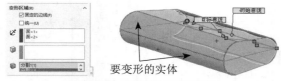

图11-35　选择要变形的实体

14 在【形状选项】选项区选择【中等固定】，如图11-36所示。

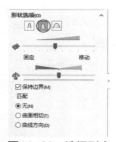

图11-36　选择刚度

15 保留属性面板中其余选项的默认设置，最后单击【确定】按钮 ✔，完成变形。变形的结果为刀把形状，如图11-37所示。

图11-37　变形的结果

11.1.3　压凹

压凹特征以工具实体的形状在目标实体中生成袋套或突起，因此在最终实体中比在原始实体中显示更多的面、边线和顶点。这与变形特征不同，变形特征中的面、边线和顶点数在最终实体中保持不变。

压凹可用于以指定厚度和间隙值进行复杂等距的多种应用，其中包括封装、冲印、铸模以及机器的压入配合等。

通过使用厚度和间隙值来生成特征，压凹特征在目标实体上生成与所选工具实体的轮廓非常接近的等距袋套或突起特征。根据所选实体类型（实体或曲面），指定目标实体和工具实体之间的间隙，并为压凹特征指定一厚度。压凹特征可变形或从目标实体中切除材料。

技术要点

如果更改用于生成凹陷的原始工具实体的形状，则压凹特征的形状将会更新。

创建压凹特征时的一些条件要求如下。

➤ 目标实体和工具实体其中必须有一个为实体。

➤ 如想压凹，目标实体必须与工具实体接触，或者间隙值必须允许穿越目标实体的突起。

➤ 如想切除，目标实体和工具实体不必相互接触，但间隙值必须大到可足够生成与目标实体的交叉。

➤ 如想以曲面工具实体压凹（切除）实体，曲面必须与实体完全相交。

在【特征】选项卡中单击【压凹】按钮 ⬚，弹出【压凹】属性面板。【压凹】属性面板如图11-38所示。

图11-38　【压凹】属性面板

【压凹】属性面板中各选项设定如下。

➤ 目标实体 🔷：在图形区域中，为目标实体选择要压凹的实体或曲面实体。

➤ 保留选择：通过选中【保留选择】或【移除选择】来选择要保留的模型边侧。这些选项将翻转要压凹的目标实体的边侧。

➤ 移除选择：选择切除来移除目标实体的交叉区，无论是实体还是曲面。在这种情况下，没有厚度但仍会有间隙。

➤ 要保留的工具实体区域 🔷：在图形区域中，为工具实体区域选择一个或多个实体或曲面实体。

➤ 切除：勾选此复选框，将从目标实体中切除工具实体。

➤ 设定厚度 ✎：（仅限实体）来确定压凹特征的厚度。

➤ 间隙：设定间隙来确定目标实体和工具实体之间的间隙。如有必要，单击【反向】↗ 按钮更改间隙生成的方向。

动手操作——压凹特征的应用

下面利用压凹命令来设计铸模的型芯。

操作步骤

01 打开本例源文件"轴.sldprt"。

02 单击【拉伸凸台/基体】按钮 📄，然后选择上视基准平面为草图平面，进入草图环境绘制草图，如图11-39所示。

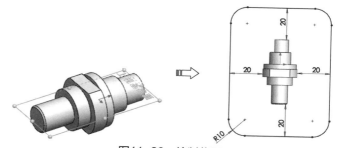

图11-39　绘制草图

03 退出草图环境。在【凸台-拉伸】属性面板中设置拉伸深度及拉伸方向，取消对【合并结果】复选框的勾选。最后单击【确定】按钮 ✔，完成拉伸特征的创建，如图11-40所示。

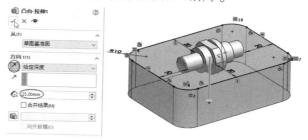

图11-40　创建拉伸特征

04 在菜单栏执行【插入】|【特征】|【压凹】命令，打开【压凹】属性面板。

05 选择拉伸特征作为目标实体，勾选【切除】复选框后再选择轴零件上的一个面作为工具实体区域，如图11-41所示。

技术要点 🔍

选择轴零件的一个面，随后系统自动选取整个零件中的曲面，并高亮显示。

选择目标体　　　　　选择单个曲面　　　　高亮显示整个实体

图11-41　选择目标体和工具实体区域面

06 最后单击【确定】按钮完成压凹特征的创建，如图11-42所示。

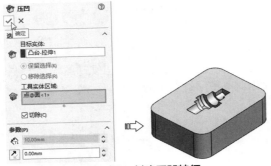

图11-42　创建压凹特征

11.1.4　弯曲

【弯曲】工具是以直观的方式对零件特征进行复杂变形的高级建模工具。可以生成4种类型的弯曲：折弯、扭曲、锥削和伸展。

单击【特征】选项卡上的【弯曲】按钮🎐，弹出【弯曲】属性面板。【弯曲】属性面板如图11-43所示。

图11-43　【弯曲】属性面板

1.【弯曲输入】选项

该选项区用来设置弯曲的类型、弯曲值。弯曲类型包括以下4种。

➢ 折弯：利用两个剪裁基准面的位置来决定弯曲区域，绕一折弯线改变实体，此折弯线相当于三重轴的X轴。图11-44所示为折弯的实例。

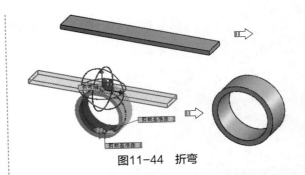

图11-44　折弯

技术要点 📖

创建折弯时，如果勾选了【粗硬边线】复选框，则仅仅折弯曲面。取消勾选则创建折弯实体。

➢ 扭曲：绕三重轴的Z轴扭曲几何体。常见的有麻花钻，如图11-45所示。

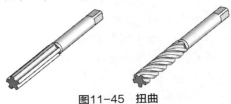

图11-45　扭曲

➢ 锥削：使模型随着比例因子的缩放，产生具有一定锥度的变形，如图11-46所示。

图11-46　锥削

➢ 伸展：将实体模型沿着指定的方向进行延伸，如图11-47所示。

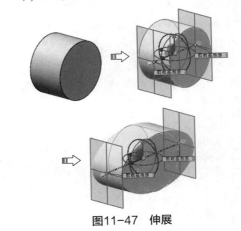

图11-47　伸展

2.【剪裁基准面1】选项

剪裁曲面就是弯曲的起始平面和终止平面。可以通过以下两种方式来确定剪裁平面。

> 参考实体 ⬛：为剪裁曲面选取参考点来定位，此点只能在要弯曲的模型上，如图11-48所示。

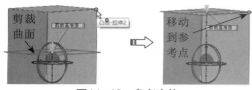

图11-48　参考实体

> 剪裁距离 ⬩：可以输入值来确定剪裁曲面的新位置，如图11-49所示。

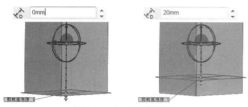

图11-49　剪裁距离

3.【三重轴】选项

通过旋转三重轴或移动三重轴，使弯曲效果更加理想化。除了输入值来定位三重轴，还可以手动操作三重轴。

不同的弯曲类型，三重轴所起的作用也是不同的。下面介绍4种弯曲类型的三重轴的意义。

（1）折弯三重轴

折弯的三重轴在折弯方向上拖动时，可控制折弯实体的大小，如图11-50所示。

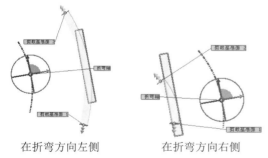

在折弯方向左侧　　　在折弯方向右侧

图11-50　折弯三重轴的作用

技术要点 📖

上下拖动三重轴，可以改变折弯的朝向，如图11-51所示。

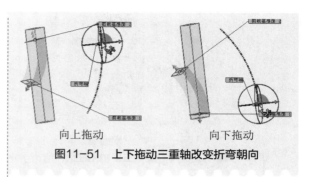

向上拖动　　　　　向下拖动

图11-51　上下拖动三重轴改变折弯朝向

（2）扭曲三重轴

扭曲三重轴主要控制扭曲的中心轴位置，改变旋转扭曲半径，如图11-52所示。

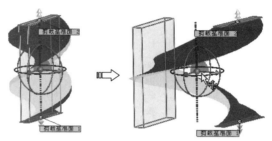

图11-52　拖动三重轴改变扭曲中心轴位置

（3）锥削三重轴

拖动锥削三重轴，上下拖动可以改变锥度，如图11-53所示，左右移动可以旋转模型。

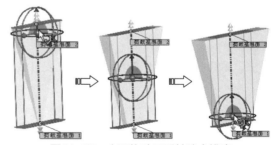

图11-53　上下拖动三重轴改变锥度

（4）伸展三重轴

当弯曲类型为【伸展】时，三重轴无任何作用，如图11-54所示。

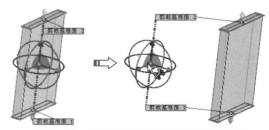

图11-54　对于伸展类型三重轴无任何作用

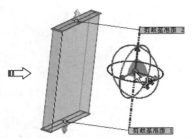

图11-54续　对于伸展类型三重轴无任何作用

动手操作——弯曲特征的应用

下面以零件设计为例，介绍如何利用选择工具结合其他建模工具展开设计工作。本例中要设计的钻头零件如图11-55所示。

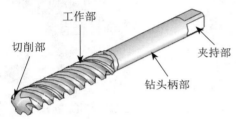

图11-55　钻头

操作步骤

01 新建零件文件进入零件模式。

02 在【特征】选项卡中单击【旋转凸台/基体】按钮 🔄，然后在图形区中选择前视基准面作为草绘平面。

03 进入草图模式绘制出图11-56所示的旋转截面草图。

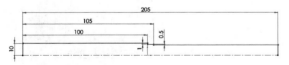

图11-56　绘制钻头的旋转截面草图

04 单击【退出草图】按钮 ↩，在弹出的【旋转】属性面板中单击【确定】按钮 ✔，完成钻头主体特征的创建，如图11-57所示。

图11-57　创建钻头主体特征

技术要点 📑

在创建旋转基体特征的操作过程中，若需要修改特征，可以在特征管理器设计树中选择该特征，并执行编辑命令即可。

05 在【特征】选项卡中单击【拉伸切除】按钮 💷，在图形区中选取钻头主体特征的一个端面作为草图平面，如图11-58所示。

06 进入草图环境后，绘制出图11-59所示的矩形截面草图，然后退出草图模式。

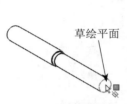

图11-58　选择草绘平面　　　图11-59　绘制矩形截面草图

07 在随后弹出的【切除-拉伸】属性面板中，输入深度值为【20】，并勾选【反向切除】复选框，最后单击【确定】按钮，完成钻头夹持部特征的创建，如图11-60所示。

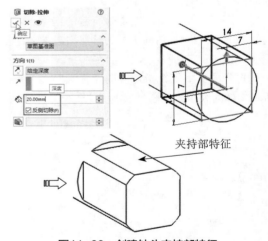

图11-60　创建钻头夹持部特征

08 在菜单栏依次执行【插入】|【特征】|【分割】命令，属性管理器中显示【分割】属性面板。按信息提示在图形区选择主体中的一个横截面作为剪裁曲面，再单击【切除零件】按钮，完成主体的分割，如图11-61所示。最后关闭该面板。

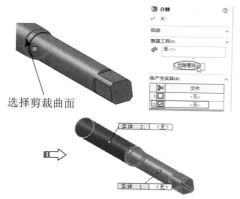

图11-61　分割钻头主体

技术要点 □

在这里将主体分割成两部分，是为了在其中一部分中创建钻头的工作部，即带有扭曲的退屑槽。

09 使用【拉伸切除】工具，在主体最大直径端创建图11-62所示的工作部退屑槽特征。

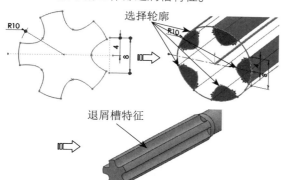

图11-62　创建工作部退屑槽特征

技术要点 □

在创建拉伸切除特征时，需要手动选择要切除的区域。系统无法自动识别区域。

10 在菜单栏依次执行【插入】|【特征】|【弯曲】命令，属性管理器中显示【弯曲】属性面板。

11 在面板的【弯曲输入】选项区中单击【扭曲】单选按钮，然后在图形区中选择钻头主体作为弯曲的实体，随后显示弯曲的剪裁基准面，如图11-63所示。

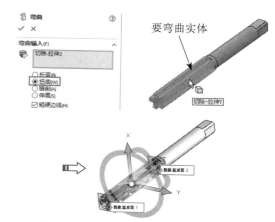

图11-63　选择弯曲类型及要弯曲的实体

12 在【弯曲输入】选项区中输入扭曲角度为360，然后单击【确定】按钮 ✔ 完成钻头工作部的创建，如图11-64所示。

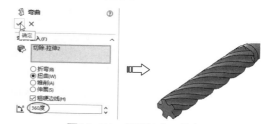

图11-64　创建钻头工作部

13 在特征管理器设计树中选择上视基准面，然后使用【旋转切除】工具，在工作部顶端创建出切削部，如图11-65所示。

技术要点 □

旋转切除的草图必须是封闭的，否则将无法按设计需要来切除实体。

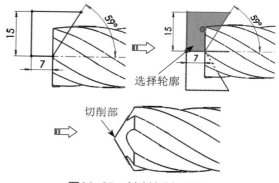

图11-65　创建钻头切削部

14 钻头设计完成，结果如图11-66所示。

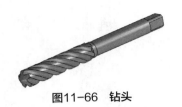

图11-66　钻头

11.1.5　包覆

包覆是将草图轮廓闭合到面上。包覆特征将草图包裹到平面或非平面。可从圆柱、圆锥或拉伸的模型生成一个平面。也可选择一平面轮廓来添加多个闭合的样条曲线草图。包覆特征支持轮廓选择和草图再用。可以将包覆特征投影至多个面上。

单击【特征】选项卡上的【包覆】按钮 ⊞ 并绘制草图后，弹出【包覆】属性面板，如图11-67所示。

图11-67　【包覆】属性面板

技术要点 🖼

包覆的草图只可包含多个闭合轮廓。不能从包含有任何开放性轮廓的草图生成包覆特征。

【包覆】属性面板中各选项含义如下。

➢ 包覆类型：创建包覆有3种

常见类型——浮雕、蚀雕和刻划。

包覆类型

※　浮雕：在面上生成一突起特征，如图11-68所示。
※　蚀雕：在面上生成一缩进特征，如图11-69所示。
※　刻划：在面上生成一草图轮廓的压印，如图11-70所示。

图11-68　浮雕　　　图11-69　蚀雕　　　图11-70　刻划

➢　源草图 ⌐：显示选取的草图或绘制的草图。
➢　包覆草图的面：生成包覆特征的父曲面。为非平面。
➢　深度 ⟨⟩：为厚度设定一数值。
➢　反向：勾选复选框，更改投影方向。
➢　拔模方向 ↗：对于浮雕和蚀雕来说，拔模方向就是投影方向。可以选取一直线、线性边线或基准面来设定拔模方向。对于直线或线性边线，拔模方向是选定实体的方向。对于基准面，拔模方向与基准面正交。

11.1.6　圆顶

圆顶是添加一个或多个圆顶到所选平面或非平面。可在同一模型上同时生成一个或多个圆顶特征。

在【特征】选项卡中单击【圆顶】按钮 ⊟，弹出【圆顶】属性面板，如图11-71所示。

在实体模型上生成圆顶过程，如图11-72所示。

图11-71　【圆顶】属性面板

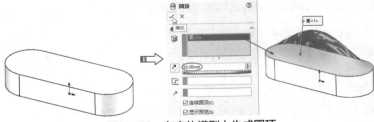

图11-72　在实体模型上生成圆顶

动手操作——圆顶工具的应用

飞行器的结构由飞行器机体、侧翼、动力装置和喷射的火焰组成，如图11-73所示。

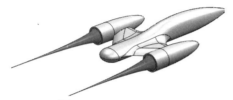

图11-73　天际飞行器

操作步骤

01 打开本例源文件，打开的文件为飞行器机体的草图曲线，如图11-74所示。

02 在【特征】选项卡中单击【扫描凸台/基体】按钮，弹出【扫描凸台/基体】属性面板，然后在图形区中分别选取已有草图的曲线作为轮廓和路径，如图11-75所示。

图11-74　飞行器机体的草图　　图11-75　为扫描选择轮廓和路径

03 激活【引导线】选项区的列表，然后在图形区选择两条扫描的引导线，如图11-76所示。

图11-76　选择扫描的引导线

04 查看扫描预览，无误后单击面板中的【确定】按钮，完成扫描特征的创建，如图11-77所示。

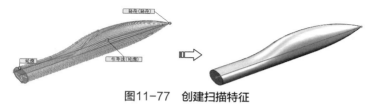

图11-77　创建扫描特征

技术要点

读者在学习本例飞行器机体的设计时，若要自己绘制草图来创建扫描特征，则扫描的轮廓（椭圆）不能为完整椭圆。即要将椭圆一分为二。否则在创建扫描特征时将会出现图11-78所示的情况。

图11-78　以完整椭圆为轮廓时创建的扫描特征

05 在【特征】选项卡单击【圆顶】按钮，弹出【圆顶】属性面板。通过该面板，在扫描特征中选择面和方向，随后显示圆顶预览，如图11-79所示。

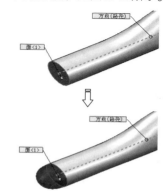

图11-79　选择到圆顶的面和方向

06 在属性面板中输入圆顶的距离为105，最后单击【确定】按钮完成圆顶特征的创建，如图11-80所示。扫描特征与圆顶特征即为飞行器机体。

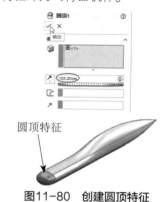

图11-80　创建圆顶特征

07 再次使用【扫描凸台/基体】工具，选择图11-81所示的扫描轮廓、扫描路径和扫描引导线来创建扫描特征。

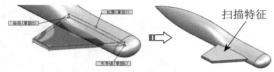

图11-81　创建扫描特征

技术要点

在【扫描凸台/基体】属性面板的【选项】选项区中需勾选【合并结果】复选框，这是为了便于后面的镜像操作。

08 使用【圆角】工具，分别在扫描特征上创建半径为91.5cm和160cm的圆角特征，如图11-82所示。

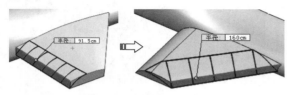

图11-82　创建圆角特征

09 使用【旋转凸台/基体】工具，选择图11-83所示的扫描特征侧面作为草绘平面，然后进入草图模式绘制旋转草图。

10 退出草图模式后，以默认的旋转设置来完成旋转特征的创建，结果如图11-84所示。此旋转特征即为动力装置和喷射火焰。

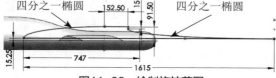

图11-83　绘制旋转草图

图11-84　创建旋转特征

11 单击【镜像】按钮，弹出【镜像】属性面板。选择右视基准面作为镜像平面，在机体的另一侧镜像出侧翼、动力装置和喷射火焰，结果如图11-85所示。

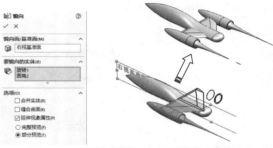

图11-85　镜像侧翼、动力装置和喷射火焰

技术要点

在【镜像】属性面板中不能勾选【合并实体】复选框。这是因为在镜像过程中，只能合并一个实体，不能同时合并两个及两个以上的实体。

12 单击【组合】按钮，将图形区中的所有实体合并成一个整体，如图11-86所示。

图11-86　合并所有实体

13 使用【圆角】工具，在侧翼与机体连接处创建半径为120cm的圆角特征，如图11-87所示。至此，天际飞行器的造型设计全部完成。

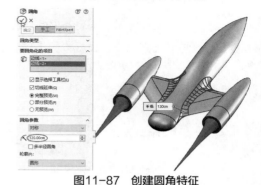

图11-87　创建圆角特征

11.2　扣合特征

扣合特征简化了为塑料和钣金零件生成共同特征的过程。可以生成：装配凸台、弹簧扣、弹

簧扣凹槽、通风口以及唇缘和凹槽。

在功能区选项卡的空白处右击，在弹出的快捷菜单中选择【工具栏】|【扣合特征】命令，调出【扣合特征】工具栏，如图11-88所示。

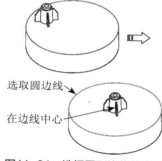

图11-88 【扣合特征】工具栏

> **技术要点**
>
> 仅当在创建了实体特征（曲面特征不可以）以后，【扣合特征】工具栏才可用。

11.2.1 装配凸台

【装配凸台】通常用于塑料设计的参数化装配凸台，例如BOSS柱，起加固和装配作用。

单击【装配凸台】按钮，打开【装配凸台】属性面板，如图11-89所示。面板中各选项区含义如下。

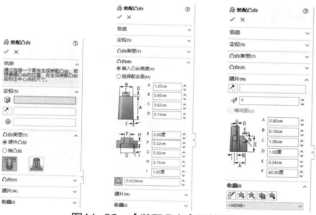

图11-89 【装配凸台】属性面板

1.【信息】选项区

提示用户须选择装配凸台的放置面或3D基准点，放置面可以是平面，也可以是曲面。

2.【定位】选项区

【定位】选项区控制装配凸台的方向、定位。

> 选择一个面或3D点：选择要放置装配凸台的平面或曲面，或3D基准点，如图11-90所示。

放置面-平面　　放置面-曲面　　放置面-3D点

图11-90 放置面

> **技术要点**
>
> 当选择3D点作为定位参考时，此3D点必须位于实体的曲面或平面上。

> 反向：单击此按钮更改装配凸台的放置方向。
>
> 选择圆形边线：选择圆形边线的目的是为了在其中心创建装配凸台。图11-91所示为选择圆形边线后的装配凸台定位。

选取圆边线

在边线中心

图11-91 选择圆形边线的定位

> **技术要点**
>
> 圆形边线应在能放置装配凸台的平面或曲面上。图11-92所示的圆形边线是不能满足此条件的，否则会弹出警告信息。

错误的圆形边线

图11-92 圆形边线必须在凸台放置面上

3.【凸台类型】选项区

【装配凸台】包括两种类型：硬件凸台和销凸台。

硬件凸台是塑胶产品中常见的穿孔柱，也分头部和螺纹线两种情况，如图11-93所示。

头部   螺纹线

图11-93 硬件凸台

销凸台是插销形状的凸台，也分头部和螺纹线两种情况，如图11-94所示。

头部   螺纹线

图11-94 销凸台

4.【凸台】选项区

【凸台】选项区用来设置凸台的参数。设置参数时参考凸台示意图的代号，精确定义凸台。

5.【翅片】选项区

【翅片】选项区用来设置凸台四周的翅片（固定筋），可以设置翅片的数量、翅片的形状参数等。

11.2.2 弹簧扣

【弹簧扣】通常用于塑料设计的参数化弹簧扣。弹簧扣是塑件产品中最为常见的一种结构特征，常称为"倒扣"。

单击【弹簧扣】按钮 🗗，弹出【弹簧扣】属性面板，如图11-95所示。

【弹簧扣】属性面板中各选项区的含义如下。

1.【弹簧扣选择】选项区

主要用来定义弹簧扣的放置、方向及配合面。

➢ 为扣钩的位置选择定位 🗐：为创建弹簧扣形状放置面（曲面或平面）。

图11-95 【弹簧扣】属性面板

➢ 定义扣钩的竖直方向 ⒈：定义弹簧扣的竖直方向，所选的参考边线必须是直的边，可以勾选【反向】复选框来改变方向。

➢ 定义扣钩的方向 ⒋：弹簧扣的扣合方向，所选的参考边线必须是直的边。

➢ 选择一个面来配合扣钩实体 🗗：选择一个与弹簧扣侧面对齐配合的参考面，如图11-96所示。

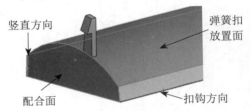

图11-96 弹簧扣的定位

➢ 输入实体高度：选择此单选项，可以用参数形式来设置钩的高度，图11-97中设置的数值为"10"。

➢ 选择配合面：选择此单选项，可以选择一个参考面来确定钩的高度。在上图中设置为"10"的文本框将变得不可用，如图11-98所示。

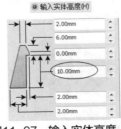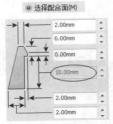

图11-97 输入实体高度   图11-98 选择配合面

2. 【弹簧扣数据】选项区

该选项区用来定义弹簧扣的形状参数。

11.2.3　弹簧扣凹槽

【弹簧扣凹槽】与所选弹簧扣特征配合的凹槽。此工具常用来设计模具中的斜顶头部形状。

技术要点

要利用【弹簧扣凹槽】命令，必须首先生成弹簧扣。

单击【弹簧扣凹槽】按钮，打开【弹簧扣凹槽】属性面板，如图11-99所示。
其中各选项含义如下。

➢ 选择弹簧扣特征：为创建凹槽选择弹簧扣特征。
➢ 选择一个实体：选择要创建凹槽的实体特征。
生成弹簧扣凹槽特征的操作过程，如图11-100所示。

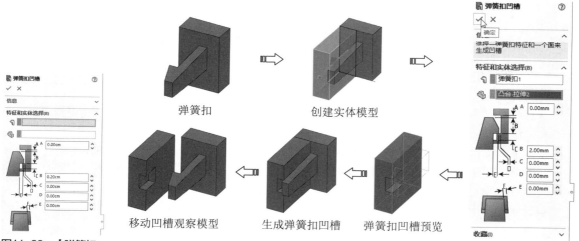

弹簧扣　　　　　创建实体模型

移动凹槽观察模型　　生成弹簧扣凹槽　　弹簧扣凹槽预览

图11-99　【弹簧扣
凹槽】属性面板

图11-100　生成弹簧扣凹槽特征的操作过程

11.2.4　通风口

【通风口】是使用草图实体在塑料或钣金设计中生成通风口供空气流通。其使用生成的草图生成各种通风口。需要设定筋和翼梁数，自动计算流动区域。

技术要点

必须首先生成通风口的草图，然后才能在属性面板中设定通风口选项。

单击【通风口】按钮，打开【通风口】属性面板，如图11-101所示。
要创建通风口，必须先绘制通风口形状的草图。生成通风口扣合特征的操作过程，如图11-102所示。

图11-101　【通风口】属性面板

图11-102　生成通风口操作过程

原产品模型　　　绘制草图　　　创建通风口

11.2.5　唇缘/凹槽

　　【唇缘/凹槽】生成唇缘、凹槽，或者通常用于塑料设计中的唇缘和凹槽。唇缘和凹槽用来对齐、配合和扣合两个塑料零件。唇缘和凹槽特征支持多实体和装配体。

　　单击【唇缘/凹槽】按钮，打开【唇缘/凹槽】属性面板，如图11-103所示。唇缘特征和凹槽特征是分开进行创建的，首先是创建凹槽特征，选取要创建凹槽的实体模型后，属性面板中展开创建凹槽特征的选项，如图11-104所示。

　　创建完成凹槽后，选取凹槽特征作为参考，属性面板将展开创建唇缘特征的选项，如图11-105所示。

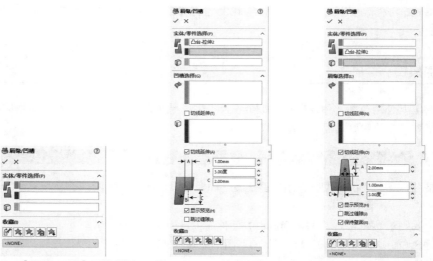

图11-103　【唇缘/凹槽】属性面板　　图11-104　创建凹槽特征　　图11-105　创建唇缘特征

【唇缘/凹槽】属性面板中各选项区含义解释如下。

1.【实体/零件选择】选项区

此选项区包含3个选项，用于选择要创建的凹槽、唇缘及参考方向。

2.【凹槽选择】选项区

该选项区用来选择要创建凹槽、唇缘的参考面和参考边。勾选【切线延伸】复选框，将自动选取与所选面或所选边相切的面或边。

技术要点 🔍

凹槽、唇缘的参考边只能是单条或连续相切的边。

动手操作——设计塑件外壳

操作步骤

01 新建零件文件。

02 利用【拉伸凸台/基体】工具，在前视基准面上绘制图11-106所示的草图。

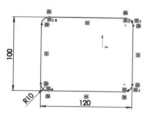

图11-106　绘制草图

03 退出草图环境后，设置拉伸深度类型和深度值，如图11-107所示。

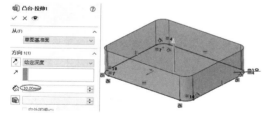

图11-107　设置拉伸参数

04 利用【圆角】命令，选择拉伸特征的边来创建半径为5的恒定圆角特征，如图11-108所示。

05 利用【抽壳】命令，选择未倒圆的一侧作为要移除的面，输入厚度为3，创建的抽壳特征如图11-109所示。

图11-108　创建圆角

图11-109　创建抽壳

06 在抽壳后的外壳平面上绘制通风口草图，如图11-110所示。

07 单击【通风口】按钮🔲，打开【通风口】属性面板，首选选择直径为42的圆为通风口的边界，如图11-111所示。

图11-110　绘制草图

图11-111　选择通风口边界

08 接着选择4条直线创建通风口的筋，筋宽度为"2"，如图11-112所示。

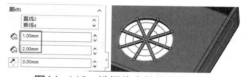

图11-112　选择代表筋的草图直线

09 在【冀梁】选项区激活【选择代表通风口冀梁的2D草图段】收集器，然后选择直径分别为32、20的圆，随后创建冀梁，如图11-113所示。最后单击【确定】按钮✓，完成通风口的创建。

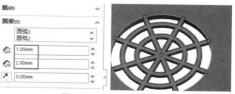

图11-113　创建冀梁

10 绘制3D草图点，如图11-114所示。

11 单击【装配凸台】按钮🔳，打开【装配凸台】

属性面板。选取一个3D草图点，随后放置凸台，如图11-115所示。

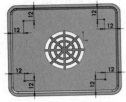

图11-114 绘制3D
草图点

图11-115 选取3D点
放置凸台

⑫选择【头部】凸台类型，编辑凸台参数，如图11-116所示。

图11-116 编辑凸台参数

⑬在【翅片】选项区设置翅片参数，如图11-117所示。

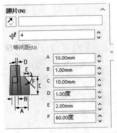

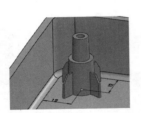

图11-117 设置翅片参数

⑭最后单击【确定】按钮 ✅，完成凸台的装配。

⑮同理，在其余3个3D草图点上创建相等参数的凸台特征，结果如图11-118所示。

图11-118 创建其余凸台

技术要点

如果要装配相等参数的凸台，必须在装配第一凸台时，将凸台参数进行保存。即在属性面板的【收藏】选项区中单击【添加或更新收藏】按钮 🔧，打开【添加或更新收藏】对话框，输入一个名称，并单击【确定】按钮，如图11-119所示。随后单击【保存收藏】按钮 💾 保存为tutai.sldfvt。当创建第二个凸台时，选择保存的收藏，面板中的参数将与第一个凸台相同，然后选取3D草图点，即可自动创建凸台了，如图11-120所示。

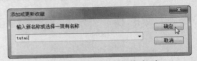

图11-119 输入收藏名称

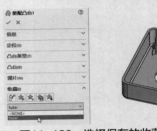

图11-120 选择保存的收藏创建凸台

⑯单击【唇缘/凹槽】按钮，打开【唇缘/凹槽】属性面板，首先选择壳体和定义唇缘方向的参考平面，如图11-121所示。

图11-121 选择壳体和参考平面

⑰然后选择要生成唇缘的面，如图11-122所示。

图11-122 选择要生成唇缘的面

⑱选择外边线来移除材料，并输入唇缘参数值，如图11-123所示。

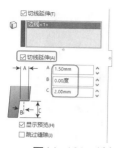

图11-123　选择外边线来移除材料

19 最后单击【确定】按钮 完成唇缘特征的创建，如图11-124所示。

图11-124　创建唇缘特征

11.3　综合实战：轮胎与轮毂设计

引入素材：无
结果文件：综合实战\结果文件\Ch11\轮胎与轮毂.sldprt
视频文件：视频\Ch11\轮胎与轮毂设计.avi

　　轮胎和轮毂的设计是比较复杂的，要用到很多基本实体特征和高级实体特征命令。下面我们详解轮胎和轮毂的设计过程。要设计的轮胎和轮毂如图11-125所示。

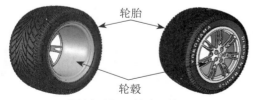

图11-125　轮胎和轮毂

11.3.1　轮毂设计

　　在轮毂的设计过程中，将用到拉伸凸台、拉伸切除、旋转切除、旋转凸台、圆角、圆周阵列、圆

顶等工具命令，轮毂的整体造型如图11-126所示。

　　设计方法是：先创建主体，然后设计局部形状（为了截图以清晰表达设计意图，可以调整一下创建顺序）；先创建加材料特征，再创建减材料特征。

图11-126　轮毂造型

操作步骤

01 新建SolidWorks零件文件。

02 单击【拉伸凸台/基体】按钮 ，然后选择上基准面作为草图平面，进入草图环境，绘制图11-127所示的草图。

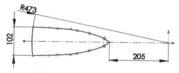

图11-127　绘制草图

03 退出草图环境，在【凸台-拉伸】属性面板中设置拉伸选项及参数，最后单击【确定】按钮 ，完成拉伸凸台的创建，如图11-128所示。

 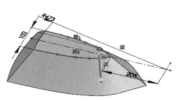

图11-128　设置拉伸参数创建凸台

04 单击【基准轴】按钮 ，打开【基准轴】属性面板。选择前视基准面和右视基准面作为参考实体，再选择【两平面】类型，最后单击【确定】按钮完成基准轴的创建，如图11-129所示。

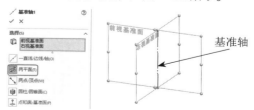

图11-129　创建基准轴

05 执行【圆周草图阵列】命令，打开【圆周草图阵列】属性面板。选择基座轴为阵列轴，输入实例数为7，在【实体】选项区选择【凸台-拉伸1】为要阵列的实体，最后单击【确定】按钮 ✔，创建圆周阵列，如图11-130所示。

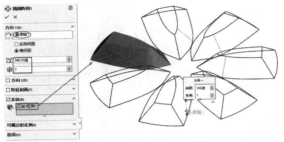

图11-130　创建圆周阵列

06 单击【旋转凸台/基体】按钮 🗃，在前视基准面上绘制旋转草图，如图11-131所示。

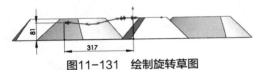

图11-131　绘制旋转草图

07 退出草图环境。在【旋转】属性面板上设置草图竖直的直线作为旋转轴，最终创建完成的旋转凸台如图11-132所示。

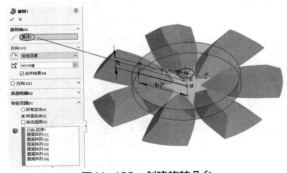

图11-132　创建旋转凸台

08 单击【拉伸切除】按钮 🗔，然后在上视基准面上先绘制出图11-133所示的草图，然后利用【圆周阵列草图】命令阵列草图，结果如图11-134所示。

09 退出草图环境，在【切除-拉伸】属性面板中设置【完全贯穿】切除类型，更改拉伸方向。单击【确定】按钮完成切除操作，如图11-135所示。

10 同理，再执行【拉伸切除】命令，在前视基准面上绘制草图，如图11-136所示。

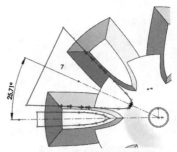

图11-133　绘制局部草图

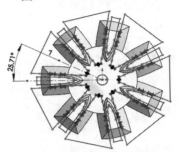

图11-134　圆周阵列草图

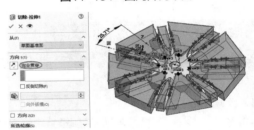

图11-135　切除拉伸

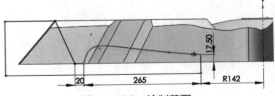

图11-136　绘制草图

11 退出草图后，选择中心线为旋转轴，再单击【切除-拉伸】属性面板中的【确定】按钮 ✔，完成切除，如图11-137所示。

12 单击【旋转凸台/基体】按钮 🗃，在前视基准面上绘制草图，如图11-138所示。

图11-137　完成切除

图11-138　绘制草图

13 退出草图环境后，在【旋转】属性面板中设置旋转轴，最后单击【确定】按钮 ✔ 完成旋转凸台的创建，如图11-139所示。

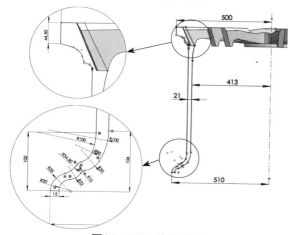

图11-139　创建旋转凸台

14 单击【旋转切除】按钮 ◎，绘制图11-140所示的草图后，完成旋转切除特征的创建。

图11-140　创建旋转切除特征

15 接下来利用【圆角】工具命令，对轮毂进行倒圆角处理，圆角半径都是4，如图11-141所示。

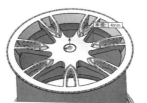

图11-141　圆角处理

16 利用【拉伸切除】工具，绘制图11-142所示的草图后，向下拉伸切除距离为80，完成拉伸切除特征的创建。

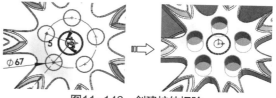

图11-142　创建拉伸切除

17 在拉伸切除特征上倒圆角，圆角半径为4，如图11-143所示。

18 至此，轮毂设计完成，结果如图11-144所示。

图11-143　创建圆角特征　图11-144　设计完成的轮毂

11.3.2　轮胎设计

轮胎的设计要稍微复杂一些，会用到部分曲面命令和形变命令。

操作步骤

01 利用【旋转凸台/基体】工具，在前视基准面上绘制草图，并完成旋转凸台的创建，如图11-145所示。

02 利用【基准面】工具，创建基准面1，如图11-146所示。

03 单击【包覆】按钮 ◎，选择基准面1作为草图平面，绘制图11-147所示的草图。

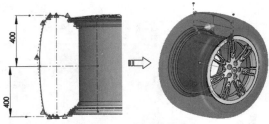

图11-145 创建旋转凸台

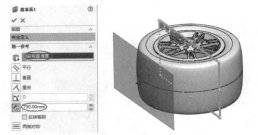

图11-146 创建基准面1

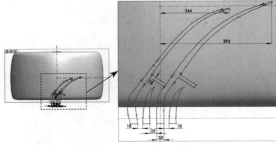

图11-147 绘制草图

04 退出草图环境后，在【包覆】属性面板上选择【蚀雕】类型 ▣ 和【分析】方法 ▣，并输入深度10，单击【确定】按钮 ✔，完成轮胎表面包覆特征的创建，如图11-148所示。

图11-148 创建轮胎表面的包覆特征

05 在【曲面】选项卡单击【等距曲面】按钮 ◈，打开【等距曲面】属性面板。选择包覆特征的底面作为等距曲面的参考，等距距离为0，单击【确定】按钮 ✔ 创建等距曲面，如图11-149所示。

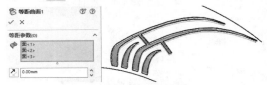

图11-149 创建等距曲面

06 在【曲面】选项卡单击【加厚】按钮 ▣，然后依次选择等距曲面来创建加厚特征，如图11-150所示。同理，将其余两个等距曲面进行加厚。

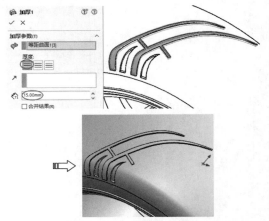

图11-150 创建加厚特征

07 利用【圆周草图阵列】工具，将3个加厚特征进行圆周阵列，如图11-151所示。

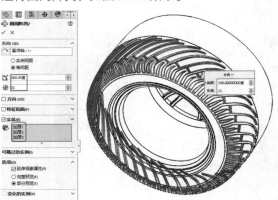

图11-151 创建圆周阵列

08 利用【旋转凸台/基体】工具，在前视基准面绘制草图（小矩形）后，完成旋转凸台的创建，如图11-152所示。

09 利用【基准面】工具创建基准面2，如图11-153所示。

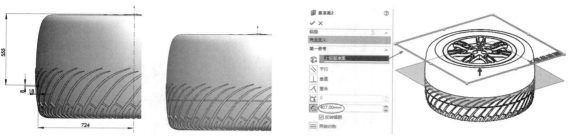

图11-152　创建旋转凸台　　　　　　　　图11-153　创建基准面2

10 利用【镜像】工具命令，将前面所创建的轮胎花纹全部镜像到基准面2的另一侧，如图11-154所示。

11 利用【等距曲面】工具，选择轮胎上的一个面来创建等距曲面，如图11-155所示。

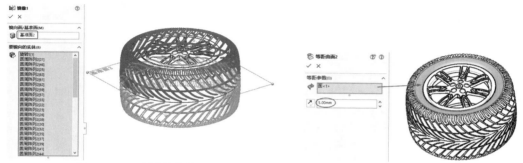

图11-154　创建镜像特征　　　　　　　　　图11-155　创建等距曲面

12 利用【拉伸凸台/基体】工具，在上视基准面绘制草图文字，如图11-156所示。

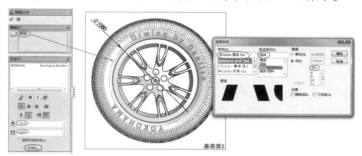

图11-156　绘制草图文字

13 退出草图环境，在【凸台-拉伸】对话框中设置拉伸参数，最后单击【确定】按钮 ✔ 创建字体实体特征，如图11-157所示。

14 在菜单栏执行【插入】|【特征】|【删除/保留实体】命令，将等距曲面2删除（上步中作为成形参考的等距曲面），至此就完成了轮胎的设计，结果如图11-158所示。

图11-157　创建字体特征　　　　　　　　图11-158　设计完成的轮胎

⑮最后将设计结果保存。

11.4 课后习题

1. 玩具飞机造型

本练习是利用拉伸、旋转、基准面、基准轴、放样曲面、圆周阵列、圆顶、扫描等工具来设计飞机的造型，如图11-159所示。

图11-159　玩具飞机

2. QQ造型

本练习将利用旋转、拉伸切除、圆角、放样、镜像、凸台拉伸等工具来设计QQ造型，如图11-160所示。

图11-160　QQ造型

工程特征就是在不改变基体特征主要形状的前提下，对已有的特征进行局部修改的附加特征。在SolidWorks 2020中，工程特征主要包括圆角、倒角、孔、抽壳、拔模及阵列、镜像、筋等。

知识要点

⊙ 倒角和圆角

⊙ 阵列与镜像

⊙ 孔特征

⊙ 筋及其他特征

⊙ 抽壳与拔模

12.1 创建倒角与圆角特征

倒角和圆角是机械加工过程中不可缺少的工艺。在零件设计过程中，通常在锐利的零件边角处进行倒角或圆角处理，便于搬运、装配以及避免应力集中等。

12.1.1 倒角

单击【特征】选项卡中的【倒角】按钮 ⬡，或选择【插入】|【特征】|【倒角】命令，弹出【倒角】属性面板，如图12-1所示。

图12-1 【倒角】属性面板

【倒角】属性面板中提供了5种倒角方式。常见的倒角方式是前面3种。

1. 角度距离、距离距离和顶点

"角度距离"方式是以某一条的长度和角度来建立的倒角特征，可以从【倒角参数】选项组中定义两个选项：距离 ⬡ 和角度 ⬡ 。

"距离距离"方式是以斜三角形的两条直角边的长度来定义的倒角特征。

"顶点"方式是以相邻的3条相互垂直的边来定义的顶点圆角。

图12-2所示为3种倒角类型应用案例。

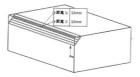
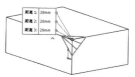

"角度距离"方式　　　　　　"距离距离"方式　　　　　　"顶点"方式

图12-2 创建"角度距离"倒角特征

2. 等距面

"等距面"方式是通过偏移选定边线旁边的面来求解等距面倒角。如图12-3所示,可以选择某一个面来创建等距偏移。严格意义上讲,这种方式近似于"距离距离"方式。

3. 面-面

"面-面"方式是选择带有角度的两个面来创建刀具,如图12-4所示。

 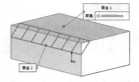

图12-3 "等距面"方式　　图12-4 "面-面"方式

技巧点拨 🔍

如果一个特征或重建失败,用户可以在FeatureManager设计树中的该图标上单击右键,选择【什么错】的命令查看。

12.1.2 圆角特征

在零件上加入圆角特征,除了在工程上达到保护零件的目的,还有助于增强造型平滑的效果。【圆角】命令可以为一个面的所有边线、所选的多组面、单一边线或者边线环生成圆角特征,如图12-5所示。

图12-5 圆角的应用

生成圆角时遵循以下原则。

➢ 当有多个圆角汇于一个顶点时,先添加大圆角,再添加小圆角。

➢ 在生成具有多个圆角边线及拔模面的铸模零件时,通常情况下在添加圆角之前先添加拔模特征。

➢ 最后添加装饰用的圆角。在大多数其他几何体定位后尝试添加装饰圆角,添加的时间越早,系统重建零件需要花费的时间越长。

➢ 如果要加快零件重建的速度,使用一次生成一个圆角的方法处理需要相同半径圆角的多条边线。

单击【圆角】按钮 🔘,弹出【圆角】属性面板,如图12-6所示。

图12-6 【圆角】属性面板

➢ 🔘 等半径:单击此按钮,可以生成整个圆角都有等半径的圆角。

➢ 🔘 变半径:单击此按钮,可以生成带变半径的圆角。

➢ 🔘 面圆角:单击此按钮,可以混合非相邻、非连续的面。

➢ 🔘 完整圆角:单击此按钮,可以生成相切于3个相邻面组的圆角。

➢ ☑ 多半径圆角(M):可以为每条边线选择不同的圆角半径值进行倒圆角操作。

➢ 逆转圆角:可以在混合曲面之间沿着零件边线进入圆角,生成平滑过渡。

SolidWorks 2020根据不同的参数设置可以生成以下几种圆角特征,如图12-7所示。

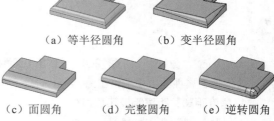

（a）等半径圆角　　　（b）变半径圆角

（c）面圆角　　（d）完整圆角　　（e）逆转圆角

图12-7 圆角特征的效果

动手操作——创建螺母零件

前面学习了SolidWorks 2020的倒角命令,本小节将通过一个简单的特征操作来掌握倒角命令的基本要求。

01 新建一个零件文件,进入零件设计环境中。

02 选择前视基准面作为草绘平面,自动进入到草绘环境中。绘制图12-8所示的六边形（草图1）。

03 创建拉伸基体。使用【拉伸凸台/基体】命令 📦，设置拉伸深度为3mm，创建图12-9所示的拉伸凸台基体。

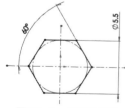

图12-8　绘制草图1　　　图12-9　创建拉伸特征

04 切除斜边。选择右视基准面，并绘制图12-10所示的草图2，注意三角形的边线与基体对齐，并绘制旋转用的中心线。

05 旋转切除。单击【特征】选项卡中的【旋转切除】命令 🍷，选定中心线，并设置方向为360°，创建旋转切除，如图12-11所示。

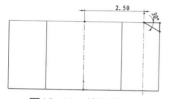

图12-10　绘制草图2　　图12-11　创建旋转
切除特征

06 创建基准面。通过3条相邻边线的中点添加新的基准面，如图12-12所示。

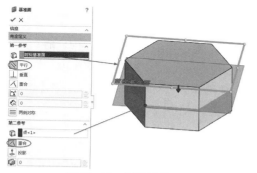

图12-12　创建基准面

技巧点拨 📖

这个特征也可以重复操作05和06步来实现，通过镜像、阵列等特征可以更有效地完成模型创建，这在稍后的章节中将逐步介绍。

07 镜像实体。单击【镜像】按钮 🔢 镜向，选择要镜像切除的特征（旋转切除特征）和镜像基准面，如图12-13所示。单击【确定】 ✔ 按钮完成镜像。

08 拉伸切除螺栓孔。在螺栓表面绘制直径为3mm的圆，并通过拉伸切除实现孔特征。注意，拉伸方向选择完全贯穿，如图12-14所示。

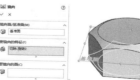

图12-13　拉伸切除底板上的槽　　图12-14　创建
螺栓孔

09 倒角。选择螺栓孔的边线进行倒角特征的创建，倒角距离为0.5mm，角度为45°，如图12-15所示。

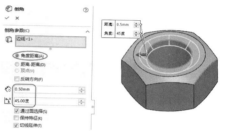

图12-15　创建倒角

技巧点拨 📖

利用【隐藏线可见】的显示方式，可以使边线的选择变得更加容易，也可以"穿过"上色的模型选择边线（仅限于圆角和倒角操作时使用）。

10 圆角。在螺栓孔的另一面选择圆角特征，选择圆角半径为0.5mm，切线延伸，如图12-16所示。

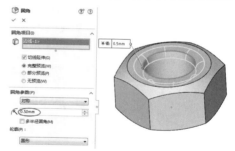

图12-16　创建圆角

11 螺栓零件完成后，将创建的零件保存。

12.2 创建孔特征

在SolidWorks的零件环境中可以创建4种类型的孔特征：简单直孔、高级孔、异形孔和螺纹线。简单直孔用来创建非标孔，高级孔和异性孔导向用来创建标准孔，螺纹线用来创建圆柱内、外螺纹特征。

12.2.1 简单直孔

简单直孔类似于拉伸切除特征的创建。也就是只能创建圆柱直孔，不能创建其他孔类型（如沉头、锥孔等）。简单直孔只能在平面上创建，不能在曲面上创建。因此，要想在曲面上创建简单直孔特征，建议使用【拉伸切除】工具或【高级孔】工具来创建。

> **提示** 🗒
>
> 若【简单直孔】命令不在默认的功能区【特征】选项卡中，需要从【自定义】对话框的【命令】选项卡中调用此命令。

在模型表面上创建简单直孔特征的操作步骤如下。

01 在模型中选取要创建简单直孔特征的平直表面。

02 单击【特征】选项卡中的【简单直孔】按钮 📦，或选择【插入】|【特征】|【钻孔】|【简单直孔】命令。

03 此时在属性管理器中显示【孔】属性面板。并在模型表面的光标选取位置上自动放置孔特征，通过孔特征的预览查看生成情况，如图12-17所示。

图12-17 放置孔并显示预览

04 【孔】属性面板的选项含义与【凸台-拉伸】属性面板中的选项含义是完全相同的，这里就不再赘述了。

05 设置孔参数后单击【确定】按钮 ✓，完成简单直孔的创建。

12.2.2 高级孔

【高级孔】工具可以创建沉头孔、锥形孔、直孔、螺纹孔等类型的标准系列孔。【高级孔】工具可以选择标准孔类型，也可以自定义孔尺寸。

【高级孔】与【简单直孔】不同的是：【高级孔】工具可以在曲面上创建孔特征。

单击【高级孔】按钮 📦，在模型中选择放置孔的平面后，会弹出【高级孔】属性面板，如图12-18所示。

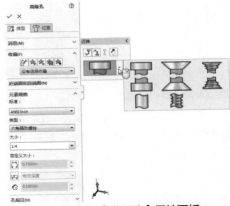

图12-18 【高级孔】属性面板

创建高级孔的操作步骤如下所述。

01 首先选择放置孔的平面或曲面，在【位置】选项卡下精准定义孔位置。

02 在属性面板右侧展开的【近端】选项面板中选择孔类型。

03 选择孔元素（也就是选择螺栓、螺钉等标准件）的标准、类型，以及大小（也叫"尺寸规格"）等选项。

04 也可以自定义孔大小，并设置孔标注样式。

05 在【近端】选项面板中单击【在活动元素下方插入元素】按钮 📥，然后选择【孔】元素，并在【元素规格】选项区中选择孔标准、类型和大小，以及自定义的孔深度等参数。

06 单击【确定】按钮 ✓ 完成孔的创建，如图12-19所示。

技巧点拨 🗊

如果在活动元素下不插入元素，那么仅创建高级孔的近端形状或远端形状。

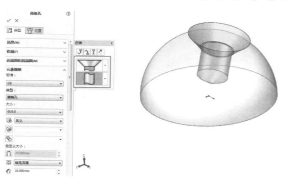

图12-19　创建高级孔

12.2.3　异形孔向导

异形孔类型包括：柱形沉头孔、锥形沉头孔、孔、螺纹孔、锥螺纹孔、旧制孔、柱孔槽口、锥孔槽口及槽口等，如图12-20所示。根据需要可以选定异形孔的类型。与【高级孔】工具不同的是：【异形孔向导】工具只能选择标准孔规格，不能自定义孔尺寸。

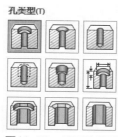

图12-20　异形孔类型

当使用异形孔向导生成孔时，孔的类型和大小出现在【孔规格】属性面板中。

通过使用异形孔向导可以生成基准面上的孔，或者在平面和非平面上生成孔。生成异形孔的步骤包括设定孔类型参数、孔的定位，以及确定孔的位置。

创建异形孔向导的孔类型，与创建高级孔的操作步骤基本相同，下面介绍操作方法。

动手操作——创建零件上的孔特征

01 新建零件文件。

02 在【草图】选项区中单击【草图绘制】按钮 ⬚，选择前视基准面作为草绘平面，进入到草绘环境。

03 绘制基体。绘制图12-21所示的组合图形，尺寸参考图中标示。

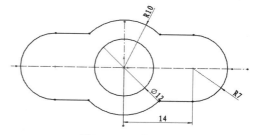

图12-21　绘制基体

04 拉伸基体。使用【拉伸凸台/基体】命令 ⬚，并设置拉伸深度为8mm。

05 插入异形孔特征。单击【特征】选项卡中的【异形孔向导】按钮 ⬚，在类型选项卡中设置图12-22所示的参数。

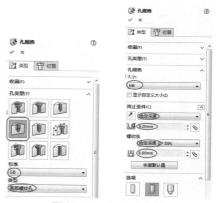

图12-22　设置孔参数

06 确定孔位置。单击【位置】选项卡，选择3D草图绘制，以两侧圆心确定插入异形孔的位置，如图12-23所示。

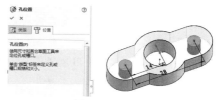

图12-23　孔位置

07 单击【特征】选项卡中的【确定】按钮✔完成孔特征，并保存螺栓垫片零件。

技巧点拨

用户可以通过打孔点的设置，一次选择多个同规格孔的创建，提高绘图效率。

12.2.4 螺纹线

【螺纹线】命令用来创建英制或公制螺纹特征。螺纹特征包括外螺纹（也称"板牙螺纹"）和内螺纹（或称"攻丝螺纹"）。

在【特征】选项卡中单击【螺纹线】按钮🔩，弹出【SOLIDWORKS】警告对话框，如图12-24所示。单击【确定】按钮，弹出【螺纹线】属性面板，如图12-25所示。

技巧点拨

此对话框中的警告信息提示的含义大致为：【螺纹线】属性面板中的螺纹类型和螺纹尺寸仅仅限于英制或公制的标准螺纹，不能用作非标螺纹的创建，若要创建非标螺纹，可修改标准螺纹的轮廓以满足生产要求。

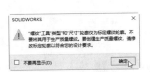

图12-24 警告信息提示

图12-25 【螺纹线】属性面板

在【螺纹线】属性面板的【规格】选项区中，包含5种螺纹标准类型，如图12-26所示。可根据设计需要来选择不同的标准螺纹类型。

➢ Inch Die：英制板牙螺纹，主要用来创建外螺纹。

➢ Inch Tap：英制螺纹，主要用来创建内螺纹。

➢ Metric Die：公制板牙螺纹，主要用来创建外螺纹。

➢ Metric Tap：公制螺纹，主要用来创建内螺纹。

➢ SP4xx Bottle：国际瓶口标准螺纹，用来创建瓶口处的外螺纹。

图12-26 5种标准螺纹类型

动手操作——创建螺钉、螺母和瓶口螺纹

本例将在螺钉、蝴蝶螺母和矿泉水瓶中分别创建外螺纹、内螺纹和瓶口螺纹。

01 打开本例源文件"螺钉、螺母和矿泉水瓶.SLDPRT"，打开的模型如图12-27所示。

图12-27 螺钉、螺母和矿泉水瓶

02 首先创建螺钉外螺纹。在【特征】选项卡中单击【螺纹线】按钮🔩，弹出【螺纹线】属性面板。

03 在图形区中选取螺钉圆柱面的边线作为螺纹的参考，随后系统生成预定义的螺纹预览，如图12-28所示。

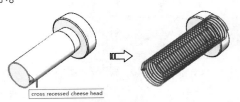

cross recessed cheese head

图12-28 选取螺纹参考

04 在【螺纹线】属性面板的【螺纹线位置】选项区中激活【可选起始位置】选择框🔩，然后在螺钉圆柱面上再选取一条边线作为螺纹起始位置，如图12-29所示。

05 在【结束条件】选项区中单击【反向】按钮↗，如图12-30所示。

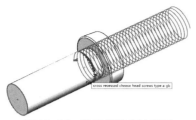

图12-29　选取螺纹起始位置

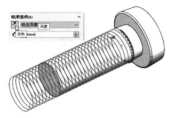

图12-30　更改螺纹生成方向

06 在【规格】选项区【类型】列表中选择【Metric Die】类型，在【尺寸】列表中选择【M1.6×0.35】规格尺寸，其余选项保持默认，单击【确定】按钮 ✓，完成螺钉外螺纹的创建，如图12-31所示。

图12-31　创建外螺纹

07 创建蝴蝶螺母的内螺纹。在【特征】选项卡中单击【螺纹线】按钮 ⬛，弹出【螺纹线】属性面板。

08 在图形区中选取蝴蝶螺母中的圆孔边线作为螺纹的参考，随后系统生成预定义的螺纹预览，如图12-32所示。

09 在【规格】选项区【类型】列表中选择【Metric Tap】类型，并在【尺寸】列表中选择【M1.6×0.35】规格尺寸，其余选项保持默认，单击【确定】按钮 ✓，完成蝴蝶螺母内螺纹的创建，如图12-33所示。

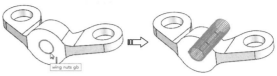

图12-32　选取螺纹参考

图12-33　创建内螺纹

10 创建瓶口螺纹。在【特征】选项卡中单击【螺纹线】按钮 ⬛，弹出【螺纹线】属性面板。

11 在图形区中选取瓶子瓶口上的圆柱边线作为螺纹的参考，随后系统生成预定义的螺纹预览，如图12-34所示。

图12-34　选取螺纹参考

12 在【规格】选项区【类型】列表中选择【SP4xx Bottle】类型，并在【尺寸】列表中选择【SP400-M-6】规格尺寸，单击【覆盖螺距】按钮 ⬛，修改螺距为15mm，选择【拉伸螺纹线】单选选项。

13 在【螺纹线位置】选项区中勾选【偏移】复选框，并设置偏移距离为5mm。在【结束条件】选项区中设置深度值为7.5mm，如图12-35所示。

图12-35　设置瓶口螺纹选项及参数

14 查看螺纹线的预览无误后，单击【确定】按钮 ✓，完成瓶口螺纹的创建，如图12-36所示。

15 单击【圆周阵列】按钮 ⬛，将瓶口螺纹特征进行圆周阵列，阵列个数为3，如图12-37所示。

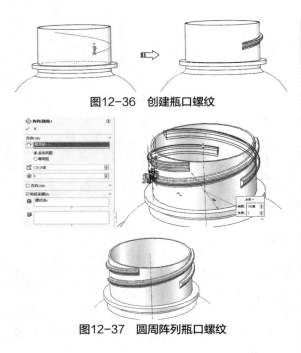

图12-36   创建瓶口螺纹

图12-37   圆周阵列瓶口螺纹

12.3   抽壳与拔模

抽壳与拔模是产品设计常用的形状特征创建方法。抽壳能产生薄壳，比如有些箱体零件和塑件产品，都需要用此工具来完成壳体的创建。

拔模可以理解为"脱模"，是来自于模具设计与制造中的工艺流程。意思是将零件或产品的外形在模具开模方向上形成一定的倾斜角度，以此可将产品轻易地从模具型腔中顺利脱出，而不至于将产品刮伤。

12.3.1   抽壳特征

单击【特征】选项卡中的【抽壳】按钮 ，显示【抽壳】属性面板，如图12-38所示。

从【抽壳】属性面板中可以看到，主要抽壳参数为厚度、移除面、抽壳方式等，其列表主要包括以下选项。

➢ 厚度：确定抽壳完成后壳体的厚度。

➢ 移除的面：抽壳参考面，选取后将移除该面，可以是一个或多个模型表面。

➢ 壳厚朝外：以抽壳面侧面为基准，抽壳厚度从基准面向外延伸。

➢ 显示预览：在抽壳过程中显示特征，在选择面之前最好关闭显示预览，否则每次选择面都将更新预览，导致操作速度变慢。

➢ 多厚度设定：可以选取不同的面来设定抽壳厚度。

选择合适的实体表面，设置抽壳操作的厚度，完成特征创建。选择不同的表面，会产生不同的抽壳效果，如图12-39所示。

技巧点拨

多数塑料零件都有圆角，如果抽壳前对边缘加入圆角，而且圆角半径大于壁厚，零件抽壳后形成的内圆角就会自动形成圆角，内壁圆角的半径等于圆角半径减去壁厚。利用这个优点可以省去烦琐的在零件内部创建圆角的工作。如果壁厚大于圆角半径，内圆角将会是尖角。

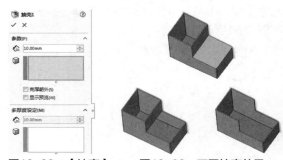

图12-38   【抽壳】   图12-39   不同抽壳效果
属性面板

12.3.2   拔模

在SolidWorks中，可以在利用【拉伸凸台/基体】特征工具创建凸台时设置拔模斜度，也可以使用【拔模】命令将已知模型进行拔模操作。

单击【拔模】按钮 ，弹出【拔模】属性面板。SolidWorks提供的手工拔模方法有3种，包括中性面、分型线和阶梯拔模，如图12-40所示。

➢ 【中性面】类型：在拔模过程中的固定面，如图12-41所示。指定下端面为中性面，矩形四周的面为拔模面。

➢ 【分型线】类型：可以在任意面上绘制曲线作为固定端，如图12-42所示。选取样条曲线为分型线。需要说明的是，并不是任意草绘的一条曲线都可以作为分型线，作为分型线的曲线必须同时是一条分割线，具体操作参见本章的课堂任务。

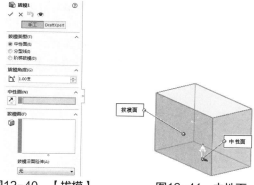

图12-40 【拔模】　　图12-41 中性面

属性面板

图12-42 分型线

➢ 【阶梯拔模】类型：以分型线为界，可以进行【锥形阶梯】拔模或【垂直阶梯】拔模。图12-43所示为锥形阶梯拔模。

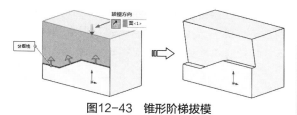

图12-43 锥形阶梯拔模

动手操作——创建花瓶模型

前面学习了抽壳命令，本小节将通过一个简单的花瓶案例掌握抽壳的基本要求。

01 选择【文件】|【新建】命令，新建零件文件后进入零件建模环境。

02 选择草绘基准面。在【草图】中单击【草图绘制】按钮，弹出【编辑草图】操控板，然后选择前视基准面作为草绘平面，并自动进入到草绘环境中。

03 绘制基体。绘制图12-44所示的组合图形，样条曲线的尺寸以实际花瓶为参考。

04 旋转基体。使用【旋转凸台/基体】命令，并设置旋转角度为360°，旋转轴为草图中的直线，如图12-45所示。

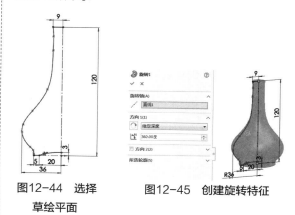

图12-44 选择　　图12-45 创建旋转特征

草绘平面

05 创建抽壳特征。单击【特征】选项卡中的【抽壳】按钮，选择花瓶上表面为抽壳面，壳体厚度为4mm，如图12-46所示。

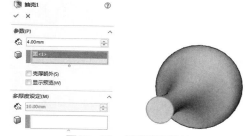

图12-46 创建抽壳特征

06 创建圆角特征。选择瓶口表面完整倒圆角，完成花瓶的制作，如图12-47所示。

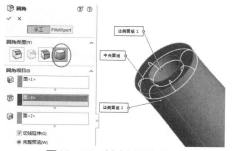

图12-47 创建倒圆角特征

12.4 对象的阵列与镜像

阵列按线性或圆周阵列复制所选的源特征。可以生成线性阵列、圆周阵列、曲线驱动的阵列、填充阵列，或使用草图点或表格坐标生成阵列。

对于线性阵列，先选择特征，然后指定方向、线性间距和实例总数。

对于圆周阵列，先选择特征，再选择作为旋转中心的边线或轴，然后指定实例总数及实例的角度间距，或实例总数及生成阵列的总角度。

12.4.1 阵列

SolidWorks提供了7种类型的特征阵列方式，最常用的还是线性阵列和圆周阵列。

1. 线性阵列 ▦

线性阵列是指在一个方向或两个相互垂直的直线方向上生成的阵列特征，它的命令按钮为▦。具体操作方法如下所述。

01 单击【特征】选项卡中的【线性阵列】按钮▦，系统显示【线性阵列】属性面板，如图12-48所示。

图12-48 【线性阵列】属性面板

02 根据系统要求设置面板中的相关选项，主要选项有：指定一个线性阵列的方向，指定一个要阵列的特征，设定阵列特征之间的间距和阵列的动手操作数，如图12-49所示。

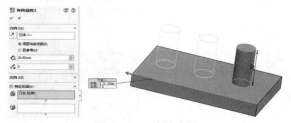

图12-49 线性阵列

2. 圆周阵列 ▦

圆周阵列是指阵列特征绕着一个基准轴进行特征复制，它主要用于圆周方向特征均匀分布的情形。圆周阵列的操作方法如下所述。

单击【特征】选项卡中的【圆周阵列】按钮▦，系统显示【圆周阵列】属性面板，根据系统要求设置相关选项，主要有：选取参考轴线，选取要阵列的特征，设置阵列参数，如图12-50所示。

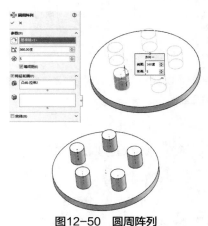

图12-50 圆周阵列

技巧点拨 📖

当创建特征的多个动手操作时，阵列是最好的方法。优先选择阵列的原因是：重复使用几何体、改变随动、使用装配部件阵列、智能扣件。

12.4.2 镜像

镜像是绕面或基准面镜像特征、面及实体。沿面或基准面镜像，生成一个特征（或多个特征）的复制。可选择特征或可选择构成特征的面。对于多实体零件，可使用阵列或镜像特征来阵列或镜像同一文件中的多个实体。

单击【特征】选项卡中的【镜像】按钮▦，系统显示【镜像】属性面板，如图12-51所示。根据系统要求设置面板中的相关选项，主要有两项：指定一个参考平

图12-51 【镜像】属性面板

面作为执行特征镜像操作的参考平面；选取一个或多个要镜像的特征，如图12-52所示。

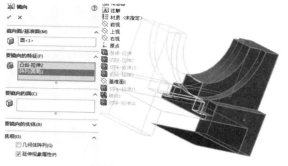

图12-52 镜像特征

动手操作——创建多孔板

前面学习了SolidWorks 2020的阵列、镜像命令，本小节将通过一个简单的特征操作来掌握该特征的基本要求。

01 先建立一个文件，进入零件建模环境。

02 后选择前视基准面作为草绘平面，并自动进入到草绘环境中。

03 绘制图12-53所示的基体图形。然后创建拉伸高度为2mm的拉伸凸台基体，如图12-54所示。

图12-53 绘制草图   图12-54 创建拉伸
凸台基体

04 创建圆角特征。使用【圆角】命令，并选中基体一侧的边线做半径为2mm的圆角，如图12-55所示。

05 绘制第一个孔。绘制图12-56所示的孔，尺寸以图示为参考，切除高度为1mm。

06 阵列特征。选择第一个孔作为阵列特征，并选择基体长边为方向1，短边为方向2，尺寸参数如图12-57所示。

07 镜像特征。单击【特征】选项卡中的【镜像】命令，选择基体侧面为镜像基准面，完成镜像操作，如图12-58所示。

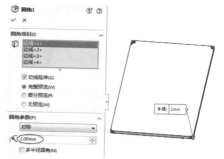

图12-55 创建圆角

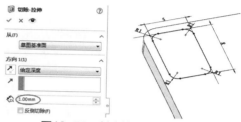

图12-56 创建第一个孔的特征

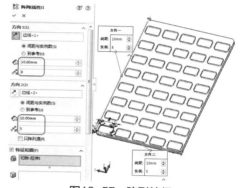

图12-57 阵列特征

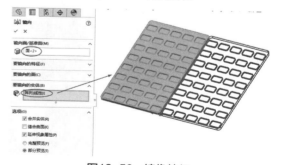

图12-58 镜像特征

12.5 筋及其他特征

除了上述提到的构造特征外，还有一些附加特征，如筋特征、形变特征等。

12.5.1 筋特征

筋给实体零件添加薄壁支撑。筋是从开环或闭环绘制的轮廓所生成的特殊类型拉伸特征。它在轮廓与现有零件之间添加指定方向和厚度的材料。可使用单一或多个草图生成筋，也可以用拔模生成筋特征，或者选择要拔模的参考轮廓。

要创建筋特征，必先绘制筋草图，然后单击【特征】选项卡中的【筋】按钮 ，打开【筋】属性面板，如图12-59所示。

筋特征允许用户使用最少的草图几何元素创建筋。创建筋时，需要制定筋的厚度、位置、方向和拔模角度。

图12-59 【筋】属性面板

表12-1所示为筋草图拉伸的典型例子。

表12-1 筋草图拉伸的典型例子

拉伸方向	图例	
简单草图，拉伸方向与草图平面平行		
简单草图，拉伸方向与草图平面垂直		
复杂草图，拉伸方向与草图平面垂直		

动手操作——插座造型

本动手操作将利用筋特征方法来创建一个插座造型，如图12-60所示。这种方法由于操作简单，从而为广大SolidWorks用户所使用。

图12-60 插座造型

01 新建零件文件。

02 选择前视基准面作为草绘平面并自动进入到草绘环境中。利用直线按钮 ╲ 绘制图12-61所示的图形作为基座。

03 执行【拉伸凸台/基体】命令，选择拔模角度为10°，如图12-62所示。

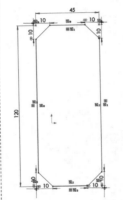

图12-61 绘制底座轮廓　　图12-62 拉伸底座特征

04 在基座表面绘制插头和指示灯座，如图12-63所示。选择【拉伸切除】命令，给定深度为5mm。

05 选择基座背面，采用【抽壳】命令，如图12-64所示，壳体厚度选择1mm。

图12-63 插座孔　　图12-64 完成插座体
及指示灯孔

技巧点拨

　　抽壳属于特征编辑命令，在稍后的章节中会讲到。

06 通过执行【拉伸切除】命令将插座孔和指示灯孔挖穿，如图12-65所示。考虑到绘图效率，可以用【草图】中的【转换实体引用】命令 □ 更方便地选择线段。

图12-65　挖穿插座孔和指示灯孔

技巧点拨

　　在这里，选择插座孔和指示灯孔的底面作为草绘平面进行操作。

07 在生成电线孔的特征时，用到了【参考几何体】中的【新建基准面】命令 ▣ ，参考前视基准面，新建图12-66所示的基准面。

图12-66　添加电线孔的基准面

08 在新建基准面1上，绘制图12-67所示的半同心圆，内心圆的直径为电线直径，边线与基座底边自动对齐。

图12-67　绘制电线孔

09 选择【凸台拉伸】命令完成电线孔的特征，考虑到基座侧面有10°的拔模角度，选择"成形到一面"的拉伸方法，并选择基座侧面为拉伸面，如图12-68所示。

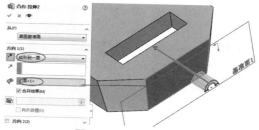

图12-68　拉伸电线孔

10 如图12-69所示，采用【拉伸切除】命令，将基座侧壁上电线位置挖穿。

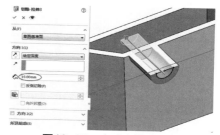

图12-69　完成电线孔特征

11 最后生成筋板，以基座底面（边线面）作为草绘平面，绘制两条直线，如图12-70所示，尺寸是未完全定义的。注意这两条线是"水平"的。

12 单击【筋】工具，并按图12-71所示设置参数。

➢　厚度：1.5mm，并向草图两侧创建筋 ▤。

➢　拉伸方向：垂直于草图方向 ☑。

➢　拔模角度：向外拔模3度 ◩。

13 预览一下拉伸方向，如果筋拉伸的方向错了，就勾选【反转材料方向】复选框。单击【细节预览】按钮，确认是否是自己想要的状态，确认后退出，完成插座设计。

图12-70　绘制
筋线

图12-71　完成筋特征

14 至此，插座的造型设计工作结束。最后将结果保存在工作目录中。

12.5.2 形变特征

通过形变特征来改变或生成实体模型和曲面。常用的形变特征有自由形、变形、压凹、弯曲和包覆等。

1. 自由形

自由形是通过在点上推动和拖动而在平面或非平面上添加变形曲面。自由形特征用于修改曲面或实体的面。每次只能修改一个面，该面可以有任意条边线。设计人员可以通过生成控制曲线和控制点，然后推拉控制点来修改面，对变形进行直接的交互式控制。可以使用三重约束推拉方向。

单击【特征】选项卡中的【自由形】按钮 👆 ，属性管理器中显示【自由形】面板。

实体模型自由形操作过程，如图12-72所示。

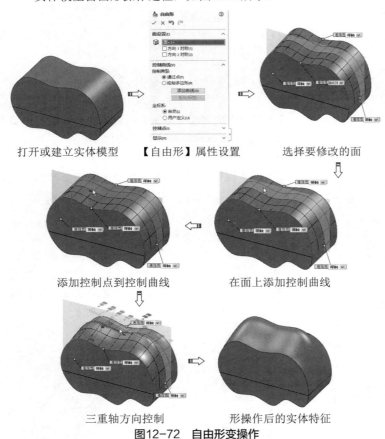

打开或建立实体模型　　【自由形】属性设置　　选择要修改的面

添加控制点到控制曲线　　在面上添加控制曲线

三重轴方向控制　　形操作后的实体特征

图12-72　自由形变操作

2. 变形

变形是将整体变形应用到实体或曲面实体。使用变形特征改变

复杂曲面或实体模型的局部或整体形状，无需考虑用于生成模型的草图或特征约束。

变形提供一种简单方法的虚拟改变模型，这在创建设计概念或对复杂模型进行几何修改时很有用，因为使用传统的草图、特征或历史记录编辑需要花费很长时间。

技巧点拨 📓

与变形特征相比，自由形可提供更多的方向控制。自由形可以满足生成曲线设计的消费产品设计师的要求。

变形特征有3种变形类型：点、曲线到曲线和曲面推进。

➢ 变形 - 点：点变形是改变复杂形状最简单的方法。选择模型面、曲面、边线或顶点上的一点，或选择空间中的一点，然后选择用于控制变形的距离和球形半径。

➢ 变形 - 曲线到曲线：曲线到曲线变形是改变复杂形状更为精确的方法。通过将几何体从初始曲线（可以是曲线、边线、剖面曲线，以及草图曲线组等）映射到目标曲线组，可以变形对象。

➢ 变形 - 曲面推进：曲面推进变形通过使用工具实体曲面替换（推进）目标实体曲面来改变其形状。目标实体曲面接近工具实体曲面，但在变形前后每个目标曲面之间保持一对一的对应关系。

单击【特征】选项卡中

【变形】按钮 ，属性管理器才显示【变形】面板。

使用点来变形模型操作过程，如图 12-73 所示。

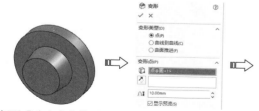

打开或建立实体模型　　【变形】属性中的【变形类型】
选择【点】

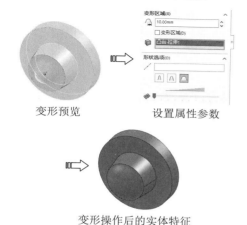

变形预览　　　　　　　设置属性参数

变形操作后的实体特征

图12-73　使用点来变形模型操作

3. 压凹

压凹特征以工具实体的形状在目标实体中生成袋套或凸起，因此在最终实体中比在原始实体中显示更多的面、边线和顶点。这与变形特征不同，变形特征中的面、边线和顶点数在最终实体中保持不变。

压凹可用于以指定厚度和间隙值进行复杂等距的多种应用，其中包括封装、冲印、铸模，以及机器的压入配合等。

技巧点拨

如果更改用于生成凹陷的原始工具实体的形状，则压凹特征的形状将会更新。

压凹时的一些条件要求。

➢ 目标实体和工具实体其中必须有一个为实体。

➢ 如想压凹，目标实体必须与工具实体接触，或者间隙值必须允许穿越目标实体的凸起。

➢ 如想切除，目标实体和工具实体不必相互接触，但间隙值必须大到可足够生成与目标实体的交叉。

➢ 如想以曲面工具实体压凹（切除）实体，曲面必须与实体完全相交。

单击【特征】选项卡中【压凹】按钮 ，属性管理器中显示【压凹】面板。

实体模型压凹特征操作过程，如图 12-74 所示。

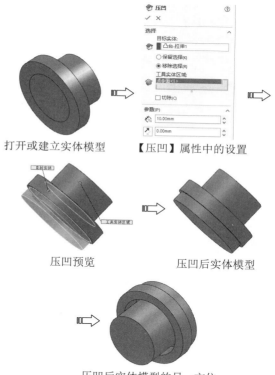

打开或建立实体模型　　【压凹】属性中的设置

压凹预览　　　　　　　压凹后实体模型

压凹后实体模型的另一方位

图12-74　实体模型压凹特征操作

4. 弯曲

弯曲是弯曲实体和曲面实体。弯曲特征以直观的方式对复杂的模型进行变形。可以生成4种类型的弯曲：折弯、扭曲、锥削和伸展。

单击【特征】选项卡中【弯曲】按钮 ，属性管理器显示【弯曲】面板。

实体模型弯曲特征操作过程，如图 12-75 所示。

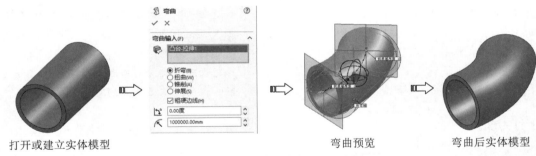

打开或建立实体模型   弯曲预览   弯曲后实体模型

图12-75　实体模型弯曲特征操作

5. 包覆

包覆是将草图轮廓闭合到面上。包覆特征将草图包裹到平面或非平面。可从圆柱、圆锥或拉伸的模型生成一平面，也可选择一平面轮廓来添加多个闭合的样条曲线草图。包覆特征支持轮廓选择和草图再用。可以将包覆特征投影至多个面上。

单击【特征】选项卡中【包覆】按钮 🔘，指定草图平面并绘制包覆草图后，属性管理器中才显示【包覆1】面板。

实体模型生成包覆特征操作过程，如图12-76所示。

> **提示 🔎**
>
> 包覆的草图只可包含多个闭合轮廓。不能从包含有任何开放性轮廓的草图生成包覆特征。

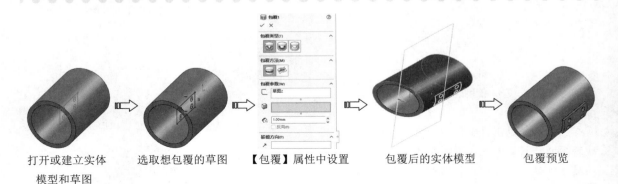

打开或建立实体   选取想包覆的草图   【包覆】属性中设置   包覆后的实体模型   包覆预览
模型和草图

图12-76　实体模型生成包覆特征操作

动手操作——飞行器造型

飞行器的结构由飞行器机体、侧翼、动力装置和喷射的火焰组成，如图12-77所示。

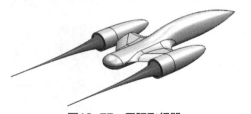

图12-77　天际飞行器

01 打开本例源文件"飞行器草图.SLDPRT"，打开的文件为飞行器机体的草图曲线，如图12-78所示。

图12-78　飞行器机体的草图

02 在【特征】选项卡中单击【扫描】按钮 🖉，属性管理器显示【扫描】面板。在图形区选择草图作为轮廓和路径，如图12-79所示。

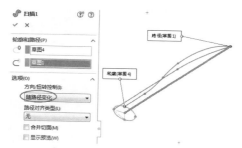

图12-79　选择轮廓和路径

03 激活【引导线】选项区的列表，然后在图形区选择两条扫描的引导线，如图12-80所示。

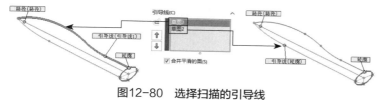

图12-80　选择扫描的引导线

04 查看扫描预览，无误后单击面板中的【确定】按钮 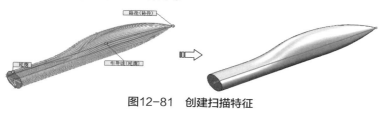，完成扫描特征的创建，如图12-81所示。

图12-81　创建扫描特征

技巧点拨

在学习本例飞行器机体的建模时，若要自己绘制草图来创建扫描特征，则扫描的轮廓（椭圆）不能为完整椭圆，即要将椭圆一分为二。否则在创建扫描特征时将会出现图12-82所示的情况。

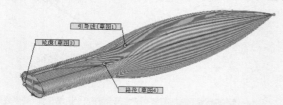

图12-82　以完整椭圆为轮廓时创建的扫描特征

05 在【特征】选项卡单击【圆顶】按钮 ●圆顶 ，属性管理器显示【圆顶】面板。通过该面板，在扫描特征中选择面和方向，随后显示圆顶预览，如图12-83所示。

06 在面板中输入圆顶的距离为"105"，最后单击【确定】按钮，完成圆顶特征的创建，如图12-84所示。扫描特征与圆顶特征即为飞行器机体。

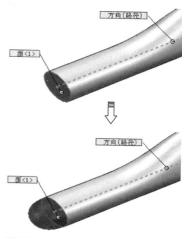

图12-83　选择到圆顶的面和方向

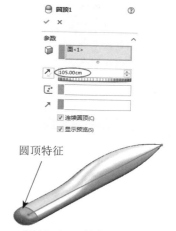

图12-84　创建圆顶特征

07 使用"扫描"工具，选择图12-85所示的扫描轮廓、扫描路径和扫描引导线来创建扫描特征。

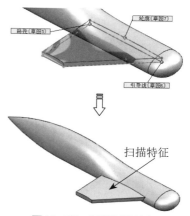

图12-85　创建扫描特征

247

技巧点拨

在【扫描】面板的【选项】选项区中需勾选【合并结果】复选框。这是为了便于后面做镜像操作。

08 使用"圆角"工具,分别在扫描特征上创建半径为"91.5"和"160"的圆角特征,如图12-86所示。

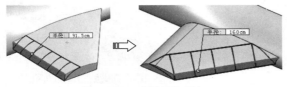

图12-86 创建圆角特征

09 使用"旋转凸台/基体"工具,选择图12-87所示的扫描特征侧面作为草绘平面,然后进入草图模式绘制旋转草图。

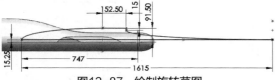

图12-87 绘制旋转草图

10 退出草图模式后,以默认的旋转设置来完成旋转特征的创建,结果如图12-88所示。此旋转特征即为动力装置和喷射火焰。

图12-88 创建旋转特征

11 使用"镜像"工具,以右视基准面作为镜像平面,在机体的另一侧镜像出侧翼、动力装置和喷射火焰,结果如图12-89所示。

技巧点拨

在【镜像】面板中不能勾选【合并实体】复选框。这是因为在镜像过程中,只能合并一个实体,不能同时合并两个及两个以上的实体。

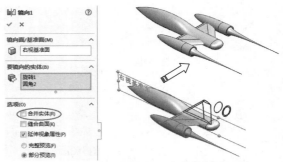

图12-89 镜像侧翼、动力装置和喷射火焰

12 使用"组合"工具,将图形区中的所有实体合并成一个整体,如图12-90所示。

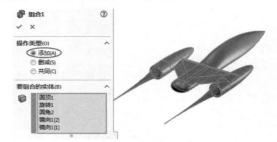

图12-90 合并所有实体

13 使用"圆角"工具,在侧翼与机体连接处创建半径为"120cm"的圆角特征,如图12-91所示。至此,天际飞行器的造型设计操作全部完成。

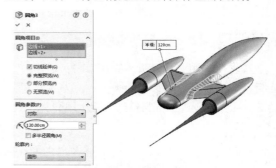

图12-91 创建圆角特征

12.6 综合实战——中国象棋造型设计

引入素材:无

结果文件:综合实战\结果文件\Ch12\中国象棋造型.SLDPRT

视频文件:视频\Ch12\中国象棋造型设计.avi

象棋是中国的国棋，在SolidWorks零件建模环境下，造型其实是比较简单的，象棋与棋盘可以做成装配体，也可以做成一个零件。

本节中要创建的中国象棋模型如图12-92所示。

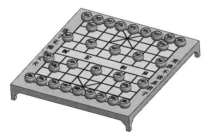

图12-92　中国象棋

01 新建零件文件，进入到零件建模环境中。

02 选择前视基准面作为草图平面，绘制图12-93所示的草图1。

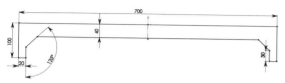

图12-93　草图1

03 单击【拉伸凸台/基体】按钮 ，选择草图1创建拉伸特征，如图12-94所示。

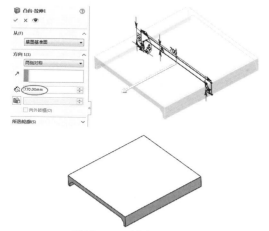

图12-94　创建拉伸特征

04 选择拉伸特征的一个端面（此端面与前视基准面垂直）作为草图平面，绘制图12-95所示的草图2。

05 单击【拉伸切除】按钮 ，打开【切除-拉伸】属性面板，选择草图2创建拉伸切除特征1，如图12-96所示。完成棋桌的主体。

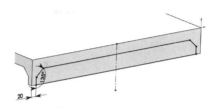

图12-95　绘制草图2

图12-96　创建拉伸切除特征1

06 选择桌面作为草图平面，绘制草图3，如图12-97所示。

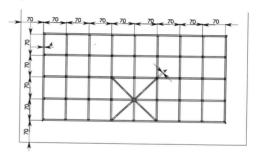

图12-97　绘制草图3

07 使用【拉伸切除】工具，选择草图3，创建拉伸切除特征2，如图12-98所示。此特征为棋盘格。

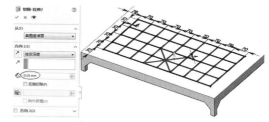

图12-98　创建拉伸切除2

08 单击 镜向①按钮，打开【镜像】属性面板。选择前视基准面为镜像平面，选择拉伸切除2作为要镜像的特征，单击【确定】按钮 完成镜像操作，如图12-99所示。

09 选择桌面作为草图平面，进入草图环境绘制文字。首先绘制"楚河"两个文字，另需要绘制一

────────────────

① "镜向"一词属于软件翻译错误，正确翻译应为"镜像"，正文中将按正确翻译进行讲解。

条辅助构造线，如图12-100所示。

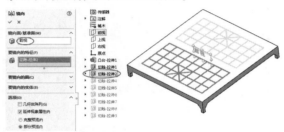

图12-99　创建棋盘格镜像

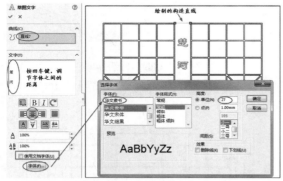

图12-100　绘制"楚河"文字

技巧点拨 📌

不要将文字设置为粗体，否则不能创建拉伸切除。

10 同理，在下方绘制构造直线，再绘制"汉界"两字，如图12-101所示。

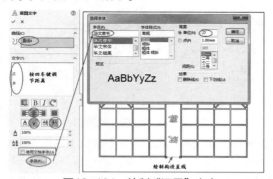

图12-101　绘制"汉界"文字

11 退出草图环境后使用【拉伸切除】工具，创建文字的切除特征，如图12-102所示。

12 接下来设计象棋棋子。在右视基准面上绘制旋转截面草图，然后使用【旋转/凸台基体】工具 🔃 创建旋转体，作为棋子的主体，如图12-103所示。

13 给旋转特征倒圆角处理，如图12-104所示。

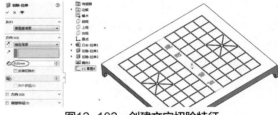

图12-102　创建文字切除特征

图12-103　创建棋子的主体特征

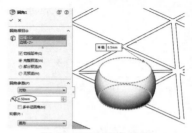

图12-104　圆角处理

14 在旋转特征上表面绘制文字草图，以黑子的"帅（繁体字）"为例，如图12-105所示。

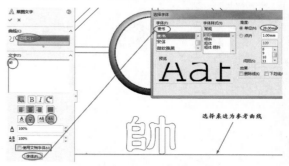

图12-105　绘制"帅"文字

15 接着将"帅"字进行定位，不能使用【移动实体】工具，可以制作成块。选中"帅"字，在显示的浮动工具栏单击【制作块】按钮 🅰，打开【制作块】属性面板。然后拖动操纵柄定义块的插入点，单击【确定】按钮 ✓，完成块的创建，如图12-106所示。

16 关闭块的创建。默认情况下制作的块在坐标系的原点位置，需要拖动块的插入点直到棋子上，如图12-107所示。

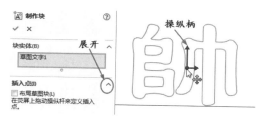

图12-106 制作块

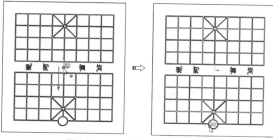

图12-107 拖动块到新位置

17 退出草图环境。利用【拉伸切除】工具，创建文字切除特征，如图12-108所示。

图12-108 创建文字的拉伸切除特征

18 接着在棋子表面上绘制同心圆草图，并创建拉伸切除特征（深度为0.2mm），如图12-109所示。

图12-109 创建拉伸切除特征

19 其他的象棋棋子不可能再一一创建，需要使用到阵列和镜像操作。最后只需要修改文字即可。首先将棋子"帅"进行草图阵列。要进行草图阵列，必须先绘制草图，在桌面上绘制图12-110所示的草图点（每个棋子的位置）。

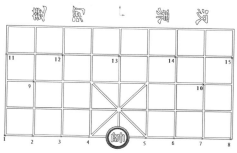

图12-110 绘制草图点（15个）

20 在阵列菜单中单击 ⊹ 草图驱动的阵列 按钮，打开【由草图驱动的阵列】属性面板。选择点草图，再选择特征进行草图驱动阵列，如图12-111所示。

图12-111 草图驱动阵列

21 使用【镜像】工具，将现有的棋子全部镜像到前视基准面的另一对称侧，如图12-112所示。

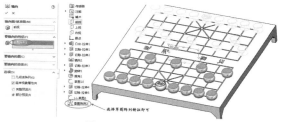

图12-112 创建镜像

22 最后统一在棋子表面绘制其他棋子文字草图，当然也可以分开绘制，再创建拉伸切除特征（拉伸深度为0.2mm），最终效果如图12-113所示。

技巧点拨

如果把文字制作成块后找不到，可以缩小整个视图，文字块有可能在绘图区的一个角落里，千万不要以为没有创建成功。在创建对称侧的文字时，制作块后还要把文字块进行旋转（ ↻ 旋转实体 ）。

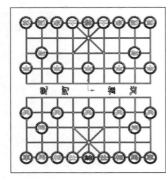

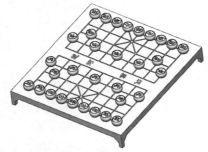

图12-113　创建其余棋子文字的拉伸切除特征

23▶至此，就完成了中国象棋的建模。

12.7　课后习题

1. 创建梯子

本例习题是创建梯子模型，如图12-114所示。主要使用【拉伸凸台/基体】、【拉伸切除】、【线性阵列】等工具来构建模型。

2. 创建管接头

本例习题是创建管接头模型，如图12-115所示。管接头主体为回转体零件，通过旋转实体生成，螺纹则通过【螺纹线】工具来生成，锥形凹槽通过旋转切除线性阵列。

图12-114　梯子模型　　　图12-115　管接头模型

为了让读者了解SolidWorks 2020装配设计流程，本章全面介绍从建立装配体、零部件压缩与轻化、装配体的干涉检测、控制装配体的显示、其他装配体技术，直到装配体爆炸视图的完整设计。

知识要点 ::::::::

⊙ 装配概述
⊙ 开始装配体
⊙ 控制装配体

⊙ 布局草图
⊙ 装配体检测
⊙ 爆炸视图

13.1 装配概述

装配是根据技术要求将若干零部件接合成部件，或将若干个零部件和部件接合成产品的劳动过程。装配是整个产品制造过程中的后期工作，各部件需正确地装配，才能形成最终产品。如何从零部件装配成产品并达到设计所需要的装配精度，这是装配工艺要解决的问题。

13.1.1 计算机辅助装配

计算机辅助装配工艺设计是用计算机模拟装配人员编制装配工艺，自动生成装配工艺文件。因此它可以缩短编制装配工艺的时间，减少劳动量，同时也提高了装配工艺的规范化程度，并能对装配工艺进行评价和优化。

1. 产品装配建模

产品装配建模是一个能完整、正确地传递不同装配体设计参数、装配层次和装配信息的产品模型。它是产品设计过程中数据管理的核心，是产品开发和支持设计灵活变动的强有力工具。

产品装配建模不仅描述了零部件本身的信息，还描述产品零部件之间的层次关系、装配关系以及不同层次的装配体中的装配设计参数的约束和传递关系。

建立产品装配模型的目的在于建立完整的产品装配信息表达，一方面使系统对产品设计能进行全面支持，另一方面它可以为CAD系统中的装配自动化和装配工艺规划提供信息源，并对设计进行分析和评价，图13-1所示为基于CAD系统进行装配的产品零部件。

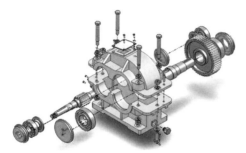

图13-1 基于CAD系统进行装配的产品零部件

2. 装配特征的定义与分类

从不同的应用角度，特征有不同的分类。根据产品装配的有关知识，零部件的装配性能不仅取决于零部件本身的几何特性（如轴孔配合有无倒角），还部分取决于零部件的非几何特征（如零部件的重量、精度等）和装配操作的相关特征（如零部件的装配方向、装配方法，以及装配力的大小等）。

根据以上所述，装配特征的完整定义即是与零部件装配相关的几何、非几何信息，以及装配操作的过程信息。装配特征可分为几何装配特征、物理装配特征和装配操作特征3种类型。

➢ 几何装配特征：几何装配特征包括配合特征几何元素、配合特征几何元素的位置、配合类型和零部件位置等属性。

➢ 物理装配特征：与零部件装配有关的物理装配特征属性，包括零部件的体积、重量、配合面粗糙度、刚性，以及黏性等。

➢ 装配操作特征：指装配操作过程中零部件的装配方向、装配过程中的阻力、抓拿性、对称性、有无定向与定位特征、装配轨迹，以及装配方法等属性。

3. 了解SolidWorks装配术语

在利用SolidWorks进行装配建模之前，初学者必须先了解一些装配术语，这将有助于后面课程的学习。

（1）零部件。在SolidWorks中，零部件就是装配体中的一个组件（组成部件）。零部件可以是单个部件（即零件），也可以是一个子装配。零部件是由装配体引用而不是复制到装配体中。

（2）子装配体。组成装配体的这些零部件称为子装配体。当一个装配体成为另一个装配体的零部件时，这个装配体也可称为子装配体。

（3）装配体。它是由多个零部件或其他子装配体所组成的一个组合体。装配体文件的扩展名为".sldasm"。

装配体文件中保存了两方面内容：一是进入装配体中各零件的路径，二是各零件之间的配合关系。一个零件放入装配体中时，这个零件文件会与装配体文件产生链接关系。在打开装配体文件时，SolidWorks要根据各零件的存放路径找出零件，并将其调入装配体环境。所以装配体文件不能单独存在，要和零件文件一起存在才有意义。

（4）"自下而上"装配。自下而上装配是指在设计过程中，先设计单个零部件，在此基础上进行装配生成总体设计。这种装配建模需要设计人员交互地给定配合构件之间的配合约束关系，然后由SolidWorks系统自动计算构件的转移矩阵，并实现虚拟装配。

（5）"自上而下"装配。自上而下装配，是指在装配级中创建与其他部件相关的部件模型，是在装配部件的顶级向下产生子装配和部件（即零件）的装配方法。即先从产品的大致形状特征对整体进行设计，然后根据装配情况对零件进行详细设计。

（6）混合装配。混合装配是将自上而下装配和自下而上装配结合在一起的装配方法。例如先创建几个主要部件模型，再将其装配在一起，然后再装配中设计其他部件，即为混合装配。在实际设计中，可根据需要在两种模式下切换。

（7）配合。配合是在装配体零部件之间生成几何关系。当零件被调入到装配体中时，除了第一个调入的之外，其他的都没有添加配合，位置处于任意的"浮动"状态。在装配环境中，处于"浮动"状态的零件可以分别沿3个坐标轴移动，也可以分别绕3个坐标轴转动，即共有6个自由度。

（8）关联特征。关联特征是用来在当前零件中通过对其他零件中几何体上进行绘制草图、投影、偏移或加入尺寸来创建几何体。关联特征也是带有外部参考的特征。

13.1.2　装配环境的进入

进入装配环境有两种方法：第一种是在新建文件时，在弹出的【新建SolidWorks文件】对话框中选择【装配体】模板，单击【确定】按钮即可新建一个装配体文件，并进入装配环境，如图13-2所示。第二种则是在零部件环境中，执行菜单栏中的【文件】|【从零部件制作装配体】命令，切换到装配环境。

当新建一个装配体文件或打开一个装配体文

件时，即进入SolidWorks装配环境。SolidWorks装配操作界面和零部件模式的界面相似，装配体界面同样具有菜单栏、选项卡、设计树、控制区和零部件显示区。在左侧的控制区中列出了组成该装配体的所有零部件。在设计树最底端还有一个配合的文件夹，包含了所有零部件之间的配合关系，如图13-3所示。

由于SolidWorks提供了用户自己定制界面的功能，本书中的装配操作界面可能与读者实际应用有所不同，但大部分界面应是一致的。

图13-2　新建装配体文件

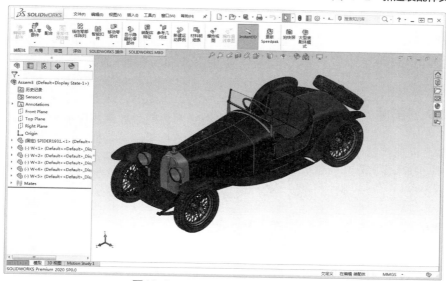

图13-3　SolidWorks装配操作界面

13.2　开始装配体

当用户新建装配体文件并进入装配环境时，属性管理器中显示【开始装配体】面板，如图13-4所示。

在面板中，用户可以单击【生成布局】按钮，直接进入布局草图模式，绘制用于定义装配零部件位置的草图。

用户还可以通过单击【浏览】按钮，浏览要打开的装配体文件位置，并将其插入装配环境，然后再进行装配的设计、编辑等操作。

在面板的【选项】选项区中包含3个复选项，其含义如下。

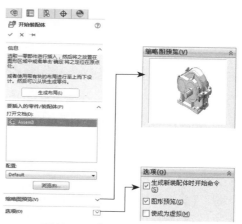

图13-4　【开始装配体】面板

➢ 生成新装配体时开始命令：该选项用于控制【开始装配体】面板的显示与否。如果用户的第一个装配体任务为插入零部件或生成装配体布局草图，可以取消对此选项的勾选。

技巧点拨

若要关闭【开始装配体】面板，可以通过执行【插入零部件】命令，勾选【生成新装配体时开始命令】选项后随即打开该面板。

➢ 图形预览：此选项用于控制插入的装配模型是否在图形区中预览。

➢ 使成为虚拟：勾选此复选框，可以使用户插入的零部件成为"虚拟"零部件。虚拟零部件是断开外部零部件文件的链接并在装配体文件内储存零部件定义的模拟部件。

13.2.1 插入零部件

插入零部件功能可以将零部件添加到新的或现有装配体中。插入零部件功能包括以下几种装配方法：插入零部件、新零部件、新装配体和随配合复制。

1. 插入零部件

【插入零部件】工具用于将零部件插入现有装配体中。用户选择自下而上的装配方式后，先在零部件模式造型，可以使用该工具将之插入装配体，然后使用"配合"来定位零部件。

单击【插入零部件】按钮，属性管理器中显示【插入零部件】面板。【插入零部件】面板中的选项设置与【开始装配体】面板是相同的，这里就不重复介绍了。

技巧点拨

在自上而下的装配设计过程中，可以把第一个插入的零部件叫作"主零部件"。因为后插入的零部件将以它作为装配参考。

2. 新零部件

使用【新零部件】工具，可以在关联的装配体中设计新的零部件。在设计新零部件时可以使用其他装配体零部件的几何特征。只有在用户选择了自上而下的装配方式后，才可使用此工具。

技巧点拨

在生成关联装配体的新零部件之前，可指定默认行为将新零部件保存为单独的外部零部件文件，或者作为装配体文件内的虚拟零部件。

在【装配体】选项卡中执行了【新零部件】命令后，特征管理器设计树中显示一个空的"[零部件1^装配体1]"的虚拟装配体文件，且指针变为，如图13-5所示。

当指针在设计树中移动至基准面位置时，指针变为，如图13-6所示。指定一基准面后，就可以在插入的新零部件文件中创建模型了。

对于内部保存的零部件，可不选取基准面，而是单击图形区域的一处空白区域，此时一空白零部件就添加到装配体中了。用户可编辑或打开空白零部件文件并生成几何体。零部件的原点与装配体的原点重合，则零部件的位置是固定的。

图13-5 设计树中的　　图13-6 欲选择基准面时
新零部件文件　　　　　的指针

技巧点拨

在生成关联装配体的新零部件之前，要想使虚拟的新零部件文件变为单独的外部装配体文件，只需将虚拟的零部件文件另外保存即可。

3. 新装配体

当需要在任何一层装配体层次插入子装配体时，可以使用【新装配体】工具。当创建了子装配体后，可以用多种方式将零部件添加到子装配体中。

插入新的子装配体的装配方法也是自上而下的设计方法。插入的新子装配体文件也是虚拟的装配体文件。

4. 随配合复制

当使用【随配合复制】工具复制零部件或子装配体时，可以同时复制其关联的配合。例如，在【装配体】选项卡中执行【随配合复制】命令后，在减速器装配体中复制其中一个"被动轴通盖"零部件时，属性管理器中显示【随配合复制】面板，面板中显示了该零部件在装配体中的配合关系，如图13-7所示。

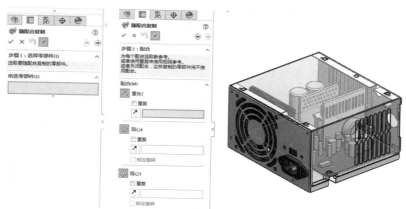

图13-7　随配合复制减速器装配体的零部件

【随配合复制】面板中各选项的含义如下。

➢ 【所选零部件】选项区：该选项区下的列表用以收集要复制的零部件。

➢ 复制该配合 ◎：单击【配合】按钮，即可在复制零部件过程中也将配合复制，再单击此按钮，则不复制配合。

➢ 【重复】选项：仅当所创建的所有复制件都使用相同的参考时，可勾选【重复】复选框。

➢ 要配合到的新实体 ▭▭▭▭▭▭：激活此列表，在图形区域中选择新配合参考。

➢ 反转配合对齐 ↗：单击此按钮，改变配合对齐方向。

13.2.2　配合

配合就是在装配体零部件之间生成几何约束关系。

当零部件被调入到装配体时，除了第一个调入的零部件或子装配体之外，其他的都没有添加配合，位置处于任意的"浮动"状态。在装配环境，处于"浮动"状态的零部件可以分别沿3个坐标轴移动，也可以分别绕3个坐标轴转动，即共有6个自由度。

当给零部件添加装配关系后，可消除零部件的某些自由度，限制零部件的某些运动，此种情况称为不完全约束。当添加的配合关系将零部件的6个自由度都消除时，称为完全约束，零部件将处于"固定"状态，如同插入的第一个零部件一样（默认情况下为"固定"），无法进行拖动操作。

技巧点拨 🗊

一般情况下，第一个插入的零部件位置是固定的，但也可以执行右键菜单中的【浮动】命令，取消其"固定"状态。

在【装配体】选项卡中单击【配合】按钮 ⦿，属性管理器中显示【配合】面板。面板中的【配合】选项卡下包括用于添加标准配合、机械配合和高级配合的选项。【分析】选项卡下的选项用于分析所选的配合，如图13-8所示。

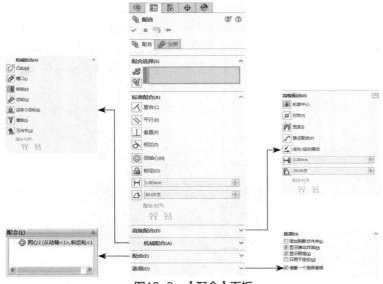

图13-8　【配合】面板

1. 【配合选择】选项区

该选项区用于选择要添加配合关系的参考实体。激活【要配合的实体】选项💭，选择想配合在一起的面、边线、基准面等。这是单一的配合，范例如图13-9所示。

"多配合"模式选项💭是用于多个零部件与同一参考的配合，范例如图13-10所示。

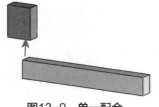

图13-9　单一配合

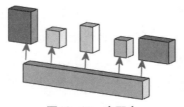

图13-10　多配合

2. 标准配合

该选项区用于选择配合类型。SolidWorks提供了9种标准配合类型，具体介绍如下。

➢ 重合🔨：将所选面、边线及基准面定位（相互组合或与单一顶点组合），使其共享同一个无限基准面。定位两个顶点使它们彼此接触。

➢ 平行🔲：使所选的配合实体相互平行。

➢ 垂直⊥：使所选配合实体彼此间成90°角度放置。

➢ 相切👌：使所选配合实体彼此间相切来放置（至少有一选择项必须为圆柱面、圆锥面或球面）。

➢ 同轴心◎：使所选配合实体放置于共享同一中心线处。

➢ 锁定🔒：保持两个零部件之间的相对位置和方向。

➢ 距离🔛：使所选配合实体以彼此间指定的距离来放置。

➢ 角度📐：使所选配合实体以彼此间指定的角度来放置。

➢ 配合对齐：设置配合对齐条件。配合对齐条件包括"同向对齐"👯和"反向对齐"👯。"同向对齐"是指与所选面正交的向量指向同一方向，如图13-11（a）所示。"反向对齐"是指与所选面正交的向量指向相反方向，如图13-11（b）所示。

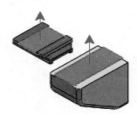

（a）同向对齐

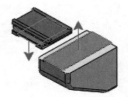

（b）反向对齐

图13-11　配合对齐

技巧点拨 📖

对于圆柱特征，轴向量无法看见或确定。可选择"同向对齐"或"反向对齐"来获取对齐方式，如图13-12所示。

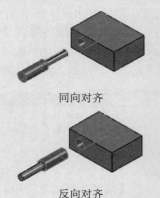

同向对齐

反向对齐

图13-12　圆柱特征的配合对齐

3. 高级配合

【高级配合】选项区提供了相对复杂的零部件配合类型。表13-1列出了7种高级配合类型的说明及图解。

表13-1　7种高级配合类型的说明及图解

高级配合	说　　明	图　　解
轮廓中心	将矩形和圆形轮廓互相中心对齐，并完全定义组件	
对称配合	对称配合强制使两个相似的实体相对于零部件的基准面、平面或装配体的基准面对称	
宽度配合	宽度配合使零部件位于凹槽宽度内的中心	
路径配合	路径配合将零部件上所选的点约束到路径	
线性/线性耦合	线性/线性耦合配合在一个零部件的平移和另一个零部件的平移之间建立几何关系	
距离配合	距离配合允许零部件在一定数值范围内移动	
角度配合	角度配合允许零部件在角度配合一定数值范围内移动	

4. 机械配合

在【机械配合】选项区中提供了6种用于机械零部件装配的配合类型，如表13-2所示。

表13-2 6种机械配合类型的说明及图解

机械配合	说　　明	图　　解
齿轮配合	齿轮配合会强迫两个零部件绕所选轴相对旋转。齿轮配合的有效旋转轴包括圆柱面、圆锥面、轴和线性边线	
铰链配合	铰链配合将两个零部件之间的转动限制在一定的范围内。其效果相当于同时添加同心配合和重合配合	
凸轮配合	凸轮推杆配合为一相切或重合配合类型。它可允许用户将圆柱、基准面或点与一系列相切的拉伸曲面相配合	
齿条小齿轮	通过齿条和小齿轮配合，某个零部件（齿条）的线性平移会引起另一零部件（小齿轮）做圆周旋转，反之亦然	
螺旋配合	螺旋配合将两个零部件约束为同心，还在一个零部件的旋转和另一个零部件的平移之间添加几何关系	
万向节配合	在万向节配合中，一个零部件（输出轴）绕自身轴的旋转是由另一个零部件（输入轴）绕其轴的旋转驱动的	

5.【配合】选项区

【配合】选项区包含【配合】面板打开时添加的所有配合或正在编辑的所有配合。当配合列表框中有多个配合时，可以选择其中一个进行编辑。

6.【选项】选项区

【选项】选项区包含用于设置配合的选项。各选项含义如下。

➢ 添加到新文件夹：勾选此复选框后，新的配合会出现在特征管理器设计树的【配合】文件夹中。

➢ 显示弹出对话：勾选此复选框后，用户添加标准配合时会出现配合文字标签。

➢ 显示预览：勾选此复选框，在为有效配合选择了足够对象后便会出现配合预览。

➢ 只用于定位：勾选此复选框，零部件会移至配合指定的位置，但不会将配合添加到特征管理器设计树中。配合会出现在【配合】选项区中，以便用户编辑和放置零部件，但当关闭【配合】面板时，不会有任何内容出现在特征管理器设计树中。

13.3 控制装配体

在SolidWorks装配过程中，当出现相同的多个零部件装配时，使用"阵列"或"镜像"，可以避免多次插入零部件的重复操作。使用"移动"或"旋转"，可以平移或旋转零部件。

13.3.1 零部件的阵列

在装配环境下，SolidWorks向用户提供了3种常见的零部件阵列类型：圆周零部件阵列、线性零部件阵列和阵列驱动零部件阵列。

1. 圆周零部件阵列

此种阵列类型可以生成零部件的圆周阵列。在【装配体】选项卡的【线性零部件阵列】下拉菜单中选择【圆周零部件阵列】命令，属性管理器中显示【圆周阵列】面板，如图13-13所示。当指定阵列轴、角度和实例数（阵列数）及要阵列的零部件后，就可以生成零部件的圆周阵

列，如图13-14所示。

图13-13　【圆周阵列】面板

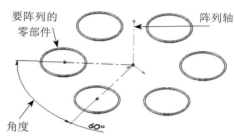

图13-14　生成的圆周零部件阵列

若要将阵列中的某个零部件跳过，在激活"可跳过的实例"列表框后，再选择要跳过显示的零部件即可。

2. 线性零部件阵列

此种阵列类型可以生成零部件的线性阵列。在【装配体】选项卡中单击【线性零部件阵列】按钮，属性管理器中显示【线性阵列】面板，如图13-15所示。当指定了线性阵列的方向1、方向2，以及各方向的间距、实例数之后，即可生成零部件的线性阵列，如图13-16所示。

图13-15　【线性阵列】面板

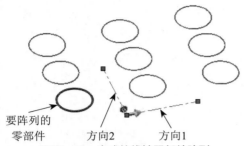

要阵列的   方向2   方向1
零部件

图13-16　生成的线性零部件阵列

3. 阵列驱动零部件阵列

此种类型是根据参考零部件中的特征来驱动的，在装配Toolbox标准件时特别有用。

在【装配体】选项卡的【线性零部件】下拉菜单中选择【阵列驱动零部件阵列】命令 阵列驱动零部件阵列，属性管理器中显示【阵列驱动】面板，如图13-17所示。例如，当指定了要阵列的零部件（螺钉）和驱动特征（孔面）后，系统自动计算出孔盖上有多少个相同尺寸的孔并生成阵列，如图13-18所示。

图13-17　【阵列驱动】面板

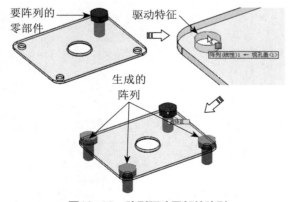

要阵列的   驱动特征
零部件

生成的
阵列

图13-18　阵列驱动零部件阵列

13.3.2　零部件的镜像

当固定的参考零部件为对称结构时，可以使用"零部件的镜像"工具来生成新的零部件。新零部件可以是源零部件的复制版本或是相反方位版本。

复制版本与相反方位版本之间的生成差异如下。

复制类型：源零部件的新实例将添加到装配体中，不会生成新的文档或配置。复制零部件的几何体与源零部件完全相同，只有零部件方位不同，如图13-19所示。

相反方位类型：会生成新的文档或配置。新零部件的几何体是镜像所得的，所以与源零部件不同，如图13-20所示。

图13-19　复制类型　　　图13-20　相反方位类型

在【装配体】选项卡中的【线性零部件阵列】下拉菜单中选择【镜像零部件】命令 镜向零部件，属性管理器中显示【镜像零部件】面板，如图13-21所示。

当选择了镜像基准面和要镜像的零部件以后（完成第1个步骤），在面板顶部单击【下一步】按钮 进入第2个步骤。在第2个步骤中，用户可以为镜像的零部件选择镜像版本和定向方式，如图13-22所示。

图13-21　【镜像零部件】　图13-22　第2个步骤
　　　　　面板

在第2个步骤中，复制版本的定向方式有4种，如图13-23所示。

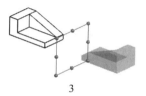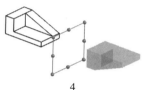

| 1 | 2 | 3 | 4 |

图13-23　复制版本的4种定向方式

相反方位版本的定向方式仅有一种，如图13-24所示。生成相反方位版本的零部件后，图标 ⚓ 会显示在该项目旁边，表示已经生成该项目的一个相反方位版本。

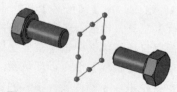

图13-24　相反方位版本的定向

图13-26　【移动零部件】面板

技巧点拨

对于设计库中的Toolbox标准件，镜像零部件操作后的结果只能是复制类型，如图13-25所示。

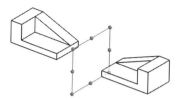

图13-25　Toolbox标准件的镜像

13.3.3　移动或旋转零部件

使用移动零部件和旋转零部件功能，可以任意移动处于浮动状态的零部件。如果该零部件被部分约束，则在被约束的自由度方向上是无法运动的。使用此功能，在装配中可以检查哪些零部件是被完全约束的。

在【装配体】选项卡中单击【移动零部件】按钮 ，属性管理器中显示【移动零部件】面板，如图13-26所示。【移动零部件】面板和【旋转零部件】面板的选项设置是相同的。

13.4　布局草图

布局草图对装配体的设计是一个非常有用的工具，使用装配布局草图可以控制零部件和特征的尺寸和位置。对装配布局草图的修改会引起所有零部件的更新，如果再采用装配设计表还可进一步扩展此功能，自动创建装配体的配置。

13.4.1　布局草图的功能

装配环境的布局草图有如下功能。

1.确定设计意图

所有的产品设计都有一个设计意图，不管它是创新设计还是改良设计。总设计师最初的想法、草图、计划、规格及说明都可以用来构成产品的设计意图。它可以帮助每个设计者更好地理解产品的规划和零部件的细节设计。

2.定义初步的产品结构

产品结构包含了一系列的零部件，以及它们所继承的设计意图。产品结构可以这样构成：在它里面的子装配体和零部件都可以只包含一些从顶层继承的基准和骨架或者复制的几何参考，而不包括任何本身的几何形状或具体的零部件，还可以把子装配体和零部件在没有任何装配约束的情况下加入装配中。这样做的好处是，这些子装配体和零部件在设计的初期是不确定也不具体的，但是仍然可以在产品规划设计时，把它们加入装配中，从而可以为并行设计做准备。

3. 在整个装配骨架中传递设计意图

重要零部件的空间位置和尺寸要求都可以作为基本信息，放在顶层基本骨架中，然后传递给各个子系统，每个子系统就从顶层装配体中获得了所需要的信息，进而它们就可以在获得的骨架中进行细节设计了，因为它们基于同一设计基准。

4. 子装配体和零部件的设计

当代表顶层装配的骨架确定，设计基准传递下去之后，就可以进行单个的零部件设计。这里，可以采用两种方法进行零部件的详细设计：一种方法是基于已存在的顶层基准，设计好零部件再进行装配；另一种方法是在装配关系中建立零部件模型。零部件模型建立好后，管理零部件之间的相互关联性。用添加方程式的形式来控制零部件与零部件之间以及零部件与装配件之间的关联性。

13.4.2 布局草图的建立

由于自上而下设计是从装配模型的顶层开始，通过在装配环境建立零部件来完成整个装配模型设计的方法，为此，要在装配设计的最初阶段，按照装配模型最基本的功能和要求，在装配体顶层构筑布局草图，用这个布局草图来充当装配模型的顶层骨架。随后的设计过程基本上都是在这个基本骨架的基础上进行复制、修改、细化和完善，最终完成整个设计过程。

要建立一个装配布局草图，可以在【开始装配体】面板中单击【生成布局】按钮，随后进入3D草图模式。在特征管理器设计树中将生成一个"布局"文件，如图13-27所示。

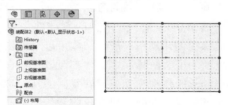

图13-27　进入3D草图模式并生成布局文件

13.4.3 基于布局草图的装配体设计

布局草图能够代表装配模型的主要空间位置和空间形状，能够反映构成装配体模型的各个零部件之间的拓扑关系，它是整个自上而下装配设计展开过程中的核心，是各个子装配体之间相互联系的中间桥梁和纽带。因此，在建立布局草图时，更注重在最初的装配总体布局中捕获和抽取各子装配体和零部件间的相互关联性和依赖性。

例如，在布局草图中绘制出图13-28所示的草图，完成布局草图绘制后单击【布局】按钮，退出3D草图模式。

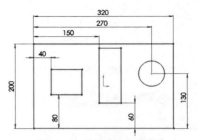

图13-28　绘制布局草图

从绘制的布局草图中可以看出，整个装配体由4个零部件组成。在【装配体】选项卡中使用【新零部件】工具，生成一个新的零部件文件。在特征管理器设计树中选中该零部件文件，并选择右键菜单中的【编辑】命令，即可激活新零部件文件，也就是进入零部件设计模式创建新零部件文件的特征。

使用【特征】选项卡中的【拉伸凸台/基体】工具，利用布局草图的轮廓，重新创建2D草图，并创建出拉伸特征，如图13-29所示。

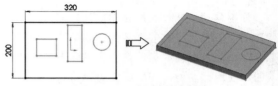

图13-29　创建拉伸特征

拉伸特征创建后，在【草图】选项卡中单击【编辑零部件】按钮，完成装配体第一个零部件的设计。同理，再使用相同的操作方法依次创建出其余的零部件，最终设计完成的装配体模型如图13-30所示。

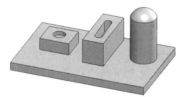

图13-30 使用布局草图设计的装配体模型

13.5 装配体检测

零部件在装配环境下完成装配以后，为了找出装配过程中产生的问题，需使用SolidWorks提供的检测工具检测装配体中各零部件之间存在的间隙、碰撞和干涉，使装配设计得到改善。

13.5.1 间隙验证

【间隙验证】工具用来检查装配体中所选零部件之间的间隙。使用该工具可以检查零部件之间的最小距离，并报告不满足指定的"可接受的最小间隙"的间隙。

在【装配体】选项卡中单击【间隙验证】按钮，属性管理器中显示【间隙验证】面板，如图13-31所示。

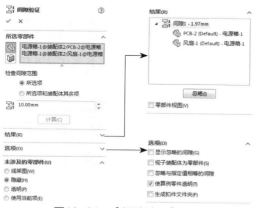

图13-31 【间隙验证】面板

【间隙验证】面板中各选项区和选项含义如下。

➢ 【所选零部件】选项区：该选项区用来选择要检测的零部件，并设定检测的间隙值。

➢ 检查间隙范围：指定只检查所选实体之间的间隙，还是检查所选实体和装配体其余实体之间的间隙。

  ➢ 所选项：只检测所选的零部件。

  ➢ 所选项和装配体其余项：单选此项，将检测所选及未选的零部件。

  ➢ 可接受的最小间隙：设定检测间隙的最小值。小于或等于此值时，将在【结果】选项区中列出报告。

➢ 【结果】选项区：该选项区用来显示间隙检测的结果。

  ➢ 忽略：单击此按钮，将忽略检测结果。

  ➢ 零部件视图：勾选此复选框，按零部件名称非间隙编号列出间隙。

➢ 【选项】选项区：该选项区用来设置间隙检测的选项。

  ➢ 显示忽略的间隙：勾选此复选框，可在结果清单中以灰色图标显示忽略的间隙。当取消勾选时，忽略的间隙将不会列出。

  ➢ 视子装配体为零部件：勾选此复选框，将子装配体作为一个零部件，而不会检测子装配体中的零部件间隙。

  ➢ 忽略与指定值相等的间隙：勾选此复选框，将忽略与设定值相等的间隙。

  ➢ 使算例零部件透明：以透明模式显示正在验证其间隙的零部件。

  ➢ 生成扣件文件夹：将扣件（如螺母和螺栓）之间的间隙隔离为单独文件夹。

➢ 【未涉及的零部件】选项区：使用选定模式来显示间隙检查中未涉及的所有零部件。

13.5.2 干涉检查

使用【干涉检查】工具，可以检查装配体中所选零部件之间的干涉。在【装配体】选项卡中单击【干涉检查】按钮，属性管理器中显示【干涉检查】面板，如图13-32所示。

【干涉检查】面板中的属性设置与【间隙验证】面板中的属性设置基本相同，现将【选项】选项区中不同的选项含义介绍如下。

➢ 视重合为干涉：勾选此复选框，将零部件重合视为干涉。

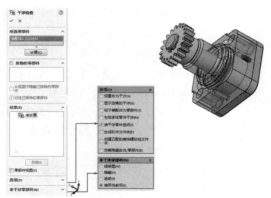

图13-32 【干涉检查】面板

➢ 显示忽略的干涉：勾选此复选框，将在【结果】选项区列表中以灰色图标显示忽略的干涉。反之，则不显示。

➢ 包括多体零件干涉：勾选此复选框，将报告多实体零部件中实体之间的干涉。

技巧点拨

默认情况下，除非预选了其他零部件，否则显示顶层装配体。当检查一装配体的干涉情况时，其所有零部件将被检查。如果选取单一零部件，则只报告出涉及该零部件的干涉。

13.5.3 孔对齐

在装配过程中，使用"孔对齐"工具可以检查所选零部件之间的孔是否未对齐。在【装配体】选项卡中单击【孔对齐】按钮，属性管理器中显示【孔对齐】面板。在面板中设定"孔中心误差"后，单击【计算】按钮，系统将自动计算整个装配体中是否存在孔中心误差，计算的结果将列表于【结果】选项区中，如图13-33所示。

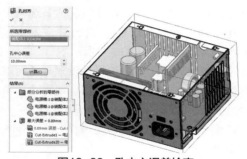

图13-33 孔中心误差检查

13.6 爆炸视图

装配体爆炸视图是装配模型中组件按装配关系偏离原来的位置的拆分图形。爆炸视图的创建可以方便用户查看装配体中的零部件及其相互之间的装配关系。装配体的爆炸视图如图13-34所示。

图13-34 装配体的爆炸视图

13.6.1 生成或编辑爆炸视图

在【装配体】选项卡中单击【爆炸视图】按钮，属性管理器中显示【爆炸】面板，如图13-35所示。

【爆炸】面板中各选项区及选项含义如下。

➢ 【爆炸步骤】选项区：该选项区用以收集爆炸到单一位置的一个或多个所选零部件。要删除爆炸视图，可以删除爆炸步骤中的零部件。

➢ 【设定】选项区：该选项区用于设置爆炸视图的参数。

图13-35 【爆炸】面板

> 爆炸步骤的零部件 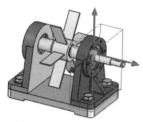：激活此列表，在图形区选择要爆炸的零部件，随后图形区显示三重轴，如图13-36所示。

图13-36　显示三重轴

技巧点拨

只有在改变零部件位置的情况下，所选的零部件才会显示在【爆炸步骤】选项区列表中。

> 爆炸方向：显示当前爆炸步骤所选的方向。可以单击【反向】按钮 ↗ 改变方向。
> 爆炸距离 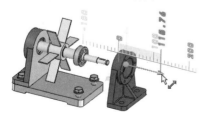：输入值以设定零部件的移动距离。
> 应用：单击此按钮，可以预览移动后的零部件位置。
> 完成：单击此按钮，保存零部件移动的位置。
> 拖动时自动调整零部件间距：勾选此复选框，将沿轴自动均匀地分布零部件组的间距。
> 调整零部件链之间的间距 ÷：拖动滑块来调整放置的零部件之间的距离。
> 选择子装配体零部件：勾选此复选框，可选择子装配体的单个零部件。反之则选择整个子装配体。
> 重新使用子装配体爆炸：使用先前在所选子装配体中定义的爆炸步骤。

除了在面板中设定爆炸参数来生成爆炸视图外，用户可以自由拖动三重轴的轴来改变零部件在装配体中的位置，如图13-37所示。

图13-37　拖动三重轴改变零部件位置

13.6.2　添加爆炸直线

爆炸视图创建以后，可以添加爆炸直线来表达零部件在装配体中所移动的轨迹。在【装配体】选项卡中单击【爆炸直线草图】按钮 ，属性管理器中显示【步路线】面板，并自动进入3D草图模式，且系统弹出【爆炸草图】工具条，如图13-38所示。【步路线】面板可以通过在【爆炸草图】选项卡中单击【步路线】按钮 来打开或关闭。

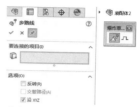

图13-38　【步路线】面板和【爆炸草图】工具条

在3D草图模式使用【直线】工具 来绘制爆炸直线，如图13-39所示，绘制后将以幻影线显示。

图13-39　绘制爆炸直线

在【爆炸草图】工具条中单击【转折线】按钮 ，然后在图形区中选择爆炸直线，并拖动草图线条以将转折线添加到该爆炸直线中，如图13-40所示。

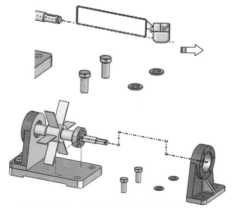

图13-40　添加转折线到爆炸直线中

13.7 综合实战

SolidWorks装配设计分自上而下设计和自下而上设计。下面以两个典型的装配设计实例来说明自上而下和自下而上的装配设计方法及操作过程。

13.7.1 实战一：脚轮装配设计

引入素材：无
结果文件：综合实战\结果文件\Ch13\脚轮.SLDASM
视频文件：视频\Ch13\脚轮装配设计.avi

活动脚轮是工业产品，它由固定板、支承架、塑胶轮、轮轴及螺母构成。活动脚轮也就是我们所说的万向轮，它的结构允许360°旋转。

活动脚轮的装配设计的方式是自上而下，即在总装配体结构下，依次构建出各零部件模型。装配设计完成的活动脚轮如图13-41所示。

图13-41 活动脚轮

1. 创建固定板零部件

01 新建装配体文件，进入装配环境，如图13-42所示。随后关闭属性管理器中的【开始装配体】面板。

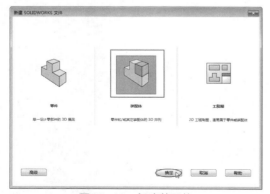

图13-42 新建装配体

02 在【装配体】选项卡中单击【插入零部件】按钮下方的下三角按钮，然后选择【新零件】命令，随后建立一个新零部件文件，将该零部件文件重命名为"固定板"，如图13-43所示。

03 选择该零部件，然后在【装配体】选项卡中单击【编辑零部件】按钮，进入零部件设计环境。

04 在零部件设计环境中，使用【拉伸凸台/基体】工具，选择前视基准面作为草绘平面，进入草图模式绘制出图13-44所示的草图。

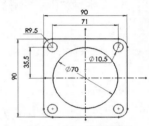

图13-43 新建零部件　　　图13-44 绘制草图
　　　文件并重命名

05 在【凸台-拉伸】面板中重新选择轮廓草图，设置图13-45所示的拉伸参数后，完成圆形实体的创建。

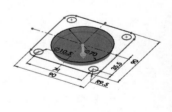

图13-45 创建圆形实体

06 再使用【拉伸凸台/基体】工具，选择余下的草图曲线来创建实体特征，如图13-46所示。

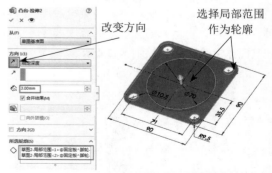

图13-46 创建由其余草图曲线作为轮廓的实体

技巧点拨 🔲

创建拉伸实体后，余下的草图曲线被自动隐藏，此时需要显示草图。

07 使用【旋转切除】工具 🔧，选择上视基准面作为草绘平面，然后绘制图13-47所示的草图。

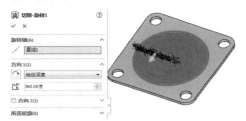

图13-47　绘制旋转实体的草图

08 退出草图模式后，以默认的旋转切除参数来创建旋转切除特征，如图13-48所示。

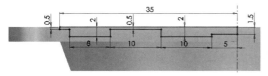

图13-48　创建旋转切除特征

09 最后使用【圆角】工具 🔲，为实体创建半径分别为5、1和0.5的圆角特征，如图13-49所示。

图13-49　创建圆角特征

10 在选项卡中单击【编辑零部件】按钮 🔲，完成固定板零部件的创建。

2. 创建支承架零部件

01 在装配环境插入第2个新零部件文件，并重命名为"支承架"。

02 选择支承架零部件，然后单击【编辑零部件】按钮 🔲，进入零部件设计环境。

03 使用【拉伸凸台/基体】工具 🔧，选择固定板零部件的圆形表面作为草绘平面，然后绘制出图13-50所示的草图。

04 退出草图模式后，在【凸台-拉伸】面板中重新选择拉伸轮廓（直径为54的圆），并输入拉伸深度值为3，如图13-51所示，最后关闭面板完成拉伸实体的创建。

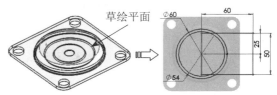

图13-50　选择草绘平面并绘制草图

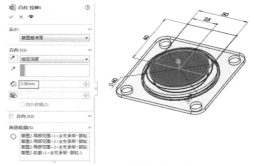

图13-51　创建拉伸实体

05 再使用【拉伸凸台/基体】工具 🔧，选择上一个草图中的圆（直径为60）来创建深度为"80"的实体，如图13-52所示。

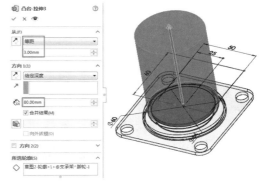

图13-52　创建圆形实体

06 同理，再使用【拉伸凸台/基体】工具选择矩形来创建实体，如图13-53所示。

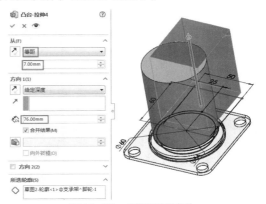

图13-53　创建矩形实体

07 使用【拉伸切除】工具 ⬛，选择上视基准面作为草绘平面，绘制轮廓草图后，再创建出图13-54所示的拉伸切除特征。

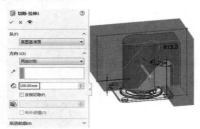

图13-54　创建拉伸切除特征

08 使用【圆角】工具 🔲，在实体中创建半径为3mm的圆角特征，如图13-55所示。

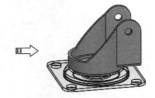

图13-55　创建圆角特征

09 使用【抽壳】工具 🔲，选择图13-56所示的面来创建厚度为3mm的抽壳特征。

图13-56　创建抽壳特征

10 创建抽壳特征后，即完成了支承架零部件的创建，如图13-57所示。

11 使用【拉伸切除】工具 ⬛，在上视基准面上创建出支承架的孔，如图13-58所示。

图13-57　支承架　　图13-58　创建支承架上的孔

12 完成支承架零部件的创建后，单击【编辑零部件】按钮 🔩，退出零部件设计环境。

3. 创建塑胶轮、轮轴及螺母零部件

01 在装配环境下插入新零部件并重命名为"塑胶轮"。

02 编辑"塑胶轮"零部件进入装配设计环境。

使用【点】工具 ●，在支承架的孔中心创建一个点，如图13-59所示。

03 使用【基准面】工具 🗐，选择右视基准面作为第一参考，选择点作为第二参考，然后创建新基准面，如图13-60所示。

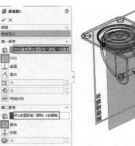

图13-59　创建　　　图13-60　创建新基准面
参考点

技巧点拨 🔲

在选择第二参考时，参考点是看不见的。这需要展开图形区中的特征管理器设计树，再选择参考点。

04 使用【旋转凸台/基体】工具 🌀，选择参考基准面作为草绘平面，绘制图13-61所示的草图后，完成旋转实体的创建。

05 此旋转实体即为塑胶轮零部件。单击【编辑零部件】按钮 🔩，退出零部件设计环境。

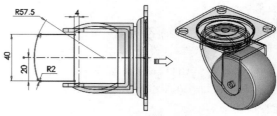

图13-61　创建旋转实体

06 在装配环境下插入新零部件并重命名为"轮轴"。

07 编辑"轮轴"零部件并进入零部件设计环境

中。使用"旋转凸台/基体"工具，选择"塑胶轮"零部件中的参考基准面作为草绘平面，然后创建出图13-62所示的旋转实体。此旋转实体即为轮轴零部件。

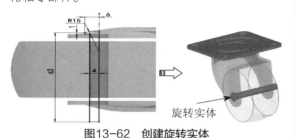

图13-62　创建旋转实体

08 单击【编辑零部件】按钮 ，退出零部件设计环境。

09 在装配环境下插入新零部件并重命名为"螺母"。

10 使用【拉伸凸台/基体】工具 ，选择支承架侧面作为草绘平面，然后绘制出图13-63所示的草图。

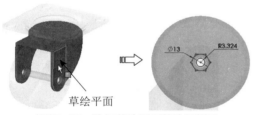

图13-63　选择草绘平面并绘制草图

11 退出草图模式后，创建出深度为7.9mm的拉伸实体，如图13-64所示。

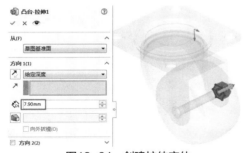

图13-64　创建拉伸实体

12 使用【旋转切除】工具 ，选择"塑胶轮"零部件中的参考基准面作为草绘平面，进入草图模式后，绘制图13-65所示的草图，退出草图模式后创建出旋转切除特征。

13 单击【编辑零部件】按钮 ，退出零部件设计环境。

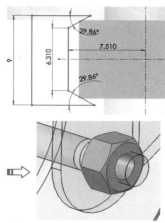

图13-65　创建旋转切除特征

14 至此，活动脚轮装配体中的所有零部件已全部设计完成。最后将装配体文件保存，并重命名为"脚轮"。

13.7.2　实战二：台虎钳装配设计

引入素材：综合实战\源文件\Ch13\台虎钳
结果文件：综合实战\结果文件\Ch13\台虎钳装配\台虎钳.SLDASM
视频文件：视频\Ch13\台虎钳装配设计.avi

台虎钳是安装在工作台上用以夹稳加工工件的工具。

台虎钳主要由两大部分构成：固定钳座和活动钳座。本例中将使用装配体的自下而上的设计方法来装配台虎钳。台虎钳装配体如图13-66所示。

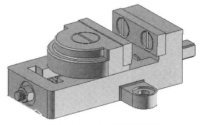

图13-66　台虎钳装配体

操作步骤

1. 装配活动钳座子装配体

01 新建装配体文件，进入装配环境。

02 在属性管理器中的【开始装配体】面板中单击

【浏览】按钮，然后将本例素材中的"活动钳口.sldprt"零部件文件插入装配环境，如图13-67所示。

图13-67　插入零部件到装配环境

03 在【装配体】选项卡中单击【插入零部件】按钮，属性管理器中显示【插入零部件】面板。在该面板中单击【浏览】按钮，将本例素材中的"钳口板.sldprt"零部件文件插入装配环境并任意放置，如图13-68所示。

图13-68　插入钳口板

04 同理，依次将"开槽沉头螺钉.sldprt"和"开槽圆柱头螺钉.sldprt"零部件插入装配环境，如图13-69所示。

05 在【装配体】选项卡中单击【配合】按钮，属性管理器中显示【配合】面板。然后在图形区中选择钳口板的孔边线和活动钳口中的孔边线作为要配合的实体，如图13-70所示。

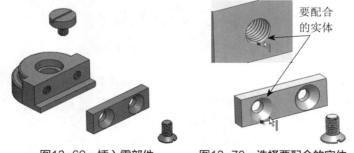

图13-69　插入零部件　　　　图13-70　选择要配合的实体

06 随后钳口板自动与活动钳口孔对齐，并弹出标准配合工具栏。在该工具栏中单击【添加/完成配合】按钮，完成"同轴心"配合，

如图13-71所示。

图13-71　零部件的同轴心配合

07 接着在钳口板和活动钳口零部件上各选择一个面作为要配合的实体，随后钳口板自动与活动钳口完成"重合"配合，在标准配合工具栏中单击【添加/完成配合】按钮完成配合，如图13-72所示。

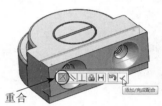

图13-72　零部件的重合配合

08 选择活动钳口顶部的孔边线与开槽圆柱头螺钉的边线作为要配合的实体，并完成"同轴心"配合，如图13-73所示。

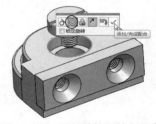

图13-73　零部件的同轴心配合

技巧点拨

　　一般情况下，有孔的零部件使用"同轴心"配合与"重合"配合或"对齐"配合。无孔的零部件可用除"同轴心"外的配合来配合。

09 选择活动钳口顶部的孔台阶面与开槽沉头螺钉的台阶面作为

要配合的实体，并完成"重合"配合，如图13-74所示。

图13-74 零部件的重合配合

10 同理，对开槽沉头螺钉与活动钳口使用"同轴心"配合和"重合"配合，结果如图13-75所示。

11 在【装配体】选项卡中单击【线性零部件阵列】按钮 ，属性管理器中显示【线性阵列】面板。然后在钳口板上选择一边线作为阵列参考方向，如图13-76所示。

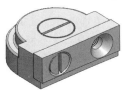

图13-75 装配开槽
沉头螺钉

图13-76 选择阵列
参考方向

12 选择开槽沉头螺钉作为要阵列的零部件，在输入阵列距离及阵列数量后，单击面板的【确定】按钮 ，完成零部件的阵列，如图13-77所示。

图13-77 线性阵列开槽沉头螺钉

13 至此，活动钳座装配体设计完成，最后将装配体文件另存为"活动钳座.SLDASM"，然后关闭窗口。

2. 装配固定钳座

01 新建装配体文件，进入装配环境。

02 在属性管理器中的【开始装配体】面板中单击【浏览】按钮，然后将本例素材中的"钳座.sldprt"零部件文件插入装配环境，以此作为固定零部件，如图13-78所示。

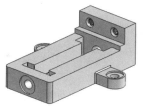

图13-78 插入固定零部件

03 同理，使用【装配体】选项卡中的"插入零部件"工具，执行相同操作，依次将丝杠、钳口板、螺母、方块螺母和开槽沉头螺钉等零部件插入装配环境，如图13-79所示。

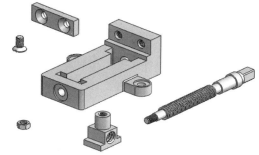

图13-79 插入其他零部件

04 首先装配丝杠到钳座上。使用【配合】工具 ，选择丝杠圆形部分的边线与钳座孔边线作为要配合的实体，使用"同轴心"配合。再选择丝杠圆形台阶面和钳座孔台阶面作为要配合的实体，并使用"重合"配合，配合的结果如图13-80所示。

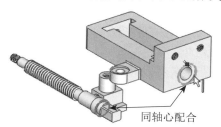

同轴心配合

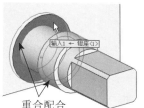

重合配合

图13-80 配合丝杠与钳座

05 装配螺母到丝杠上。螺母与丝杠的配合也使用"同轴心"配合和"重合"配合，如图13-81所示。

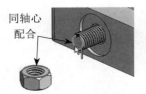

图13-81　配合螺母和丝杠

06▶装配钳口板到钳座上。装配钳口板时使用"同轴心"配合和"重合"配合，如图13-82所示。

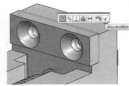

图13-82　配合钳口板与钳座

07▶装配开槽沉头螺钉到钳口板。装配钳口板时使用"同轴心"配合和"重合"配合，如图13-83所示。

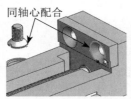

图13-83　配合开槽沉头螺钉与钳口板

08▶装配方块螺母到丝杠。装配时方块螺母使用"距离"配合和"同轴心"配合。选择方块螺母上的面与钳座面作为要配合的实体后，方块螺母自动与钳座的侧面对齐，如图13-84所示。此时，在标准配合工具栏中单击【距离】按钮，然后在【距离】文本框中输入值70，再单击【添加/完成配合】按钮，完成距离配合，如图13-85所示。

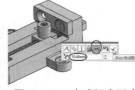

图13-84　对齐方块　　**图13-85　完成距离配合**
　　螺母与钳座

09▶接着对方块螺母和丝杠再使用"同轴心"配合，配合完成的结果如图13-86所示。配合完成后，关闭【配合】面板。

10▶使用【线性阵列】工具，阵列开槽沉头螺钉，如图13-87所示。

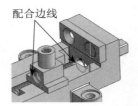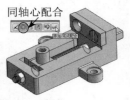

图13-86　配合方块螺母与丝杠

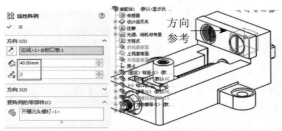

图13-87　线性阵列开槽沉头螺钉

3. 插入子装配体

01▶在【装配体】选项卡中单击【插入零部件】按钮，属性管理器中显示【插入零部件】面板。

02▶在面板中单击【浏览】按钮，然后在【打开】的对话框中将先前另存为"活动钳座"的装配体文件打开，如图13-88所示。

图13-88　打开"活动钳座"装配体文件

技巧点拨

在【打开】对话框中，须先将"文件类型"设定为"装配体（*asm;*sldasm）"以后，才可选择子装配体文件。

03▶打开装配体文件后，将其插入装配环境并任意放置。

04▶添加配合关系，将活动钳座装配到方块螺母上。装配活动钳座时先使用"重合"配合和"角度"配合将活动钳座的方位调整好，如图13-89所示。

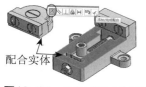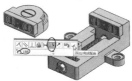

配合实体

图13-89 使用"重合"配合和"角度"配合定位活动
钳座

05 再使用"同轴心"配合，使活动钳座与方块螺母完全地同轴配合在一起，如图13-90所示。完成配合后关闭【配合】面板。

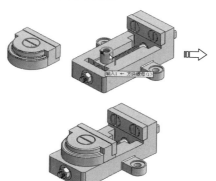

图13-90 使用"同轴心"配合完成活动钳座的装配

06 至此台虎钳的装配设计工作已全部完成。最后将结果另存为"台虎钳.SLDASM"装配体文件。

13.7.3 实战三：切割机工作部装配设计

引入素材：综合实战\源文件\Ch13\切割机
结果文件：综合实战\结果文件\Ch13\切割机工作部
装配设计.SLDASM
视频文件：视频\Ch13\切割机工作部装配设计.avi

型材切割机是一种高效率的电动工具，它根据砂轮磨削原理，利用高速旋转的薄片砂轮来切割各种型材。

本例中要进行装配设计的切割机工作部装配体，如图13-91所示。

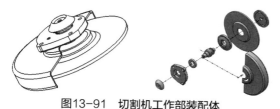

图13-91 切割机工作部装配体

针对切割机工作部装配体的装配设计做出如下分析：

➢ 切割机工作部的装配将采用"自下而上"的装配设计方式；

➢ 对于盘类、轴类的零部件装配，其配合关系大多为"同轴心"与"重合"；

➢ 个别零部件需要"距离"配合和"角度"配合，来调整零部件在装配体中的位置与角度；

➢ 装配完成后，使用"爆炸视图"工具创建爆炸视图。

操作步骤

01 新建装配体文件，进入装配环境。

02 在属性管理器的【开始装配体】面板中单击【浏览】按钮，然后将本例素材中的"轴.sldprt"零部件文件打开，如图13-92所示。

技巧点拨

要想插入的零部件与原点位置重合，请直接在【开始装配】面板中单击【确定】按钮✓。

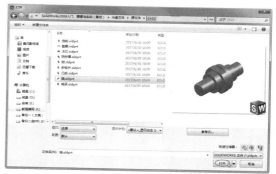

图13-92 插入轴零部件到装配环境中

03 在【装配体】选项卡中单击【插入零部件】按钮，属性管理器显示【插入零部件】面板。在该面板中单击【浏览】按钮，然后将本例素材中的"轴.sldprt"零部件文件插入到装配工具中，并任意放置，如图13-93所示。

图13-93 插入轴零部件到装配环境中

04 下面对轴零部件进行旋转操作，这是为了便于装配后续插入的零部件。在特征管理器设计树中选中轴零部件，并在弹出的菜单中选择【浮动】命令，将"固定"设定为"浮动"。

技巧点拨 📋

只有当零部件的位置状态为浮动时，才能移动或旋转操作该零部件。

05 在【装配体】选项卡上单击【移动零部件】按钮 🔘，属性管理器显示【移动零部件】面板。在图形区选择轴零部件作为旋转对象，然后在面板的【旋转】选项区中选择【由三角形XYZ】选项，并输入△X的值为"180"，再单击【应用】按钮，完成旋转操作，如图13-94所示。完成旋转操作后关闭面板。

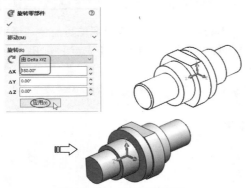

图13-94 旋转轴零部件

06 完成旋转操作后，重新将轴零部件的位置状态设为固定。

技巧点拨 📋

当在【移动零部件】面板中展开【旋转】选项区时，面板的属性发生变化。即由【移动零部件】面板变为【旋转零部件】面板。

07 使用"插入零部件"工具，依次从素材中将法兰、砂轮片、垫圈和钳零部件插入到装配体中，并任意放置，如图13-95所示。

08 首先装配法兰。使用"配合"工具，选择轴的边线和法兰孔边线作为要配合的实体，法兰与轴自动完成同轴心配合。单击标准配合工具栏上的【添加/完成配合】按钮 ✅，完成同轴心配合，如

图13-96所示。

图13-95 依次插入的 　　图13-96 轴与法兰的
　　零部件 　　　　　　　　同轴心配合

09 选择轴肩侧面与法兰端面作为要配合实体，然后使用"重合"配合来配合轴零部件与法兰零部件，如图13-97所示。

图13-97 轴与法兰的重合配合

10 装配砂轮片。装配砂轮片时，对砂轮片和法兰使用"同轴心"配合和"重合"配合，如图13-98所示。

图13-98 对法兰和砂轮片使用"同轴心"和"重合"配合

11 装配垫圈。装配垫圈时，对垫圈和法兰使用"同轴心"配合和"重合"配合，如图13-99所示。

12 装配钳零部件。装配钳零部件时，首先对其进行同轴心配合，如图13-100所示。

图13-99 装配垫圈 　　图13-100 钳零部件
　　　　　　　　　　　　　　的同轴心配合

13 再选择钳零部件的面和砂轮片的面使用"重合"配合，然后在标准配合工具栏上单击【反转配合对齐】按钮 🔄，完成钳零部件的装配，如

图13-101所示。

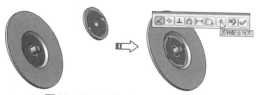

图13-101　钳零部件的重合配合

14 使用"插入零部件"工具，依次将素材中其余零部件（包括轴承、凸轮、防护罩和齿轮）插入到装配体中，如图13-102所示。

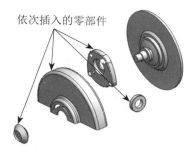

依次插入的零部件

图13-102　依次插入其余零部件

15 装配轴承。装配轴承将使用"同轴心"配合和"重合"配合，如图13-103所示。

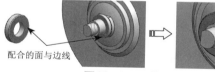

配合的面与边线

图13-103　装配轴承

16 装配凸轮。选择凸轮的面及孔边线分别与轴承的面及边线应用"重合"配合和"同轴心"配合，如图13-104所示。

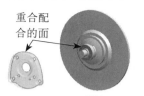

重合配合的面

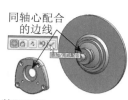

同轴心配合的边线

图13-104　装配凸轮

17 装配防护罩。首先对防护罩和凸轮使用"同轴心"配合，然后使用"重合"配合，如图13-105所示。

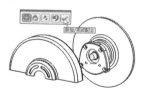

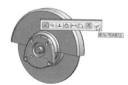

图13-105　装配防护罩

18 选择轴上一侧面和防护罩上一截面作为要配合的实体，然后使用"角度"配合，如图13-106所示。

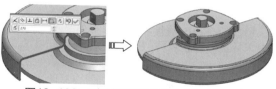

图13-106　对防护罩和轴使用"角度"配合

19 最后对齿轮和凸轮使用"同轴心"配合和"重合"配合，结果如图13-107所示。完成所有配合并关闭【配合】面板。

20 使用"爆炸视图"工具和"爆炸直线草图"工具，创建切割机的爆炸视图，如图13-108所示。

图13-107　装配凸轮　　　图13-108　创建切割机
　　　　　　　　　　　　　　　装配体爆炸视图

21 至此，切割机装配体设计完成，最后将装配体文件另存为"切割机.SLDASM"，然后关闭窗口。

13.8　课后习题

1. 螺钉装配

本练习将利用自上而下的装配设计方法来装配螺钉。本练习的螺钉装配体模型如图13-109所示。

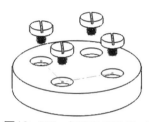

图13-109　螺钉装配体模型

练习要求与步骤如下。

（1）新建装配体文件，并进入装配环境。

（2）使用"新零件"工具创建法兰零件文

件，然后编辑法兰零部件，并绘制法兰实体。

（3）使用"新零件"工具创建开槽圆柱头螺钉零件文件，然后编辑开槽圆柱头螺钉零部件，并绘制螺钉实体。

（4）使用"线性零部件阵列"工具阵列出其余3个开槽圆柱头螺钉。

（5）最后保存结果。

2. 油门电机装配

本练习中，将利用自下而上的装配设计方法来装配油门电机。油门电机装配体模型如图13-110所示。

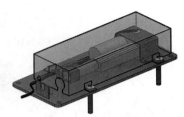

图13-110　油门电机装配体模型

练习要求与步骤如下。

（1）新建装配体文件，并进入装配环境。

（2）首先插入"油门电机下部.SLDPRT"零部件。

（3）再使用"插入零部件"工具将"油门电机上盖.SLDPRT"和"油压报警开关.SLDPRT"依次插入。

（4）使用"配合"工具将各零部件装配到"油门电机下部.SLDPRT"零部件中。

（5）使用"智能扣件"工具插入Toolbox扣件（半圆头螺栓）。

（6）使用"新零件"工具，新建命名为"线束"的零件文件。编辑该零部件，然后进入零件设计环境中创建线束实体。

（7）最后保存装配体。

可以为3D实体零件和装配体创建2D工程图。零件、装配体和工程图是互相链接的文件，对零件或装配体所做的任何更改都会导致工程图文件的相应变更。一般来说，工程图包含由模型建立的视图、尺寸、注解、标题栏、材料明细表等内容。本章介绍工程图的基本操作，使读者能够快速绘制出符合国家标准、用于加工制造或装配的工程图样。

知识要点

- ⊙ 工程图概述
- ⊙ 建立标准工程视图
- ⊙ 建立派生视图

- ⊙ 图纸标注
- ⊙ 工程图的对齐与标注
- ⊙ 打印工程图

14.1　工程图概述

在工程技术中，按一定的投影方法和有关标准的规定，把物体的形状用图形画在图纸上，并用数字、文字符号标注出物体的大小、材料和有关制造的技术要求、技术说明等，该图样称为工程图样。在工程设计中，图样用来表达和交流技术思想；在生产过程中，图样是加工制造、检验、调试、使用、维修等方面的主要依据。

我们可以为3D实体零件和装配体创建2D工程图。工程图包含由模型建立的视图，也可以由现有的视图建立视图。有多种选项可自定义工程图，以符合国家标准或公司的标准及打印机或绘图机的要求。

14.1.1　设置工程图选项

不同的系统选项和文件属性设置将使生成的工程图文件内容也不同，因此在工程图绘制前，首先要进行系统选项和文件属性的相关设置，以符合工程图设计的一些设计要求。

1. 工程图属性设置

在菜单栏中执行【工具】|【选项】命令，打开【系统选项-普通】对话框。

在【系统选项-普通】对话框的【系统选项】选项卡中，在左侧列表中单击【工程图】选项，右侧显示相关详细设置。

➤ 显示类型：工程视图显示模式和相切边线显示，如图14-1所示。

➤ 区域剖面线/填充：所述区域剖面线或实体填充、阵列、比例及角度，如图14-2所示。

图14-1　指定工程图的"显示类型"

图14-2　指定工程图的"区域剖面线/填充"

2. 文档属性设置

在【系统选项-普通】对话框的【文档属性】选项卡中，用户可以对工程图的显示模式、总绘图标准、注解、尺寸、表格、单位、出详图及材料属性等参数进行设置，如图14-3所示。

技巧点拨

文件属性一定要根据实际情况设置正确，特别是总的绘图标准，否则将影响后续的投影视角和标注标准。

图14-3　【文档属性】选项卡

工程图的其他文件属性可在DimXpert、尺寸、注释、零件序号、箭头、虚拟交点、注解显示、注解字体、表格和视图标号主题中设置。

14.1.2　建立工程图文件

工程图包含一个或多个由零件或装配体生成的视图。在生成工程图之前，必须先保存与它有关的零件或装配体。可以在零件或装配体文件内生成工程图。

技巧点拨

工程图文件的扩展名为.slddrw。新工程图使用所插入的第一个模型的名称。该名称出现在标题栏中。当保存工程图时，模型名称作为默认文件名出现在【另存为】对话框中，并带有默认扩展名.slddrw。保存工程图之前可以编辑该名称。

1. 创建一个工程图

生成新的工程图过程如下所述。

01 单击【标准】工具栏上的【新建】按钮，打开【新建SOLIDWORKS文件】对话框，如图14-4所示。

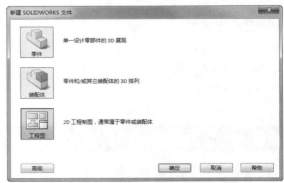

图14-4　【新建SOLIDWORKS文件】对话框

02 在【新建SOLIDWORKS文件】对话框中单击【高级】按钮，弹出图14-5所示的【模板】选项卡。在【模板】选项卡中选择GB国标的图纸模板，然后单击【确定】按钮，完成图纸模板的加载。

03 加载图纸模板后弹出【模型视图】属性面板，如果事先打开了零件模型，可直接创建工程视图。若没有，可单击【浏览】按钮打开模型，如图14-6所示。

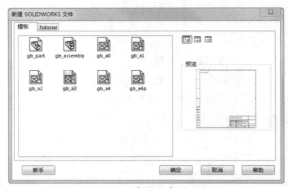

图14-5　【模板】选项卡

04 用户也可以关闭【模型视图】属性面板直接进入工程图制图环境，后续再导入零件模型并完成工程视图的建立和图纸注释，如图14-7所示。

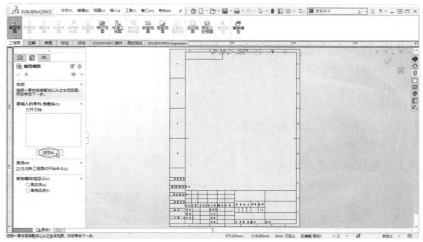

图14-6　单击【浏览】按钮载入零件模型

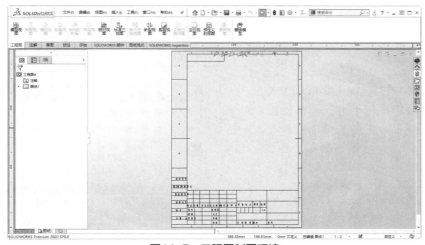

图14-7　工程图制图环境

2. 从零件或装配体环境制作工程图

从零件或装配体制作工程图的过程如下。

01 在零件建模环境中载入模型，然后在菜单栏中执行【文件】|【从零件制作工程图】命令，打开【新建SOLIDWORKS文件】对话框，选择一个图纸模板后，单击【确定】按钮进入工程图制图环境。

02 在窗口右侧的任务窗格【视图调色板】选项卡中，将系统自动创建的默认视图按图纸需要一一拖进图纸中，如图14-8所示。

03 也可选择一个视图作为主视图，然后用户自行创建所需的投影视图，如图14-9所示。

图14-8　【视图调色板】选项卡

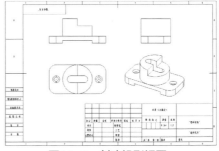

图14-9　创建投影视图

3. 添加图纸

当一个装配体中有多个组成零件需要创建多张图纸以表达形状及结构时，可在一个工程图环境中同时创建多张工程图，也就是在一个制图环境中添加多张图纸。

添加图纸的方法如下。

> 在窗口底部的当前图纸名右侧单击【添加图纸】按钮 ，可打开【图纸格式/大小】对话框，选择图纸模板后，单击【确定】按钮完成图纸的添加，如图14-10所示。

图14-10　在窗口底部单击按钮以添加图纸

> 或者在特征设计树中用右键单击已有图纸名，并在弹出的快捷菜单中选择【添加图纸】命令，完成图纸的添加，如图14-11所示。

图14-11　在特征树中添加图纸

> 也可在图纸空白处右击，在弹出的快捷菜单中选择【添加图纸】命令，完成图纸的添加，如图14-12所示。

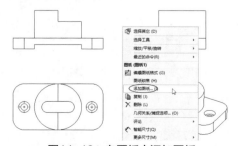

图14-12　在图纸中添加图纸

14.2　标准工程视图

可以由3D实体零件和装配体创建2D工程图。一个完整的工程图可以包括一个或几个通过模型建立的标准视图，也可以在现有标准视图的基础上建立其他派生视图。

通常一个工程图的标准工程视图包括标准三视图、模型视图、相对视图和预定义视图。

14.2.1　标准三视图

标准三视图工具能为所显示的零件或装配体同时生成3个相关的默认正交视图。前视图与上视图及侧视图有固定的对齐关系。上视图可以竖直移动，侧视图可以水平移动。俯视图和侧视图与主视图有对应关系。

上机实践——创建标准三视图

创建标准三视图的操作步骤如下。

01 新建工程图文件，选择gb_a4p工程图模板进入工程图环境中，如图14-13所示。

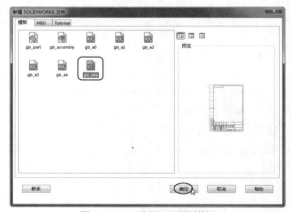

图14-13　选择工程图模板

02 在随后弹出的【模型视图】属性面板中单击【取消】按钮 ，关闭【模型视图】属性面板。

03 在【视图布局】选项卡中单击【标准三视图】按钮 ，弹出【标准三视图】属性面板，单击【浏览】按钮，打开要创建三视图的零件——支撑架，如图14-14所示。

图14-14　单击【浏览】打开模型

04 随后系统自动创建标准三视图，如图14-15所示。

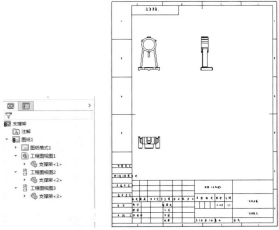

图14-15　自动生成支撑架的标准三视图

14.2.2　自定义模型视图

用户可根据零件所要表达的结构与形状，增加一些零件视图的表达方法，在制图环境中可以为零件模型自定义模型视图。将一模型视图插入到工程图文件中时，会弹出【模型视图】属性面板。

上机实践——创建模型视图

创建模型视图的操作步骤如下。

01 新建工程图文件，选择 **gb_a4p** 工程图模板进入工程图环境中，如图14-16所示。

02 在随后弹出的【模型视图】属性面板中单击【浏览】按钮，选择本例源文件夹中的"支撑架.sldprt"模型文件，如图14-17所示。

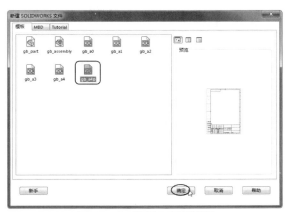

图14-16　选择工程图模板

图14-17　【模型视图】按钮面板

03 在【模型视图】属性面板的【方向】选项区中勾选【生成多视图】复选框，然后依次单击【前视】、【上视】和【左视】等按钮，再设置用户自定义的图纸比例为1∶2.2，单击【确定】按钮 ✓，生成支撑架的标准三视图，如图14-18所示。

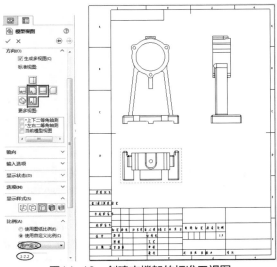

图14-18　创建支撑架的标准三视图

14.2.3 相对视图

相对视图是一个正交视图，由模型中两个直交面或基准面及各自的具体方位的规格定义。零件工程图中的斜视图就是用相对视图方式生成的。

上机实践——创建相对视图

创建相对视图的操作步骤如下。

01 单击【工程图】选项卡中的【相对视图】按钮 📷 ，然后切换到零件模型窗口中。

02 同时会打开【相对视图】属性面板。在零件上选取一个面作为第一方向（前视方向），接着选取一个面作为第二方向（右视方向），如图14-19所示。

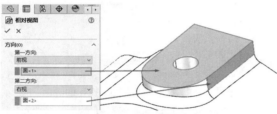

图14-19　选取视图方向

03 单击【确定】按钮 ✔ 返回到工程图环境中。

04 在图纸空白处单击来放置相对视图，如图14-20所示。

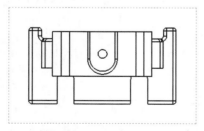

图14-20　放置相对视图

14.3 派生的工程视图

派生的工程视图是在现有的工程视图基础上建立起来的视图，包括投影视图、辅助视图、局部视图、剪裁视图、断开的剖视图、断裂视图、剖面视图和旋转剖视图等。

14.3.1 投影视图

投影视图是利用工程图中现有的视图进行投影所建立的视图。投影视图为正交视图。

上机实践——创建投影视图

创建投影视图的操作步骤如下。

01 打开本例源文件"支撑架工程图-1.SLDDRW"工程图文件。

02 单击【视图布局】选项卡中的【投影视图】按钮 🖼 ，弹出【投影视图】属性面板。

03 在图形中选择一个用于创建投影视图的视图，如图14-21所示。

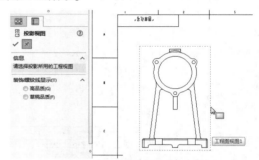

图14-21　选择要投影的视图

04 将投影视图向下移动到合适位置。在系统默认下，投影视图只能沿着投影方向移动，而且与源视图保持对齐，如图14-22所示。单击放置投影视图。

05 同理，再将另一投影视图向右平移到合适位置，单击放置投影视图。最后单击【确定】按钮 ✔ ，完成全部投影视图的创建，如图14-23所示。

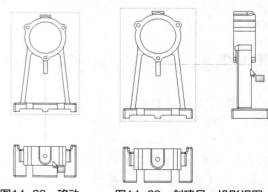

图14-22　移动　　图14-23　创建另一投影视图
　　投影视图

14.3.2　剖面视图

可以用一条剖切线来分割父视图，在工程图中生成一个剖面视图。剖面视图可以是直切剖面或者是用阶梯剖切线定义的等距剖面。剖切线还可以包括同心圆弧。

上机实践——创建剖面视图

创建剖面视图的操作步骤如下。

01 打开本例源文件"支撑架工程图-2.SLDDRW"。

02 单击【视图布局】选项卡中的【剖面视图】按钮 ↕，在弹出的【剖面视图辅助】面板中选择【水平】切割线类型，在图纸的主视图中将光标移至待剖切的位置，光标处自动显示出黄色的辅助剖切线，如图14-24所示。

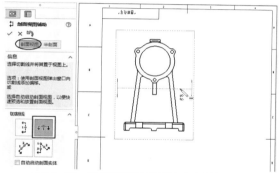

图14-24　选择切割线类型并确定剖切位置

03 单击放置切割线，在弹出的选项工具栏中单击【确定】按钮 ✓，然后在主视图下方放置剖切视图，如图14-25所示。最后单击【剖面视图A-A】属性面板中的【确定】按钮 ✓，完成剖面视图的创建。

技巧点拨

如果切割线的投影箭头指向上，可以在【剖面视图A-A】属性面板中单击【反转方向】按钮改变投影方向。

04 再单击【剖面视图】按钮 ↕，在弹出的【剖面视图辅助】属性面板中选择【对齐】切割线类型，然后在主视图中选取切割线的第一转折点，如图14-26所示。

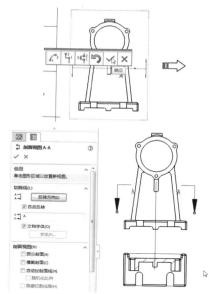

图14-25　放置A-A剖面视图

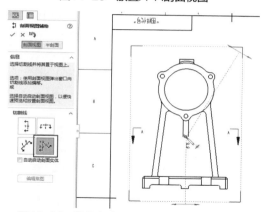

图14-26　选择切割线类型并选取第一转折点

05 接着选取主视图中的"圆心"约束点放置第一段切割线，如图14-27所示。

06 接着在主视图中选取一点来放置第二段切割线，如图14-28所示。

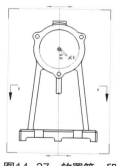

图14-27　放置第一段切割线

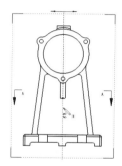

图14-28　放置第二段切割线

07 在随后弹出的选项工具栏中单击【单偏移】按钮，再在主视图中选取"单偏移"形式的转折点（第二转折点），如图14-29所示。

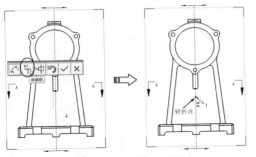

图14-29　选取第二转折点

08 然后水平向左移动光标来选取孔的中心点来放置切割线，如图14-30所示。

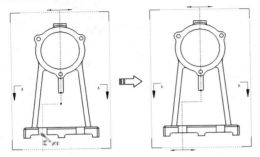

图14-30　选取孔中心点放置切割线

09 单击选项工具栏中的【确定】按钮，将B-B剖面视图放置于主视图的右侧，如图14-31所示。

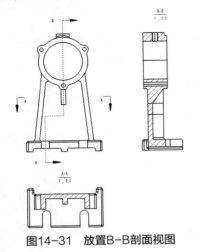

图14-31　放置B-B剖面视图

14.3.3　辅助视图与剪裁视图

辅助视图的用途相当于机械制图中的向视

图，它是一种特殊的投影视图，但它是垂直于现有视图中参考边线的展开视图。

可以使用【剪裁视图】工具来剪裁辅助视图得到向视图。

上机实践——创建向视图

创建零件向视图的步骤如下。

01 打开本例工程图源文件"支撑架工程图-3. SLDDRW"。打开的工程图中已经创建了主视图和两个剖切视图。

02 单击【视图布局】选项卡中的【辅助视图】按钮，弹出【辅助视图】属性面板。在主视图中选择参考边线，如图14-32所示。

技巧点拨

参考边线可以是零件的边线、侧轮廓边线、轴线，或者所绘制的直线段。

03 随后将辅助视图暂时放置在主视图下方的任意位置，如图14-33所示。

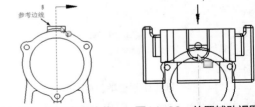

图14-32　选择参考边线　　图14-33　放置辅助视图

04 在工程图设计树中右击"工程图视图4"，选择右键菜单中的【视图对齐】|【解除对齐关系】命令，接着将辅助视图移至合适位置，如图14-34所示。

图14-34　解除对齐关系后移动辅助视图

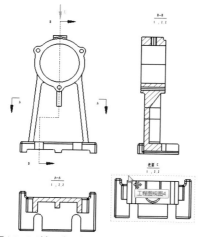

图14-34续 解除对齐关系后移动辅助视图

05 在【草图】选项卡中单击【边角矩形】按钮□，在辅助视图中绘制一个矩形，如图14-35所示。

图14-35 绘制矩形

06 选中矩形的一条边，再单击【剪裁视图】按钮，完成辅助视图的剪裁，结果如图14-36所示。

07 选中剪裁后的辅助视图，在弹出的【工程图视图4】属性面板中勾选【无轮廓】选项，单击【确定】按钮☑后取消向视图中草图轮廓的显示，最终完成的向视图如图14-37所示。

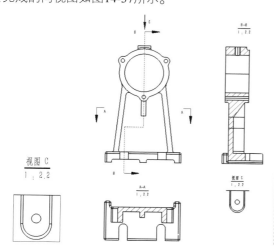

图14-36 剪裁视图　图14-37 完成向视图的创建

14.3.4 断开的剖视图

断开的剖视图为现有工程视图的一部分，而不是单独的视图。用闭合的轮廓定义断开的剖视图，通常闭合的轮廓是样条曲线。材料被移除到指定的深度以展现内部细节。通过设定一个数或在相关视图中选择一边线来指定深度。

技巧点拨

不能在局部视图、剖视图上生成断开的剖视图。

上机实践——创建断开的剖视图

创建断开的剖视图操作步骤如下。

01 打开本例工程图源文件"支撑架工程图-4.SLDDRW"。打开的工程图中已经创建了前视图、右视图和俯视图。

02 在【工程图】选项卡中单击【断开的剖视图】按钮，按信息提示在右视图中绘制一个封闭轮廓，如图14-38所示。

03 在弹出的【断开的剖视图】属性面板中输入剖切深度值为70，并勾选【预览】复选框预览剖切位置，如图14-39所示。

技巧点拨

可以勾选【预览】复选框来观察所设深度是否合理，不合理须重新设定，然后再次预览。

04 单击属性面板中的【确定】按钮☑，生成断开的剖视图。但默认的剖切线比例不合理，需要单击剖切线进行修改，如图14-40所示。

图14-38 绘制　　图14-39 设定剖切位置
封闭轮廓

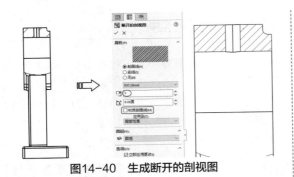

图14-40　生成断开的剖视图

图14-41　寸选选项设定页面

14.4　标注图纸

工程图除了包含由模型建立的标准视图和派生视图外，还包括尺寸、注解和材料明细表等标注内容。标注是完成工程图的重要环节，通过标注尺寸、公差标注、技术要求注写等，将设计者的设计意图和对零部件的要求完整表达出来。

14.4.1　标注尺寸

工程图中的尺寸标注是与模型相关联的，而且模型中的变更会反映到工程图中。通常在生成每个零件特征时即生成尺寸，然后将这些尺寸插入各个工程视图中。在模型中改变尺寸会更新工程图，在工程图中改变插入的尺寸也会改变模型。

根据系统默认，插入的尺寸为黑色。还包括零件或装配体文件中以蓝色显示的尺寸（例如拉伸深度）。参考尺寸以灰色显示，并带有括号。

当将尺寸插入所选视图时，可以插入整个模型的尺寸，也可以有选择地插入一个或多个零部件（在装配体工程图中）的尺寸或特征（在零件或装配体工程图中）的尺寸。

尺寸只放置在适当的视图中。不会自动插入重复的尺寸。如果尺寸已经插入一个视图中，则它不会再插入另一个视图中。

1. 设置尺寸选项

可以设定当前文件中的尺寸选项。在菜单栏中执行【工具】|【选项】命令，在弹出的【文档属性-尺寸】对话框的【文档属性】选项卡中设置尺寸选项，如图14-41所示。

在工程图图纸区域中，选中某个尺寸后，将弹出该尺寸的属性面板，如图14-42所示。用户可以选择【数值】、【引线】、【其它】选项卡进行设置。比如在【数值】选项卡中，可以设置尺寸公差/精度、自定义新的数值覆盖原来数值、设置双制尺寸等。在【引线】选项卡中，可以定义尺寸线、尺寸边界的样式和显示。

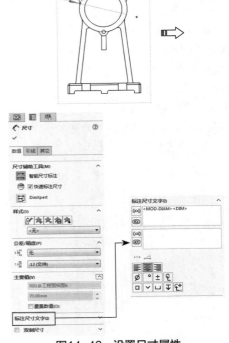

图14-42　设置尺寸属性

2. 自动标注工程图尺寸

可以使用自动标注工程图尺寸工具将参考尺寸作为基准尺寸、链和尺寸插入工程图视图中，还可以在工程图视图内的草图中使用自动标注尺寸工具。

上机实践——自动标注工程图尺寸

自动标注工程图尺寸操作步骤如下。

01 打开本例源文件"键槽支撑件.SLDDRW"。

02 在【注解】选项卡中单击【智能尺寸】按钮 ✎ ·，弹出【尺寸】属性面板。

03 单击【自动标注尺寸】选项卡，展开其中的选项。

04 在【自动标注尺寸】选项卡中设定要标注实体、水平和竖直尺寸的放置等。

05 设置完成后在图纸中任意选择一个视图，然后单击【尺寸】面板中的【确定】按钮，即可自动标注该视图的尺寸，如图14-43所示。

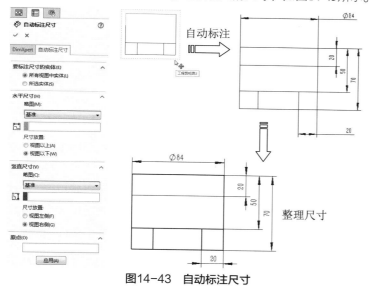

图14-43 自动标注尺寸

技巧点拨

一般自动标注的工程图尺寸比较散乱，且不太符合零件表达要求，这时就需要用户手动去整理尺寸。把不要的尺寸删除，再添加一些合理的尺寸，这样就能满足工程图尺寸的要求了。

3. 标注智能尺寸

智能尺寸显示模型的实际测量值，但并不驱动模型，也不能更改其数值，但是当改变模型时，参考尺寸会相应地更新。

可以使用与标注草图尺寸同样的方法添加平行、水平和竖直的参考尺寸到工程图中。标注智能尺寸的操作步骤如下。

（1）单击【智能尺寸】按钮 ✎ 。

（2）在工程图视图中单击想标注尺寸的项目。

（3）单击以放置尺寸。

技巧点拨

按照默认设置，参考尺寸放在圆括号中，如要防止括号出现在参考尺寸周围，请在菜单栏中执行【工具】|【选项】命令，在打开的【系统选项】对话框的【文档属性】选项卡中，在【尺寸】选项区中取消对【添加默认括号】复选框的选择。

4．插入模型项目的尺寸标注

可以将模型文件（零件或装配体）中的尺寸、注解以及参考几何体插入到工程图中。

可以将项目插入到所选特征、装配体零部件、装配体特征、工程视图或者所有视图中。当插入项目到所有工程图视图时，尺寸和注解会以最适当的视图出现。显示在部分视图的特征，局部视图或剖面视图，会先在这些视图中标注尺寸。

将现有模型视图插入工程图中的过程如下。

（1）单击【注解】选项卡中的【模型项目】按钮 ✦ 。

（2）在【模型项目】属性面板中设置相关的尺寸、注释及参考几何体等选项。

（3）单击【确定】按钮 ✓ ，即可完成模型项目的插入。

技巧点拨

可以使用键盘的Delete键删除模型项目。或者使用Shift键将模型项目拖动到另一工程图视图中。或者使用Ctrl键将模型项目复制到另一工程图视图。

（4）通过插入模型项目标注尺寸如图14-44所示。

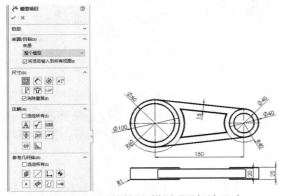

图14-44　通过插入模型项目标注尺寸

5. 尺寸公差标注

可通过单击尺寸在打开的【尺寸】属性面板中的【公差/精度】选项区，来定义尺寸公差与精度。

设置尺寸公差过程如下。

（1）单击视图中标注的任一尺寸，显示【尺寸】属性面板。

（2）在【尺寸】属性面板中设置尺寸公差各种选项。

（3）最后单击【确定】按钮 ✔，完成尺寸公差的设定，如图14-45所示。

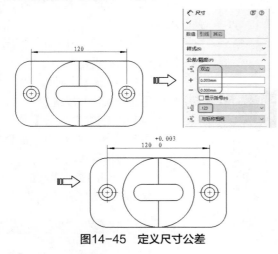

图14-45　定义尺寸公差

14.4.2　注解的标注

可以将所有类型的注解添加到工程图文件中，可以将大多数类型添加到零件或装配体文档

中，然后将其插入工程图文档。在所有类型的SolidWorks文档中，注解的行为方式与尺寸相似。可以在工程图中生成注解。

注解包括注释、表面粗糙度、形位公差、零件序号、自动零件序号、基准特征、焊接符号、中心符号线和中心线等内容。注解工具栏提供工具供添加注释及符号到工程图、零件或装配体文件。图14-46所示为轴零件图中所包含的注解内容。

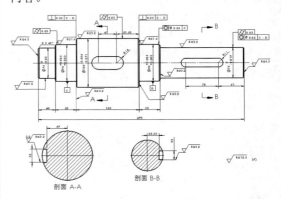

图14-46　轴零件工程图中的注解内容

1. 文本注释

在工程图中，文本注释可为自由浮动或固定的，也可带有一条指向的引线。文本注释可以包含简单的文字、符号、参数文字或超文本链接。

生成文本注释的过程如下。

（1）单击【注解】选项卡中的【注释】按钮 A，弹出【注释】属性面板，如图14-47所示。

图14-47　【注释】属性面板

（2）在【注释】属性面板中设定相关的属性选项。然后在视图中单击放置文本边界框，同时会弹出【格式化】工具栏，如图14-48所示。

图14-48　【格式化】工具栏和文本边界框

（3）如果注释有引线，在视图中单击以放置引线，再次单击来放置注释。

（4）在输入文字前拖动边界框可以满足文本输入的需要，然后在文本边界框中输入文字。

（5）在【格式化】工具栏中设定相关选项。接着在文本边界框外单击来完成注释。

（6）若需要重复添加注释，保持【注释】属性面板打开，重复以上步骤即可。

（7）单击【确定】按钮 ✔ 完成注释。

技巧点拨

若要编辑注释，双击注释，即可在属性面板或对话框中进行相应的编辑。

2. 标注表面粗糙度符号

可以使用表面粗糙度符号来指定零件实体面的表面纹理。可以在零件、装配体或者工程图文档中选择面。输入表面粗糙度的操作过程如下。

（1）单击【注解】选项卡中的【表面粗糙度】按钮 ✔，弹出【表面粗糙度】属性面板，如图14-49所示。

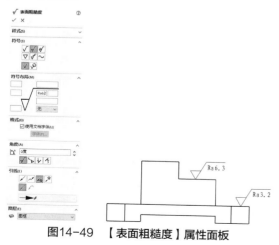

图14-49　【表面粗糙度】属性面板

（2）在【表面粗糙度】面板中设置属性。

（3）在视图中单击以放置粗糙度符号。对于多个实例，可根据需要多次单击以放置多个粗糙度符号与引线。

（4）编辑每个实例。可以在面板中更改每个符号实例的文字和其他项目。

（5）对于引线，如果符号带引线，单击一次放置引线，然后再次单击以放置符号。

（6）单击【确定】按钮 ✔ 完成表面粗糙度符号的创建。

3. 基准特征符号

在零件或装配体中，可以将基准特征符号附加在模型平面或参考基准面上。在工程图中，可以将基准特征符号附加在显示为边线（不是侧影轮廓线）的曲面或剖面视图面上。插入基准特征符号的操作过程如下。

（1）单击【注解】选项卡中的【基准特征】按钮，或者在菜单栏中选择【插入】|【注解】|【基准特征符号】命令，弹出【基准特征】属性面板，如图14-50所示。

（2）在【基准特征】面板中设定选项。

（3）在图形区域中单击以放置附加项，然后放置该符号。如果将基准特征符号拖离模型边线，则会添加延伸线。

（4）根据需要继续插入多个符号。

（5）单击【确定】按钮 ✔ 完成基准特征符号的创建。

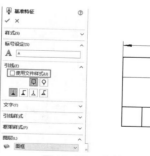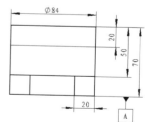

图14-50　【基准特征】属性面板

14.4.3　材料明细表

装配体是由多个零部件组成的，需要在工程视图中列出组成装配体的零件清单，这可以通过材料明细表来表述。可将材料明细表插入到工程图中。

在装配图中生成材料明细表步骤如下。

（1）在菜单栏中执行【插入】|【材料明细表】命令，打开【材料明细表】面板，如图14-51所示。

（2）选择图纸中的主视图为生成材料明细表指定模型，随后弹出【材料明细表】属性面板，设置属性选项后，在图纸视图中的指针位置显示材料明细表格，如图14-52所示。

（3）移动指针至合适的位置，单击放置材料明细表。通常会将材料明细表与标题栏表格对齐放置，如图14-53所示。

（4）在工程图中生成材料明细表后，可以双击材料明细表中的单元格来输入或编辑文本内容。由于材料明细表是参考装配体生成的，对材料明细表内容的更改将在重建时被自动覆盖。

图14-51　【材料明细表】面板

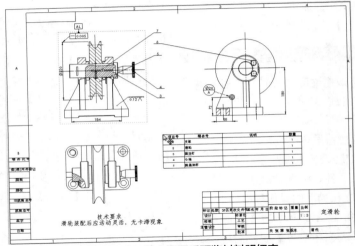

图14-52　单击视图后预览材料明细表

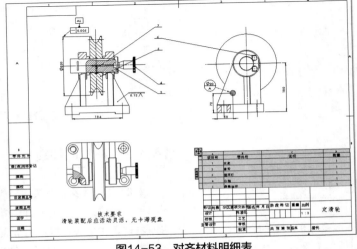

图14-53　对齐材料明细表

14.5　工程图的对齐与显示

在工程图建立完成后，往往需要对工程视图进行一些必要的操纵和显示。对视图的操纵包括对齐视图、旋转视图、复制和粘贴视图、更新视图和删除视图等。对视图的隐藏和显示包括隐藏/显示视图、隐藏/显示零部件、隐藏基准面后的零部件、隐藏和显示草图等。

14.5.1　操纵视图

对建立的工程视图进一步操纵，使视图更符合设计的一些要求和规范。

1. 工程视图属性

在视图中用右键单击并选择快捷菜单中的【属性】命令，打开【工程图属性】对话框。【工程视图属性】对话框提供了关于工程视图及其相关模型的信息，如图14-54所示。

图14-54　【工程视图属性】对话框

2. 对齐视图

视图建立时可以设置与其他视图对齐或不对齐。对于默认为未对齐的视图，或解除了对齐关系的视图，可以更改其对齐关系。

➢ 使一个工程视图与另一个视图对齐：选取一个工程视图，然后在菜单栏中执行【工具】|【对齐工程图视图】|【水平对齐另一视图或竖直对齐另一视图】命令，如图14-55所示。或用右键单击工程视图，然后选择一种对齐方式，如图14-56所示。指针会变为 ，然后选择要对齐的参考视图。

图14-55　对齐工程视图方式选择

图14-56　视图对齐方式选择

➢ 将工程视图与模型边线对齐：在工程视图中选择一线性模型边线。在菜单栏中执行【工具】|【对齐工程图视图】|【水平边线或竖直边线】命令。视图旋转，直到所选边线水平或竖直定位。

➢ 解除视图的对齐关系：对于已对齐的视图，可以解除对齐关系并独立移动视图。在视图边界内部单击右键，然后选择快捷菜单中的【对齐】|【解除对齐关系】命令，或执行菜单栏中的【工具】|【对齐工程图视图】|【解除对齐关系】命令。

➢ 回到视图默认的对齐关系：可以使已经解除对齐关系的视图回到原来的对齐关系。在视图边框内部单击右键，然后选择快捷菜单中的【对齐】|【默认对齐】命令，或执行菜单栏中的【工具】|【对齐工程图视图】|【默认对齐关系】命令。

3. 剪切/复制/粘贴视图

在同一个工程图中，可以利用剪贴板工具从一张图纸剪切、复制工程图视图，然后粘贴到另一张图纸。也可以从一个工程图文件剪切、复制工程图视图，然后粘贴到另一个工程图文件。

剪切/复制/粘贴工程视图的操作如下。

（1）在图纸或特征设计树中选择要操作的视图。

（2）在菜单栏中执行【编辑】|【剪切】或【复制】命令。

（3）切换到目标图纸或工程图文档，在想要粘贴视图的位置单击，然后执行【编辑】|【粘贴】命令，即可将工程视图粘贴。

如要一次对于多个视图执行操作，在选取视图时按住Ctrl键。

4. 移动视图

要想移动视图，须先解锁视图，然后才可拖动视图进行平移，如图14-57所示。

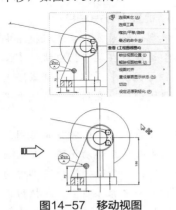

图14-57　移动视图

14.5.2　工程视图的隐藏和显示

在工程图上工作时，可以隐藏视图。隐藏视图后，可以再次显示此视图。

当隐藏具有从属视图（局部、剖面或辅助视图）的视图时，可选择是否隐藏这些视图。再次显示母视图或其中一个从属视图时，同样可选择是否显示相关视图。

隐藏/显示视图操作。

（1）在图纸或特征设计树中用右键单击视图，然后选择【隐藏】命令。如果视图有从属视图（局部、剖面等），则将被询问是否也要隐藏从属视图。

（2）如要再次显示视图，用右键单击视图并选择【显

示】命令。如果视图有从属视图（局部、剖面或辅助视图），则将被询问是否也要显示从属视图。

如要查看图纸中隐藏视图的位置但不显示它们，在菜单栏中执行【视图】|【被隐藏的视图】命令，显示隐藏视图的边界如图14-58所示。

图14-58　显示被隐藏视图的边界

14.6　打印工程图

SolidWorks为工程图的打印提供了多种设定选项。可以打印或绘制整个工程图纸，或只打印图纸中所选的区域。可以选择用黑白打印或用彩色打印。可为单独的工程图纸指定不同的设定。

14.6.1　为单独的工程图纸指定设定

在菜单栏中执行【文件】|【页面设置】命令，打开【页面设置】对话框。通过此对话框设置打印页面的相关选项。比如，设置图纸比例、图纸纸张的大小、打印方向等，如图14-59所示。

单击【预览】按钮可以预览图纸打印效果，如图14-60所示。

图14-59　工程图页面设置

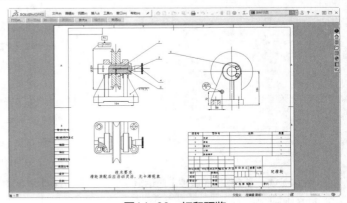

图14-60　打印预览

14.6.2　打印整个工程图图纸

当完成了工程图的视图创建、尺寸标注及文字注释等系列操作后，可以将其打印出图。在菜单栏中执行【文件】|【打印】命令，弹出【打印】对话框，如图14-61所示。

在【文件打印机】选项组的【名称】列表中选择打印机硬件设备，如果没有安装打印机设备，可以选择虚拟打印机来打印PDF文

档，便于日后图纸打印，还可单击【页面设置】按钮重新设定页面。

若用户创建了多张图纸，可在【打印范围】选项组中选中【所有图纸】单选按钮，或者选择【图纸】选项并设置输入图纸的数量。也可选择【当前图纸】单选按钮或【当前荧屏图像】单选按钮来打印单张图纸。打印的选项设置完成后单击【确定】按钮即可自动打印工程图图纸。

图14-61 工程图打印设置

14.7 综合实战——阶梯轴工程图

引入素材：综合实战\源文件\Ch14\阶梯轴.SLDPRT
结果文件：综合实战\结果文件\Ch14\阶梯轴工程图.SLDDRW
视频文件：视频\Ch14\阶梯轴工程图设计.avi

阶梯轴的工程图包括一组视图、尺寸和尺寸公差、形位公差、表面粗糙度和一些必要的技术说明等。

本例练习阶梯轴的工程图绘制，阶梯轴工程图如图14-62所示。

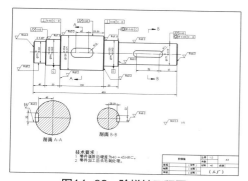

图14-62 阶梯轴工程图

操作步骤

1. 生成新的工程图

01 单击【新建】按钮，在【新建SOLIDWORKS文件】对话框中单击【高级】按钮进入【模板】选项卡。

02 在【模板】选项卡中选择【gb_a3】横幅图纸模板，再单击【确定】按钮加载图纸，如图14-63所示。

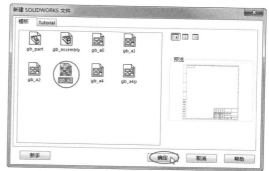

图14-63 选择图纸模板

03 进入工程图环境后，指定图纸属性。在工程图图纸绘图区中单击右键，在弹出的快捷菜单中选择【属性】命令，在【图纸属性】对话框中进行设置，如图14-64所示，名称为"阶梯轴"，比例为1：2，选择【第一视角】投影类型。

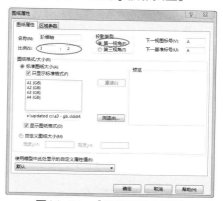

图14-64 【图纸属性】面板

2. 将模型视图插入工程图

01 单击【视图布局】选项卡中的【模型视图】按钮，在打开的【模型视图】属性面板中设定选项，如图14-65所示。

02 单击【下一步】按钮。在【模型视图】属性面板中设定额外选项，如图14-66所示。

03 单击【确定】按钮，将模型视图插入工程图，如图14-67所示。

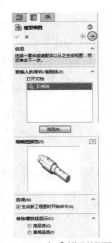
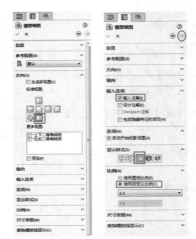

图14-65　在【模型视图】
面板中设定选项

图14-66　设定额外选项

04　添加中心线到视图中。单击【注解】选项卡中的【中心线】按钮⊞，为插入中心线选择圆柱面生成中心线，如图14-68所示。

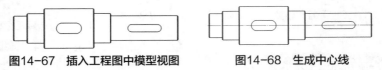

图14-67　插入工程图中模型视图　　　　图14-68　生成中心线

3. 生成剖面视图

01　单击【视图布局】选项卡中的【剖面视图】按钮♬，在弹出的【剖面视图】属性面板中进行设置，如图14-69所示。

02　在主视图中选取点放置切割线，单击以放置视图。生成的剖面视图如图14-70所示。

03　编辑视图标号或字体样式，更改视图对齐关系，如图14-71所示。

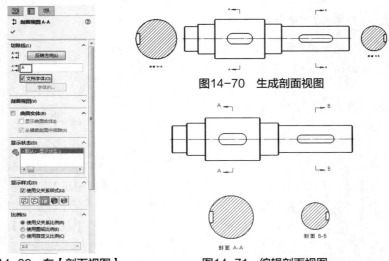

图14-69　在【剖面视图】
面板中设置选项

图14-70　生成剖面视图

图14-71　编辑剖面视图

04　在剖面视图中添加中心符号线。单击【注解】选项卡中的【中心符号线】按钮⊕，在弹出的【中心符号线】属性面板中进行设置，接着在剖面视图中生成中心符号线，如图14-72所示。

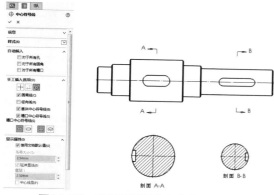

图14-72 在剖面视图中生成中心符号线

4. 尺寸的标注

01 使用智能标注基本尺寸。单击选项卡中的【智能尺寸】按钮 ，在【智能尺寸】属性面板中设定选项，标注的工程图尺寸如图14-73所示。

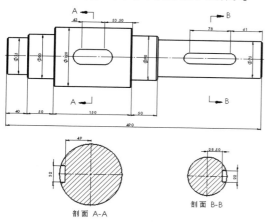

图14-73 标注工程图尺寸

02 标注尺寸公差。单击需要标注公差的尺寸，进行尺寸公差标注，如图14-74所示。

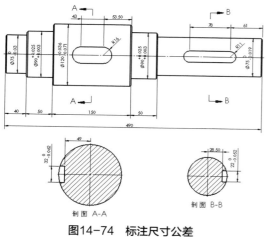

图14-74 标注尺寸公差

5. 标注基准特征

01 单击【注解】选项卡中的【基准特征】按钮 ，在【基准特征】属性面板中设定选项。

02 在图形区域中单击以放置附加项，然后放置该符号，根据需要继续插入基准特征符号，如图14-75所示。

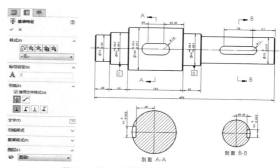

图14-75 基准特征符号的标注

6. 标注形位公差

01 在【注解】选项卡中单击【形位公差】按钮 ，在【属性】对话框和【形位公差】属性面板中设定选项，如图14-76所示。

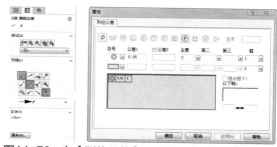

图14-76 在【形位公差】面板和【属性】对话框中的选项设定

02 单击以放置符号。工程图中标注形位公差如图14-77所示。

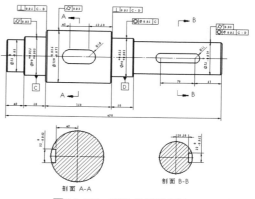

图14-77 形位公差的标注

7. 标注表面粗糙度

01 单击【注解】选项卡中的【表面粗糙度】按钮 √ ，在属性面板中设定属性。

02 在图形区域中单击以放置符号。工程图中标注的表面粗糙度如图14-78所示。

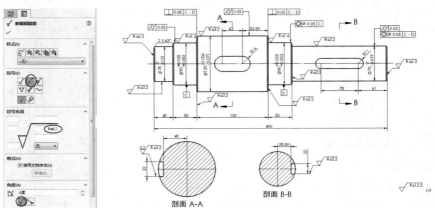

图14-78　表面粗糙度的标注

8. 文本注释

01 单击【注解】选项卡中的【注释】按钮 **A** ，在【注释】属性面板中设定选项，如图14-79所示。

02 单击并拖动边界框，如图14-80所示。

03 输入文字，如图14-81所示。

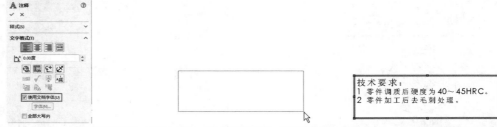

图14-79　在【注释】面板中设定选项　图14-80　单击并拖动生成的边界框　图14-81　在边界框中输入技术要求

04 在【文字格式】选项区中设置相关的文字选项使文本符合工程图制图要求，最后在【注释】属性面板中单击【确定】按钮 √ 完成文本注释。

05 进一步完善阶梯轴的工程图，如图14-82所示。

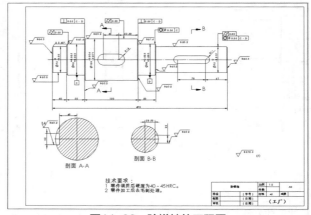

图14-82　阶梯轴的工程图

14.8 课后习题

1. 建立高速轴工程图

本练习建立高速轴工程图，完成工程图中的尺寸和注解标注，高速轴工程图如图14-83所示。

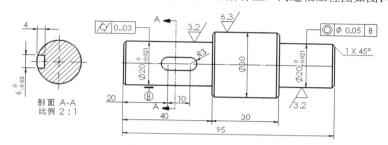

图14-83 高速轴工程图

2. 建立轴承座工程图

本练习建立轴承座工程图，完成工程图中的尺寸和注解标注，轴承座工程图如图14-84所示。

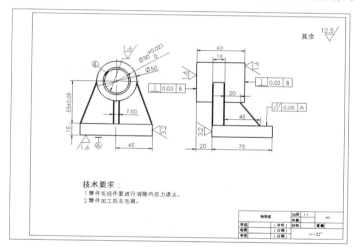

图14-84 轴承座工程图

零件的形状虽然千差万别，但根据它们在机器（或部件）中的作用和形状特征，通过比较、归纳，可大体将它们划分为几种类型：轴套类、盘盖类、叉架类和箱体类。

本章主要介绍利用SolidWorks来设计具有代表性的零件类型，让读者了解机械零件的一般设计步骤与方法。

知识要点

- ⊙ 轴类零件设计
- ⊙ 盘盖类零件设计
- ⊙ 叉架类零件设计
- ⊙ 箱体类零件设计
- ⊙ 合页装配设计
- ⊙ 阀盖零件工程图设计

15.1 草图绘制案例

引入素材：无
结果文件：综合实战\结果文件\Ch15\垫片草图.sldprt
视频文件：\视频\Ch15\绘制垫片草图.avi

参照如图15-1所示的图纸来绘制草图，注意其中的水平、竖直、同心、相切等几何关系。其中绿色线条上的圆弧半径都是R3。

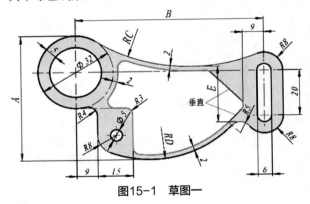

图15-1　草图一

15.2.1　绘图分析

（1）参数：A=54，B=80，C=77，D=48，E=25。

（2）此图形结构比较特殊，许多尺寸都不是直接给出的，需要经过分析得到，否则容易出错。

（3）由于图形的内部有一个完整的封闭环，这部分图形也是一个完整图形，但这个内部图形的定位尺寸参考均来自于外部图形中的"连接线段"和"中间线段"。所以绘图顺序是先绘制外部图形，再绘制内部图形。

（4）此图形很轻易就可以确定绘制的参考基准中心位于φ32圆的圆心，这从标注的定位尺寸就可以看出。作图顺序的图解如图15-2所示。

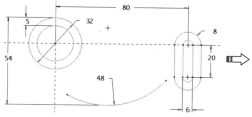

步骤1：绘制外形已知线段

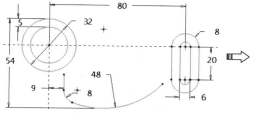

步骤2：绘制外形中间线段

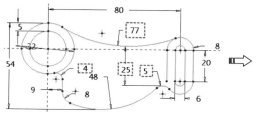

步骤3：绘制外形连接线段

步骤4：绘制内部线段

图15-2 作图顺序图解

15.2.2 绘图步骤

操作步骤

01 新建SolidWorks零件文件。在【草图】选项卡中单击【草图绘制】按钮，选择上视基准面作为草图平面，进入草绘环境中，如图15-3所示。

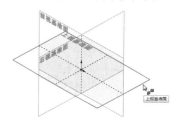

图15-3 选择草图平面

02 绘制图形基准中心线。本例就以坐标系原点作为φ32圆的圆心。绘制的基准中心线如图15-4所示。

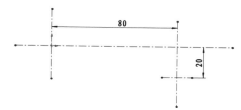

图15-4 绘制基准中心线

03 首先绘制外部轮廓的已知线段（既有定位尺寸，也有定形尺寸的线段）。

➤ 单击【圆】按钮，在坐标系原点绘制两个同心圆，进行尺寸约束，如图15-5所示。

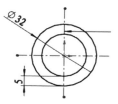

图15-5 绘制同心圆

➤ 再单击【直线】按钮、【圆】按钮、【等距实体】按钮、【剪裁实体】按钮等，绘制出右侧部分（虚线框内部分）的已知线段，然后单击 删除段 按钮修剪，如图15-6所示。

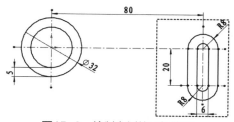

图15-6 绘制右侧的已知线段

➤ 单击 **3 点圆弧(T)** 按钮，绘制下方已知线段（R48）的圆弧，如图15-7所示。

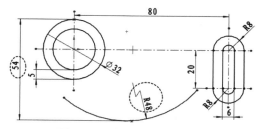

图15-7 绘制下方的已知线段

04 接着绘制外部轮廓的中间线段。（只有定位尺寸的线段。）

➤ 单击【直线】按钮 ✎，绘制标注距离为"9"的竖直直线，如图15-8所示。

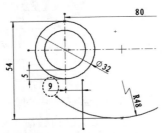

图15-8　绘制竖直直线

➤ 单击【绘制圆角】按钮 ⌐，在竖直线与圆弧（半径48mm）交点处创建圆角（半径为8mm），如图15-9所示。

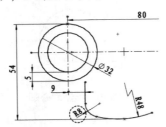

图15-9　创建圆角

技术要点 📑

本来这个圆角曲线（直径φ8）属于连接线段类型，但它的圆心同时也是里面φ5圆的圆心，起到定位作用，所以这段圆角曲线又变成了"中间线段"。

05 绘制外部轮廓的连接线段。

➤ 绘制一水平线，如图15-10所示。

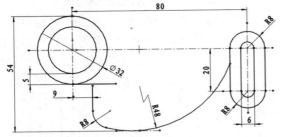

图15-10　绘制水平直线

➤ 单击【绘制圆角】按钮 ⌐，创建第一段连接线段曲线（圆角半径R4）。

➤ 单击【三点圆弧】按钮 ⌒，创建第二段连接线段圆弧曲线（圆半径R77），两端与相接圆分别相切，如图15-11所示。

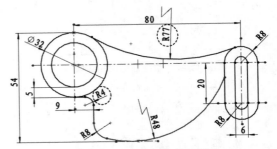

图15-11　绘制圆角与圆弧

➤ 单击【圆】按钮 ⊙，绘制直径为φ10的圆，作水平辅助构造线，先将上水平构造线与R77圆弧进行相切约束，接着设置两水平构造线之间的尺寸约束（尺寸25），最后将φ10圆分别与R48圆弧、水平构造线和R8圆弧进行相切约束，如图15-12所示。

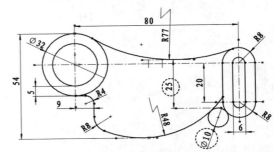

图15-12　绘制构造线、圆，并进行尺寸和几何约束

➤ 修剪φ10圆，并重新尺寸约束修剪后的圆弧，如图15-13所示。

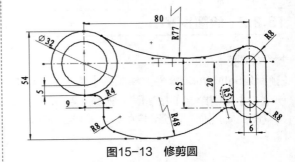

图15-13　修剪圆

06 最后绘制内部图形轮廓。

➤ 单击【等距实体】按钮 ⊏，偏移出图15-14所示的内部轮廓中的中间线段。

➤ 单击【直线】按钮 ✎，绘制3条直线，如图15-15所示。

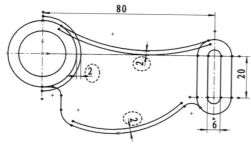

图15-14　创建3条等距曲线

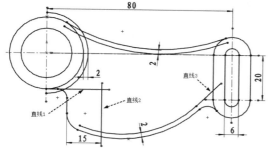

图15-15　绘制3条直线

> 单击【直线】按钮 ✎，绘制第4条直线，利用垂直约束使直线4与直线3垂直约束，如图15-16所示。

> 最后单击【绘制圆角】按钮 ⌐，创建内部轮廓中相同半径（R3）的圆角，如图15-17所示。

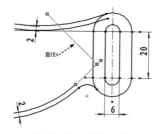

图15-16　绘制直线4

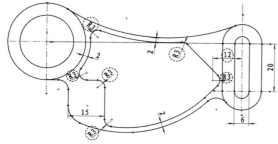

图15-17　创建内部轮廓的圆角

> 单击【剪裁实体】按钮 ⚔ 修剪图形，结果如图15-18所示。

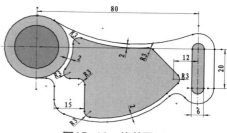

图15-18　修剪图形

> 单击 圆心和点 按钮，在左下角圆角半径为R8的圆心位置上绘制直径为 $\phi5$ 的圆，如图15-19所示。

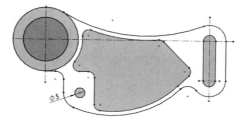

图15-19　绘制圆

07 至此，完成了本例草图的绘制。

15.2　机械零件建模案例

本节中我们通过比较常见的机械零件建模为大家介绍一些建模技巧，希望大家能够熟练掌握相关的工具指令，为你的学习和工作提供切实的帮助。

15.3.1　机械零件1建模训练

引入素材：无

结果文件：\综合实战\结果文件\Ch15\机械零件1.SLDPRT

视频文件：\视频\Ch15\机械零件1建模训练.avi

本例需要注意模型中的对称、阵列、相切、同心等几何关系。

1. 建模分析

（1）首先观察一下，剖面图中所显示的壁厚是否是均匀的，如果是均匀的，建模相对比较简单一些，通常会采用"凸台→壳体"一次性完成主体建模。如果不均匀，则要采取分段建模方式。从本例图形看，底座部分与上半部分薄厚不相同，需要分段建模。

（2）建模的起始点在图中标注为"建模原点"。

（3）建模的顺序为：主体→侧面拔模结构→底座→底座沉头孔。

建模流程的图解如图15-20所示。

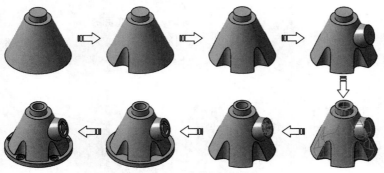

图15-20　建模顺序图解

2.建模步骤

01 新建SolidWorks零件文件进入零件建模环境。

02 首先创建主体部分结构。

➤ 单击【草图】按钮□·，选择前视基准面作为草图平面进入草图环境。

➤ 绘制图15-21所示的草图截面（草图中要绘制旋转轴）。

➤ 单击【旋转凸台/基体】按钮◎，选择绘制的草图作为旋转轮廓，随后打开【旋转】属性面板。单击【确定】按钮完成旋转凸台基体的创建，如图15-22所示。

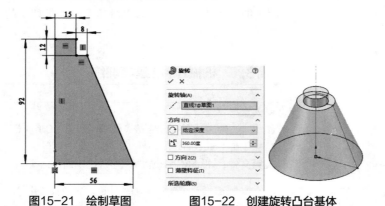

图15-21　绘制草图　　**图15-22　创建旋转凸台基体**

➤ 选择旋转体底部平面作为草图平面，进入草图环境，绘制图15-23所示的草图。

技术要点 🖹

绘制草图时要注意，必先建立旋转体轮廓的偏移曲线（偏移尺寸为3），这是直径为19mm圆弧的重要参考。

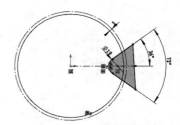

图15-23　绘制草图

➤ 单击【拉伸切除】按钮◙，选择上步绘制的草图作为轮廓，打开【切除-拉伸】属性面板。输入拉伸切除深度为50，单击【确定】按钮完成拉伸切除的创建，如图15-24所示。

图15-24　创建拉伸切除特征

➤ 选中拉伸切除特征，在【特征】选项卡中单击【圆周阵列】按钮🔅，选取主体（旋转特征）的临时轴作为阵列轴，设置阵列角度为72度，设置阵列数量为5，最后单击【确定】按钮✓，创建图15-25所示的圆周阵列。

03 接下来创建侧面斜向的结构。

➤ 选择前视基准面为草图平面，绘制如图15-26所示的草图。

➤ 单击【旋转凸台/基体】按钮◎，打开【旋转】属性面板，选择轮廓曲线和旋转轴，单击【确定】按钮完成旋转体的创建，如图15-27所示。

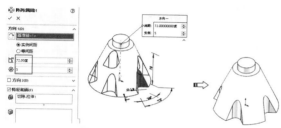

图15-25 创建圆周阵列

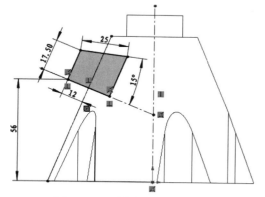

图15-26 选择平面绘制草图

图15-27 创建旋转体特征

➢ 在【特征】选项卡中单击【抽壳】按钮🔲，
打开【抽壳】属性面板。选取第一个旋转体
的上下两个端面为"要移除的面"，设置壳
厚度为5mm，单击【确定】按钮✔完成壳体
特征的创建，如图15-28所示。

图15-28 创建壳体特征

➢ 单击【拉伸切除】按钮🔲，选择侧面结构
的端面为草图平面，进入草图环境，绘制
图15-29所示的草图。退出草图环境后打开
【切除-拉伸】属性面板。设置拉伸切除深度
为10mm，最后单击【确定】按钮完成拉伸切
除的创建。

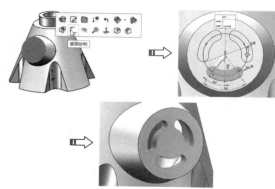

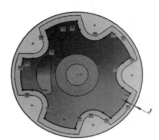

图15-29 创建拉伸切除特征

04 最后创建底座部分结构。

➢ 选择上视基准面为草图平面，单击【草图】
按钮🔲·进入草图环境，绘制图15-30所示的
草图。

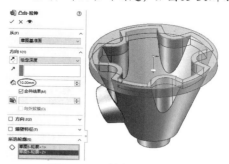

图15-30 绘制草图

➢ 单击【拉伸凸台/基体】按钮🔲，选择上步绘
制的草图为拉伸轮廓后，打开【凸台-拉伸】
属性面板。设置深度为8mm，单击【确定】
按钮完成拉伸凸台的创建，如图15-31所示。

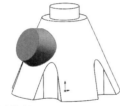

图15-31 创建拉伸凸台

➢ 在【特征】选项卡中单击【异性孔向导】按钮
🔲·，弹出【孔规格】属性面板。在【位置】
选项卡中，选择底座的上表面为孔放置面，
光标选取位置为孔位置参考点，如图15-32
所示。

➢ 随后自动进入3D草图环境，对放置参考点进

行重新定位，如图15-33所示。

图15-32 选择放置面 　　　图15-33 重新定位

➤ 退出3D草图环境后，在【孔规格】属性面板的【类型】选项卡中设置孔类型及孔参数，其余参数保持默认。最后单击【确定】按钮✓完成孔的创建，如图15-34所示。

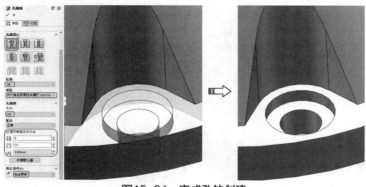

图15-34 完成孔的创建

05 将沉头孔进行圆形阵列。选中孔特征，单击【圆周阵列】按钮♣，打开【阵列（圆周）2】属性面板。设置旋转轴为旋转凸台（第一个特征）的临时轴，设置实例数为5，角度间距为72，单击【确定】按钮✓完成孔的圆周阵列，如图15-35所示。

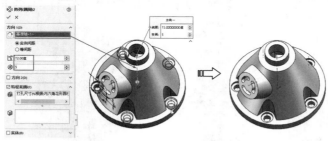

图15-35 完成孔的圆形阵列

06 至此，完成了本例机械零件的建模过程，最终效果如图15-36所示。

图15-36 机械零件设计完成效果

15.2.2 机械零件2建模训练

引入素材：无
结果文件：\综合实战\结果文件\Ch15\机械零件2.SLDPRT
视频文件：\视频\Ch15\机械零件2建模训练.avi

本例机械零件模型如图15-37所示。

构建本例的零件模型，过程中须注意以下几点。

➤ 模型厚度以及红色筋板厚度均为1.9mm（等距或偏移关系）。

➤ 图中同色表示的区域，其形状大小或者尺寸相同。其中底侧部分的黄色和绿色圆角面为偏移距离为T的等距面。

➤ 凹陷区域周边拔模角度相同，均为33度。

➤ 开槽阵列的中心线沿凹陷斜面平直区域均匀分布。开槽端部为完全圆角。

图15-37 机械零件二

1. 建模分析

（1）本例零件的壁厚是均匀的。可以采用先建立外形曲面再进行加厚的方法。还可以采用先创建实体特征，再在其内部进行抽壳（创建壳体特征）的方法。本例将采取后一种方法进行建模。

（2）从模型看出，本例模型在两面都有凹陷，说明实体建模时须在不同的零件几何体中分别创建形状，然后进行布尔运算。所以我们将以上视基准面为界限，在+Y方向和-Y方向各自建模；

（3）建模的起始平面为前视基准面。

（4）建模时须注意先后顺序。

建模流程的图解如图15-38所示。

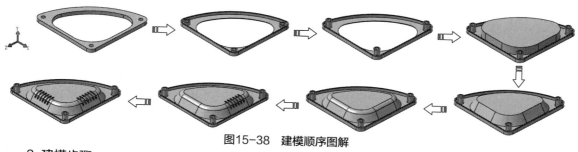

图15-38　建模顺序图解

2. 建模步骤

01 新建SolidWorks零件文件进入零件建模环境。

02 创建+Y方向的主体结构。首先创建拉伸凸台特征。

➤ 单击【草图】按钮 口·，选择上视基准面作为草图平面进入到草图环境。

➤ 绘制图15-39所示的草图截面。

➤ 单击【拉伸凸台/基体】按钮 ◉ ，然后选择草图创建深度为8mm的凸台特征，如图15-40所示。

图15-39　绘制草图

图15-40　创建凸台特征

03 接下来在凸台特征的内部创建拔模特征。

➤ 单击【拔模】按钮 ◉ 。打开【拔模】属性面板。

➤ 选取要拔模的面（内部侧壁立面），选择上视基准面为中性面。选择Y轴为拔模方向，单击【反向】按钮 ↗ ，使箭头向下。最后单击【确定】按钮 ✓ 完成拔模的创建，如图15-41所示。

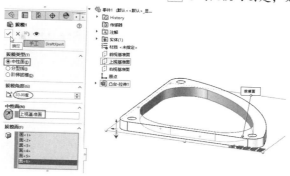

图15-41　创建拔模

04 创建壳体特征。

➤ 单击【抽壳】按钮，打开【抽壳】属性面板。

➤ 选择要移除的面，单击【确定】按钮完成壳体特征的创建，如图15-42所示。

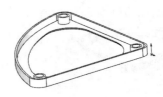

图15-42　创建壳体特征

05 创建加强筋。

➤ 选中3个立柱的顶面，单击右键并选择右键菜单中的【移动】命令。

➤ 在弹出的【移动面】属性面板中设置Y方向的平移值为10mm，单击【确定】按钮✔对3个立柱顶面进行平移加厚，如图15-43所示。

图15-43　移动所选的面

➤ 单击【筋】按钮，选择图15-44所示的面作为草图平面，进入草图环境绘制加强筋的截面草图。

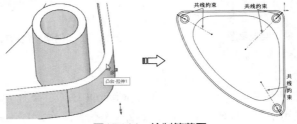

图15-44　绘制筋草图

技术要点

绘制的实线长度可以不确定，但不能超出BOSS柱和外轮廓边界。

➤ 退出草图环境后打开【筋】属性面板。在【筋】属性面板中单击【两侧】按钮，设置厚度值为1.9mm，单击【确定】按钮✔完成加强筋的创建，如图15-45所示。

06 接下来创建-Y方向的抽壳特征。首先创建带有拔模斜度的凸台。

➤ 单击【拉伸凸台/基体】按钮，选择上视基准面作为草图平面后进入草图环境，如图15-46所示。

图15-48　创建拔模凸台

07 创建圆角特征和壳体特征。

> 单击【圆角】按钮 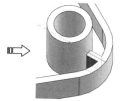，打开【圆角】属性面板。选择凸台边，设置圆角半径为10mm，最后单击【确定】按钮 ✓ 完成倒圆角特征的创建，如图15-49所示。

图15-45　创建加强筋

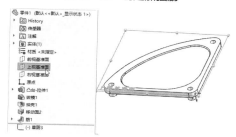

图15-46　选择草图平面

> 单击【转换实体应用】按钮 📷·，然后选取拔模特征的边线作为转换参考，绘制图15-47所示的草图。

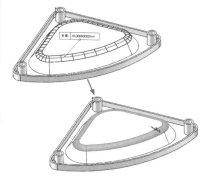

图15-49　创建圆角特征

> 翻转模型，选中凸台底部面，再单击【抽壳】按钮 📷，在打开的【抽壳】属性面板中设置默认内侧厚度值为1.9mm，单击【确定】按钮 ✓ 完成抽壳特征的创建，如图15-50所示。

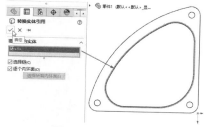

图15-47　绘制草图

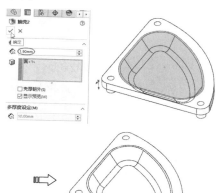

> 完成草图后，在弹出的【凸台-拉伸】属性面板中设置深度为21mm，单击【拔模开/关】按钮 📷，设置拔模角度为33°，最后单击【确定】按钮 ✓ 完成凸台的创建，如图15-48所示。

图15-50　创建抽壳特征

提示 📷

在【凸台-拉伸】属性面板中一定要取消对【合并结果】复选框的勾选，否则不能对其进行正确的抽壳操作。

> 单击【组合】按钮 📷，将图形区中的两个实体进行组合。

08 创建拉伸切除。

➢ 单击【草图】按钮 □·，选中图15-51所示的拔模斜面为草图平面，利用【线段】命令 ❖· 绘制等距点。

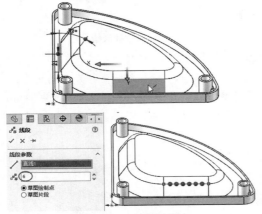

图15-51　绘制等距点

➢ 单击【基准面】按钮 ▤，打开【基准面】属性面板。选取草图中的第一个等距点作为第一参考，再选择右视基准面作为第二参考，单击【确定】按钮 ✔ 完成基准平面的创建，如图15-52所示。

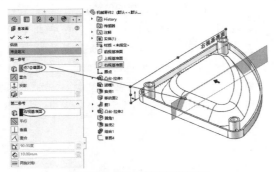

图15-52　创建基准平面

➢ 单击【拉伸切除】按钮 ▣，选择上步创建的平面为草图平面，进入草图环境，绘制图15-53所示的草图。

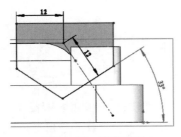

图15-53　绘制草图

➢ 退出草图环境后弹出【切除-拉伸】属性面板。在【切除-拉伸】属性面板中设置深度为1.5mm，并勾选【镜像范围】复选框，单击【确定】按钮完成拉伸切除的创建，如图15-54所示。

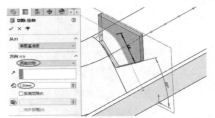

图15-54　创建拉伸切除

09 创建拉伸切除特征的矩形阵列。

➢ 单击【圆角】按钮 ▣·，在拉伸切除特征的3个侧面来创建完整圆角，如图15-55所示。同理创建拉伸切除特征另一端的完整圆角。

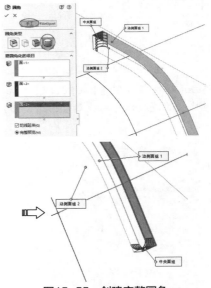

图15-55　创建完整圆角

➢ 在【参考几何体】下拉列表中单击【点】按钮 ●，然后选取最后一个草图等距点作为参考，来创建基准点，如图15-56所示。

➢ 在特征树中按Ctrl键选中拉伸切除特征、圆角2和圆角3特征，再单击【线性阵列】按钮 ▦，打开【阵列（圆周）1】属性面板。

➢ 设置阵列选项及参数，选取上步创建的基准点作为"到参考"的参考点，最后单击【确定】按钮 ✔ 完成拉伸切除的矩形阵列，如图15-57所示。

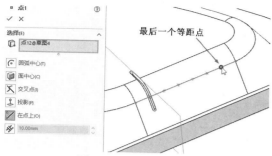

图15-56　创建参考点

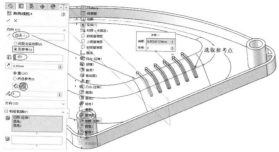

图15-57　创建矩形阵列

10 创建矩形阵列特征的镜像。

➢ 单击【基准面】按钮 ▦，选取加强筋草图的一条曲线和一条临时轴，创建图15-58所示的基准面。

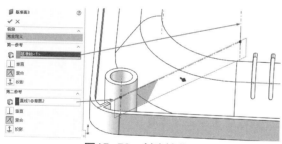

图15-58　创建基准面

11 单击【镜像】按钮 ▥，选取矩形阵列特征作为镜像的特征对象，选择上步创建的基准面作为镜像平面，勾选【几何体阵列】复选框，最后单击【确定】按钮 ✓，完成镜像操作，如图15-59所示。

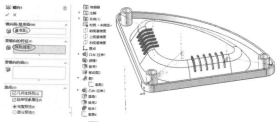

图15-59　创建镜像

12 至此完成了本例机械零件的建模，完成的零件效果如图15-60所示。

图15-60　机械零件

15.2.3　机械零件3建模训练

引入素材：无

结果文件：\综合实战\结果文件\Ch15\机械零件3.SLDPRT

视频文件：\视频\Ch15\机械零件3建模训练.avi

参照图15-61所示的三视图构建摇柄零件模型，注意其中的对称、相切、同心、阵列等几何关系。参数：A=72，B=32，C=30，D=27。

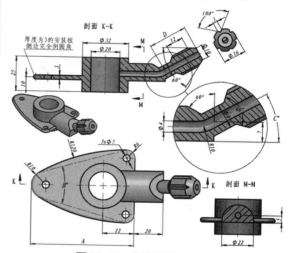

图15-61　摇柄零件三视图

1. 建模分析

（1）参照三视图，确定建模起点在"剖面K-K"主视图φ32圆柱体底端平面的圆心上。

（2）基于"从下往上""由内向外"的建模原则。

（3）所有特征的截面曲线来自于各个视图的轮廓。

（4）建模流程的图解如图15-62所示。

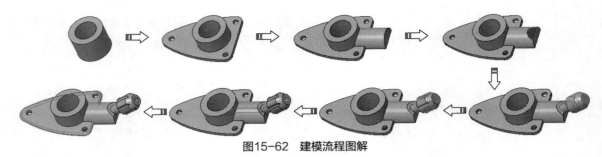

图15-62　建模流程图解

2. 建模步骤

01 新建SolidWorks零件文件。

02 创建第一个主特征——拉伸特征。

➤ 单击【拉伸凸台/基体】按钮 ⬛。

➤ 选择上视基准面平面为草图平面，进入草绘环境中，绘制图15-63所示的草图曲线。

➤ 退出草绘环境后，在【拉伸】属性面板设置拉伸深度为25mm，最后单击【应用】按钮 ✓ 完成创建，如图15-64所示。

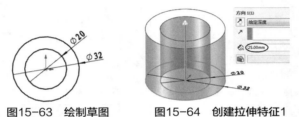

图15-63　绘制草图　　　　图15-64　创建拉伸特征1

03 创建第二个主特征。

➤ 单击 ⬛ 基准面 按钮，新建一个基准面1，如图15-65所示。

➤ 单击【拉伸凸台/基体】按钮 ⬛，选择基准面1为草图平面，进入草绘环境中，绘制图15-66所示的草图曲线。

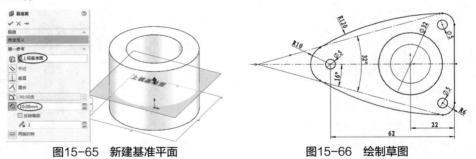

图15-65　新建基准平面　　　　图15-66　绘制草图

➤ 退出草绘环境后，在【拉伸】属性面板设置拉伸深度类型为 ⊟，深度为3mm，最后单击【应用】按钮 ✓ 完成创建，如图15-67所示。

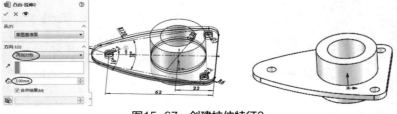

图15-67　创建拉伸特征2

04 创建第3个特征。

➤ 单击 基准面 按钮，新建一个基准面2，如图15-68所示。

➤ 单击【拉伸凸台/基体】按钮。选择新基准面2为草图平面，进入草绘环境中绘制图15-69所示的草图曲线。

➤ 退出草绘环境后，在【拉伸】属性面板设置拉伸深度类型为【成形下一面】，更改拉伸方向，最后单击【应用】按钮✔完成创建，如图15-70所示。

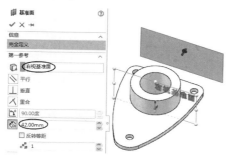

图15-68　新建基准平面DTM2

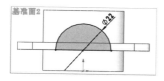

图15-69　绘制草图

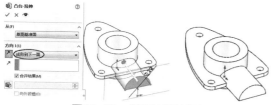

图15-70　创建拉伸特征3

05 创建第四个特征（拉伸切除特征）。此特征是第三个特征的子特征，需要先创建。

➤ 单击【拉伸切除】按钮，选择前视基准面平面为草图平面，进入草绘环境中，绘制图15-71所示的草图曲线。

➤ 退出草绘环境后，在【拉伸】属性面板设置拉伸深度类型为【两侧对称】，最后单击【应用】按钮✔完成拉伸切除，如图15-72所示。

06 创建第五个特征。该特征由【旋转凸台/基体】工具创建。

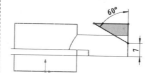

图15-71　绘制草图

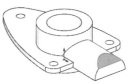

图15-72　创建拉伸切除特征

➤ 单击【旋转凸台/基体】按钮 旋转，选择前视基准面平面为草图平面，进入草绘环境中，绘制图15-73所示的草图曲线。

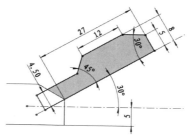

图15-73　绘制草图

➤ 退出草绘环境后，在【旋转】属性面板中单击【应用】按钮✔完成创建，如图15-74所示。

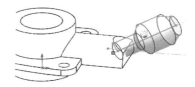

图15-74　创建旋转特征1

07 创建子特征——拉伸切除。

➤ 单击【拉伸切除】按钮。

➤ 选择上步绘制的旋转特征外端面作为草图平面，进入草绘环境中，绘制图15-75所示的草图曲线。

➤ 退出草绘环境后，在【拉伸】属性面板设置拉伸深度类型，最后单击【应用】按钮✔完成拉伸切除操作，如图15-76所示。

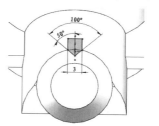

图15-75　绘制草图

图15-76　创建拉伸切除特征

➤ 选中上步创建的拉伸切除特征，然后单击【圆周阵列】按钮🔘 圆周阵列，打开【阵列（圆周）1】属性面板。

➤ 拾取旋转特征1的轴作为阵列参考，输入阵列个数为6，成员之间的角度为60，最后单击【确定】按钮✓完成阵列操作，如图15-77所示。

技术要点 🔖

要显示旋转特征1的临时轴，请在前导视图选项卡的【隐藏/显示项目】列表中单击【观阅临时轴】按钮✓。

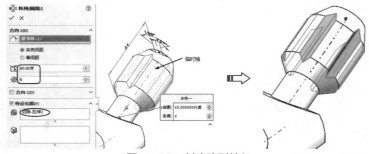

图15-77 创建阵列特征

08 创建子特征——扫描切除特征。

➤ 在【草图】选项卡单击【草图绘制】按钮▢，选择前视基准面平面为草图平面，绘制图15-78所示的草图曲线。

➤ 同理，在旋转特征端面绘制图15-79所示的草图曲线。

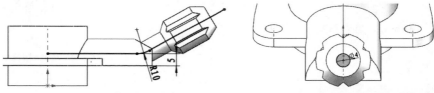

图15-78 绘制草图曲线   图15-79 在旋转特征端面绘制圆

➤ 单击【扫描切除】按钮📷 扫描切除，打开【扫描】属性面板。选取上步绘制的圆曲线作为轮廓，再选择扫描路径曲线，如图15-80所示。

➤ 单击【方向2】按钮❍改变切除侧，最后单击【确定】按钮✓，完成扫描切除特征的创建，如图15-81所示。

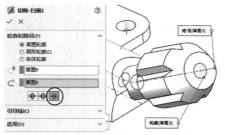
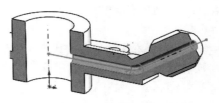

图15-80 选择扫描轮廓和路径曲线   图15-81 创建扫描切除特征

09 最后在拉伸特征2上创建倒圆角特征。

➤ 单击【圆角】按钮🔲 圆角，打开【圆角】属性面板。

> 单击【恒定大小圆角】按钮。按下Ctrl键选取拉伸特征2的上下两条模型边作为圆角化项目，如图15-82所示。

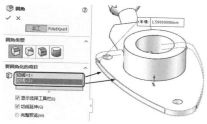

图15-82 选取要圆角化的边

> 设置圆角半径为1.5mm，最后单击【确定】按钮✓，完成整个摇柄零件的创建，如图15-83所示。

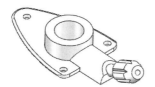

图15-83 摇柄零件

15.3 SolidWorks插件设计案例

在前面章节所介绍的Toolbox插件应用中，诸如一些齿轮、螺钉、螺母、销钉及轴承等标准件，均可直接从库中拖放到图形区中，操作非常简便。尽管如此，由于其提供的标准类型不够丰富（比如皮带轮、蜗轮蜗杆、链轮、弹簧等标准件就没有提供），所以在本节，我们将使用GearTrax（齿轮插件）、弹簧宏程序这样的外部插件来帮助完成诸多系列传动件、常用件的设计。

15.3.1 利用GearTrax齿轮插件设计外啮合齿轮

引入素材：无
结果文件：综合实战\结果文件\Ch15\外啮合齿轮.sldprt
视频文件：\视频\Ch15\设计外啮合齿轮.avi

GearTrax 2020需要安装，它是一个独立的插件，暂不能从SolidWorks中启动，在设置好齿轮参数准备创建模型时，必须先启动SolidWorks软件。

提示 🗐

GearTrax 2020目前没有简体中文版，有繁体中文版。初次打开GearTrax 2020为英文，需要单击【选项】按钮❈，选择界面语言。

GearTrax 2020齿轮插件可以设计各型齿轮、带轮及蜗轮蜗杆、花键等标准件，当然也可以自定义非标准件。利用GearTrax设计齿轮非常简单，要设置的参数不多，有机械设计基础的读者理解这些参数的定义是没有问题的。

操作步骤

01 启动SolidWorks软件。

02 再启动GearTrax-2020.exe插件程序，在标准件类型列表中选择【Spur/Helical（直/斜齿轮）】选项，首选齿轮标准为【Coarse Pitch Involute 20deg（大节距渐开线20°）】类型，再选择单位为【Metric（公制）】，其余参数保留默认，如图15-84所示。

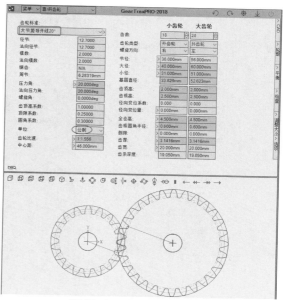

图15-84 设置直齿轮参数

技术要点 📖

如要创建内啮合齿轮，可在【直齿轮模式】列表中选择【Internal Set（内齿轮）】选项，即可创建内啮合齿轮组，如图15-85所示。

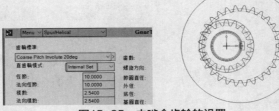

图15-85　内啮合齿轮的设置

03 在GearTrax窗口右侧选择【轮毂】选项卡，弹出【轮毂安装】属性面板选项设置。接着设置轮毂的参数，如图15-86所示。

04 在【CAD】选项卡中设置两个输出选项，最后再单击【在CAD中创建】按钮 ☑️，如图15-87所示。

图15-86　设置轮毂参数

图15-87　设置输出选项

05 随后自动在SolidWorks 2020软件中依次创建外啮合齿轮组的两个零件模型和装配体，如图15-88所示。

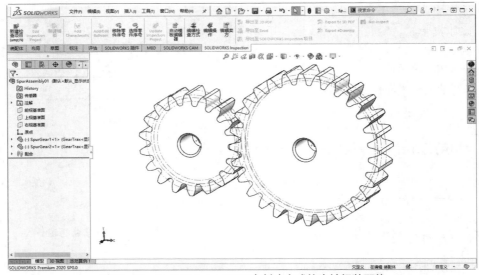

图15-88　SolidWorks 2020中创建完成的齿轮组装配体

15.3.2 利用弹簧宏程序设计弹簧

引入素材：无

结果文件：综合实战\结果文件\Ch15\弹簧.sldprt

视频文件：\视频\Ch15\利用弹簧宏程序设计弹簧.avi

宏程序是运用Visual Basic for Applications (VBA) 编写的程序，也是在SolidWorks中录制、执行或编辑宏的引擎。录制的宏以 .swp项目文件的形式保存。

即将介绍的SolidWorks弹簧宏程序就是通过VBA编写的弹簧标准件设计的程序代码。下面介绍操作步骤。

操作步骤

01 新建SolidWorks文件。

02 在前视基准面上绘制草图，如图15-89所示。

图15-89 绘制草图

03 在菜单栏执行【工具】|【宏】|【运行】命令，然后打开本例源文件"SolidWorks弹簧宏程序.swp"，如图15-90所示。

图15-90 打开宏程序

04 随后弹出【弹簧参数】属性面板，如图15-91所示，可以创建4种弹簧类型。

05 选择草图，随后可以看见弹簧预览，默认的是"压力弹簧"，如图15-92所示。

06 选择【拉力弹簧】类型，可以保留弹簧参数直接单击【确定】按钮✓完成创建，也可以修改弹簧参数，如图15-93所示。

图15-91 【弹簧参数】　　图15-92 压力弹簧
　　　属性面板　　　　　　　的预览

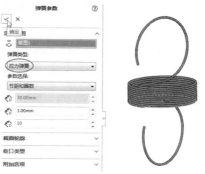

图15-93 创建拉力弹簧

15.3.3 利用Toolbox插件设计凸轮

引入素材：无

结果文件：综合实战\结果文件\Ch15\凸轮.sldprt

视频文件：\视频\Ch15\利用Toolbox插件设计凸轮.avi

本节将使用Toolbox插件的凸轮设计工具进行凸轮零件建模。

操作步骤

01 新建SolidWorks零件文件。

02 在【SolidWorks插件】选项卡单击【拉伸凸台/基体】按钮，打开【凸轮】属性面板。

03 首先设置第一页，如图15-94所示。

04 接着设置第二页。单击【添加】按钮，弹出【运动生成细节】属性面板。选择运动类型为"匀速位移"，设置结束半径为65、度运动为110，如图15-95所示。

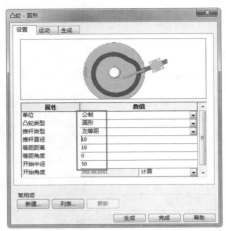

图15-94 设置第一页参数

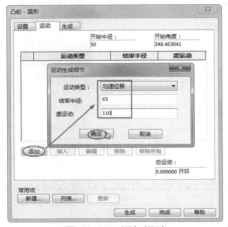

图15-95 添加运动

05 同理，继续添加其余3个运动，如图15-96所示。

图15-96 设置运动细节

06 最后在【生成】选项卡设置属性和数值，完成并单击【生成】按钮，如图15-97所示。

图15-97 设置属性和数值

07 最终自动创建的凸轮零件如图15-98所示。

图15-98 自动生成的凸轮

15.4 装配设计案例

引入素材：无
结果文件：综合实战\结果文件\Ch15\合页.sldprt
视频文件：\视频\Ch15\合页.avi

合页，俗称"铰链"，一种用于连接或转动的装置。合页由销钉连接的一对金属叶片组成。合页装配体模型如图15-99所示。

图15-99 合页装配体模型

15.4.1 装配设计分析

下面针对合页的装配设计做出如下分析：

➢ 合页的装配设计将采用"自上而下"的装配设计方法；

> ➤ 使用装配环境下的布局草图功能，绘制合页的布局草图；
>
> ➤ 新建3个零件文件；
>
> ➤ 然后利用布局草图，分别在各零件文件中创建合页零部件模型；
>
> ➤ 使用"爆炸实体"工具，创建合页装配体模型的爆炸视图。

15.4.2　造型与装配步骤

操作步骤

01 新建装配体文件，进入装配环境，再关闭属性管理器中的【开始装配体】属性面板。

02 在【装配体】选项卡中单击【插入零部件】命令下方的下三角按钮 ▼，然后选择【插入新零件】命令，随后建立一个新零件文件，并将该零件文件重命名为"叶片1"。

技术要点 🔍

要重命名零件文件，执行【新零件】命令后，须先在图形区中单击鼠标。否则不能激活【装配体】选项卡中的工具命令。

03 同理，再新建两个零件文件，并分别命名为"叶片2"和"销钉"，如图15-100所示。

04 在【布局】选项卡上单击【生成布局草图】按钮 📐，程序自动进入3D草图模式，并显示3D基准面，如图15-101所示。

图15-100　新建3个 图15-101　显示3D基准面
零部件文件

05 在布局中默认的XY基准面上绘制图15-102所示的3D草图。完成草图后退出3D草图模式。

06 在特征管理器设计树中选择"叶片1"零部件进行编辑。在零件设计环境中，使用"拉伸凸台/基体"工具，选择右视基准面作为草绘平面，进入草图模式，绘制出图15-103所示的草图。

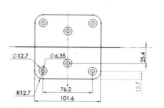
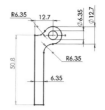

图15-102　绘制布局草图 图15-103　绘制
零件草图

07 退出草图模式后，在【凸台-拉伸】属性面板中设置图15-104所示的选项及参数后，完成拉伸实体的创建。

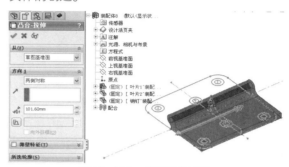

图15-104　创建拉伸实体

08 使用"拉伸切除"工具，选择右视基准面为草绘平面，绘制草图后再创建图15-105所示的拉伸切除特征。

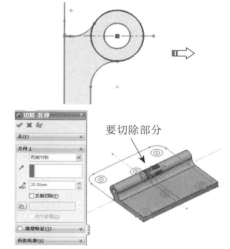

图15-105　创建拉伸切除特征

技术要点 🔍

创建拉伸切除特征，也可以不绘制草图。可以直接选择实体中的小孔边线作为草图来创建。

09 同理，再使用"拉伸切除"工具，选择上图中的草图，创建出图15-106所示的拉伸切除特征。在另一侧也创建出同样参数的切除特征。

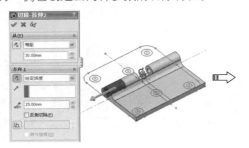

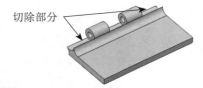

切除部分

图15-106　创建拉伸切除特征

10 使用"拉伸切除"工具，选择图15-107所示的实体面作为草绘平面，根据布局草图然后绘制2D草图。

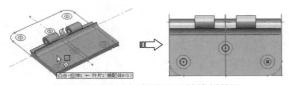

图15-107　选择草绘平面并绘制草图

11 退出草图模式，以默认的参数创建出图15-108所示的拉伸切除特征。

12 同理，按此操作方法创建出拉伸深度为"3"的切除特征，如图15-109所示。

拉伸切除特征

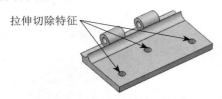

图15-108　创建拉伸切除特征

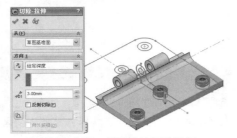

图15-109　创建拉伸切除特征

13 使用"圆角"工具，选择图15-110所示的边线来创建半径为"12.7"的圆角特征。

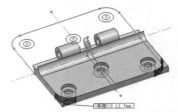

图15-110　创建半径为"12.7"的圆角特征

14 同理，再选择图15-111所示的边线来创建半径为"0.25"的圆角特征。

图15-111　创建半径为"0.25"的圆角特征

15 单击【编辑装配体】按钮 🔧，完成"叶片1"零部件的模型创建。

16 在特征管理器设计树中选择"叶片2"零部件进行编辑。该零部件的模型创建方法与"叶片1"零部件模型的创建方法是完全相同的，其过程这里就不再赘述了。创建的"叶片2"零部件模型如图15-112所示。

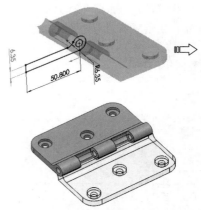

图15-112　创建"叶片2"零部件的模型

17 在特征管理器设计树中选择"销钉"零部件进行编辑。进入零件设计环境后，使用"旋转凸台/基体"工具，选择上视基准面作为草绘平面，绘制出图15-113所示旋转草图。

18 退出草图模式后，完成旋转实体的创建，如图15-114所示。

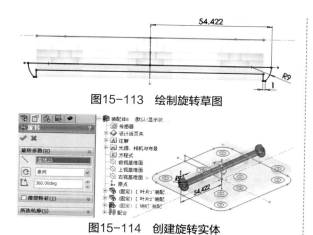

图15-113　绘制旋转草图

图15-114　创建旋转实体

19 单击【编辑零部件】按钮 ，完成销钉零部件的创建。

20 使用"爆炸视图"工具，创建合页装配体的爆炸视图，如图15-115所示。

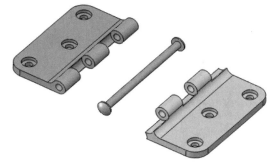

图15-115　创建扫描特征

21 最后将合页装配体保存。

本章主要介绍SolidWorks 2020基本类型的曲面特征命令、应用技巧及曲面控制方法。曲面的造型设计在实际工作中会经常用到，往往是三维实体造型的基础，因此要熟练掌握。

知识要点

⊙　曲面概述　　　　　　　　　　　⊙　平面区域
⊙　常规曲面

16.1　曲面概述

在许多情况下，用户需要使用曲面建模，例如输入其他CAD系统生成的曲面模型时，将自由曲面缝合到一起生成实体。

实体模型的外表是由曲面组成的，曲面定义了实体的外形，曲面可以是平的，也可以是弯曲的。曲面模型与实体模型的区别在于所包含的信息和完备性。实体模型总是封闭的，没有任何缝隙和重叠边；曲面模型可以不封闭，几个曲面之间可以不相交，可以有缝隙和重叠。

实体模型所包含的信息是完备的，系统知道哪些空间位于实体"内部"，哪些位于实体"外部"，而曲面模型则缺乏这种信息完备性。用户可以把曲面看作是极薄的"薄壁特征"，只有形状，没有厚度。可以把多个曲面缝合在一起，没有缝隙，这时曲面将被填充为实体。

16.1.1　SolidWorks曲面定义

当用SolidWorks设计的飞机螺旋桨发动机展示在Internet网站上时，曾经对SolidWorks复杂曲面造型能力的怀疑已不复存在了，人们更关心的可能是SolidWorks 在曲面设计上还会给人带来什么样的惊喜。

曲面是一种可以用来生成实体特征的几何体。SolidWorks曲面建模功能的增强，让世人耳目一新。也许是因为 SolidWorks以前在实体和参数化设计方面太出色，人们可能会忽略其在曲面建模方面的强大功能。

在SolidWorks 2020中，建立曲面后，可以用很多方式对曲面进行延伸。用户既可以将曲面延伸到某个已有的曲面，与其缝合或延伸到指定的实体表面；也可以输入固定的延伸长度，或者直接拖动其红色箭头手柄，实时地将边界拖到想要的位置。

另外，现在的版本可以对曲面进行修剪，可以用实体修剪，也可以用另一个复杂的曲面进行修剪。此外还可以将两个曲面或一个曲面一个实体进行弯曲操作，SolidWorks 2020将保持其相关性。即当其中一个发生改变时，另一个会同时相应地改变。

SolidWorks 2020可以使用下列方法生成多种类型的曲面。

➢　由草图拉伸、旋转、扫描或放样生成曲面。

➢　从现有的面或曲面等距生成曲面。

➢　从其他应用程序（如 Pro、ENGINEER、MDT、Unigraphics、SolidEdge、

AutodeskInventor等）导入曲面文件。

➤ 由多个曲面组合而成曲面。

➤ 曲面实体用来描述相连的零厚度的几何体，如单一曲面、圆角曲面等。一个零件中可以有多个曲面实体。

16.1.2 曲面命令介绍

用户可以在【标准】选项卡的任意位置单击鼠标右键，在出现的快捷菜单中选择"【曲面】"选项，就会出现图16-1所示的【曲面】工具栏。

图16-1 【曲面】工具栏

还可以在功能区【曲面】选项卡中选择曲面命令来创建曲面，如图16-2所示。

图16-2 功能区【曲面】选项卡的曲面命令

如果在功能区或【曲面】工具栏中找不到所执行的曲面命令，可以在菜单栏执行【插入】|【曲面】命令，展开曲面菜单即可选中所需的曲面命令，如图16-3所示。

图16-3 曲面下拉菜单

技术要点 📋

当然也可以从【自定义】对话框中调出相应的曲面命令，调出过程前面已经详解过。

16.2 常规曲面

前面提到常规的几个曲面工具与【特征】选项卡中的几个实体特征工具属性设置相同，下面列出几种曲面的常用方法。

16.2.1 拉伸曲面

拉伸曲面与拉伸凸台/基体特征的含义是相同的，都是基于草图沿指定方向进行拉伸。不同的是结果，拉伸凸台/基体是实体特征，拉伸曲面是曲面特征。

技术要点 📋

这里提示一下，拉伸凸台/基体的轮廓如果是封闭的，则创建实体。如果是开放的，则创建加厚实体，但不能创建曲面。拉伸曲面工具不能创建实体，也不能创建薄壁实体特征。

在功能区【曲面】选项卡中单击【拉伸曲面】按钮🧩，选择草图平面并绘制草图后，将弹出【曲面-拉伸】属性面板，如图16-4所示。图16-5所示为选择圆弧轮廓后创建的"两侧对称"拉伸曲面。

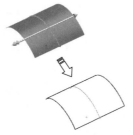

图16-4 【曲面-拉伸】
属性面板

图16-5 创建
拉伸曲面

动手操作——废纸篓设计

操作步骤

01 新建零件文件。

02 单击【拉伸曲面】按钮，然后选择上视基准面为草图平面，绘制图16-6所示的草图。

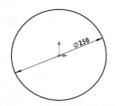

图16-6 绘制拉伸截面草图

03 退出草图环境后，在【曲面-拉伸】属性面板中设置拉伸参数及选项，如图16-7所示。

图16-7 创建拉伸曲面

04 选择上视基准面作为草图平面，进入草图环境后，利用【等距实体】命令绘制图16-8所示的等距实体草图。

05 单击【填充曲面】按钮，打开【填充曲面】属性面板，然后选择拉伸曲面的边和草图2作为修补边界，创建填充曲面，如图16-9所示。

06 再单击【拉伸曲面】按钮，选择前视基准面作为草图平面（先绘制矩形，再进行矩形阵列），绘制图16-10所示的草图。

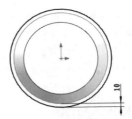

图16-8 绘制草图2

图16-9 创建填充曲面

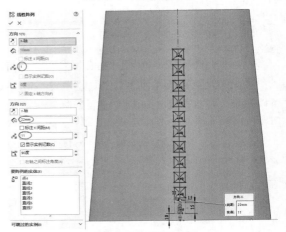

图16-10 绘制草图

07 退出草图环境后，在【曲面拉伸】属性面板上设置拉伸参数，最后单击【确定】按钮完成拉伸曲面的创建，如图16-11所示。

图16-11 创建拉伸曲面

08 单击【剪裁曲面】按钮，打开【剪裁曲面】属性面板。选择上步创建的其中一个拉伸曲面作为剪裁工具，再选择圆桶面为保留部分，单击【确定】按钮完成剪裁，如图16-12所示。

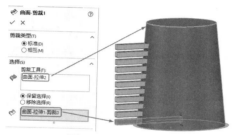

图16-12　剪裁曲面

09 同理，多次使用【剪裁曲面】工具，用其余的拉伸曲面对圆桶曲面进行多次剪裁，最终剪裁结果如图16-13所示。

10 利用【基准轴】工具创建图16-14所示的基准轴。

图16-13　利用其余
拉伸曲面剪裁圆桶面

图16-14　创建基准轴

11 单击【缝合曲面】按钮，将缝合曲面和填充曲面缝合，如图16-15所示。

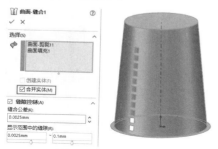

图16-15　缝合曲面

12 单击【圆角】按钮，然后选择两条边分别倒圆角2mm和5mm，如图16-16所示。

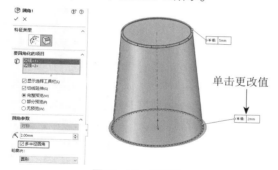

图16-16　倒圆角

13 单击【加厚】按钮，然后为缝合的曲面创建加厚特征，变为实体，如图16-17所示。

图16-17　加厚曲面

14 在【特征】选项卡单击【圆周草图阵列】命令，设置阵列参数后，单击属性面板中的【确定】按钮，完成方孔的阵列，如图16-18所示。

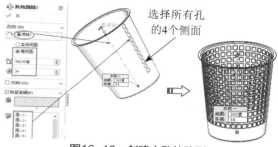

选择所有孔的4个侧面

图16-18　创建方孔的阵列

15 至此，就完成了废纸篓的设计。

16.2.2　旋转曲面

要创建旋转曲面，必须满足两个条件：旋转轮廓和选择中心线。轮廓可以是开放的，也可以是封闭的；中心线可以是草图中的直线、中心线或构造线，也可以是基准轴。

在功能区【曲面】选项卡中单击【旋转曲面】按钮，选择草图平面并完成草图绘制后，打开【曲面-旋转】属性面板，如图16-19所示。图16-20所示为选择样条曲线轮廓并旋转180度后创建的旋转曲面。

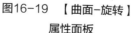

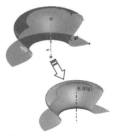

图16-19　【曲面-旋转】　　图16-20　创建旋转曲面
属性面板

动手操作——饮水杯造型

操作步骤

01 新建零件文件。

02 单击【旋转曲面】按钮，再选择前视基准平面作为草图平面，绘制图16-21所示的样条曲线草图。

03 在【曲面-旋转1】属性面板中保留默认选项设置，单击【确定】按钮✔️完成曲面的创建，如图16-22所示。

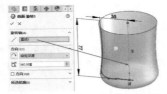

图16-21　绘制草图　　　　图16-22　创建旋转曲面

04 在【草图】选项卡单击【草图绘制】按钮，然后旋转前视基准面作为草图平面，绘制出图16-23所示的草图。

05 退出草图环境后，再在菜单栏执行【插入】|【曲线】|【分割线】命令，打开【分割线】属性面板。选择【投影】分割类型，勾选【单向】复选框，并调整投影方向，最终单击【确定】按钮完成曲面的分割，如图16-24所示。

图16-23　绘制草图　　　　图16-24　分割曲面

06 在菜单栏【插入】|【特征】|【自由形】命令，打开【自由形】属性面板。选择分割出来的小块曲面作为要变形的曲面，如图16-25所示。

07 修改变形曲面4条边的连续性（3个"相切"、1个"可移动"），如图16-26所示。

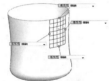

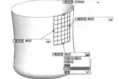

图16-25　选择要变形　　图16-26　修改连续性
的曲面

08 在【面设置】选项区勾选【方向1对称】复选框，再单击【控制点】选项区的【控制点】按钮，添加控制点到连续性为"可移动"边的中点上，如图16-27所示。

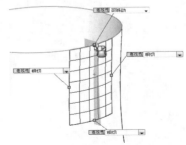

图16-27　添加控制点

09 按Esc键结束添加控制点操作。然后选中控制点使其显示三重轴，拖动三重轴的Z向轴，再拖动Y向轴，结果如图16-28所示。

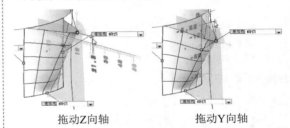

拖动Z向轴　　　　　拖动Y向轴

图16-28　拖动控制点上的三重轴，改变曲面形状

10 最后单击【确定】按钮，完成曲面的变形，结果如图16-29所示。

11 利用绘制草图工具，在右视基准面上绘制图16-30所示的草图。

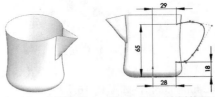

图16-29　变形结果　　图16-30　绘制草图3

12 单击【基准面】按钮，打开【基准面1】属性面板。选择草图曲线和草图曲线的端点作为第一参考和第二参考，创建垂直于曲线的基准面1，如图16-31所示。

13 再次利用【绘制草图】命令，在基准面1上绘制图16-32所示的草图4。

14 单击【扫描曲面】按钮，打开【扫描-曲面】属性面板。选择草图3作为扫描路径、草图4作为轮廓，创建图16-33所示的扫描曲面。

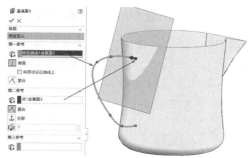

图16-31 创建基准面1

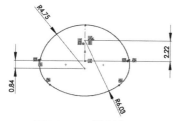

图16-32 绘制草图4

图16-33 创建扫描曲面

15 单击【剪裁曲面】按钮 ✏️，打开【曲面-剪裁 1】属性面板。选择剪裁类型为"相互"，再选取扫描曲面和自由形曲面作为相互剪裁的曲面，如图16-34所示。

16 激活【要保留的部分】收集区，再选取扫描曲面和自由形曲面大部分曲面作为要保留的部分，如图16-35所示。

图16-34 选取相互　　图16-35 选取要保留
　　　剪裁的曲面　　　　　　　的部分

技术要点 🔍

注意光标选取位置，光标选取的位置代表着要保留的曲面部分。

17 单击【加厚】按钮 🥯，选择修剪后的整个曲面作为加厚对象，并单击【加厚侧边1】按钮 ≡，输入加厚厚度为1，再单击【确定】按钮 ✔️ 完成加厚特征的创建，如图16-36所示。

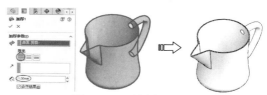

图16-36 创建加厚特征

18 至此，完成了饮水杯的造型设计。

16.2.3 扫描曲面

扫描曲面是将绘制的草图轮廓沿绘制或指定的路径进行扫掠而生成的曲面特征。要创建扫描曲面需要满足两个基本条件：轮廓和路径。图16-37所示为扫描曲面的创建过程。

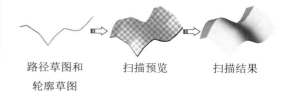

路径草图和　　扫描预览　　　扫描结果
轮廓草图

图16-37 扫描曲面的创建

技术要点 🔍

用户可以在模型面上绘制扫描路径，或为路径使用模型边线。

动手操作——田螺曲面造型

操作步骤

01 新建零件文件。

02 在菜单栏执行【插入】|【曲线】|【螺旋线/涡状线】命令，打开【螺旋线/涡状线】属性面板。

03 选择上视基准面为草图平面，绘制圆形草图1，如图16-38所示。

04 退出草图环境后，在【螺旋线/涡状线】属性面板上设置图16-39所示的螺旋线参数。

05 单击【确定】按钮 ✔️ 完成螺旋线的创建。

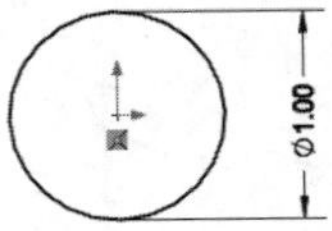

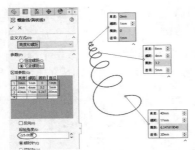

图16-38　绘制
草图1

图16-39　设置螺旋线参数

技术要点

　　要设置或修改高度和螺距，须选择"高度和螺距"定义方式。若再需要修改圈数，再选择"高度和圈数"定义方式即可。

06 利用【草图绘制】工具，在前视基准面上绘制图16-40所示的草图2。

07 利用【基准面】工具，选择螺旋线和螺旋线端点作为第一参考和第二参考，创建垂直于端点的基准面1，如图16-41所示。

图16-40　绘制
草图2

图16-41　创建基准面1

08 利用【草图绘制】命令，在基准面1上绘制图16-42所示的草图3。

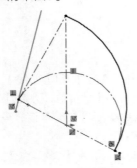

图16-42　绘制草图3

技术要点

　　当草绘曲线时，无法利用草绘环境外的曲线进行参考绘制时，可以先随意绘制草图，然后选取草图曲线端点和草绘外曲线进行"穿透"约束，如图16-43所示。

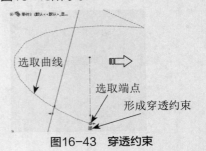

图16-43　穿透约束

09 单击【扫描曲面】按钮，打开【曲面-扫描1】属性面板。

10 选择草图3作为扫描截面、螺旋线为扫描路径，再选择草图2作为引导线，如图16-44所示。

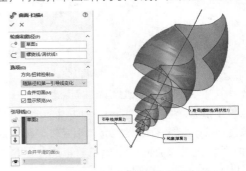

图16-44　设置扫描曲面选项

11 单击【确定】按钮，完成扫描曲面的创建。

12 利用【涡状线/螺旋线】工具，选择上视基准面为草图平面，再在原点绘制直径为1的圆形草图，完成图16-45所示的螺旋线的创建。

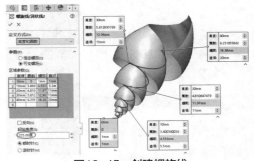

图16-45　创建螺旋线

13 利用【草图绘制】工具，在基准面1上绘制图16-46所示的圆弧草图。

图16-46　绘制草图

14 单击【扫描曲面】按钮🖊，打开【曲面-扫描】属性面板。按图16-47所示的设置，创建扫描曲面。

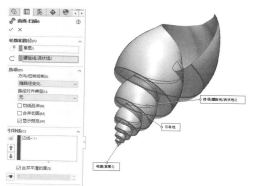

图16-47　创建扫描曲面

15 最终完成的结果如图16-48所示。

图16-48　创建完成的田螺曲面

16.2.4　放样曲面

要创建放样曲面，必须绘制多个轮廓，每个轮廓的基准平面不一定要平行。除了绘制多个轮廓，对于一些特殊形状的曲面，还会绘制引导线。

技术要点📄

当然，也可以在3D草图中将所有轮廓都绘制出来。

图16-49所示为放样曲面的创建过程。

轮廓　　　　带引导线的轮廓　　　使用引导线放样

图16-49　创建放样曲面的过程

动手操作——海豚曲面造型

操作步骤

01 新建零件文件。

02 利用【草图绘制】工具，在前视基准面上绘制图16-50所示的草图1。

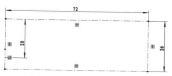

图16-50　绘制草图1

03 再利用【草图绘制】工具，选择【样条曲线】命令绘制图16-51所示的草图2。

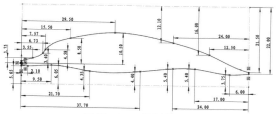

图16-51　绘制草图2

04 继续绘制草图。在前视基准面上绘制图16-52所示的草图3。

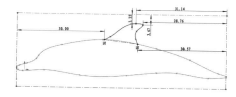

图16-52　绘制草图3

05 在前视基准面上绘制图16-53所示的草图4（构造斜线）。

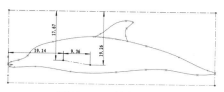

图16-53　绘制草图4

06 利用【基准面】工具，创建基准面1，如图16-54所示。

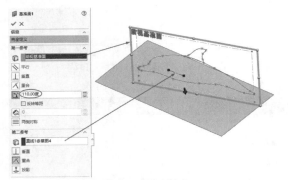

图16-54 创建基准面1

07 同理，再创建基准面2，如图16-55所示。

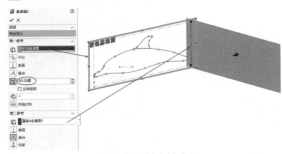

图16-55 创建基准面2

08 在前视基准面上绘制草图5，如图16-56所示。

如图16-56 绘制草图5

09 在上视基准面上绘制草图6，如图16-57所示。

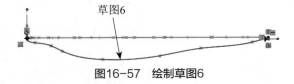

图16-57 绘制草图6

技术要点 📑

　　绘制样条曲线前，需绘制一条竖直的构造线，令样条曲线端点与构造线进行相切约束。

10 在新建的基准面2上绘制图16-58所示的草图7。

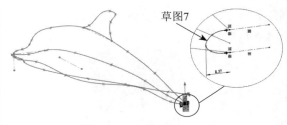

图16-58 绘制草图7

11 在前视基准面上绘制图16-59所示的草图8。此草图应用【等距实体】命令，基于草图2的草图轮廓进行偏移，偏移距离为0。

图16-59 绘制等距偏移的草图8

12 同理，在前视基准面绘制基于草图2的新草图7，如图16-60所示。

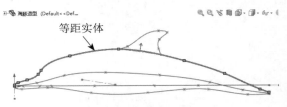

图16-60 绘制等距偏移的草图16

13 在菜单栏执行【插入】|【曲线】|【投影曲线】命令，打开【投影曲线】属性面板。按Ctrl键选择草图5、草图6进行"草图上草图"投影，如图16-61所示。

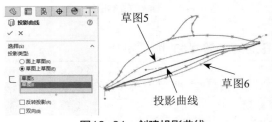

图16-61 创建投影曲线

14 单击【放样曲面】按钮 🡇，打开【曲面-放样】属性面板。然后选择草图8、草图16和投影曲线作为放样轮廓，再选择草图7作为引导线。单击【确定】按钮 ✔ 完成放样曲面的创建，如图16-62所示。

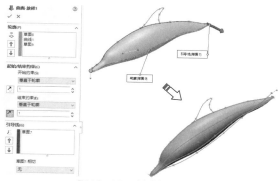

图16-62 创建放样曲面

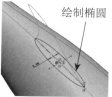

图16-65 绘制椭圆
草图10

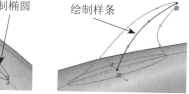

图16-66 绘制样条曲线
草图16

15 在菜单栏执行【插入】|【阵列/镜像】|【镜像】命令，打开【镜像】属性面板。选择前视基准面作为镜像平面，再选择放样曲面作为要镜像的实体，单击【确定】按钮✔完成曲面的镜像，如图16-63所示。

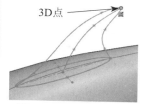

图16-67 创建3D点

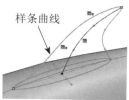

图16-68 绘制草图12

技术要点

在基于草图3创建样条曲线时，先绘制等距实体，再将其修剪。

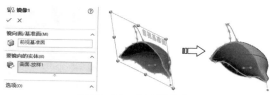

图16-63 创建镜像曲面

16 利用【基准面】工具，创建基准面3，如图16-64所示。

21 同理，再以草图3作为参考并绘制出草图13，如图16-69所示。

22 单击【曲面放样】按钮⬇，打开【曲面-放样】属性面板。然后选择草图10和3D点作为放样轮廓，选择草图12和草图13作为放样引导线，如图16-70所示。再单击面板中的【确定】按钮✔完成放样曲面的创建。

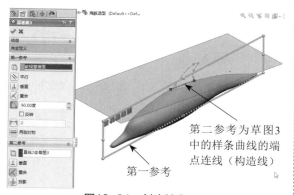

图16-64 创建基准面3

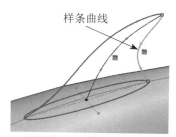

图16-69 绘制草图13

17 在基准面3上绘制图16-65所示的草图10（短轴半径为1的椭圆，长轴端点与草图3的端点重合）。

18 在前视基准面上绘制图16-66所示的草图16。

19 进入3D草图环境，在草图16的样条曲线端点上创建点，如图16-67所示。

20 随后在前视基准面上以草图3作为参考并绘制出草图12，如图16-68所示。

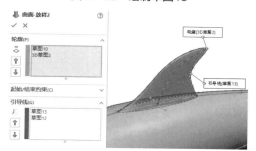

图16-70 创建放样曲面2

23 单击【延伸曲面】按钮 🥢，打开【延伸曲面】属性面板。选择放样曲面2的底边线作为延伸参考，单击【确定】按钮 ✔ 完成延伸，如图16-71所示。

24 接下来绘制草图14，如图16-72所示的构造线。

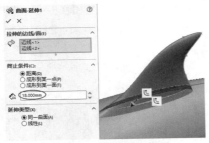

图16-71　创建延伸曲面

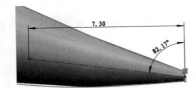

图16-72　绘制草图14

25 利用【基准面】工具，以前视基准面和草图14的构造线作为参考，创建基准面4，如图16-73所示。

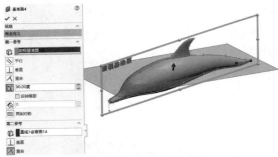

图16-73　创建基准面4

26 接下来在基准面4上绘制草图15，如图16-74所示。

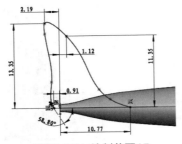

图16-74　绘制草图15

27 在前视基准面上绘制草图16，如图16-75所示。

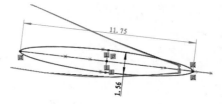

图16-75　绘制草图16

28 在基准面4上连续绘制草图16、草图18和草图19，结果如图16-76、图16-77、图16-78所示。

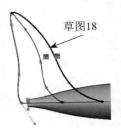

图16-76　绘制草图16　　图16-77　绘制草图18

29 进入3D草图环境，在草图16的端点上创建点，如图16-79所示。

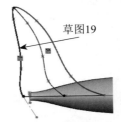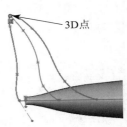

图16-78　绘制草图19　　图16-79　创建3D点

30 利用【放样曲面】工具，创建放样曲面3，如图16-80所示。

图16-80　创建放样曲面3

31 利用【镜像】工具，将放样曲面镜像至前视基准面的另一侧，如图16-81所示。

32 在基准面1上绘制图16-82所示的草图20。

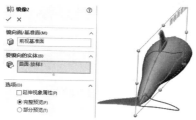

图16-81　镜像放样曲面

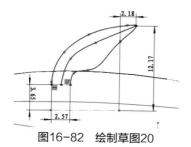

图16-82　绘制草图20

33 利用【基准面】工具创建基准面5，如图16-83所示。

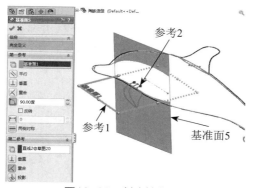

图16-83　创建基准面5

34 在基准面5上绘制草图21，如图16-84所示。

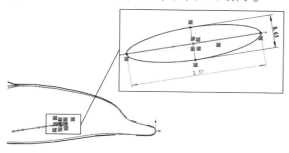

图16-84　绘制草图21

35 在基准面1上连续绘制草图22、草图23，并进入3D草图环境，创建3D点，如图16-85～图16-87所示。

36 利用【放样曲面】工具，创建放样曲面4，如图16-88所示。

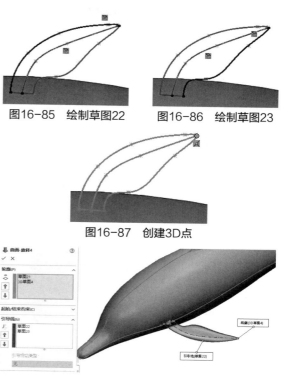

图16-85　绘制草图22　　　图16-86　绘制草图23

图16-87　创建3D点

图16-88　创建放样曲面

37 创建放样曲面4后，再利用镜像工具，将其镜像至前视基准面的另一侧，结果如图16-89所示。

图16-89　创建镜像曲面

38 单击【剪裁曲面】按钮 ◈，打开【曲面-剪裁】属性面板。选择所有曲面作为要剪裁的曲面，再选择所有曲面作为要保留的曲面，最后单击【确定】按钮 ✔，完成剪裁，如图16-90所示。

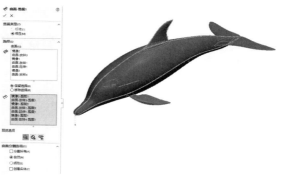

图16-90　剪裁曲面

技术要点

在选择要保留的曲面时，注意光标选取的位置。剪裁曲面自动将曲面转换成实体。

39 最后利用圆角工具，创建多半径的圆角特征，如图16-91所示。

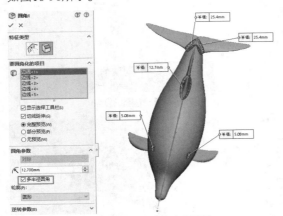

图16-91　创建多半径圆角

40 至此，就完成了海豚的曲面造型设计，最后保存结果。

16.2.5　边界曲面

边界曲面是以双向在轮廓之间生成边界曲面。边界曲面特征可用于生成在两个方向上（曲面所有边）相切或曲率连续的曲面。大多数情况下，这样产生的结果比放样工具产生的结果质量更高。

边界曲面有两种情况：一种是一个方向上的单一曲线到点，另一种就是两个方向上的交叉曲线，如图16-92所示。

一个方向上的单一曲线到点　　两个方向上的交叉曲线

图16-92　边界曲面的两种情况

技术要点

方向1和方向2在属性面板中可以完全相互交换。无论使用方向1还是2选择实体，都会获得同样的结果。

16.3　平面区域

平面区域是使用草图或一组边线来生成平面区域。利用该命令可以由草图生成有边界的平面，草图可以是封闭的轮廓，也可以是一对平面实体。

用户可以从以下所具备的条件来创建平面区域：

➢ 非相交闭合草图；
➢ 一组闭合边线；
➢ 多条共有平面分型线，如图16-93所示；
➢ 一对平面实体，如曲线或边线，如图16-94所示。

图16-93　多条共有平面分型线　　图16-94　平面实体的边线

单击【平面】按钮，属性管理器显示【平面】属性面板。【平面】属性面板如图16-95所示。

图16-95　【平面】属性面板

技术要点

平面区域工具主要还是用在模具产品拆模工作上，即修补产品中出现的破孔，以此获得完整的分型面。

图16-96所示为某产品破孔修补的过程。

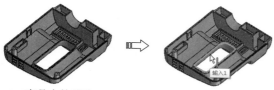

产品中的破孔 选择破孔边界

修补破孔

图16-96 利用【平面】修补破孔

技术要点 ⓡ

平面区域只能修补平面中的破孔，不能修补曲面中的破孔。

16.4 综合实战——玩具飞机造型

引入素材：无
结果文件：综合实战\结果文件\Ch16\玩具飞机.sldprt
视频文件：视频\Ch16\玩具飞机.avi

本章前面介绍了SolidWorks 2020的高级特征建模命令。下面介绍一个玩具飞机的造型过程，过程中将用到旋转曲面、分割线、自由形、填充曲面等。

玩具飞机造型如图16-97所示。

图16-97 玩具飞机造型

操作步骤

01 新建零件文件。

02 在前视基准面上绘制图16-98所示的草图1。

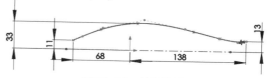

图16-98 绘制草图1

03 再利用【曲面】选项卡中的【旋转曲面】工具，创建旋转曲面，如图16-99所示。

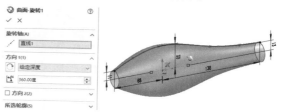

图16-99 创建旋转曲面

04 在前视基准面上绘制图16-100所示的草图2。

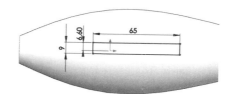

图16-100 绘制草图2

05 利用菜单栏【插入】|【曲线】|【分割线】命令，选择草图曲线在旋转曲面上进行分割，如图16-101所示。

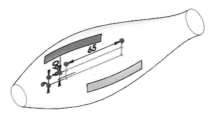

图16-101 分割曲面

06 单击【自由形】按钮，打开【自由形】属性面板。选择分割后的曲面进行变形，如图16-102所示。

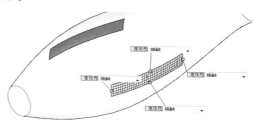

图16-102 选择要变形的曲面

07 单击【添加曲线】、【反向（标签）】按钮，然后在变形曲面上添加变形曲线，如图16-103所示。

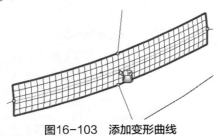

图16-103　添加变形曲线

08 单击【添加点】按钮，然后在变形曲线的中点添加变形控制点，如图16-104所示。

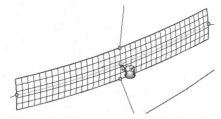

图16-104　添加变形控制点

09 按Esc键结束添加，然后拖动变形控制点，使曲面变形，如图16-105所示。

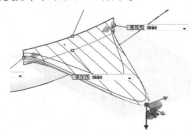

图16-105　拖动点使曲面变形

10 在【控制点】选项区设置变形参数，即三重轴的位置坐标，如图16-106所示。最后单击【确定】按钮 ✔，完成曲面的变形，如图16-107所示。

图16-106　设置变形
参数

图16-107　完成自由变形
操作

11 在上视基准面绘制草图3，如图16-108所示。

12 利用【分割线】工具，用草图3单向分割旋转曲面，如图16-109所示。

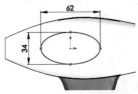

图16-108　绘制草图3　　图16-109　分割旋转曲面

13 利用【自由形】工具，打开【自由形】属性面板，选择要变形的曲面。

14 单击【添加曲线】、【反向（标签）】按钮，在变形曲面上添加变形曲线，如图16-110所示。

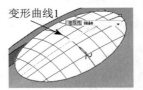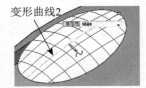

图16-110　添加变形曲线

15 单击【添加点】按钮，然后在变形曲线上添加两个点，如图16-111所示。

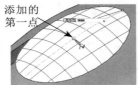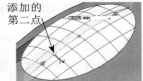

图16-111　添加变形控制点

16 拖动控制点1进行变形，并设置三重轴坐标，如图16-112所示。

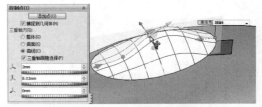

图16-112　拖动控制点1进行变形

17 再拖动控制点2进行变形，如图16-113所示。

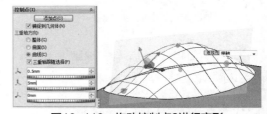

图16-113　拖动控制点2进行变形

18 单击【确定】按钮 ，完成变形。

19 同理，在前视基准面上绘制草图4，如图16-114所示。并利用【分割线】工具来分割旋转曲面，如图16-115所示。

20 利用【自由形】工具，添加两条变形曲线和3个控制点，如图16-116所示。

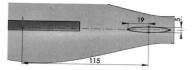
图16-114　绘制草图4

图16-115　分割旋转曲面

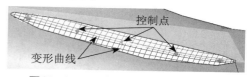
图16-116　添加变形曲线和变形控制点

21 然后拖动3个控制点，使曲面变形，如图16-117所示。

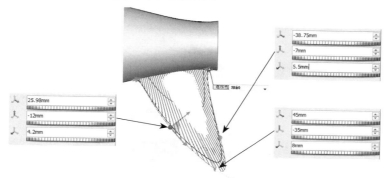
图16-117　拖动控制点变形曲面

22 最后单击【确定】按钮完成曲面的变形操作。

23 在上视基准面绘制草图5，如图16-118所示。再利用【分割线】工具将旋转曲面进行分割，如图16-119所示。

24 利用【自由形】工具，添加两条变形曲线和3个控制点，如图16-120所示。

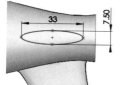
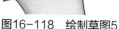
图16-118　绘制草图5

图16-119　分割曲面

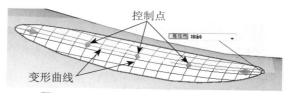
图16-120　添加变形曲线和变形控制点

25 然后拖动3个控制点，使曲面变形，如图16-121所示。

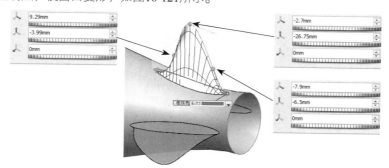
图16-121　拖动控制点变形曲面

26 最后单击【确定】按钮完成曲面的变形操作。

27 利用【填充曲面】工具,在飞机头部曲面上创建填充曲面,如图16-122所示。

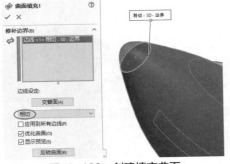

图16-122　创建填充曲面

28 利用【曲面】选项卡中的【平面】工具,在飞机尾部曲面上创建平面区域,如图16-123所示。

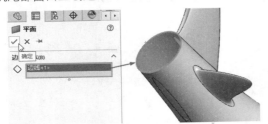

图16-123　创建平面区域

29 利用【特征】选项卡中的【镜像】工具,将机翼和尾翼镜像至前视基准面的另一侧,如图16-124所示。

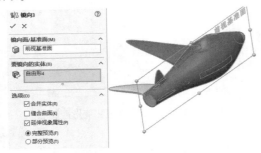

图16-124　创建镜像特征

30 将主体曲面、填充曲面和平面区域进行缝合,形成实体,如图16-125所示。

31 利用【圆顶】工具,在尾部的平面区域上创建圆顶特征,如图16-126所示。

32 至此,就完成了玩具飞机的造型设计。

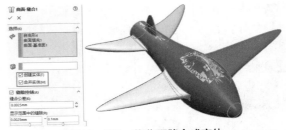

图16-125　将曲面缝合成实体

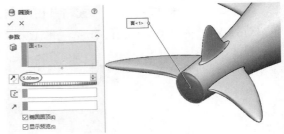

图16-126　创建圆顶特征

16.5　课后习题

1. 伞造型

本练习是利用拉伸、旋转、基准面、基准轴、放样曲面、圆周阵列、圆顶、扫描等工具来设计伞的造型,如图16-127所示。

图16-127　伞

2. 电热水壶

本练习将利用旋转、拉伸曲面、旋转曲面、曲面剪裁、加厚、放样曲面等工具来设计电热水壶,如图16-128所示。

图16-128　电热水壶

本章介绍SolidWorks高级曲面特征命令。这里所指的高级曲面，含义就是在已有曲面基础之上，进行一些变换操作，如填充、等距偏移、直纹曲面、中面及延展曲面等。

知识要点

⊙ 填充曲面　　　　　　　⊙ 中面
⊙ 等距曲面　　　　　　　⊙ 延展曲面
⊙ 直纹曲面

17.1 高级曲面特征

17.1.1 填充曲面

填充曲面是在现有模型边线、草图或曲线所定义的边框内建造一曲面修补。

用户可以使用此特征来建造一填充模型中有缝隙的曲面，或用来填补模型中的缝隙。填充曲面一般用于：其他软件设计的零件模型没有正确输入进SolidWorks（有丢失的面）；或者用作核心和型腔模具设计的零件中孔的填充；也可以根据需要为工业设计应用建造曲面；通过填充生成实体；作为独立实体的特征或合并那些特征。

单击【曲面】选项卡中的【填充曲面】按钮◈，或在菜单栏执行【插入】|【曲面】|【填充曲面】命令，弹出【填充曲面】属性面板，如图17-1所示。

图17-1　【填充曲面】属性面板

技术要点

【平面区域】只能修补平面中的破孔，而【填充曲面】既可以修补平面中的破孔，还能修改曲面上的破孔。

属性面板中各选项含义如下。

➢　修补边界◈：选取构成破孔的边界。

技术要点

所选的边界必须是封闭的，开放的边界不能修补。

➢ 交替面：切换边界所在的面。当曲率控制设为"相切"时，此边界面不同，所产生的曲面也会不同，如图17-2所示。

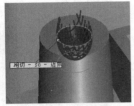

图17-2　切换边界面会产生不同的修补结果

➢ 曲率控制：对于修补曲面破孔，曲率控制很重要，可以帮助用户沿着产品的曲面形状来修补破孔。曲率控制方法包括3种，分别是接触、相切和曲率。图17-3所示为3种曲率的控制。

接触（G0）　相切（G1）

曲率（G2）

图17-3　曲率的控制

技术要点

上图的曲率控制对比显示，连续性越好，曲面就越光顺。

曲面连续性

在曲面的造型过程中，经常需要关注曲线和曲面的连续性问题。曲线的连续性通常是曲线之间端点的连续问题，而曲面的连续性通常是曲面边线之间的连续问题，曲线和曲面的连续性通常有位置连续、斜率连续、曲率连续等3种常用类型。

➢ 位置连续：SolidWorks中称"接触"。曲线在端点处连接或者曲面在边线处连接，通常称为G0连续，如图17-4所示。

➢ 斜率连续：SolidWorks中称"相切"。对于

斜率连续，要求曲线在端点处连接，并且两条曲线在连接的点处具有相同的切向并且切向夹角为0度。对于曲面的斜率连续，要求曲面在边线处连接，并且在连接线上的任何一点，两个曲面都具有相同的法向。斜率连续通常称为G1连续，如图17-5所示。

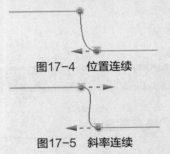

图17-4　位置连续

图17-5　斜率连续

➢ 曲率连续：SolidWorks中称"曲率"。曲率连续性通常称为G2连续。对于曲线的曲率连续，要求在G1连续的基础上，曲线在接点处的曲率还具有相同的方向，并且曲率大小相同。对于曲面的曲率连接，要求在G1的基础上，两个曲面与公共曲面的交线也具有G2连续，如图17-6所示。

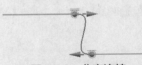

图17-6　曲率连续

➢ 应用到所有边线：勾选此复选框，可将相同的曲率控制应用到所有边线。

技术要点

如果用户在将接触以及相切应用到不同边线后选择功能，将应用当前选择到所有边线。

➢ 优化曲面：对二或四边曲面选择【优化曲面】选项。【优化曲面】选项的应用效果与放样曲面修补效果相类似。优化的曲面修补潜在优势包括，重建时间加快，并且当与模型中的其他特征一起使用时稳定性增强。

➢ 显示预览：勾选此复选框，显示填充曲面的预览情况。

➢ 预览网格：勾选此复选框，填充曲面将以网格显示。

➤ 约束曲线：约束曲线相当于引导线，就是为填充曲面进行约束的参考曲线。图17-7所示为添加约束曲线后的填充曲面对比。

没有约束曲线 　　有约束曲线

图17-7　有无约束曲线的填充曲面结果

➤ 修复边界：当所选的边界曲面中存在缝隙时（使边界不能封闭），可以勾选此复选框，自动修复间隙，构造一个有效的填充边界，如图17-8所示。

图17-8　修复边界

➤ 合并结果：勾选此复选框，将填充曲面与周边的曲面缝合。

➤ 尝试形成实体：如果创建的填充曲面与周边曲面形成封闭，勾选【合并结果】和【尝试形成实体】复选框，会生成实体特征。

➤ 反向：勾选此复选框，更改填充曲面的方向。

动手操作——产品破孔的修补

操作步骤

01 打开本例的素材源文件"灯罩.sldprt"。

02 从产品上看，存在5个小孔和1个大孔，鉴于模具分模要求，将曲面修补在产品外侧——即外侧表面的孔边界上，如图17-9所示。

03 单击【填充曲面】按钮 ，打开【填充曲面】属性面板，首选依次选取大孔中的边界，如图17-10所示。

 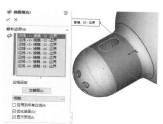

图17-9　查看孔　　图17-10　选取大孔边界

技术要点

修补边界可以不按顺序进行选取，不会影响修补效果。

04 单击【交替面】按钮，改变边界曲面，如图17-11所示。

技术要点

更改边界曲面可以使修补曲面与产品外表面形状保持一致。

05 单击【确定】按钮完成大孔的修补，如图17-12所示。

图17-11　更改边界曲面　　图17-12　完成大孔的修补

06 同理，再执行5次【填充曲面】命令，将其余5个小孔按此方法进行修补，曲率控制方式为"曲率"，结果如图17-13所示。

 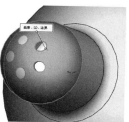

图17-13　修补其余5个小孔

17.1.2　等距曲面

【等距曲面】工具用来创建基于原曲面的等距缩放特征曲面，当偏移复制的距离为0时，是一个复制曲面的工具，功能等同于【移动/复制实体】工具。

单击【曲面】选项卡中的【等距曲面】按钮 ，或在菜单栏执行【插入】|【曲面】|【等距曲面】命令，打开【等距曲面】属性面板，如图17-14所示。

技术要点

当等距距离为0时，【等距曲面】属性面板将自动切换成【复制曲面】属性面板。

图17-14　【等距曲面】属性面板

【等距曲面】属性面板仅有以下两个选项设置。

➢　要等距的曲面或面：选取要等距复制的曲面或平面。

技术要点

对于曲面，等距复制将产生缩放曲面。对于平面，等距复制不会缩放，如图17-15所示。

等距复制曲面，将缩放　　等距复制平面，无缩放

图17-15　曲面与平面的等距复制

➢　反转等距方向：单击此按钮，更改等距方向，如图17-16所示。

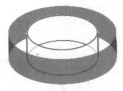
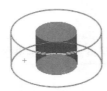

默认等距方向　　　　　　反转等距方向

图17-16　反转等距方向

技术要点

无论用户在模型中选择多少个曲面进行等距复制，只要原曲面是整体的，等距复制后则仍然是整体。

动手操作——金属汤勺曲面造型

操作步骤

01 新建零件文件。

02 利用【草图绘制】命令在前视基准面上绘制图17-17所示的草图1。

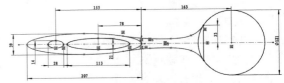

图17-17　绘制草图1

03 利用【草图绘制】命令在上视基准面上绘制图17-18所示的草图2。

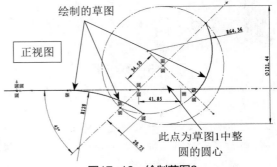

图17-18　绘制草图2

技术要点

由于线条比较多，为了让大家更清楚地看到绘制了多少曲线，将原参考草图1暂时隐藏，如图17-19所示。

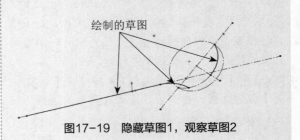

图17-19　隐藏草图1，观察草图2

04 利用【拉伸曲面】命令，选择草图2中的部分曲线来创建拉伸曲面，如图17-20所示。

05 利用【旋转曲面】命令，选择图17-21所示的旋转轮廓和旋转轴来创建旋转曲面。

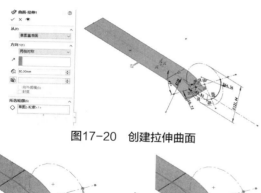

图17-20 创建拉伸曲面

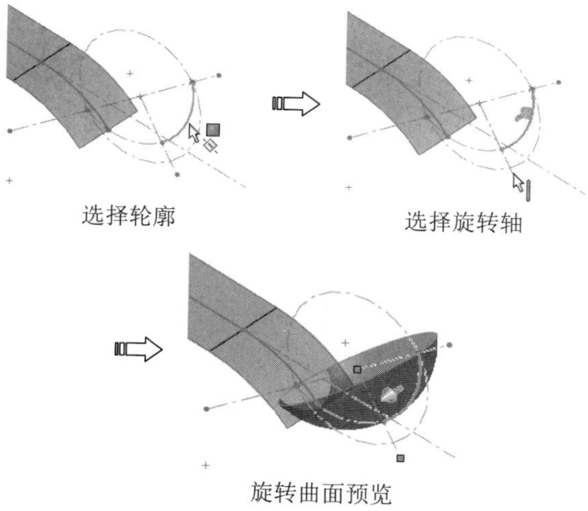

选择轮廓 选择旋转轴

旋转曲面预览

图17-21 创建旋转曲面

06 利用【剪裁曲面】命令，在【曲面-剪裁1】属性面板中选择"标准"剪裁类型，随后选择草图1作为剪裁工具，再接着在拉伸曲面中选择要保留的曲面部分，完成剪裁曲面的效果如图17-22所示。

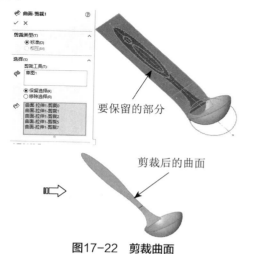

图17-22 剪裁曲面

07 单击【等距曲面】按钮 🌑，打开【曲面-等距】属性面板，选择图17-23所示的曲面进行等距复制。

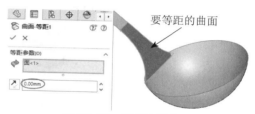

图17-23 创建等距曲面

08 利用【基准面】工具，创建图17-24所示的基准面1。

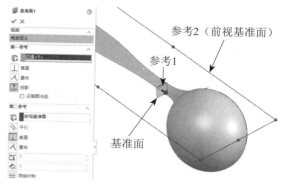

图17-24 创建基准面1

09 再利用【剪裁曲面】工具，以基准面1为剪裁工具，剪裁图17-25所示的曲面（此曲面为前面剪裁后的曲面）。

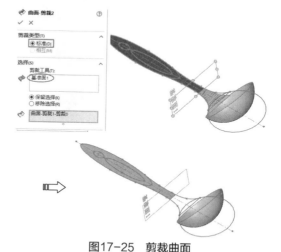

图17-25 剪裁曲面

10 单击【加厚】按钮 🗷，打开【加厚】属性面板。选择剪裁后的曲面进行加厚，厚度为10，单击【确定】按钮完成加厚，如图17-26所示。

11 利用【圆角】工具，对加厚的曲面进行圆角处理，设置半径为3，结果如图17-27所示。

12 单击【删除面】按钮 🗷，然后选择图17-28所示的两个面进行删除。

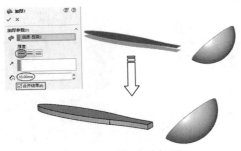

图17-26　创建加厚

图17-27　创建圆角

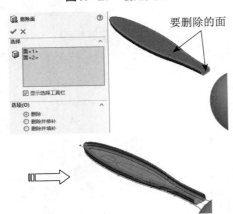

图17-28　删除面

13 单击【直纹曲面】按钮 ，弹出【直纹曲面】属性面板。然后选择等距曲面1上的边来创建直纹曲面，如图17-29所示。

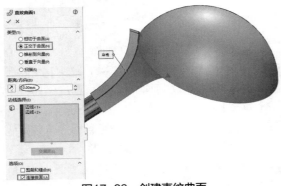

图17-29　创建直纹曲面

14 利用【分割线】工具，选择上视基准面作为分割工具，选择两个曲面作为分割对象，创建图17-30所示的分割线1。

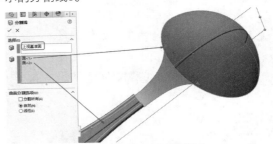

图17-30　创建分割线1

15 再利用【分割线】工具，创建图17-31所示的分割线2。

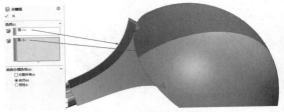

图17-31　创建分割线2

16 在上视基准面绘制图17-32所示的草图3。

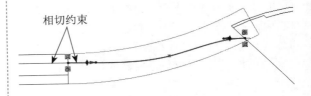

图17-32　绘制草图3

17 利用【投影曲线】工具，将草图3投影到直纹曲面上，如图17-33所示。

18 随后在上视基准面上绘制图17-34所示的草图4。

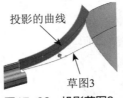

图17-33　投影草图3

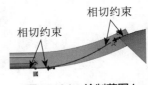

图17-34　绘制草图4

19 利用【组合曲线】工具，选择图17-35所示的3条边创建组合曲线。

20 利用【放样曲面】工具，创建图17-36所示的放样曲面。

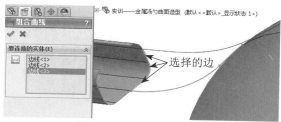

图17-35　创建组合曲线

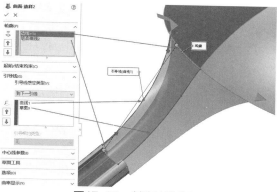

图17-36　创建放样曲面

21 利用【镜像】工具，将放样曲面镜像至上视基准面的另一侧，如图17-37所示。

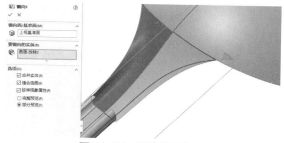

图17-37　镜像放样曲面

22 在上视基准面绘制图17-38所示的草图5。

23 再利用【剪裁曲面】工具，用草图5中的曲线剪裁手把曲面，如图17-39所示。

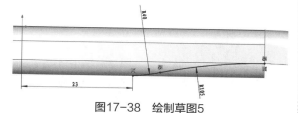

图17-38　绘制草图5

24 利用【缝合曲面】工具，缝合所有曲面，再利用【加厚】命令，创建厚度为0.8的特征。

25 至此，就完成了汤勺的造型设计，结果如图17-40所示。

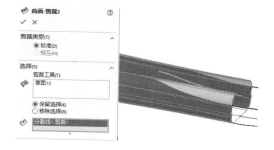

图17-39　剪裁手把曲面

图17-40　完成的汤勺造型

17.1.3　直纹曲面

"直纹面"工具是通过实体、曲面的边来定义曲面。单击【直纹面】按钮，打开【直纹面】属性面板，如图17-41所示。

属性面板中提供了5种直纹曲面的创建类型，具体介绍如下。

1. 相切于曲面

"相切于曲面"类型可以创建相切于所选曲面的延伸面，如图17-42所示。

图17-41　【直纹面】
属性面板

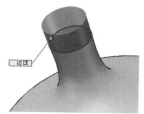

图17-42　相切于曲面的
直纹面

技术要点

　　"直纹面"不能创建基于草图和曲线的曲面。

➢ 交替面：如果所选的边线为两个模型面的共边，可以单击【交替面】按钮切换相切曲面，来获取想要的曲面，如图17-43所示。

图17-43　交替面

技术要点

　　如果所选边线为单边，【交替面】按钮将灰显不可用。

➢ 裁剪和缝合：当所选的边线为2个或2个以上且相连，【裁剪和缝合】选项被激活。此选项用来相互剪裁和缝合所产生的直纹面，如图17-44所示。

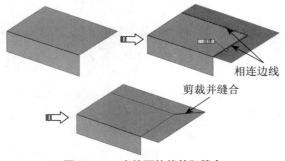

相连边线
剪裁并缝合

图17-44　直纹面的裁剪和缝合

技术要点

　　如果取消勾选此选项，将不进行缝合，但会自动修剪。如果所选的多边线不相连，那么勾选此选项就不再有效。

➢ 连接曲面：勾选此复选框，具有一定夹角且延伸方向不一致的直纹面将以圆弧过渡进行连接。图17-45所示为不连接和连接的情况。

不连接　　　　　　　　　连接

图17-45　连接曲面

2. 正交于曲面

　　"正交于曲面"类型是创建与所选曲面边线正交（垂直）的延伸曲面，如图17-46所示。单击【反向】按钮↗可改变延伸方向，如图17-47所示。

图17-46　正交于曲面　　图17-47　更改延伸方向

3. 锥削到向量

　　"锥削到向量"类型可创建沿指定向量成一定夹角（拔模斜度）的延伸曲面，如图17-48所示。

图17-48　锥削到向量

4. 垂直于向量

　　"垂直于向量"可创建沿指定向量成垂直角度的延伸曲面，如图17-49所示。

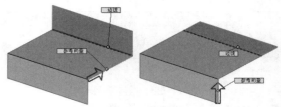

图17-49　垂直于向量

5. 扫描

　　"扫描"类型可创建沿指定参考边线、草图及曲线的延伸曲面，如图17-50所示。

图17-50　扫描

17.1.4　中面

"中面"就是在两组实体面中间创建面。要使用此工具，须先创建实体。

中面工具可在实体上所选的合适双对面之间生成中面。合适的双对面应彼此平行，且必须属于同一实体。例如，两个平行的基准面或两个同心圆柱面即是合适的双对面。

单击【中面】按钮 ，弹出【中面】属性面板。选取实体的上下表面，单击【确定】按钮 ，即可创建中面，如图17-51所示。

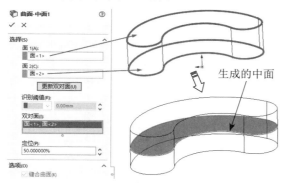

图17-51　生成中面的过程

17.1.5　延展曲面

"延展曲面"是通过选择平面参考来创建实体或曲面边线的新曲面。多数情况下，用户也利用此工具来设计简单产品的模具分型面。

单击【延展曲面】按钮 ，打开【延展曲面】属性面板，如图17-52所示。

图17-52　【延展曲面】属性面板

面板中各属性含义如下。

➢ 延展方向参考：单击此收集器，为创建延展曲面来选择延展方向，延展方向与所选平面为同一方向，即平行于所选平面（平面包括平的面和基准平面）。

➢ 反转延展方向 ：单击此按钮，将改变延展方向。

➢ 要延展的边线 ：选取要延展的实体边或曲面边。

➢ 沿切面延伸：勾选此复选框，将创建与所选边线都相切的延展曲面，如图17-53所示。

➢ 延展距离 ：输入延展曲面的延展长度。

无延伸

沿切面延伸

图17-53　沿切面延伸的延展曲面

动手操作——创建产品模具分型面

利用延展曲面工具，创建图17-54所示的某产品模具分型面。

图17-54　某产品模具分型面

01 打开本例源文件"产品.sldprt"。

02 单击【延展曲面】按钮 ，打开【延展曲面】属性面板。首先选择右视基准面作为延展方向参考，如图17-55所示。

03 然后依次选取产品一侧、连续的底部边线作为要延展的边线，如图17-56所示。

技术要点

选取的边线必须是连续的。如果不连续，可以分多次来创建延展曲面，最后缝合曲面即可。

图17-55　选择延展方向参考

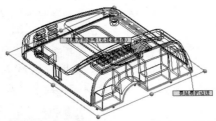

图17-56　选择要延展的、连续的一侧边线

04 输入延展距离为100，再单击【确定】按钮 ✅ ，完成延展的曲面创建，如图17-57所示。

图17-57　创建产品一侧的延展曲面

05 同理，继续选择产品底部其余方向侧的边线来创建延展曲面，结果如图17-58所示。

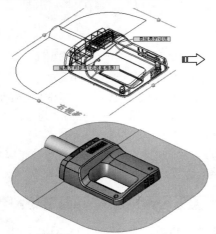

图17-58　创建延展曲面

06 最后利用【缝合曲面】工具，缝合两个延展曲面成一整体，完成模具外围分型面的创建。

17.2　综合实战——牛仔帽造型设计

引入素材：无
结果文件：综合实战\结果文件\Ch17\牛仔帽.sldprt
视频文件：\视频\Ch17\牛仔帽.avi

本例要设计的牛仔帽造型如图17-59所示。将利用拉伸曲面、剪裁曲面、放样曲面、填充曲面、等距曲面、加厚及分割线等工具。

图17-59　牛仔帽造型

操作步骤

01 新建零件文件。

02 在前视基准面上绘制草图1，如图17-60所示。

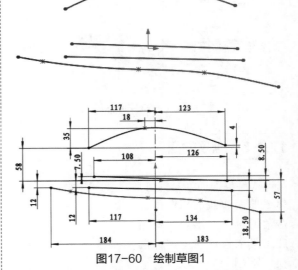

图17-60　绘制草图1

03 利用【拉伸曲面】工具，选择草图1作为拉伸截面曲线，创建图17-61所示的拉伸曲面。

04 随后在上视基准面上继续绘制草图2，如图17-62所示。

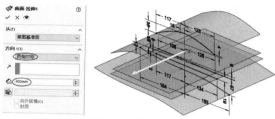

图17-61　创建拉伸曲面

技术要点 📖

　　绘制草图2的曲线工具应用【样条曲线】，此工具可保证绘制的曲线是封闭的、完整的，否则在建立放样曲面并缝合时会出现问题。

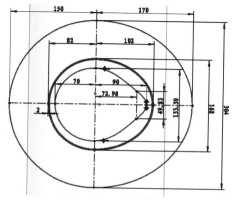

图17-62　绘制草图2

05 利用【剪裁曲面】工具，用草图2作为剪裁工具，剪裁前面创建的拉伸曲面1（包含4个拉伸曲面），如图17-63所示。

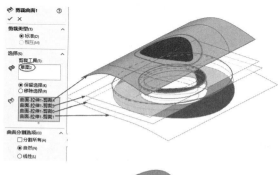

图17-63　剪裁拉伸曲面

06 利用【放样曲面】工具，选择剪裁4个拉伸曲面后的各面的边，作为轮廓，创建图17-64所示的放样曲面。

技术要点 📖

　　选择边时要从上到下或从下到上依次选择。

图17-64　创建放样曲面

07 利用【缝合曲面】工具，将放样曲面和最上面那个拉伸曲面（其余3个剪裁后的拉伸曲面隐藏）进行缝合，如图17-65所示。

提示 📖

　　也可以不缝合曲面，直接采用【圆角】属性面板中的【面圆角】类型来创建两个面的圆角，系统会自动缝合两个曲面。

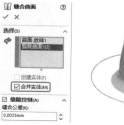

图17-65　缝合曲面

08 利用【圆角】工具，创建图17-66所示的圆角特征。

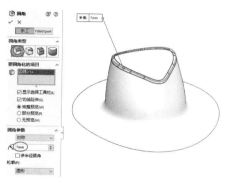

图17-66　创建圆角特征

09 在前视基准面上绘制草图3，如图17-67所示。

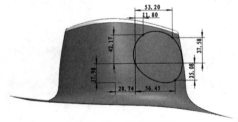

图17-67　绘制草图3

10 利用【剪裁曲面】工具，选择草图3作为剪裁工具，然后对缝合后的帽子曲面进行剪裁，结果如图17-68所示。

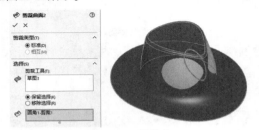

图17-68　剪裁曲面

11 绘制3D草图点，如图17-69所示。

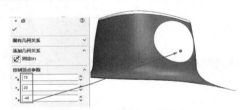

图17-69　绘制3D草图点

12 同理，继续绘制3D草图点，其位置基于Z轴，与前面绘制的3D点正好对称，如图17-70所示。

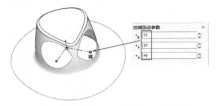

图17-70　绘制3D草图点

13 单击【填充曲面】按钮，打开【填充曲面】属性面板。选择修补边界和约束曲线，单击【确定】按钮 完成填充曲面的创建，如图17-71所示。

14 同理，创建另一填充曲面。

15 利用【加厚】工具，为填充曲面创建厚度，如图17-72所示。

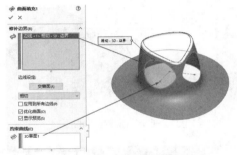

图17-71　创建填充曲面

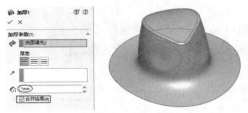

图17-72　创建加厚

16 在前视基准面绘制草图4，如图17-73所示。

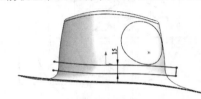

图17-73　绘制草图4

17 利用【分割线】工具，用草图4将帽子的外表面进行分割，结果如图17-74所示。

图17-74　分割线操作

18 利用【等距曲面】工具，创建等距曲面，如图17-75所示。

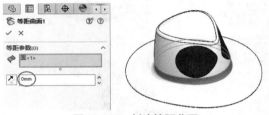

图17-75　创建等距曲面

19 最后利用【加厚】工具，在等距曲面上创建厚度，如图17-76所示。

20 至此，完成了牛仔帽的设计。

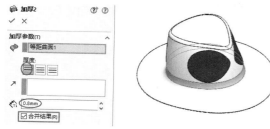

图17-76　创建加厚

17.3　课后习题

1. 椅子造型

熟练应用曲面拉伸、曲面放样、等距曲面、曲面剪裁、扫描曲面、镜像、移动复制等命令，设计出图17-77所示的椅子造型。

图17-77　椅子造型

2. 帽子造型

熟练应用曲面拉伸、曲面放样、等距曲面、曲面剪裁、实体拉伸、实体切除、实体旋转、圆角、扫描、镜像、使用曲面切除等命令，设计出图17-78所示的帽子造型。

图17-78　帽子造型

本章主要介绍SolidWorks 2020曲面编辑与操作指令与实际应用方法，包括曲面控制命令和曲面加厚、切除等。

知识要点

⊙ 曲面操作   ⊙ 曲面切除

⊙ 曲面加厚

18.1 曲面操作

SolidWorks 2020提供了用于曲面编辑与操作的相关命令，这些命令可以帮助用户完成复杂产品造型工作，如替换面、延伸曲面、缝合曲面、剪裁曲面、解除剪裁曲面、删除面、加厚等工具。

18.1.1 替换面

"替换面"可以用一个面替换一个或多个面。

替换曲面实体不必与旧的面具有相同的边界。当替换面时，原来实体中的相邻面自动延伸并剪裁到替换曲面实体。

技术要点

替换的目标面可以是曲面，也可以是实体表面，但替换的曲面必须是曲面。

动手操作——替换面操作

使用【替换面】命令把零件的两个小凸台去除，加强筋和圆柱不足的位置进行填补，如图18-1所示。

01 打开本例"替换面.sldprt"文件。

02 利用【等距曲面】工具，选择中间圆柱表面来创建等距距离为0的曲面，如图18-2所示。

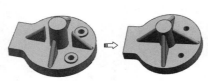

图18-1 替换面

图18-2 创建等距曲面

03 单击【替换面】按钮，打开【替换面1】属性面板。

04 首先选择要替换的目标面和替换曲面，如图18-3所示。

05 单击【确定】按钮，完成替换面操作，结果如图18-4所示。

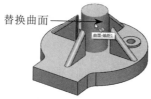

图18-3 选择替换目标面和替换曲面

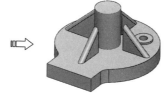

图18-4 完成替换面操作

技术要点

由于要替换的4个加强筋方向是相对的，如果同时替换，会造成自身相交，所以一次只能替换一个加强筋表面。

06 同理，完成其余3个加强筋的表面替换操作，结果如图18-5所示。

图18-5 替换面操作完成的加强筋

18.1.2 延伸曲面

"延伸曲面"是基于已有曲面而创建的新曲面，延伸的终止条件有多重选择，可以沿不同方向延伸，但截面会有变化。延展曲面只能跟所选平面平行，截面是恒定的。

技术要点

对于边线，曲面沿边线的基准面延伸。对于面，曲面沿面的所有边线延伸，除那些连接到另一个面的以外。

单击【延伸曲面】按钮，打开【延伸曲面】属性面板，如图18-6所示。

面板中各选项含义如下。

➢ 拉伸的边线/面：激活所选面/边线收集器，在图形区中选择要延伸的面或边线。

图18-6 【延伸曲面】属性面板

➢ 终止条件：有3种终止条件供选择——距离、成形到某一点、成形到某一面，如图18-7所示。

| 按输入的距离值进行延伸 | 将曲面延伸到指定的点或顶点 | 将曲面延伸到指定的平面或基准面 |

图18-7 终止条件

➢ 延伸类型：包括同一曲面延伸和线性延伸。"同一曲面延伸"是沿曲面的几何体延伸曲面，如图18-8所示；"线性延伸"是沿边线相切于原有曲面来延伸曲面，如图18-9所示。

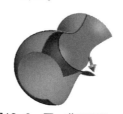

图18-8 同一曲面延伸　　图18-9 线性延伸

18.1.3 缝合曲面

缝合曲面是将两个或多个相邻、不相交的曲面组合在一起。缝合曲面工具用于将相连的曲面连接为一个曲面。缝合曲面对于设计模具意义重大，因为缝合在一起的面在操作中会作为一个面来处理，这样就可以一次选择多个缝合在一起的面。

单击【缝合曲面】按钮，打开【缝合曲面】属性面板，如图18-10所示。

图18-10　【缝合曲面】属性面板

属性面板中各选项含义如下。

➤ 要缝合的曲面和面 ：为创建缝合曲面特征选取要缝合的多个面。

➤ 创建实体：勾选此复选框，将缝合后的封闭曲面转换成实体。

技术要点

默认情况下，如果缝合的曲面是封闭的，不勾选此复选框，也会自动生成实体。

➤ 合并实体：勾选此复选框，将缝合后生成的实体与其他实体进行合并，形成整体。

➤ 缝合公差：修改缝合曲面的公差，缝隙大的公差值就大，反之则取较小值。

➤ 显示范围中的缝隙：如果缝合的曲面中存在缝隙，将列在【显示范围中的缝隙】列表中。

18.1.4　剪裁曲面

剪裁曲面是在一曲面与另一曲面、基准面、或草图交叉处剪裁曲面。剪裁曲面命令可以使相互交叉的曲面利用布尔运算进行剪裁。可以使用曲面、基准面或草图作为剪裁工具来剪裁相交曲面，也可以将曲面和其他曲面联合使用作为相互的剪裁工具。

单击【剪裁曲面】按钮，打开【剪裁曲面】属性面板，如图18-11所示。

图18-11　【剪裁曲面】属性面板

属性面板中各选项含义如下。

➤ 剪裁类型：包括"标准"和"相互"剪裁类型。【标准】类型是单边剪裁，剪裁工具仅一个，如图18-12所示；【相互】类型是多个曲面相互剪裁，剪裁工具为多个曲面，如图18-13所示。

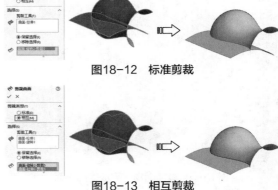

图18-12　标准剪裁

图18-13　相互剪裁

➤ 剪裁工具：在图形区域中选择曲面、草图实体、曲线或基准面作为剪裁其他曲面的工具。

➤ 保留选择：此单选项为选择要保留的部分曲面。选择的曲面将列于下面的收集器中。

➤ 移除选择：与保留选择相反，选择要移除的曲面。

➤ 分割所有：勾选此复选框，将显示多个分割曲面的预览，如图18-14所示。

➤ 自然：强迫边界边线随曲面形状变化。

➤ 线性：强迫边界边线随剪裁点的线性方向变化。

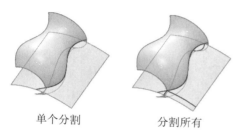

单个分割   分割所有

图18-14 分割所有的预览

动手操作——塑胶小汤匙造型

利用剪裁曲面功能设计图18-15所示的塑胶汤匙。

图18-15 塑胶汤匙造型

01 新建零件文件。

02 在前视基准面上绘制图18-16所示的草图1。

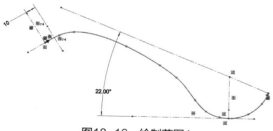

图18-16 绘制草图1

03 利用【旋转曲面】工具，创建图18-17所示的旋转曲面。

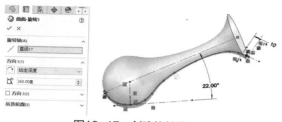

图18-17 创建旋转曲面1

04 在前视基准面绘制图18-18所示的草图2（样条曲线）。

05 单击【剪裁曲面】按钮 ，打开【曲面-剪裁】属性面板。然后选择草图2作为剪裁工具，选择要保留的曲面，完成剪裁的结果如图18-19所示。

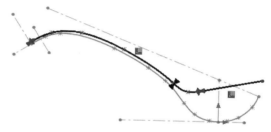

图18-18 绘制草图2

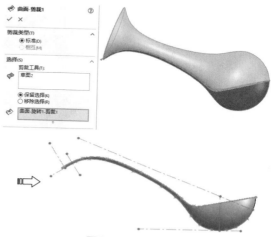

图18-19 剪裁曲面

06 同理，在上视基准面继续绘制草图3，如图18-20所示。

07 再利用剪裁曲面工具，选择草图3作为剪裁工具，完成曲面的剪裁操作，如图18-21所示。

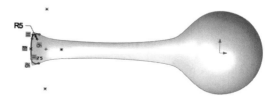

图18-20 绘制草图3

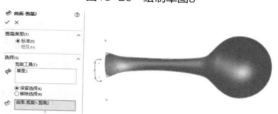

图18-21 剪裁曲面

08 利用【加厚】工具，创建加厚特征，结果如图18-22所示。

09 利用【圆角】工具，创建加厚特征上的圆角特征，如图18-23所示。

图18-22　创建加厚特征

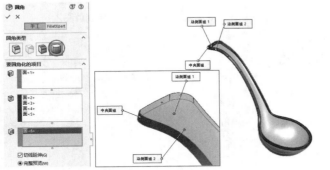

图18-23　创建圆角特征

10 新建图18-24所示的基准面1。

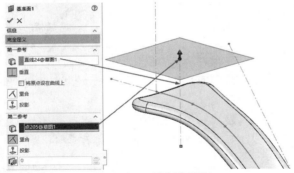

图18-24　创建基准面1

11 最后利用【拉伸切除】工具，在基准面1上绘制草图5后，再创建出图18-25所示的汤勺挂孔。

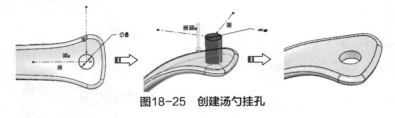

图18-25　创建汤勺挂孔

18.1.5　解除剪裁曲面

"解除剪裁曲面"可以使剪裁后的曲面重新返回到剪裁操作前的状态。也常用来创建沿其自然边界延伸现有曲面来修补曲面上的洞及外部边线。此工具也常用来在模具设计过程中修补产品的破孔。

单击【解除剪裁曲面】按钮 ◈，打开【解除剪裁曲面】属性面板。选取剪裁曲面的面和边线之后，弹出相关的解除剪裁选项，如图18-26所示。

图18-26　【解除剪裁曲面】属性面板

技术要点

上图中的下图显示的多个选项，仅当在选择了面和边线后才显示。

属性面板中各选项含义如下。

➤ 所选面/边线 ◈：收集用于修补破孔的曲面或边线。

➤ 距离百分比 ◈：通过设置此百分比值，可以调整修补曲面的大小。图18-27所示为几种比例的修补曲面预览。

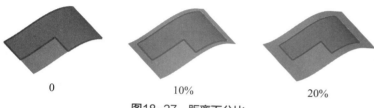

0	10%	20%

图18-27　距离百分比

➤ 面解除剪裁类型：包括3种解除剪裁类型——所有边线、内部边线和外部边线。"所有边线"将包括原曲面对象的所有边界。"内部边线"仅仅包括原曲面内部的所有边界。"外部边线"也仅仅包括原曲面的外部边界。示例如图18-28所示。

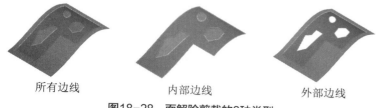

所有边线　　　　　内部边线　　　　　外部边线

图18-28　面解除剪裁的3种类型

12 边线解除剪裁类型：当选择原曲面的边线进行解除剪裁操作时，有两种类型供选择——延伸边线和连接端点。"延伸边线"就是延伸所选的曲面边界。"连接端点"是指创建两条边线的端点连线曲面。示例如图18-29所示。

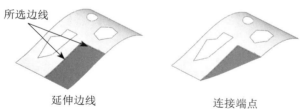

所选边线

延伸边线　　　　　连接端点

图18-29　边线解除剪裁的两种类型

➤ 与原有合并：勾选此复选框，新建的曲面将与原曲面缝合成整体曲面。

18.1.6　删除面

"删除面"可以删除实体上的面来生成曲面，或者在曲面实体（指多个曲面形成的整体曲面）上删除曲面。

单击【删除面】按钮，打开【删除面】属性面板，如图18-30所示。

面板中各选项含义如下。

➤ 要删除的面：选取要删除的实体面或曲面实体中的面。

技术要点

单个的曲面是不能利用【删除面】进行删除的。

图18-30　【删除面】属性面板

➤ 删除：只删除不修补或填充。

➤ 删除并修补：删除曲面，然后利用自身的修补功能去修补留下的孔，如图18-31所示。此类修补是沿曲面延伸进行修补。

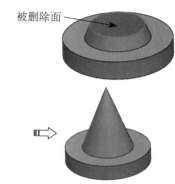

被删除面

图18-31　删除并修补

技术要点

若曲面延伸后不能形成相交的，就不能修补。上图中的顶面删除后，相邻的锥面延伸后会形成相交，所以能自动修补。但如果是圆柱面或竖直、水平而永远不能形成相交的，不能进行修补，如图18-32所示。

删除此面后，不能进行自动修补

图18-32　不能自动修补的情况

➢ 删除并填补：删除曲面，然后利用自身的修补功能去填补留下的孔。图18-33所示为两种填充——一般填补和相切填补。

删除此面

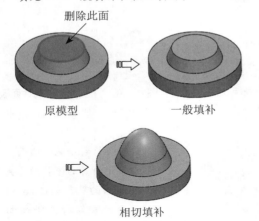

原模型　　　　　　一般填补

相切填补

图18-33　删除并填补的两种填补情况

动手操作——烟斗造型

下面利用旋转曲面、剪裁曲面、扫描曲面、扫描切除、曲面缝合等功能，设计图18-34所示的烟斗。

01 新建零件文件。

02 利用【草图绘制】工具，选择右视基准面作为草图平面，进入草图环境。

03 在菜单栏执行【工具】|【草图工具】|【草图图片】命令，然后打开本例的素材图片"烟斗.bmp"，如图18-35所示。

图18-34　烟斗造型　　　图18-35　导入草图图片

04 双击图片，然后将图片旋转并移动到图18-36所示的位置。

技术要点

对正的方法是：先绘制几条辅助线，找到烟斗模型的尺寸基准或定位基准。不难看出，烟斗的设计基准就是烟斗的烟嘴部分（圆心）。

图18-36　对正草图图片

05 然后利用样条曲线命令按烟斗图片的轮廓来绘制草图，如图18-37所示。

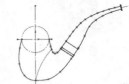

图18-37　参考图片绘制样条

06 利用【旋转曲面】工具，创建图18-38所示的旋转曲面。

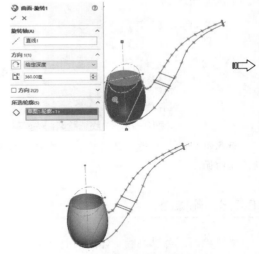

图18-38　创建旋转曲面

07 利用【拉伸曲面】工具拉伸曲面1，如图18-39所示。

08 利用【剪裁曲面】工具，用基准面1剪裁旋转曲面，结果如图18-40所示。

09 利用【基准面】工具创建基准面2，如图18-41所示。

10 在基准面2上绘制圆草图，圆上点与草图1中直线2端点重合，如图18-42所示。

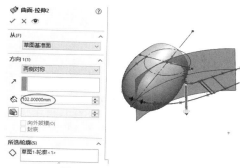

图18-39 创建基准面1

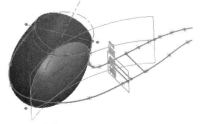

图18-40 剪裁曲面

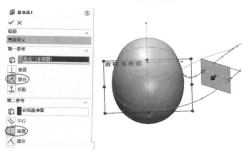

图18-41 创建基准面2

图18-42 绘制圆

11 利用【拉伸曲面】工具创建拉伸曲面2，如图18-43所示。

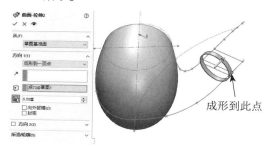

图18-43 创建拉伸曲面2

12 在右视基准平面上先后绘制草图3和草图4，如图18-44、图18-45所示。

图18-44 绘制草图3

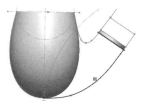

图18-45 绘制草图4

13 利用【放样曲面】工具，创建图18-46所示的放样曲面。

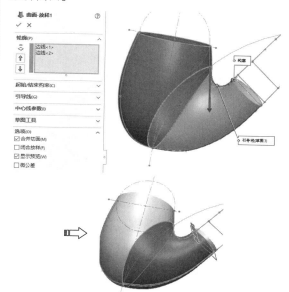

图18-46 创建放样曲面

14 利用【延伸曲面】工具，创建图18-47所示的延伸曲面。

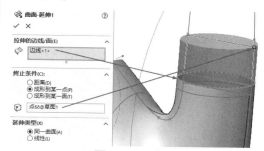

图18-47 曲面延伸

15 利用【基准面】工具创建基准面2，如图18-48所示。

16 在基准面2上绘制草图5——椭圆，如图18-49所示。

17 在右视基准面上绘制草图6，如图18-50所示。

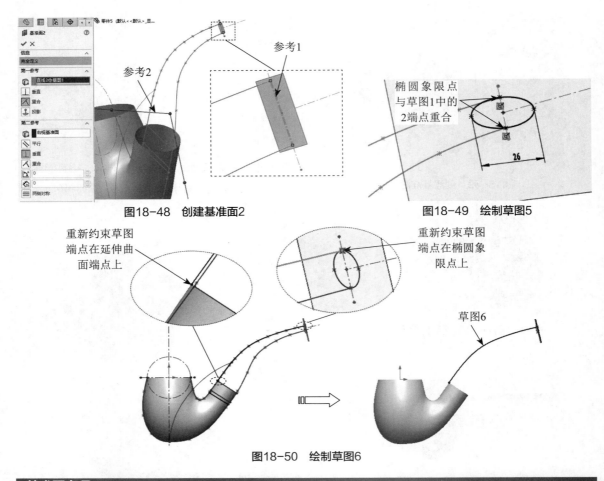

图18-48 创建基准面2

图18-49 绘制草图5

图18-50 绘制草图6

技术要点 📖

　　绘制草图6的方法是：先利用等距实体工具，将原草图1中的曲线等距（偏距0）偏移出，然后剪裁草图，最后删除等距实体的相关约束——等距尺寸，并重新将草图的端点分别约束在延伸曲面端点和草图5的椭圆象限点上。

～～～～～～～～～～～～～～～～～～～～～～～

18 同理，在草图1基础上等距绘制出草图7，如图18-51所示。

19 利用【放样曲面】工具，创建图18-52所示的放样曲面。

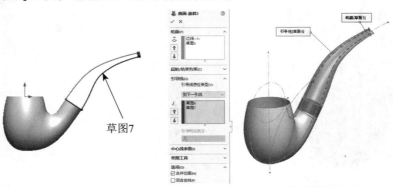

图18-51 绘制草图7

图18-52 创建放样曲面

20 利用【平面区域】工具创建平面，如图18-53所示。

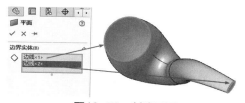

图18-53 创建平面

21 利用【缝合曲面】工具，将所有的曲面缝合，并生成实体模型，如图18-54所示。

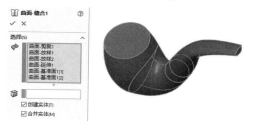

图18-54 缝合曲面并生成实体

22 在右视基准面上绘制草图8——圆弧，如图18-55所示。

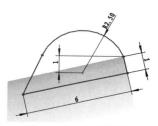

图18-55 绘制草图8

23 再利用【特征】工具栏中的【扫描】工具，创建扫描特征，如图18-56所示。

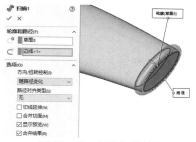

图18-56 创建扫描特征

技术要点

在创建扫描特征时，必须选择"起始处相切类型"和"结束出相切类型"的选项为"无"。否则无法创建扫描特征。

24 利用【旋转切除】工具，创建烟斗部分的空腔，草图与切除结果如图18-57所示。

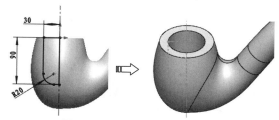

图18-57 创建旋转切除特征

25 在右视基准面绘制草图10，如图18-58所示。

26 在烟嘴平面上绘制草图11，如图18-59所示。

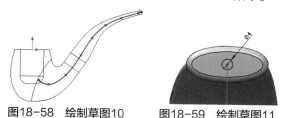

图18-58 绘制草图10　　　图18-59 绘制草图11

27 利用【扫描切除】工具，创建图18-60所示的扫描切除特征。

图18-60 创建扫描切除特征

28 利用【倒角】工具，对烟斗外侧的边创建倒角特征，如图18-61所示。

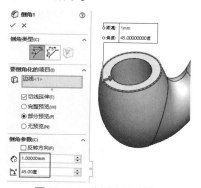

图18-61 创建倒角特征

29 利用【圆角】工具，对烟斗内侧的边创建圆角特征，如图18-62所示。

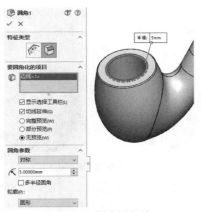

图18-62　创建圆角特征

30 最后对烟嘴部分的边进行圆角处理，如图18-63所示。

31 至此，完成了烟斗的整个造型工作，结果如图18-64所示。

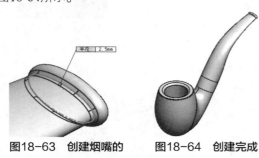

图18-63　创建烟嘴的　　　图18-64　创建完成
　　　　圆角特征　　　　　　　　的烟斗

18.2　曲面加厚与切除

曲面加厚与切除工具是用曲面来创建实体或切割实体的工具，下面进行工具详解。

18.2.1　加厚

"加厚"是根据所选曲面来创建具有一定厚度的实体，如图18-65所示。

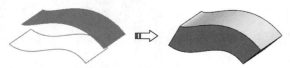

图18-65　加厚曲面生成实体

单击【加厚】按钮，打开【加厚】属性面板，如图18-66所示。

技术要点

必须先创建曲面特征，【加厚】命令才可用，否则此命令按钮灰显。

属性面板中包括3种加厚方法：加厚侧边1、加厚两侧和加厚侧边2。

➢ 加厚侧边1：此加厚方法是在所选曲面的上方生成加厚特征，如图18-67（a）所示。

➢ 加厚两侧：在所选曲面的两侧同时加厚，如图18-67（b）所示。

图18-66　【加厚】
属性面板

➢ 加厚侧边2：在所选曲面的下方生成加厚特征，如图18-67（c）所示。

（a）加厚侧边1　（b）加厚两侧　（c）加厚侧边2

图18-67　加厚方法

18.2.2　加厚切除

用户也可以使用"加厚切除"工具来分割实体而创建出多个实体。

技术要点

仅当图形区中创建了实体和曲面后，【加厚切除】命令才变为可用。

单击【加厚切除】按钮，打开【加厚切除】属性面板，如图18-68所示。

图18-68　【加厚切除】属性面板

该属性面板中的选项与【加厚】属性面板中

完全相同。图18-69所示为加厚切除的操作过程。

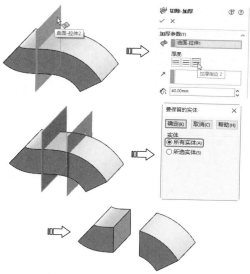

图18-69　创建加厚切除特征

18.2.3　使用曲面切除

"使用曲面切除"工具用曲面来分割实体。如果是多实体零件，可选择要保留的实体。单击【使用曲面切除】按钮，打开【使用曲面切除】属性面板，如图18-70所示。

图18-70　【使用曲面切除】属性面板

图18-71所示为曲面切除的操作过程。

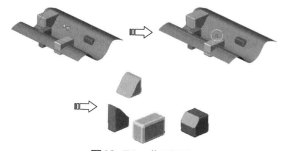

图18-71　曲面切除

技术要点

对于多实体零件，在【特征范围】下选择以下选项之一。

■ 所有实体。每次特征重建时，曲面将切除所有实体。如果将被切除曲面所交叉的新实体添加到位于 FeatureManager 设计树中切除特征之前的模型上，则也会重建这些新实体使切除生效。

■ 所选实体。曲面只切除所选择的实体。如果需要将被切除曲面所交叉的其他新实体添加到所选实体的清单中，请选择这些新实体。如果不将新实体添加到所选实体清单中，则它们将保持完整无损。（用户选择的实体在图形区域中高亮显示，并列举在特征范围下。）

■ 自动选择（可用于所选实体）。自动选择所有相关的交叉实体。自动选择比所有实体快，因为它只处理初始清单中的实体，并不会重建整个模型。如果用户消除自动选择，则必须选择想在图形区域中切除的实体。

18.3　综合实战——灯饰造型

引入素材：无
结果文件：综合实战\结果文件\Ch18\灯饰造型.sldprt
视频文件：\视频\Ch18\灯饰造型.avi

本例要设计的灯饰造型如图18-72所示。灯饰造型设计是采用了曲面和实体功能相结合的方式进行的。本例中不但学习了曲面的建模技巧，还温习了实体造型功能及应用。

图18-72　灯饰造型

操作步骤

01 新建零件文件。

02 利用【旋转曲面】工具，在右视基准面上绘制草图1，并完成旋转曲面的创建，结果如图18-73所示。

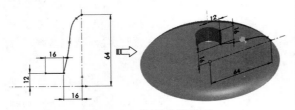

图18-73　创建旋转曲面

03 利用【拉伸曲面】工具，在前视基准面上绘制草图2，并完成拉伸曲面的创建，结果如图18-74所示。

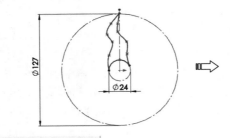

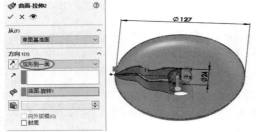

图18-74　创建拉伸曲面

04 利用【放样曲面】工具，创建图18-75所示的放样曲面。

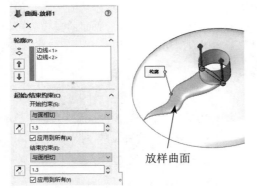

图18-75　创建放样曲面

05 利用【剪裁曲面】工具，对曲面进行剪裁，结果如图18-76所示。

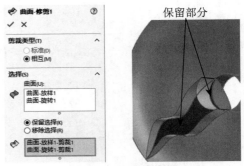

图18-76　剪裁曲面

06 利用【基准轴】工具，创建一个轴，如图18-77所示。

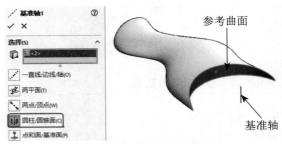

图18-77　创建轴

07 利用【圆周草图阵列】工具，以基准轴为旋转中心，创建阵列个数为12、角度为30的阵列特征，如图18-78所示。

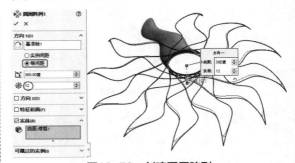

图18-78　创建圆周阵列

08 利用【旋转凸台/基体】工具，在右视基准面上绘制草图3，并完成图18-79所示旋转特征的创建。

09 利用基准面工具，创建3个基准面，如图18-80所示。

10 接下来在旋转特征顶部面、基准面1、基准面2和基准面3上分别绘制草图4、草图5、草图6和草图7，如图18-81所示。

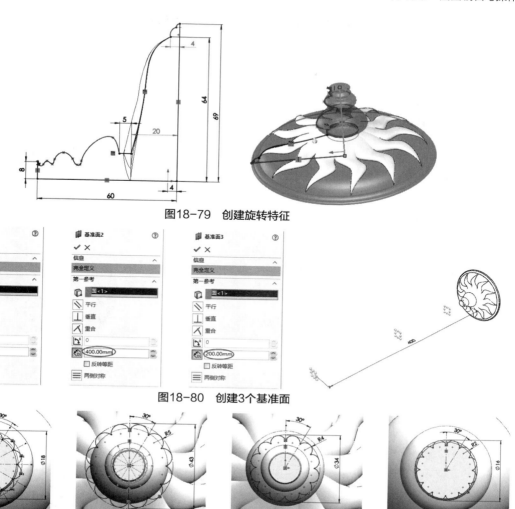

图18-79 创建旋转特征

图18-80 创建3个基准面

草图4   草图5   草图6   草图7

图18-81 连续绘制4个草图

11 利用【放样凸台/基体】工具，创建图18-82所示的放样实体特征。

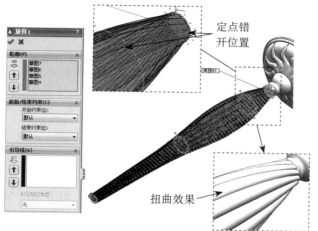

图18-82 创建放样实体特征

技术要点

在选择轮廓时，每个轮廓的光标选取位置应不在同一位置，为了使放样实体产生扭曲效果，选取轮廓的定点应逐步偏移。毕竟4个轮廓形状是完全相同的，仅仅是尺寸不同而已。

12 利用【旋转凸台/基体】工具，在右视基准面绘制草图8，然后创建出图18-83所示的旋转特征2。

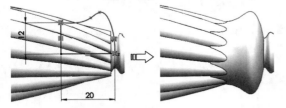

图18-83　创建旋转特征2

13 再利用【旋转凸台/基体】工具，在右视基准面绘制草图18，然后创建出图18-84所示的旋转角度为60的旋转特征3。

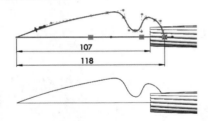

图18-84　创建旋转特征3

14 利用【圆角】工具，选择旋转特征3的边，创建变半径的圆角特征，如图18-85所示。

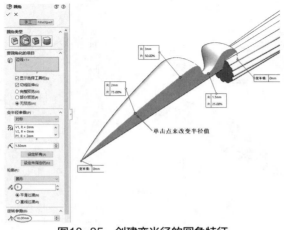

图18-85　创建变半径的圆角特征

15 同理，在此旋转特征的另一侧也创建出相同的变半径圆角特征。

16 利用【圆周草图阵列】工具，将圆角后的旋转特征3进行阵列，结果如图18-86所示。

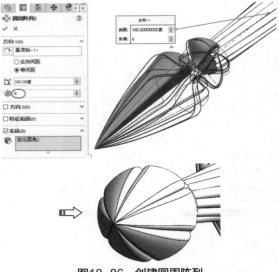

图18-86　创建圆周阵列

17 利用【旋转凸台/基体】工具，在右视基准面上绘制草图10，然后创建出图18-87所示的旋转特征4。

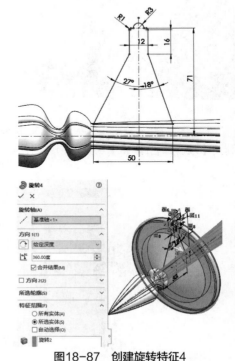

图18-87　创建旋转特征4

18 在右视基准面绘制草图11，如图18-88所示。

图18-88　绘制草图11

19 利用【基准面】工具创建基准面4，如图18-89所示。

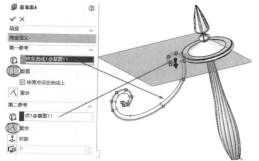

图18-89　创建基准面4

20 在基准面4上绘制图18-90所示的草图12。

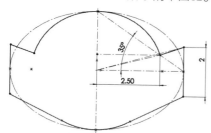

图18-90　绘制草图12

21 利用【曲面扫描】工具，创建图18-91所示的扫描曲面特征1。

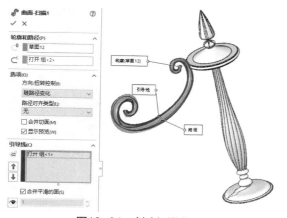

图18-91　创建扫描曲面1

22 再利用【平面区域】工具，创建两个平面，将扫描曲面1的两个端口封闭，如图18-92所示。然后利用【缝合曲面】工具缝合扫描曲面和平面，以此生成实体模型。

图18-92　创建两个平面

23 利用【圆周草图阵列】工具，将缝合后的实体进行圆周阵列，结果如图18-93所示。

图18-93　创建圆周阵列

24 利用【旋转凸台/基体】工具，在右视基准面绘制草图13后，完成旋转特征5的创建，如图18-94所示。

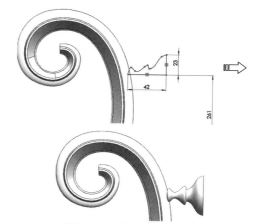

图18-94　创建旋转特征5

25 利用【基准面】工具创建图18-95所示的基准面5。

26 然后在基准面5上绘制草图14（8边形），如图18-96所示。

27 同理，创建基准面6，并在基准面6上绘制草图15，结果如图18-97所示。

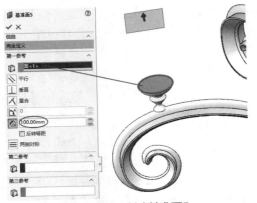

图18-95　创建基准面5

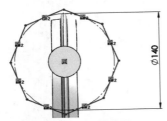

图18-96　绘制草图14

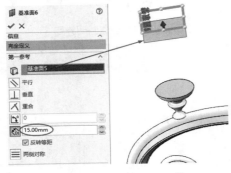

图18-97　创建基准面6并绘制草图15

28 同理，再创建基准面7，并在基准面7上绘制草图16，结果如图18-98所示。

29 在右视基准面上绘制草图17，如图18-99所示。

30 进入3D草图环境，利用样条曲线命令，依次选取草图14和草图15上的参考点来创建3D样条曲线，如图18-100所示。

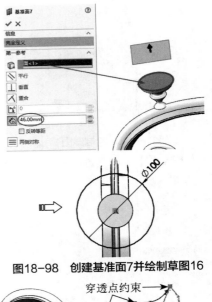

图18-98　创建基准面7并绘制草图16

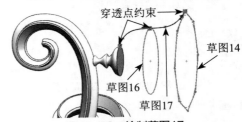

图18-99　绘制草图17

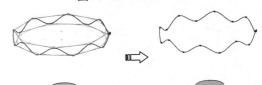

图18-100　创建3D样条曲线

31 利用【扫描曲面】工具，创建出图18-101所示的扫描曲面3。

32 利用【加厚】工具，将扫描曲面3加厚，如图18-102所示。

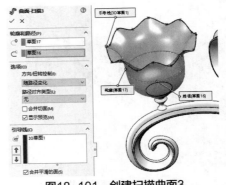

图18-101　创建扫描曲面3

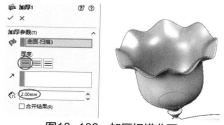

图18-102 加厚扫描曲面

33 最后利用【圆周草图阵列】工具，将加厚的特征进行圆周阵列，完成整个大堂装饰灯的造型设计，如图18-103所示。

图18-103 大堂装饰灯造型设计

18.4 课后习题

1. 女士鞋曲面造型

熟练应用曲面拉伸、曲面放样、等距曲面、曲面剪裁、扫描、镜像、移动复制等命令，设计出图18-104所示的女士鞋造型。

图18-104 女士鞋造型

2. 百合花造型

熟练应用放样曲面、旋转曲面、填充曲面、曲面剪裁、实体复制、扫描曲面、镜像、分割线等命令，设计出图18-105所示的百合花造型。

图18-105 百合花造型

在利用SolidWorks进行机械零件、产品造型、模具设计、钣金设计以及管道设计时，需要利用SolidWorks提供的产品测量与质量分析工具，辅助设计人员完成设计。

这些工具包括模型测量、质量与剖面属性、传感器、实体分析与检查、面分析与检查等，希望初学者熟练掌握这些工具的应用，以提高自身的设计能力。

知识要点

⊙ 测量工具
⊙ 质量属性与剖面属性
⊙ 传感器

⊙ 统计、诊断与检查
⊙ 体、面、线的分析

19.1 测量工具

利用模型测量，可以测量草图、3D模型、装配体或工程图中直线、点、曲面、基准面的距离、角度、半径和大小，以及它们之间的距离、角度、半径或尺寸。当选择一个顶点或草图点时，会显示其X、Y和Z坐标值。

在【评估】选项卡单击【测量】按钮，程序弹出【测量】工具栏，如图19-1所示。同时，鼠标指针由 ℞ 变为 ℞。

图19-1 【测量】工具栏

【测量】工具栏中包括5种测量类型：圆弧/圆测量、显示XYZ测量、面积与长度测量、零件原点测量和投影测量。

19.1.1 设置单位/精度

在对模型进行测量之前，用户可以设置测量所用的单位及精度。在【测量】工具栏单击【单位/精度】按钮，程序弹出【测量单位/精度】对话框，如图19-2所示。

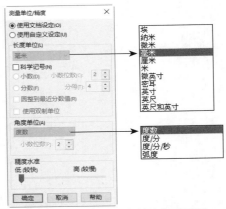

图19-2 【测量单位/精度】对话框

【测量单位/精度】对话框中各选项含义如下：

➤ 使用文档设定：选择此选项，将使用【文档属性】中所定义的单位和材质属性。图19-3所示为系统选项设置的【文档属性】中默认的单位设置。

➤ 使用自定义设定：选择此选项。用户可以自定义单位与精度的相关选项。相关选项将可用。

➤ 【长度单位】选项组：该选项组可以设置测量的长度单位与精度。其中包括选择线性测量的单位、科学记号、小数位数、分数与分母等。

➤ 【角度单位】选项组：该选项组可以设置测量的角度单位与精度。包括选择角度尺寸的测量单位、设定显示角度尺寸的小数位数等。

图19-3 【文档属性】中的单位设置

技巧点拨

科学记号就是以科学记号来显示测量的值。例如，以【5.02e+004】表示【50200】。修复输入模型后，要将结果保存在自定义目录中，以便做数据准备时导入。

19.1.2 圆弧/圆测量

圆弧/圆测量类型是测量圆与圆或圆弧与圆弧之间的间距。包括3种测量方法：中心到中心、最小距离和最大距离。

1. 中心到中心

【中心到中心】测量方法是选择要测量距

离的两个圆弧或圆，程序自动计算并得出测量结果。如果两个圆或圆弧在同一平面内，将只产生中心距离，如图19-4所示；若不在同一平面内，将会产生中心距离和垂直距离，如图19-5所示。

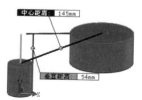

图19-4 同平面的圆测量　　图19-5 不同平面的圆测量

2. 最小距离

【最小距离】测量方法是测量两个圆或圆弧的最近端。无论是选择圆形实体的边缘或者是圆面，程序都将依据最近端来计算出最小的距离值，如图19-6所示。

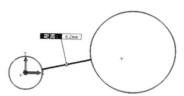

图19-6 最小距离测量

技巧点拨

选择要测量的对象时，程序会自动拾取对象上的面或边进行测量。

3. 最大距离

【最小距离】测量方法是测量两个圆或圆弧的最远端。无论是选择圆形实体的边缘或者是圆面，程序都将依据最远端来计算出最大的距离值，如图19-7所示。

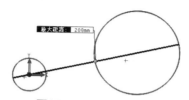

图19-7 最大距离测量

19.1.3 显示XYZ测量

【显示XYZ测量】类型是在图形区域中所测实体之间显示dX、dY或dZ的距离。

例如，以【中心到中心】测量方法来测量两圆之间的中心距离并得出测量结果，然后在【测量】工具栏中单击【显示XYZ测量】按钮 ，图形区中将自动显示dX、dY和dZ的实测距离，如图19-8所示。

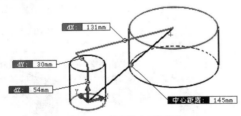

图19-8 显示XYZ测量

技巧点拨

当测量的对象在同一平面内时，使用【显示XYZ测量】将只显示dX和dY的距离。当测量的对象相互垂直时，使用【显示XYZ测量】将只显示dZ的距离。

19.1.4 面积与长度测量

在默认情况下，当用户只选择一个圆形面、圆柱面、圆锥面或矩形面时，程序会自动计算出所选面的面积、周长及直径（当选择面为圆柱面时）。

例如，仅选择矩形面、圆形面或圆锥面来测量，会得到图19-9、图19-10、图19-11所示的面积测量结果。仅选择圆柱面测量时，会得到图19-12所示的结果。

图19-9 测量矩形面　　图19-10 测量圆形面　　图19-11 测量圆锥面

默认情况下，若用户选择实体的边线（直边或圆边）进行测量，程序会自动计算出所选边的长度、直径或中心点坐标，如图19-13、图19-14所示。

  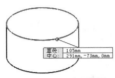

图19-12 测量圆锥面　　图19-13 测量直边　　图19-14 测量圆边

19.1.5 零件原点测量

【零件原点测量】主要测量相对于用户坐标系的原点至所选

边、面或点之间的间距（包括中心距离、最小距离和最大距离）。

要使用【零件原点测量】类型测量距离，需要创建一个坐标系。使用该测量类型来测量的中心距离、最小距离和最大距离如图19-15、图19-16、图19-17所示。

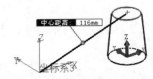

图19-15 基于原点中心距离

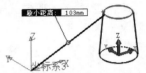

图19-16 基于原点最大距离

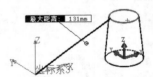

图19-17 基于原点最小距离

19.1.6 投影测量

【投影测量】用于测量所选实体之间投影于【无】、【屏幕】或【选择面/基准面】之上的距离。

1. 投影于【无】

投影于【无】将测量不做任何投影。这对于不同平面内的对象测量来说，此方法保持其他类型的测量结果。

2. 投影于屏幕

投影于屏幕方法是将测量的数据结果投影于屏幕。

3. 投影于选择面/基准面

使用该方法，可以计算所投影的距离（所选的基准面上）及正交距离（所选的基准面正交）。投影和正交显示在【测量】对话框中，如图19-18所示。

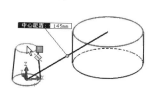

图19-18　投影于选择面/基准面

技巧点拨

欲从当前选择消除项目，再次在图形区域中单击项目；若想消除所有选择，单击图形区域中的空白处；如要暂时关闭测量功能，用右键单击图形区域，然后选取【选择】命令；如要再次打开测量功能，在【测量】对话框中单击命令按钮。

19.2　质量属性与剖面属性

使用【质量属性】工具或【剖面属性】工具，可以显示零件或装配体模型的质量属性，或者显示面或草图的剖面属性。

用户也可为质量和引力中心指定数值以覆写所计算的值。

19.2.1　质量属性

用户可以利用【质量属性】工具将模型的质量属性结果进行打印、复制、属性选项设置、重算等操作。

在【评估】选项卡中单击【质量属性】按钮，程序弹出【质量属性】对话框，如图19-19所示。

对话框中各选项、命令按钮的含义如下。

➢ 打印：选择项目，算出质量特性后，单击【打印】按钮打开【打印】对话框。通过【打印】对话框可以直接打印结果。

➢ 复制到剪贴板：单击此按钮，可以将质量特性结果复制到剪贴板。

➢ 关闭：单击此按钮，关闭【质量属性】对话框。

➢ 选项：单击此按钮，将弹出【质量/剖面属性选项】对话框，然后对质量属性的单位、材料属性和精度水准等选项进行设置，如图19-20所示。

➢ 重算：当设置质量属性的选项后，单击【重算】按钮可以重新计算结果。

图19-19　【质量属性】对话框

图19-20　【质量/剖面属性选项】对话框

➢ 报告与一下项相对的坐标值：为计算质量属性而选择参考坐标系。默认的坐标系为绝对坐标系。如果用户创建了坐标系，该坐标系将自动保存于【输出坐标系】列表中。当选择一个输出坐标系后，程序自动计算其质量属性，并将结果显示在对话框下方，如图19-21所示。

图19-21　显示质量的属性

技巧点拨

用户不必关闭【质量属性】对话框即可计算其他实体。消除选择，然后选择实体，接着单击【重算】按钮即可。

- ➢ 所选项目 ⚙ ：选择要计算分析的零件。
- ➢ 包括隐藏的实体/零部件：选择以在计算中包括隐藏的实体和零部件。
- ➢ 覆盖质量属性：覆盖质量、质量中心和惯性张量的值。
- ➢ 创建质心特征：将"质量中心"特征添加到模型。
- ➢ 显示焊缝质量：如果有焊接，将会显示焊接的总质量。

质量属性的计算

通常，质量属性结果显示在【质量特性】对话框中，惯性主轴和质量中心以图形显示在模型中。

在结果中，惯性动量及惯性项积将进行计算以符合图19-22所示的定义。惯性张量矩阵的计算符合图19-23所示的定义。

$$I_{xx} = \int (y^2 + z^2)dm$$

$$I_{yy} = \int (z^2 + x^2)dm$$

$$I_{zz} = \int (x^2 + y^2)dm$$

$$I_{xy} = \int (xy)dm$$

$$I_{yz} = \int (yz)dm \qquad \begin{bmatrix} I_{xx} & -I_{xy} & -I_{xz} \\ -I_{xy} & I_{yy} & -I_{yz} \\ -I_{xz} & -I_{yz} & I_{zz} \end{bmatrix}$$

$$I_{zx} = \int (zx)dm$$

图19-22　惯性动量　　图19-23　惯性张量矩阵
及惯性项积

19.2.2　剖面属性

【剖面属性】是为位于平行基准面的多个面和草图评估剖面属性。【剖面属性】的功能对话框及操作与【质量属性】是相同的。

技巧点拨

当计算一个以上实体时，第一个所选面为计算截面属性定义基准面。此外，要计算剖面属性，必须创建一个用户坐标系。

当为多个实体计算剖面属性时，可以选择以下项目：

- ➢ 一个或多个平的模型面；
- ➢ 剖面上的面；
- ➢ 工程图中剖面视图的剖面；
- ➢ 草图（在FeatureManager设计树中单击草图，或用右键单击特征，然后选择【编辑草图】命令）。

在【评估】选项卡中单击【剖面属性】按钮 ⚙ ，程序弹出【截面属性】对话框。在对话框的【输出坐标系】下拉列表中，选择用户定义的坐标系，程序自动计算出所选平行面的剖面属性，并将结果显示在对话框下方，并且主轴和输出坐标系将显示在模型中，如图19-24所示。

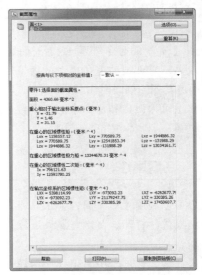

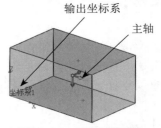

输出坐标系
主轴
坐标系1

图19-24　计算剖面属性

技巧点拨

【剖面属性】工具只能计算平面，不能计算曲面，如圆弧、异形曲面是不能计算的。

19.3　传感器

传感器监视零件和装配体的所选属性，并在数值超出指定阈值时发出警告。传感器包括以下类型。

> 质量属性：监视质量、体积和曲面区域等属性。

> 尺寸：监视所选尺寸。

> 干涉检查：监视装配体中选定的零部件之间的干涉情况（只在装配体中可用）。

> 接近：监视装配体中所定义的直线和选取的零部件之间的干涉（只在装配体中可用）。例如，使用接近传感器来建立激光位置检测器的模型。

> Simulation 数据：（在零件和装配体中可用）监视Simulation的数据，如模型特定区域的应力、接头力和安全系数；监视Simulation瞬态算例（非线性算例、动态算例和掉落测试算例）的结果。

19.3.1　生成传感器

使用【传感器】工具，可以创建传感器以辅助设计。在【评估】选项卡单击【传感器】按钮，属性管理器中显示【传感器】面板，如图19-25所示。

图19-25　【传感器】面板

用户也可以用右键单击特征管理器设计树中的【传感器】文件夹图标，并选择菜单【添加传感器】命令，也会显示【传感器】面板，如图19-26所示。

图19-26　添加传感器

【传感器】面板中各选项区（为【质量属性】类型时的选项）含义如下。

> 【传感器类型】选项区：传感器类型下拉列表中列出了要创建传感器的类型。包括5种类型，【质量属性】类型的选项设置见图19-25。其他4种类型的选项设置见图19-27。

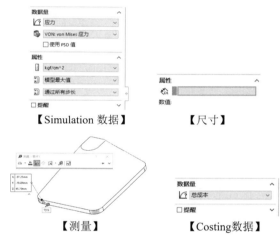

【Simulation 数据】　　　　　【尺寸】

【测量】　　　　　【Costing数据】

图19-27　其他几种传感器类型的【属性】选项区

> 【提醒】选项区：该选项区用于选择警戒并设定运算符和阈值。设定【提醒】后，在传感器数值超出指定阈值时立即发出警告，需要指定一个运算符和一到两个数值，运算符如图19-28所示。当传感器类型为【Simulation 数据】时，则不设提醒，需要定义安全系数，如图19-29所示。

图19-28　指定运算符和值

图19-29　定义安全系数

技巧点拨

如果传感器文件夹不可见，用右键单击特征管理器设计树，然后选择【隐藏/显示树项目】命令，然后在弹出的【系统选项】对话框的【FeatureManager】选项中将传感器设为【显示】。

19.3.2 传感器通知

当用户为实体设定了传感器类型并生成传感器后，若检查的结果超出【提醒】值，在特征管理器设计树中【传感器】文件夹名称将灰显，同时会显示预警符号 ⚠️ ，指针接近图标时会弹出【传感器】通知，如图19-30所示。

图19-30 传感器通知

在特征管理器设计树（或称"特征树"）中，用右键单击【传感器】文件夹图标🗀，然后选择菜单【通知】命令，属性管理器将显示【传感器】面板，该面板仅包含【通知】选项，如图19-31所示。

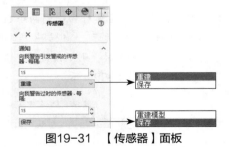

图19-31 【传感器】面板

19.3.3 编辑、压缩或删除传感器

如果需要对传感器进行编辑、压缩或删除操作，可以在特征管理器设计树中选中【传感器】文件夹，并执行右键菜单命令。

1. 编辑传感器

在特征管理器设计树中，用右键选中【传感器】文件夹下的传感器子文件，然后选择右键菜单【编辑传感器】命令，属性管理器中显示【传感器】面板，如图19-32所示。通过【传感器】面板，为传感器重新设定类型、属性和警告等。

如果需某个传感器的详细信息，可在特征管理器设计树中双击它进行查看。例如，双击【质量属性】传感器，【质量属性】对话框将打开。

2. 压缩传感器

压缩传感器是将传感器进行压缩，压缩后的传感器以灰色显示，而且模型不会计算它。

在特征管理器设计树中，用右键选中【传感器】文件夹下的传感器子文件，然后选择右键菜单【压缩传感器】命令↓⚏，所选的传感器被压缩，如图19-33所示。

图19-32 执行【编辑   图19-33 压缩传感器
传感器】命令

3. 删除传感器

要删除传感器，可在特征管理器设计树中选中【传感器】文件夹下的传感器子文件，然后选择右键菜单【删除】命令即可。

19.4 统计、诊断与检查

利用SolidWorks提供的基于实体特征的检查工具，可以帮助用户统计特征数量、找出特征错误并解决。

19.4.1 统计

【统计】工具为显示重建零件中每个特征所需时间量的工具。使用此工具可以压缩需要很长时间重建的特征，以减少重建时间。此工具在所有零件文件中都可使用。

在【评估】选项卡中单击【统计】按钮，程序弹出【特征统计】对话框，如图19-34所示。

图19-34 【特征统计】对话框

【特征统计】对话框中各命令按钮的含义如下：

➢ 打印：单击此按钮，弹出【打印】对话框，如图19-35所示。设置该对话框的选项可以打印统计结果。

➢ 复制：单击此按钮，复制特征统计，然后可将之粘贴到另一文件中。

➢ 刷新：单击此按钮，刷新特征统计结果。

➢ 关闭：单击此按钮，关闭【特征统计】对话框。

在【特征统计】对话框的统计列表中，按降序显示所有特征及其重建时间的清单。这包括：

➢ 特征顺序：在特征管理器设计树中列举每个项目（特征、草图及派生的基准面）。使用快捷键菜单来编辑特征定义、压缩特征，等等。

➢ 时间%：显示重新生成每个项目的总零件重建时间百分比。

➢ 时间：以秒数显示每个项目重建所需的时间量。

图19-35 【打印】对话框

19.4.2 检查

【检查】工具可以检查实体几何体，并识别出不良几何体。保持零件文档激活，然后在【评估】选项卡单击【检查】按钮，将弹出【检查实体】对话框，如图19-36所示。

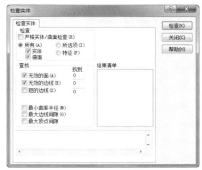

图19-36 【检查实体】对话框

【检查实体】对话框中各选项和命令按钮含义如下。

➢ 【检查】选项组：选择检查的等级和用户想核实的实体类型。

➢ 严格实体/曲面检查：在消除选择时进行标准几何体检查，并利用先前几何体检查的结果改进性能。

➢ 所有：检查整个模型。指定实体、曲面或者两者。

➢ 所有项：检查在图形区域中所选择的面或边线。

➢ 特征：检查模型中的所有特征。

➢ 【查找】选项组：选择想查找的问题类型及用户想决定的数值类型。包括无效的面、无效的边线、短的边线、最小曲率半径、最大边线间隙、最大顶点间隙等。

➢ 检查：单击【检查】按钮，程序执行检查，并将检查结果显示在【结果清单】列表中。对话框下方信息区域中显示检查的信息。

➢ 关闭：单击此按钮，将关闭【检查实体】对话框。

➢ 帮助：单击此按钮，可查看【检查实体】工具的帮助文档。

技巧点拨

在【结果清单】列表中选择一项目以在图形区域中高亮显示，并在信息区域显示额外信息。

19.4.3　输入诊断

　　【输入诊断】工具可以修复检查实体后所出现的错误。当导入外部数据文件后（非SolidWorks模型），在【评估】选项卡单击【输入诊断】按钮，属性管理器中将显示【输入诊断】面板，如图19-37所示。

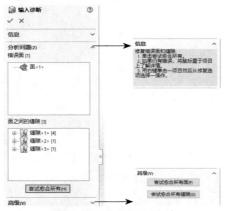

图19-37　打开项目文件

　　【输入诊断】面板中各选项区含义如下。

➢　【信息】选项区：该选项区显示有关模型状态和操作结果。

➢　【分析问题】选项区：该选项区显示错误面数和面之间的间隙数。面有错误时，图标为🐞。当面被修复时，图标则变为✔。选择一个错误面，并单击右键，会弹出右键菜单，如图19-38所示。根据需要可以选择右键菜单中的命令进行相应的操作。修复所有错误面后，错误面将以序编号，如图19-39所示。

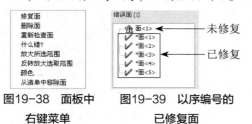

图19-38　面板中　　　图19-39　以序编号的
　　右键菜单　　　　　　　已修复面

技巧点拨 🔲

　　此右键菜单中的命令与在图形区中的右键菜单命令相同。图形区中的右键菜单命令如图19-40所示。

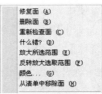

图19-40　图形区中的右键菜单

➢　尝试愈合所有：单击此按钮，程序会尝试着修复错误面和面间隙。

➢　【高级】选项区：当出现的错误面和面间隙较多，可以使用【高级】选项区中的【尝试愈合所有面】和【尝试愈合所有间隙】功能来修复错误，修复的错误将不再显示在【分析问题】选项区中。

19.5　模型质量分析

　　SolidWorks提供的面分析与检查功能，可以帮助用户完成曲面的误差分析、曲率分析、底切分析、分型线分析等操作。对产品设计和模具设计有极大的辅助作用。

19.5.1　几何体分析

　　【几何体分析】可以分析零件中无意义的几何、尖角及断续几何等。在【评估】选项卡单击【几何体分析】按钮，属性管理器中显示【几何体分析】面板，如图19-41所示。

　　【几何体分析】面板中各选项含义如下。

➢　无意义几何体：勾选此复选框，可以设置短边线、小面和细薄面等无意义的几何体选项。通常情况下，无法修复的实体就会出现无意义的几何体。

➢　尖角：尖角就是几何体中出现的锐角边，包括锐边线和锐顶点。

➢　断续几何体：是指几何体出现的断续的边线和面。

➢　全部重设：单击此按钮，将取消设定的分析参数选项。

➢　计算：单击此按钮，程序会按设定的分析选项进行分析，分析结束后将结果显示在随后弹出的【分析结果】选项区中。

➤ 【分析结果】选项区：用于显示几何体分析的结果，如图19-42所示。

图19-41 【几何体分析】 图19-42 【分析结果】
　　　　　面板　　　　　　　　　选项区

技巧点拨

在分析结果列表中选择一分析结果，图形区中将显示该结果，如图19-43所示。

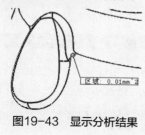

图19-43 显示分析结果

➤ 【保存报告】：单击此按钮，弹出【几何体分析：保存报告】对话框，如图19-44所示。为报告指定名称及文件夹路径后，单击【保存】按钮将分析结果保存。

➤ 【重新计算】：单击此按钮，重新计算几何体。

图19-44 【几何体分析：保存报告】对话框

19.5.2 厚度分析

【厚度分析】工具主要用于检查薄壁的壳类产品中的厚度检测与分析。在【评估】选项卡单击【厚度分析】按钮，属性管理器中显示【厚度分析】面板，如图19-45所示。

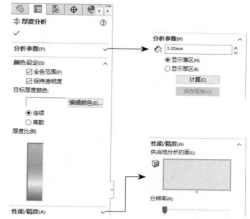

图19-45 【厚度分析】面板

【厚度分析】面板中各选项含义如下。

➤ 目标厚度：输入要检查的厚度，检查结果将与此值对比。

➤ 显示薄区：单击此单选按钮，厚度分析结束后图形区中将高亮显示低于目标厚度的区域。

➤ 显示厚区：单击此单选按钮，厚度分析结束后图形区中将高亮显示高于设定的厚区限制的区域。

➤ 计算：单击此按钮，程序运行厚度分析。

➤ 保存报告：单击此按钮，可以保存厚度分析的结果数据。

➤ 全色范围：勾选此复选框，将以单色来显示分析结果。

➤ 目标厚度颜色：设定目标厚度的分析颜色。单击【编辑颜色】按钮，可以通过弹出的【颜色】对话框来更改颜色设置。

➤ 连续：选择此选项，颜色将连续、无层次地显示。

➤ 离散：选择此选项，颜色将不连续且无层次地显示。通过输入值来确定显示的颜色层次。

➤ 厚度比例：以色谱的形式显示厚度比例。

【连续】和【离散】分析类型的厚度比例色谱是不同的，如图19-46所示。

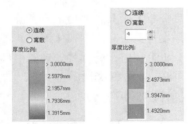

图19-46　【连续】与【离散】的厚度比例色谱

➤ 供当地分析的面：仅分析当前选择的面，如图19-47所示。拖动分辨率滑块，可以调节所选面的分辨率显示。

图19-47　分析当前选择的面

19.5.3　误差分析

【误差分析】工具为计算面之间的角度的诊断工具。用户可选择单一边线或一系列边线。边线可以是在曲面上的两个面之间，或位于实体上的任何边线上。

在【评估】选项卡单击【误差分析】按钮，属性管理器中显示【误差分析】面板，如图19-48所示。

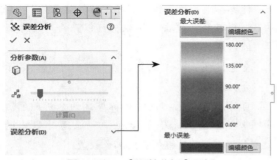

图19-48　【误差分析】面板

【误差分析】面板中各选项含义如下。

➤ 边线：激活列表，在图形区选择要分析的边线。

➤ 样本点数：拖动滑动块，调整误差分析后在边线上显示的样本点数，如图19-49所示。

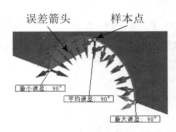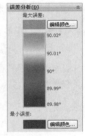

图19-49　误差分析后的样本点数

技巧点拨

点数根据窗口客户区域的大小而定。若选择一个以上边线，样本点则分布在所选边线上，与边线长度成比例。

➤ 【计算】：单击此按钮，程序将自动计算所选边线的误差，并将结果显示在图形区中。

➤ 最大误差：所选边线的最大误差错误。单击【编辑颜色】按钮，可以更改最大误差的颜色显示。

➤ 最小误差：沿所选边线的最小误差错误。

➤ 平均误差：沿所选边线的最大误差和最小误差之间的平均数。从色谱中可以看出，平均误差的角度为90°。

技巧点拨

误差分析结果取决于所选的边线。若选择的边线为平直面构成的，则误差分析结果如上图所示。若选择有复杂曲面构成的边线，误差分析结果如图19-50所示。

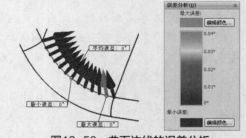

图19-50　曲面边线的误差分析

19.5.4　斑马条纹

斑马条纹允许用户查看曲面中标准显示难以

分辨的小变化。有了斑马条纹，用户可方便地查看曲面中小的褶皱或疵点，并且可以检查相邻面是否相连或相切，或具有连续曲率，如图19-56所示。

在【评估】选项卡单击【斑马条纹】按钮，属性管理器中显示【斑马条纹】面板，如图19-52所示。

图19-51　斑马条纹　　图19-52　【斑马条纹】面板

【斑马条纹】面板中各选项含义如下。

➢ 条纹数：拖动滑块调整条纹数。条纹数越少，条纹就越大。

➢ 条纹宽度：拖动滑块调整条纹的宽度。条纹最大宽度如图19-53所示，最小宽度如图19-54所示。

图19-53　最大宽度条纹　　图19-54　最小宽度条纹

➢ 条纹精度：将滑块从低精度（左）拖动到高精度（右）以改进显示品质。

➢ 条纹颜色：通过单击【编辑颜色】按钮，以此更改条纹的颜色显示。

➢ 背景颜色：通过单击【编辑颜色】按钮，以此更改背景的颜色显示。

➢ 水平条纹：水平条纹是在水平方向布置条纹，如图19-55所示。

图19-55　水平条纹

➢ 竖直条纹：竖直条纹在竖直方向上布置条纹。图19-51中的斑马条纹为竖直条纹。

技巧点拨

用户可通过只选择那些用斑马条纹显示的面来提高显示精度。若想以斑马条纹查看面，在图形区域用鼠标右键单击，然后选择【斑马条纹】命令即可。

19.5.5　曲率分析

【曲率分析】是根据模型的曲率半径以不同颜色来显示零件或装配体。显示带有曲面的零件或装配体时，可以根据曲面的曲率半径让曲面呈现不同的颜色。曲率定义为半径的倒数（1/半径），使用当前模型的单位。默认情况下，所显示的最大曲率值为1.000，最小曲率值为0.0010。

随着曲率半径的减小，曲率值的增加，相应的颜色从黑色（0.0010）依次变为蓝色、绿色和红色（1.0000）。

在【评估】选项卡单击【曲率分析】按钮，程序自动计算模型的曲率，并将分析结果显示在模型中。当指针靠近模型并慢慢移动时，指针旁边显示指定位置的曲率及曲率半径，如图19-56所示。

对于规则的模型（长方体）来说，每个面的曲率为0，如图19-57所示。

 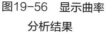 

图19-56　显示曲率　　图19-57　规则模型面
分析结果　　　　　的曲率

19.6　综合实战

SolidWorks提供的【评估】功能，可帮助用户在零件设计、产品造型、模具设计等方面进行优化，并提供数据参考。本节将以几个典型的实例来说明SolidWorks【评估】功能在各个设计领域里面的应用。

19.6.1 实战一：测量模型

用户在利用SolidWorks进行设计时，通常要使用模型测量工具来测量距离，以达到精确定位的效果。下面以模具设计为例，模具的模架是以坐标系为参考的，那么在模具设计初期就要将产品定位在便于模具分模位置，即将产品的中心定位在坐标系原点。

本例练习的模型如图19-58所示。

图19-58 练习模型

操作步骤

01 打开实例文件。

02 从打开的模型文件来看，绝对坐标系的原点不在模型的中心及底平面上。而且坐标系Z轴没有指向正确的模具开模方向（产品拔模方向），如图19-59所示。

技巧点拨

要想知道模型在坐标系中位于何处，需要将原点显示在图形区中。

03 以上述出现的情况看，需要将模型做平移和旋转操作。因不清楚到底需要多少距离的平移和多少角度的旋转，就需要使用模型的测量工具来测量。为了便于观察坐标系，使用参考几何体的【坐标系】工具，在原点位置创建一个参考坐标系，如图19-60所示。

04 接下来，需要在模型底部平面上创建一个参考点。这个点可作为测量模型至坐标系原点之间距离的参考。在【特征】选项卡的【参考几何体】下拉菜单中选择【点】命令，属性管理器显示【点】面板。

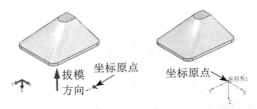

图19-59 查看模型 图19-60 创建参考坐
的方位 标系

在【点】面板中单击【面中心】按钮，然后在图形区选择模型的底面作为点的放置面，随后显示预览点，如图19-61所示。

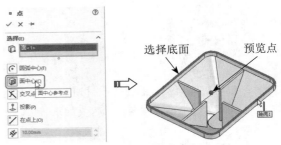

图19-61 创建参考点

05 单击【点】面板中的【确定】按钮，完成参考点的创建。

06 在【评估】选项卡单击【测量】按钮，程序弹出【测量】对话框，同时图形区显示绝对坐标系，如图19-62所示。

图19-62 显示绝对坐标系

07 在对话框的【圆弧/圆测量】类型列表中选择【中心到中心】类型，然后在图形区选择参考点与坐标系原点进行测量。

08 在对话框中单击【显示XYZ测量】按钮，图形区中显示参考点至坐标系原点的3D距离，且【测量】对话框中显示测量的数据，如图19-63所示。从测量的结果看，dx的距离为77.38，dz的距离为39.75，dy的距离为0。这说明要想参考点与坐标系原点重合，需要对模型做X方向和Z方向上的平移操作。

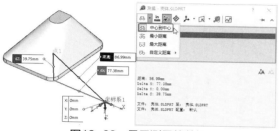

图19-63 显示测量的数据

09 在不关闭【测量】对话框的情况下，进入【数据迁移】选项卡单击【移动/复制实体】按钮，属性管理器中显示【移动/复制实体】面板。

技巧点拨

用户必须先打开【测量】对话框，再打开【移动/复制实体】面板进行测量操作。

10 此时【测量】对话框灰显，但对话框顶部显示【单击此处来测量】提示，如图19-64所示。

图19-64 【测量】对话框灰显

11 在图形区选择模型作为要移动的实体，模型中随后显示三重轴，如图19-65所示。

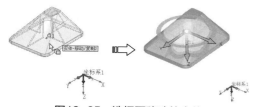

图19-65 选择要移动的实体

12 单击【测量】对话框的顶部以激活【测量】对话框，先前测量的数据被消除。在图形区中重新选择参考点和坐标系原点进行测量，如图19-66所示。

技巧点拨

在没有选择要移动或旋转的实体之前，不要将【测量】对话框激活。否则，不能选择实体进行移动或旋转。

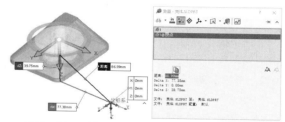

图19-66 重新测量参考点与原点之间的3D距离

13 按照测量的数据，在【移动/复制实体】面板的【平移】选项区中输入△X的值为77.38、△Z的值为39.75，然后单击面板中的【确定】按钮，完成模型的平移，如图19-67所示。

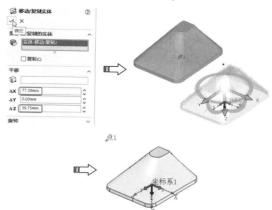

图19-67 平移模型

14 再次打开【移动/复制实体】面板，在面板的【旋转】选项区中输入X旋转角度为【180】，并按Enter键确认，图形区显示旋转预览。最后单击面板中的【确定】按钮，完成模型的旋转，如图19-68所示。

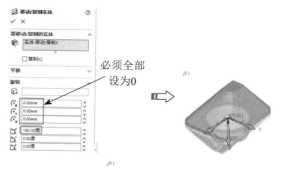

必须全部设为0

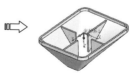

图19-68 旋转模型

技巧点拨 📖

由于模型是绕三重轴的球心来旋转的，当选择了模型后，面板中的旋转原点参数可能发生了变化，这就需要重新设置为0。

15 至此，本例的模型测量操作全部结束。

19.6.2 实战二：检查与分析模型

与其他3D软件一样，SolidWorks也可以载入由其他3D软件生成的数据文件，如UG、Pro/E、CATIA、Auto CAD等。但打开的模型有可能因精度（每个3D软件设置的精度不一样）问题而导致一些交叉面、重叠面或间隙面产生，这就需要利用SolidWorks的修复功能进行模型的修复。

本例中，将从导入UG零件文件开始，然后依次进行输入诊断、检查实体、几何体分析、厚度分析等操作，并将分析后出现的错误进行修复。本例练习模型如图19-69所示。

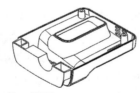

图19-69　练习模型

操作步骤

1. 输入诊断

01 新建一个零件文件。

02 在零件设计模式下，在【标准】工具栏单击【打开】按钮，程序弹出【打开】对话框。在【文件类型】下拉列表中选择【Unigraphics II（*.prt）】，然后将路径下的本例模型文件打开，如图19-70所示。

技巧点拨 📖

UG零件文件仅在选择了UG文件类型后才显示。或者文件类型选择为【所有文件】，没有安装UG软件，此文件将不会显示软件图标。

03 随后需单击【SolidWorks】对话框的【是】按钮，如图19-71所示。

图19-70　打开UG文件

图19-71　执行输入诊断命令

技巧点拨 📖

如果在【SolidWorks】对话框中单击【否】按钮，那么可以在【评估】选项卡单击【输入诊断】按钮，然后再进行诊断分析。若勾选【不要再显示】复选框，往后再打开其他格式文件时，此对话框将不再显示。

04 图形区显示打开的模型，同时程序自动对模型进行诊断分析，并在属性管理器中显示【输入诊断】面板。面板中列出了关于模型的【面错误】，选择【面错误】，模型中高亮显示错误的面。但【信息】选项区中的信息提示为："此实体无法修改，必须将自身特征解除链接才可启用愈合操作"，如图19-72所示。

05 先关闭【输入诊断】属性面板。在特征树中右击【吸尘器手柄.prt】实体模型，并在弹出的右键菜单中选择【断开链接】命令，将此实体模型与源外部文件的关系解除，如图19-73所示。

图19-72　【输入诊断】面板中列出错误

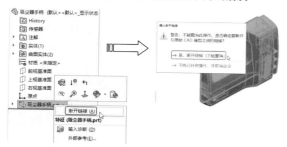

图19-73　断开链接

06 重新打开【输入诊断】面板。单击【尝试愈合所有】按钮，程序自动将错误面修复。修复问题后，错误面的图片由 ⚠ 变为 ✔，【信息】选项区则显示修复的信息，如图19-74所示。

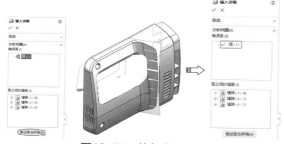

图19-74　修复曲面问题

07 最后单击面板中的【确定】按钮 ✔，完成模型的修复操作。

2. 检查实体与几何体分析

为了检验SolidWorks程序对模型是否做出了合理的诊断分析，下面用【检查】工具来复查模型中是否有其他类型的错误。

01 在【评估】选项卡中单击【检查】按钮 🔲，程序弹出【检查实体】对话框。

02 在对话框中勾选【严格实体/曲面检查】复选框，然后单击【检查】按钮进行检查。程序将检查结果显示在信息区域，如图19-75所示。信息区域中显示【未发现无效的边线/面】，说明模型无错误。

03 在【评估】选项卡单击【几何体分析】按钮 🔲，属性管理器显示【几何体分析】面板。在面板中勾选所有的参数选项，然后单击【计算】按钮，程序开始计算且将分析结果列表于【分析结果】选项区中，如图19-76所示。

图19-75　检查实体

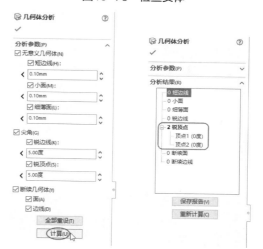

图19-76　几何体分析

04 从几何体分析结果中看出，模型中出现了两个锐角顶点。选择【顶点1】和【顶点2】，模型中将高亮显示两个锐顶点，如图19-77所示。

05 现在对出现的尖角（锐顶点）进行表述，模型中的尖角并非是模型出现的错误导致的，而是由于设计造型的需要，且用来做分模设计（模具的分模）。由于在拔模方向上，并不影响产品的脱模，只是在数控加工这个区域需要使用电极，这的确增加了制造难度。因此，出现的锐边无须修改。

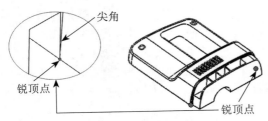

图19-77　几何体分析结果

3. 厚度分析

模型的厚度分析结果主要用于参考塑料产品的结构设计。最理想的壁厚分布无疑是切面在任何地方都是均匀的厚度。均匀的壁厚可以避免注塑过程有翘曲、气穴现象产生。过厚的产品不但增加物料成本，而且延长生产周期（冷却时间）。

01 在【评估】选项卡单击【厚度分析】按钮 ，属性管理器中显示【厚度分析】面板。

02 在【分析参数】选项区输入目标厚度为【3】，并单击【显示厚区】单选按钮。在单击【计算】按钮后，程序开始计算模型的厚度，如图19-78所示。

03 计算完成后，程序将结果以颜色表达并显示在模型中，如图19-79所示。从分析结果看，模型有3处位置属于【过厚】，因此需要对模型进行修改。修改的方法是，对两侧的过厚区域做【拔模】处理，对中间过厚区域做【拉伸切除】处理。

图19-78　设置厚度
　　　　　分析参数

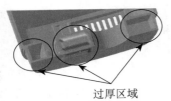

图19-79　厚度分析结果显示

04 单击【确定】按钮 ，关闭面板。

05 在【特征】选项卡中单击【拔模】按钮 ，属性管理器显示【Draftxpert】面板。在面板中设置拔模角度为【4.5】，在图形区选择中性面和拔模面后，再在面板中单击【应用】按钮，程序将拔模应用于模型中，如图19-80所示。

06 最后单击【确定】按钮 关闭面板。

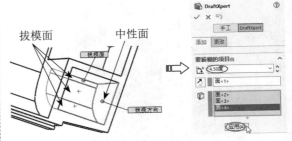

图19-80　对模型做拔模处理

07 同理，对另一侧的过厚区域也做相同的拔模操作。

08 在【特征】选项卡中单击【拉伸切除】按钮 ，属性管理器中显示【拉伸】面板。选择模型的底面作为草绘平面，并进入草图环境，如图19-81所示。

图19-81　选择草绘平面

09 使用【边角矩形】工具，在过厚区域绘制一个矩形，如图19-82所示。

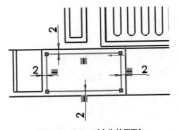

图19-82　绘制矩形

10 退出草图模式，然后在【切除-拉伸】面板的【方向1】中输入深度为【17】，单击【确定】按钮 后，完成过厚区域的拉伸切除处理，如图19-83所示。

11 至此，本例的模型检查与诊断操作已全部完成，最后将操作的结果保存。

图19-83　切除过厚区域

19.6.3　实战三：产品分析与修改

在产品结构设计阶段，产品设计师必须对后续的模具设计、数控加工等工作流程深思熟虑。毕竟，产品的结构直接影响了模具结构和数控加工方法。最直接的因素就是产品的脱模问题。

下面以一个产品的模具分析实例来说明拔模分析、底切分析及分型线分析的分析过程，以及对分析的结果做出判断和修改。分析模型为摩托车前大灯罩，如图19-84所示。

图19-84　分析模型-前大灯灯罩

1. 拔模分析

01 在【评估】选项卡单击【拔模分析】按钮 📖，属性管理器显示【拔模分析】面板。

02 在面板中输入拔模角度为0，然后按信息提示在图形区选择平直的模型表面作为拔模方向参考，随后程序设置进行拔模分析，如图19-85所示。

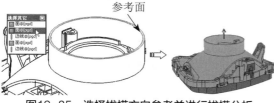

图19-85　选择拔模方向参考并进行拔模分析

03 从拔模分析结果看，模型中显示正拔模（绿色显示）和负拔模（红色显示）两种面。以产品最大截面的外环边线（也是模具分型线）为界，分产品外侧区域和产品内侧区域。外侧也是型腔区域，内侧也是型芯区域。如果型芯区域中出现负

拔模角的面，是不影响脱模的。但型腔区域中出现负拔模角面，会有两种情况：一种是侧抽芯区域，它可以设计侧向分型机构帮助脱模；另一种则是产品出现倒扣，在不便于使用侧抽芯帮助脱模的情况下，必须修改其拔模角度。如图19-86所示，产品拔模分析后，型腔区域出现多处区域显示红色（负拔模），这里就出现了前面所述的两种情况。

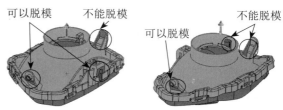

图19-86　结果分析

04 接下来对不能脱模的红色区域（含4个面）进行修改，也就是做拔模处理。在【特征】选项卡中单击【拔模】按钮 📖，属性管理器显示【Draftxpert】面板。在面板中设置拔模角度为6，在图形区选择中性面和拔模面后，再在面板中单击【应用】按钮，程序将拔模应用于模型中。拔模处理后，该面由红色变为绿色，如图19-87所示。

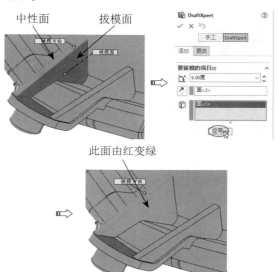

图19-87　拔模处理

05 在面板没有关闭的情况下，在型腔区域的其余红色面上依次做拔模处理，直至型腔区域中的红色全部变为绿色。完成拔模处理后关闭面板。拔模处理完成的结果如图19-88所示。

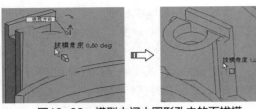

图19-88　模型中间大圆形孔内的面拔模

技巧点拨

　　模型中间圆形孔内的红色面，由于拔模角度与模型两侧的红色面不同，因此拔模角度取值为0.05和1即可。

2.底切分析

　　通过底切分析，可以从模型中知道哪些区域有底切面，或者没有底切面。对于底切分析来说，封闭底切和跨立底切是我们重点关切的区域。

06 在【评估】选项卡单击【底切分析】按钮 ，属性管理器显示【底切分析】面板。

07 按信息提示，在模型中选择拔模方向的参考面（拔模分析中的参考面相同）。

08 随后程序自动做出底切分析，并将分析结果显示在【底切面】选项区中，如图19-89所示。

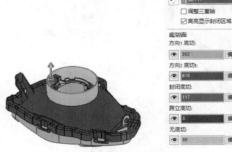

图19-89　底切分析

09 从分析结果看，【方向1底切】是型芯区域面，没有问题；【方向2底切】是型腔区域面，也没有问题；而【封闭底切】正是可以做成侧向分型机构的区域，因此，也没有问题；【跨立区域】则是既包含型腔、又包含型芯，该区域面是需要进行裁减的；【无底切区域】为竖直面（即零拔模角的面），不存在脱模困难问题。因此，

此产品模型对于模具设计来说，【无底切区域】的面是需要进行修改的。

3.分型线分析

10 在【评估】选项卡单击【分型线分析】按钮 ，属性管理器显示【分型线分析】面板。

11 按信息提示在图形区中选择拔模方向参考面，然后程序自动计算出模型的分型线，并直观地显示在模型中，最后单击【确定】按钮 ，关闭面板，如图19-90所示。

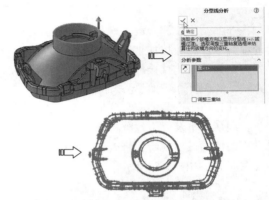

图19-90　分型线分析

12 至此，本实例的拔模分析、底切分析和分型线分析操作全部完成，最后将结果保存。

19.7　课后习题

1.移动/旋转模型

本练习的通风器模型，如图19-91所示。

图19-91　通风器模型

练习要求与步骤如下。

（1）新建零件文件，并打开练习模型。

（2）在零件头部面中心创建参考点。

（3）使用【测量】工具测量参考到原点之间的距离。

（4）使用【移动/复制实体】工具移动模型

至原点。

（5）使用【移动/复制实体】工具旋转模型，使其轴心与X轴重合。

2. 模型诊断与检查

本练习的面罩模型如图19-92所示。

练习要求与步骤如下。

（1）新建零件文件，并打开练习模型。

（2）使用【输入诊断】工具修复错误面和面间隙。

（3）做几何体分析。

（4）做厚度分析。

（5）做实体检查。

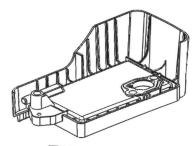

图19-92　面罩模型

3. 模具分析

本练习的吸尘器外壳模型如图19-93所示。

图19-93　吸尘器外壳模型

练习要求与步骤如下。

（1）新建零件文件，并打开模型。

（2）对产品做拔模分析。

（3）对产品做底切分析。

（4）对产品做分型线分析。

渲染是产品设计的收尾阶段，在进行了建模、设计材质、添加灯光或制作一段动画后，需要进行渲染，才能生成丰富多彩的图像或动画，客户才会满意。

在本章中，将详细介绍SolidWorks 2020的PhotoView 360的模型渲染设计功能，最后以典型实例来讲解如何渲染，以及渲染的一些基本知识。通过本教程希望大家能够基本掌握渲染的步骤与方法，并能做一些简单的渲染操作。

知识要点

⊙ 渲染概述　　　　　　　　　　　⊙ 渲染操作

⊙ PhotoView 360渲染功能

20.1　渲染概述

渲染是三维制作的收尾阶段，在进行了建模、设计材质、添加灯光或制作一段动画后，需要进行渲染，才能生成丰富多彩的图像或动画。可通过渲染场景对话框来创建渲染，并将它保存到文件中，也可以直接表示在屏幕内。

20.1.1　认识渲染

渲染（Render），也有人把它称为着色，但一般工程师更习惯把Shade称为着色，把Render称为渲染。因为Render和Shade这两个词，在三维软件中是截然不同的两个概念，虽然它们的功能很相似，但又有不同。

Shade是一种显示方案，一般出现在三维软件的主要窗口中，和三维模型的线框图一样起到辅助观察模型的作用。很明显，着色模式比线框模式更容易让设计人员理解模型的结构，但它只是简单地显示而已，数字图像中把它称为明暗着色法，图20-1所示为模型的着色效果显示。

在PhotoView 360软件中，还可以用Shade显示出简单的灯光效果、阴影效果和表面纹理效果。当然，高质量的着色效果（RealView）是需要专业三维图形显示卡来支持的，它可以加速和优化三维图形的显示。但无论怎样优化，它都无法把显示出来的三维图形变成高质量的图像，这是因为Shade采用的是一种实时显示技术，硬件的速度限制它无法实时地反馈出场景中的反射、折射等光线追踪效果。

Render效果就不同了，它是基于一套完整的系统计算出来的，硬件对它的影响只是一个速度问题，而不会改变渲染的结果，影响结果的是，看它是基于什么系统渲染的，比如是光影追踪还是光能传递，如图20-2所示。

图20-1　产品着色显示

图20-2　产品渲染效果

20.1.2 启动PhotoView 360插件

PhotoView 360功能随SolidWorks 2020软件安装以后，不会自动出现在SolidWorks 2020用户界面中，用户必须从SolidWorks 2020中加载PhotoView 360插件。

如图20-3所示，在标准选项卡中选择【插件】命令，系统弹出【插件】对话框。从【插件】对话框中勾选【PhotoView 360】复选框，然后单击【确定】按钮即可启动PhotoView 360插件。

图20-3 启动【PhotoView 360】插件

20.1.3 PhotoView 360菜单及工具条

当激活零件或装配体窗口时，PhotoView 360系统将显示在【渲染工具】选项卡（见图20-4）、【PhotoView 360】菜单（见图20-5）及【渲染】工具条（见图20-6）。【渲染工具】选项卡与SolidWorks 2020的其他选项卡一样，可以被移动、改变大小或固定在窗口边缘。

图20-4 【渲染工具】选项卡

图20-5 【PhotoView 360】 图20-6 【渲染】
菜单命令 工具条

20.2 PhotoView 360渲染功能

使用PhotoView 360应用系统生成SolidWorks 2020模型具有特殊品质的逼真图像。PhotoView 360提供了许多专业渲染效果。

20.2.1 渲染步骤

在使用PhotoView 360对模型进行渲染时，所需要的步骤基本相同。为了达到理想的渲染效果，可能需要多次重复的渲染步骤。渲染的基本步骤如下。

（1）放置模型。使用标准视图，或放大、旋转和移动模型的位置，使需要渲染的零件或装配体处于一个理想的视图位置。

（2）应用材质。在零件、特征或模型表面上指定材质。

（3）设置布景。从PhotoView 360预设的布景库中选择一个布景，或根据要求设置背景跟场景。

（4）设置光源。从PhotoView 360预设的光源库中选择预定义的光源，或建立所需的光源。

（5）渲染模型。在屏幕中渲染模型，并观看渲染效果。

（6）后处理。PhotoView 360输出的图像可能不符合最终的要求，用户可以将输出的图像用于其他应用系统，以达到更加理想的效果。

20.2.2 应用外观

PhotoView 360外观定义模型的视象属性，包括颜色和纹理。物理属性是由材料所定义的，外观不会对其产生影响。

1. 外观的层次关系

在零件中，用户可以将外观添加到面、特征、实体以及零件本身。在装配体中，可以将外观添加到零部件。根据外观在模型上的指派位置，会对其应用一种层次关系。

例如，在【外观、布景和贴图】任务窗格中，将某个外观拖到模型上，释放指针后会出现一个弹出式工具条，这个工具条中的命令按钮表达了外观的层次关系，如图20-7所示。

应用到面　应用到整体零件
应用到特征　应用到实体　外观过滤器

图20-7　表达外观层次关系的弹出式工具条

外观的层次关系表达如下。

➢ 应用到面：单击此按钮，指针选择的面被外观覆盖，其余面不被覆盖，如图20-8所示。

➢ 应用到特征：单击此按钮，特征会呈现新外观，除非被面指派所覆盖，如图20-9所示。

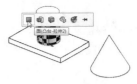　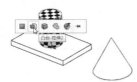

图20-8　应用到面　　图20-9　应用到特征

➢ 应用到实体：实体会呈现新外观，除非被特征或面指派所覆盖，如图20-10所示。

➢ 应用到整个零件：整个零件会呈现新外观，除非被实体、特征或面指派所覆盖，如图20-11所示。

图20-10　应用到实体　图20-11　应用到整个零件

2. 编辑外观

在【渲染工具】选项卡中单击【编辑外观】按钮🖌，或者在前导视图工具条上单击【编辑外观】按钮🖌，属性管理器中显示【颜色】面板，同时在任务窗格中打开【外观、布景和贴图】标签。【颜色】面板中包括【基本】和【高级】两个设置面板，如图20-12、图20-13所示。

图20-12　【基本】　　图20-13　【高级】
选项设置　　　　　选项设置

（1）【基本】设置面板

在【基本】设置面板中，包括【所选几何体】选项区、【颜色】选项区和【显示状态（链接）】选项区，具体介绍如下。

➢ 【所选几何体】选项组：该选项组用来选择要编辑外观的零件、面、曲面、实体和特征。例如，单击要编辑外观的【选择特征】按钮🔲后，所选的特征将显示在几何体列表中。通过单击【移除外观】按钮，可以从面、特征、实体或零件中移除外观。

技术要点 📖

【所选几何体】选项区中包含了表达外观层次关系的命令按钮，包括选择零件、选取面、选择曲面、选择实体、选择特征。

➢ 【颜色】选项组：【颜色】选项组中各选项可以将颜色添加至所选对象中，【颜色】选项组各选项设置如图20-14所示。

➢ 主要颜色🖊：为当前状态下默认的颜色，要编辑此颜色，需双击颜色区域，然后在弹出的【颜色】对话框中选择新颜色。

➤ 生成新样块▣：将用户自定义的颜色保存为.sldclr样块文件，以便于调用。

➤ 添加当前颜色到样块🔼：在颜色选项列表中选择一个颜色，再单击【添加当前颜色到样块】按钮🔼，即可将颜色添加进样块列表中，如图20-15所示。用户也可以使用样块列表中的颜色样块为模型上色。

 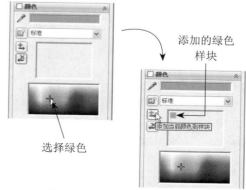

图20-14　【颜色】选项组　　　　　图20-15　添加颜色样块

➤ 移除所选样块颜色🔀：在样块列表中选中一样块，再单击【移除所选样块颜色】按钮🔀，即可将其从样块列表中移除。

➤ RGB：以红、绿及蓝色数值定义颜色。在图20-16所示的颜色滑杆中拖动滑块或输入数值来设置颜色。

➤ HSV：以色调、饱和度和数值条目定义颜色。在图20-17所示的颜色滑杆中拖动滑块或输入数值来设置颜色。

➤ 【显示状态（链接）】选项组：【显示状态（链接）】选项组的主要功能是设置显示状态，且列表中的选项反映出显示状态是否链接到配置，如图20-18所示。

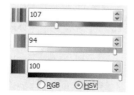 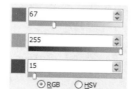 

图20-16　RGB颜色滑杆　　　图20-17　HSV颜色滑杆　　　图20-18　【显示状态（链接）】选项组

技术要点 🔍

如果无显示状态链接到该配置，则该零件或装配体中的所有显示状态均可供选择。如果有显示状态链接到该配置，则仅可选择该显示状态。

➤ 此显示状态：所做的更改只反映在当前显示状态中。

➤ 所有显示状态：所做的更改反映在所有显示状态中。

➤ 指定显示状态：所做的更改只反映在所选的显示状态中。

（2）【高级】设置面板

【高级】设置面板主要用于模型的高级渲染。在【高级】设置面板中，包含4个选项卡：【照明度】、【表面粗糙度】、【颜色/图像】和【映射】。其中【颜色/图像】选项卡在【基本】设置面板中已介绍过。

> 【照明度】选项卡：该选项卡中的选项用于在零件或装配体中调整光源。在外观类型列表中包含多种照明属性，如图20-19所示。

> 【表面粗糙度】选项卡：使用该选项卡中的功能可修改外观的表面粗糙度。其中包括多种表面粗糙度类型可供选择，如图20-20所示。

图20-19 【照明度】选项卡

图20-20 【表面粗糙度】选项卡

> 【映射】选项卡：使用该选项卡的功能，可在零件或装配体文档中映射纹理外观。映射可以控制材质的大小、方向和位置，例如织物、粗陶瓷（瓷砖、大理石等）和塑料（仿塑料、合成塑料等）。

3.【外观、布景和贴图】任务窗格

任务窗格上的【外观、布景和贴图】选项卡包含了所有的外观、布景、贴图和光源的数据库，如图20-21所示。

【外观、布景和贴图】选项卡有以下几种功能。

> 拖动：当用户从【外观、布景和贴图】选项卡拖动外观、布景或贴图到图形区时，可将之直接应用到模型，按Alt键+拖动可打开对应的属性管理器面板或对话框。

技术要点

将光源方案拖到图形区域不仅仅添加光源，还会更改光源方案。

> 双击：当用户在选项卡上双击外观、布景或光源文件时，布景或光源会附加到活动文档中。双击贴图时，【贴图】面板会打开，但是贴图不会插入到图形区域。

> 保存：编辑一个外观、布景、贴图或光源文件后，可通过属性管理器面板、布景编辑器保存。

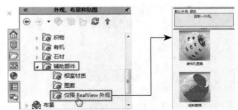

图20-21 【外观、布景和贴图】选项卡

20.2.3 应用布景

使用布景功能可生成被高光泽外观反射的环境。用户可以通过PhotoView 360的布景编辑器或布景库来添加布景。

在【渲染工具】选项卡中单击【编辑布景】按钮，系统弹出【编辑布景】属性面板。【编辑布景】属性面板包含两个选项卡：【基本】选项卡和【高级】选项卡，如图20-22所示。

图20-22 【编辑布景】属性面板

20.2.4 光源与相机

使用光源，可以极大地提升渲染效果。在PhotoView 360中设置光源与在实际照相过程中设置灯光的原理是相同的。

1. 光源类型

PhotoView 360 光源类型包括环境光源、线光源、点光源和聚光源。

（1）环境光源

环境光源从所有方向均匀照亮模型。白色墙壁房间内的环境光源很强，这是由于墙壁和环境中的物体会反射光线所致。

在DisplayManager显示管理器设计树中，单击【查看布景、光源与相机】按钮，打开【布景、光源和相机】属性面板。在该属性面板中双击【环境光源】选项，属性管理器中显示【环境光源】面板，如图20-23所示。

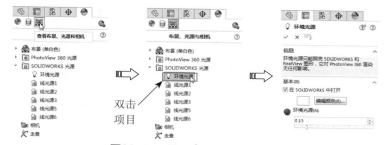

图20-23 显示【环境光源】面板

【环境光源】面板中各选项、按钮的含义如下。

> 【在SOLIDWORKS中打开】：勾选此复选框，打开或关闭模型中的光源。

> 编辑颜色：单击此按钮，显示【颜色】调色板，这样用户就可以选择带颜色的光源，而不是默认的白色光源。

> 环境光源：控制光源的强度。拖动滑块或输入一个介于0和1之间的数值。数值越高，光源强度就会越强。在模型各个方向上，光源强度均等地改变。

技术要点

环境光源依据多种因素，包括光源的颜色、模型的颜色，以及环境光源的度数（强度）。例如，更改环境光源的颜色在高环境光源中比在低环境光源中会产生更显著的结果，如图20-24所示。

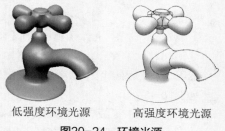

低强度环境光源　　　高强度环境光源

图20-24 环境光源

（2）线光源

线光源是从距离模型无限远的位置发射的光线，可以认为是从单一方向发射的、由平行光组成的准直光源。线光源中心照射到模型的中心。

在显示管理器设计树的【布景、光源与相机】面板中，用右键单击"线光源1"项目，并在弹出的快捷菜单中选择【添加线光源】命令，如图20-25所示。或者在菜单栏中执行【视图】|【光源与相机】|【添加线光源】命令，属性管理器中显示【线光源3】面板，如图20-26所示。同时图形区中显示线光源预览。

图20-25 选择右键菜单命令

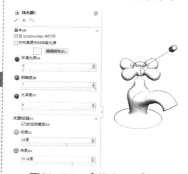

图20-26 【线光源3】面板

【线光源】面板中各选项含义如下。

环境光源：是指环境中的自然光源，如反射光、折射光等。

> 明暗度：控制光源的明暗度。移动滑块或输入一个介于0和1之间的数值。较

高的数值在最靠近光源的模型一侧投射更多
的光线。

➤ 光泽度：控制光泽表面在光线照射处展示强
光的能力。移动滑块或输入一个介于0和1之
间的数值。此数值越高则强光越显著，且外
观更为光亮。

➤ 锁定到模型：当勾选此复选框时，相对于模
型的光源位置将保持，当取消勾选时，光源
在模型空间中保持固定。

➤ 经度⚫与纬度⚫：拖动滑块调节光源在经度
和纬度上的位置。

（3）聚光源

聚光源来自一个限定的聚焦光源，具有锥形
光束，其中心位置最为明亮。聚光源可以投射到
模型的指定区域。

在菜单栏中执行【视图】|【光源与相机】|
【添加聚光源】命令，属性管理器中显示【聚光
源】面板，如图20-27所示。同时图形区中显示聚
光源预览。

【聚光源】面板中各选项含义如下。

➤ 球坐标：使用球形坐标系来指定光源的位
置。在图形区域中拖动操纵杆，或者在【光
源位置】选项区中输入值或拖动滑块，都可
以改变光源的位置。

➤ 笛卡尔式：使用笛卡尔坐标系来指定光源的
位置。

在图形区中，当指针由 ⌖ 变为 ⌖ 时，可以拖
动操纵杆来旋转聚光源。当移动指针变为 ⌖ 时，
可以平移聚光灯源。将指针移到定义圆锥基体的
圆上，可以放大或缩小聚光灯源。

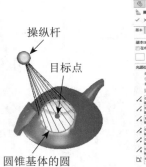

图20-27　显示【聚光源】面板

（4）点光源

点光源的光来自位于模型空间特定坐标处一

个非常小的光源。此类型的光源向所有方向发射
光线。

在菜单栏中执行【视图】|【光源与相机】|
【添加点光源】命令，属性管理器中显示【点光
源】面板，如图20-28所示。同时图形区中显示点
光源预览。

技术要点 🖉

将指针移到点光源上。当指针变成⌖时，可
以平移点光源。当将点光源拖动到模型上时，可
以捕捉到各种实体，如顶点和边线。

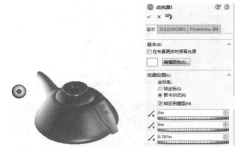

图20-28　显示【点光源】面板

2. 相机

使用"相机"，可以创建自定义的视图。也
就是说，使用"相机"对渲染的模型进行照相，然
后通过"相机"拍摄角度来查看模型，如图20-29
所示。

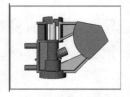

使用"相机"　　　"相机"视图

图20-29　相机

在菜单栏中执行【视图】|【光源与相机】|
【添加相机】命令，属性管理器中显示【相机】
面板，同时图形区中显示相机预览和相机视图，
如图20-30所示。

【相机】面板中各选项区介绍如下。

（1）【相机类型】选项区

该选项区用于设置相机的位置，各选项含义
如下。

➤ 对准目标：当拖动相机或设置其他属性时，

相机保持到目标点的视线。

➢ 浮动：相机不锁定到任何目标点，可任意移动。

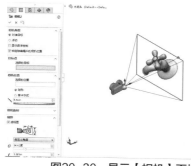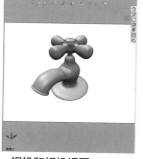

图20-30　显示【相机】面板、相机和相机视图

➢ 显示数字控制：勾选此复选框，为相机和目标位置显示数字栏区。如果取消勾选，则可通过在图形区域中单击来选择位置。

➢ 锁定除编辑外的相机位置：勾选此复选框，在相机视图中禁用"视图"工具（旋转、平移等），在编辑相机视图时除外。

（2）【目标点】选项区

当选择了【对准目标】选项后，该选项区才可用，如图20-31所示。该选项区用来设置目标点，各选项含义如下。

➢ 选择的目标：勾选此复选框，可以在图形区中选取模型上的点、边线或面来指定目标点。

技术要点

若想在已选取了一个目标点时拖动目标点，按住 Ctrl 键并拖动。

（3）【相机位置】选项区

通过该选项区，可以指定相机的位置点。【相机位置】选项区如图20-32所示。各选项含义如下。

图20-31　【目标点】选项区

图20-32　【相机位置】选项区

➢ 选择的位置：相机可以在任意空间中，也可以将之连接到零部件上或草图中（包括模型的内部空间）的实体。

➢ 球形：通过球形坐标的方法来拖动相机位置。

➢ 笛卡尔式：通过笛卡尔坐标方式来指定相机位置。

➢ 离目标的距离🏃：如果为相机位置选择边线、直线或曲线，则可通过输入值、拖动滑块，或在图形区域中拖动相机点来指定相机点沿实体的距离。

（4）【相机旋转】选项区

该选项区定义相机的定位与方向。如果在【相机类型】选项

区选择"对准目标"类型，则【相机旋转】选项区如图20-33（a）所示。如果选择"浮动"类型，则显示图20-33（b）所示的选项区。

（a）"对准目标"类型

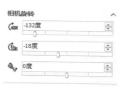

（b）"浮动"类型

图20-33　【相机旋转】选项区

【相机旋转】选项区中各选项含义如下。

➢ 通过选择设定卷数：选择直线、边线、面或基准面来定义相机的朝上方向。如果选择直线或边线，它将定义朝上方向。如果选择面或基准面，由垂直于基准面的直线来定义朝上方向。

➢ 偏航（边到边）🎥：输入值或拖动滑块来指定边到边的相机角度。

➢ 俯仰（上下）🎥：输入值或拖动滑块来指定上下方向的相机角度。

➢ 滚转（扭曲）🎥：输入值或拖动滑块来指定相机推进角度。

（5）【视野】选项区

该选项区用于指定相机视野的尺寸。【视野】选项区如图20-34所示，各选项含义如下。

➢ 透视图：勾选此复选框，可以透视查看模型。

➢ 标准镜头预设值 [50mm 标准] ：从镜头预设值列表中选择PhotoView 360提供的标准镜头选项。如果选择"自定义"，将通过设置视图的角度值、高度值和距离值来调整镜头。

➢ 视图角度 θ：设定此值，矩形的高度将随视图角度的变化而调整。

➢ 视图矩形的距离 l：设定此值，视图角度将随距离的变化而调整。该值与"视图角度"值都可以通过在图形区中拖动视野来更改，如图20-35所示。

图20-34　【视野】选项区　　图20-35　拖动视野

➢ 视图矩形的高度 h：设定此值，视图角度将随高度的变化而调整。

➢ 高度比例（宽度:高度）：输入数值或从列表中选择数值来设定比例。

➢ 拖动高宽比例：勾选此复选框，可以通过拖动图形区域中的视野矩形来更改高宽比例。

（6）【景深】选项区

景深指定物体处在焦点时所在的区域范围。基准面将出现在图形区域中，以指明对焦基准面以及对焦基准面两侧大致失焦的基准面，与对焦基准面相交的模型部分将锁焦，如图20-36所示。

【景深】选项区用于设置相机位置点与目标点之间的距离，以及对焦基准面到失焦基准面的距离。【景深】选项区如图20-37所示。

图20-36　景深示意图　　图20-37　【景深】选项区

选项区中各选项含义如下。

➢ 选择的锁焦：在图形区域中单击以选择到对焦基准面的距离。

➢ 到准确对焦基准面的距离 d：如果消除了对"选择的锁焦"的选择，则可设置到对焦基准面的距离。

➢ 对焦基准面到失焦的大致距离 f：设置从对焦基准面到失焦基准面的距离，以指明大致的失焦位置。

技术要点

失焦基准面与对焦基准面不是等距的，因为相对于与相机距离较近的物体而言，距离较远的物体在显示时所需的像素要少。

图20-38所示为相机成像简单的平面图，光学变焦就是通过移动镜头内部镜片来改变焦点的位置，改变镜头焦距的长短，并改变镜头的视角大小，从而实现影像的放大与缩小。图中，红色三角形较长的直角边就是相机的焦距。当改变焦点的位置时，焦距也会发生变化。例如将焦点向成像面反方向移动，则焦距会变长，图中的视角也会变小。这样，视角范围内的景物在成像面上会变得更大。这就是光学变焦的成像原理。

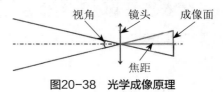

图20-38　光学成像原理

上机操作——渲染篮球

篮球是皮革或塑胶制品，表面具有粗糙的纹理。在其渲染的效果图像里，场景、灯光、材质要合理搭配，地板上能反射篮球，光源要有阴影效果，使渲染的篮球作品达到以假乱真的地步。

本例渲染的篮球作品如图20-39所示。篮球的渲染过程包括应用外观（材质）、应用布景、应用光源，以及渲染和输出等步骤。

图20-39　渲染的篮球作品

1. 应用外观

01 打开本例练习模型，打开的练习模型中包括篮球实体和地板实体。

02 首先对地板实体应用材质。在任务窗格的【外观、布景和贴图】选项卡中，依次展开【外观】|【有机】|【木材】|【抛光青龙木2】列表。在该列表下选择"抛光青龙木2"外观，将此外观拖动至图形区应用到地板特征中，如图20-40所示。

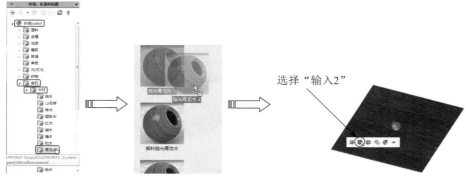

图20-40　将外观应用到地板特征

03 对篮球应用外观。在任务窗格的【外观、布景和贴图】选项卡中，依次展开【外观】|【有机】|【辅助部件】列表。然后在该列表下选择"皮革"外观，并将其拖动至图形区，然后将外观图案应用到篮球实体中，如图20-41所示。

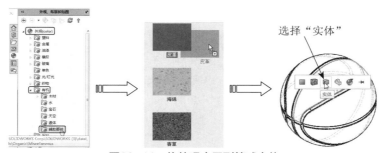

图20-41　将外观应用到篮球实体

04 对篮球中的凹槽应用外观。在任务窗格的【外观、布景和贴图】选项卡中，依次展开【外观】|【油漆】|【喷射】列表。然后在该列表下选择"黑色喷漆"外观，并将其拖动至图形区，然后将外观图案应用到篮球凹槽面中，如图20-42所示。

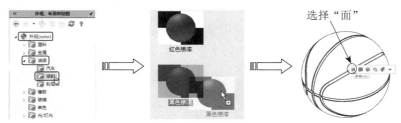

图20-42　将外观应用到篮球凹槽面

05 由于凹槽面不是一个整体面，因此需要多次对凹槽面应用"黑色喷漆"外观。

06 在图形区左边的【DisplayManager】选项卡中，单击【查看外观】按钮展开【外观】属性面板，然后在面板中选择"皮革"外观进行编辑。

07 随后属性管理器中显示【皮革】面板。在面板中【基本】设置的【颜色/图像】选项卡下为皮革选择红色，在【高级】设置面板的【照明度】选项卡下，将漫射量设为1，光泽量设为1，反射量设为0.1，其余参数保持默认。在【高级】设置面板的【表面粗糙度】选项卡下，将表面粗糙度的"隆起强度"的值设为-8，如图20-43所示。

08 在【DisplayManager】选项卡的【外观】属性面板中选择"抛光青龙木2"外观进行编辑，随后属性管理器中显示【抛光青龙木2】面板。在面板【高级】设置的【照明度】选项卡下，设置漫射量设为1，反射量设为0.7。

09 在【颜色/图像】选项卡的【外观】选项区中单击【浏览】按钮，从用户安装SolidWorks的系统路径（E:\Program Files\SOLIDWORKS Corp\SOLIDWORKS \data\graphics\Materials\legacy\woods\miscellaneous）中打开外观文件floorboard2.p2m，替换当前的外观文件。

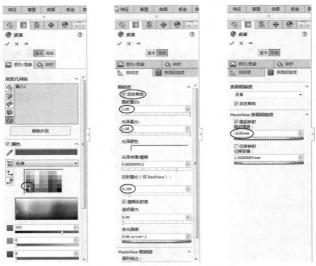

图20-43　编辑篮球的皮革外观

10 接着在【图像】选项区中单击【浏览】按钮，从E:\Program Files\SOLIDWORKS Corp\SOLIDWORKS\data\Images\textures\floor路径中打开地板图像文件，替换当前地板的图像，如图20-44所示。

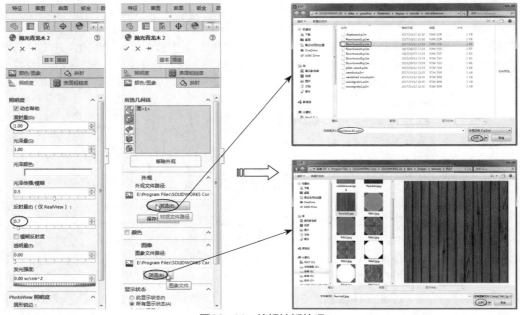

图20-44　编辑地板外观

2. 应用布景

01 在【DisplayManager】选项卡中，展开【布景】面板。然后选择右键菜单【编辑布景】命令，系统弹出【编辑布景】属性面板。

02 在右边展开的布景中选择"单白色"布景，再单击对话框中的【应用】按钮，完成布景的应用，如图20-45所示。

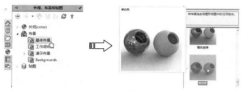

图20-45　应用"单白色"布景

03 在【编辑布景】属性面板【基本】选项卡下，选择"单色"的背景选项，单击【背景】的颜色框■，然后在弹出的【颜色】对话框中选择"黑色"作为背景颜色，最后单击【应用】按钮，完成背景的编辑，如图20-46所示。

图20-46　编辑背景颜色

3. 应用光源

04 展开【布景、光源与相机】面板。在【SOLIDWORKS光源】项目中用右键单击【环境光源】子项目，并在弹出的快捷菜单中选择【编辑环境光源】命令，属性管理器中显示【环境光源】面板。在面板中设置环境光源的值为"0"，然后单击【确定】按钮关闭面板，如图20-47所示。

图20-47　设定环境光源的值

技术要点

将环境光源、线光源的光源值设为"0"，是为了突出聚光光源的照明。

05 同理，在【布景、光源与相机】面板中选择"线光源1"和"线光源2"来编辑属性，将线光源的所有参数都设为"0"，如图20-48所示。

图20-48　编辑线光源的属性

06 在【布景、光源与相机】面板的【SOLIDWORKS光源】项目中，选择右键菜单中的【添加聚光源】命令，属性管理器中显示【聚光源1】面板。在【基本】选项卡中勾选【锁定到模型】复选框，在【SOLIDWORKS】选项卡中将光泽度设为"0"，如图20-49所示。

图20-49　设置聚光源

07 然后在图形区将聚光源的目标点放置在球面上，并缩小圆锥基体的圆，如图20-50所示。

图20-50　放置聚光源

08 将视图切换为"左视图"和"前视图"，然后拖动聚光源的操纵杆至图20-51所示的位置，

左视图 前视图

图20-51 拖动操纵杆至合适位置

技术要点 📖

在确定操纵杆的位置时，可以在面板中输入坐标值。但使用切换视图来拖动操纵杆，更加便于控制。

09 在面板的【PhotoView 360】选项区中勾选【在PhotoView 360打开】复选框。

10 最后单击【聚光源】面板中的【确定】按钮✔️，完成聚光源的编辑。

11 在【渲染工具】选项卡中单击【最终渲染】按钮，系统开始渲染模型。经过一定时间的渲染进程后，完成了渲染。渲染的篮球如图20-52所示。

图20-52 渲染的篮球

12 最后单击【保存】按钮💾，将本例篮球作品的渲染结果保存。

20.2.5 贴图和贴图库

贴图是应用于模型表面的图像，在某些方面类似于赋予零件表面的纹理图像，并可以按照表面类型进行映射。

贴图与纹理材质又有所不同。贴图不能平铺，但可以覆盖部分区域。通过掩码图像，可将图像的部分区域覆盖，且仅显示特定区域或形状的图像部分。

1. 从任务窗格添加贴图

PhotoView 360提供了贴图库。在任务窗格的【外观、布景和贴图】选项卡中，展开"贴图"项目，然后单击【贴图】面板图标🗄️，在选项卡下方显示所有贴图图像，如图20-53所示。

选择一个贴图图像，如果拖至图形区的任意位置，它将应用到整个零件，操纵杆将随着贴图出现，如图20-54所示。如果拖动至模型的面、曲面中，被选择的面或曲面则贴上图像，如图20-55所示。

图20-53 贴图库

技术要点 📖

贴图不能在精确的"消除隐藏线""隐藏线可见"和"线架图"的显示模式中添加或编辑。

贴图框
贴图参考轴

图20-54 应用于零件 图20-55 应用于面

当拖动贴图图像至模型中后，属性管理器中将显示【贴图】面板。通过该面板可以编辑贴图图像。

2. 从PhotoView 360添加贴图

在【渲染工具】选项卡中单击【编辑贴图】按钮，属性管理器中将显示【贴图】面板，如图20-56所示。

面板中包含3个选项卡：【图像】、【映射】和【照明度】。【映射】选项卡的选项如图20-57所示。

图20-56 【贴图】面板

【照明度】选项卡的选项如图20-58所示。

图20-57　【映射】　　图20-58　【照明度】
　　选项卡　　　　　　　选项卡

（1）【图像】

该选项卡用于贴图图像的编辑。用户可以在【贴图预览】选项区单击【浏览】按钮，然后从图像文件保存路径中将其打开，或者从贴图库拖动贴图图像到模型中，将显示贴图预览，并显示【掩码图形】选项区，如图20-59、图20-60所示。

【图像】选项卡下各选项、按钮的含义如下。

➢ 浏览：单击此按钮，浏览贴图文件的文件路径，并将其打开。

➢ 保存贴图：单击此按钮，可将当前贴图及其属性保存到文件中。

➢ 无掩码：没有掩码文件。

➢ 图形掩码文件：在掩码为白色的位置显示贴图，而在掩码为黑色的位置贴图会被阻挡。

图20-59　贴图预览　　图20-60　【掩码图形】
　　　　　　　　　　　　　　　　　选项区

由于贴图为矩形，使用掩码可以过滤图像的一部分。掩码文件是黑白图像，也是除贴图外的其他区域，它与贴图配合使用。当贴图为深颜色时，掩码文件为白色，可以反转掩码。图20-61所示为掩码文件的示意图。

通常情况下，没有经过掩码处理的图像拖放到

模型中时，无掩码图形预览，程序自动选择"无掩码"类型。有掩码图像的贴图拖放到模型中时，程序则自动选择掩码类型为"图形掩码文件"。

在贴图库的"标志"文件夹中的贴图是没有掩码图像的。在贴图文件路径中，凡类似于"XXX_mask.bmp"的文件均为掩码文件，"XXX.bmp"为贴图文件。

图20-61　贴图与掩码

（2）【映射】

该选项卡控制贴图的位置、大小和方向，并提供渲染功能。当拖动贴图到模型中时，选项卡中将显示【映射】选项区和【大小/方向】选项区，如图20-62、图20-63所示。

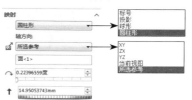

图20-62　【映射】选项区

图20-63　【大小/方向】选项区

【映射】选项卡下各选项含义如下。

➢ 映射类型：映射类型列表中列出了4种类型，包括标号、投影、球形和圆柱形。各种类型均有不同的选项设置，图20-64所示为投影、球形和圆柱形类型的选项。

　➢ "标号"类型：也称为UV，以一种类似于在实际零件上放置黏合剂标签的方式将贴图映射到模型面（包括多个相邻非平面曲面），此方式不会产生伸展或紧缩现象。

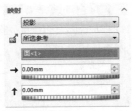

"投影"类型

"球形"类型

"圆柱形"类型

图20-64 【映射】选项区

➤ "投影"类型：将所有点映射到指定的基准面，然后将贴图投影到参考实体上。

➤ "球形"类型：将所有点映射到球面。系统会自动识别球形和圆柱形。

➤ "圆柱形"类型：将所有点映射到圆柱面。

➤ 固定高宽比例：勾选此选项，将同时更改贴图框的高宽比例。在下方的【高度】▯、【宽度】▭和【旋转】◇文本框中输入值或拖动滑块，可以改变贴图框的大小。

➤ 将宽度套合到选择：勾选此选项，将固定贴图框的宽度。

➤ 将高度套合到选择：勾选此选项，将固定贴图框的高度。

➤ 水平镜像：水平反转贴图图像。

➤ 竖直镜像：竖直反转贴图图像。

（3）【照明度】

该选项卡用于选择贴图对照明度的反应。在选项卡下的照明度类型下拉列表中包括所有PhotoView 360的照明度类型。不同的类型则有不同的设置选项。

上机操作——渲染烧水壶

烧水壶的材料主要由不锈钢、铝和塑胶组成。渲染作品中地板面能反射，不锈钢具有抛光性且能反射，塑胶手柄和壶盖为黑色但要光亮，

另外壶身有贴图。

本例渲染的烧水壶作品，如图20-65所示。

烧水壶作品的渲染过程包括应用外观、应用布景、应用贴图，以及渲染和输出。由于应用的布景中已经有了很好的光源，因此就不再另外添加光源了。

图20-65 渲染的烧水壶作品

01 打开烧水壶模型。

02 对烧水壶的壶身应用材质。在任务窗格的【外观、布景和贴图】选项卡中，依次展开【外观】|【金属】|【钢】列表。然后在该列表下选择"抛光刚"外观，并将其拖动至图形区，然后将外观图案应用到壶身特征中，如图20-66所示。

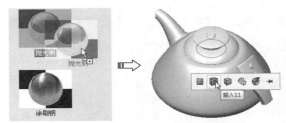

图20-66 将外观应用到壶身

03 对壶盖应用外观。同理，将"抛光钢"材料应用于壶盖，如图20-67所示。

04 对壶钮应用外观。将金属"无光铝"材料应用于3个壶钮，如图20-68所示。

图20-67 将外观应用
到壶盖

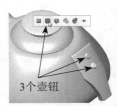

图20-68 将外观应用
到壶钮

05 对壶柄应用外观。将塑料库中的"黑色锻料抛光塑料"材料应用于两个壶柄，如图20-69所示。

06 在任务窗格的【外观、布景和贴图】选项卡中，展开【布景】文件夹。

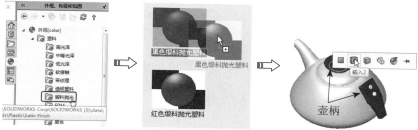

图20-69　将外观应用于两个壶柄

07 单击【基本布景】文件夹，然后在下方展开的布景中选择"带完整光源的黑色"布景，将其拖移到图形区中释放，完成布景的应用，如图20-70所示。

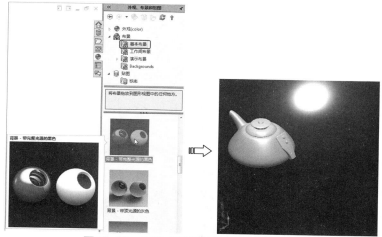

图20-70　应用"带完整光源的黑色"布景

08 在任务窗格的【外观、布景和贴图】选项卡中，展开【贴图】列表，然后在列表中选择"SolidWorks"外观，并将其拖动至图形区的壶身上，壶身显示贴图预览，如图20-71所示。

图20-71　将贴图应用于壶身

09 随后，属性管理器中显示【贴图】面板。拖动贴图控制框至合适大小和位置，如图20-72所示。

图20-72　拖动贴图控制框至合适位置

10 保持【贴图】面板中其余参数的默认设置，单击【确定】按钮✔，完成贴图图像的编辑。

11 在【渲染工具】选项卡中单击【最终渲染】按钮，系统开始渲染模型。渲染完成的烧水壶作品如图20-73所示。

12 在在【渲染工具】选项卡中单击【选项】按钮，然后在属性面板中输入渲染图像的文件保存路径，并设置图像格式后，单击【确定】按钮，将烧水壶的渲染结果保存为*.bmp文件。

13 最后单击【保存】按钮，将渲染结果保存。

图20-73　渲染的烧水壶作品

20.2.6　渲染操作

当用户完成了模型的外观（材质）、布景、光源及贴图等渲染步骤的操作后，就可以使用渲染工具对模型进行渲染了。

1. 整合预览

使用此功能可以实时预览设置渲染条件后的渲染情况，便于用户重新做出渲染设置，如图20-74所示。

图20-74　整合预览

2. 预览窗口

当用户设置完成并想渲染成真实的效果时，可以单击【预览窗口】按钮，单独打开PhotoView 360窗口预览渲染效果，如图20-75所示。

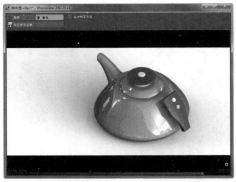

图20-75　通过PhotoView 360窗口预览

3. 选项

单击【选项】按钮 ，打开【PhotoView 360 选项】属性面板，如图20-76所示。

图20-76　【PhotoView 360选项】属性面板

通过【PhotoView 360选项】属性面板，可以设置渲染效果质量、图像的输出、轮廓渲染、直接焦散线、网格渲染等。

4. 排定渲染

使用【排定渲染】对话框可以在指定时间进行渲染并将之保存到文件。由于渲染的时间较长，如果渲染的对象又多，那么使用此功能排定要渲染的项目后，就无须再值守在电脑前了。

单击【排定渲染】按钮 ，打开【排定渲染】对话框，如图20-77所示。通过此对话框，用户还可以输出渲染图片。取消对【在上一任务后开始】复选框的勾选，可以自行设定单个渲染项目的时间段。

图20-77　【排定渲染】对话框

5. 最终渲染

将设置的外观、布景、光源及贴图全部渲染到模型中。在【渲染工具】选项卡中单击【最终渲染】按钮 ，系统开始渲染模型，并打开【最终渲染】窗口，浏览渲染完成的效果，如图20-78所示。

图20-78　最终渲染的模型

6. 召回上次渲染

通过此功能，可以查找先前渲染的项目。

20.3　综合实战

20.3.1　实战一：宝石戒指渲染

引入素材：综合实战\源文件\Ch20\宝石戒指.sldprt
结果文件：综合实战\结果文件\Ch20\宝石戒指.sldprt
视频文件：\视频\Ch20\宝石戒指渲染.avi

　　宝石戒指渲染要想达到逼真的效果，须在材质（外观）和灯光两个方面充分考虑。材质主要有黄金镶边、铂金箍和镶嵌宝石。宝石戒指渲染的效果如图20-79所示。

操作步骤

1. 应用外观

01 打开本例练习模型——宝石戒指，如图20-80所示。

图20-79　宝石戒指渲染效果　　　　　　图20-80　宝石戒指模型

02 应用黄金材质。在任务窗格的【外观、布景和贴图】选项卡中，依次展开【外观】|【金属】|【金】列表。然后在该列表下选择"抛光金"外观，并按住左键不放将其拖动至图形区空白位置，松开左键，即可将黄金材质应用到整个宝石戒指实体中，如图20-81所示。

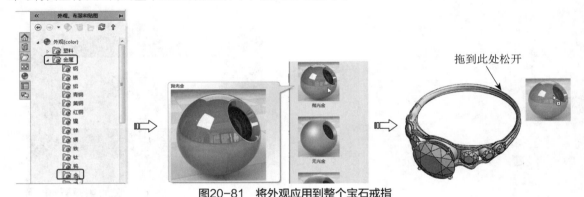

图20-81　将外观应用到整个宝石戒指

技术要点 📖

　　首先将黄金材质赋予整个宝石戒指，是考虑到要镶边的曲面最多。

03 对宝石戒指箍应用外观。首先按住Ctrl键，依次选取宝石戒指箍的所有曲面，然后在任务窗格的【外观、布景和贴图】选项卡中，依次展开【外观】|【金属】|【白金】列表。将"皮抛光白金"外观拖到图形区空白位置，松开左键，则白金材质自动添加到所选曲面上，如图20-82所示。

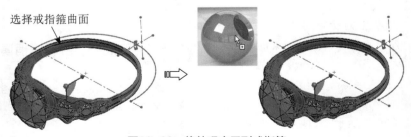

图20-82　将外观应用到戒指箍

技术要点

考虑到要应用外观的曲面比较多，若有选择遗漏的，可以在DisplayManager显示属性管理器中单击【编辑外观】按钮 🖌️，然后编辑白金外观，重新添加遗漏的曲面即可，如图20-83所示。

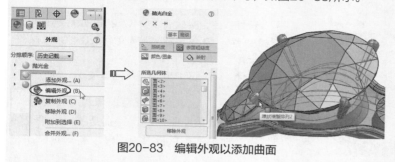

图20-83　编辑外观以添加曲面

04 对宝石戒指上的最大宝石应用外观。首先选择最大宝石上的所有曲面，然后在任务窗格的【外观、布景和贴图】选项卡中，依次展开【外观】|【有机】|【宝石】列表。选择"红宝石01"外观，并将其拖动至图形区中，随后红宝石外观自动应用到最大宝石中，如图20-84所示。

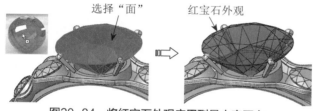

图20-84　将红宝石外观应用到最大宝石上

05 同理，将"海蓝宝石01"外观应用到最大宝石旁边的两颗宝石上，如图20-85所示。

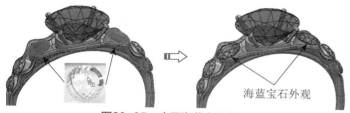

图20-85　应用海蓝宝石外观

06 再将"紫水晶01"应用到其余4颗小宝石上，如图20-86所示。

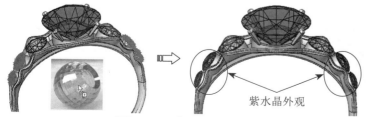

图20-86　应用紫水晶外观

2. 应用布景和光源

01 在窗口右侧的【外观、布景和贴图】选项卡中展开【布景】|【工作间布景】列表选项，然后将【反射黑地板】布景拖到图形区窗口中，如图20-87所示。

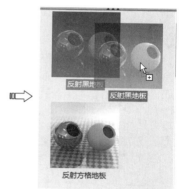

图20-87　应用工作间布景

02 在【DisplayManager】选项卡中，单击【查看布景、光源和相机】按钮 🖼️，弹出【布景、光源与相机】面板。然后选择右键菜单中的【编辑布景】命令，显示【编辑布景】属性面板。在属性面板的【PhotoView 360】选项卡中设置图20-88所示的参数。

03 在【布景、光源与相机】面板中展开【PhotoView 360光源】项目，然后将线光源1、线光源2和线光源3设为"在PhotoView 360中打开"，如图20-89所示。

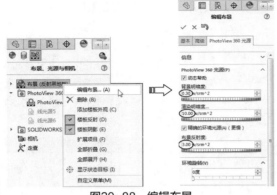

图20-88　编辑布景

技术要点 📑

如果不设为"PhotoView中打开"，那么光源将不会在PhotoView 360渲染时打开，渲染的效果会大打折扣。

04 在【渲染工具】选项卡中单击【选项】按钮🔍，打开【PhotoView 360 选项】属性面板，设置最终渲染品质为"最大"，如图20-90所示。

图20-89　设置线光源　　　图20-90　设置渲染选项

05 在【渲染工具】选项卡中单击【最终渲染】按钮🔴，系统开始渲染模型。经过一定时间的渲染进程后，完成了宝石戒指的渲染，如图20-91所示。

图20-91　宝石戒指最终渲染的效果

06 最后单击【保存】按钮💾，将本例宝石戒指作品的渲染结果保存。

20.3.2　实战二：白炽灯泡渲染

引入素材：综合实战\源文件\Ch20\白炽灯泡.sldprt
结果文件：综合实战\结果文件\Ch20\白炽灯泡.sldprt
视频文件：\视频\Ch20\白炽灯泡渲染.avi

本例中，电灯泡的渲染图像质量要求比较高，且渲染效果非常逼真，特别是使用场景光源使灯泡、地板都可以反射。同时，将地板赋予材料后，并将其设置为投影，则可以镜像灯泡的图像。电灯泡作品的渲染效果如图20-92所示。

图20-92　电灯泡渲染效果

电灯泡渲染的操作过程可分应用外观、应用布景、应用光源及渲染和输入。

1. 应用外观

操作步骤

01 打开本例练习模型，打开的练习模型中包括地板实体和电灯泡实体。

02 首先对地板实体应用材质。在任务窗格的【外观、布景和贴图】选项卡中，依次展开【外观】|【辅助部件】|【图案】列表。然后在该列表下选择"方格图案2"外观，并将其拖动至图形区中，再将外观图案应用到地板实体模型中，如图20-93所示。

技术要点 📑

也可以将外观应用到地板的面、特征上。但不能应用到整个实体，否则会将外观应用到灯泡模型中。

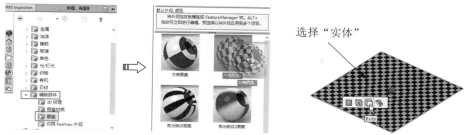

图20-93　将外观应用到地板

03 对灯泡的球形玻璃面应用外观。在任务窗格的【外观、布景和贴图】选项卡中，依次展开【外观】|【玻璃】|【光泽】列表。然后在该列表下选择"透明玻璃"外观，并将其拖动至图形区中，然后将外观图案应用到灯泡球面特征中，如图20-94所示。

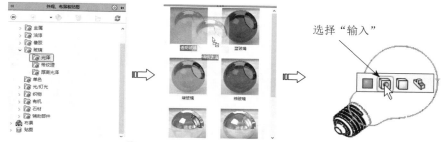

图20-94　将外观应用到灯泡球面特征

04 对灯泡的灯丝架应用外观。在任务窗格的【外观、布景和贴图】选项卡中，依次展开【外观】|【玻璃】|【光泽】列表。然后在该列表下选择"透明玻璃"外观，并将其拖动至图形区中，然后将外观图案应用到灯丝架特征中，如图20-95所示。

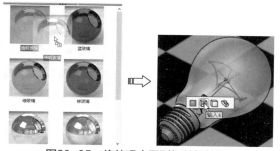

图20-95　将外观应用到灯丝架特征

05 对灯泡的灯丝应用外观。在任务窗格的【外观、布景和贴图】选项卡中，依次展开【外观】|【光/灯光】|【氖光管】列表。然后在该列表下选择"白氖光管"外观，并将其拖动至图形区中，然后将外观图案应用到灯丝特征中，如图20-96所示。

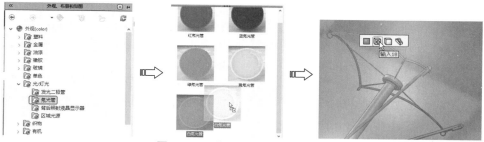

图20-96　将外观应用到灯丝特征

技术要点 🖹

对灯丝应用"灯光"外观，是为了渲染后可以让灯泡发出模拟的光源，以此增添真实感。

06 对灯泡的灯头应用外观。在任务窗格的【外观、布景和贴图】选项卡中，依次展开【外观】|【金属】|【锌】列表。然后在该列表下选择"抛光锌"外观，并将其拖动至图形区中，然后将外观图案应用到灯头特征中，如图20-97所示。

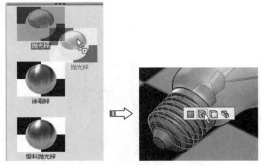

图20-97　将外观应用到灯头特征

07 对灯头的绝缘体应用外观。在任务窗格的【外观、布景和贴图】选项卡中，依次展开【外观】|【石材】|【粗陶瓷】列表。然后在该列表下选择"陶瓷"外观，并将其拖动至图形区中，然后将外观图案应用到灯头绝缘体面中，如图20-98所示。

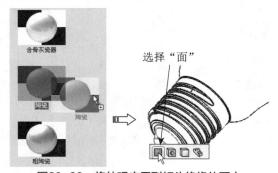

图20-98　将外观应用到灯头绝缘体面中

08 在【DimXpertManager】选项卡中，单击【查看外观】按钮 ●。然后在【外观】属性面板下选择"陶瓷"外观进行编辑，如图20-99所示。

09 随后属性管理器中显示【陶瓷】属性面板。在面板中的【基本】设置下，为陶瓷选择"黑色"，然后单击【确定】按钮 ✔ 关闭【陶瓷】属性面板，如图20-100所示。

图20-99　选择"陶瓷"外观进行编辑

黑色陶瓷

图20-100　设置陶瓷的颜色

10 在【DisplayManager】选项卡的【外观（颜色）】文件夹中选择"透明玻璃"（这个透明玻璃是应用于球面特征的外观）外观进行编辑，随后属性管理器中显示【透明玻璃】属性面板。在面板的【高级】设置中单击【照明度】选项卡，然后在【照明度】选项区中设置漫射量、光泽量和透明度等参数，其他选项保留默认，最后关闭【透明玻璃】属性面板完成编辑，如图20-101所示。

11 在【DisplayManager】选项卡的【外观（颜色）】文件夹中选择"方格图案2"外观进行编辑，随后属性管理器中显示【方格图案2】属性面板。在面板的【高级】设置中单击【照明度】选项卡，然后在【照明度】选项区中设置漫射度为"0.5"，反射度为"0.3"，其他选项保留默认，最后关闭【方格图案2】属性面板完成地板的编辑，如图20-102所示。

12 在图形区右侧的【外观、布景和贴图】选项卡下，展开【布景】文件夹。选择"工作间布景"，然后在下方展开的布景中选择"灯卡"布景，再单击对话框中的【应用】按钮，完成布景的应用，如图20-103所示。

图20-101　编辑玻璃外观　　图20-102　编辑地板外观

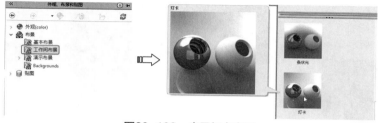

图20-103　应用灯卡布景

2. 应用光源

01 在特征管理器设计树【DisplayManager】选项卡中，展开"布景、光源与相机"面板。在【PhotoView 360主光源】项目下选择右键菜单【添加点光源】命令，属性管理器显示【点光源】属性面板，如图20-104所示。

02 在面板中设置明暗度和光泽度为"0.5"，并勾选【锁定到模型】复选框，如图20-105所示。

图20-104　添加点光源　　　图20-105　设置点光源参数

技术要点

　　勾选【锁定到模型】复选框，是为了便于在球形面上选择点的放置位置。否则，选择的点可能在球形面或地板之后。

03 然后在图形区的灯泡球形面上选择点光源的放置位置，如图20-106所示。

图20-106　选择放置位置

04 最后单击【点光源】属性面板中的【确定】按钮 ✅，完成点光源的添加。

3. 渲染和输出

01 单击【渲染工具】选项卡中的【最终渲染】按钮 🖼，程序开始渲染模型。经过一定时间的渲染进程后，完成了渲染。

02 渲染后的电灯泡如图20-107所示。

图20-107　渲染的电灯泡

03 最后单击【保存】按钮 🖫，将本例电灯泡的渲染结果保存。

20.4　课后习题

1. 渲染手机

本练习渲染的手机作品如图20-108所示。

图20-108　渲染的手机作品

练习要求与步骤如下。

（1）打开练习模型。

（2）为桌面应用【LEGACY】|【天然】|【有机物】列表下的"三叶草"外观。

（3）为手机外壳应用【塑料】|【High Gloss】列表下的"红色高光泽塑料"外观。

（4）为手机按钮应用【塑料】|【透明塑料】列表下的"半透明塑料"外观。

（5）为手机屏幕应用贴图，贴图图片"手机.bmp"在本例光盘文件夹中。

（6）应用"单白色"基本布景。

（7）编辑基本布景下的环境光源、线光源，使其产生阴影。再添加聚光源，也使其产生阴影。

（8）渲染手机模型。

（9）输出渲染图像文件。

2. 渲染茶几

本练习渲染的茶几作品如图20-109所示。

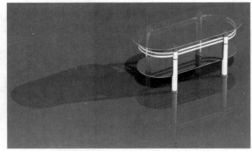

图20-109　渲染的茶几作品

练习要求与步骤如下。

（1）打开练习模型。

（2）为茶几桌面应用【LEGACY】|【玻璃】|【反射】列表下的"蓝色玻璃"外观。

（3）为茶几4条腿及支架应用【金属】|【钢】列表下的"抛光钢"外观。

（4）为茶几脚及茶几与玻璃的固定脚应用

【金属】|【铜】列表下的"抛光黄铜"外观。

（5）应用"带完整光源的工作间"基本布景。

（6）编辑基本布景下的环境光源、线光源，使其产生阴影。

（7）渲染茶几模型。

（8）输出渲染图像文件。

3. 渲染水杯

本练习渲染的水杯作品如图20-110所示。

图20-110　渲染的水杯作品

练习要求与步骤如下。

（1）打开练习模型。

（2）为水杯的桌面应用【石材】|【建筑】列表下的"花岗岩"外观。

（3）为水杯应用【塑料】|【High Gloss】列表下的"白色高光泽塑料"外观。

（4）为水杯中的水应用【LEGACY】|【其它】|【水】列表下的"液体"外观。

（5）应用"单白色"基本布景，并将背景颜色设为"黑色"。

（6）编辑基本布景下的环境光源、线光源，使其产生阴影，并添加聚光源。

（7）渲染茶几模型。

（8）输出渲染图像文件。

产品造型设计是指从确定产品设计任务书起到确定产品结构为止的一系列技术工作的准备和管理，是产品开发的重要环节，也是产品生产过程的开始。

接下来，本章通过4个产品造型设计实例来讲解SolidWorks的应用及产品造型设计技巧与设计过程。

知识要点

⊙ 电吹风设计
⊙ 玩具蜘蛛造型设计

⊙ 洗发露瓶造型设计
⊙ 工艺花瓶造型设计

21.1 电吹风造型设计

引入素材：无
结果文件：综合实战\结果文件\Ch21\电吹风.sldprt
视频文件：视频\Ch21\电吹风.avi

电吹风是常见的家用电器产品。本例的电吹风造型将只设计电吹风的外观形状，而不涉及内部结构。电吹风的造型设计过程分3个部分进行：壳体造型、附件设计、电源线与插头。电吹风完整造型如图21-1所示。

图21-1　电吹风造型

21.1.1　壳体造型

整个壳体造型包括机身和手柄的曲面建模、抽壳、圆角等步骤，下面进行详解。

操作步骤

01 新建零件文件。

02 在前视基准面上绘制图21-2所示的草图1。

03 在右视基准面上先绘制图21-3所示的两个同心圆和正六边形，然后继续绘制出图21-4所示的草图2（样条曲线），完成后退出草图环境。

04 在前视基准面上，参考草图1，利用【等距实体】命令绘制出草图3，如图21-5所示。

技术要点

为什么要创建辅助线呢？这是因为在创建扫描曲面时，草图2中的样条曲线将用作引导线。草图3作为轮廓，而引导线必须与轮廓或轮廓草图中的点重合，否则不能创建扫描曲面。

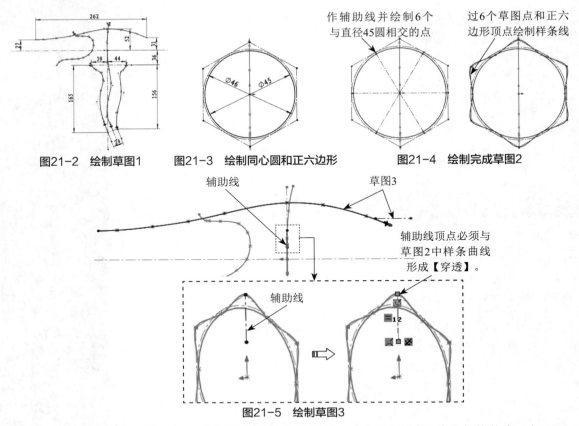

图21-2　绘制草图1　　　　图21-3　绘制同心圆和正六边形　　　　图21-4　绘制完成草图2

图21-5　绘制草图3

05 利用【扫描曲面】工具，打开【曲面-扫描】属性面板。首先选择草图3作为扫描轮廓，如图21-6所示。

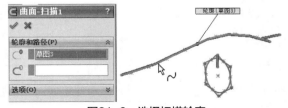

图21-6　选择扫描轮廓

06 然后选择路径。选择方法是：在路径 $\mathcal{C}$ 收集框里单击右键，再选择快捷菜单中的Selection Manager（B）命令，打开选择管理器面板。单击此面板上的【选择封闭】按钮 $\boxed{\bigcirc}$ ，接着选择草图2中直径为45的圆，如图21-7所示。

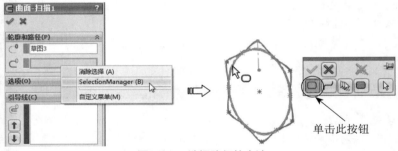

图21-7　选择路径的方法

技术要点 🖉

由于草图2中包含两个图形，圆和样条曲线。所以选择路径或引导线时，需要利用选择管理器中的相关工具来辅助选择。否则不能正确创建此扫描特征。

07 选择圆后，再单击选择管理器面板中的【确定】按钮✔，完成路径的选取。随后显示扫描预览，如图21-8所示。

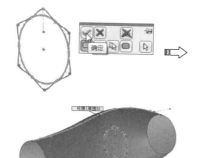

图21-8　选择路径后预览扫描

08 选择引导线。在【引导线】选项区激活收集框，然后按选择路径的方法来选择引导线，如图21-9所示。

图21-9　选择引导线

09 最后单击属性面板中的【确定】按钮✔，完成扫描曲面的创建。

10 利用【等距曲面】工具，创建扫描曲面的等距偏移曲面，如图21-10所示。

图21-10　创建等距偏移曲面

11 在前视基准面上，参考草图1中的样条曲线来绘制草图4，如图21-11所示。

12 利用【剪裁曲面】工具，用草图4来修剪扫描曲面，如图21-12所示。

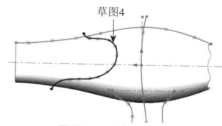

图21-11　绘制草图4

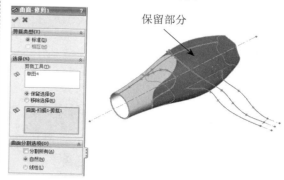

图21-12　修剪扫描曲面

13 在前视基准面上，参考草图4，利用【等距实体】命令来等距偏移出草图5，如图21-13所示。

14 利用【剪裁曲面】工具，用草图5来修剪等距曲面，如图21-14所示。

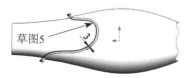

图21-13　绘制草图5

图21-14　修剪等距曲面

15 利用【放样曲面】工具，打开【曲面-放样】属性面板。选择草图5和草图4作为放样轮廓，设置开始约束为【与面相切】，其余保留默认，单击【确定】按钮完成放样曲面的创建，如图21-15所示。

技术要点 🖉

在开始或结束位置设置【与面相切】约束，这跟选择的轮廓顺序有关。

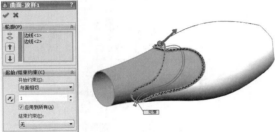

图21-15　创建放样曲面

16 利用【基准面】工具，创建基准面1，如图21-16
所示。

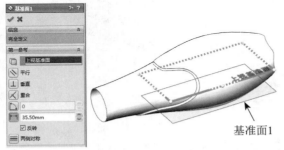

图21-16　创建基准面1

17 在前视基准面上绘制草图6，如图21-17所示。
然后利用【拉伸曲面】工具将草图6拉伸，创建拉
伸曲面1特征，如图21-18所示。

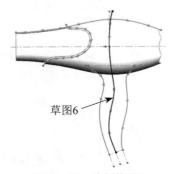

图21-17　绘制草图6

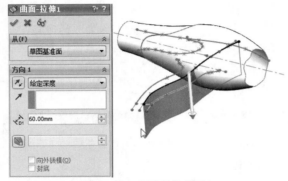

图21-18　创建拉伸曲面1

18 在前视基准面上绘制草图7，如图21-19所示。
然后利用【拉伸曲面】工具将草图7拉伸，创建拉
伸曲面2，如图21-20所示。

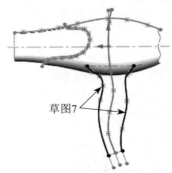

图21-19　绘制草图7

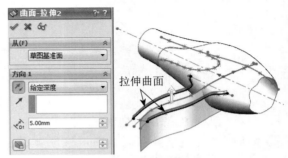

图21-20　创建拉伸曲面2

19 进入3D草图环境，利用【曲面上的样条曲
线】命令，在拉伸曲面1上绘制3D草图1（样条曲
线），如图21-21所示。

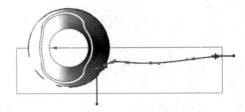

图21-21　绘制3D草图1

20 利用【剪裁曲面】工具，用3D草图1中的样
条曲线去修剪拉伸曲面1，修剪结果如图21-22
所示。

21 进入3D草图环境，利用【转换实体引用】命
令，选取拉伸曲面1修剪后的边来创建3D草图2，
如图21-23所示。

22 然后利用【拉伸曲面】命令，选择3D草图2进
行拉伸，创建拉伸曲面3特征，如图21-24所示。

23 暂时隐藏拉伸曲面1。利用【放样曲面】工
具，创建图21-25所示的放样曲面2。

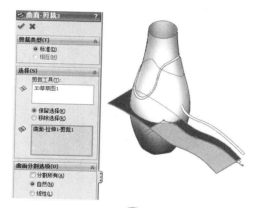

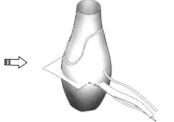

图21-22　修剪拉伸曲面1

图21-23　绘制3D草图2

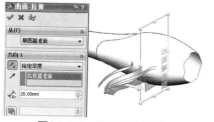

图21-24　创建拉伸曲面3

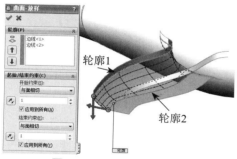

图21-25　创建放样曲面2

24 同理，再利用【放样曲面】工具，创建放样曲面3，如图21-26所示。

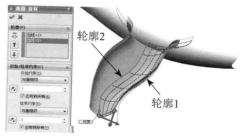

图21-26　创建放样曲面3

技术要点

在选取轮廓2时，可以将拉伸曲面3暂时隐藏。避免将拉伸曲面的边作为放样轮廓，否则不会创建所需的放样曲面。

25 利用【镜像】工具，将放样曲面2和放样曲面3镜像复制至前视基准面的另一侧，如图21-27所示。

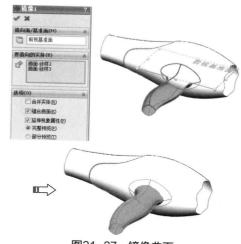

图21-27　镜像曲面

26 在前视基准面上绘制图21-28所示的草图8。

图21-28　绘制草图8

27 再利用【旋转曲面】工具，创建旋转曲面，如图21-29所示。

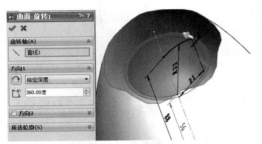

图21-29　创建旋转曲面

28 利用【放样曲面】工具，创建放样曲面4，如图21-30所示。

图21-30　创建放样曲面4

29 利用【缝合】工具，缝合手柄上的几个曲面，如图21-31所示。

30 利用【剪裁曲面】工具，对手柄和机身进行相互剪裁，如图21-31所示。

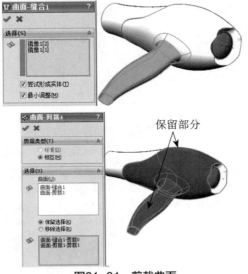

图21-31　剪裁曲面

31 利用【填充曲面】工具，在手柄曲面上创建填充曲面，如图21-32所示。再利用【平面区域】工具，在吹风口位置创建平面，如图21-33所示。

32 最后利用缝合曲面工具，缝合所有曲面，并形成实体，如图21-34所示。

图21-32　创建填充曲面

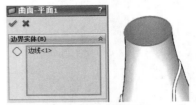

图21-33　创建平面

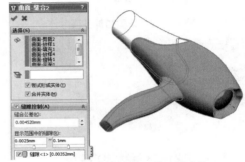

图21-34　缝合曲面并形成实体

33 利用【圆角】命令，对缝合的实体分别进行圆角处理，且各圆角半径不一致，如图21-35所示。

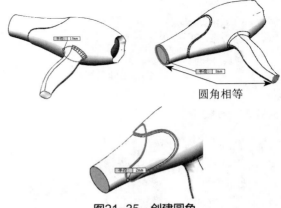

图21-35　创建圆角

34 利用【特征】选项卡中的【抽壳】工具，选择吹风口的平面进行移除，以此创建出抽壳特征，如图21-36所示。

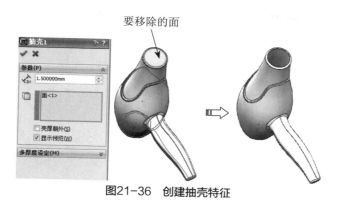

图21-36　创建抽壳特征

21.1.2　吹风机附件设计

电吹风的附件特征包括电线输出接头、通风口网罩、按钮、散热窗等特征。设计过程详解如下。

操作步骤

1. 电线输出接头

01 利用【分割线】工具，选择草图6投影到机身曲面上，并对机身曲面进行分割，如图21-37所示。

02 在前视基准面上绘制草图9，如图21-38所示。

03 再利用【拉伸】命令，将草图9的曲线拉伸成曲面，如图21-39所示。

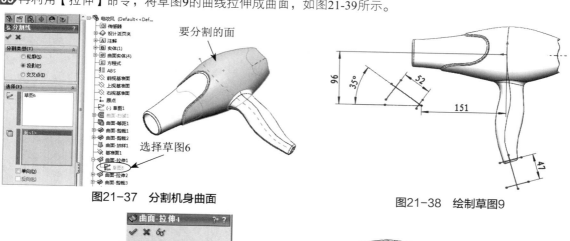

图21-37　分割机身曲面　　　　　　　　　图21-38　绘制草图9

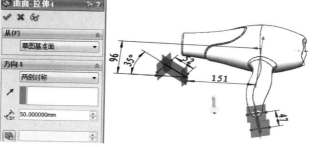

图21-39　创建拉伸曲面4

04 在拉伸曲面4的其中两个平面上先后绘制草图10和草图11，如图21-40所示。

05 利用【放样凸台/基体】工具，创建放样实体特征，如图21-41所示。

06 利用【拉伸凸台/基体】命令，在前视基准面上绘制草图12，并创建拉伸特征1，如图21-42所示。

07 利用【圆角】工具对拉伸特征1创建圆角特征，如图21-43所示。

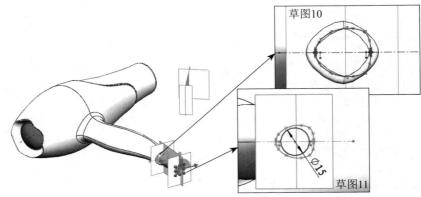

图21-40　绘制草图10和草图11

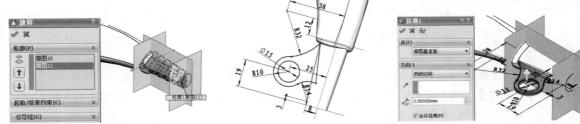

图21-41　创建放样特征　　　　图21-42　创建拉伸特征1

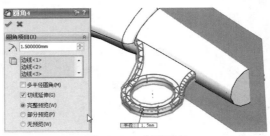

图21-43　创建圆角

08 利用【拉伸切除】工具，在拉伸曲面4的其中一个平面上绘制草图13，并创建拉伸切除特征1，如图21-44所示。

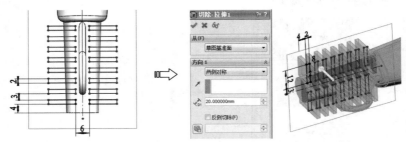

图21-44　创建切除拉伸1

2. 开关按钮设计

01 利用【拉伸凸台/基体】工具，在前视基准面绘制草图14，并创建出拉伸特征2，如图21-45所示。

02 利用【圆角】工具，在拉伸特征2上创建圆角特征，如图21-46所示。

03 利用【等距曲面】工具，选择拉伸特征2上的几个曲面进行等距偏移，如图21-47所示。

04 利用【使用曲面切除】工具，使用等距曲面来切除手柄实体，如图21-48所示。

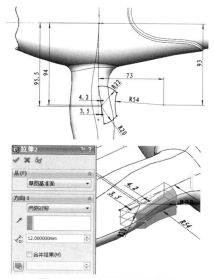

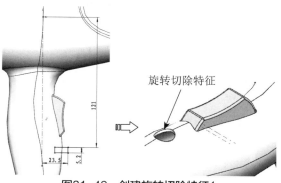

图21-49　创建旋转切除特征1

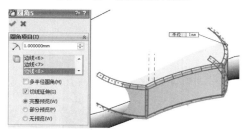

图21-45　创建拉伸特征2

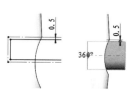

图21-50　创建旋转特征

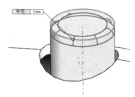

图21-51　创建圆角

3. 吹风机散热窗

图21-46　创建圆角特征

01 利用【拉伸切除】工具，先在右视基准面绘制草图17，再创建切除拉伸特征2，如图21-52所示。

图21-52　创建切除拉伸特征2

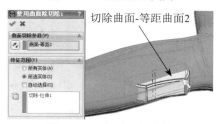

图21-47　创建等距曲面

02 利用【圆周草图阵列】工具，将切除拉伸特征2进行圆周阵列，如图21-53所示。

图21-48　切除手柄实体

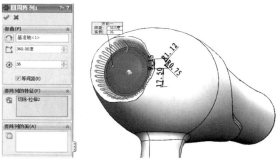

图21-53　创建圆周阵列特征

05 利用【旋转切除】工具，在前视基准面上绘制草图15，并完成旋转切除，结果如图21-49所示。

06 再利用【旋转凸台/基体】工具，创建出旋转特征1，如图21-50所示。再创建半径为1的圆角特征，如图21-51所示。

03 同理，再利用【拉伸切除】工具，在右视基准面绘制草图21，然后创建切除拉伸特征3，如图21-54所示。

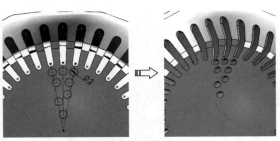

图21-54　创建切除拉伸特征3

04 利用【圆周草图阵列】工具，将切除拉伸特征3进行圆周阵列，如图21-55所示。

图21-55　创建圆周阵列特征

4. 通风口网罩

01 利用【旋转凸台/基体】工具，在前视基准面上绘制旋转截面——草图19，然后完成旋转特征2的创建，如图21-56所示。

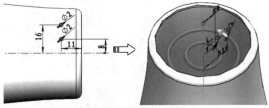

图21-56　创建旋转特征2

02 继续在前视基准面上绘制草图21，并创建拉伸特征3，如图21-57所示。

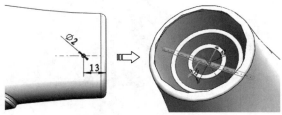

图21-57　创建拉伸特征3

03 利用【旋转凸台/基体】工具，在前视基准面上绘制草图21，并创建出图21-58所示的旋转特征3。

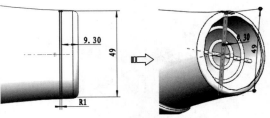

图21-58　创建旋转特征3

04 利用【拉伸凸台/基体】工具，在前视基准面绘制草图22，并创建出拉伸特征4（双侧拉伸，深度为105），如图21-59所示。

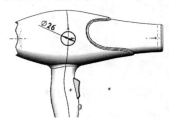

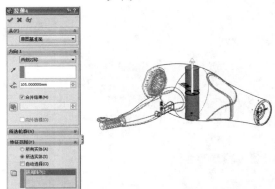

图21-59　创建拉伸特征4

05 随后利用【圆角】工具创建圆角特征，如图21-60所示。

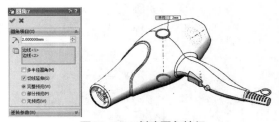

图21-60　创建圆角特征

21.1.3　电源线与插头设计

操作步骤

01 在拉伸曲面4的其中一个平面上，绘制草图23，如图21-61所示。

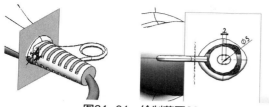

图21-61　绘制草图23

02 在前视基准面绘制草图24，如图21-62所示。

03 利用【扫描】工具，创建扫描实体特征1，如图21-63所示。

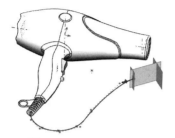

图21-62　绘制草图24

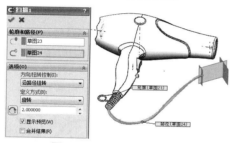

图21-63　创建扫描特征1

04 利用【拉伸凸台/基体】工具，在拉伸曲面4的其中一个平面上，绘制草图25，然后创建图21-64所示的深度为【8】的拉伸特征5。

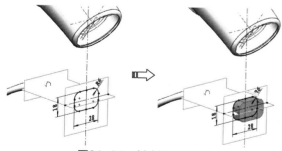

图21-64　创建拉伸特征5

05 同理，依次在拉伸曲面4的其中3个平面上，绘制出草图26、草图27、草图28，如图21-65所示。

06 利用【放样凸台/基体】工具，创建放样特征2，如图21-66所示。

07 在拉伸特征5上创建圆角特征，如图21-67所示。

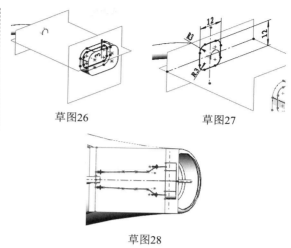

草图26　　　　　草图27

草图28

图21-65　绘制草图26、草图27和草图28

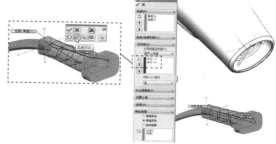

图21-66　创建放样特征2

08 利用【拉伸凸台/基体】工具，在前视基准面绘制草图29，如图21-68所示。

图21-67　创建圆角特征　　　图21-68　绘制草图29

09 退出草图环境后，完成拉伸特征6的创建，如图21-69所示。

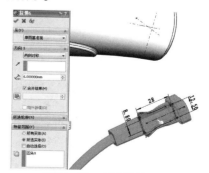

图21-69　创建拉伸特征6

10 随后对拉伸特征6创建圆角特征，如图21-70所示。

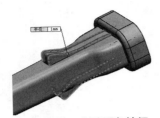

图21-70　创建圆角特征

11 利用【拉伸切除】工具，在拉伸曲面4的一个平面上绘制草图30，然后创建切除拉伸特征4，如图21-71所示。

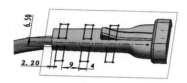

图21-71　创建切除拉伸特征4

12 再利用【拉伸切除】工具，在前视基准面上绘制草图31，然后创建切除拉伸特征5，如图21-72所示。

图21-72　创建切除拉伸特征5

13 利用【拉伸凸台/基体】工具，在插头端面绘制草图32，然后创建拉伸深度为【20】的拉伸特征7（即插针），如图21-73所示。

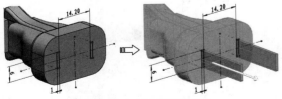

图21-73　创建拉伸特征7

14 对插针进行圆角处理，如图21-74所示。

15 至此，完成了整个电吹风的造型设计，最终结果如图21-75所示，最后将结果保存。

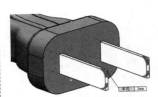

图21-74　创建圆角特征

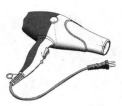

图21-75　完成的电吹风造型

21.2　玩具蜘蛛造型设计

下面用一个玩具蜘蛛造型的设计实例来说明SolidWorks的建模技巧。

引入素材：无
结果文件：综合实战\结果文件\Ch21\玩具蜘蛛.sldprt
视频文件：\视频\Ch21\玩具蜘蛛设计.avi

本例中，绘制蜘蛛的工具用得比较多，主要的工具有：【基准面】、【3D草图】、【拉伸凸台/基体】、【分割线】、【放样凸台/基体】、【镜像】和【圆顶】等。完成后的蜘蛛模型如图21-76所示。

图21-76　玩具蜘蛛效果图

操作步骤

01 启动SolidWorks 2020。新建零件，并将其名称保存为【玩具蜘蛛】。

02 在【草图】选项卡中单击【草图绘制】按钮，选择【前视基准面】作为草绘平面，绘制一条中心线，绘制完成的草图1，如图21-77所示。

03 在【参考几何体】命令菜单中单击【基准面】按钮，选择【右视基准面】作为第一参考，创建基准面1，操作过程如图21-78所示。

04 用同样的方法创建【基准面2】、【基准面3】、【基准面4】和【基准面5】，在创建过程中各个基准面的参考面和参数设置如图21-79所示，完成结果如图21-80所示。

图21-77 绘制
中心线（草图1）

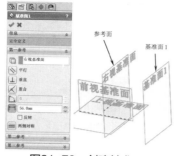

图21-78 创建基准面1

"基准面2"属性设置 "基准面3"属性设置 "基准面4"属性设置 "基准面5"属性设置

图21-79 创建各基准面的各个参数设置

05 在【草图】选项卡中单击【3D草图】按钮，在【上视基准面】上绘制3D草图1，完成结果如图21-81所示。

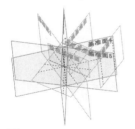
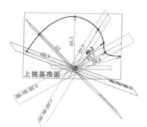

图21-80 创建各基准 图21-81 绘制3D草图1
面的结果图

06 在【特征】选项卡中单击【拉伸凸台/基体】按钮，选择【基准面1】作为草图基准面，绘制草图2，然后创建拉伸深度为7.5mm的凸台-拉伸1，操作过程如图21-82所示。

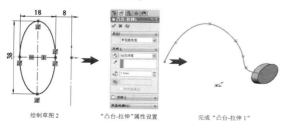

绘制草图2 "凸台-拉伸"属性设置 完成"凸台-拉伸1"

图21-82 创建【凸台-拉伸1】

07 在【特征】选项卡中单击【圆顶】按钮，创建【圆顶1】，操作过程如图21-83所示。

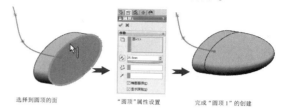

选择到圆顶的面 "圆顶"属性设置 完成"圆顶1"的创建

图21-83 创建【圆顶1】

08 在【草图】选项卡中单击【草图绘制】按钮，选择【基准面2】作为草绘平面，绘制草图3（椭圆），如图21-84所示。

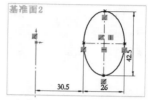

图21-84 在【基准面2】上绘制椭圆（草图3）

09 用同样的方法在其他基准面上绘制椭圆，绘制的尺寸、基准面和草图4~7如图21-85所示。

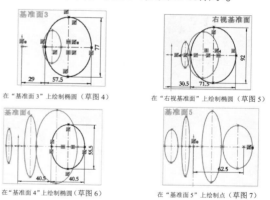

在"基准面3"上绘制椭圆（草图4） 在"右视基准面"上绘制椭圆（草图5）

在"基准面4"上绘制椭圆（草图6） 在"基准面5"上绘制点（草图7）

图21-85 在各基准面上绘制椭圆和点

10 在【特征】选项卡中单击【放样凸台/基体】按钮，创建【放样1】，操作过程如图21-86所示。

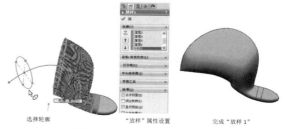

选择轮廓 "放样"属性设置 完成"放样1"

图21-86 创建【放样1】

11 在【参考几何体】命令菜单中单击【基准面】按钮⊗，选择【前视基准面】作为第一参考，输入偏移距离值为16.5，偏移方向是向前，创建基准面6，完成结果如图21-87所示。

12 在【参考几何体】命令菜单中单击【基准面】按钮⊗，创建【基准面7】，操作过程如图21-88所示。

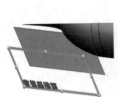

图21-87　创建【基准面6】

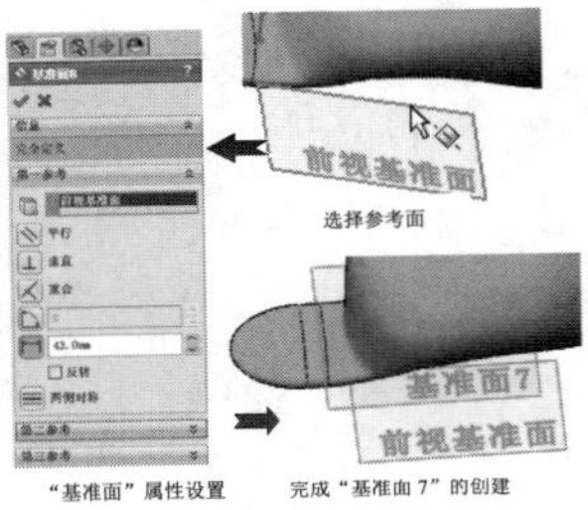

图21-88　创建【基准面7】

13 在【草图】选项卡中单击【草图绘制】按钮ⵎ，选择【基准面7】作为草图基准面绘制草图8，完成结果如图21-89所示。

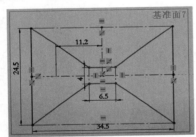

图21-89　绘制草图8

14 在【曲线】命令菜单中单击【分割线】按钮▧，创建【分割线1】，操作过程如图21-90所示。

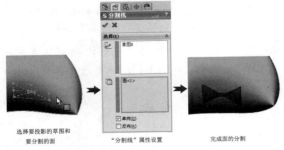

图21-90　创建【分割线1】

15 在【草图】选项卡中单击【3D草图】按钮ᗺ，绘制3D草图2，完成结果如图21-91所示。

16 在【草图】选项卡中单击【3D草图】按钮ᗺ，绘制3D草图3，完成结果如图21-92所示。

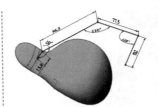

图21-91　绘制【3D草图2】

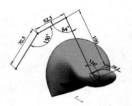

图21-92　绘制【3D草图3】

技术要点 🗐

在绘制的过程中，按Tab键来切换草绘平面。

17 在【草图】选项卡中单击【3D草图】按钮ᗺ，绘制3D草图4，完成结果如图21-93所示。

18 在【草图】选项卡中单击【3D草图】按钮ᗺ，绘制3D草图5，完成结果如图21-94所示。

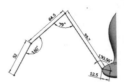

图21-93　绘制【3D草图4】

图21-94　绘制【3D草图5】

19 在【参考几何体】命令菜单中单击【基准面】按钮⊗，创建【基准面8】，操作过程如图21-95所示。

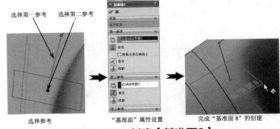

图21-95　创建【基准面8】

20 用同样的方法创建【基准面9】、【基准面10】和【基准面11】，在创建过程中各个基准面的【第一参考】和【第二参考】设置如图21-96所示，完成结果如图21-97所示。

21 在【草图】选项卡中单击【圆形】按钮◎，分别选择【基准面8】、【基准面9】、【基准面10】和【基准面11】作为草图基准面绘制圆，完成的草图9~12如图21-98~图21-101所示。

"基准面 9"属性设　　"基准面 10"属性设置　　"基准面 11"属性设置

图21-96　创建各基准面的各个参数设置

图21-97　创建各基准面的结果图

图21-98　绘制　　　图21-99　绘制
【草图9】　　　　　【草图10】

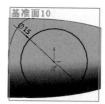 

图21-100　绘制　　　图21-101　绘制
【草图11】　　　　　【草图12】

22 在【草图】选项卡中单击【3D草图】按钮，绘制3D草图6，完成结果如图21-102所示。

23 在【草图】选项卡中单击【3D草图】按钮，绘制3D草图7，完成结果如图21-103所示。

 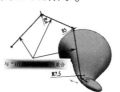

图21-102　绘制【3D　　　图21-103　绘制【3D
草图6】　　　　　　　草图7】

24 用同样的方法绘制【3D草图8】~【3D草图13】，完成结果如图21-104~图21-109所示。

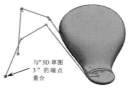 

图21-104　绘制【3D　　　图21-105　绘制【3D
草图8】　　　　　　　草图9】

 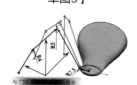

图21-106　绘制【3D　　　图21-107　绘制【3D
草图10】　　　　　　　草图11】

 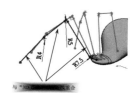

图21-108　绘制【3D　　　图21-109　绘制【3D
草图12】　　　　　　　草图13】

25 在【特征】选项卡中单击【放样凸台/基体】按钮，创建【放样2】，其操作过程如图21-110所示。

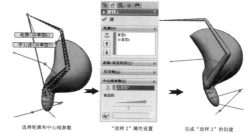

图21-110　创建【放样2】

26 用同样的方法创建【放样3】、【放样4】和【放样5】，在创建过程中，各个放样的【轮廓】和【中心线参数】设置如图21-111所示，完成结果如图21-112所示。

27 在【草图】选项卡中单击【3D草图】按钮，绘制【3D草图14】，完成结果如图21-113所示。

28 在【参考几何体】命令菜单中单击【基准面】按钮，创建【基准面12】，操作过程如图21-114所示。

【放样3】
属性设置

【放样4】
属性设置

【放样5】
属性设置

图21-111　各个放样的参数设置

图21-112　完成各个放样
的最终结果图

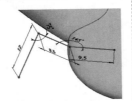

图21-113　绘制【3D
草图14】

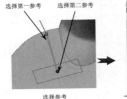

图21-114　创建【基准面12】

29 在【草图】选项卡中单击【圆形】按钮⊙，选择【基准面12】作为草图基准面绘制圆，完成的草图13如图21-115所示。

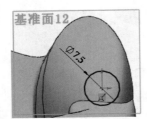

图21-115　绘制圆（草图13）

30 在【草图】选项卡中单击【3D草图】按钮，绘制【3D草图15】，完成结果如图21-116所示。

31 同理，继续绘制3D草图16，如图21-117所示。

32 在【特征】选项卡中单击【放样凸台/基体】按钮，创建【放样6】，其操作过程如图21-118所示。

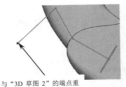

图21-116　绘制【3D
草图15】

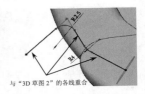

图21-117　绘制【3D
草图16】

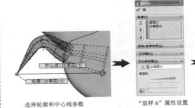

图21-118　创建【放样6】

33 在【特征】选项卡中单击【镜像】按钮，创建【镜像1】，其操作过程如图21-119所示。

图21-119　创建【镜像1】

34 在【草图】选项卡中单击【圆形】按钮⊙，选择【基准面6】作为草图基准面绘制圆，完成的草图14如图21-120所示。

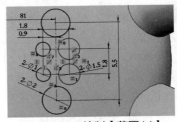

图21-120　绘制【草图14】

35 在【参考几何体】命令菜单中单击【基准面】按钮，创建【基准面13】，操作过程如图21-121所示。

36 在【特征】选项卡中单击【拉伸凸台/基体】按钮，选择【基准面13】作为草图基准面，然后绘制草图15并创建【凸台-拉伸2】特征，其操作过程如图21-122所示。

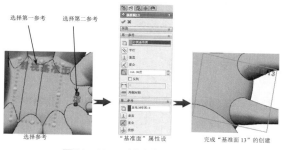

选择第一参考 选择第二参考

选择参考 "基准面"属性设 完成"基准面13"的创建

图21-121 创建【基准面13】

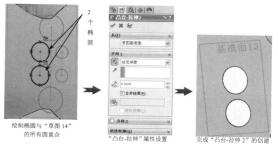

2个椭圆

绘制椭圆与"草图14" "凸台-拉伸"属性设置 完成"凸台-拉伸2"的创建
的所有圆重合

图21-122 创建【凸台-拉伸2】

37 用同样的方法创建【凸台-拉伸3】和【凸台-拉伸4】，其草图基准面和属性设置与【拉伸-凸台2】完全一样，其区别在于绘制的椭圆不一样，完成结果如图21-123和图21-124所示。

图21-123 创建【凸台- 图21-124 创建【凸台-
拉伸3】 拉伸4】

38 在【特征】选项卡中单击【圆顶】按钮，创建【圆顶2】，操作过程如图21-125所示。

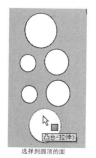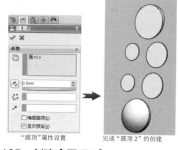

选择到圆顶的面 "圆顶"属性设置 完成"圆顶2"的创建

图21-125 创建【圆顶2】

39 用同样的方法创建【圆顶3】、【圆顶4】、【圆顶5】、【圆顶6】和【圆顶7】，其属性设置

与【圆顶2】完全一样，其区别在于选择的面不一样，完成结果如图21-126所示。

图21-126 创建圆顶

40 在【标准】选项卡中单击【保存】按钮，将其进行保存。至此，整个玩具蜘蛛的绘制已经完成，其最终效果如图21-127所示。

图21-127 玩具蜘蛛最终效果图

21.3 洗发露瓶造型设计

下面用一个洗发露瓶造型的设计实例来说明SolidWorks的建模技巧。

引入素材：无
结果文件：综合实战\结果文件\Ch21\洗发露瓶.sldprt
视频文件：视频\Ch21\洗发露瓶设计.avi

使用【平面区域】、【放样曲面】、【拉伸曲面】、【剪裁曲面】、【旋转曲面】和【扫描曲面】工具就可以完成洗发露瓶的创建。完成后的洗发露瓶如图21-128所示。

操作步骤

01 启动SolidWorks 2020。新建零件，并将其名称保存为【洗发露瓶】。

02 在【草图】选项卡中单击【圆形】按钮，选择【上视基准面】作为草绘平面，绘制如图21-129所示的草图。

03 在【曲面】选项卡中单击【平面区域】按钮，创建一个平面区域，创建过程如图21-130所示。

图21-128　洗发露瓶

图21-129　绘制草图

选择交界实体　　　　"曲面-基准面"属性设置　　　　完成平面区域

图21-130　创建平面区域

04选择前视基准面作为草绘平面，单击【草图】选项卡中的【中心线】按钮，绘制一条构造线，如图21-131（a）所示；单击【3点圆弧】按钮，绘制一段圆弧，如图21-131（b）所示。

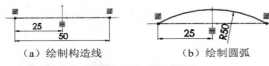

（a）绘制构造线　　　　（b）绘制圆弧

图21-131　绘制草图

05在【曲面】选项卡中单击【填充曲面】按钮，将创建的平面区域中间空的地方填充起来，填充的过程如图21-132所示。

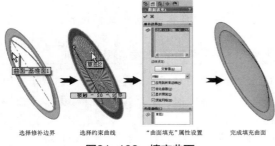

选择修补边界　选择约束曲线　"曲面填充"属性设置　完成填充曲面

图21-132　填充曲面

06选择上视基准面作为参考，单击【参考几何体】命令菜单中的【基准面】按钮，在【基准面】属性面板的【偏移距离】文本框中输入距离值100，创建基准面1，完成结果如图21-133所示。

07用同样的方法创建基准面2、基准面3和基准面4，其偏移距离分别为107.5、125和140，完成结果如图21-134所示。

图21-133　创建基准面1

图21-134　创建基准面

08选择基准面1作为草绘平面，单击【草图】选项卡中的【圆形】按钮，绘制图21-135所示的草图。

09选择基准面2作为草绘平面，单击【草图】选项卡中的【圆形】按钮，绘制图21-136所示的草图。

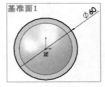

图21-135　绘制直径　　图21-136　绘制直径
　　　　为60的圆　　　　　　　为56的圆

10选择基准面3作为草绘平面，单击【草图】选项卡中的【圆形】按钮，绘制图21-137所示的草图。

11选择基准面4作为草绘平面，单击【草图】选项卡中的【圆形】按钮，绘制如图21-138所示的草图。

图21-137　绘制直径　　图21-138　绘制直径
　　　　为30的圆　　　　　　　为30的圆

12在【曲面】选项卡中单击【放样曲面】按钮，创建放样曲面，放样过程如图21-139所示。

选择轮廓　　　"曲面-放样"属性设置　　　完成放样曲面

图21-139　放样曲面

13 在【曲面】选项卡中单击【平面区域】按钮
◩，创建一个平面区域，创建过程如图21-140
所示。

选择交界实体　　　"曲面-基准面"属性设置　　　完成平面区域

图21-140　创建平面区域

14 选择刚创建好的平面区域作为基准，在【曲
面】选项卡中单击【拉伸曲面】按钮◈，创建拉
伸曲面，其操作过程如图21-141所示。

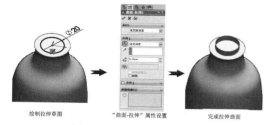

绘制拉伸草图　　　"曲面-拉伸"属性设置　　　完成拉伸曲面

图21-141　创建拉伸曲面

15 在【曲面】选项卡中单击【剪裁曲面】按钮◈，
对第二次创建的平面区域进行剪切，剪切的过程
如图21-142所示。

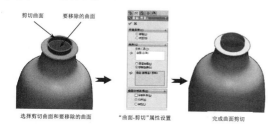

选择剪切曲面和要移除的曲面　　　"曲面-剪切"属性设置　　　完成曲面剪切

图21-142　剪切曲面

16 选中前视基准面，在【曲面】选项卡中单击
【旋转曲面】按钮，进入草图绘制界面，绘制
好旋转曲面的草图，再创建旋转曲面，其创建过
程如图21-143所示。

绘制选择草图　　　"曲面-旋转"属性设置　　　完成旋转曲面

图21-143　创建旋转曲面

17 选中前视基准面，在【草图】选项卡中单击
【草图绘制】按钮，进入草图绘制界面，绘制
扫描曲面的路径，如图21-144（a）所示；选中
前视基准面，在【草图】选项卡中单击【草图绘
制】按钮，进入草图绘制界面，绘制扫描曲面
的轮廓，如图21-144（b）所示。

 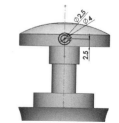

（a）绘制扫描曲面的路径　　（b）绘制扫描曲面的轮廓

图21-144　绘制扫描曲面的路径和轮廓

18 在【曲面】选项卡中单击【扫描曲面】按钮，
创建扫描曲面，其创建过程如图21-145所示。

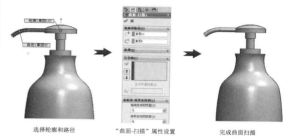

选择轮廓和路径　　　"曲面-扫描"属性设置　　　完成曲面扫描

图21-145　创建扫描曲面

19 在【曲面】选项卡中单击【平面区域】按钮
◩，创建一个平面区域，创建过程如图21-146
所示。

选择交界实体　　　"曲面-基准面"属性设置　　　完成平面区域

图21-146　创建平面区域

20 单击【保存】按钮将其保存，至此，整个洗发
露瓶的创建已完成，其结果如图21-147所示。

图21-147　洗发露瓶最终效果图

21.4　工艺花瓶造型设计

下面用一个工艺花瓶造型的实例来说明SolidWorks的建模技巧。

引入素材：无
结果文件：综合实战\结果文件\Ch21\工艺花瓶.sldprt
视频文件：\视频\Ch21\工艺花瓶设计.avi

使用【旋转曲面】、【分割线】、【删除面】、【填充曲面】和【加厚】工具就可以完成工艺花瓶的创建。完成后的工艺花瓶如图21-148所示。

操作步骤

01 启动SolidWorks 2020。新建零件，并将其名称保存为【工艺花瓶】。

02 在【草图】选项卡中单击【样条曲线】按钮，选择【前视基准面】作为草绘平面，绘制图21-149所示的草图。

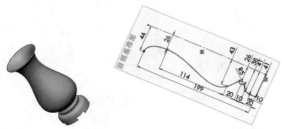

图21-148　工艺花瓶　　　图21-149　绘制草图

03 在【曲面】选项卡中单击【旋转曲面】按钮，创建一个曲面，创建过程如图21-150所示。

图21-150　创建曲面旋转

04 在【特征】选项卡中单击【圆角】按钮，将旋转的曲面进行圆角处理，其操作过程如图21-151所示。

图21-151　添加圆角

05 在【草图】选项卡中单击【样条曲线】按钮，选择【前视基准面】作为草绘平面，绘制图21-152所示的草图。

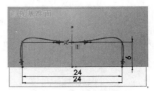

图21-152　绘制草图

06 在【曲线】命令菜单中单击【分割线】按钮，创建分割线，其操作过程如图21-153所示。

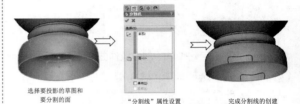

选择要投影的草图和　　　"分割线"属性设置　　　完成分割线的创建
要分割的面

图21-153　创建分割线

07 在【曲线】命令菜单中单击【删除面】按钮，创建删除面，其操作过程如图21-154所示。

选择要删除的面　　　"删除面"属性设置　　　完成删除面的创建

图21-154　创建【删除面1】

08 用同样的方法创建【删除面2】，只是绘制草图的时候选择【右视基准面】作为草图基准面，完成结果如图21-155所示。

图21-155　创建【删除面2】

09 在【曲面】选项卡中单击【填充曲面】按钮 ，创建曲面填充，其操作过程如图21-156所示。

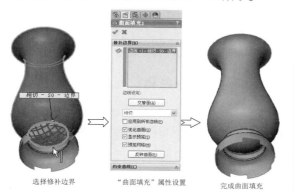

选择修补边界　　　　　　"曲面填充"属性设置　　　　　　完成曲面填充

图21-156　填充曲面

10 在【曲面】选项卡中单击【加厚】按钮 ，将工艺花瓶进行加厚处理，其操作过程如图21-157所示。

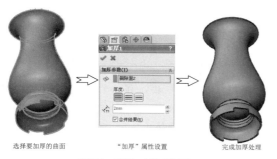

选择要加厚的曲面　　　　　"加厚"属性设置　　　　　完成加厚处理

图21-157　加厚曲面

11 在【特征】选项卡中单击【圆角】按钮 ，对工艺花瓶进行圆角处理，其操作过程如图21-158所示。

选择要圆角的面　　　　　　"圆角"属性设置　　　　　完成圆角处理

图21-158　进行圆角处理

众所周知，模具业为专业性和经验性极强的行业，模具界人士也深切体会到模具设计之重要，往往因设计不良、尺寸错误造成加工延误、成本增加等不良后果。但培养一名拥有足够经验、能独立作业且面面俱到的模具设计师，需三年以上的磨炼才能达成。

对于模具初学者，要利用SolidWorks合理地设计模具必须了解与掌握模具设计与制造相关的基本知识。

知识要点

⊙ 模具设计概述

⊙ 模具设计常识

⊙ 产品设计、模具设计和数控加工

22.1　模具设计概述

对于模具初学者，要合理地设计模具必须事先全面了解模具设计与制造相关的基本知识，这些知识包括模具的种类与结构、模具设计流程，以及在注塑模具设计中存在的一些问题等。

22.1.1　模具种类

在现代工业生产中，各行各业中模具的种类很多，并且个别领域还有创新的模具诞生。模具分类方法很多，常使用的分类方法如下：

➢ 按模具结构形式分类，如单工序模、复式冲模等；

➢ 按使用对象分类，如汽车覆盖件模具、电机模具等；

➢ 按加工材料性质分类，如金属制品用模具、非金属制品用模具等；

➢ 按模具制造材料分类，如硬质合金模具等；

➢ 按工艺性质分类，如拉深模、粉末冶金模、锻模等。

22.1.2　模具的组成结构

在上述的分类方法中，有些不能全面地反映各种模具的结构和成形加工工艺的特点，以及它们的使用功能，因此，根据模具成形加工工艺、使用对象及各自产值的比重，将模具分为以下五大类。

1. 塑料模

塑料模用于塑料制件成型，当颗粒状或片状塑料原材料经过一定的高温加热成黏流态熔融体后，由注射设备将熔融体经过喷嘴射入型腔内成型，待成型件冷却固定后再开模，最后由模具顶出装置将成型件顶出。塑料模在模具行业所占比重较大，约为50%左右。

通常塑料模具根据生产工艺和生产产品的不同，又可分为塑料注射成型模（简称"注塑模"）、吹塑模、压缩成型模、转移成型模、挤压成型模、热成型模和旋转成型模等。

塑料注射成型是塑料加工中最常用的方法。该方法适用于全部热塑性塑料和部分热固性塑料，制得的塑料制品数量之大是其他成型方法望尘莫及的，作为注射成型加工的主要工具之一的注塑模，在质量精度、制造周期以及注射成型过程中的生产效率等方面的水平高低，直接影响产品的质量、产量、成本及产品的更新，同时也决定着企业在市场竞争中的反应能力和速度。常见的注塑模典型结构如图22-1所示。

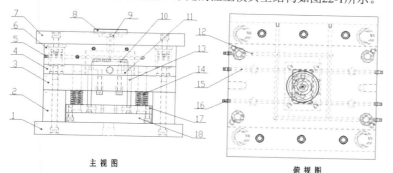

1-动模座板；2-支撑板；3-动模垫板；4-动模板；5-管赛；6-定模板；7-定模座板；8-定位环；9-浇口衬套；10-型腔组件；11-推板；12-围绕水道；13-顶杆；14-复位弹簧；15-直水道；16-水管街头；17-顶杆固定板；18-推杆固定板

图22-1　注塑模典型结构

注塑模主要由以下几个部分构成。

➢ 成型零件：直接与塑料接触构成塑件形状的零件称为成型零件，它包括型芯、型腔、螺纹型芯、螺纹型环、镶件等。其中构成塑件外形的成型零件称为型腔，构成塑件内部形状的成型零件称为型芯，如图22-2所示。

➢ 浇注系统：它是将熔融塑料由注射机喷嘴引向型腔的通道。通常，浇注系统由主流道、分流道、浇口和冷料穴4个部分组成，如图22-3所示。

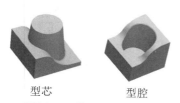

型芯　　　型腔

图22-2　模具成型零件

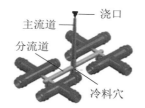

图22-3　模具的浇注系统

➢ 分型与抽芯机构：当塑料制品上有侧孔或侧凹时，开模推出塑料制品以前，必须先进行侧向分型，将侧型芯从塑料制品中抽出，塑料制品才能顺利脱模。例如斜导柱、滑块、锲紧块等，如图22-4所示。

➢ 导向零件：引导动模和推杆固定板运动，保证各运动零件之间相互位置的准确度，如导柱、导套等，如图22-5所示。

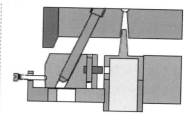

图22-4　分型与抽芯机构

图22-5　导向零件

➢ 推出机构：在开模过程中将塑料制品及浇注系统凝料推出或拉出的装置。如推杆、推管、推杆固定板、推件板等，如图22-6所示。

➢ 加热和冷却装置：为满足注射成型工艺对模具温度的要求，模具上需设有加热和冷却装置。加热时在模具内部或周围安装加热元件，冷却时在模具内部开设冷却通道，如图22-7所示。

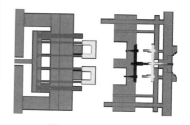

图22-6　推出机构

图22-7　模具冷却通道

➤ 排气系统：在注射过程中，为将型腔内的空气及塑料制品在受热和冷凝过程中产生的气体排除而开设的气流通道。排气系统通常是在分型面处开设排气槽，有的也可利用活动零件的配合间隙排气。图22-8所示为排气系统部件。

➤ 模架：主要起装配、定位和连接的作用。它们是定模板、动模板、垫块、支承板、定位环、销钉、螺钉等，如图22-9所示。

图22-8 排气系统部件

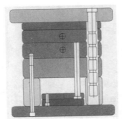

图22-9 模具模架

2. 冲压模

冲压模是利用金属的塑性变形，由冲床等冲压设备将金属板料加工成型。其所占行业产值比重为40%左右。图22-10所示为典型的单冲压模具。

图22-10 单冲压模具

3. 压铸模

压铸模具被用于熔融轻金属，如铝、锌、镁、铜等合金成型。其加工成型过程和原理与塑料模具差不多，只是两者在材料和后续加工所用的器具不同而已。塑料模具其实就是由压铸模具演变而来。带有侧向分型的压铸模如图22-11所示。

4. 锻模

锻模就是将金属成型加工，将金属胚料放置锻模内，运用锻压或锤击方式，使金属胚料按设计的形状来成型。图22-12所示为汽车件锻造模具。

图22-11 压铸模具

图22-12 锻造模具

5. 其他模具

除以上介绍的几种模具外，还有玻璃模、抽线模、金属粉末成型模等其他类型的模具。图22-13所示为常见的玻璃模、抽线模和金属粉末成型模。

（a）玻璃模具

（b）抽线模具

（c）金属粉末成型模具

图22-13 其他类型模具

22.1.3 模具设计与制造的一般流程

当前我国大部分模具企业在模具设计／制造过程中最普遍的问题是：至今模具设计仍以二维工程图纸为基础、产品工艺分析及工序设计也是以设计师丰富的实践经验为基础、模具的零件加工以二维工程图为基础做三维造型，进而用数控加工完成。

基于以上现状，将直接影响产品的质量、模具的试制周期及成本。现在大部分企业已实现模具产品设计数字化、生产过程数字化、制造装备数字化、管理数字化，为机械制造业信息化工程提供基础信息化、提高模具质量、缩短设计制造周期、降低成本的最佳途径。图22-14所示为基于数字化的模具设计与制造的整体流程。

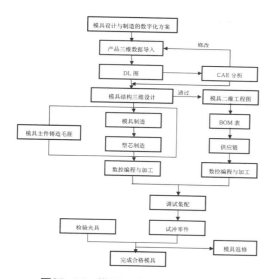

图22-14　模具设计与制造的一般流程

22.2　模具设计常识

一副模具的成功与否，关键在于模具设计标准的应用和模具设计细节的处理是否正确。合理的模具设计主要体现在以下几个方面：

➤ 所成型的塑料制品的质量；
➤ 外观质量与尺寸的稳定性；
➤ 加工制造时方便、迅速、简练，节省资金、人力，留有更正、改良的余地；
➤ 使用时安全、可靠，便于维修；
➤ 在注射成型时有较短的成型周期；
➤ 较长的使用寿命；
➤ 具有合理的模具制造工艺性等。

下面就有关模具的设计常识做必要的介绍。

22.2.1　产品设计注意事项

制件设计的合理与否，将直接影响到模具设计的成败。模具设计人员要注意的问题主要有制件的肉厚（制件的厚度）要求、脱模斜度要求、BOSS柱处理，以及其他一些应该避免的设计误区。

1. 肉厚要求

在设计制件时，注意制件的厚度应以各处均匀为原则。决定肉厚的尺寸及形状需考虑制件的构造强度、脱模强度等因素，如图22-15所示。

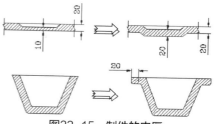

图22-15　制件的肉厚

2. 脱模斜度要求

为了在模具开模时使制件顺利取出，而避免损坏，制件设计时应考虑增加脱模斜度。脱模角度一般取整数，如0.5、1、1.5、2……等。通常，制件的外观脱模角度比较大，这便于成型后脱模，在不影响其性能的情况下，一般应取较大脱模角度，如5°～10°，如图22-16所示。

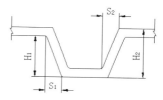

高度H 拔模比	凸面	凹面
外侧S1/H1	1/30	1/40
内侧S2/H2	/	1/60

图22-16　制件的脱模斜度要求

3. BOSS柱（支柱）处理

支柱为凸出胶料壁厚，用以装配产品、隔开对象以及支撑承托其他零件。空心的支柱可以用来嵌入镶件、收紧螺丝等。这些应用均要有足够强度支持压力而不至于破裂。

为避免在拧上螺丝时出现打滑的情况，支柱的出模角一般会以支柱顶部的平面为中性面，而且角度一般为0.5°～1.0°。如支柱的高度超过15.0mm的时候，为加强支柱的强度，可在支柱连上些加强筋，做结构加强之用。如支柱需要穿过PCB的时候，同样在支柱连上些加强筋，而且在加强筋的顶部设计成平台形式，可做承托PCB之用，而平台的平面与丝筒项的平面必须要有2.0～3.0mm，如图22-17所示。

为了防止制件的BOSS部位出现缩水，应做防缩水结构，即【火山口】，如图22-18所示。

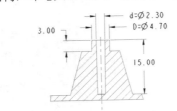

图22-17　BOSS柱的处理

做火山口减胶

图22-18　做火山口防缩水

22.2.2　分型面设计主要事项

一般来说，模具都由两大部分组成：动模和定模（或者公模和母模）。分型面是指两者在闭和状态时能接触的部分。在设计分型面时，除考虑制品的形状要素外，还应充分考虑其他选择因素。下面将分型面的一般设计要素做简要介绍。

（1）模具设计分型面的选择原则

➢ 不影响制品外观，尤其对外观有明确要求的制品，更应注意分型面对外观的影响；

➢ 有利于保证制品的精度；

➢ 有利于模具的加工，特别是型胚的加工；

➢ 有利于制品的脱模，确保在开模时使制品留于动模一侧；

➢ 方便金属嵌件的安装；

➢ 绘制2D模具图时要清楚地表达开模线位置、封胶面是否有延长等。

（2）分型面的设置

分型面的位置应设在塑件断面的最大部位，形状应以模具制造及脱模方便为原则，应尽量防止形成侧孔或侧凹，有利于产品的脱模。如图22-19所示，左图产品的布置能避免侧抽芯，右图的产品布置则使模具增加了侧抽芯机构。

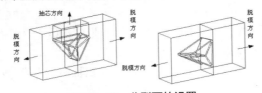

图22-19　分型面的设置

1. 分型面的封胶

中、小型模具有15～20mm，大型模具有25～35mm的封胶面，其余分型面有深0.3～0.5mm的避空。大、中模具避空后应考虑压力平衡，在模架上增加垫板（模架一般应有0.5mm左右的避空），如图22-20所示。

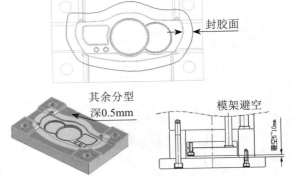

封胶面

其余分型
深0.5mm

模架避空

图22-20　分型面的封胶

2. 分型面的其他注意事项

分型面为大曲面或分型面高低距较大时，可考虑上下模料做虎口配合（型腔与型芯互锁，防止位移），虎口大小按模料而定。长和宽在200mm以下，做15mm×8mm高的虎口4个，斜度约为10°。如长度和宽度超过200mm以上的模料，应做20mm×10mm高或以上的虎口，数量按排位而定(可做成镶块也可原身留)，如图22-21所示。

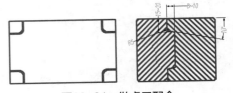

图22-21　做虎口配合

在动、定模上做虎口配合（在动模的4个边角上的凸台特征，做定位用，以及分型面有凸台时，需做R角间隙处理，以便于模具的机械加工、装配与修配，如图22-22所示。

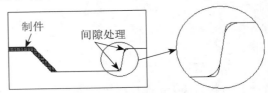

制件

间隙处理

图22-22　做R角间隙处理

22.2.3　模具设计注意事项

设计人员在模具设计时应注意以下重要事项。

➢ 模具设计开始时应多考虑几种方案，衡量每种方案的优缺点，并从中优选一种最佳设计方案。对于T型模，亦应认真对待。由于时间与认识上的原因，当时认为合理的设计，经过生产实践也一定会有可改进之处。

➢ 在交出设计方案后，要与工厂多沟通，了解加工过程及制造使用中的情况。每套模具都应有一个分析经验、总结得失的过程，这样才能不断提高模具设计水平。

➢ 设计时多参考过去所设计的类似图纸，吸取其经验与教训。

➢ 模具设计部门应视为一个整体，不允许设计成员各自为政；特别是在模具设计总体结构方面，一定要统一风格。

22.2.4　模具设计依据

模具设计的主要依据就是客户所提供的产品图纸及样板。设计人员必须对产品图及样板进行认真详细的分析与消化，同时在设计进程中，必须逐一核查以下项目：

➢ 尺寸精度与相关尺寸的正确性。

➢ 脱模斜度是否合理。

➢ 制品壁厚及均匀性。

➢ 塑料种类。塑料种类影响到模具钢材的选择和缩水率的确定。

➢ 表面要求。

➢ 制品颜色。一般情况，颜色对模具设计无直接影响。但制品壁过厚、外形较大时易产生颜色不匀，且颜色越深时，制品缺陷暴露得越明显。

➢ 制品成型后是否有后处理。如需表面电镀的制品，且一模多腔时，必须考虑设置辅助流道将制品连在一起，待电镀工序完毕再将之分开。

➢ 制品的批量。制品的批量是模具设计的重要依据，客户必须提供一个范围，以决定模具腔数、大小，模具选材及寿命。

➢ 注塑机规格。

➢ 客户其他要求。设计人员必须认真考虑及核对，以满足客户要求。

22.3　产品设计、模具设计与加工制造

许多朋友由于受到所学专业的限制，对整个产品的开发流程不甚了解，这也导致了模具设计的学习难度。模具工程师所具备的能力不仅仅是做出产品的模具结构，还要懂得如何进行产品设计、如何修改产品、如何数控加工制造和数控编程。

一个合格的产品设计工程师，如果不懂得模具结构设计和数控加工理论知识，那么在设计产品时则会脱离实际，导致无法开模和加工生产出来。同样，模具工程师也要懂得产品结构设计和数控加工知识，因为这会让他清楚地知道如何去修改产品，如何节约加工成本而设计出结构更加简易的模具。数控编程工程师是最后一个环节，除了自身具备数控加工的应有知识外，还要明白如何有效地拆电极、拆模具镶件，从而降低加工成本。

总而言之，具备多样化的知识，能让用户在今后的职场上争取到更多、更适合自己的工作岗位。

22.3.1　产品设计阶段

通常，一般产品的开发包括以下几个方面的内容。

（1）市场研究与产品流行趋势分析：构想、市场调查、产品价值等。

（2）概念设计与产品规划：外形与功能。

（3）D造型设计：外观曲线和曲面、材质和色彩造型确认。

（4）结构设计：组装，零件。

（5）模型开发：简易模型、快速模型（R.P）。

1. 市场研究与产品流行趋势分析

任何一款新产品在开发之初，都要进行市场研究。产品设计策略必须建立在客观的调查之上，专业的分析推论才有正确的依据，产品设计策略不但要适合企业的自身特点，还要适合市场的发展趋势，以及适合消费者的消费需求。同时，产品设计策略也必须与企业的品牌、营销等策略相符合。

下面介绍一个热水器项目的案例。

本案例是由深圳市嘉兰图设计有限公司完成，是针对"润星泰"电热水器的目前情况，通过产品设计策划，完成了三套主题设计，全面提升原有产品的核心市场地位，树立了品牌形象。

（1）热水器行业分析

➢ 热水器产品比较（见表22-1）：目前市场上有4种热水器：燃气热水器、储水式电热水器、即热式电热器、太阳能热水器。各种产品具有各自的优劣势，各自拥有相应的用户群体。其中即热型热水器凭借其安全、小巧和时尚的特点正在越来越多地被年轻时尚新房装修的一类群体接受。

表22-1　热水器产品比较

行业	劣势	优势
传统电热水器	加热时间长、占用空间、有水垢	适应任何气候环境，水量大
燃气热水器	空气污染、安全隐患和能源不可再生	快速、占地小，不受水量控制
太阳能热水器	安装条件限制、各地太阳能分布不均	安全、节能、环保、经济
即热型电热水器	对于安装条件受限制	快速、节能、时尚、小巧、方便

➢ 热水器产品市场占有率的变化：由于能源价格不断攀升，燃气热水器的竞争优势逐渐衰失，"气弱电强"已成定局，整个电热水器品类的市场机会增大。数据显示，近两年来即热式电热水器行业的年增长率超过100%，可称得上是家电行业增长最快的产品之一。2020年国内即热式电热水器的市场销售总量已达2000万台。预计未来3～5年内，ToP品牌的即热型电热水器将继续保持70%以上的高速增长率。图22-23所示为即热型热水器和传统电热水器、燃气热水器、太阳能热水器的市场占有率数据。

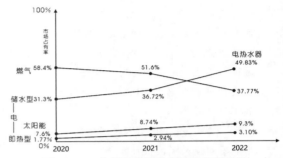

图22-23　各类热水器的市场占有率数据

➢ 即热型热水器发展现状：除早期介入市场已经形成一定的规模的奥特朗、哈佛、斯狄沨等品牌外，快速电热水器市场比较混乱，绝大部分快速电热水器生产企业不具备技术和研发优势，无一定规模，售后服务不完善，也缺乏资金实力等。

➢ 分析总结：目前进入即热型热水器领域时机较好！

①市场培育基本成熟，目前进入市场无需培育市场推广费用，风险小。

②行业品牌集中程度不高，没有形成垄断经营局面，基本上仍然处于完全竞争状态，对新进入者是个机会。

③行业标准尚未建立，没有技术壁垒。

④产品处在产品生命周期中的高速成长期，目前利润空间较大。

（2）即热型热水器竞争格局

海尔、美的、万和等大品牌开始试探性地进入，但产品较少，一般只有几款，而且技术不成熟，因此只在部分或者个别市场销售。

➢ 产品组合策略：凭借设计、研发实力开发出满足不同需要、不同场所、中档到高档五大系列共几十个品种。

➢ 产品线策略：按常理，在新产品上市初期应尽量降低风险、采用短而窄的产品线，奥特朗反其道而行之，采用了长而宽的产品线策略。一方面强化快速电热水器已经是主流热水器产品的有形证据，让顾客感觉到快速电热水器已经不是边缘产品；另一方面以强势系列产品与传统储水式和燃气式热水器进行对抗，强化行业领导者印象。

2. 概念设计与产品规划

在概念开发与产品规划阶段，将有关市场机会、竞争力、技术可行性、生产需求的信息综合起来，确定新产品的框架。这包括新产品的概念设计、目标市场、期望性能的水平、投资需求与财务影响。在决定某一新产品是否开发之前，企业还可以用小规模实验对概念、观点进行验证。实验可包括样品制作和征求潜在顾客意见。

（1）产品设计规划

产品设计规划是依据企业整体发展战略目标和现有情况，结合外部动态形势，合理地制定本企业产品的全面发展方向和实施方案，以及一些关于周期、进度等的具体问题。产品设计规划在时间上要领先于产品开发阶段，并参与产品开发全过程。

产品设计规划的主要内容包括：

➢ 产品项目的整体开发时间和阶段任务时间计划；

➢ 确定各个部门和具体人员各自的工作及相互关系与合作要求，明确责任和义务，建立奖惩制度；

➢ 结合企业长期战略，确定该项目具体产品的开发特性、目标、要求等内容；

➢ 产品设计及生产的监控和阶段评估；

➢ 产品风险承担的预测和分布；

➢ 产品宣传与推广；

➢ 产品营销策略；

➢ 产品市场反馈及分析；

➢ 建立产品档案。

这些内容都在产品设计启动前安排和定位，虽然这些具体工作涉及不同的专业人员，但其工作的结果却是相互关联和相互影响的，最终将交集完成一个共同的目标，体现共同的利益。在整个过程中，需要存在一定的标准化操作技巧，同时需要专职人员疏通各个环节，监控各个步骤，期间既包括具体事务管理，也包括具体人员管理。

（2）概念设计

概念设计不同于现实中真实的产品设计，概念产品的设计往往具有一定的超前性，它不考虑现有的生活水平、技术和材料，而是在设计师遇见能力所能达到的范围来考虑人们未来的产品形态，它是一种针对人们潜在需求的设计。

概念设计主要体现在：

➢ 产品的外观造型风格比较前卫；

➢ 比市场上现有的同类产品技术上先进很多。

下面列举几款国外的概念产品设计。

①Sbarro Pendolauto概念摩托车。瑞士汽车摩托改装公司的概念车，有意混淆汽车和摩托车的界限，如图22-24所示。

图22-24　Sbarro Pendolauto概念摩托车

②华为Mate50Pro概念手机。还未面世的华为Mate50Pro概念手机将采用直面一体屏设计，放弃了瀑布边框和打孔镜头。Mate50Pro屏幕大小是6.8英寸，19∶8的机身比例非常适合单手操作，机身修长提升手持舒适感。屏幕规格也大升级，将首次采用2K分辨率屏幕，同时还能够运行120Hz刷新率，流畅度提升，但耗电量也会更大。直面一体屏带来的最大亮点是拥有完整的屏幕，没有四曲面和瀑布边框，如图22-25所示。

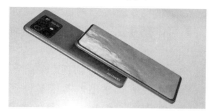

图22-25　华为Mate50Pro概念手机

③折叠式笔记本电脑。设计师Niels van Hoof设计了一款全新的折叠式笔记本电脑Feno。它除了能像普通电脑在键盘与屏幕之间折叠外，柔性OLED屏幕的加入，还使得它可以从中间再折叠一次。这使得它更加小巧，携带方便。它还配备了一个弹出式无线鼠标，轻轻一按，即能弹出使用，如图22-26所示。

图22-26　折叠式笔记本电脑

④MP6云播放器概念产品。爱国者MP6云播放器是结合了云计算的数码产品，连接WiFi即可随时体验互联网络正版海量音乐和视频，无须下载即可享受网上冲浪的高科技产品，如图22-27所示。MP6云播放器同时支持UPnP协议，轻松实现了家庭媒体资源共享，独有的"CC:音乐社交服务"功能更可在全网络环境下实现不同的MP6云播放器产品间播放列表推送。你需要做的只是点击遥控器，或者寄送一个电邮，就可以将各种音频、视频、照片作为"礼物"赠送给你的亲友，当然前提是他拥有一台爱国者MP6云播放器。

图22-27　爱国者MP6云播放器

（3）将概念设计商业化

当一个概念设计符合当前的设计、加工制造水平时，就可以商业化了。即把概念产品转变成真正能使用的产品。

把一个概念产品变成具有市场竞争力的商品，在大批量生产和销售之前有很多问题需要解决，工业设计师必须与结构设计师、市场销售人员密切配合，对他们提出的设计中一些不切实际的新创意进行修改。对于概念设计中具有可行性的设计成果，也要敢于坚持自己的意见，只有这样才能把设计中的创新优势充分发挥出来。

例如，借助了中国卷轴画的创意，设计出一款类似的画轴手机。这款手机平时像一个圆筒，但如果你想看视频或者收短消息，就可以从侧面将卷在里面的屏幕抽出来。按照设计师的理念，这块可以卷曲的屏幕还应该有触摸功能，如图22-28所示。

图22-28　卷轴手机

之前，这款手机商业化的难题是：没有软屏幕。现在，世界著名的手机厂商三星设计出一款软屏幕"软性液晶屏"，可以像纸一样卷起来，如图22-29所示。利用这个新技术，卷轴手机也就可以真正商品化了。

图22-29　三星"软性液晶屏"

（4）概念设计的二维表现

既然产品设计是一种创造活动，就工业产品来讲，新创意往往就是从未出现过的新创意，这种产品的创意是没有参考样品的，无论多么聪明的设计师，都不可能一下子在头脑里形成相当成熟和完整的方案甚至更精确的设计细节，他必须借助书面的表达方式，或文字、或图形，随时记录想法进而推敲定案。

①手绘表现。在诸多的表达方式（如速写、快速草图、效果图、电脑设计等）中，最方便快

捷的是快速表现方法，图22-30所示的就是利用速写方式进行的创意表现。通过使用不同颜色的笔，可以绘制出带有色彩、质感和光射效果且较为逼真的设计草图，如图22-31所示。现在，工业设计师们越来越多地采用数字手绘方法，即利用数位板（手绘板）手绘，如图22-32所示。

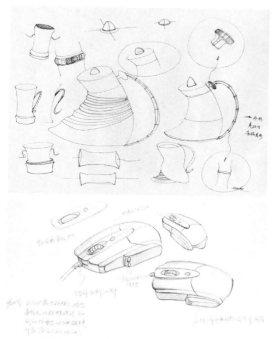

图22-30 利用速写方式进行创意表现

图22-31 较逼真的设计草图

图22-32 利用数位板（手绘板）手绘

②电脑二维表现。电脑二维表现是另一种表达设计师理念设计意图的方式。计算机二维效果图（2D Rendering）介于草绘和数字模型之间，具有制作速度快、修改方便、基本能够反映产品本身材质、光影、尺度比例等诸多优点。制作二维效果图的软件常用的有Adobe Photoshop、Adobe Illustrator、Freehand、CorelDRAW等。效果图如图22-33和图22-34所示。

图22-33 手机二维设计效果图

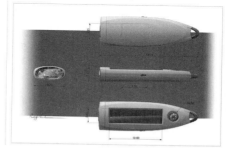

图22-34 太阳能手电筒二维设计效果图

3. 3D造型设计

有了产品的手绘草图以后，就可以利用计算机辅助设计软件，进行3D造型了。3D造型设计也就是将概念产品参数化，便于后期的产品修改、模具设计及数控加工等工作。

工业设计师常用的3D造型设计软件有Pro/E、UG、SolidWorks、Rhino、Alias、3dsmax、MsterCAM、Cinema 4D等。

首先，产品设计师利用Rhino或Alias造型设计出不带参数的产品外观。图22-35所示为利用Rhino软件设计的产品造型。

在产品外观造型阶段，还可以再次对方案进行论证，以达到让客户满意的效果。

然后将Rhino中构建的模型导入到Pro/E、UG、SolidWorks或MsterCAM中，进行产品结构设计，这样的结构设计是带有参数的，以便于后期的数据存储和修改。图22-36所示为利用MsterCAM软件进行产品结构设计的示意图。

前面我们介绍了产品的二维表现，这里可以用3D软件做出逼真的实物效果图，图22-37~图22-40所示为利用Alias、V-Ray for Rhino、Cinema 4D等3D软件制作的概念产品效果图。

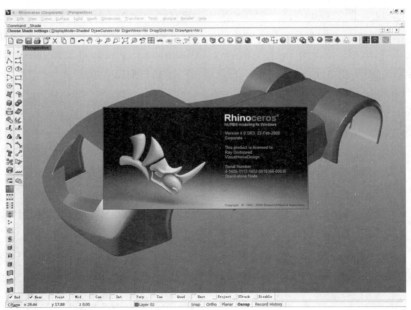

图22-35　在Rhinoceros中造型

图22-36　在MsterCAM中进行结构设计

图22-37　StudioTools
制作的电熨斗效果图

图22-38　V-Ray for Rhino
制作的消毒柜效果图

图22-39　V-Ray for
Rhino制作的食品加工机效果图

图22-40　Cinema 4D制作
的概念车效果图

4. 机构设计

　　3D造型完成后，最后创建产品的零件图纸和装配图纸，这些图纸用来在加工制造和装配过程中供师傅参考用。图22-41所示为利用SolidWorks软件创建的某自行车产品图纸。

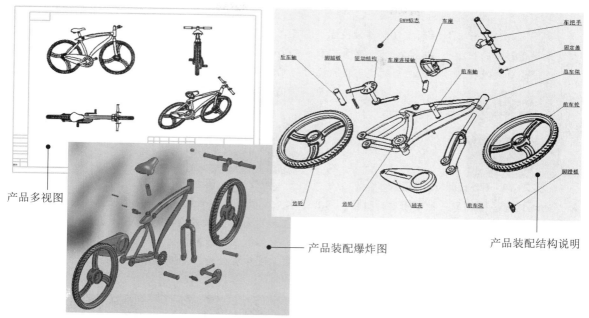

产品多视图

产品装配爆炸图

产品装配结构说明

图22-41　产品图纸

5. 模型开发

模型，首先是一种设计的表达形式。它是以接近现实的，以一种立体的形态来表达设计师的设计理念及创意思想的手段。它同时也是一种方案，使设计师的意图转化为视觉和触觉的近似真实的设计方案。产品设计模型与市场上销售的商品模型是有根本区别的。产品模型的功能是设计师将自己产品设计过程中的构想与意图通过接近或等同于设计产品的方式直观化体现出来。这个体现过程其实就是一种设计创意的体现。它使人们可以直观地感受设计师的创造理念、灵感、意识等要素，如图22-42所示。

根据材料不同，模型包括纸质模型、石膏模型、陶土模型、油泥模型、玻璃钢模型、ABS板塑胶模型、泡沫塑料模、木质模型、金属模型（RP成型技术）和3D打印机模型等。

➤ 纸质模型：纸质材料是一种常见的制作材料，它具有来源广泛、易加工成型、制作简单、简易方便等特性。常见的有各种克数的卡纸、瓦楞纸、包装纸、厚度不同的泡沫夹心纸板等。纸质模型及其制作工具如图22-43所示。

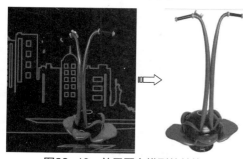

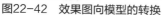

图22-42　效果图向模型的转换　　　　　图22-43　纸质模型及制作工具

➤ 石膏模型：石膏模型具有实体性强、有一定强度、成型较为容易、不宜变形、保存期长、方便二次加工制作、可涂着色彩等优点。不足之处是有一定重量、易碰碎、不宜携带、细微刻画不足等。所以石膏模型一般用于形态适中、外形较为整体、负空间不大的产品设计。石膏模型及其制作工具如图22-44所示。

> 陶土模型：陶土也叫粘土，其特点是取材方便，成本低廉，具有很好的可塑性，加工修改方便简易。同时具有可回收性和重复制作性特点。不足之处是重量较大，质地较粗，不太适合精加工。以此材质制作的模型干湿变化很大，常常因脱水而造成模型变形和表面龟裂。现在一般用来制作构思阶段的草稿性模型，以为以后的定型提供探讨研究依据。陶土模型及其制作工具如图22-45所示。

图22-44　石膏模型及制作工具　　　　　　　图22-45　陶土模型及制作工具

> 油泥模型：油泥是一种含油质的材料，不溶于水，成型后不会干裂，其特点是可塑性和粘接性非常好，成型后经过加热软化后可以自由修改，油泥经过加温，硬度会有所降低，呈现出很好的柔软性，温度降低后，硬度会恢复到原先的强度，这个过程可以经过无数次，而丝毫不影响材质的质量。油泥材质还可以回收再用，对设计师来讲是非常方便和有效的。油泥模型及其制作工具如图22-46所示。

图22-46　油泥模型及制作工具

> 玻璃钢模型：玻璃钢是一种复合材料。主要由环氧树脂与玻璃纤维构成，是一种高分子有机树脂。它学名叫玻璃纤维增强塑料。玻璃钢密度小，强度高，重量比铝还轻，但强度比钢还高。它还具有良好的耐酸碱腐蚀特性、不导电，具绝缘性、耐瞬间高温等优良特征，表面易于进行装饰，是当今许多工业产品广泛使用的优良材料。玻璃钢模型及其制作工具如图22-47所示。

图22-47　玻璃钢模型及制作工具

> ABS板塑胶模型：ABS是五大合成树脂之一，其抗冲击性、耐热性、耐低温性、耐化学药品性及电气性能优良，还具有易加工、制品尺寸稳定、表面光泽性好等特点，容易涂装、着色，还可以进行表面喷镀金属、电镀、焊接、热压和粘接等二次加工。在模型制作中，我们主要用ABS的板材和块

才。板材多通过热温变软后配合磨具制作大曲面，或在常态下雕刻镂空，用以制作产品面板之类部件。也可通过CNC数控加工中心切削制作精确的模型形态。设计师既可以自己动手通过简单工具制作简易的模型，也可通过专业人员运用数码设备制作手板级别的精密模型。ABS板塑胶模型及其制作工具如图22-48所示。

图22-48　ABS板塑胶模型及数控加工中心

➤ 泡沫塑料模型：泡沫塑料的种类用很多，用以制作模型的材料有UPS、XPS、PU这3种，其中UPS和XPS一般是制作粘土模型和油泥模型的芯料，能够较为独立地应用于模型制作的材料便是PU了。这里所说的PU就是聚氨酯发泡塑料。这种材料同前面提到的3种材料一样，主要应用于建筑做隔温材料使用，聚氨酯发泡密度较低，80～50kg/m³。由于其颗粒均匀，易于切削打磨的特点，既可以用于作为方案初期快速的草模制作，也可用于后期较为精密的效果模型的制作。泡沫塑料模型和常用工具如图22-49所示。

图22-49　泡沫塑料模型和常用工具

➤ 木质模型：木材是一种常见的材料，它来源广泛，品种众多，品质呈多样性，是一种模型制作常用的构成材质。相对来讲木材质量轻而强度大，具有绝缘隔热的特性，有其天然的纹理和色泽，加工相对容易和便于制作。木材易于表面装饰，便于利用自身色泽肌理制作产品模型。因此木材常用于家具和家居产品模型制作。木质模型和常用工具如图22-50所示。

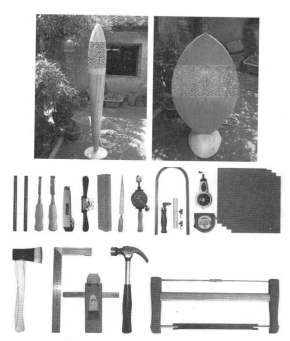

图22-50　木质模型和常用工具

➤ 金属模型：金属模型要动用的材料和工具比较复杂和高端，所以在制作这类模型时往往需要专业技师。但作为设计师来说，也要掌握一些这方面的专业知识，以更好地达到设计目的，更好地体现设计效果。金属模型和常用加工工具如图22-51所示。金属模型加工的步骤如图22-52所示。

图22-51　金属模型及加工工具

➤ 3D打印机制作模型：3D打印机的应用技术也叫RP（Rapid Prototyping）快速成型技术。它是一种以数字模型文件为基础，运用粉末状金属或塑料等可粘合材料，通过逐层打印的方式来构造物体的技术。过去其常在模具制造、工业设计等领域被用于制造模型，现正逐渐用于一些产品的直接制造，这意味着这项技术正在普及。它的原理是：把数据和原料放进3D打印机中，机器会按照程序把产品一层层造出来。打印出的产品可以即时使用。3D打印机及其加工的模型如图22-53所示。

①加工主体模型

②加工局部模型

③完成所有模型加工

④零件模型装配

图22-52　金属模型加工的基本步骤

图22-53　3D打印机及其加工的模型

22.3.2　模具设计阶段

除了前面介绍的利用3D打印机技术制作产品以外，几乎所有的塑胶产品都需要利用注射成型技术（模具）来制造产品。

模具设计流程在上节中已有详细介绍。

常见用于模具结构设计的计算机辅助设计软件有Pro/E、UG、SolidWorks、MsterCAM、CATIA等。模具设计的步骤如下。

1. 分析产品

主要是分析产品的结构、脱模性、厚度、最佳浇口位置、填充分析、冷却分析等，若发现产品有不利于模具设计的，与产品结构设计师商量后须进行修改。图22-54所示为利用MsterCAM软件对产品进行的脱模性分析，即更改产品的脱模方向。

图22-54　产品的脱模性分析

2. 分型线设计

分型线是型腔与型芯的分隔线。它在模具设计初期阶段有着非常重要的指导作用——只有合理地找出分型线，才能正确分模乃至令模具完整。产品的模具分型线如图22-55所示。

图22-55　模具分型线

3. 分型面设计

模具上用以取出制品与浇注系统凝料的、分离型腔与型芯的接触表面称之为分型面。在制品的设计阶段，就应考虑成型时分型面的形状和位置。模具分型面如图22-56所示。

4. 成型零件设计

构成模具模腔的零件统称为成型零件，它主要包括型腔、型芯、各种镶块、成型杆和成型环。图22-57所示为模具的整体式成型零件。

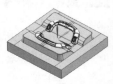

图22-56　模具分型面　　图22-57　整体式成型零件

5. 模架设计

模架（沿海地区或称为"模胚"）一般采用标准模架和标准配件，这对缩短制造周期、降低制造成本是有利的。模架有国际标准和国家标准。符号国家标准的模架如图22-58所示。

图22-58 模架

6. 浇注系统设计

浇注系统是指塑料熔体从注塑机喷嘴出来后到达模腔前在模具中流经的通道。普通浇注系统由主流道、分流道、浇口、冷料穴几部分组成，图22-59所示是卧式注塑模的普通浇注系统。

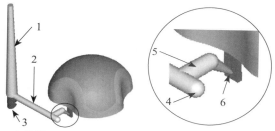

1 - 主流道；2 - 一级分流道；3 - 料槽兼冷料井；4 - 冷料井；5 - 二级分流道；6 - 浇口

图22-59 普通浇注系统

7. 侧向分型机构设计

由于某些特殊要求，在塑件无法避免其侧壁内外表面出现凸凹形状时，模具就需要采取特殊的手段对所成形的制品进行脱模。因为这些侧孔、侧凹或凸台与开模方向不一致，所以在脱模之前必须先抽出侧向成形零件，否则将不能脱模。这种带有侧向成形零件移动的机构我们称之为侧向分型与抽芯机构。图22-60所示为模具四面侧向分型的滑块机构设计。

8. 冷却系统设计

模具冷却系统的设计与使用的冷却介质、冷却方法有关。注塑模可用水、压缩空气和冷凝水冷却，其中使用水冷却最为广泛，因为水的热容量大，传热系数大，成本低。冷却系统组件包括冷却水路、水管接头、分流片、堵头等。图22-61所示为模具冷却系统设计图。

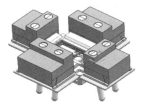

图22-60 四面滑块机构

图22-61 模具冷却系统

9. 顶出系统

成型模具必须有一套准确、可靠的脱模机构，以便在每个循环中将制件从型腔内或型芯上自动脱出模具外，脱出制件的机构称为脱模机构或顶出机构（也叫模具顶出系统）。常见的顶出形式有顶杆顶出和斜向顶出，如图22-62所示。

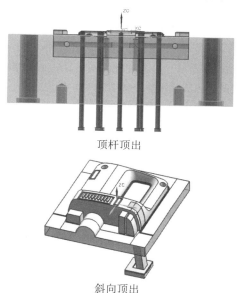

顶杆顶出

斜向顶出

图22-62 顶出系统

10. 拆电极

作为数控编程师，一定要懂得拆镶块和拆电极。拆镶块可以降低模具数控加工的成本。拆出来的镶块用普通机床、线切割机床就可以完成加工。如果不拆，那么就有可能需要利用到电极加工方式，电极加工成本是很高的。就算用不上电极加工，对于数控机床也会增加加工时间。此外，拆镶块还利用装配和维修。图22-63所示为拆镶块的示意图。

有的产品为了保证产品的外观质量，例如手机外壳，是不允许有接缝产生的。因此必须利用电极加工，那么就需要拆电极。图22-64所示为模具的型芯零件与型芯电极。

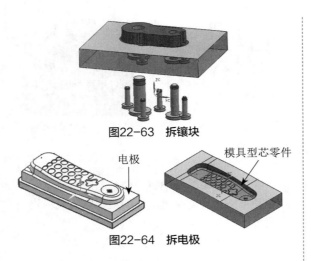

图22-63　拆镶块

电极　　　　模具型芯零件

图22-64　拆电极

22.3.3　加工制造阶段

在模具加工制造阶段，新手掌握除前面介绍的知识，还应掌握以下重要内容。

1. 数控加工中常见的模具零件结构

一般情况下，前模（也叫定模）的加工要求比后模的加工要求高，所以前模面必须加工得非常准确和光亮，该清的角一定要清；但后模（也叫动模）的加工就有所不同，有时有些角不一定需要清得很干净，表面也不需要很光亮。另外，模具中一些特殊部位的加工工艺要求不同，如模具中的角位需要留0.02mm的余量待打磨师傅打磨；前模中的碰穿面、擦穿面需要留0.05mm的余量用于试模。图22-65所示列出了模具中的一些常见组成零件。

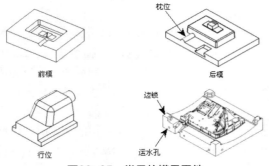

枕位

前模　　　　后模

边锁

行位　　　运水孔

图22-65　常见的模具零件

2. 模具加工的刀具选择

在模具型腔数控铣削加工中，刀具的选择直接影响着模具零件的加工质量、加工效率和加工

成本，因此正确选择刀具有着十分重要的意义。在模具铣削加工中，常用的刀具有平端立铣刀、圆角立铣刀、球头刀和锥度铣刀等，如图22-66（a）、（b）、（c）、（d）所示。

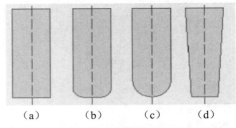

（a）　　　（b）　　　（c）　　　（d）

图22-66　模具铣削刀具

（1）刀具选择的原则

在模具型腔加工时，刀具的选择应遵循以下原则。

➢ 根据被加工型面形状选择刀具类型：对于凹形表面，在半精加工和精加工时，应选择球头刀，以得到好的表面质量，但在粗加工时宜选择平端立铣刀或圆角立铣刀，这是因为球头刀切削条件较差；对凸形表面，粗加工时一般选择平端立铣刀或圆角立铣刀，但在精加工时宜选择圆角立铣刀，这是因为圆角铣刀的几何条件比平端立铣刀好；对带脱模斜度的侧面，宜选用锥度铣刀，虽然采用平端立铣刀通过插值也可以加工斜面，但会使加工路径变长而影响加工效率，同时会加大刀具的磨损而影响加工的精度。

➢ 根据从大到小的原则选择刀具：模具型腔一般包含多个类型的曲面，因此在加工时一般不能选择一把刀具完成整个零件的加工。无论是粗加工还是精加工，应尽可能选择大直径的刀具，因为刀具直径越小，加工路径越长，造成加工效率降低，同时刀具的磨损会造成加工质量的明显差异。

➢ 根据型面曲率的大小选择刀具。

➢ 在精加工时，所用最小刀具的半径应小于或等于被加工零件上的内轮廓圆角半径，尤其是在拐角加工时，应选用半径小于拐角处圆角半径的刀具，并以圆弧插补的方式进行加工，这样可以避免采用直线插补而出现过切现象。

➢ 在粗加工时，考虑到尽可能采用大直径刀具的原则，一般选择的刀具半径较大，这时需要考虑的是粗加工后所留余量是否会给半精加工或精加工刀具造成过大的切削负荷，因为较大直径的刀具在零件轮廓拐角处会留下更多的余量，这往往是精加工过程中出现切削力的急剧变化而使刀具损坏或栽刀的直接原因。

➤ 粗加工时尽可能选择圆角铣刀：一方面圆角铣刀在切削中可以在刀刃与工件接触的0°～90°范围内，给出比较连续的切削力变化，这不仅对加工质量有利，而且会使刀具寿命大大延长；另一方面，在粗加工时选用圆角铣刀，与球头刀相比具有良好的切削条件，与平端立铣刀相比，可以留下较为均匀的精加工余量，如图22-67所示，这对后续加工是十分有利的。

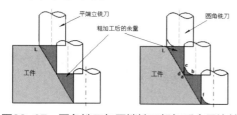

图22-67　圆角铣刀与平端铣刀粗加后余量比较

（2）刀具的切入与切出

一般的UG CAM模块提供的切入切出方式有刀具垂直切入切出工件、刀具以斜线切入工件、刀具以螺旋轨迹下降切入工件、刀具通过预加工工艺孔切入工件，以及圆弧切入切出工件。

其中刀具垂直切入切出工件是最简单、最常用的方式，适用于可以从工件外部切入的凸模类工件的粗加工和精加工，以及模具型腔侧壁的精加工，如图22-68所示。

刀具以斜线或螺旋线切入工件常用于较软材料的粗加工，如图22-69所示。通过预加工工艺孔切入工件是凹模粗加工常用的下刀方式，如图22-70所示。圆弧切入切出工件由于可以消除接刀痕而常用于曲面的精加工，如图22-71所示。

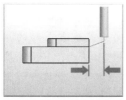

图22-68　垂直切入切出

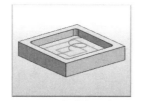

图22-69　螺旋切入切出

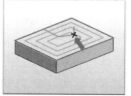

图22-70　预钻孔切入

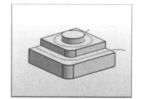

图22-71　圆弧切入切出

技术点拨

需要说明的是，在粗加工型腔时，如果采用单向走刀方式，一般CAD/CAM系统提供的切入方式是一个加工操作开始时的切入方式，并不定义在加工过程中每次的切入方式，这个问题有时是造成刀具或工件损坏的主要原因，解决这一问题的一种方法是采用环切走刀方式或双向走刀方式，另一种方法是减小加工的步距，使背吃刀量小于铣刀半径。

3. 模具前后模编程注意事项

在编写刀路之前，先将图形导入编程软件，再将图形中心移动到系统默认坐标原点，最高点移动到Z原点，并将长边放在X轴方向，短边放在Y轴方向，基准位置的长边向着自己，如图22-72所示。

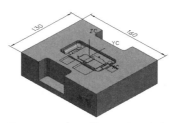

图22-72　加工模型的位置确定

技术点拨

工件最高点移动到Z原点有两个目的，一是防止程式中忘记设置安全高度造成撞机，二是反映刀具保守的加工深度。

（1）前模（定模仁）编程注意事项

编程技术人员编写前模加工刀路时，应注意以下事项。

➤ 前模加工的刀路顺序：大刀开粗→小刀开粗和清角→大刀光刀→小刀清角和光刀。

- 应尽量用大刀加工，不要用太小的刀，小刀容易弹刀，开粗通常先用刀把（圆鼻刀）开粗，光刀时尽量用圆鼻刀或球刀，因圆鼻刀足够大而有力，而球刀主要用于曲面加工。

- 有PL面（分型面）的前模加工时，通常会碰到一个问题，当光刀时PL面因碰穿需要加工到数（找基准，碰0位数），而型腔要留0.2～0.5mm的加工余量（留出来打火花）。这时可以将模具型腔表面朝正向补正0.2～0.5mm，PL面在写刀路时将加工余量设为0。

- 前模开粗或光刀时通常要限定刀路范围，一般系统默认参数以刀具中心产生刀具路径，而不是刀具边界范围，所以实际加工区域比所选刀路范围单边大一个刀具半径。因此，合理设置刀路范围，可以优化刀路，避免加工范围超出实际加工需要。

- 前模开粗常用的刀路方法是曲面挖槽，平行式光刀。前模加工时分型面、枕位面一般要加工到数，而碰穿面可以留余量0.1 mm，以备配模。

- 前模材料比较硬，加工前要仔细检查，减少错误，不可轻易烧焊。

（2）后模（动模）编程注意事项

后模（动模）编程注意事项如下。

- 后模加工的刀路顺序：大刀开粗→小刀开粗和清角→大刀光刀→小刀清角和光刀。

- 后模同前模所用材料相同，尽量用圆鼻刀（刀把）加工。分型面为平面时，可用圆鼻刀精加工。如果是镶拼结构，则后模分为镶块固定板和镶块，需要分开加工。加工镶块固定板内腔时要多走几遍空刀，不然会有斜度，上面加工到数，下面加工不到位的现象，造成难以配模，深腔更明显。光刀内腔时尽量用大直径的新刀。

- 内腔高、较大时，可翻转过来首先加工腔部位，装配入腔后，再加工外形。如果有止口台阶，用球刀光刀时需控制加工深度，防止过切。内腔的尺寸可比镶块单边小0.02mm，以便配模。镶块光刀时公差为0.01～0.03mm，步距值为0.2～0.5mm。

- 塑件产品上下壳配合处凸起的边缘称为止

口，止口结构在镶块上加工或在镶块固定板上用外形刀路加工。止口结构如图22-73所示。

镶块止口　　　　　镶块固定板止口

图22-73　止口结构

4. 数控加工过程中的常见问题

在数控编程中，常遇到的问题有撞刀、弹刀、过切、漏加工、多余的加工、空刀过多、提刀过多和刀路凌乱等问题，这也是编程初学者急需解决的重要问题。

（1）撞刀

撞刀是指刀具的切削量过大，除了切削刃外，刀杆也撞到了工件。造成撞刀的原因主要是安全高度设置不合理或根本没设置安全高度、选择的加工方式不当、刀具使用不当和二次开粗时余量的设置比第一次开粗设置的余量小等。

撞刀的原因及其解决方法介绍如下。

- 吃刀量过大：由于吃刀量过大，可引起刀具与工件碰撞，如图22-74所示。解决方法是：减少吃刀量。刀具直径越小，其吃刀量应该越小。一般情况下模具开粗每刀吃刀量不大于0.5mm，半精加工和精加工吃刀量更小。

- 不当加工方式：选择了不当的加工方式，同样引起撞刀，如图22-75所示。解决方法是：将等高轮廓铣的方式改为型腔铣的方式。当加工余量大于刀具直径时，不能选择等高轮廓的加工方式。

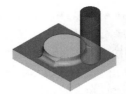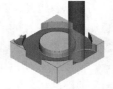

图22-74　吃刀量过大　　图22-75　不当加工
　　　引起撞刀　　　　　　　方式引起撞刀

- 安全高度：由安全高度设置不当引起的撞刀，如图22-76所示。解决方法是：安全高度应大于装夹高度；多数情况下不能选择"直接的"进退刀方式，除了特殊的工件之外。

- 二次开粗余量：由二次开粗余量设置不当

引起的撞刀现象，如图22-77所示。解决方法是：二次开粗时余量应比第一次开粗的余量要稍大一点，一般大0.05mm。如第一次开粗余量为0.3mm，则二次开粗余量应为0.35mm。否则，刀杆容易撞到上面的侧壁。

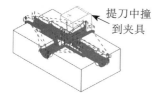 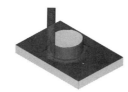

图22-76 吃刀量过大 引起撞刀　　图22-77 不当加工方式 引起撞刀

➤ 其他原因：除了上述原因会产生撞刀外，修剪刀路有时也会产生撞刀，故尽量不要修剪刀路。撞刀最直接的后果就是损坏刀具和工件，更严重的可能会损害机床主轴。

（2）弹刀

弹刀是指刀具因受力过大而产生幅度相对较大的振动。弹刀造成的危害就是造成工件过切和损坏刀具，当刀径小且刀杆过长或受力过大时，都会产生弹刀的现象。下面是弹刀的原因及其解决方法。

➤ 刀径小且刀杆过长：由刀径小且刀杆过长导致的弹刀现象，如图22-78所示。解决方法是：改用大一点的球刀清角或电火花加工深的角位。

➤ 吃刀量过大：由吃刀量过大导致的弹刀现象，如图22-79所示。解决方法是：减少吃刀量（即全局每刀深度），当加工深度大于120mm时，要分开两次装刀，即先装上短的刀杆加工到100mm的深度，再装上加长刀杆加工100mm以下的部分，并设置小的吃刀量。

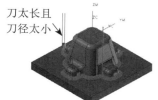 

图22-78 刀杆问题 引起弹刀　　图22-79 吃刀量大 引起弹刀

（3）过切

过切是指刀具把不能切削的部位也切削了，使工件受到了损坏。造成工件过切的原因有多种，主要有机床精度不高、撞刀、弹刀、编程时选择小的刀具但实际加工时误用大的刀具等。另外，如果操机师傅对刀不准确，也可能会造成过切。图22-80所示的情况是由于安全高度设置不当而造成的过切。

（4）漏加工

漏加工是指模具中存在一些刀具能加工到的地方却没有加工，其中平面中的转角处是最容易漏加工的，如图22-81所示。

 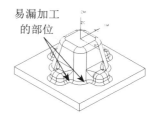

图22-80 过切　　图22-81 平面中的转角处 漏加工

出现这种现象的解决方法是：先使用较大的平底刀或圆鼻刀进行光平面，当转角半径小于刀具半径时，则转角处就会留下余量，如图22-82所示。为了清除转角处的余量，应使用球刀在转角处补加刀路，如图22-83所示。

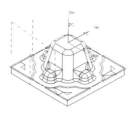 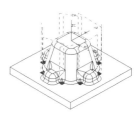

图22-82 平面铣加工　　图22-83 补加刀路

（5）多余加工

多余加工是指对于刀具加工不到的地方或电火花加工的部位进行加工，它多发生在精加工或半精加工。有些模具的重要部位或者普通数控加工不能加工的部位都需要进行电火花加工，所以在开粗或半精加工完成后，这些部位就无须再使用刀具进行精加工，否则就是浪费时间或者造成过切。图22-84所示的模具部位就无须进行精加工。

（6）空刀过多

空刀是指刀具在加工时没有切削到工件，当空刀过多时则浪费时间。产生空刀的原因多是加工方式选择不当、加工参数设置不当、已加工的部位所剩的余量不明确和大面积进行加工,其中选择大面积的范围进行加工最容易产生空刀。

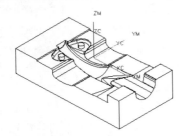

电火花加工的部位,二次开粗完成后就无须半精加工或精加工

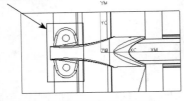

图22-84 无须进行精加工的部位

为避免产生过多的空刀,在编程前应详细分析加工模型,确定多个加工区域。编程总脉络是开粗用型腔铣刀路,半精加工或精加工平面用平面铣刀路,陡峭的区域用等高轮廓铣刀路,平缓的区域用固定轴轮廓铣刀路。

半精加工时不能选择所有的曲面进行等高轮廓铣加工,否则将产生过多空刀,如图22-85所示。

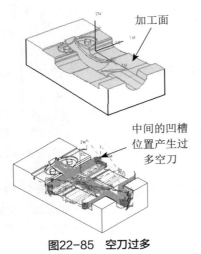

加工面

中间的凹槽位置产生过多空刀

图22-85 空刀过多

（7）残料

如图22-86所示的模型,其转角半径为5mm,如使用D30R5的飞刀进行开粗,则转角处的残余量约为4mm;当使用D12R0.4的飞刀进行等高清角时,则转角处的余量约为0.4mm;当使用D10或比D10小的刀具进行加工时,则转角处的余量为设置的余量,当设置的余量为0时,则可以完全清除转角上的余量。

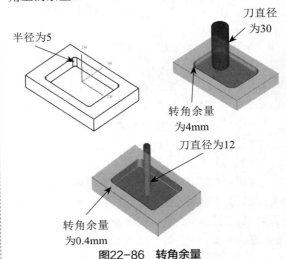

半径为5

刀直径为30

转角余量为4mm

刀直径为12

转角余量为0.4mm

图22-86 转角余量

当使用D30R5的飞刀对上图的模型进行开粗时,其底部会留下圆角半径为5mm的余量,如图22-87所示。

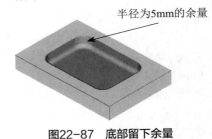

半径为5mm的余量

图22-87 底部留下余量

SolidWorks Plastics插件是用于模具模流分析的专业工具。在分模及设计模具结构之前，进行这样的模流分析，可以提高产品的质量，简化与缩短模具制造周期。

本章将学习SolidWorks Plastics的基本功能及其分析应用。

知识要点

- ⊙ SolidWorks Plastics入门基础
- ⊙ 建立网格
- ⊙ 设定材料
- ⊙ 设置操作条件
- ⊙ 边界设定
- ⊙ 标称壁厚
- ⊙ 分析类型

23.1 SolidWorks Plastics入门基础

SolidWorks Plastics的前身称作SimpoeWorks。SolidWorks Plastics由法国SIMPOESAS公司开发，该公司专业从事注塑工艺模拟方案的软件编制。通过对塑料树脂在注塑零件的制造过程中的性能进行模拟，可以验证和优化模具以及制造的零件。新产品的开发时间以及开发费用都可以因此而大大减少。

为了使读者能更好地了解SolidWorks Plastics的分析过程与方法，接下来将对学习背景和学习方法做必要的介绍，让读者有充分的学习准备。

1. 学习背景

应用SolidWorks Plastics进行塑料制品的注塑成型分析是一项比较复杂、对使用者素质要求相对较高的技术。它要求软件的使用者首先要具备一定的理论背景知识和实际的工程经验，其中主要包括：

➢ CAD/CAE/CAM的基础知识；
➢ 具有一定的有限元分析的理论功底；
➢ 具有相当的模具设计和塑料产品生产的实际工程经验；
➢ 常用CAD软件的基本操作和三维造型能力；
➢ 一定的英语阅读水平；
➢ 计算机的基本操作技能。

虽然以上各项基本技能并非绝对要求满足，但如果在某方面有欠缺，就需要读者通过自身的学习和一定的培训来弥补，从而更好地掌握SolidWorks Plastics的使用，并且能够深入下去。

2. 学习方法

SolidWorks Plastics注塑成型分析技术的学习主要包括两个方面的内容：一是注射成型及相关的理论背景的基础知识、基本原理、分析思路的学习；二是SolidWorks Plastics具体操作的学习，其中包括各模块的基本功能和原理、使用技巧和操作方法。

有关注塑成型和相关的理论基础的学习，应该是使用者始终坚持贯穿的内容，也是注塑成型分析的重点，它可以说是评价一位工程师水平的主要依据。然而，理论背景的学习与实际工程的经验积累并不是一下子就能成就的。

23.1.1 有限元分析基础

SolidWorks Plastics作为成功的注塑产品成型仿真及分析软件，遵循的基本思想也是工程领域中最为常用的有限元法。

简单说来，有限元法就是利用假想的线或面将连续介质的内部和边界分割成有限个大小的、有限数目的、离散的单元来研究。这样就把原来一个连续的整体简化成有限个单元体系，从而得到真实结构的近似模型，最终的数值计算就是在这个离散化的模型上进行的。直观上，物体被划分成【网格】状，在SolidWorks Plastics中将这些单元称为网格（mesh），如图23-1所示。

图23-1 有限元模型

有限元法的基本思想包括以下几个方面。

➢ 连续系统（包括杆系、连续体、连续介质）被假想地分割成数目有限的单元，单元之间只在数目有限的节点处相互连接，构成一个单元集合体来代替原来的连续系统，在节点上引进等效载荷（或边界条件），代替实际作用于系统上的外载荷。

➢ 由分块近似的思想，对每个单元按一定的规则建立求解未知量与接点相互之间的关系。

➢ 把所有单元的这种特性关系，按一定的条件（变形协调条件、连续条件或变分原理及能量原理）集合起来，引入边界条件，构成一组以接点变量（位移、温度、电压等）为未知量的代数方程组，求解它们就得到有限个接点处的待求变量。

所以，有限元法实质上是把具有无限个自由度的连续系统理想化为具有有限个自由度的单元集合体，使问题转化为适合于数值求解的结构型问题。

有限元方法正是由于它的诸多特点，在当今各个领域都得到了广泛应用。表现如下：

➢ 原理清楚，概念明确；
➢ 应用范围广泛，适应性强；
➢ 有利于计算机应用。

23.1.2 常见制品缺陷及产生原因

下面介绍一些常见的制品缺陷及产生的原因。

1. 短射
短射是指由于模具型腔填充不完全造成的制品不完整的质量缺陷，即熔体在完成填充之前就已经凝结。

其造成原因为：

➢ 流动受限，由于浇注系统设计得不合理导致熔体流动受到限制，流道过早凝结；
➢ 出现滞留或制品流程过长、过于复杂；
➢ 排气不充分，未能及时排出的气体会产生阻止熔体流动压力；
➢ 模温或料温过低，降低了熔体流动性，导致填充不完全；
➢ 成型材料不足，注塑机注塑量不足，或者螺杆速率过低也会造成短射；
➢ 注塑机的缺陷，入料堵塞或螺杆前端缺料。

解决方案如下：

➢ 避免滞留现象发生；
➢ 尽量消除气穴，将气穴位置设在利于排气的位置或利用顶杆排气；
➢ 增加螺杆速率；
➢ 改进制件设计，使用平衡流道，并尽量减小制件的厚度差异；
➢ 更换成型材料；
➢ 增大注塑压力。

2. 气穴
气穴是指由于熔体前沿汇聚而在小塑件内部或模腔表层形成的气泡。

气穴成因：

➢ 跑道效应；
➢ 滞留；
➢ 不平衡，即使制件厚度均匀，各个方向上的流长也不一定相同，导致气穴产生；
➢ 排气不充分。

解决方案如下：

➢ 平衡流长；

➢ 避免滞留和跑道效应的出现，对浇注系统做修改，从而使制件最后填充位置位于容易排气的区域；

➢ 充分排气，将气穴位置设在利于排气的位置或利用顶杆排气。

3. 熔接痕与熔接线

当两个或多个流动前沿融合时，会形成熔接痕和熔接线。两者的区别是融合流动前沿的夹角的大小。

熔接痕和熔接线成因：由于制件的几何形状，填充过程中出现两个或两个以上的流动前沿时，很容易产生熔接痕和熔接线。

解决方案：

➢ 增加模温和料温，使两个相遇的熔体前沿融合得更好；

➢ 改进浇注系统设计，在保持熔体流动速率的前提下减小流道尺寸，以产生摩擦热。

4. 飞边

飞边是指在分型面或者顶杆部位从模具模腔溢出的一薄层材料。飞边仍然与制件相连，通常需要人工清除。

飞边成因：

➢ 模具分型面闭合性差，模具变形或存在堵塞物；

➢ 锁模力过小；

➢ 过保压；

➢ 成型条件有待优化，如成型材料黏度、注塑速率、浇注系统等；

➢ 排气位置不当。

解决方案如下：

➢ 确保分型面能很好地闭合；

➢ 避免保压过度；

➢ 选择具有较大锁模力的注塑机；

➢ 设置合适的排气位置；

➢ 优化成型条件。

5. 凹陷及缩痕

凹陷及缩痕是注塑制品表面产生凹坑、陷窝或是收缩痕迹的现象，是由熔体冷却固化时体积收缩而产生的。

凹陷及缩痕成因：

➢ 模具缺陷；

➢ 注塑工艺不当；

➢ 注塑原料不符合要求；

➢ 制件结构设计不合理。

解决方案如下：

➢ 改进进料口及浇口的形状；

➢ 增加注塑压力与注射速率；

➢ 改善原料的成分，可适当增加润滑剂；

➢ 尽量保证制品壁厚的一致性。

6. 翘曲及扭曲

翘曲及扭曲都是产品脱模后产生的制品变形。沿边缘平行方向的变形称之为翘曲，沿对角线方向上的变形称之为扭曲。

翘曲及扭曲成因：

➢ 冷却不当；

➢ 分子取向不均衡；

➢ 浇注系统设计的缺陷；

➢ 脱模系统结构不合理；

➢ 成型条件设置不当。

解决方案如下：

➢ 合理改善冷却系统，应保证制件均匀冷却；

➢ 降低模温与料温，减小分析的流动取向；

➢ 合理地设置浇口位置和浇口类型；

➢ 适当增加注射压力、注射速率、保压时间等注塑工艺参数。

23.1.3　SolidWorks Plastics插件的安装

要使用SolidWorks Plastics插件，必须在安装SolidWorks 2020主程序时同时安装SolidWorks Plastics插件程序，如图23-2所示。

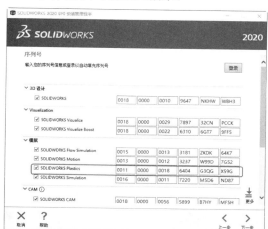

图23-2　安装SolidWorks Plastics插件

在SolidWorks 2020功能区的【SolidWorks插件】选项卡中单击【SolidWorks Plastics】插件图标，启动【SolidWorks Plastics】选项卡，应用界面如图23-3所示。

图23-3　启动SolidWorks Plastics插件

没有导入分析模型之前，【SolidWorks Plastics】选项卡中的相关功能命令是不能使用的。图23-4所示为创建新算例并导入模型后的分析界面。

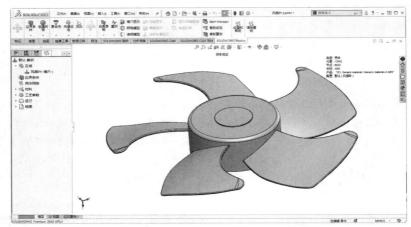

图23-4　SolidWorks Plastics分析界面

23.2　新建算例

SolidWorks Plastics的"算例"指的就是对注塑材料进行分析计算并模拟流动状态的分析程序。每一种产品材料的分析都需要创建新的算例。创建算例是进行Plastics模流分析的第一步。

单击【新建算例】按钮，弹出【算例】属性面板，如图23-5所示。选择注塑成型类型和网格类型后，单击【确定】按钮进入SolidWorks Plastics分析环境中。

图23-5　【算例】属性面板

【算例】属性面板中各选项含义如下。

➤ 名称：可以为新算例命名，也可以采用默认名称。

➤ 注塑过程：在【注塑过程】列表中列出了几种常见的注塑成型分析类型。包括"单种材料（热塑性注塑成型）""双料注射（双色注塑或重叠注塑）""复合注塑（共注射成型或包胶注塑成型）""气辅注塑"和"水辅助（中空注塑）"。

➤ 分析程序：指的是网格类型。Plastics模流分析的对象仅针对实体网格和壳体网格。实体网格所消耗的分析时间较长。

技术要点

如果需要重新创建新算例，可在SolidWorks Plastics属性管理器中右击【默认算例】算例，在弹出的右键菜单中选择【编辑算例】或【删除算例】命令即可。

23.3　网格建立与问题修复

SolidWorks Plastics整合在SolidWorks 2020之内，可以导入更多三维CAD软件的实体模型进行分析，并且能够自动修复模型。

23.3.1　Plastics网格类型

在SolidWorks Plastics中，仅有两种网格类型。一般认为，3D实体网格类型是最准确

的，其次才是壳体网格（双层面网格）。本节将着重介绍壳体网格的创建、优化与修复等重要知识点。

1. 壳体网格

壳体网格是双层面网格，是一种封闭的表面网格模型，是在型腔或制品表面产生有限网格，利用表面上的平面三角网格进行有限元分析，如图23-6所示。

双层面网格的假设和求解模型基本与Midplane一致，而且双层面网格还增加了网格的匹配率。当网格的匹配率较低时，分析结果的准确性就会大大降低，甚至不如中性面网格。

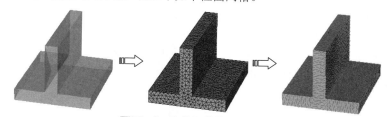

图23-6　壳体网格的分析过程

图23-7中显示双层面网格划分，上图表示双层面网格，中图表示网格匹配情况，蓝色表示匹配；下图表示相互匹配的两个网格。双层面网格的好处是不用抽取中性面，减少了建模的工作量。而且，双层面模型利用外壳表面表示制品，使得结果显示具有真实感，利于分析判读。

图23-7　双层面网格

双层面网格可以进行的分析序列包括：流动分析、冷却分析、纤维配向性分析、收缩翘曲分析、成型条件最佳化分析。

2. 实体网格

3D实体网格，是通过使用经过验证的、基于四面体的有限元体积网格解决方案技术，可以对厚壁产品和厚度变化较大的产品进行真实的三维模型分析。实体网格模型技术在数值分析方法上与中面流技术相比有较大变化。在实体网格模型技术中熔体在厚度方向上的速度分量不再被忽略，熔体的压力随厚度方向变化。其模拟过程如图23-8所示。

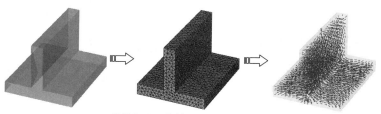

图23-8　实体网格的分析过程

3D网格适于厚壁或者壁厚不均匀的制品，如图23-9所示。事实上，3D网格适用于任何几何形状的制品。但考虑到求解效率，薄壁制品还是用中性面网格和双层面网格比较方便。与中性面和双层面不同的是，3D网格利用Navier-Stokes方程求解，它计算模型上任何一个节点的温度、压力、速度等物理量。传热过程中，3D网格求解考虑各个节点在各个方向上的传导和对流，所以冷却分析更准确。3D模型也考虑了熔体的惯性效应和重力效应，虽然这两个因素在多数情况下的影响不大。3D预测变形不利用CRIMS模型数据。图23-10所示为3D网格划分，上图表示3D网格划分，下图表示四面体3D网格。

图23-9　厚壁产品

图23-10　实体网格的划分

3D实体网格比中性面网格和双层面网格的分析时间要长，可以进行分析的序列包括充填分析、保压分析、冷却分析和翘曲分析。

三种网格总结如下：

➢ 对于中性面网格、双层面网格和3D实体网格，充填在总体上都是比较准确的；

➢ 3D实体网格和中性面网格对注射压力的模拟与实际比较吻合；

➢ 双层面网格对注射压力的预测偏高；

➢ 3D实体网格对变形的预测比中性面网格和双层面网格准确。

23.3.2　建立网格模型

在创建了分析算例后，分析流程的第二步就是为模型划分网格。

在【SolidWorks Plastics】选项卡中单击【创

建网格】按钮，弹出【壳体网格】属性面板，如图23-11所示。

提示

如果在新建算例时选择了【实体】分析程序，此处弹出的应是【实体网格】属性面板。

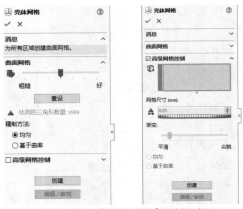

图23-11　【壳体网格】属性面板

【壳体网格】属性面板中各选项含义如下。

➢ 【曲面网格】选项区：用于设定网格指令和网格计算方法。

➢ 网格质量滑块：调节滑块的位置，设定网格的数量及网格分析质量。往左拖动滑块，网格质量粗糙，往右会越来越好。网格单元数量越大，分析质量就越好。系统会根据滑块所在位置，估测网格单元的数量值。

➢ 精确方法：网格分析的精确计算方法。包括"均匀"和"基于曲率"两种。

➢ "均匀"方法：是针对模型使用统一的网格划分尺寸，不受模型结构的影响。

➢ "基于曲率"方法：是当模型中存在较小工程特征（如圆角、倒角、筋、BOSS柱等）时，对这些小特征应用基于曲率的网格划分方法，可以改善它们的网格质量。

➢ 【高级网格控制】选项区：此选项区用于控制模型网格的细分。通过对局部区域的网格细分，达到局部区域的网格质量优化。

➢ 网格控制面、边、顶点和组件：指定模型中需要进行网格细分的面、边线、顶点或部分实体等。图23-12所示为在模型中选择单个曲面、封闭边线和选取顶点进行网格细分的范例。

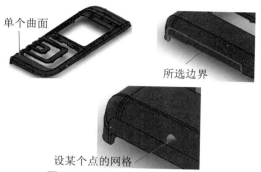

单个曲面

所选边界

设某个点的网格

图23-12 自定义局部网格细分

➢ 网格尺寸 🔺：设定网格细分的网格单元尺寸。

➢ 渐变：此选项仅对所选实体（不能改变面、边线或顶点）有用。控制网格尺寸从局部尺寸更改为默认网格尺寸的速度。"均匀"和"基于曲率"两种方法同上。

➢ 创建：单击此按钮，按照设定的网格选项和参数来创建网格。

在【壳体网格】属性面板中单击【创建】按钮，系统开始划分网格，如图23-13所示。

图23-13 划分网格

网格化模型后，图形区右上角会显示网格化后的一些基本信息。在Plastics Manager属性管理器中，可以双击打开摘要和报表，再供分析者参阅，如图23-14所示。

图23-14 网格信息

当然，也可在【SolidWorks Plastics】选项卡【创建网格】下拉菜单中单击【详细信息】按钮，或者在属性管理器中右击【壳体网格】弹出【网格详细信息】对话框，如图23-15所示。分析者参阅这些信息后，可根据实际情况对问题网格进行修复。

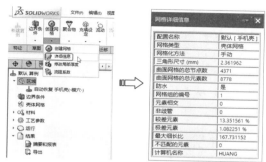

图23-15 【网格详细信息】对话框

创建网格模型后，可以在【SolidWorks Plastics】选项卡中单击【模穴显示】 、【网格模型】或【透明模型】等按钮，控制分析对象的显示状态，如图23-16所示。

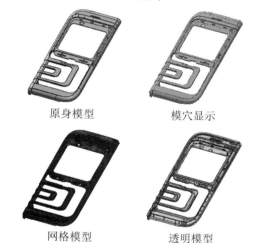

原身模型   模穴显示

网格模型   透明模型

图23-16 模型的显示状态

如果需要重新划分网格，可重新打开【壳体网格】属性面板，并设置网格选项，即可重新划分网格。

23.3.3 网格诊断与修复

网格化模型后，较好的网格模型无须对网格进行修复。当【网格详细信息】对话框中的【较差元素】与【极差元素】的百分比值的和超过

10%时，可视为网格质量较差，需要进行网格修复操作，如图23-17所示。

另外，还要通过【网格详细信息】对话框查看是否存在“元素相交”“非歧管”“不匹配的元素”等问题，如果它们的值均为0，说明没有这些缺陷问题。如果仅仅是较差元素和极差元素所占比值较大的问题，跟“最大细长比”的值是直接关联的，可以通过重新划分网格来解决此问题。图23-18所示为在【壳体网格】属性面板中设置网格质量较好（通过向右拖动滑块增加网格单元数量）、以【基于曲率】的精确方法进行网格重建的网格详细信息结果。

网格详细信息

配置名称	默认[手机壳]
网格类型	壳体网格
网格化方法	手动
三角形尺寸(mm)	2.361962
曲面网格的总节点数	4371
曲面网格的总元素数	8778
防水	是
网格组的编号	1
元素相交	0
非歧管	0
较差元素	13.351561 %
极差元素	1.082251 %
最大细长比	167.731152
不匹配的元素	0
计算机名称	HUANG

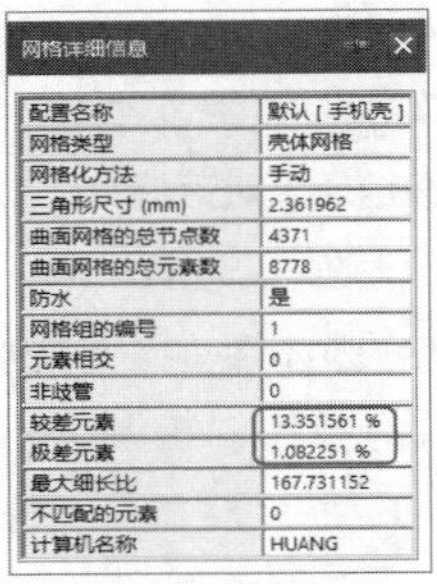

图23-17　较差元素和极差元素的比值

网格详细信息

配置名称	默认[手机壳]
网格类型	壳体网格
网格化方法	手动
三角形尺寸(mm)	1.180981
网格误差	0.3
曲面网格的总节点数	38310
曲面网格的总元素数	76656
防水	是
网格组的编号	1
元素相交	0
非歧管	0
较差元素	0.603997 %
极差元素	0.026091 %
最大细长比	41.104067
不匹配的元素	0
计算机名称	HUANG

图23-18　重建网格后的详细信息

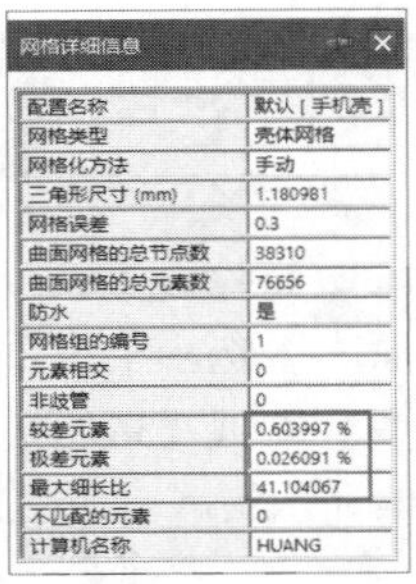

技术要点

【网格详细信息】对话框中的“非歧管”属于翻译出错问题，应该翻译为“非正规元素”或“重叠单元”，意思是网格单元重叠形成的多条边界共享。正常情况下，单元与单元之间只能有一条共用边。

23.3.4　处理产品壁厚问题

在模流分析的过程中，当产品局部厚度不均匀时，可能会出现短射现象、翘曲等制件缺陷。那么就可能涉及调整产品厚度、注射压力、增加模具温度等优化操作。

1. 名义壁厚度顾问

可以利用【名义壁厚度顾问】工具对模型进行壁厚分析，根据分析所得的产品内部的壁厚变化信息，让分析者能及时地对产品做出修改。在Plastics Manager属性管理器中右击【壳体网格】特征，在弹出的右键菜单中选择【名义壁厚度顾问】命令，或者在【SolidWorks Plastics】选项卡的【量测】下拉菜单中单击【名义壁厚度顾问】命令按钮，打开【标称壁厚】属性面板，如图23-19所示。

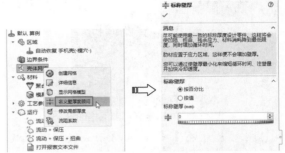

图23-19　【标称壁厚】属性面板

系统会根据设定的选项和壁厚值进行自动分析，并将分析图解显示在图形区窗口中，如图23-20所示。

- 标称壁厚：包括“按百分比”和“按值”两种分析方法。
- 按百分比：以此种壁厚分析方法进行分析，图解中会以百分比来显示模型中的壁厚变化，如图23-20所示。从图解中可以得知，绿色（±10）是接近于模型实际厚度的分析色，黄色（±20）超出实际厚度20%的分析色，红色（±30）是超出实际厚度30%的分析色。若需要修改产品模型厚度，适当调整红色区域和黄色区域的厚度即可。

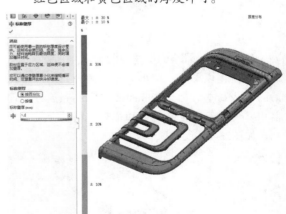

图23-20　按百分比显示厚度分布

- 按值：以此种壁厚方法进行分析，图解中以具体的壁厚数值来显示模型壁厚的变化，如图23-21所示。

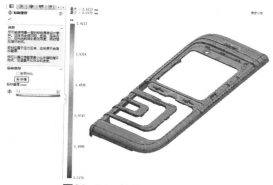

图23-21　按值显示厚度分布

➢ 标称壁厚值：仅当以"按百分比"方法进行壁厚分析时，此选项才变得可用。一般情况下，系统会根据网格质量的好坏给出一个建议值，网格越好，此值越接近于实际的模型厚度值，否则系统将给出一个"0"值。

2. 修改局部壁厚

经过壁厚分析后得知，局部区域的壁厚超出壁厚平均值，这会影响到模具流动分析的结果。在【网格】下拉菜单中单击【修改局部厚度】按钮，弹出【修改局部厚度】属性面板。

在【厚度】文本框中设置一个标称厚度值，单击【应用】按钮将此值应用到当前网格模型中。在【等位剪裁显示选项】选项区中设置一个最大厚度和一个最小厚度，排除先前壁厚分析结果中的不利区域。框选整个模型对象后，再单击【确定】按钮，完成局部壁厚的修改，如图23-22所示。

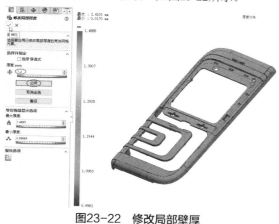

图23-22　修改局部壁厚

23.3.5　流阻系数

"流阻系数"是指一个物体在流体中流动

时，会受到流体的阻力，阻力的方向和物体相对于流体的速度方向相反，其大小和相对速度的大小有关。

在相对速率v较小时，阻力f的大小与v成正比：

$$f = kv$$

式中比例系数k决定于物体的大小和形状，以及流体的性质。

在相对速率较大以至于在物体的后方出现流体漩涡时，阻力的大小将与v平方成正比。对于物体在空气中运动的情形，阻力

$$f = C\rho Avv/2$$

式中，ρ是空气的密度，A是物体的有效横截面积，C为阻力系数。

双击【流阻系数】选项，弹出【流阻系数】属性面板。预设阻力系数后，框选选中整个模型，再单击【应用】按钮，即可显示（图形区中显示）模型中的流阻系数图谱分析，如图23-23所示。

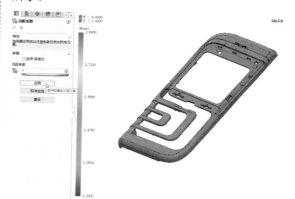

图23-23　预设阻力系数的图谱分析情形

模型中如果出现统一的颜色，说明整个模型的流阻系数是相等的。不会出现因流阻系数不同而导致充填欠注（短射）现象。

23.4　边界条件设定

"边界条件"是模具流动分析过程中一些能够控制分析结果的特性，也就是说需要满足一些特定的值，才能够保证分析的有效性。边界条件设定包括设定模具浇口位置、时间控制阀、模具温度、锁模力及冷却剂输入等。

23.4.1 浇口位置的选择

网格划分及网格问题修复以后，可以设定注塑成型的浇口位置，以便进行塑料熔融体在模具中的流动模拟分析。

在【边界条件】下拉菜单中单击【浇口】按钮 ，弹出【浇口】属性面板，如图23-24所示。

属性面板中各选项含义如下。

图23-24 【浇口】属性面板

> 浇口位置的草图点或顶点 ：可以指定草图点或模型顶点来定义进胶点（创建浇口位置），如图23-25所示。

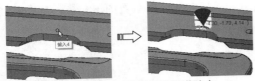

图23-25 选择草图点设置进胶点

> 预测流动型态 ：单击此按钮，可以预览塑胶溶体填充型腔时的流动型态，如图23-26所示。

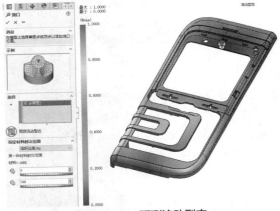

图23-26 预测流动型态

> 【指定材料射出范围】下拉列表：包括体积比率和时间比两种方式。

> 【体积比率（%）】：按整个浇道、型腔内的体积的比例来设定材料注射的范围，如图23-27所示。

> 【时间比（%）】：以充填熔融体的时间和完成整个型腔的充填时间的比值来确定材料注射范围，如图23-28所示。

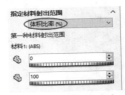
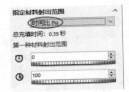

图23-27 体积比率　　　图23-28 时间比

23.4.2 控制阀

对于一些大件产品如打印机、汽车保险杠等，使用普通冷浇口（或热浇口）注塑成型的方式无法保证制件的外观质量（熔接线难以消除），因此可以引进针阀式热流道程序控制阀浇口的技术来解决这一技术难题，如图23-29所示。

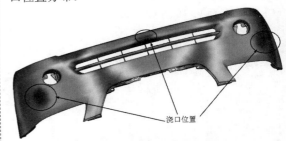

图23-29 产品中的熔接线

图23-30所示为某汽车前保险杠注塑成型的浇口位置分布。

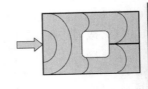

图23-30 浇口位置分布

图23-31所示为采用普通热流道浇注系统执行模流分析的结果；图23-32所示为采用针阀式热流道浇注系统执行模流分析的结果。

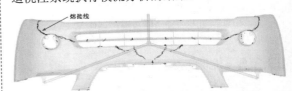

图23-31 普通热流道浇注模流分析的结果

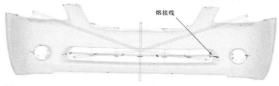

图23-32 采用针阀式热流道浇注系统的模流分析结果

从两种浇注系统的模流分析结果看，不采用控制阀的模流分析结果中，出现较多较大的熔接线，严重影响了产品外观质量。而采用了控制阀的模流分析结果中，熔接线很少且分布位置又不在显眼位置，外观质量得到了良好的改善。

也就是说，"控制阀"是用来控制浇口注射时间的控制开关。控制阀仅适用于采用多浇口注塑的大中型制件。

在【边界条件】下拉菜单中单击【控制阀】按钮 ⧖，弹出【控制阀】属性面板。手动选取要放置控制阀的模型表面，系统会自动添加控制阀，再设置阀门开启范围（一般选择"时间比"），最后单击【确定】按钮 ✓，完成控制阀的创建，如图23-33所示。一次只能创建一个控制阀，须在不同的浇口位置添加控制阀。

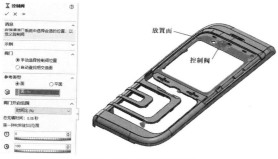

图23-33 创建控制阀

23.5 系统与模具零件设计

定义了浇口后，可以为模具设计浇注系统、冷却系统和模具成型零件了，以便在冷却分析和填充分析中得到更精准的结果。

23.5.1 浇注系统设计

浇注系统包括主流道、分流道和浇口。浇口位置的选定已经在上一节中介绍过，这里将介绍

主流道、分流道和浇口特征的建模过程。

在Plastics Manager管理器中右击【区域】特征，在弹出的右键菜单中选择【浇道设计】选项命令，弹出【浇道系统】属性面板，如图23-34所示。

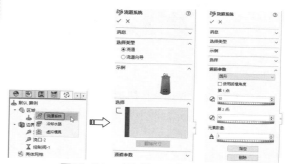

图23-34 【浇道系统】属性面板

1.浇道类型

在【选择类型】选项区中选择【浇道】单选选项，可以创建由草绘曲线构成的浇注系统。要设计流道，需要先绘制出草图曲线，浇注系统分直流道、分流道和浇口，因此需要绘制3段草图曲线，如图23-35所示。如果是多腔模布局的，还要绘制平衡或非平衡的布局草图曲线，即分流道的布局曲线。

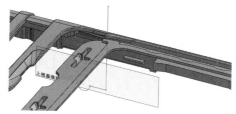

图23-35 绘制浇注系统草图曲线

一般来讲，浇口比流道的尺寸要小，因此需要分开选择草图曲线来创建。比如创建一个香蕉型的浇口，仅选取浇口曲线即可，如图23-36所示。

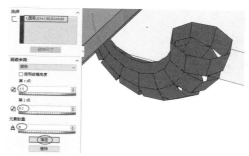

图23-36 选取浇口曲线创建香蕉型浇口

接着再选取分流道曲线，并设置分流道参数，单击【指定】按钮将参数赋予分流道曲线，如图23-37所示。

图23-37　选取分流道曲线创建分流道

最后选取主流道曲线来创建主流道，如图23-38所示。

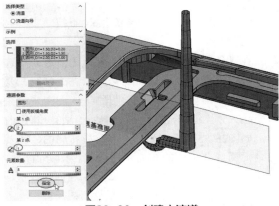

图23-38　创建主流道

2. 浇道向导

在【选择类型】选项区中选择【浇道向导】选项，弹出【浇道向导】属性面板，如图23-39所示。

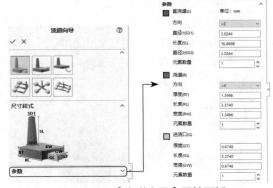

图23-39　【浇道向导】属性面板

【浇道向导】属性面板中包括3种典型浇口形式和3种浇道布局类型。

浇口形式分为单侧布局（单浇口）、潜伏

式浇口和香蕉式浇口。浇道布局类型包括单侧布局、星形布局和双侧布局。

为分析的模型选定一种合适的浇道布局，然后参照【尺寸样式】中的缩略图。在【参数】选项区中设置直浇道、浇道和浇口的参数。

在模型中选取一点作为浇口位置，随后自动创建浇注系统，如图23-40所示。

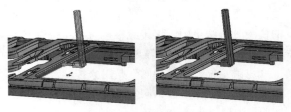

图23-40　创建浇注系统

23.5.2　冷却系统设计

冷却系统（冷却水路）的创建方法与浇道创建完全一样。

在Plastics Manager管理器中右击【区域】特征，在弹出的右键菜单中选择【冷却水路】命令，弹出【冷却水路】属性面板，如图23-41所示。

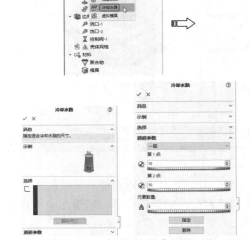

图23-41　【冷却水路】属性面板

事先绘制冷却水路的草图曲线，如图23-42所示。按Ctrl键选择绘制的多条草图曲线，在属性面板中设定D1（管径）和D2的大小，单击【指定】按钮，将设定的值赋予冷却水路草图，最后单击

【确定】按钮 ✓ ，随即创建出冷却水路，如图23-43所示。

图23-42　绘制草图曲线

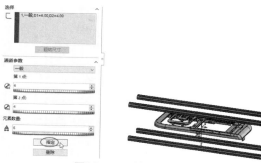

图23-43　创建冷却水路

23.5.3　增加虚拟模具

虚拟模具指的就是虚拟的模具成型零件，包括型芯部分零件、型腔部分零件。为了便于后面在流动分析中更能体现真实性，需要设定模具温度、材料等，因此需要添加虚拟的模具。

在Plastics Manager管理器中右击【区域】特征，在弹出的右键菜单中选择【虚拟模具】命令，弹出【虚拟模具】属性面板，如图23-44所示。在打开的【虚拟模具】属性面板中设置成型零件的尺寸后，单击【确定】按钮 ✓ 即可创建虚拟的模具。

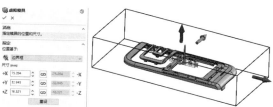

图23-44　Shell网格的虚拟模座生成

23.6　设定材料属性

建立网格后，接下来为分析模型选择塑料材料以及模具材料。

23.6.1　选择聚合物

聚合物指的就是常用产品材料——塑料。在【材料属性】下拉菜单中单击【聚合物】命令按钮 ◈ ，弹出【聚合物】对话框，如图23-45所示。

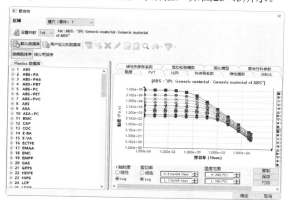

图23-45　【聚合物】对话框

对话框中部分选项含义如下。

➢ 区域：选择塑料只是为了分析模型，因此在【聚合物】对话框的【区域】列表中仅仅显示【模穴（塑件）1】。当然，加入我们的分析对象为两个或多个产品，那么列表中将显示多个模穴。选择不同的模穴，可以为其添加不同的塑性材料。

➢ 设定共射：如果当前分析的对象为一种塑料注射，那么列表中仅显示一个选项【1st】，如果是双色注射或多色注射，那么单击【设定共射】选项 ◈ ，其列表中将显示另一个注射，如图23-46所示。

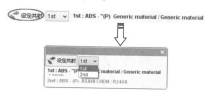

图23-46　设定共射

➢ 默认数据库：SolidWorks Plastics提供了默认的材料库，可以在此数据库中选取塑性材料，选取材料时可以按"依类别排序"或是按"依公司排序"进行查找，如图23-47所示。

➢ 使用者定义的数据库：使用者定义的数据库中通常列出了分析人员曾经使用过的所有材料，如图23-48所示。

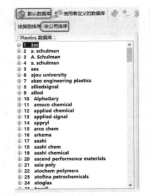

图23-47　在默认数据库中查找材料

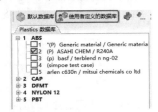

图23-48　使用者定义的数据库

➢ 增加产品 🖑：单击此按钮，可以为自己新增一新品种材料，并添加名称、温度、模温及其他参数等，如图23-49所示。

图23-49　增加产品

➢ 增加材料 🖌...：单击此按钮，可以新建一种材料，并赋予这种材料新特性。新增的材料将自动保存在【使用者定义的数据库】中，如图23-50所示。

➢ 删除 ✖：单击此按钮，删除用户自定义数据库中的材料。

➢ 编辑 🖉：单击此按钮，编辑【使用者定义的数据库】中的所选材料，如图23-51所示。

图23-50　增加材料

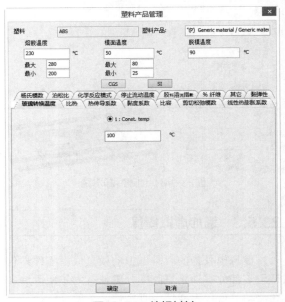

图23-51　编辑材料

➢ 复制 🗐：单击此按钮，复制一种材料到粘贴板。

➢ 粘贴 🗎：单击此按钮，粘贴复制的材料到【使用者定义的数据库】中。

➢ 寻找 🔍：单击此按钮，通过输入材料名称查找所需的材料，如图23-52所示。

图23-52　寻找材料

在【聚合物】对话框的右侧，显示了当前塑料材料的一些特性选项和图例，通常我们会设置材料的溶胶温度和模具温度。除了在此处设置材料温度，也可以在数据库列表中双击某种材料，然后在打开的【塑料产品管理】对话框中设置。如图23-53所示。

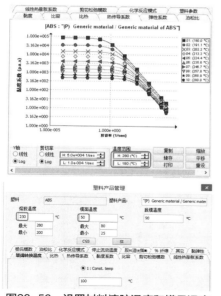

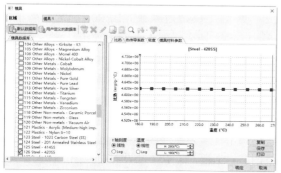

图23-53　设置材料溶胶温度和模具温度

23.6.2　模具材料

【模具】工具用来设置模具成型零件的材料参数、比热、热传导系数和密度。在【材料属性】下拉菜单中单击【模具】命令按钮，打开【模具】对话框，如图23-54所示。

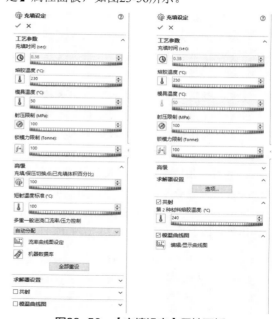

图23-54　【模具】对话框

针对一些产品缺陷，有必要调节模具温度，使熔融料能顺利地流入型腔中。

23.7　设置工艺参数

SolidWorks Plastics是一个简易的模流分析插件，只能做流动分析、保压分析和翘曲分析，下面简单介绍一下3种工艺参数的设置，如图23-55所示。

图23-55　3种工艺参数

23.7.1　充填设定

充填设定是设置熔融料在模具型腔里面的流动参数，包括充填时间、溶胶温度、模具温度（可在材料里面设置）、射出压力、模具温度曲线等。双击【充填设定】选项，弹出【充填设定】属性面板，如图23-56所示。

图23-56　【充填设定】属性面板

1.【工艺参数】选项区

该选项区含义如下：

➢ 充填时间：熔融料从注射机喷嘴直到完全充填完模具型腔所花费的时间。如果勾选【自动】复选框，将计算出基于零件平均厚度和材料性能的注射时间。取消勾选，可以根据材料的不同手动输入充填时间。

➢ 溶胶温度：熔融料从注射机喷嘴射出来的实际最高温度。

➢ 模具温度：熔融料流经模具型腔后的型腔表面温度。

➢ 射压限制：此选项控制注塑机射出压力。射压越大，充填速度越快，充填时间也就越短。

➢ 重设 ：单击此按钮，可以重新设定操作条件参数。

2.【高级】选项区

该选项区的含义如下。

➢ 充填/保压切换点（体积百分比）：设置填充熔融料开始时的模腔体积的百分比。

技术要点

虽然此百分比的默认值为100，在某些情况下，压力控制之前，型腔完全填充的容积百分比通常为99%。

➢ 短射温度标准：设定一个值，模流分析时将参考此值进行短射分析。小于此温度将造成短射。

➢ 多重一般浇口流率/压力控制：用来控制浇口位置的入口流量。"自动分配"是分布在每个浇口考虑阻力的入口流量。"等流量/压力分配"是平均分配浇口之间的总流量。

➢ 流率曲线图设定：可以设置计量控制/机台设定模式的流率控制和对充模时间所占百分比。单击【显示曲线图】按钮 ，弹出【流体曲线图】对话框，如图23-57所示。

图23-57 【流动曲线图】对话框

➢ 机器数据库：单击【机器数据库】按钮 ，打开注射机的数据库。数据库仅供大家参考，任何选择都不能对分析结果产生影响。

➢ 全部重设：单击此按钮，恢复系统默认设置。

3.【求解器设置】选项区

➢ 选项：单击此按钮，打开【修改FLOW/PACK的计算参数】对话框，可以设置充填的高级选项，如图23-58所示。

图23-58 【设置流动保压计算参数】对话框

4.【共射】选项区

该选项区用来设置双色注塑的第二色溶料温度，如图23-59所示。第一色是在【工艺参数】选项区中设置【溶胶温度】选项。

图23-59 【共射】选项区

5.【模温曲线图】选项区

选择此项可设置在注射过程中的模具温度曲线图。输入模具温度（℃）随时间的值（以秒为单位或总的注塑成型时间百分比值）。在此选项区中单击【显示曲线图】按钮 ，弹出【模温曲线图】对话框，可以手动设置曲线图，如图23-60所示。

图23-60 【模温曲线图】对话框

23.7.2　保压设定

保压设定是设置从充填结束到开模顶出制品的型腔内侧压力保持时间和冷却时间。

双击【保压设定】选项，弹出【保压设定】属性面板，如图23-61所示。一般情况下，压力维持时间和冷却时间大都采用的是默认值，也就是自动设定。

图23-61　【保压设定】属性面板

单击【显示曲线图】按钮 ，弹出【保压曲线图】对话框。通过该对话框设置压力曲线及保压时间，如图23-62所示。

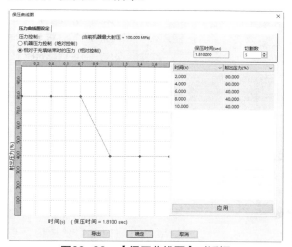

图23-62　【保压曲线图】对话框

23.7.3　扭曲设定

扭曲就是模流分析中常见的"翘曲"现象。【扭曲设定】选项用来设置制件在出模后常温条件下的扭曲设定，包括环境温度（常温）和重力方向设置，如图23-63所示的【扭曲设定】属性面板。也可以单击【选项】按钮进行高级选项设置，如图23-64所示。

图23-63　【扭曲设定】属性面板

图23-64　高级选项设置

23.8　分析类型

模流分析前期准备工作完成后，最后就可以做相关的注塑成型模拟分析了，分析的类型包括流动分析、流动+保压分析、流动+保压+扭曲分析。

23.8.1　"流动"分析

"流动"分析类型用来分析塑料在模具中的流动，并且优化模腔的布局、材料的选择、填充和保压的工艺参数。

在Plastics Manager管理器中双击【流动】选项，Plastics开始执行流动分析，如图23-65所示。

图23-65　执行流动分析

分析过程完成后，将分析结果显示在【结果】属性面板中，如图23-66所示。然后针对分析结果进行判断、分析和优化操作。

优化操作就是重新设定相关参数，如模温、保压压力、注射压力、溶料温度、浇口位置选择等。

图23-66　流动分析结果

技术要点

如果要重新打开分析结果属性面板，或者删除分析结果，请在Plastics Manager管理器的【分析结果】选项组下双击【流体结果】选项，或者双击【删除所有结果】选项。

在【结果】属性面板中，可以选择【流动】结果列表中的"充填时间"，然后单击面板下方的【播放】按钮，演示整个充填过程，如图23-67所示。

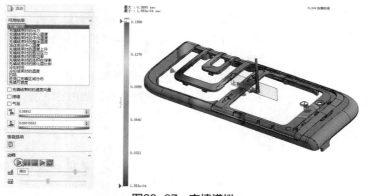

图23-67　充填模拟

通过模拟，判断出充填过程是否顺利，是否出现短射现象，再参考右侧的【结果建议】，重新优化整个分析。

23.8.2　"流动+保压"分析

"流动+保压"分析类型除了分析流动情况，还要分析注塑完成后保持注射压力阶段的情况。双击【流动+保压】分析选项，开始对模型执行流动分析和保压分析，如图23-68所示。

图23-68　执行流动分析和保压分析

分析结束后，"流动+保压"分析比"流动"分析多了一个"保压"分析结果，如图23-69所示。

"流动"分析结果

"流动+保压"分析结果

图23-69　"流动"分析结果与"流动+保压"分析结果对比

23.8.3　"流动+保压+扭曲"分析

"流动+保压+扭曲"分析类型中，扭曲分析是指分析整个塑件的翘曲变形，包括线形、线形弯曲和非线形，同时指出产生翘曲的主要原因，以及相应的改进措施。

当执行了流动分析及保压分析后，可以单独执行【扭曲】分析，当然也可以重新执行【流动+保压+扭曲】分析，流动和保压分析的结果将覆盖前面的分析结果，如图23-70所示。完成分析后，在分析结果中可以看出多了"扭曲结果"，如图23-71所示。

图23-70　"流动+保压+扭曲"分析类型　　图23-71　扭曲分析结果

双击【扭曲结果】选项，在【结果】属性面板中即可查看翘曲分析、流动分析和保压分析的结果，如图23-72所示。

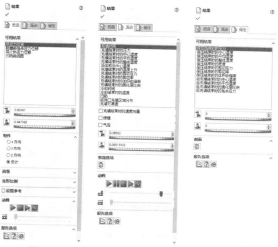

图23-72　查看流动、保压、扭曲分析结果

23.9　综合实战——风扇叶模流分析

引入素材：综合实战\源文件\Ch23\风扇叶.sldprt
结果文件：综合实战\结果文件\Ch23\风扇叶.sldprt
视频文件：\视频\Ch23\风扇叶模流分析.avi

本例中对风扇叶模型进行模流分析，并确定浇口位置。风扇叶模型如图23-73所示。

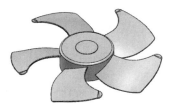

图23-73　风扇叶

23.9.1　分析前期准备工作

操作步骤

01 打开本例源文件夹中的"风扇叶.sldprt"模型。

02 在【SolidWorks Plastics】选项卡中单击【新建算例】按钮，弹出【算例】属性面板，选择注塑过程（注塑成型分析类型）和分析程序（网格类型）后，单击【确定】按钮✓进入SolidWorks Plastics分析环境中，如图23-74所示。

图23-74　新建算例

03 在Plastics Manager属性管理器中右击【壳体网格】特征，并选择右键菜单中的【创建网格】命令，弹出【壳体网格】属性面板。设置曲面网格质量和计算方法后，单击【确定】按钮✓，完成壳体网格的划分，如图23-75所示。

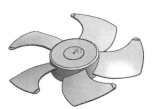

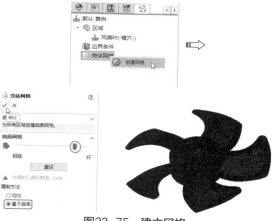

图23-75　建立网格

04 查看详细信息，从弹出的【网格详细信息】对话框中，可以看出较差元素与极差元素所占比重仅为0.182%，说明网格的质量非常好，完全满足模型分析要求，如图23-76所示。

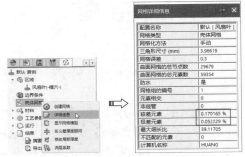

图23-76　符合分析要求的网格质量

05 在Plastics Manager属性管理器中右击【边界条件】特征，并选择右键菜单中的【浇口】选项，弹出【浇口】属性面板。选取风扇叶中间的一个草图点作为浇口位置，如图23-77所示。定义浇口位置后需要重建一下网格。

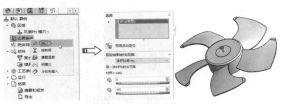

图23-77　设置浇口

06 在Plastics Manager管理器中右击【区域】特征，在弹出的右键菜单中选择【虚拟模具】命令，弹出【虚拟模具】属性面板。在打开的【虚拟模具】属性面板中设置成型零件的尺寸后，单击【确定】按钮☑完成虚拟模具的创建，如图23-78所示。

图23-78　创建虚拟模具

07 在Plastics Manager属性管理器中双击【材料】节点下的【聚合物】特征▽，打开【聚合物】对话框，选择【默认数据库】列表中的第一种ABS材料，其余选项保留默认设置，然后单击【确定】按钮，完成材料的选择，如图23-79所示。

08 在Plastics Manager属性管理器中双击【模具】选项▣，打开【模具】对话框，选择【用户定义的数据库】列表中的第一种模具材料，其余模具参数保持默认，最后单击【确定】按钮，如图23-80所示。

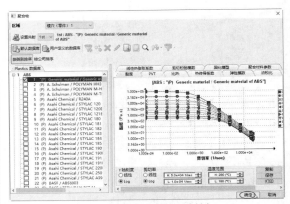

图23-79　设置产品材料

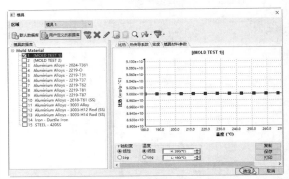

图23-80　设置模具零件材料

23.9.2　流动分析与结果剖析

操作步骤

1. 流动分析

01 在Plastics Manager属性管理器的【运行】节点下双击【流动】分析类型，开始运行流动分析，如图23-81所示。

图23-81　运行流动分析

02 分析完成的结果，如图23-82所示。

2. 结果剖析

下面我们剖析一下结果，拣一些重要的结果进行讲解。

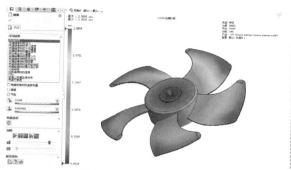

图23-82　分析完成的结果

（1）充填时间

首先在【结果】属性面板中选择【充填时间】，从注射到冷凝结束共花了2.5893s，如图23-83所示。单击【播放】按钮，演示了整个注射过程，没有发现欠注（短射）现象，基本上各扇叶的充填是同时完成了。

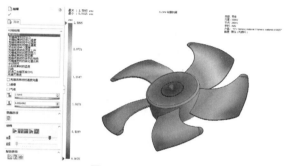

图23-83　充填时间

（2）波前中心温度

在【结果】属性面板中选择【流动前沿中心温度】，查看流动波前温度，从图中可以看见，整个充填过程温度变化在5~10℃，属于保压范围内的正常值，如图23-84所示。

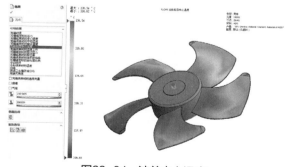

图23-84　波前中心温度

（3）冷却时间分布

在【结果】属性面板中选择【冷却时间】，

可以看出整个产品冷却时间需要35s左右，超出了默认设定的范围"20.83"，说明冷却需要改善，如图23-85所示。

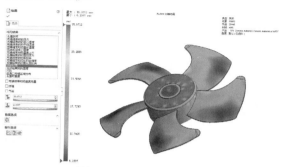

图23-85　冷却时间分析

23.9.3　优化分析

由于冷却效果不好（初步分析时没有设定冷却系统），所以我们就从设计冷却系统和修改产品厚度着手。

操作步骤

1. 冷却水路设计和修改产品厚度

01 在SolidWorks 2020【特征】选项卡中单击【基准面】按钮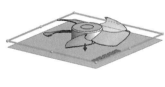，选择前视基准平面为参考，然后创建基准平面1，如图23-86所示。

图23-86　创建基准平面1

02 接下来再以前视基准面为参考，创建基准平面2，如图23-87所示。

图23-87　创建基准面2

03 在基准面1和基准面2上绘制相同的草图，如图23-88所示。

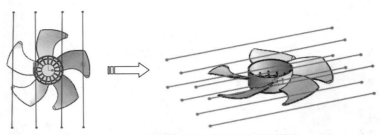

图23-88　在基准面1和基准面2上绘制草图

04 重新进入Plastics Manager管理器中，右击【壳体网格】特征，在弹出的右键菜单中选择【修补局部厚度】命令，打开【修改局部厚度】属性面板。框选整个模型，然后在属性面板中设置均匀厚度为5，单击【套用】按钮，完成产品厚度的修改，如图23-89所示。

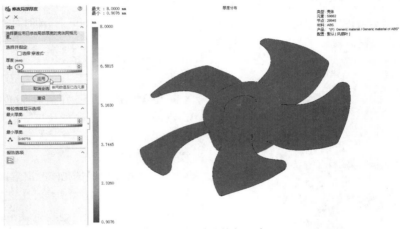

图23-89　修改均匀厚度

05 进入Plastics Manager管理器中，右击【区域】特征，在弹出的右键菜单中选择【冷却水路】命令，弹出【冷却水路】属性面板。按Ctrl键选取所有的草图曲线，设置水路的直径后，单击【指定】按钮，应用水路设定尺寸，最后单击【确定】按钮✓完成冷却水路的创建，如图23-90所示。

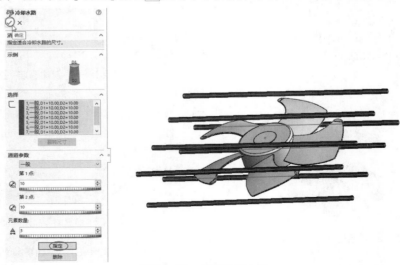

图23-90　创建冷却水路

06 需要重新建立网格，待将冷却水路模型转换为网格后，才能应用修改。

2. 重新执行分析

01 【运行】节点中多了几种分析模式，如图23-91所示。双击【冷却+流动+保压+扭曲】分析类型，重新执行分析。

02 完成后的分析结果如图23-92所示。

图23-91　执行分析　　图23-92　完成后的分析结果

03 其他指标暂且不看，仅查看【流体结果】中的【冷却时间】，如图23-93所示。

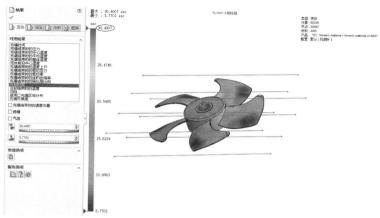

图23-93　查看流动分析中的【冷却时间分布】

04 从结果可以看出，经过冷却水路的设计与产品壁厚的修改，冷却时间明显缩短了，而且效果很不错。

23.10　课后习题

1. 相机壳Plastics分析

本练习创建的管筒线路如图23-94所示。

图23-94　相机壳

练习要求与步骤如下。

（1）打开练习模型。

（2）创建曲面网格。

（3）设定浇口。

（4）执行流动分析。

（5）优化分析。

2. 前大灯罩壳体Plastics分析

本分析模型前大灯罩壳体如图23-95所示。

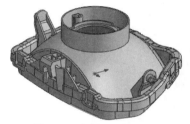

图23-95　前大灯罩壳体

练习要求与步骤如下。

（1）打开练习模型。

（2）创建曲面网格。

（3）设定浇口。

（4）执行流动分析。

（5）优化分析。

分模是模具设计流程中最为复杂也是最为关键的技术，因为它直接影响到模具的成败或者产品的质量好坏。对于利用软件进行分模来说，关键在于合理应用软件的相关功能指令，再结合实际的模具分型技术，高效设计出完整、合格的分型面和成形零件。

本章将全面介绍利用SolidWorks的模具工具指令进行手动分模。

知识要点

- ⊙ SolidWorks模具工具介绍
- ⊙ 产品分析工具
- ⊙ 分型线设计工具
- ⊙ 分型面设计工具
- ⊙ 成型零部件设计工具

24.1 SolidWorks模具工具介绍

SolidWorks模具工具主要用来进行模具的分模设计——即设计分型面来分割工件得到型芯、型腔和其他小成型镶件的设计过程。SolidWorks的【模具工具】选项卡如图24-1所示。

图24-1 【模具工具】选项卡

24.2 产品分析工具

当载入一个分模产品后，首先要做的工作是对产品进行分析，这些分析包括产品厚度分析、拔模分析、底切分析、分型线分析等。

产品分析工具我们在本书第20章中已经全面介绍，这里不再赘述。产品分析工具在【评估】选项卡中，如图24-2所示。

图24-2 产品分析工具

24.3 分型线设计工具

仅当设在确定好模具分型线后，才可以设计出合理的分型面。分型线就是产品中型芯区域和型腔区域的分界线。

对于大多数形状较规则、简单点的产品，均可以使用【分型线】工具来分析出产品中的分型线。其基本原理就是：通过在某一方向上进行投影，得到产品最大的投影边界，此边界就是分型线。

技术要点 📖

对于具有侧孔、侧凹、倒扣等复杂结构的产品，最大投影边界不一定就全是产品上的分型线。

在【模具工具】选项卡中单击【分型线】按钮🔧，打开【分型线】属性面板，如图24-3所示。

图24-3　【分型线】属性面板

属性面板中各选项含义如下。

➢ 拔模方向▭：激活此收集器，为拔模方向（投影方向）选择参考平面。参考平面与拔模方向始终垂直，如图24-4所示。

➢ 【反向】↗：单击此按钮，改变投影方向。

➢ 拔模角度📐：设置拔模分析的角度。此值必须大于0且小于等于90。

➢ 拔模分析：单击此按钮，将执行拔模分析命令，得到拔模分析结果，同时也得到产品最大投影方向上的截面边界。

➢ 用于型芯/型腔分割：勾选此复选框，可直接得到产品分型线。此选项针对简单产品，如图24-5所示。

技术要点 📖

【分型线】属性面板中【用于型心/型腔分割】选项的"型心"是软件翻译错误。

图24-4　拔模方向

图24-5　产品分型线

➢ 分割面：勾选此复选框，可以得到投影曲线，再利用此曲线来分割产品，使产品中的

某些混合区域得以分割，从而使其分别从属于型芯区域和型腔区域，如图24-6所示。

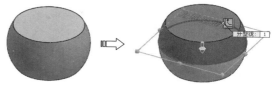

图24-6　分割面

➢ 于+/-拔模过渡：仅当在0°拔模位置分割曲面。

➢ 于指定的角度：在指定的拔模角度位置分割曲面，如图24-7所示。

图24-7　于指定的角度

24.4　分型面设计工具

分型面包括产品区域面（型芯区域或型腔区域）、分型线延展曲面和破孔修补曲面。

24.4.1　用于创建区域面的工具

【模具工具】选项卡中用于设计区域面的工具如【等距曲面】工具🔧，选取产品的外表面（通常为型腔区域面）或者产品内表面（型芯区域面）进行等距复制，从而得到区域面，如图24-8所示。

图24-8　复制区域面

【移动面】也可以用于区域面的创建，单击【移动面】按钮🔧，打开【移动面】属性面板。此面板中包括3个移动复制类型：等距、移动和旋转。

【等距】类型与【等距曲面】工具的功能作用是相同的。【移动】、【旋转】类型与【移动/复制】工具的功能作用也是相同的，如图24-9所示。

图24-9　【移动面】属性面板

24.4.2　用于创建延展面的工具

1. 手动分型面设计工具

当设计了分型线，需利用【延展曲面】工具创建水平延展的曲面，这种分型面称为平面分型面，如图24-10所示。

当产品底部为弧形曲面时，是不能直接创建水平延展曲面的，需要利用【曲面】选项卡中【延伸曲面】工具  来创建延伸曲面，延伸一定距离后，再创建出水平延展曲面，这种分型面称为斜面分型面。如图24-11所示。

图24-10　平面分型面　　图24-11　斜面分型面

当选用的分模面具有单一曲面（如柱面）特性时，要求按图24-12（b）的形式即按曲面的曲率方向伸展一定距离建构分型面，这种分型面称为"曲面分型面"。否则，会形成图24-12（a）所示的不合理结构，产生尖钢及尖角形的封胶面，尖形封胶面不易封胶且易于损坏。

尖钢及尖角形的封胶面

（a）不合理结构　　（b）合理结构

图24-12　曲面分型面

曲面分型面除了利用延展曲面工具，还将会利用到【放样曲面】  或【扫描曲面】工具  。

上述介绍的是手动操作的分型面设计工具。下面介绍【分型面】工具，此工具将能创建水平延展、斜面延伸、曲面曲率连续的分型面。

2. 自动分型面工具

单击【分型面】按钮  ，打开【分型面】属性面板，如图24-13所示。

图24-13　【分型面】属性面板

属性面板中各选项含义如下。

（1）【模具参数】选项区

➢ 拔模方向 ↗：即选择与拔模方向垂直的参考平面。

➢ 相切于曲面：选择此单选项，将创建出相切于产品底部曲面的分型面。

➢ 正交于曲面：选择此单选项，将创建出正交于产品底部曲面的分型面。

➢ 垂直于拔模：选择此单选项，将创建出垂直于拔模方向的分型面。

（2）【分型线】选项区

➢ 边线 ：为创建分型面而选择分型线作为分型面的边界。

➢ 添加所选边线 ：单击此按钮，将自动添加分型线。

➢ 选择下一边线 ：单击此按钮，改变自动搜索的路径，使自动添加得以正确完成。

➢ 放大所选边线 ：单击此按钮，将放大显示所选的分型线。

➢ 撤销：单击此按钮，撤销选择的分型线。

➢ 恢复：单击此按钮，恢复选择的分型线。

（3）【分型面】选项区

➢ 距离：在距离文本框中输入分型面的延伸距离。

➢ 反转等距方向 ：单击此按钮，更改方向。

➤ 角度 ⬚：在【模具参数】选项区中选择【相切于曲面】类型后，可以输入拔模角度，使分型面与底部曲面呈一定角度。

➤ 平滑：转角处分型面的平滑过渡形式。包括"尖锐" ⬚和"平滑" ⬚两种。

➤ 距离：设定相邻曲面之间的距离。高的值在相邻边线之间生成更平滑过渡。

（4）【选项】选项区

➤ 缝合所有曲面：勾选此复选框，将自动缝合所有边线产生的分型面。

➤ 显示预览：勾选此复选框，将显示分型面的预览，保证分型面的设计正确。

24.4.3　修补孔的工具

若产品中存在破孔，需要进行修补。在一个平面或曲面中的孔（见图24-14），可以使用【关闭曲面】工具来自动修补。如果破孔有多个面（不在同平面）的组合而成（见图24-15），将使用一般的曲面工具进行修补，如【平面区域】、【直纹】、【填充】等。

图24-14　在同平面中的孔

图24-15　由多个面组合而成的孔

这里主要介绍【关闭曲面】工具的应用。单击【关闭曲面】按钮 ⬚，打开【关闭曲面】属性面板，如图24-16所示。

面板中各选项含义如下。

➤ 边线：此列表用于收集要修补的孔边界。默认情况下SolidWorks会自动收集同平面或同曲面中的简单孔边界。上图中的边线1~边线4就是系统自动收集的。

技术要点 📖

对于斜面上的孔，需要用户手动选择边线，如图24-17所示。

图24-16　【关闭曲面】属性面板

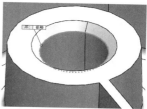

图24-17　斜面上的孔

➤ 缝合：勾选此选项，将自动缝合封闭曲面与产品区域面。

➤ 过滤环：勾选此选项，将自动过滤符合修补要求的孔边线。即孔边线必须形成封闭的环，否则不能创建曲面。

➤ 显示预览：勾选将显示修补曲面，如图24-18所示。

➤ 显示标注：勾选将显示孔边线的说明文字，如图24-19所示。

图24-18　显示预览　　图24-19　显示标注

➤ 重设所有修补类型：共3种修补类型——"全部不填充 ○""全部相触 ●"和"全部相切 ⬚"。"全部不填充"表示将不创建封闭曲面；"全部相触"表示封闭曲面与孔所在曲面仅仅接触，为G0连续，如图24-20所示；"全部相切"表示封闭曲面与孔所在曲面全部相切，为G1连续，如图24-21所示。

图24-20　全部相触

图24-21　全部相切

动手操作——设计平面分型面

01 打开本例文件模型"设计平面分型面.sldprt"，

如图24-22所示。

图24-22　产品

02 单击【分型线】按钮 ⊕，打开【分型线】属性面板。选择拔模方向参考为"前视基准面"，再单击【拔模分析】按钮，产品中显示分型线，如图24-23所示。

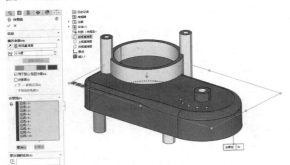

图24-23　拔模分析得出分型线

03 单击【确定】按钮 ✔，创建分型线，如图24-24所示。

图24-24　创建的分型线

04 利用【关闭曲面】工具 🖾，自动修补产品中的破孔，如图24-25所示。

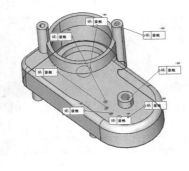

图24-25　修补破孔

技术要点 📄

暂时不要勾选【缝合】复选框。

05 以分型线和封闭曲面为界，产品外侧所有曲面为型腔面，而产品内部所有曲面则为型芯面。利用【等距曲面】工具，等距复制出产品外侧的所有曲面，如图24-26所示。

技术要点 📄

本例中仅以创建型腔区域面为例，讲解详细的操作方法。型芯区域面的创建方法是相同的，所以不重复介绍。

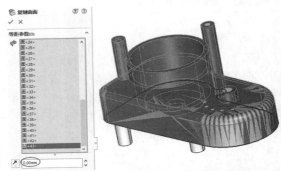

图24-26　等距复制出产品外侧曲面

06 单击【分型面】按钮 ⊕，打开【分型面】属性面板。程序已自动拾取前视基准面作为拔模参考，选择【垂直于拔模】类型，设置距离为60，并单击【平滑】按钮 ⬈，预览情况如图24-27所示。

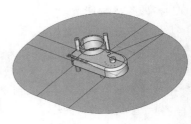

图24-27　预览分型面

07 在【选项】选项区中勾选【缝合所有曲面】复选框，并单击【确定】按钮 ✔ 完成平面分型面的设计，如图24-28所示。

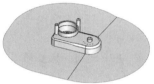

图24-28　创建平面分型面

24.5　成型零部件设计工具

设计了分型面后，就可以利用【切削分割】工具来分割出型腔零件与型芯零件了。并用【型芯】工具拆分出其他成型零部件（也称"镶件"）。

24.5.1　分割型芯和型腔

【切削分割】操作就是进入草图平面绘制工件轮廓，然后以分型面作为分割工具，对具有一定厚度的工件进行分割而得到的型芯、型腔零件的操作。

下面我们以实训操作来说明【切削分割】工具的应用，就以上图所创建的分型面来分割型芯和型腔。

动手操作——分割型芯与型腔

01 接上一案例，或打开本例源文件"分割型芯镶件.sldprt"。

02 单击【切削分割】按钮，然后选择分型面上的平面作为草图平面，绘制图24-29所示的工件轮廓。

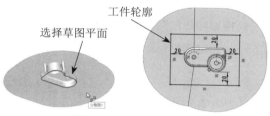

图24-29　绘制工具轮廓

03 退出草图环境，然后在【切削分割】属性面板中设置方向1的深度为20，方向2的深度为40，最后单击【确定】按钮完成工件的分割，并得到型

芯和型腔零件，如图24-30所示。

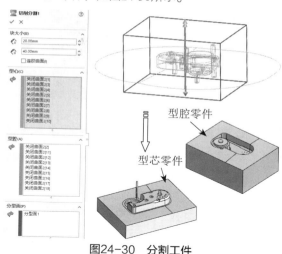

图24-30　分割工件

04 最后将结果保存。

24.5.2　拆分成型镶件

分割型芯和型腔零件后，有些时候为了便于零件的加工，同时也是为了节约加工成本，需要将型芯零件或型腔零件上的某些特征给分割出来，形成小的成型镶件。

分割镶件的工具是【型芯】。下面我们以分割型芯零件中的某镶件为例，具体说明此工具的应用方法。源文件为上一实训操作后的型芯零件。

动手操作——分割型芯镶件

01 打开型芯零件。除型芯零件外，隐藏其余特征，如图24-31所示。

02 下面需要将型芯零件中最长的一个立柱进行分割。单击【芯线（型芯）】按钮，然后选择型芯零件上的平面（即分型面）作为草图平面，如图24-32所示。

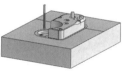　　

图24-31　型芯零件　　图24-32　选择草图平面

03 绘制图24-33所示的草图，然后退出草图环境。

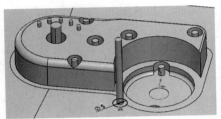

图24-33　绘制草图

04 在随后打开的【型芯】属性面板中设置深度值，如图24-34所示。

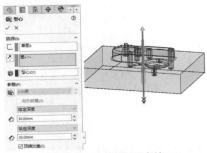

图24-34　设置深度值

05 再单击【确定】按钮完成镶件的分割，结果如图24-35所示，最后保存结果。

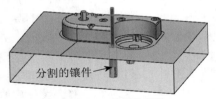

分割的镶件

图24-35　分割的镶件

24.6　综合实战——风扇叶分模

引入素材：综合实战\源文件\Ch24\风扇叶.sldprt
结果文件：综合实战\结果文件\Ch24\风扇叶.sldprt
视频文件：视频\ Ch24\风扇叶分模.avi

　　风扇叶片的分模具有分型线不明显、分模困难等特点。风扇叶片模型如图24-36所示。

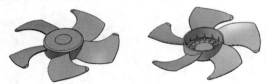

图24-36　风扇叶片模型

针对风扇叶产品的分模设计做出如下分析：

➢　分型线不明显且分型位置位于中间圆形壳体上，需要手动创建分型线；叶片与叶片之间，在这里需要手工创建分型线来连接产品边线；

➢　由于风扇叶模型的深度较大，因此作分型线时要考虑到作插破分型面，便于产品脱模；

➢　整个产品的分模将在零件设计环境中进行，并使用【模具工具】工具栏中的命令，而不是应用IMOLD；

➢　整个分模过程包括分型线设计、分型面设计和分割型腔与型芯。

操作步骤

1. 分型线设计

01 从本例素材中打开"风扇叶.sldprt"零件文件。

02 选择右视基准面作为草绘平面，进入草图模式中，绘制图24-37所示的草图。

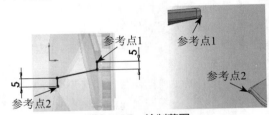

参考点1　　参考点1
参考点2　　参考点2

图24-37　绘制草图

03 在菜单栏执行【插入】|【曲线】|【投影曲线】命令，属性管理器显示【投影曲线】面板。

04 然后在图形区选择草图作为要投影的草图，选择产品圆柱表面作为投影面，程序自动将草图投影到圆柱面上，如图24-38所示。完成投影后关闭该面板。

技术要点 📖

　　选择投影面后，可以查看投影预览。如果草图没有投影到预定面上，可勾选【反转投影】复选框来调整。

05 使用"基准轴"工具，以上视基准面和右视基准面为参考创建图24-39所示的轴。

06 使用"基准面"工具，选择右视基准面作为第一参考，基准轴作为第二参考，然后创建出两面夹角为"72"、基准面数为"4"的4个新基准面，如图24-40所示。

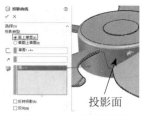

投影面

图24-38　投影草图　　**图24-39　创建基准轴**

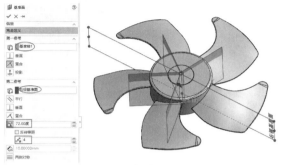

图24-40　新建4个基准面

07 按步骤2的操作方法，分别在4个基准面上绘制同样参数的草图。绘制后，使用"投影曲线"工具分别将绘制的4个草图投影到产品圆柱面上，如图24-41所示。

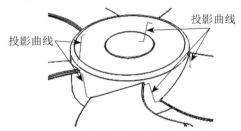

投影曲线

投影曲线

图24-41　投影草图到产品圆柱面上

08 投影的5个草图曲线为分型线中的一部分，也是作插破分型面的基础。其余分型线即为叶片外沿边线，无须再创建出来。

2. 分型面设计

01 使用【曲线】工具栏上的"组合曲线"工具，依次选择投影曲线和叶片与圆柱面的交线作为要连接的实体，然后创建出组合曲线，如图24-42所示。

02 使用"等距曲面"工具，选择圆柱面作为要等距的面，然后创建出等距距离为"0"的曲面，如图24-43所示。

03 使用"剪裁曲面"工具，选择组合曲线作为剪裁工具，再选择图24-44所示的区域作为要保留的曲面，以此剪裁圆柱面。

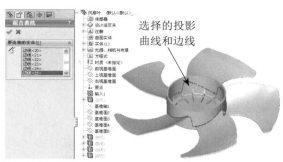

选择的投影
曲线和边线

图24-42　创建组合曲线

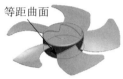

等距曲面

保留部分

图24-43　创建等距曲面　　**图24-44　剪裁曲面**

04 使用"等距曲面"工具，以组合曲线为界，选择产品其中一个叶片的外部面进行复制，结果如图24-45所示。

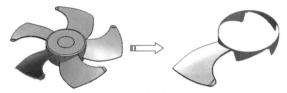

图24-45　复制叶片外表面

05 暂时隐藏产品模型。使用"直纹曲面"工具，以"正交于曲面"类型，选择叶片曲面边线来创建距离为"5"的直纹曲面，如图24-46所示。

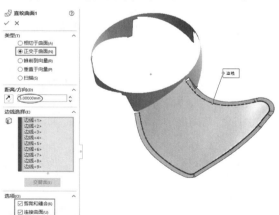

图24-46　创建叶片上的直纹曲面

06 使用"通过参考点的曲线"工具，创建图24-47所示的曲线。

07 使用"填充曲面"工具，创建出图24-48所示的填充曲面。

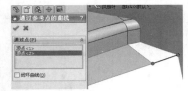

图24-47　创建曲线

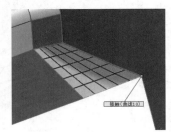

图24-48　创建填充曲面

08 同理，在叶片的另一侧也创建曲线和填充曲面。

09 使用"直纹曲面"工具，选择直纹曲面的边线和参考矢量来创建具有锥度（锥度为10.65）的新直纹曲面，如图24-49所示。

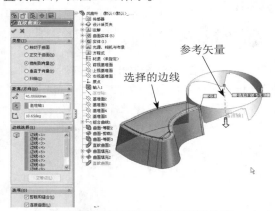

图24-49　创建具有锥度的直纹曲面

10 使用"延伸曲面"工具，选择锥度直纹曲面的两端边线来创建距离为"5"的延伸曲面，如图24-50所示。

图24-50　创建延伸曲面

11 使用【特征】选项卡中的【圆周阵列】工具，将叶片表面、直纹曲面和延伸曲面作圆周阵列，结果如图24-51所示。

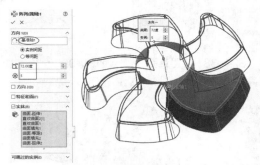

图24-51　圆周阵列曲面实体

12 使用"沿展曲面"工具，选择产品模型底部外边线作为要延伸的边线，然后创建出图24-52所示的沿展曲面。

技术要点

在创建沿展曲面时，要尽量将沿展曲面做得足够大，以此可以将毛坯完全分割。

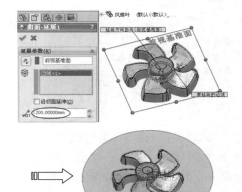

图24-52　创建沿展曲面

13 使用"剪裁曲面"工具，选择沿展曲面作为剪裁工具，将圆周阵列的曲面剪裁，如图24-53所示。

14 使用"通过参考点的曲线"工具，创建图24-54所示的5条曲线。

15 暂时隐藏沿展曲面。使用"剪裁曲面"工具，选择一条曲线来剪裁叶片中的延伸曲面，如图24-55所示。

16 同理，按此方法选择其余4条曲线，将其余叶片中的延伸曲面剪裁。

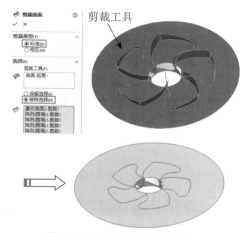

图24-53 剪裁圆周阵列的曲面

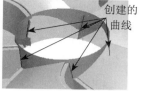

图24-54 创建5条曲线

图24-55 剪裁叶片中的延伸曲面

17 再使用"剪裁曲面"工具，以两个叶片相邻的延伸曲面进行两两相互剪裁，最终完成的结果如图24-56所示。

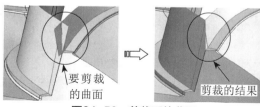

图24-56 剪裁延伸曲面

18 隐藏剪裁的圆柱面、叶片外表面，图形区中仅显示剪裁的直纹曲面和延伸曲面，以及沿展曲面。在沿展曲面中绘制图24-57所示的"等距实体"草图。

图24-57 绘制草图

19 使用"拉伸曲面"工具，选择上步绘制的草图来创建"两侧对称"的曲面，如图24-58所示。

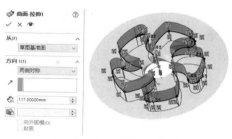

图24-58 创建拉伸曲面

技术要点

这里创建拉伸曲面，是用来剪裁沿展曲面的。草图是不能剪裁出要求的形状的。

20 使用"剪裁曲面"工具，选择其中一个叶片位置的拉伸曲面作为剪裁工具，然后剪裁沿展曲面，如图24-59所示。

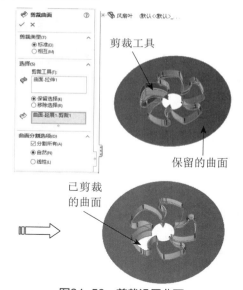

图24-59 剪裁沿展曲面

21 同理，按此方法依次剪裁沿展曲面，最终剪裁的结果如图24-60所示。

22 将拉伸曲面隐藏。使用"缝合曲面"工具，缝合图24-61所示的曲面。

图24-60 最终剪裁沿展曲面的结果　　图24-61 合并曲面

23 使用"等距曲面"工具，复制上步缝合后的曲面。复制的曲面将作为型芯分型面的一部分（复制后暂时隐藏），原曲面则作为型腔分型面的一部分。

24 使用"等距曲面"工具，复制产品顶部的面，如图24-62所示。最后将属于型腔区域的所有面缝合成整体，即完成了型腔分型面分设计，如图24-63所示。

图24-62 复制产品顶部面　图24-63 型腔分型面

25 将最后一个缝合的曲面重命名为"型腔分型面"。

技术要点

在缝合曲面的过程中，不要选择全部的面进行缝合，这可能会因其精度太大而不能缝合。这时需要一个一个曲面进行缝合。

26 使用"等距曲面"工具，复制产品圆柱面，然后使用"剪裁曲面"工具，以组合曲线作为剪裁工具，来剪裁复制的圆柱面，如图24-64所示。

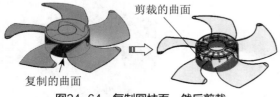

图24-64 复制圆柱面，然后剪裁

27 使用"等距曲面"工具，选取叶片的下表面进行复制，如图24-65所示。

28 使用"等距曲面"工具，选取中间圆柱壳体内部的曲面进行复制，如图24-66所示。

图24-65 复制叶片表面　图24-66 复制产品内部面

29 将先前隐藏的、作为型芯分型面的一部分曲

面显示，然后使用"缝合曲面"工具，将所有属于型芯区域的曲面进行缝合，缝合结果如图24-67所示。

图24-67 缝合的型芯分型面

技术要点

在缝合曲面不成功的情况下，除了前面所介绍的方法外，最好的方法是将一步一步缝合的曲面统一设定缝合公差为"0.1"。这样就可以将不能缝合的曲面成功地缝合在一起。

3. 创建型腔和型芯

01 使用"拉伸曲面"工具，选择图24-68所示的型芯分型面作为草绘平面，并绘制"等距实体"草图。

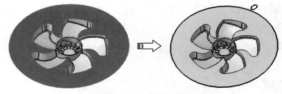

图24-68 绘制草图

02 退出草图模式后，创建拉伸距离为"50"的曲面，如图24-69所示。

 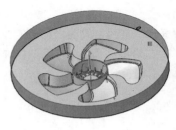

图24-69 创建拉伸曲面

03 使用"平面区域"工具，创建图24-70所示的曲面。

04 使用"缝合曲面"工具，将型芯分型面、拉伸曲面和"平面区域"曲面缝合成实体，如图24-71所示。缝合后生成的实体就是型芯。

创建的曲面

图24-70 创建曲面

图24-71 缝合曲面生成型芯

05 将缝合后曲面实体的名称更改为"型芯",创建的型芯如图24-72所示。

06 显示型腔分型面。同理,按创建型芯的方法来创建型腔(拉伸曲面的距离为"90"),创建的型腔如图24-73所示。

图24-72 型芯   图24-73 型腔

07 最后将风扇叶的分模设计的结果保存。

24.7 课后习题

在本练习中,将以一个简单壳体零件的模具设计来巩固前面所学的IMOLD模具设计。练习模型为一塑料壳体,完成的模具如图24-74所示。

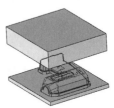

图24-74 练习模型与分模结果

练习的要求及步骤如下:

(1)利用复制曲面工具复制产品内部面和外部面;

(2)修补外部面和内部面中的破孔;

(3)创建拉伸实体作为模坯;

(4)利用分型面分割模坯。

SolidWorks利用自带插件Motion可以制作产品的动画演示,并可做运动分析。动画是用连续的图片来表述物体的运动,给人的感觉更直观和清晰。本章内容主要有运动算例简介、装配体爆炸动画、旋转动画、视像属性动画、距离和角度配合动画,以及物理模拟动画。

知识要点

⊙ SolidWorks 运动算例
⊙ 动画

⊙ 基本运动
⊙ Motion运动分析

25.1　SolidWorks运动算例

SolidWorks将动态装配体运动、物理模拟、动画和COSMOSMotion整合到了一个易于使用的用户界面。运动算例是对装配体模型运动的动画模拟。可以将诸如光源和相机透视图之类的视觉属性融合到运动算例中。运动算例与配置类似,并不更改装配体模型或其属性。

SolidWorks运动算例可以生成的动画种类如下:

➤ 旋转零件或装配体模型动画;

➤ 爆炸装配体动画;

➤ 解除爆炸动画;

➤ 视象属性动画:装配体零部件的视象属性包括隐藏和显示、透明度、外观(颜色、纹理)等;

➤ "视向及相机视图"动画;

➤ 应用模拟单元实现动画。

25.1.1　运动算例界面

要从模型生成或编辑运动算例,可单击图形区域左下方的运动算例标签。图形区域被水平分割,模型"窗口"和动画"运动算例"特征管理器将同时在图形区域显示,顶部区域显示模型,底部区域被分割成3个部分,如图25-1所示。

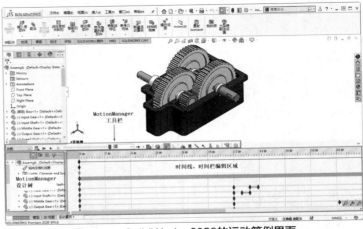

图25-1　SolidWorks 2020的运动算例界面

友情提示

需要在软件窗口的底部选择【运动算例1】命令，才会在模型窗口下面显示运动算例界面窗口。

1. MotionManager 工具栏

MotionManager 工具栏中各按钮的功能如下。

- 【计算】：计算当前模拟。如果模拟被更改，则再次播放之前必须重新计算。
- 【从头播放】：重设定部件并播放模拟，在计算模拟后使用。
- 【播放】：从当前时间栏位置播放模拟。
- 【停止】：停止播放。
- 【播放模式：正常】：一次性从头到尾播放。
- 【播放模式：循环】：多次从头到尾连续播放。
- 【播放模式：往复】：从头到尾播放，然后从尾到头回放，往复播放。
- 【保存动画】：将动画保存AVI或其他文件类型。
- 【动画向导】：向导生成简单的动画。
- 【自动键码】：当此按钮按下时，会自动为拖动的部件在当前时间栏生成键码，再次单击可关闭该选项。
- 【添加/更新键码】：单击该按钮可以添加新键码或更新现有键码的属性。
- 【结果和图解】：计算结果并生成图表。
- 【运动算例属性】：设置运动算例的属性。

在运动算例中使用模拟单元可以接近实际地模拟装配体中零部件的运动。模拟单元种类有：【马达】、【弹簧】、【阻尼】、【力】、【接触】和【引力】。

2. MotionManager 设计树

在设计树的上端有5个过滤按钮，其功能如下。

- 【无过滤】：显示所有项。
- 【过滤动画】：只显示在动画过程中移动或更改的项目。
- 【过滤驱动】：只显示引发运动或其他更

改的项目。
- 【过滤选定】：只显示选中项。
- 【过滤结果】：只显示模拟结果项目。

MotionManager 设计树包括以下项目。

- 视向及相机视图。
- 光源、相机与布景。
- 出现在 SolidWorks FeatureManager 设计树中的零部件实体。
- 所添加的马达、力，或弹簧之类的任何模拟单元。

选择零件时，可以从装配体的设计树、"运动算例"设计树中选择，或在图形区域直接选择。

25.1.2　时间线与时间栏

1. 时间线

时间线是动画的时间界面，位于MotionManager设计树的右方。时间线显示运动算例中动画事件的时间和类型。时间线被竖直网格线均分，这些网格线对应于表示时间的数字标记。数字标记从00:00:00 开始，其间距取决于窗口大小和缩放等级。例如，沿时间线可能每隔1秒、2秒或5秒就会有一个标记，其间隔大小可以通过时间线编辑区域右下角的、按钮来调整。

2. 时间栏

时间线上的纯黑灰色竖直线即为时间栏，它表示动画当前的时间。沿时间线拖动时间栏到任意位置，或单击时间线上的任意位置（关键点除外），都可以移动时间栏。移动时间栏会更改动画的当前时间，并更新模型。时间线和时间栏如图25-2所示。

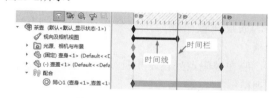

图25-2　时间线与时间栏

25.1.3　键码点、关键帧、更改栏、选项

SolidWorks运动算例是基于键码画面（关键点）的动画，先设定装配体在各个时间点的外

观，然后SolidWorks运动算例的应用程序会计算从一个位置移动到下一个位置中间所需的过程。它使用的基本用户界面元素有：键码点、时间线、时间栏和更改栏。

1. 键码点与键码属性

时间线上的◆符号，被称为"键码点"。可使用键码点设定动画位置更改的开始、结束或某特定时间的其他特性。无论何时定位一个新的键码点，它都会对应于运动或视象特性的更改。

键码属性：当在任一键码点上移动指针时，零件序号将会显示此键码点时间的键码属性。如果零部件在 MotionManager 设计树中折叠，则所有的键码属性都会包含在零件序号中。键码属性中各项的含义如表25-1所示。

表25-1 键码属性中各项的含义

	键码属性	说明
钳口板<1> 4.600 秒	零部件	MotionManager 设计树中时间线内某点处的零部件"钳口板<1>"
	移动零部件	是否移动零部件
	分解（X）	爆炸表示某种类型的重新定位
	外观	指定应用到零部件的颜色
	零部件显示	线架图或上色

可在动画中键码点处定义相机和光源属性。通过在键码点处定义相机位置，生成完整动画。

要在键码点处设定相机或光源属性，请执行下列操作。

（1）在MotionManager 设计树中用右键单击 光源、相机与布景 。

（2）在弹出的快捷菜单中选择图25-3所示的框选选项。

（3）选择【添加相机】选项，然后在【相机】属性面板中设定以下属性（见图25-4）。

➤ 相机类型；

➤ 目标点；

➤ 相机位置；

➤ 相机旋转；

➤ 视野 。

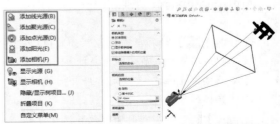

图25-3 选择快捷 图25-4 设置相机属性

菜单选项

2. 关键帧

关键帧是两个键码点之间可以为任何时间长度的区域。此定义表示装配体零部件运动或视觉属性更改所发生的时间，如图25-5所示。

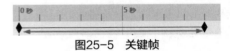

图25-5 关键帧

3. 更改栏

更改栏是连接键码点的水平栏，它们表示键码点之间的更改。可以更改的内容包括：动画时间长度、零部件运动、模拟单元属性更改、视图定向（如旋转）、视象属性（如颜色或视图隐藏、显示等）。

对于不同的实体，更改栏使用不同的颜色来直观地识别零部件和类型的更改，如表25-2所示。除颜色外，还可以通过"运动算例设计树"中的图标来识别实体。当生成动画时，键码点在时间线上随动画进程增加。水平更改栏以不同颜色显示，以识别动画顺序过程中变更的每个零部件或视觉属性所发生的活动类型，例如，可以使用默认颜色。

➤ 绿色：驱动运动；

➤ 黄色：从动运动；

➤ 橙色：爆炸运动。

表25-2　更改栏及功能

图标和更改栏	功能	注释
	总动画持续时间	
	视向及相机视图	视图定向的时间长度。
	选取了禁用观阅键码播放	
	模拟单元	
	外观	• 包括所有的视象属性（颜色和透明度等）。 • 可能存在独立的零部件运动。
	驱动运动	驱动运动和从动运动更改栏可在相同键码点之间包括外观更改栏。 从动运动零部件可以是运动的，也可以是固定的： • 运动 • 无运动
	从动运动	
	分解(X)	使用"动画向导"生成。
	零部件或特征属性更改，如配合尺寸	
	特征键码	键码点
	任何压缩的键码	
	位置还未解出	
	位置不能到达	
	Motion 解算器故障	
	隐藏的子关系	在 FeatureManager 设计树中生成的文件夹折叠项目
	活动特征	示例：配合压缩一段时间。

25.1.4　算例类型

SolidWorks提供了3种装配体运动模拟，如下所述。

动画：是一种简单的运动模拟，它忽略了零部件的惯性、接触位置、力以及类似的特性。例如，这种模拟很适合用来验证正确的配件。

基本运动：会将零部件惯性之类的属性考虑在内，能够一定程度上反映真实情况。但这种模拟不会识别外部施加的力。

Motion运动分析：是最高级的运动分析工具，它反映了所有必需的分析特性，例如惯性、外力、接触位置、配件摩擦力等。

25.2 动画

可以用动画来生成使用插值，以在装配体中指定零件点到点运动的简单动画，也可使用动画将基于马达的动画应用到装配体零部件。

25.2.1 创建基本动画

1. 创建关键帧动画

关键帧动画是最基本的动画。方法是：沿时间线拖动时间栏到某一时间关键点，然后移动零部件到目标位置。MotionManager将零部件从其初始位置移动到以特定时间指定的位置。

动手操作——制作关键帧动画

01 打开本例素材源文件"茶壶.SLDASM"，如图25-6所示。

图25-6 茶壶装配体

02 在 ✏ 视向及相机视图 时间栏的0秒键码点单击鼠标右键，然后选择快捷菜单命令【替换键码】，如图25-7所示。

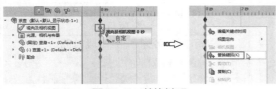

图25-7 替换键码

03 将键码拖动到2秒处，然后在模型窗口中将茶壶的视图进行旋转，状态如图25-8所示。

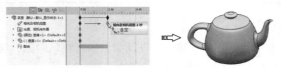

图25-8 旋转视图并设置动画时间

技术要点 📖

也可以在2秒的时间线上单击右键，选择【放置键码】命令来创建键码点。

04 在2秒位置的键码点单击右键，并选择快捷菜单中的【替换键码点】命令，以此完成创建动态旋转的时间线，如图25-9所示。

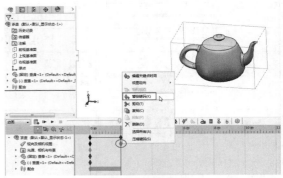

图25-9 替换键码

05 在MotionManager 工具栏中单击【计算】按钮 📇，创建动画帧，如图25-10所示。

图25-10 计算并创建动画

06 单击【从头播放】按钮 ▶，播放茶壶旋转动画，图25-11所示为动画状态中。

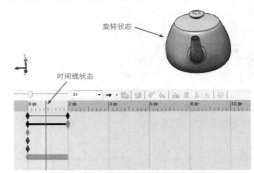

图25-11 播放动画时的茶壶状态

07 在MotionManager 设计树中删除【配合】节点下的【重合1】约束，如图25-12所示。

图25-12 删除重合约束

08 然后将茶壶壶盖的时间栏上4秒位置处放置键

码，或者直接拖动0秒处的键码到4秒位置，如图25-13所示。

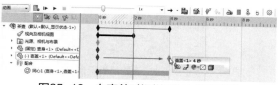

图25-13 在壶盖时间栏4秒处放置键码

09 利用【模型】窗口中功能区的【装配体】选项卡的【移动零部件】命令 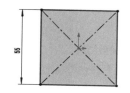，将壶盖向上移动一定的距离，如图25-14所示。

图25-14 移动壶盖

10 移动后在4秒处的键码点上，用右键单击并选择快捷菜单中的【替换键码】命令，创建壶盖的时间线，如图25-15所示。

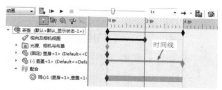

图25-15 替换键码创建时间线

11 最后再单击【计算】按钮 📊，完成茶壶动画的创建，图25-16所示为茶壶壶盖在动画过程中的状态。

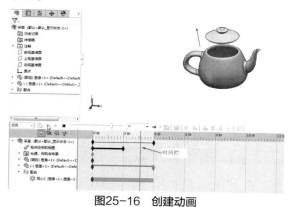

图25-16 创建动画

2. 创建基于相机的动画

可通过更改相机视图或其他属性，而在运动算例中生成基于相机的动画。可以使用以下两种方法来生成基于相机的动画。

➤ 键码点：使用键码点动画相机属性，如位置、景深及光源。

➤ 相机撬：附加一草图实体到相机，并为相机撬定义运动路径。

以下为使用或不使用相机的动画比较。

➤ 当为动画使用相机时，可设定通过相机的视图，并生成绕模型移动相机的键码点。设定视图通过相机与移动相机相组合产生一个相机绕模型移动的动画。

➤ 当没为动画使用相机时，必须为模型在每个视图方向点处定义键码点。当添加键码点而将视图设定到不同位置时，可生成视图方向绕模型移动的动画。

动手操作——创建相机撬动画

01 首先要创建出相机撬。新建零件文件。

02 选择上视基准面为草图平面，绘制图25-17所示的草图。

03 使用【拉伸凸台/基体】工具，创建拉伸深度为15mm的拉伸凸台，如图25-18所示。

图25-17 绘制草图　　图25-18 创建拉伸凸台

04 创建凸台后将其另存并命名为"相机撬"。

05 打开本例素材源文件"轴承装配体.SLDASM"装配体，如图25-19所示。

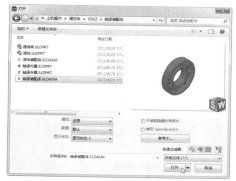

图25-19 打开装配体文件

06 在【装配体】选项卡中单击【插入零部件】按钮，然后通过单击【浏览】按钮将前面保存的"相机撬"零件插入到当前轴承装配体环境中，如图25-20所示。

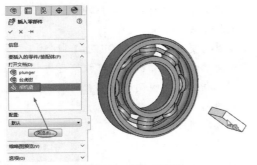

图25-20 插入零部件

07 使用【配合】工具，将轴承端面与相机撬模型表面进行距离约束，约束的距离为300mm，如图25-21所示。

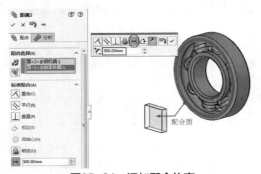

图25-21 添加配合约束

08 切换到右视图，然后利用【移动零部件】工具，调整相机撬零件的位置，如图25-22所示。

09 保存新的装配体文件为"相机撬-轴承装配体"。

图25-22 移动零部件

10 在软件窗口底部单击【运动算例1】展开运动算例界面窗口。然后在MotionManager设计树中用右键单击 光源、相机与布景，在弹出的快捷菜单中选择【添加相机】命令，如图25-23所示。

图25-23 添加相机操作

11 随后软件窗口中显示模型轴侧视图视口和相机1视口，属性管理器中显示【相机1】属性面板，如图25-24所示。

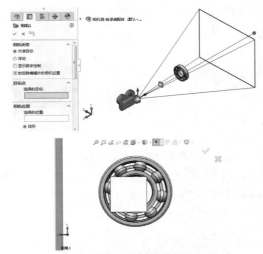

图25-24 显示相机1视口

12 通过【相机1】属性面板，选择相机撬顶面前边线的中点作为目标点，如图25-25所示。

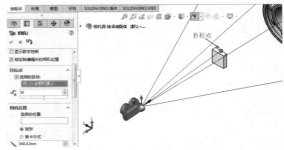

图25-25 设置目标点

13 接着再选择相机撬顶面后边线的中点作为相机位置，如图25-26所示。

技术要点

在【相机1】属性面板中必须勾选【选择的目标】复选项和【选择的位置】复选项，不然在移动相机视野时，相机的位置会发生变动。

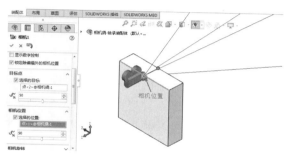

图25-26　选择相机位置

14 拖动视野至合适位置，改变相机视口的大小，便于相机拍照，如图25-27所示。单击【相机1】属性面板的【确定】按钮 ✓ 。

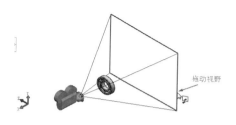

图25-27　拖动视野改变相机视口大小

15 设置视图为上视视图，如图25-28所示。

图25-28　上视视图

16 在时间线区域中，在 视向及相机视图 的8秒位置放置键码，如图25-29所示。

技术要点

放置键码后，视图会发生变化，需再次设置视图为上视图。

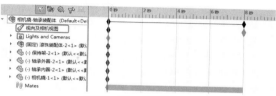

图25-29　放置键码

17 在MotionManager 设计树中删除相机撬与轴承之间的距离约束，如图25-30所示。

图25-30　删除距离约束

18 将时间栏移动到8秒处，如图25-31所示。

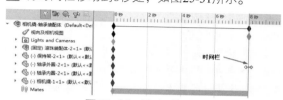

图25-31　移动时间栏

19 拖动相机撬0秒处的键码点到8秒处，再通过【移动零部件】工具 🔧 将相机撬模型平移至图25-32所示位置。

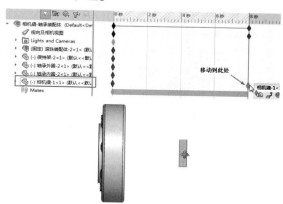

图25-32　移动相机撬

20 分别在 视向及相机视图 的0秒位置及8秒位置右击键码点，选择快捷菜单中的【相机视图】命令，如图25-33所示。

21 单击MotionManager工具栏中的【从头播放】按钮 ▶ ，开始播放创建的相机动画，如图25-34所示。最后保存动画文件。

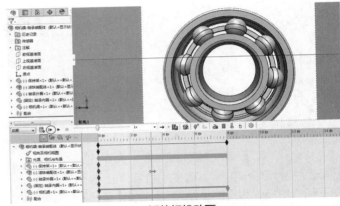

图25-33　在键码点添加相机视图　　　　　　　图25-34　播放相机动画

25.2.2　动画向导

借助于MotionManager工具栏中的【动画向导】工具，可以创建以下动画。

➢ 旋转零件或装配体。

➢ 爆炸或解除爆炸装配体。

➢ 为动画设定持续时间和开始时间。

➢ 添加动画到现有运动序列中。

➢ 将计算过的基本运动或运动分析结果输入到动画中。

下面仅介绍旋转动画、装配爆炸动画的创建过程。

动手操作——创建旋转动画

旋转动画可以从不同的方位显示模型，是最常用、最简单的动画。下面做一个摩托车的展示动画。

01 打开本例素材源文件"摩托车.SLDPRT"，如图25-35所示。

02 打开运动算例界面窗口。在MotionManager工具栏中单击【动画向导】按钮，打开【选择动画类型】对话框，如图25-36所示。

图25-35　摩托车模型

图25-36　进入运动算例界面

03 在【选择动画类型】对话框中保留默认的【旋转模型】动画类型，单击【下一步】按钮，如图25-37所示。

04 在【选择-旋转轴】页面中选择"Y-轴"作为旋转轴，并输入旋转次数为"10"，其他不变，并单击【下一步】按钮，如图25-38所示。

05 在【动画控制选项】页面中设置时间长度为"60"秒，再单击【完成】按钮，完成整个旋转动画的创建，如图25-39所示。

图25-37　选择动画类型

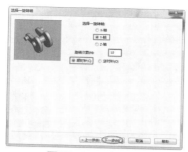

图25-38　选择旋转轴

图25-39　设置动画时间

06 在MotionManager工具栏单击【从头播放】按钮 ▶，播放旋转动画展示效果，如图25-40所示。

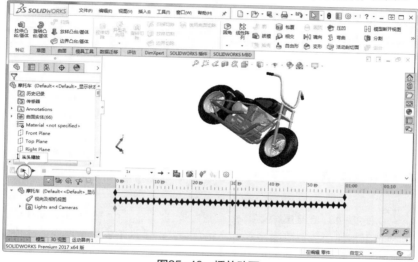

图25-40　播放动画

07 将动画输出进行保存，如图25-41所示。

图25-41　保存动画

动手操作——创建爆炸动画

要想创建装配体的爆炸动画，必须先在装配体环境中制作出装配体爆炸视图。

01 首先打开本例的素材源文件"台虎钳.SLDASM",如图25-42所示。

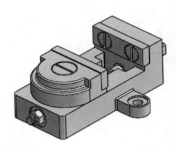

图25-42　打开台虎钳装配体

02 在【装配体】选项卡中单击【爆炸视图】按钮，然后通过【爆炸】属性面板选择台虎钳装配体中各个零部件，在装配体的XYZ方向上平移，完成爆炸视图的创建，如图25-43所示。

03 在MotionManager工具栏中单击【动画向导】按钮，打开【选择动画类型】对话框。

04 在【选择动画类型】对话框中选择【爆炸】动画类型，单击【下一步】按钮，如图25-44所示。

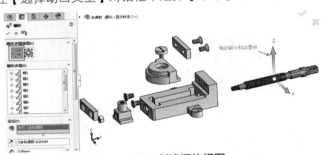

图25-43　创建爆炸视图　　　　　　　　　　　图25-44　选择动画类型

05 在【动画控制选项】页面中设置时间长度为"30"秒，再单击【完成】按钮，完成整个爆炸动画的创建，如图25-45所示。

06 在MotionManager工具栏单击【从头播放】按钮，播放爆炸动画，如图25-46所示。

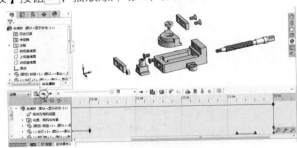

图25-45　设置动画时间长度　　　　　　　　　图25-46　播放爆炸动画

07 将动画输出进行保存。

25.3　基本运动

　　使用【基本运动】可以生成考虑质量、碰撞或引力的运动的近似模拟。所生成的动画更接近真实的情形，但求得的结果仍然是演示性的，并不能得到详细的数据和图解。在【基本运动】界面可以为模

型添加马达、弹簧、接触和引力等，以模拟物理
环境。

25.3.1　四连杆机构运动仿真

连杆机构常根据其所含构件数目的多少而
命名，如四杆机构、五杆机构等。其中平面四杆
机构不仅应用特别广泛，而且常是多杆机构的基
础，所以本节将重点讨论平面四杆机构的有关基
本知识，并对其进行运动仿真研究。

机构有平面机构与空间机构之分。

➤ 平面机构：各构件的相对运动平面互相平行
（常用的机构大多数为平面机构）。

➤ 空间机构：至少有两个构件能在三维空间中
相对运动。

1. 平面连杆机构

平面连杆机构就是用低副连接而成的平面机
构。特点是：

➤ 运动副为低副，面接触；

➤ 承载能力大；

➤ 便于润滑，寿命长；

➤ 几何形状简单——便于加工，成本低。

下面介绍几种常见的连杆机构。

（1）铰链四杆机构

铰链四杆机构是平面四杆机构的基本形式，
其他形式的四杆机构均可以看作是此机构的演
化。图25-47所示为铰链四杆机构示意图。

图25-47　铰链四杆机构

铰链四杆机构根据其两连架杆的不同运动情
况，可以分为以下3种类型：

➤ 曲柄摇杆机构：铰链四杆机构的两个连架杆
中，若其中一个为曲柄，另一个为摇杆，则
称其为曲柄摇杆机构。当以曲柄为原动件
时，可将曲柄的连续转动转变为摇杆的往复
摆动，如图25-48所示。

➤ 双摇杆机构：若铰链四杆机构中的两个连架杆
都是摇杆，则称其为双摇杆机构，如图25-49
所示。

图25-48　曲柄摇杆机构

图25-49　双摇杆机构

技术要点

铰链四杆机构中，与机架相连的构件能否成
为曲柄的条件是：

最短杆长度+最长杆长度≤其他两杆长度之和（杆
长条件）

【机架长度－被考察的连架杆长度】≥【连杆长
度－另1连架杆长度】

上述的条件表明，如果铰链四杆机构满足杆长
条件，则最短杆两端的转动副均为周转副。此时，
若取最短杆为机架，则可得到双曲柄机构；若取最
短杆相邻的构件为机架，则得到曲柄摇杆机构；取
最短杆的对边为机架，则得到双摇杆机构。

如果铰链四杆机构不满足杆长条件，则以任
意杆为机架得到的都是双摇杆机构。

➤ 双曲柄机构：若铰链四杆机构中的两个连架
杆均为曲柄，则称其为双曲柄机构。在双曲
柄机构中，若相对两杆平行且长度相等，则
称其为平行四边形机构。它的运动有两个显
著特征：一是两曲柄以相同速度同向转动；
二是连杆作平动。这两个特性在机械工程上
都得到了广泛应用，如图25-50所示。

图25-50　双曲柄机构

（2）其他演变机构

其他由铰链四杆机构演变而来的机构还包括常见的曲柄滑块机构、导杆机构、摇块机构和定块机构、双滑块机构、偏心轮机构、天平机构及牛头刨床机构等。

组成移动副的两活动构件，画成杆状的构件称为导杆，画成块状的构件称为滑块。图25-51所示为曲面滑块机构。

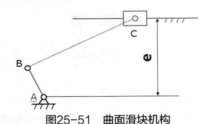

图25-51　曲面滑块机构

导杆机构、摇块机构和定块机构是在曲柄滑块基础上分别固定的对象不同而演变的新机构，如图25-52所示。

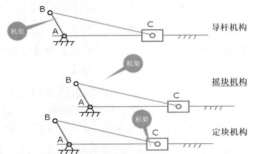

图25-52　导杆机构、摇块机构和定块机构

2. 空间连杆机构

在连杆机构中，若各构件不都在相互平行的平面内运动，则称其为空间连杆机构。

空间连杆机构，从动件的运动可以是空间的任意位置。机构紧凑，运动多样，灵活可靠。

（1）常用运动副

组成空间连杆机构的运动副除转动副R和移动副P外，还常有球面副S，球销副S'，圆柱副C，及螺旋副H等。在科学研究和实际应用中，常以机构中所含运动副的代表符号来命名各种空间连杆机构，如图25-53所示。

（2）万向联轴节

万向联轴节：传递两相交轴的动力和运动，而且在传动过程中两轴之间的夹角可变。图25-54所示为万向联轴节的结构示意图。

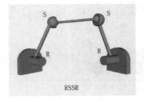
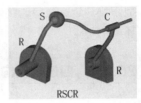

图25-53　常见运动副

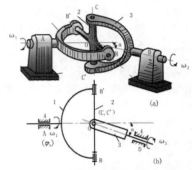

图25-54　万向联轴节结构示意图

万向联轴节分单向和双向。

➢ 单向万向联轴节：输入输出轴之间的夹角 $180-\alpha$，特殊的球面四杆机构。主动轴匀速转动，从动轴作变速转动。随着 α 的增大，从动轴的速度波动也增大，在传动中将引起附加的动载荷，使轴产生振动。为消除这一缺点，通常采用双万向联轴节。

➢ 双向万向联轴节：一个中间轴和两个单万向联轴节。中间轴采用滑键连接，允许轴向距离有变动，如图25-55所示。

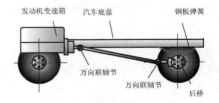

图25-55　双向万向联轴节

动手操作——连杆机构运动仿真

本例的四连杆机构的建模与装配工作已经完

成，下面仅介绍其运动仿真过程。

01 打开本例素材文件"四连杆.SLDASM"，如图25-56所示。

02 在软件窗口底部单击【运动算例1】标签打开运动算例界面。

03 在MotionManager工具栏运动算例类型列表中选择【基本运动】算例，如图25-57所示。

图25-56　四连杆机构

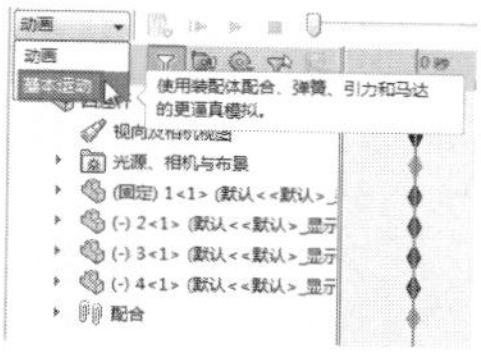

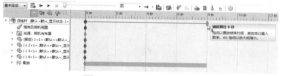

图25-57　选择【基本运动】算例

04 拖动键码点到8秒位置，如图25-58所示。

图25-58　设置键码点

05 在MotionManager工具栏单击【马达】按钮 ，打开【马达】属性面板。选择【旋转马达】马达类型，首先选择马达的位置，如图25-59所示。

技术要点

选择参考可以是边线，也可以是面。放置马达后，注意马达运动的方向箭头，后面的几个马达运动方向必须与此方向一致。

06 接着再选择要运动的对象，选择编号为3的连杆部件（紫色），如图25-60所示。再单击属性面板中的【确定】按钮 ，完成马达的添加。

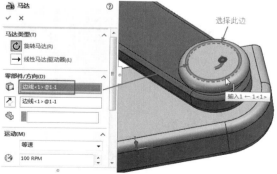

图25-59　制定马达位置（选择圆形边线）

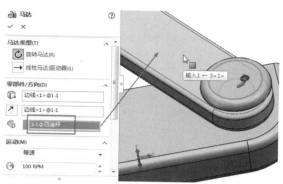

图25-60　选择要运动的部件

07 同理，创建第二个马达（在连杆3和连杆4之间），如图25-61所示。

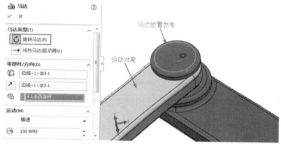

图25-61　创建第二个马达

08 在连杆1和连杆2之间创建第三个马达，如图25-62所示。

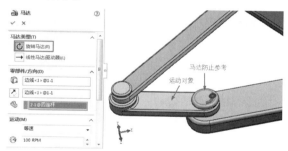

图25-62　创建第三个马达

09 在连杆2和连杆4之间创建第四个马达，如图25-63所示。

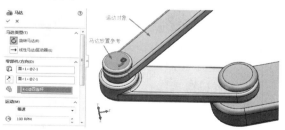

图25-63　创建第四个马达

10 单击【计算】按钮 。计算运动算例，完成马达运动动画。单击【从头播放】按钮，播放马达运动仿真动画，如图25-64所示。

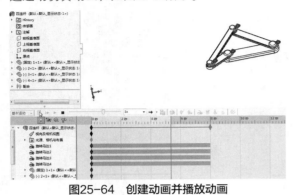

图25-64　创建动画并播放动画

技术要点

　　如果添加马达后，发现时间轴上有部分时间红色显示，表示该段时间并没有运动，可以拖动键码点回黄色区域，重新计算后，再播放试试。最后将键码点移动到原时间栏上，再播放就能解决问题了。

25.3.2　齿轮传动机构仿真

　　齿轮是用于机器中传递动力、改变旋向和改变转速的传动件。根据两啮合齿轮轴线在空间的相对位置不同，常见的齿轮传动可分为下列3种形式，如图25-65所示。其中，图a所示的圆柱齿轮用于两平行轴之间的传动；图b所示的圆锥齿轮用于垂直相交两轴之间的传动；图c所示的蜗杆蜗轮则用于交叉两轴之间的传动。

（a）圆柱齿轮　（b）圆锥齿轮　　（c）蜗杆蜗轮

图25-65　常见齿轮的传动形式

1. 齿轮机构

　　齿轮机构就是由在圆周上均匀分布着某种轮廓曲面的齿的轮子组成的传动机构。齿轮机构是各种机械设备中应用最广泛、最多的一种机构，因而是最重要的一种传动机构。比如机床中的主

轴箱和进给箱、汽车中的变速箱等部件的动力传递和变速功能，都是由齿轮机构实现的。

　　齿轮机构之所以成为最重要的传动机构，是因为其具有以下优点：

➤　传动比恒定，这是最重要的特点；
➤　传动效率高；
➤　其圆周速度和所传递功率范围大；
➤　使用寿命较长；
➤　可以传递空间任意两轴之间的运动；
➤　结构紧凑。

2. 平面齿轮传动

　　平面齿轮传动形式一般分以下3种：平面直齿轮传动、平面斜齿轮传动和平面人字齿轮传动。

　　其中，平面直齿轮传动又分3种类型，如图25-66所示。

外啮合齿轮传动　　　　内啮合齿轮传动

齿轮齿条传动

图25-66　平面直齿轮传动

　　平面斜齿轮（轮齿与其轴线倾斜一个角度）传动如图25-67所示。

　　平面人字齿轮（由两个螺旋角方向相反的斜齿轮组成）传动如图25-68所示。

图25-67　平面斜齿轮　　图25-68　平面人字齿轮
　　　　　传动　　　　　　　　　　传动

3. 空间齿轮传动

　　常见的空间齿轮传动包括圆锥齿轮传动、交错轴斜齿轮传动和蜗轮蜗杆传动。

　　圆锥齿轮传动（用于两相交轴之间的传动）

如图25-69所示。

交错轴斜齿轮传动（用于传递两交错轴之间的运动）如图25-70所示。

涡轮蜗杆传动（用于传递两交错轴之间的运动，其两轴的交错角一般为90°）如图25-71所示。

图25-69　圆锥　　图25-70　交错轴　　图25-71　涡轮
齿轮传动　　　　斜齿轮传动　　　蜗杆传动

动手操作——齿轮减速器机构运动仿真

齿轮减速箱的装配工作已经完成，如图25-72所示，下面进行仿真操作。

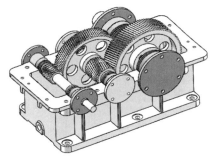

图25-72　减速器总装配体

01 打开本例素材文件"阀门凸轮机构. SLDASM"。

02 单击【运动算例1】标签打开运动算例界面窗口。

03 在MotionManager工具栏运动算例类型列表中选择【基本运动】算例。

04 接下来首先为凸轮机构添加动力马达。单击【马达】按钮，打开【马达】属性面板。本例的齿轮减速箱如果是减速制动，那么马达就要安装在小齿轮上，如果是提速，马达则要安装在打齿轮上。

05 首先做加速动画，创建的马达如图25-73所示。

06 单击【计算】按钮。计算运动算例，完成马达加速运动动画。单击【从头播放】按钮，播放加速运动的仿真动画，如图25-74所示。

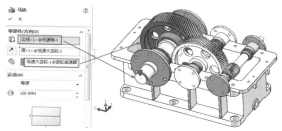

图25-73　创建加速器的马达

友情提示

如果没有设置动画时间，默认的运动时间为5s。

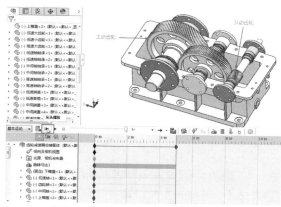

图25-74　创建加速运动动画并播放

07 单击【保存动画】按钮，保存加速运动的动画仿真视频文件。

08 接下来创建减速运动。在软件窗口底部【运动算例1】位置单击右键，选择快捷菜单中的【生成新运动算例】命令，如图25-75所示。

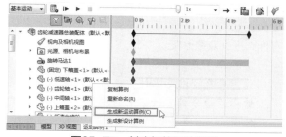

图25-75　创建新的运动算例

09 打开新的【运动算例2】界面窗口。单击【马达】按钮，将马达添加到小齿轮上（将小齿轮作为主动齿轮，大齿轮作为从动齿轮），设置运动转速为3000rpm，如图25-76所示。

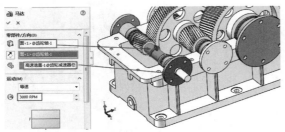

图25-76　创建减速运动的马达

10 单击【计算】按钮。计算运动算例，完成马达减速运动动画。单击【从头播放】按钮，播放减速运动的仿真动画，如图25-77所示。

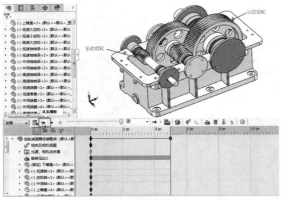

图25-77　创建减速运动动画并播放

11 单击【保存动画】按钮，保存减速运动的动画仿真视频文件。

25.4　Motion运动分析

　　前门我们已经学习了基本动画和基本运动的单项操作，本节来学习Motion插件的运动分析。那么到底动画、基本运动和Motion分析三者之间有什么区别及联系呢？

➤　【动画】是基于SolidWorks的一般动画操作，对象可以是零件，也可以是装配体，是仿真运动分析的最基本的操作，考虑的因素较少。

➤　【基本运动】也是基于SolidWorks来使用的，单个零件不能使用此动画功能。主要是在装配体上模仿马达、弹簧、碰撞和引力。【基本运动】在计算运动时考虑到质量。【基本运动】计算相当快，所以可将其用来生成基于物理模拟的演示性动画。

➤　【Motion分析】是作为SolidWorks Motion 插件的功能在使用，也就是必须加载SolidWorks Motion插件，此功能才可用，如图25-78所示。利用【Motion分析】功能对装配体进行精确模拟和运动单元的分析（包括力、弹簧、阻尼和摩擦）。【Motion分析】使用计算能力强大的动力学求解器，在计算中考虑到了材料属性和质量及惯性。还可使用【Motion分析】来标绘模拟结果供进一步分析。用户可根据自己的需要决定使用三种算例类型中的哪一种。【动画】：可生成不考虑质量或引力的演示性动画。【基本运动】：可以生成考虑质量、碰撞或引力且近似实际的演示性模拟动画。【Motion分析】：考虑到装配体物理特性，该算例是以上3种类型中计算能力最强的。用户对所需运动的物理特性理解得越深，则计算结果越佳。

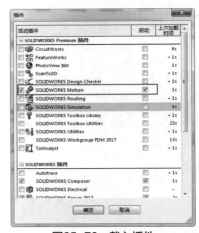

图25-78　载入插件

　　在【SOLIDWORKS 插件】选项卡中单击【SOLIDWORKS Motion】按钮，启用Motion运动分析算例，如图25-79所示。

图25-79　启用Motion运动分析算例

25.4.1 Motion分析的基本概念

掌握并了解以下基本名词概念。

➤ 质量与惯性：惯性定律是经典物理学的基本定律之一。在动力学和运动学系统的仿真过程中，质量和惯性有着非常重要的作用，几乎所有的仿真过程都需要真实的质量和惯性数据。

➤ 自由度：一个不被约束的刚性物体在空间坐标系中具有沿3个坐标轴的移动和绕3个坐标轴转动共6个独立运动的可能。

➤ 约束自由度：减少自由度将限制构件的独立运动，这种限制称为约束。配合连接两个构件，并限制两个构件之间的相对运动。

➤ 刚体：在Motion中，所有构件被看作理想刚体。在仿真的过程中，机构内部和构件之间都不会出现变形。

➤ 固定零件：一个刚性物体可以是固定零件或浮动零件。固定零件是绝对静止的，每个固定的刚体自由度为零。在其他刚体运动时，固定零件是这些刚体的参考坐标系统。当创建一个新的机构并映射装配体约束时，SolidWorks中固定的部件会自动转换为固定零件。

➤ 浮动零件：浮动零件被定义为机构中的运动部件，每个运动部件有6个自由度。当创建一个新的机构并映射装配体约束时，SolidWorks装配体中浮动部件会自动转换为运动零件。

➤ 配合：SolidWorks配合定义了刚性物体是如何连接和如何彼此相对运动的。配合移除所连接构件的自由度。

➤ 马达：马达可以控制一个构件在一段时间的运动状况，它规定了构件的位移、速度和加速度为时间函数。

➤ 引力：当一个物体的重量对仿真运动有影响时，引力是一个很重要的量，例如一个自由落体。引力仅在基本运动和Motion分析中设置和应用。

➤ 引力矢量方向：引力加速度的大小。在【引力属性】对话框中可以设定引力矢量的大小和方向。在对话框中输入X、Y和Z的值可以指定引力矢量。引力矢量的长度对引力的大小没有影响。引力矢量的默认值为（0，-1，0），大小为385.22inch/s²，即9.81m/s²（或者为当前激活单位的当量值）。

➤ 约束映射概念：约束映射就是SolidWorks中零件之间的配合（约束）会自动映射为Motion中的配合。

➤ 力：当在Motion中定义不同的约束和力后，相应的位置和方向将被指定。这些位置和方向源自所选择的SolidWorks实体。这些实体包括点、顶点、边或面。

25.4.2 凸轮机构运动仿真

凸轮传动是通过凸轮与从动件间的接触来传递运动和动力，是一种常见的高副机构，结构简单，只要设计出适当的凸轮轮廓曲线，就可以使从动件实现任何预定的复杂运动规律。

图25-80所示为常见的凸轮传动机构示意图。

1. 凸轮机构的组成

凸轮机构是由凸轮、从动件和机架构成的三杆高副机构，如图25-81所示。

图25-80 凸轮传动机构　图25-81 凸轮的组成

凸轮机构的优点：

➤ 只要适当地设计凸轮的轮廓曲线，便可使从动件获得任意预定的运动规律，且机构简单紧凑。

凸轮机构的缺点：

➤ 凸轮与从动件是高副接触，比压较大，易于磨损，故这种机构一般仅用于传递动力不大的场合。

2. 凸轮机构的分类

凸轮机构的分类方法大致有4种，具体介绍如下。

（1）按从动件的运动分类

凸轮机构按从动件的运动进行分类，可以分

为直动从动件凸轮机构和摆动从动件凹槽凸轮机构，如图25-82所示。

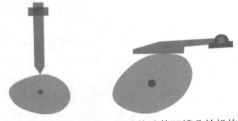

直动从动件凸轮机构　　摆动从动件凹槽凸轮机构

图25-82　按从动件的运动进行分类的凸轮机构

（2）按从动件的形状分类

凸轮机构按从动件的形状进行分类，可分为尖顶从动件凸轮机构、滚子从动件凸轮机构和平底从动件凸轮机构，如图25-83所示。

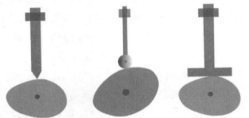

尖顶从动件　　滚子从动件　　平底从动件

图25-83　按从动件的形状进行分类的凸轮机构

（3）按凸轮的形状分类

凸轮机构按其形状可以分为盘形凸轮机构、移动（板状）凸轮机构、圆锥凸轮机构和圆柱凸轮机构，如图25-84所示。

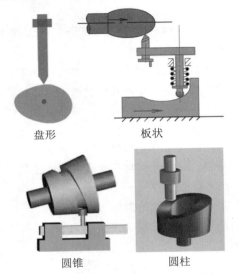

盘形　　　　　　板状

圆锥　　　　　　圆柱

图25-84　按凸轮进行分类的凸轮机构

（4）按高副维持接触的方法分类

按高副维持接触的方法可以分成力封闭的凸轮机构和形封闭的凸轮机构。

力封闭的凸轮机构利用重力、弹簧力或其他外力使从动件始终与凸轮保持接触，如图25-85所示。

图25-85　力封闭的凸轮机构

形封闭的凸轮机构利用凸轮与从动件构成高副的特殊几何结构，使凸轮与推杆始终保持接触。图25-86所示为常见的几种形封闭的凸轮机构。

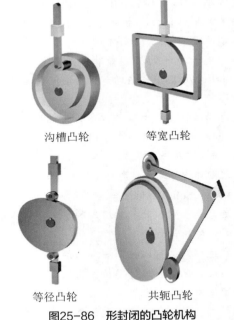

沟槽凸轮　　　　　等宽凸轮

等径凸轮　　　　　共轭凸轮

图25-86　形封闭的凸轮机构

动手操作——阀门凸轮机构运动仿真

阀门凸轮机构的装配工作已经完成，下面进行仿真操作。

01 打开本例素材文件"阀门凸轮机构.SLDASM"，

如图25-87所示。

图25-87　阀门凸轮机构

02 单击【运动算例1】选项卡打开运动算例界面窗口。

03 在MotionManager工具栏运动算例类型列表中选择【Motion分析】算例。

04 接下来首先为阀门凸轮机构添加动力马达。在动画时间设置在1秒处，单击【马达】按钮🔄，为凸轮添加旋转马达，如图25-88所示。

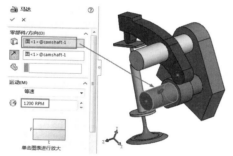

图25-88　添加凸轮的旋转马达

05 在凸轮接触的另一机构中需要添加压缩弹簧，以保证凸轮运动过程中时时接触。单击【弹簧】按钮🔩，弹出【弹簧】属性面板，然后设置弹簧参数，如图25-89所示。

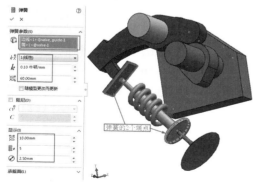

图25-89　添加线性弹簧

06 接下来再设置两个实体接触：一是凸轮接触，二是打杆与弹簧位置接触。单击【接触】按钮🔩，在凸轮位置添加第一个实体接触，如图25-90所示。

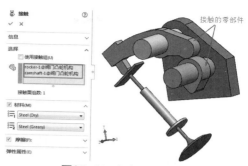

图25-90　添加凸轮接触

07 同理，再添加弹簧端的实体接触，如图25-91所示。

图25-91　添加弹簧端的实体接触

08 单击【计算】按钮📊。计算运动算例，完成马达减速运动动画。单击【从头播放】按钮▶，播放减速运动的仿真动画，如图25-92所示。

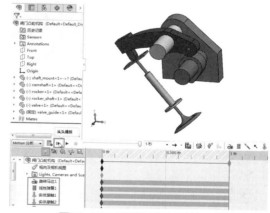

图25-92　创建运动动画并播放

09 单击【保存动画】按钮🎬，保存减速运动的动画仿真视频文件。

10 当完成模型动力学的参数设置后，就可以进行仿真分析了。单击MotionManager工具栏的【运动算例属性】按钮⚙，打开【运输算例属性】面板，然后设置运动算例属性参数，如图25-93所示。

11 将时间栏拖到0.1秒位置，并单击右下角的【放大】按钮🔍，如图25-94所示，然后从头播放动画。

图25-93 设置
运动算例属性

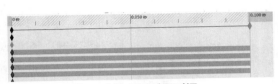

图25-94 更改动画时间

12 修改播放时间为5秒，并重新单击【计算】按钮🖩，生成新的动画，如图25-95所示。

图25-95 重新计算动画时间

13 单击【结果和图解】按钮🖼，打开【结果】属性面板。在【选取类型】列表中选择【力】类型，选择子类型为【接触力】，选择结果分量为【幅值】，然后选择凸轮接触部位的两个面作为接触面，如图25-96所示。

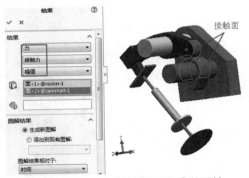

图25-96 设置【结果和图解】的属性

14 单击属性面板中的【确定】按钮✓，生成运动算例图解，如图25-97所示。

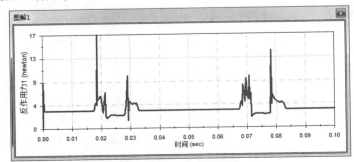

图25-97 生成的图解

15 通过图解表，可以看出0.02s、0.08s位置的曲线振荡幅度较大，如果不调整，长久下去会对凸轮机构的使用寿命造成破坏。需要重新对运动仿真的参数进行修改。

16 在软件窗口底部的【运动算例1】标签单击右键，选择快捷菜单中的【复制算例】命令，将运动算例整个项目复制，如图25-98所示。

图25-98 复制算例

17 在复制的运动算例中，编辑旋转马达2，如图25-99所示。

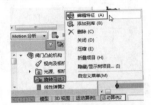

图25-99 编辑旋转马达2

18 更改马达的转速为2000rpm，如图25-100所示。

19 更改弹簧。鉴于弹簧的强度不够，会导致运动过程中接触力不足，所以按照修改马达参数的方法修改弹簧常数为10牛顿/mm，如图25-101所示。

20 更改马达转速和弹簧常数后，再单击【计算】按钮🖩，重新进行仿真分析计算。

21 在MotionManager 设计树中的【结果】项目下，用右键单击【图解2<反作用力2>】，再选择快捷菜单中的【显示图解】命令，查看新的运动仿真图解，如图25-102所示。

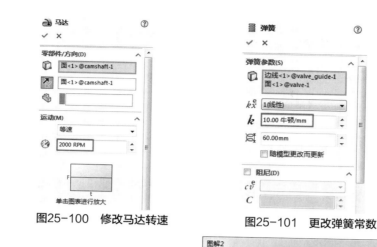

图25-100　修改马达转速　　　　图25-101　更改弹簧常数

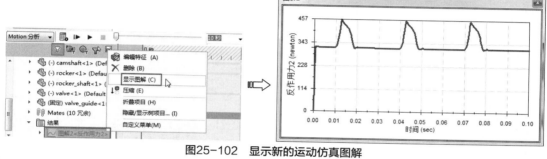

图25-102　显示新的运动仿真图解

22 从新的图解表中可以看到，运动曲线的振动幅度不再那么大，显示较为平缓了，说明运动过程中的力度比较稳定。

23 最后保存动画，并保存结果文件。

SolidWorks具有强大的钣金设计功能，其操作性强、工具简化等特点给用户带来设计上的便捷。本章将详细介绍SolidWorks钣金设计相关功能命令及其应用设计。

知识要点

- ⊙ 钣金概述
- ⊙ SolidWorks 2020钣金设计工具
- ⊙ 钣金法兰设计
- ⊙ 折弯钣金体
- ⊙ 钣金成型工具
- ⊙ 编辑钣金特征

26.1 钣金设计概述

钣金产品在日常生活中随处可见，从日用家电到汽车、飞机、轮船等。随着科技的发展和生活水平的提高，人们对产品外观、质量的要求也越来越高。SolidWorks 2020中的钣金设计模块提供了强大的钣金设计功能，使用户轻松、快捷地完成设计工作。

26.1.1 钣金零件分类

根据成型的类型不同钣金零件大致可分为3类：平板类钣金件零件、板弯类钣金零件（不包括蒙皮、壁板类零件）和型材类钣金零件。

（1）平板类钣金零件包括：剪切成型钣金零件、铣切成型钣金零件和冲裁成型钣金零件。

➢ 剪切成型钣金零件：是通过剪切加工得到的钣金零件。

➢ 铣切成型钣金零件：是通过铣切加工得到的钣金零件。

➢ 冲裁成型钣金零件：是通过冲裁加工得到的钣金零件。

（2）板弯类钣金零件包括：闸压钣金零件、滚压钣金零件、液压钣金零件和拉伸钣金零件。

➢ 闸压钣金零件：是利用闸压模逐边、逐次将板材折弯成所需形状的成形零件。

➢ 滚压钣金零件：是将板料从两到四根同步旋转的辊轴间通过并连续产生塑性弯曲成形的零件。

➢ 液压钣金零件：是利用橡皮垫或橡皮囊液压成形的零件。液压橡皮囊作为凹模（或凸模），将金属板材按刚性凸模（或凹模）加压成形的方法称为橡皮成形。

➢ 拉伸钣金零件：是通过拉形模对板料施加拉力所得到的钣金零件。成形时使板料产生不均匀拉应力和拉伸应变，随之板料与拉形模贴合面逐渐扩展，直至与拉形模型面完全贴合。

（3）型材类钣金零件包括：拉弯钣金零件、压弯钣金零件和直型材钣金零件。

➢ 拉弯钣金零件：是指通过将毛料在弯曲模具中进行弯曲而得到的钣金零件。毛料在弯曲的同时加以切向拉力，将毛料截面内的应力分布都变为拉应力，以减少回弹，提高成形准确度。

➢ 压弯钣金零件：是通过在冲床、液压机上，利用弯曲模对型材进行弯曲成形的钣金零件。

技术要点 📖

压弯适用于曲率半径小、壁厚大于2mm及长度较小的型材零件的成形。

➢ 直型材钣金零件：是通过挤压成型设备将金属材料挤出成型的零件。

26.1.2 钣金加工工艺流程

随着当今社会的发展，钣金业也在迅速发展，现在钣金涉及各行各业，对于任何一个钣金件来说，它都有一定的加工过程，也就是所谓的工艺流程。钣金加工工艺流程大致如下所述。

（1）材料的选用：钣金加一般用到的材料有冷轧板（SPCC）、热轧板（SHCC）、镀锌板（SECC、SGCC）、铜（CU）、黄铜、紫铜、铍铜、铝板（6061、6063、硬铝等）、铝型材、不锈钢（镜面、拉丝面、雾面）。根据产品作用不同，选用材料也不同，一般需从产品用途及成本上来考虑。

（2）图面审核：要编写零件的工艺流程，首先要知道零件图的各种技术要求。图面审核是对零件工艺流程编写的最重要环节。

（3）展开零件图：展开图是依据零件图（3D）展开的平面图（2D）。

（4）板金加工的工艺流程，根据钣金件结构的差异，工艺流程各不相同，但总的不超过以下几点。

➢ 下料：下料的方式包括剪床下料、冲床下料、NC数控下料、镭射下料和锯床下料5种。

• 剪床下料：是利用剪床剪切条料，它主要是为模具落料成形准备加工，成本低，精度低于0.2，但只能加工无孔无切角的条料或块料。

• 冲床下料：是利用冲床分一步或多步在板材上将零件展开后的平板件冲裁成形各种形状料件，其优点是耗费工时短，效率高，精度高，成本低，适用大批量生产，但要设计模具。

• NC数控下料：下料时首先要编写数控加工程式，利用编程软件，将绘制的展开图编写成NC数控加工机床可识别的程式，让其根据这些程式一步一刀在平板上冲裁各构形状平板件，但其结构受刀具结构影响，成本低，精度低于0.15。

• 镭射下料：是利用激光切割方式，在大平板上将其平板的结构形状切割出来，同NC数控下料一样需编写程式，它可下各种复杂形状的平板件，成本

高，精度低于0.1。

• 锯床下料：可下方管、圆管、圆棒料之类的铝型材，成本低，精度低。

➢ 钳工加工：包括沉孔、攻丝及扩孔的加工，沉头的钻削角度一般为118℃，用于拉铆钉，90℃的沉头用于安装沉头螺钉。

➢ 冲床：是利用模具成形的加工工序，一般冲床加工的有冲孔、切角、落料、冲凸包（凸点）、冲撕裂、抽孔、成形等加工方式，其加工需要有相应的模具来完成操作，如冲孔落料模、凸包模、撕裂模、抽孔模、成型模等，操作主要注意位置和方向性。

➢ 折弯：折弯就是将2D的平板件，折成3D的零件。其加工需要有折床及相应折弯模具完成，它也有一定的折弯顺序，其原则是对下一刀不产生干涉的先折，会产生干涉的后折。

➢ 焊接：也称作熔接、镕接，是一种以加热、高温或者高压的方式接合金属或其他热塑性材料（如塑料）的制造工艺及技术。焊接包括电焊、点焊、氩弧焊、二氧化碳保护焊等。

（5）表面处理：钣金零件的表面处理方式有很多，根据钣金零件的用途和颜色来确定表面处理方式。钣金零件的表面处理包括：喷塑、电镀、电解、阳极氧化等。

26.1.3 钣金结构设计注意事项

钣金设计的最终结果是以一定的结构形式表现出来的，按照所设计的结构进行加工、组装，制造成最终的钣金成品。所以，钣金结构设计应满足产品的多方面要求，基本要求有功能性、可靠性、工艺性、经济性和外观造型等。此外，还应该改善钣金零件的受力、提高强度、精度和使用寿命。因此，钣金结构设计是一项综合性的技术工作。

钣金结构设计过程中应注意以下的事项：

➢ 是否能实现预期功能；
➢ 是否满足强度功能要求；
➢ 是否满足刚度结构要求；
➢ 是否影响加工工艺性；
➢ 是否影响组装性；
➢ 是否影响外观造型。

26.2　SolidWorks 2020钣金设计工具

在功能区中将【钣金】选项卡调出来，SolidWorks 2020的钣金设计工具如图26-1所示。

图26-1　钣金设计工具

- ➤ 实体工具：基体工具是钣金造型的第一步，设定钣金件基本参数和钣金基体。
- ➤ 折弯工具：折弯工具是生成钣金折弯造型。
- ➤ 边角工具：边角工具可以闭合角、焊接边角、断开边角和边角剪裁。
- ➤ 成型工具：成型工具可以快速创建钣金复杂成型特征。
- ➤ 孔工具：孔工具可以生成孔及通风孔造型。
- ➤ 展开工具：展开工具可以将钣金折弯特征进行展平。
- ➤ 实体工具：实体工具是使实体生成钣金件的工具。

26.3　钣金法兰设计

SolidWorks钣金设计环境中有4种工具来生成钣金法兰，创建法兰特征可以按预定的厚度增加材料。这4种法兰特征依次是：基体法兰、薄片（凸起法兰）、边线法兰和斜接法兰，具体见表26-1。

表26-1　法兰特征列表

法兰特征	定义解释	图例
基体法兰	基体法兰可为钣金零件生成基体特征。它与基体拉伸特征相类似，只不过用指定的折弯半径增加了折弯	
薄片（凸起法兰）	薄片特征为钣金零件添加相同厚度薄片，薄片特征的草图必须产生在已存在的表面上	
边线法兰	边线法兰特征可将法兰添加到钣金零件上的所选边线上，它的弯曲角度和草图轮廓都可以修改	
斜接法兰	斜接法兰特征可将一系列法兰添加到钣金零件的一条或多条边线上，可以在需要的地方加上相切选项生产斜接特征	

26.3.1　基体法兰

基体法兰是钣金零件的第一个特征，也称"钣金第一壁"。基体法兰被添加到零件后，就会将该零件标记为钣金零件。折弯添加到适当位置，并且特定的钣金特征被添加到特征树中。

基体法兰特征是由草图生成的。生成基体法兰特征的草图可是单一开环轮廓、单一封闭轮廓或多重封闭轮廓。表26-2列出了3种草图类型来创建基体法兰。

表26-2　3种不同草图来建立的基体法兰

草图	说明	图解
单一开环轮廓	单一开环的草图轮廓可以用于拉伸、旋转、剖面、路径、引线以及钣金	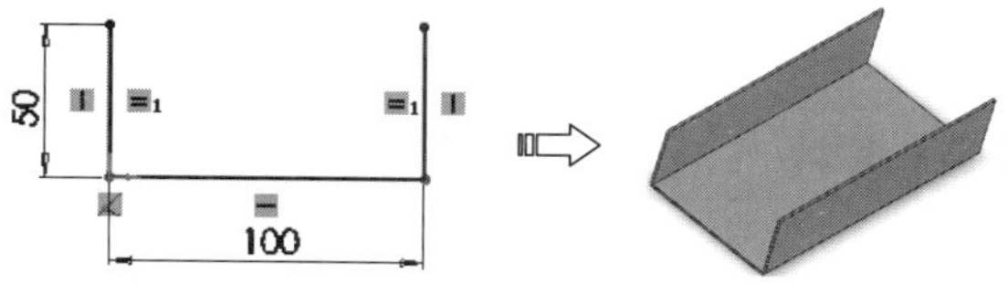 
单一封闭轮廓	单一闭环的草图轮廓可以用于拉伸、旋转、剖面、路径、引线以及钣金	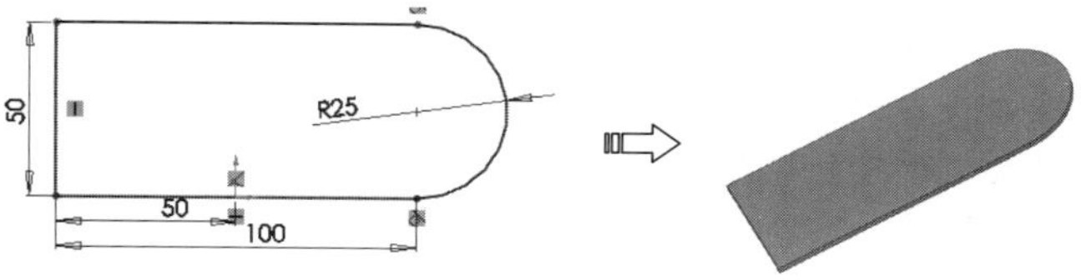
多重封闭轮廓	多重封闭草图轮廓可以用于拉伸、旋转以及钣金	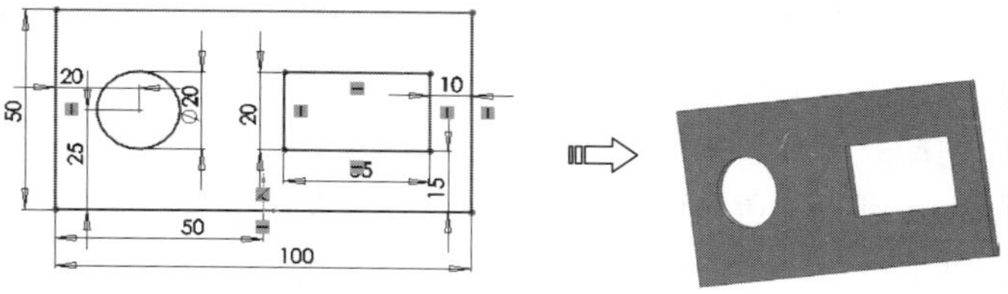

动手操作——创建基体法兰

在SolidWorks中用多重封闭轮廓创建一个料厚为2.0的薄壁零件，如图26-2所示。

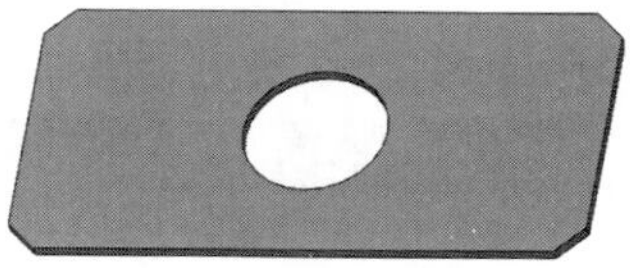

01 单击【新建】按钮，创建一个新的零件文件。

02 在【钣金】选项卡中单击【基体法兰/薄片】按钮，选择前视基准面为草图平面，然后进入草图环境绘制草图，如图26-3所示。

图26-2　创建基体法兰

03 退出草图环境后，在【基体法兰】面板中，修改【方向1厚度】栏中的值为2；其他选项及参数保持默认，最后单击【确定】按钮，生成基体法兰特征，如图26-4所示。

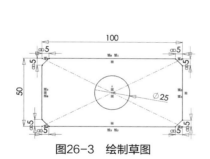
图26-3　绘制草图

图26-4　生成基体法兰

技术要点 📄

在SolidWorks中，有且仅有一个基体法兰特征，基体法兰的草图轮廓可以是开放的，也可以是封闭的，但不能将开放的样条曲线作为基体法兰的草图，因为它是无解草图。

26.3.2 薄片

利用【基体法兰/薄片】命令还可以为钣金基体法兰零件添加薄片。系统会自动将薄片特征的深度设置为钣金零件的厚度。至于深度的方向，系统会自动将其设置为与钣金零件重合，从而避免事态脱节。

技术要点 📄

在生成薄片特征时，需要注意的是，草图可以是单一闭环、多重闭环和多重封闭轮廓。草图必须绘制在垂直于钣金零件厚度方向的基准面或平面上。

薄片特征可以编辑草图，但不能编辑定义。其原因是已将深度、方向及其他参数设置为与钣金零件参数相匹配。

动手操作——创建薄片特征

在基体法兰上创建一个薄片特征，如图26-5所示。

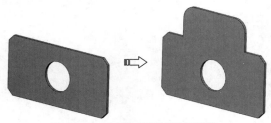

图26-5 在基体法兰上创建薄片

01 打开本例源文件"基体法兰.SLDPRT"。

02 在【钣金】选项卡中单击【基体法兰/薄片】按钮🔧，选择前视基准面为草图平面，绘制图26-6所示的薄片草图。

03 在【基体法兰】面板中单击【确定】按钮✔，

生成薄片特征，如图26-7所示。

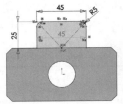

图26-6 绘制薄片 图26-7 生成薄片特征
草图轮廓

技术要点 📄

在【基体法兰】面板中，若勾选【合并结果】复选框，生成的薄片特征将与基体法兰特征合并。若取消勾选，将生成独立的特征，且在特征树中出现"钣金2"特征，如图26-8所示。从图形区的钣金结果看，基体法兰特征与薄片特征将各自独立，如图26-9所示。

图26-8 特征树中的钣金2 图26-9 各自独立

26.3.3 边线法兰

使用【边线法兰】工具可以将法兰添加到一条或多条边线上。添加边线法兰时，所选边线必须为线性。系统自动将褶边厚度链接到钣金零件的厚度上。轮廓的一条草图直线必须位于所选边线上。

动手操作——创建边线法兰

在钣金零件上创建边线法兰特征，如图26-10所示。

图26-10 创建边线法兰特征

01打开本例源文件"薄片特征.SLDPRT"。

02在【钣金】选项卡中单击【边线法兰】按钮，在钣金零件上选择一条边线，然后拖动鼠标确定法兰生长方向，在【边线-法兰】面板的【边线】栏中将显示所选中的边线，如图26-11所示。

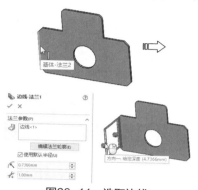

图26-11　选取边线

03同理，选取另一侧边线创建法兰。

04在【边线-法兰】面板的【法兰长度】选项区中，设置法兰拉长的深度值为25mm，单击【折弯在外】按钮，其余选项及参数保持默认，最后单击【确定】按钮生成边线法兰特征，如图26-12所示。

图26-12　生成边线法兰特征

26.3.4　斜接法兰

使用【斜接法兰】工具可将一系列法兰添加到钣金零件的一条或多条边线上。在生成【斜接法兰】特征的时候，首先要绘制一个草图，斜接法兰的草图可以是直线或圆弧，使用圆弧草图生成斜接法兰的时候，圆弧不能与钣金件厚度边线相切，但可以与长边线相切，或在圆弧和厚度边线之间有一条直线相连。

动手操作——创建斜接法兰

在钣金零件上创建斜接法兰特征，如图26-13所示。

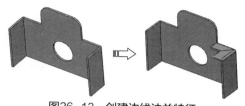

图26-13　创建边线法兰特征

01打开本例源文件"边线法兰.SLDPRT"。

02在【钣金】选项卡中单击【斜接法兰】按钮，在钣金零件上选择一个面作为草图平面，随后进入草图环境绘制草图，如图26-14所示。

03在钣金零件上选择边线，如同26-15所示。

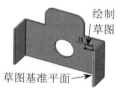

图26-14　选择草图平面　　图26-15　选择生成
　　　　绘制草图　　　　　　斜接法兰的边线

04退出草图环境后，在【切口缝隙】栏中输入缝隙值为0.1，单击【材料在外】按钮，最后单击【确定】按钮生成斜接法兰特征，如图26-16所示。

图26-16　生成斜接法兰特征

26.4　创建折弯钣金体

SolidWorks 2020钣金模块有6种不同的折弯特征工具来设计钣金的折弯，这6种折弯特征工具分别是：【绘制的折弯】、【褶边】、【转折】、【展开】、【折叠】和【放样的折弯】。

26.4.1　绘制的折弯

【绘制的折弯】命令可以在钣金零件处于折叠状态时绘制草图将折弯线添加到零件。草图中只允许使用直线，可为每个草图添加多条直线。折弯线的长度不一定要与被折弯的面的长度相等。

动手操作——创建绘制的折弯

在钣金零件上创建绘制的折弯特征，如图26-17所示。

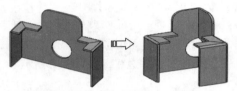

图26-17　创建绘制的折弯特征

01 打开本例源文件"钣金法兰.SLDPRT"。

02 在【钣金】选项卡中单击【绘制的折弯】按钮 🧲，在钣金零件上选择一个面为草图平面，进入草图环境绘制草图，如图26-18所示。

03 退出草图环境后，在钣金零件上选择固定面，如同26-19所示。

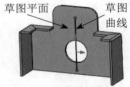

图26-18　选择草图　　　图26-19　选择固定面
平面绘制草图

04 接着在【绘制的折弯】面板中单击【折弯中心线】按钮 📐；输入折弯角度为45度，单击【确定】按钮 ✓，生成绘制的折弯特征，如图26-20所示。

图26-20　生成绘制的折弯特征

26.4.2　褶边

【褶边】命令可将褶边添加到钣金零件的所选边线上。生产褶边特征时所选边线必须为直线。斜接边角被自动添加到交叉褶边上。

技术要点 🗐

如果选择多个要添加褶边的边线，则这些边线必须在同一个面上。

动手操作——创建褶边

在钣金零件上创建褶边特征，如图26-21所示。

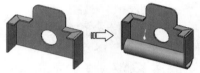

图26-21　创建褶边特征

01 打开本例源文件"钣金法兰.SLDPRT"。

02 在【钣金】选项卡中单击【褶边】按钮 📎，弹出【褶边】属性面板。在钣金零件上选择一条边线，如图26-22所示。

选择边线

图26-22　选择边线

03 在【褶边】面板【边线】选项区中单击【折弯在外】按钮 📐，在【类型和大小】选项区中单击【滚扎】按钮 📐，在【角度】栏中输入角度270，在【半径】栏中输入半径值为10，如图26-23所示。

04 单击【确定】按钮 ✓，生成褶边特征如图26-23所示。

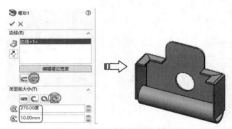

图26-23　创建褶边特征

26.4.3　转折

使用【转折】特征工具可以在钣金零件上通过草图直线生成两个折弯。生成转折特征的草图只能包含一条直线。直线可以不是水平和垂直的直线，折弯线的长度不一定要与被折弯面的长度相等。

动手操作——创建转折

在钣金零件上创建褶边特征，如图26-24所示。

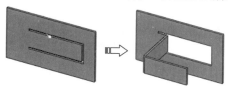

图26-24　创建转折特征

01 打开本例源文件"钣金零件.SLDPRT"。

02 在【钣金】选项卡中单击【转折】按钮💈，在钣金零件上选择一个面作为草图平面，进入草图环境绘制草图，如图26-25所示。

03 退出草图环境后，在钣金零件上选择一个固定面，如图26-26所示。

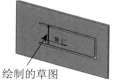

绘制的草图
图26-25　绘制草图

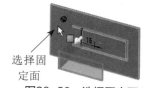

选择固定面
图26-26　选择固定面

04 在【转折】面板的【等距距离】栏中输入距离值为50，单击【外部等距】按钮🝙，单击【折弯中心线】按钮🝙，如图26-27所示。

05 保留其余选项默认设置，单击【确定】按钮✅生成转折特征，如图26-28所示。

图26-27　设置【转折】面板

图26-28　创建转折特征

26.4.4　展开

使用【展开】特征工具可以在钣金零件中展开一个、多个或所有折弯。

动手操作——展开折弯特征

在钣金零件上创建展开特征，如图26-29所示。

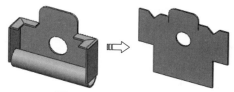

图26-29　创建展开特征

01 打开本例源文件"褶边特征.SLDPRT"。

02 在【钣金】选项卡中单击【展开】按钮💿，弹出【展开】属性面板。在钣金零件上选择固定面和要展开的折弯，如图26-30所示。

选择固定面
选择所有的折弯
图26-30　选择折弯和固定面

03 可手动选择折弯特征，也可以单击【收集所有折弯】按钮自动收集，如图26-31所示。

04 在【展开】面板中单击【确定】按钮✅，生成展开特征，如图26-32所示。

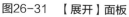

图26-31　【展开】面板

图26-32　创建展开特征

26.4.5　折叠

使用折叠特征工具可以在钣金零件中折叠一个、多个或所有折弯特征。

动手操作——创建折叠特征

在钣金零件上创建折叠特征，如图26-33所示。

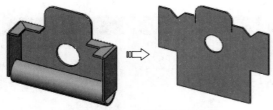

图26-33　创建褶边特征

操作步骤

01 打开本例源文件"展开折弯特征.SLDPRT"。

02 在【钣金】选项卡中单击【折叠】按钮，弹出【折叠】属性面板。在钣金零件上选择一个固定面，如图26-34所示。

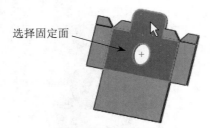

图26-34　选择边线

03 在【折叠】面板中单击【收集所有折弯】按钮自动收集要折叠的折弯，如图26-35所示。单击【确定】按钮，生成折叠特征如图26-36所示。

图26-35　设置【折叠】　图26-36　创建折叠特征
　　　　　面板

26.4.6　放样折弯

使用放样折弯特征工具可以在钣金零件中生成放样的折弯。放样的折弯和零件实体设计中的放样特征类似，需要有两个草图才可以进行放样操作。

技术要点

放样折弯的草图必须为开环轮廓，轮廓开口应同向对齐，以使平板型式更精确。草图不能有尖角边线。

动手操作——创建放样折弯

用两个草图轮廓创建一个料厚为2.0的放样钣金零件，如图26-37所示。

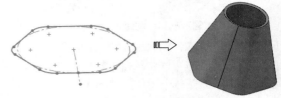

图26-37　创建放样折弯

01 单击【新建】按钮，创建一个新的零件文件。

02 在【草图】选项卡单击【草图绘制】按钮，选择前视基准面为草图平面，绘制图26-38所示的草图。

03 在距离前视基准面50mm处，创建一个基准面，然后在该基准平面上绘制草图，如图26-39所示。

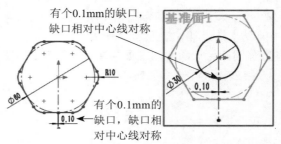

图26-38　绘制草图　　　图26-39　绘制草图

04 在【钣金】选项卡中单击【放样折弯】按钮，弹出【放样折弯】属性面板。选择两个草图为轮廓，在【放样折弯】面板的【厚度】栏中输入厚度值为2mm，如图26-40所示。

05 单击【确定】按钮，生成放样折弯特征如图26-41所示。

图26-40 设置【放样折弯】面板

图26-41 生成放样折弯特征

26.5 钣金成形工具

利用钣金成形工具可以生成各种钣金成形特征，如embosses（凸包）、extruded flanges（冲孔）、louvers（百叶窗）、ribs（筋）和lances（切口）成形特征等。

26.5.1 使用【成形】工具

【成形】工具是一个多种特征的工具集，可以在钣金零件上生成特殊的形状特征。下面介绍如何在钣金零件上创建一个百叶窗特征。

动手操作——利用成型工具创建百叶窗

使用【成型】工具在一个长为200mm宽为100mm厚度为2mm的钣金上创建百叶窗，如图26-42所示。

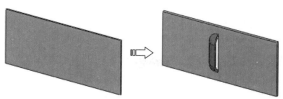

图26-42 放置成型工具

01 新建零件文件。利用【钣金】选项卡中的【基体法兰/薄片】工具 ，创建一个长为200mm、宽为100mm，及厚度为2mm的钣金基体法兰。

02 在图形区右侧的任务窗格中单击【设计库】标签按钮 ，展开【设计库】选项卡。在【设计库】选项卡中按照路径【Design Library】|【forming tools】|【louver】可以找到5种钣金标准成型工具的文件夹，每一个文件夹中都有许多种成型工具。

03 在louver文件夹中将louver（百叶窗）成型工具拖到窗口的钣金表面上放置，然后设置其定位参数和定形参数，如图26-43所示。

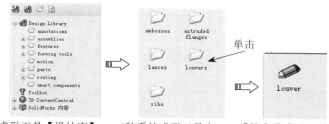

成形工具【设计库】　　5种系统成形工具文　　系统自带成形工具

【放置成形特征】对话框　　将成形特征放到钣金零件上

图26-43 调用成形工具的过程

04 单击【放置成型特征】对话框中的【完成】按钮，完成成型工具的放置，如图26-44所示。

图26-44 创建成型特征

技术要点

使用【成形】特征工具时，默认情况下成形工具向下进行，即成形的特征方向是向下凹的，如果要使【成形】特征的方向向上凸，需要在拖入【成形】特征的同时按一下Tab键。

26.5.2 编辑成形工具

在【设计库】中标准【成形】工具的形状或大小与实际需要的形状或大小有差异的时候，需要对【成形】工具进行编辑，使其达到实际所需要的形状或大小。

动手操作——编辑成形工具

编辑【成形】工具的操作步骤如下。

01 新建文件。

02 单击【任务窗格】中的【设计库】按钮 。在【设计库】对话框中按照路径【Design Library】|【forming tools】找到需要修改的【成形】工具，用左键双击【成形】工具图标。例如：用左键双击embosses（凸起）文件夹中的【counter sink emboss】特征工具图标，如图26-45所示。系统将进入【counter sink emboss】特征工具的设计面板。

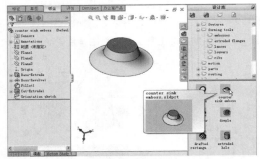

图26-45　选择需要编辑的【成形】工具

03 在操作界面左侧的【Feature Manager 设计树】中，用右键单击【Boss-Revolve1】，在弹出的快捷菜单中单击【编辑草图】按钮 ，进入草图界面，修改草图，如图26-46所示。

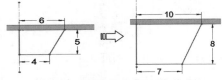

图26-46　修改成形特征的草图

04 在操作界面左侧的【Feature Manager 设计树】中，用右键单击【Fillet1】，在弹出的快捷菜单中单击【编辑特征】按钮 ，弹出【倒角】面板，如图26-47所示。

图26-47　【编辑特征】
属性管理器

05 在【编辑属性】管理器中，将【半径】 中的值改为3mm，在【边线、面、特征和环】 中添加【边线2】，如图26-48所示。单击【倒角】管理器左上角的【确定】按钮 ，完成倒角的修改。

图26-48　添加【边线2】

06 完成【成形】工具的编制，结果如图26-49所示。

图26-49　编辑好的【成形】工具

07 执行【文件】|【保存】或【另存为】菜单命令，将编辑后的【成形】工具保存。

26.5.3 创建新成形工具

在SolidWorks 中，设计工程师可以根据实际设计中的需要创建新的【成形】工具，然后把新的【成形】工具添加到【设计库】中，以备在设计中运用，创建新的【成形】工具和创建其他实体零件的方法一样。

创建新的【成形】工具操作步骤如下。

01 单击【新建】按钮 ，创建一个新的文件，在【操作界面】左边的【Feature Manager设计树】中选择前视基准面作为草图平面，接着单击【草图】选项卡中的【矩形】按钮 ，绘制一个矩形，如图26-50所示。

02 执行【插入】|【凸台/基体】|【拉伸】菜单命令，或者单击【特征】选项卡中的【拉伸凸台/基体】按钮 ，在【拉伸】面板中的【深度】里面输入深度值为10mm，单击【拉伸】属性管理器左上角的【确定】按钮，生成【拉伸】特征，如图26-50所示。

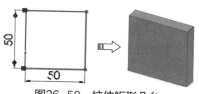

图26-50 拉伸矩形凸台

03 执行【插入】|【凸台/基体】|【旋转】菜单命令，或者单击【特征】选项卡中的【旋转】按钮 ，选择图26-51所示的表面为基准面，在基准面上绘制【旋转】特征的草图，如图26-52所示。

图26-51 生成
【旋转】的基准面

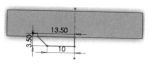

图26-52 生成【旋转】
特征的草图

04 退出草图后，将进入【旋转】面板，单击【旋转】面板左上角的【确定】按钮 ，生成【旋转】特征，如图26-53所示。

05 单击【特征】选项卡中的【圆角】按钮 ，在弹出的【圆角】属性面板中输入【半径】的值为2mm，选择旋转凸台的顶圆线和底圆线为【边线1】和【边线2】。最后单击【确定】按钮 ，生成【圆角】特征，如图26-54所示。

图26-53 生成【旋转】
特征

图26-54 生成【圆角】
特征

06 选择旋转凸台顶面为草图平面，绘制草图，如图26-55所示。

07 在【模具】选项卡中单击【分割线】按钮 。弹出【分割线】面板。首先选择【投影】分割类

型。接着选择绘制的草图作为要投影的草图，再选择旋转凸台的顶面作为要分割的面。单击【确定】按钮 ，完成旋转凸台顶面的分割，如图26-56所示。

图26-55 绘制草图

图26-56 旋转凸台
顶面被分成两个面

08 在【外观颜色】面板中【所选几何体】里面选择旋转凸台顶面被分割出来的异形面，在【颜色】选项中选择红色，单击【外观颜色】面板左上角的【确定】按钮 ，旋转凸台顶面中的异形面变成红色，如图26-57所示。

技术要点

改变颜色后在生成此【成形】工具时，在钣金零件上才会有相应的异形孔生成，反之则不会有相同的异形孔生成。

图26-57 将异形面改为红色

09 如图26-58所示，在指定面上绘制草图。

10 单击【特征】选项卡中的【拉伸切除】按钮 ，弹出【拉伸切除】属性面板。

11 在【方向1】选项区中选择终止条件后【完全贯穿】，单击【确定】按钮 ，将凸台底部的矩形体切除，如图26-59所示。

图26-58 绘制【拉伸
切除】草图

图26-59 生成【拉伸
切除】特征

12 如图26-60所示，选择凸台底面为草图平面，在草图平面上绘制一个与凸台底面圆直径一样大的圆，如图26-61所示。

图26-60 选择草图平面　　图26-61 绘制草图

技术要点 📖

最后绘制的草图是【成形】工具的定位草图，是必须绘制的，否则【成形】工具将不能放置到钣金零件上。

13 将零件文件保存，然后在特征树中用右键单击零件名称，在弹出来的快捷菜单中选择【添加到库】命令，系统弹出【另存为】对话框，在对话框中选择保存路径为：Design Library|forming tools|embosses，单击 保存(S) 按钮，把新创建的【成形】工具保存在设计库中。

技术要点 📖

在创建孔的【成形】工具时，拉伸凸台的高度一定要与钣金零件的材料厚度相等。如果拉伸凸台的高度大于钣金零件的材料厚度时，钣金零件的背面将多出一部分，如图26-62所示。如果拉伸凸台的高度小于钣金零件的材料厚度时，【成形】工具将不能在钣金零件彻底成形孔，如图26-63所示。

图26-62 多出钣金零件　　图26-63 少于钣金零件
　　　　　厚度的孔成形工具　　　　　厚度的孔成形工具

26.6　编辑钣金特征

SolidWorks钣金环境中有6种不同的编辑钣金特征工具，这6种编辑钣金特征分别是【切除

拉伸】、【边角剪切】、【闭合角】、【断裂边角】、【将实体零件转换成钣金件】和【镜像】。使用这些编辑钣金特征工具可以对钣金零件进行编辑。

26.6.1　拉伸切除

【钣金】选项卡中的【拉伸切除】工具与【特征】选项卡中的【拉伸切除】工具完全相同，需要一个草图才可以创建拉伸切除特征。

动手操作——创建切除-拉伸

使用【切除-拉伸】工具在钣金零件上切一个圆孔，如图26-64所示。

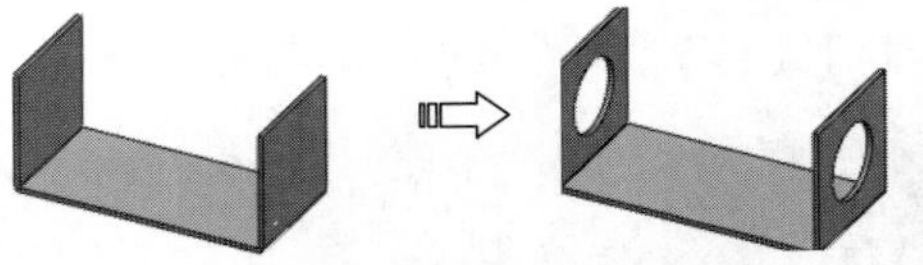

图26-64 创建拉伸切除特征

01 创建一个长为100mm、宽为50mm、两侧高为50mm、厚度为2mm的钣金法兰，如图26-65所示。

02 在【钣金】选项卡中单击【拉伸切除】按钮，选择钣金零件的左端面为草绘平面，绘制草图，如图26-66所示。

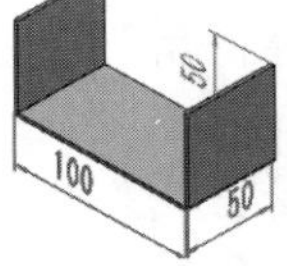

图26-65 创建钣金　　图26-66 绘制切除
　　　法兰零件　　　　　草图轮廓

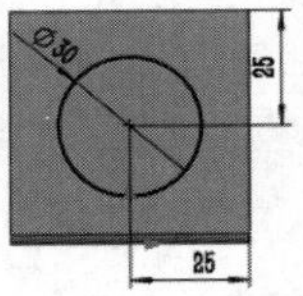

03 在【切除-拉伸】面板的【终止条件】下拉列表中选择【完全贯穿】选项，如图26-67所示。然后单击【确定】✔按钮，生成拉伸切除特征，如图26-68所示。

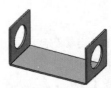

图26-67 设置【切除-　　图26-68 创建拉伸
　　拉伸】面板　　　　　切除特征

26.6.2 边角剪裁

使用【边角剪切】工具可以把材料从展开的钣金零件的边线或面切除。【边角剪裁】工具需要用户通过自定义命令将其调出来。

技术要点 📖

【边角剪切】工具只能在展平（并非展开）的钣金零件上用，当钣金零件被折叠后，所生成的【边角剪切】特征将自动隐藏。

动手操作——创建边角剪裁

在钣金零件上创建边角剪裁特征，如图26-69所示。

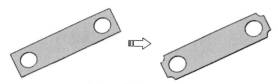

图26-69 创建边角剪裁特征

01 打开本例源文件"切除拉伸.SLDPRT"。

02 在【钣金】选项卡中单击【展平】按钮 📄，将钣金零件整体展平，如图26-70所示。

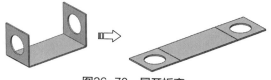

图26-70 展开折弯

03 在【钣金】选项卡中单击【边角剪裁】按钮 📄，弹出【边角-剪裁】属性面板。在展平的钣金零件中选取4条棱边作为要剪裁的边角，如图26-71所示。

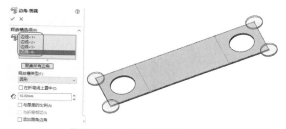

图26-71 选择要剪裁的边角

04 在【释放槽类型】下拉列表中选择【圆形】选

项，在【半径】栏中输入半径值为10mm，最后单击【确定】 ✔ 按钮，生成边角剪裁特征，如图26-72所示。

图26-72 创建边角剪裁特征

26.6.3 闭合角

使用【闭合角】特征工具可以使两个相交的钣金法兰之间添加闭合角，即在两个相交钣金法兰之间添加材料。

动手操作——创建闭合角

在钣金零件上创建闭合角特征，如图26-73所示。

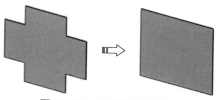

图26-73 创建闭合角特征

01 创建一个如图26-74所示、厚度为2mm的钣金件。

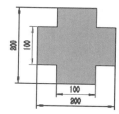

图26-74 料厚为2mm的钣金件

02 在【钣金】选项卡中单击【闭合角】按钮 📄，按信息提示在钣金零件上依次选择要延伸的面和要匹配的面。

03 选择好面后，在弹出的【闭合角】属性面板中单击【对接】按钮 📄。在【缝隙距离】文本框中输入距离值0.1mm，如图26-75所示。

04 最后单击【确定】 ✔ 按钮，生成闭合角特征，如图26-76所示。

图26-75　设置【闭合角】　　图26-76　创建闭合
　　　　　面板　　　　　　　　　　　　角特征

26.6.4　断裂边角

使用【断裂边角/边角剪裁】特征工具可把材料从折叠的钣金零件的边线或面切除。

动手操作——创建断裂边角

在钣金零件上创建断裂边角特征，如图26-77所示。

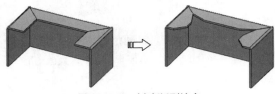

图26-77　创建断裂边角

01 首先创建一个图26-78所示的钣金基体法兰。然后在基体法兰上创建法兰长度为20mm的边线法兰，如图26-79所示。

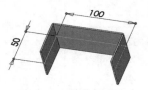

图26-78　创建钣金　　　图26-79　创建边线
　　　　　基体法兰　　　　　　　　　　法兰

02 在【钣金】选项卡中单击【断裂边角/边角剪裁】按钮，弹出【断开边角】属性面板。

03 在钣金零件上依次选择要断开的边角，如图26-80所示。

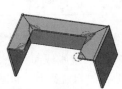

图26-80　选取要断开的边角

04 选择好边角后，在【断开-边角】面板中单击【倒角】按钮，在【距离】文本框中输入距离值为10mm，最后单击【确定】按钮，生成断开边角特征，如图26-81所示。

图26-81　创建断裂边角特征

26.6.5　将实体零件转换成钣金件

先以实体的形式将钣金零件的最终形状大概画出来，然后将实体零件转换成钣金零件，这样就方便得多。实现这个操作的工具叫作"转换到钣金"。

动手操作——将实体零件转换成钣金零件

将实体零件转换成钣金零件，如图26-82所示。

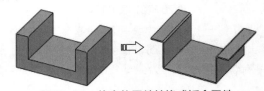

图26-82　将实体零件转换成钣金零件

01 新建一个零件文件，用【拉伸凸台/基体】工具创建一个实体，如图26-83所示。

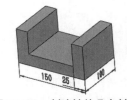

图26-83　创建拉伸凸台基体

02 在【钣金】选项卡中单击【转换到钣金】按钮 ，弹出【转换到钣金】属性面板。在实体零件上选择一个固定面作为固定实体，如图26-84所示。再在实体零件上选取4条代表折弯的边线，如图26-85所示。

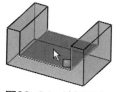

图26-84　选择固定
实体

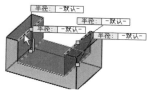

图26-85　选择代表
折弯的边线

03 在【转换到钣金】属性面板的【钣金厚度】文本框中输入厚度值为2mm，在【折弯的默认半径】文本框中输入半径值为0.2mm，如图26-86所示。最后单击【确定】 按钮，生成钣金零件，如图26-87所示。

图26-86　设置
【转换实体】面板

图26-87　生成钣金
零件

技术要点

在为【选取代表折弯的边线/面】选取边线或面时，所选取的边线或面与固定面一定要处于同一边，否则将无法选取。

26.6.6　钣金设计中的镜像特征

在【钣金】选项卡中面是没有【镜像】工具的，但在钣金设计中却时常需要【镜像】特征来进行设计，这样可以节约大量的设计时间。钣金设计中的镜像操作是通过【特征】选项卡中的【镜像】工具来实现的。

动手操作——创建镜像特征

在钣金零件上创建镜像特征，如图26-88所示。

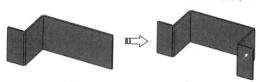

图26-88　创建闭合角特征

01 创建一个厚度为2mm的钣金基体法兰，如图26-89所示。

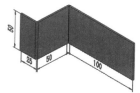

图26-89　料厚为2mm的基体法兰

02 在【特征】选项卡中单击【镜像】按钮 ，弹出【镜像】属性面板。在钣金零件上依次选择要镜像的法兰特征，如图26-90所示。选择右视基准面为镜像面，如图26-91所示。

图26-90　选择要镜像
的特征

图26-91　选择镜像面

03 最后单击【确定】 按钮，生成镜像特征，如图26-92所示。

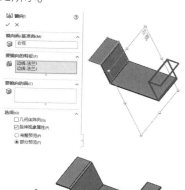

图26-92　创建镜像特征

26.7　综合实战——ODF单元箱主体设计

引入素材：无

结果文件：实训操作\结果文件\Ch26\ODF单元箱.sldprt

视频文件：视频\Ch26\ODF单元箱.avi

　　ODF单元箱是一种光纤配线设备，其主要作用是用来装一体化熔配模块，再将其固定到配线架上，起个中转作用。ODF单元箱主体的模型如图26-93所示。

操作步骤

01 启动SolidWorks 2020，然后新建一个零件文件。

02 绘制基体法兰草图。选择前视基准面作为绘制草图的基准面，在图形区域内绘制草图，如图26-94所示。

图26-93　ODF单元箱主体模型

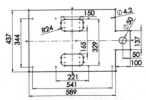
图26-94　绘制草图

03 创建基体法兰。单击【钣金】选项卡中的【基体法兰/薄片】按钮。在【基体法兰】面板中设置材料厚度为1.5mm，然后单击【确定】按钮，生成基体法兰，如图26-95所示。

图26-95　生成基体法兰

04 折弯基体法兰。单击【钣金】选项卡中的【绘制的折弯】按钮，选择基体法兰表面作为草图平面，然后绘制两条直线。退出草图环境后，在【绘制的折弯】面板中设置各个参数，然后单击【确定】按钮，将基体法兰进行折弯，如图26-96所示。

图26-96　折弯基体法兰

05 二次折弯。单击【钣金】选项卡中的【转折】按钮，在钣金零件的表面上绘制一条直线，退出草图后将弹出【转折】属性面板。在【转折】属性面板设置各个参数，然后单击【确定】按钮，将生成转折特征，如图26-97所示。

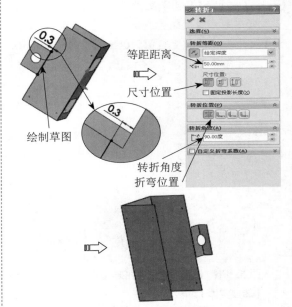
图26-97　生成转折特征

06 添加边沿（斜接法兰）。单击【钣金】选项卡中的【斜接法兰】按钮，然后在钣金零件上绘制一条直线。

07 退出草图环境后，弹出【斜接法兰】属性面板。在钣金零件上选择3条边为，再设置各个参数，单击【确定】按钮，完成斜接法兰的创建，如图26-98所示。

08 镜像边沿。单击【特征】选项卡中的【镜像】按钮，弹出【镜像】属性面板。选择上视基准面为镜像平面，选择上步创建的斜接法兰作为要镜像的特征，然后单击【确定】按钮，将边沿进行镜像，如图26-99所示。

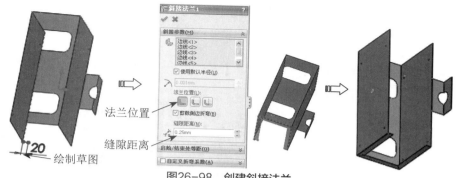

绘制草图　法兰位置　缝隙距离

图26-98　创建斜接法兰

09 利用【成形】工具生成百叶窗。单击【任务窗格】中的【设计库】标签按钮 🖼，展开【设计库】选项卡。在【设计库】选项卡中按照路径【Design Library】\【forming tools】\【louvers】将【louvers】中的【louvers】拖动到钣金零件上面，如图26-100所示。

镜像平面　镜像特征

图26-99　镜像边沿

图26-100　添加百叶窗到钣金零件中

10 确定百叶窗的位置。选中百叶窗草图，在弹出的快捷菜单中单击【编辑草图】按钮 ✏，执行【工具】|【草图工具】|【修改】菜单命令，弹出【修改草图】对话框，在对话框的【旋转】栏中输入值270，单击对话框上的【关闭】按钮；单击【智能尺寸】按钮 ◈，确定百叶窗的位置如图26-101所示。

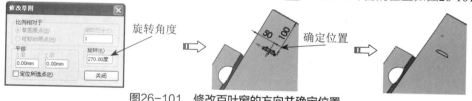

旋转角度　确定位置

图26-101　修改百叶窗的方向并确定位置

11 阵列百叶窗。单击【特征】选项卡中的【线性阵列】按钮 🔡，弹出【线性阵列】属性面板。在钣金零件上选择两条边作为方向1和方向2的阵列参考，然后设置各个参数，最后单击【确定】 ✔ 按钮，将百叶窗进行阵列，如图26-102所示。

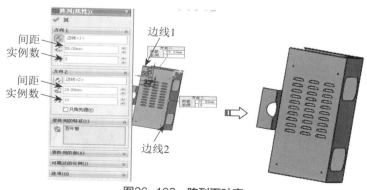

间距　实例数　边线1　间距　实例数　边线2

图26-102　阵列百叶窗

12 镜像百叶窗。单击【特征】选项卡中的【镜像】按钮 ▶◀，弹出【镜像】属性面板。选择右视基准面为镜像平面，再选择阵列的百叶窗作为要镜像的特征，最后单击【确定】按钮 ✅，将百叶窗进行镜像，如图26-103所示。

13 至此，完成了ODF单元箱的钣金设计。最后单击【保存】按钮 💾，将其保存。

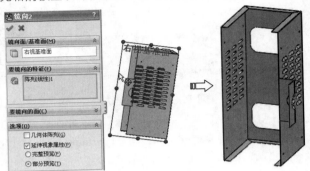

图26-103　镜像百叶窗

SolidWorks Routing是用于管道、管筒及电气设计的专业插件。本章主要介绍Routing插件的功能及管道与管筒线路的设计方法。课程内容包括自定义线路设计模板、添加零件到步路库中、通过各种自动和手工方法生成线路路径等。

知识要点

- ⊙ Routing模块概述
- ⊙ 线路点与连接点
- ⊙ 管道与管筒设计
- ⊙ 管道零部件设计

27.1 Routing模块概述

Routing是SolidWorks的一个插件。Routing的强大管道设计功能使得设计人员能够方便、自动地进行设计，减少管道生成路线，缩短编辑、装配、排列管道的时间，从而达到提高设计效率、优化设计、快速投放市场和降低成本的目的。

27.1.1 Routing插件的应用

Routing设计包括管道设计、软管设计和电力设计。Routing包含在SolidWorks Office Premium软件包中，在菜单栏执行【工具】|【插件】命令，在弹出的【插件】对话框中勾选【SolidWorks Routing】复选框，就可以使用Routing插件设计功能了，如图27-1所示。

图27-1 应用Solidworks Routing插件

27.1.2 文件命名

Routing零部件默认的命名规则与PDMWorks®及其他PDM插件的命名规则相同。通常，用户可按自己的习惯或者企业标准来命名。线路子装配体的默认格式为：

```
RouteAssy#-<装配体名称>.sldasm
```

线路子装配体中的电缆、管筒、管道零部件的默认格式为：

```
Cable（Tube/Pipe）-RouteAssy#-<装配体名称>.sldprt（配置）
```

27.1.3　关于管道设计的术语

初学者学习SolidWorks Routing前，可以先了解几个关于管道设计的术语，这有助于后面课程的学习。

1. 线路点

线路点是用于将附件定位在3D草图中的交叉点或端点。用图标来生成线路点。对于具有多个端口的接头，线路点位于轴线交叉点处的草图点；对于法兰，线路点位于圆柱面同轴心的点，当法兰与另一个法兰配合，线路点位于配合面上。

线路点的生成示意图如图27-2所示。

2. 连接点

连接点是附件中的一个点，管道由此开始或终止。管段在管道装配体中总是从连接点开始，或者最后连接到已装配好的装配体零件的连接点上。每个附件零件的每个端口都必须包含一个连接点，它决定相邻管道开始或终止的位置。

用图标来生成连接点，要根据管道连接的情况（管道是否伸进接头，是螺纹连接还是焊接等）来确定连接点的位置。

连接点的生成示意图如图27-3所示。

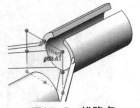

图27-2　线路点

图27-3　连接点

3. 附件

在SolidWorks Routing管道设计中，将除管道之外的与管道连接的零件都称为管道附件，简称为附件，如弯管、法兰、变径管和十字型接头等，如图27-4所示。附件都至少有1个连接点，但不一定有线路点。

图27-4　管道系统附件

4. 线路子装配体

线路子装配体总是顶层装配体的零部件。当用户将某些零部件插入装配体时，都将自动生成一个线路子装配体。与其他类型的子装配体不同，在其自身窗口中生成线路子装配体，然后将之作为零部件插入更高层的装配体中。

5. 3D草图

子装配体中包含一个"路线1"特征，通过"路线1"特征可以完成对管道属性及路径的编辑。线路子装配体的线路取决于主装配体中根据零件位置绘制的3D草图，3D草图与主要装配相关联，并且决定管道系统中管道、附件的位置与参数。

3D草图决定了管道的位置和布局，管道附件的位置确定了每段管道的长度。包括整个3D草图在内的所有零件，均作一个特殊的子装配体存在。

27.2　生成线路点与连接点

在SolidWorks步路设计中，需要使用线路点和连接点对管道路线进行草图定位。管道附件至少有一个连接点，但不一定要有线路点。线路点与连接点可在零件环境中或装配环境中进行操作。

在零件建模环境中，线路点与连接点设计工具在【Routing工具】工具栏中，如图27-5所示。在功能区的空白位置单击右键，在弹出的右键菜单中选择【Routing工具】命令 🔧，可调出【Routing工具】工具栏。

图27-5　【Routing工具】工具栏

如果是在装配体建模环境中，可从【电气】、【管筒】、【管道设计】及【用户定义的线路】等选项卡中执行相关的设计命令。

27.2.1　生成线路点

线路点是配件（法兰、弯管、电气接头等）中用于将配件定位在线路草图中的交叉点或端点的点。线路点定义了管道附件安装位置。线路点也称步路点或管道点。

在具有多个端口的接头中（如T型或十字型），用户在添加线路点之前，必须在接头的轴线交叉点处生成一个草图点。

单击【Routing工具】工具栏中的【生成线路点】按钮，属性管理器中显示【步路点】属性面板，如图27-6所示。

图27-6　【步路点】面板

在选择草图点或顶点时，可按以下方法进行。

➢ 对于硬管道和管筒配件，在图形区域选择一草图点。

➢ 对于软管配件或电力电缆接头，在图形区域中选择一草图点和一平面。

➢ 在具有多个端口的配件中，选取轴线交叉点处的草图点。

➢ 在法兰中，选取与零件的圆柱面同轴心的点。如果法兰与另一个法兰配合，请在配合面上选择一个点。

27.2.2　生成连接点

连接点是接头（法兰、弯管、电气接头等）中的一个点，步路段（管道、管筒或电缆）由此开始或终止。管路段只有在至少有一端附加在连接点时才能生成。每个接头零件的每个端口都必须包含一个连接点，定位于使相邻管道、管筒或电缆开始或终止的位置。

在【Routing工具】工具栏中单击【生成连接点】按钮，属性管理器显示【连接点】面板，如图27-7所示。

【连接点】面板中各选项区及其选项的含义如下。

➢ 【选择】选项区：该选项区用以设置连接点的线路类型。

图27-7　【连接点】面板

➢ 线路草图线段：激活此列表，可以指定3种类型的参考作为线段的原点。包括圆形面、圆形边线，以及面、基准面、草图点或顶点。如果选择第3种类型作为连接点，将生成一条垂直于基准面或面的轴。

➢ 线路类型：选择线路材料类型，如电气、管筒、装配式管道及用户定义的管道。

➢ 【参数】选项区：该选项区用于设置各线路类型的参数。类型不同，参数选项也不同，如图27-8所示。

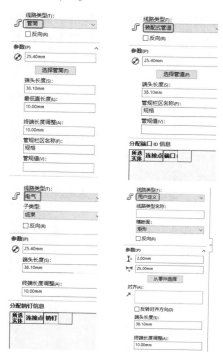

图27-8　不同线路类型的参数选项

> 标称直径 ⊘：为管道、管筒，及电气导管
> 配件端口的标称直径。此尺寸与管道或管筒
> 零件中的"名义直径@过滤器"草图尺寸对
> 应。单击【选择管道】按钮或【选择管筒】
> 按钮，然后浏览到管道或管筒，并选择一配
> 置以使用其名义直径，如图27-9、图27-10
> 所示。

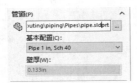

图27-9 【管道】
配置选项

图27-10 【管筒】
配置选项

> 端头长度：指定在将接头或配件插入到线路
> 中时，从接头或配件所延伸的默认电缆端头
> 长度。如果设定为0，将使用线路直径乘以
> 1.5的端头长度。

> 额外内部电线长度：仅对于电气线路，输入
> 一增加电缆的切割长度的数值以允许脱皮、
> 切线，等等。

技术要点 🔒

　　也可在步路选项中设定空隙百分比来增加
电缆的切割长度。所计算的电缆切割长度按空隙
百分比增量，从而弥补实际安装中可能产生的下
垂、扭结等。

> 最低直长度：指定在线路开端和末尾所需的
> 直管筒最小长度。

> 终端长度调整：仅对管筒而言，指定数值以
> 添加到管筒的切除长度。

> 管规栏区名称：仅限于【管道】和【装配式
> 管道】线路类型。可过滤选择匹配管道规格
> 的配合零部件。

> 管规值：如果配件只有一个配置，输入与规
> 格区域名关联的值。

> 规格数值：如果配件只有一个配置，输入与
> 规格区域名关联的值。

> 端口ID：在从P&ID文件定义线路设计装配体
> 时指定设备步路端口。

动手操作——利用连接点创建末端接头

01 打开本例的源文件"滑动线夹套.SLDPRT"。

02 单击【Routing工具】工具栏上的【Routing
Library Manager】按钮，打开【Routing Library
Manager】窗口。

03 单击【Routing零部件向导】图标，进入
【线路和零部件类型】设置页面，如图27-11
所示。

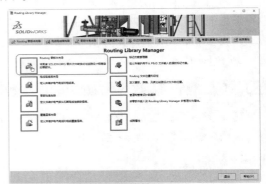

图27-11 【Routing Library Manager】窗口

04 在【线路和零部件类型】设置页面的【线路类
型】选项组中单击【电气】单选按钮，接着单击
【接头】单选按钮，再单击【下一步】按钮，如
图27-12所示。

图27-12 选择线路类型和零部件类型

05 在随后弹出的【Routing功能点】设置页面中，
单击【添加】按钮，如图27-13所示。

图27-13 执行【添加】连接点命令

06 然后选择图27-14所示的基准面4和点，并设置"标称直径"为0.2500in。

提示 📒

> 打开的滑动线夹套零件来自于SolidWorks的系统标准件库，其单位默认为英制单位。用户也可以通过【系统选项】对话框来重新设置当前设计环境的单位为公制单位。

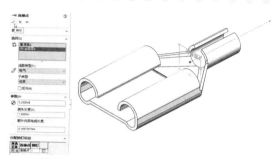

图27-14 添加连接点并设置标称直径

07 设置后单击【确定】按钮 ✔，返回到【Routing功能点】页面中。可以看见，添加的连接点显示在右侧图形预览中，同时显示连接点的点数为1，如图27-15所示。

图27-15 显示添加的连接点

08 单击【下一步】按钮，进入【配合参考】设置页面，单击【添加】按钮，到图形区中选择配合参考，如图27-16所示。

图27-16 执行【添加】配合参考的命令

09 在图形区中分别选择第一参考、第二参考和第三参考，如图27-17所示。

10 单击【配合参考】属性面板中的【确定】按钮 ✔，再次返回到【配合参考】设置页面。

11 连续单击【下一步】按钮，直到弹出【保存零部件到库】设置页面。此页面显示零部件的库文件夹位置，单击【保存】按钮，将零部件保存在默认的库文件夹中，如图27-18所示。

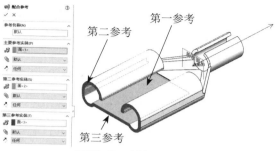

图27-17 选择配合参考

图27-18 保存零部件

12 关闭【Routing Library Manager】窗口。

13 调出【电气】工具栏。在【电气】工具栏中单击【创建接头块】按钮 🔲，弹出【创建接头块】属性面板。在图形区中选取参考来定义末端视图，如图27-19所示。

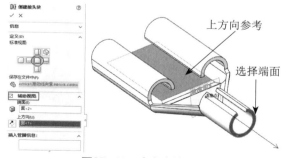

图27-19 定义末端视图

14 最后保存结果。

27.3 管道、管筒零部件设计

管道和管筒线路装配体的零部件设计，用户可以通过加载库零件或者自定义零部件形状来完成。

27.3.1 设计库零件

SolidWorks Routing设计库中包含了用于电力设计、管道设计和软管（管筒）设计的零件库，如图27-20所示。

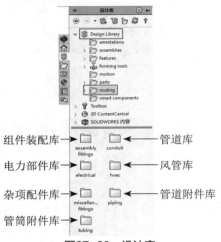

图27-20 设计库

设计库方便了用户的装配设计操作，极大地提高管道与管筒设计的效率。用户也可以将自定义设计的零件保存在设计库中，供后续设计使用。

管道与管筒设计所需的零部件几乎都可以从SolidWorks Routing设计库中找到。表27-1列出了设计库中常见的管道和管筒设计的零部件。

表27-1 常见的管道与管筒库零件类型

零件名称	使用说明	图 解
接头	特殊配件，一般用来链接线路及线路外的器件，包含有配合参考	
线夹	是电力或管筒线路的附件，用来要求约束线路。线夹可以预置和作为参考位置，或者在步路时拖动线路到任意位置	
导管	用来连接硬的管筒和电路。末端接头包括电力导管和电力连接点，串联的线路零部件仅包含电力导管的线路点	

续表

零件名称	使用说明	图 解
法兰	法兰是与管道、管筒一起使用的特殊配件。通常用来连接线路和线路外的器件，也包含配合参考	
管筒	是沿着路线方向并终止于草图的终点或配件的零件。管筒通常带有折弯，可以是直角的，也可以是任意形式的	
管道	是沿着路线位于弯管与法兰之间的零件	
标准弯管	是路线上方向改变处的零部件，以90°和45°折弯自动放置	
自定义弯管	是用于方向改变处的零部件，但折弯小于90°但不等于45°	
配件	是一类通用零部件，但不会像管道和弯管那样自动添加到线路中。包括T形管、变径管及四通管等	
装配体配件	装配体零部件，不会像管道和弯管那样自动添加到线路中。包括阀体、开关及其他含有多个零部件的线路配件	

27.3.2 管道和管筒零件设计

在管道和管筒零件中，每种类型和大小的原材料都由一个配置表示。在线路子装配体中，系统会根据名义直径、管道标识号和切割长度，将各个线段识别为管道配置或管筒零件配置。

Routing提供了一些样例管道和管筒零件。用户可通过编辑样例零件或生成自己的零件文件来创建管道和管筒零件。

用户自定义设计管道和管筒零件，必须满足以下条件。

1. 必有的几何体

在SolidWorks中，零件是草图截面经由拉伸、旋转、扫描等创建而成。在装配体的零件设计中，设计管道或管筒也需要确定管道截面或管筒截面。

要想使零部件在SolidWorks Routing中使用为管道或管筒截面，要求有以下项目：管道草图、拉伸（扫描-路径草图）和过滤草图（详见表27-2列出的项目）。

表27-2　使用管道或管筒截面要求的项目

所需项目	说　　明	图　解
管道草图	1. 命名为管道草图的前视视图草图 2. 两个同心圆，置于草图原点，尺寸命名为"内径@管道草图"和"外径@管道草图"	Ø2.162（内径） Ø2.380（外径）
拉伸	1. 命名为"拉伸"的拉伸基体特征，在正Z轴方向中拉伸 2. 命名为"长度@拉伸"的深度草图	2.000【长度】
扫描-路径草图（管筒）	1. 在3D草图中，与管道草图垂直的直线 2. 在直线的端点和圆的圆心之间添加同轴心几何关系	
过滤草图	1. 命名为"过滤草图"的草图 2. 尺寸命名为"名义直径"的圆	Ø2.000（标称直径）

2. 管道识别符号

配置特定的属性命名为"$属性@管道识别符号"，此值必须对每一个配置都独特。该属性有以下特点。

➢ 定义零件为管道零件，这样当从属性管理器的【线路属性】面板中可浏览管道零件时，软件可将之识别。

➢ 当保存装配体时，用作管道零件本地复制的默认名称。

➢ 每个配置必须具有独特值。

3. 规格符号

配置特定的属性命名为"$属性@规格"。该属性可用于"连接点的规格参数"以过滤管道和配件配置。

4. 系列零件设计表

系列零件设计表包括用户使用的原材料每种尺寸的配置。在表格中必须包括以下参数：

➢ 内径@管道草图；

➢ 外径@管道草图；

➢ 名义直径@过滤草图；

➢ $PRP@管道标识符。

技术要点

不要在系列零件设计表中包括"长度@拉伸"参数。此外，可以根据需要包括附加的参数，如单位长度的重量、费用、零件编号等属性的参数。

在"管道（Pipes）""管筒（Tubes）"零件中，每种类型和大小的原材料都由一个配置表示。在"管道子装配体"中，各个管段是"管道""管筒"零件的配置，以它的"名义直径""管道标识号"和"切割长度"为基础。

27.3.3　弯管零件设计

Routing提供了一些样例弯管零件。用户可通过编辑样例零件或生成零件文件来创建自己的弯管零件。

在开始线路时，在属性管理器的【线路属性】面板中选择"总是使用弯管"选项，程序则在3D草图中存在圆角时自动插入弯管。用户也可以手动添加弯管。

要将零件识别为弯管零件，零件必须包含两个连接点，外加一个包含命名为折弯半径和折弯角度尺寸的草图（草图名为弯管圆弧）。

技术要点

一个弯管零件可以包含多种不同类型和大小的弯管配置，包括不同的折弯角度和半径。

要自定义设计弯管零件，须满足以下条件。

➢ 生成一满足弯管"几何要求"的零件（几何要求见表27-3）。

➢ 在管道退出弯管处的两端生成连接点。此外，可以包括规格参数，这样可过滤弯管配置。

➢ 插入系列零件设计表以生成配置。请在标题行中包括以下参数：

● 折弯半径@弯管圆弧；

● 折弯角度@弯管圆弧；

● 直径@连接点1；

● 直径@连接点2；

● 规格@连接点1（推荐）；

● 规格@连接点2（推荐）。

➢ 可以根据需要包括附加尺寸（外径，壁厚）和属性（零件编号、成本、单位长度的重量）。

➢ 在位于步路文件系统路径下的步路库中保存零件。

表27-3 设计弯管所需的项目

所需项目	说明	图解
弯管圆弧	1.命名为弯管圆弧的草图 2.代表弯管的中心线的圆弧，尺寸命名为"折弯半径@弯管圆弧"和"折弯角度@弯管圆弧"	∞ R6.00（折弯半径）　90°（折弯角度）
线路	1.草图命名为线路，且位于垂直于圆弧一端的基准面上 2.代表弯管外径的圆，尺寸命名为"直径@线路" 3.在圆心和圆弧中心之间的尺寸命名为"折弯半径@线路"，且连接到"折弯半径@弯管圆弧"	Ø4.50（直径）　∞ 6.00（折弯半径）
功能	扫描，使用： 1.线路作为轮廓 2.弯管圆弧作为路径 3.薄壁特征选项来设定壁厚	

27.3.4 法兰零件

法兰经常用于管路末端，用来将管道或管筒连结到固定的零部件（例如泵或箱）上。法兰也可用来连结管道的长直管段。

Routing提供了一些样例法兰零件，用户可通过编辑样例零件或生成自己的零件文件，来创建自定义的法兰零件。

要自定义设计法兰零件，须满足以下条件。

➢ 生成一满足法兰"几何要求"的零件（见图27-21）。

➢ 在管道退出法兰处的端点上生成一连接点。连接点必须是与法兰的圆形边线同心，或者在法兰内具有正确的深度（如果管道或管筒延伸到法兰）。

➢ 生成线路点，线路点可使用户终止带法兰的线路，或者在线路上将法兰背靠背放置。

➢ 插入系列零件设计表以生成配置。

➢ 在"步路文件设置"所指定的步路库中保存零件。

旋转轴

命名为"旋转轴"的轴，便于在用户将之放置在线路中时将法兰旋转到所需方位

图27-21 满足法兰"几何要求"的零件

27.3.5 变径管零件

变径管用于更改所选位置的管道或管筒直径。变径管有两个带有不同直径参数值的连结点（CPoints）。

用户可以创建两种类型的变径管：同心变径管和偏心变径管。

1.同心变径管

同心变径管必须在连接点（CPoints）中间包括线路点

（RPoint），如图27-22所示。RPoint 可让用户在草图段中点处插入同心变径管（使用草图工具栏上的"分割实体"工具在草图段中央处插入点）。

技术要点 📖

当添加同心变径管到草图段末端时，线路将穿越变径管，并且将有一短线路段添加到变径管之外，这样就可继续步路。

2. 偏心变径管

偏心变径管无线路点，如图27-23所示。依据规定，用户只可在草图线段的端点插入偏心变径管，而不是在草图线段的中点插入。

图27-22　同心变径管　　图27-23　偏心变径管

27.3.6　其他附件零件

用户可以在3D草图中的交叉点处添加T型接头、Y型接头、十字型接头和其他多端口接头。

技术要点 📖

具有多分支的接头必须在每个端口有一个连结点，并在这些分支的交叉点处有一个管道点。

例如T型接头有3个连接点和1个线路点（参考点），当插入该接头时，线路点与3D草图中的交叉点重合，如图27-24所示。

附件零件的交叉点必须满足以下条件。

➤ 在3D草图中，T型接头的直线主管必须由两个单独的线段而不是由一个连续的线段组成，因为直线主管必须由两个路线或管筒段组成，如图27-25所示。

 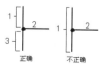

图27-24　T型接头的　　图27-25　草图中的
　　　　线路点与连接点　　　　　交叉点

➤ 十字型接头的直线主管也必须由分开的线段组成。

➤ 交叉点上草图直线的数量可以少于想要插入的附件中端口的数量。可按需要插入并对齐附件，再添加其余的草图线段。

➤ 可以在附件中生成一个轴，如一个阀，来控制附件在线路子装配体中的角度方向。此轴必须命名为竖直，并且垂直于通过附件的路线。

技术要点 📖

如果在交叉点处有一个以上构造性直线，程序将提示为对齐选择一直线。

27.4　管道线路设计

要利用SolidWorks Routing模块进行管道设计，需要做一些前期的准备工作。前期准备工作包括以下内容：

➤ 新建管道装配体所需的零件文档；

➤ 将管道、管筒、配件（法兰、弯管、变径管及其他附件）、步路硬件（如线夹、托座）等零件文档储存在步路库中；

➤ 打开或创建主装配体文件，其中包含需要连接的零部件（箱、泵等）。

设计管道线路子装配体的一般步骤如下。

（1）设置步路选项（勾选【在法兰/接头落差处自动步路】复选框或取消勾选），使开始配件成为线路子装配体或主装配体的零部件。

（2）在属性管理器的【线路属性】面板中设置相关选项。

（3）绘制3D草图。使用"直线"工具绘制线路段的路径，对于灵活的线路，可使用"样条曲线"工具来绘制。

（4）根据需要添加配件。

（5）退出草图后，零件文件夹、线路零件文件夹和线路特征将显示在特征管理器线路子装配体的设计树中。

信息小驿站

Routing库文件路径

Routing设计库包括步路库、步路模板、标准管筒、电缆/电线库、零部件库和标准电缆等库文件。

Routing各种库文件的浏览路径如下：C:\Documents and Settings\All Users\Application Data\SolidWorks\SolidWorks2019。

> 步路库：\design library\routing。
> 步路模板：\templates\routeAssembly.asmdot。
> 标准管筒：\design library\routing\Standard Tubes.xls。
> 电缆/电线库：\design library\routing\electrical\cable.xml。
> 零部件库：\design library\routing\electrical\components.xml。
> 标准电缆：\design library\routing\Standard Cables.xls。

27.4.1　管道步路选项设置

管道线路与其他线路不同（如电力线路、管筒线路等），其他线路均使用刚性管，在线段的端点处自动创建圆角，而管道线路在线路中添加弯管，同时使用自动步路工具和直角选项。

在【Routing工具】工具栏中单击【Routing选项设置】按钮，弹出【系统选项-步路-一般设定】对话框。在【自动给线路端头添加尺寸】选项中取消对【自动给线路端头添加尺寸】复选框的勾选，如图27-26所示。

图27-26　设置步路选项

27.4.2　通过拖/放来开始

要设计管道或管筒线路，需使用【通过拖/放来开始】工具将库零件拖动到装配体中开始第一个线路。

技术要点

要创建线路，须先打开装配体模型。否则不能使用线路创建工具。

在【管道设计】工具栏单击【通过拖/放来开始】按钮，图形区右侧的【设计库】任务窗格选项卡中将显示Routing库零件文件。选择一个法兰库零件，将其拖动至装配体的合适处并放开指针，程序将弹出【选择配置】对话框，如图27-27所示。

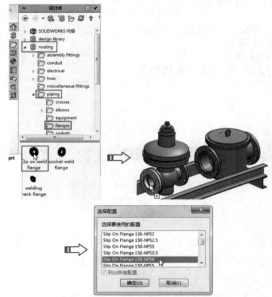

图27-27　拖放零件至装配体中

在【选择配置】对话框选择库零件的配置，然后单击【确定】按钮，属性管理器中将显示【线路属性】面板。通过该属性面板，为第一个线路进行参数设置，完成设置后再单击【确定】按钮，即可创建管道的第一个线路，如图27-28所示。

若用户需要自定义管道路线，可以单击面板中的【取消】按钮，仅加载库零件而不生成第一个管道线路，如图27-29所示。

图27-28 仅加载库零件

图27-29 加载库零件而不生成第一个线路

27.4.3 绘制3D草图（手动步路）

在SolidWorks Routing中，3D草图用来定义管道路线。绘制3D草图也称手工步路。草图绘制完成后，还可以直观地观察3D草图。

1. 绘制3D草图

在3D草图中，将通过从起点到终点绘制正交的线段来完成管道步路。与2D草图绘制相同，3D草图中线段将自动捕捉到水平或竖直几何关系。对于在不同平面中的草图，使用"直线"工具绘制起点后，按Tab键切换至草绘平面，并完成直线绘制，如图27-30所示。

图27-30 绘制3D草图

2. 显示3D空间

如要直观地显示3D空间中的草图，可以将单一视图设为二视图。在其中一个视图中用上色模式显示等轴测图，而在另一个视图中用线架图模式显示前视图或上视图，如图27-31所示。

技术要点

如要显示草图中虚拟的尖锐交角，可在"系统选项"的草图选项设置中，勾选【显示虚拟交点】复选框。

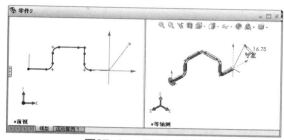

图27-31 显示3D空间

27.4.4 自动步路

使用"自动步路"工具，可以根据起点和终点的位置自动生成相切于端头的且带有圆角的3D草图。图27-32所示为根据自动步路而生成的管道。

在【管道设计】工具栏中单击【自动步路】按钮，属性管理器中显示【自动步路】面板，如图27-33所示。

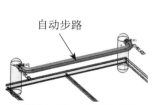

图27-32 由自动步路
生成管道

图27-33 【自动
步路】面板

【自动步路】面板中各选项区含义如下。

➢ 【步路模式】选项区：该选项区包括3个步路模式单选项，如自动步路、编辑（拖动）和重新步路样条曲线。"自动步路"选项可以生成自动步路；"编辑（拖动）"选项用以编辑起点或终点位置；"重新步路样条曲线"选项可以重新自动步路。

➤ 【自动步路】选项区：该选项区用于设置自动步路的线路样式。勾选【正交线路】选项，自动步路的线路（直线）将与起点或终点所在平面正交，即最短路径。取消勾选，将生成样条曲线。

➤ 【选择】选项区：该选项区用于选择并添加步路所用起点，以及要步路到的点、线夹轴或直线。激活"当前编辑点"，可以删除点。

27.4.5　开始步路

使用【开始步路】工具，从连接点开始，可以创建一定长度的管道。此段管道为步路设计的初始线路。当使用"通过拖/放来开始"工具载入步路库零件后，也会自动生成一段"开始步路"。

技术要点 🗒

用户无须执行【通过拖/放来开始】命令来创建开始步路。可以在图形区右侧的设计库中直接拖动步路库零件进入装配体中。

当装配中存在连接点时，用右键选中连接点，并选择【最近的命令】|【开始步路】命令，属性管理器中显示【线路属性】面板，如图27-34所示。

图27-34　【线路属性】面板

【线路属性】面板中各选项区的含义如下。

➤ 【文件名称】选项区：此选项区可将库零件另存。

➤ 【线路规格】：勾选【线路规格】选项，用户可自定义步路的长度与大小，以及是否插入耦合零件（如十字形接头、弯管等）。

➤ 【管道】选项区：如果不使用【线路规格】，则在该选项区设置管道的基本配置、壁厚及其他选项参数。

➤ 【折弯-弯管】选项区：该选项区可以确定管道线路中是否使用弯管或形成折弯。该选项区仅当有两个连接点以上且不在同一平面时，才会生成弯管或被折弯。

➤ 【覆盖层】选项区：单击【覆盖层】按钮，可以为管道添加覆盖层。覆盖层就是金属或非金属涂层。

➤ 【参数】选项区：该选项区用于设置管道参数，包括连接点、管道直径、规格及名称等。

➤ 【选项】选项区：该选项区用于设置"开始步路"的选项。这包括自定义步路库、生成自定义接头、在开环线处生成管道、自动生成圆角。

通过【线路属性】面板完成"开始步路"的管道设置后，关闭该面板，然后在图形区右上角依次单击 🗷 按钮与 🦴 按钮，程序自动生成"开始步路"，如图27-35所示。

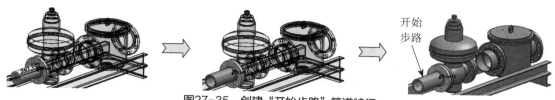

图27-35　创建"开始步路"管道特征

27.4.6　编辑线路

创建管道线路后，可以使用"编辑线路"工具来改变线路路径。在【管道设计】工具栏上单击【编辑线路】按钮，激活管道3D草图编辑状态。在图形区中的管道3D草图中双击要编辑的草图尺寸，可以打开【修改】对话框重新输入尺寸数值，如图27-36所示。

图27-36　编辑管道路线的3D草图尺寸

要改变管道路径，可以拖动3D草图至任意位置，但要保证圆角的尺寸符合生成条件，如图27-37所示。

图27-37　拖动3D草图改变管路路径

技术要点

当拖动草图曲线使草图产生过定义时，程序不会将结果添加进管道线路中，同时会弹出【SOLIDWORKS】信息对话框，如图27-38所示。

图27-38　拖动3D草图使其过定义

27.4.7　更改线路直径

通过使用"更改线路直径"工具，可以更改配件配置，并通过为线路中所有单元（法兰、弯管、管道等）选择新的配置来更改管道或管筒线路的直径和规格。

在【管道设计】工具栏中单击【更改线路直径】按钮，属性管理器将显示【更改线路直径】面板，按信息提示在图形区选择要更改直径的某段线路后，属性管理器将显示用于更改线路直径的选项设置，如图27-39所示。

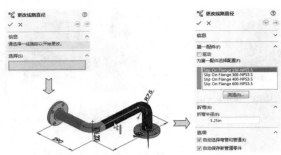

图27-39　显示【更改线路直径】面板

【更改线路直径】面板中各选项区含义如下。

➢ 【第一配件】选项区：该选项区用于第一配件的配置设置。靠近所选线路段的装配零件称为"第一配件"。勾选【驱动】复选框，将其他配件可用的选择限制于与第一配件匹配的选择。

➢ 【第二配件】选项区：该选项区用于第二配件的配置设置。远离所选线路段的装配零件称为"第二配件"。勾选【驱动】复选框，将其他配件可用的选择限制于与第二配件匹配的选择。

➢ 【选项】选项区：该选项区包含【自动选择弯管和管道】选项和【自动保存新管道零件】选项。取消对【自动保存新管道零件】选项的勾选，面板中将弹出【折弯】和【管道】选项区，如图27-40和图27-41所示。通过弹出的这两个选项区，用户可以选择折弯或管道零件的新配置用以更改。

图27-40　【折弯】　　图27-41　【管道】
选项区　　　　　　　　选项区

27.4.8　覆盖层

用户可以使用"覆盖层"工具将包含材料外观、厚度、尺寸及名称元素的覆盖层添加到线路子装配体中。覆盖层在覆盖的线路中透明显示，如图27-42所示。

在【管道设计】工具栏中单击【覆盖层】按钮，属性管理器中显示【覆盖层】面板，如图27-43所示。

图27-42　覆盖层　　　　图27-43　【覆盖层】面板

【覆盖层】面板中各选项区的含义如下。

➢ 【线段】选项区：通过该选项区，选取要应用覆盖层的3D草图线。

➢ 【覆盖层参数】选项区：可以设置覆盖层是使用库或是自定义。自定义覆盖层后，可以勾选【将自定义覆盖层添加到库】复选项，将其添加进库中。在【覆盖层参数】选项区中单击【选择材料】按钮，可在弹出的【材料】对话框中选择标准材料，或者自定义材料的属性、外观、剖面线、应用程序数据等，如图27-44所示。在【名称】文本框可以为材料定义新的名称，然后单击【应用】按钮将其添加进【覆盖层】选项区的材料列表中。

图27-44　【材料】对话框

➢ 【覆盖层层次】选项区：通过该选项区可以设置覆盖层的层属性。单击↑按钮或↓按钮，可以上选择或下选择覆盖层材料，单击【删除】按钮可删除选择的材料。【图层属性】列表中列出了覆盖层的属性参数。选择的材料不同，则显示的覆盖层属性参数也会不同。

动手操作——支架管道设计

管道不同于管筒或电力导管。管道是刚性

管，弯角处通常设置弯管配件。3D草图中绘制线性草图时会自动添加圆角。本例将介绍在钢结构支架中设计管道线路，如图27-45所示。

图27-45　钢结构中的管道线路

为了便于讲解，并且便于后续设计，将钢架中的4个配件分别编号为配件1、配件2、配件3和配件4，如图27-46所示。

1. 创建"配件1—配件2"管道

01 应用SolidWorks Routing插件，然后从素材中打开本例练习模型"支架.SLDASM"。

02 从打开的模型中可以看见，有3个配件显示了连接点。有1个配件则没有显示连接点，说明需要添加连接点才可创建管道。

技术要点

一般情况下连接点和线路点是默认显示的。若不显示，则在菜单栏执行【视图】|【步路点】命令即可。

03 打开【系统选项】对话框，将【步路】选项下的【自动给线路端头添加尺寸】取消。

04 在【管道设计】选项卡中单击【起始于点】按钮，属性管理器中显示【连接点】面板。在【选择】选项区下的列表被自动激活的情况下，选择配件1中的一个孔边线作为管道起点参考，如图27-47所示。

图27-46　查看模型

图27-47　选择起点参考

05 在【参数】选项区单击【选择管道】按钮，面板中将显示【管道】选项区。在该选项区

中选择库路径C:\ProgramData\SOLIDWORKS\ SOLIDWORKS2020\design library\routing\piping\ threaded fittings（npt）下的threaded steel pipe.sldprt 管道，基本配置为Threaded Pipe0.375in,Sch80，如图27-48所示。

06 单击面板中的【确定】按钮✔，关闭【管道】选项区。

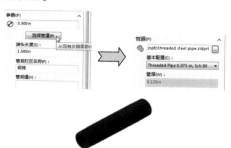

图27-48　选择管道部件

07 在【参数】选项区设置端头的长度为"1.000in"，然后单击面板中的【确定】按钮✔。随后属性管理器再显示【线路属性】面板。

08 在【线路属性】面板的【折弯-弯管】选项卡中选中【始终使用弯管】单选项。再通过单击浏览...按钮，将SOLIDWORKS2020\design library\ routing\piping\threaded fittings（npt）\ threaded elbow--90deg.sldprt库零件打开，如图27-49所示。

09 再单击【线路属性】面板中的【确定】按钮✔，关闭面板。随后在配件1中自动创建管道端头，然后拖动端头至一定距离，并通过【点】面板将长度参数设为"6"，如图27-50所示。

10 同理，在【管道设计】选项卡中单击【添加点】按钮，通过显示的【连接点】面板，在配件2的中间孔上也创建出长度为6in的管道端头，如图27-51所示。

图27-49　选择弯管部件

图27-50　拖动端头并设定长度

11 在【管道设计】选项卡中单击【直线】按钮 ✏️，然后在两个端头之间绘制3D草图，程序则自动生成带有圆角的管道。绘制的草图必须添加"垂直"的几何约束，如图27-52所示。

 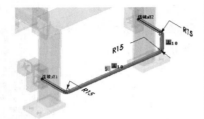

图27-51　在配件　　图27-52　绘制3D草图并创建
2中创建管道端头　　　　　　　　正交的管道

技术要点 📖

　　绘制的3D草图（或者是管段之间）必须是两两相互垂直，否则不能正常加载弯管部件，并弹出警告信息。

---

12 单击图形区窗口右上角的【完成草图】↪️ 按钮，退出草图。随后程序弹出【折弯-弯管】对话框，如图27-53所示。单击该对话框的【确定】按钮，在管道折弯处自动添加弯管接头。

提示 📖

　　如果不能创建默认的弯管接头，可以在【折弯-弯管】对话框中选择【制作自定义弯管】选项。

---

13 最后单击图形区窗口右上角的【完成装配】🐌 按钮，完成"配件1-配件2"的管道设计。设计的管道线路中，包含4条管段和3个弯管接头，如图27-54所示。

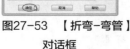
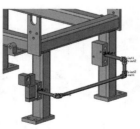

图27-53　【折弯-弯管】　　图27-54　设计的"配件
　　　对话框　　　　　　　　1-配件2"的管道

2. 创建"配件1-配件4"管道

　　创建"配件1-配件4"管道，将采用"自动步路"的方法来生成管道草图，并自动添加弯管部件。

01 使用【起始于点】工具，在配件1和配件4中各创建出管道端头，如图27-55所示。

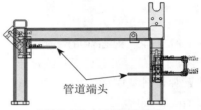

管道端头

图27-55　创建管道端头

02 在【管道设计】选项卡中单击【自动步路】按钮 🔧，属性管理器显示【自动步路】面板。在图形区中选择两个管道端头的端点作为自动步路的起点与终点，随后图形区生成步路草图，并显示管道预览，单击【确定】按钮 ✔️，完成管道草图的创建，如图27-56所示。

03 单击图形区窗口右上角的【完成草图】↪️ 按钮，退出草图。随后程序在管道折弯处自动添加弯管接头。最后单击在图形区窗口右上角的【完成装配】🐌 按钮，完成"配件1-配件4"管道的设计，如图27-57所示。

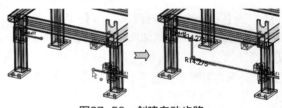

图27-56　创建自动步路

3. 创建"配件2-配件3"管道

01 使用【起始于点】工具，在配件2和配件3中各创建出管道端头。其中一个端头长度为"6"，另一个端头长度为"2"，如图27-58所示。

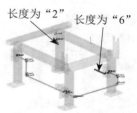

　　　　　　　　　　长度为"2"　长度为"6"

图27-57　设计的"配件　　图27-58　创建管道端头
1-配件4"管道

02 使用【直线】工具，在两端头之间绘制图27-59所示的3D草图。

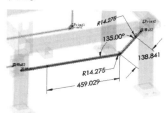

图27-59　绘制3D草图

技术要点 📖

　　像这样的具有角度的草图，可以先绘制一个大概轮廓，然后使用尺寸进行约束。例如，上图中两直线的夹角为135°。

03 单击图形区窗口右上角的【完成草图】↩️按钮，退出草图。随后程序弹出【折弯-弯管】对话框，通过该对话框选择threaded elbow--45deg.sldprt的弯管类型。单击该对话框的【确定】按钮，在管道折弯处自动添加45°弯管接头。

04 在图形区窗口右上角单击【完成装配】🔧按钮，完成"配件2-配件3"的管道设计，如图27-60所示。

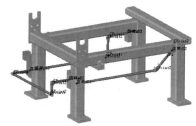

图27-60　设计的"配件2-配件3"管道

05 最后单击【标准】工具栏中的【保存】按钮，将管道设计的结果保存。

27.5 管筒线路设计

　　管筒线路使用由3D草图生成的管筒零件形成子装配体，包括管筒和配件。管筒可以是垂直的（刚性管筒），也可以是变形的（软管或韧性管），如图27-61所示。

技术要点 📖

　　管筒的设计与管道设计类似，不同之处在于管道必须创建弯管接头，而管筒不需要。因为管筒属于软管，材料质软，可以弯折。

27.5.1　创建自由线路的管筒

动手操作——自由线路设计

　　管筒不同于管道，管筒可以是垂直的，也可以是变形的，例如软管、韧性管等。本例管筒设计的范例模型如图27-62所示。

图27-61　管筒零部件　　图27-62　管筒设计模型

01 从素材中打开本例源文件模型"支架.SLDASM"，模型中包括钢架和两个配件。

02 在配件1中用右键单击连接点，并在弹出的右键菜单中选择【开始步路】命令，属性管理器显示【线路属性】面板。

03 在【管筒】选项区中勾选【使用软管】复选框，在【折弯-弯管】选项区设置折弯半径为"1in"，如图27-63所示。

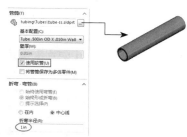

图27-63　设置管筒参数

04 单击属性面板中【确定】按钮✔️，程序自动创建一段管筒，如图27-64所示。

05 在配件2的连接点上用右键单击，并在弹出的右键菜单中选择【添加到线路】命令，随后在该连接点上自动创建一段管筒，如图27-65所示。

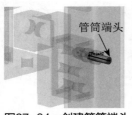

管筒端头

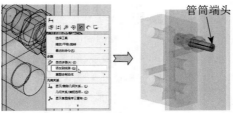

管筒端头

图27-64　创建管筒端头

图27-65　添加新"开始线路"

06 在【管筒】选项卡中单击【自动步路】按钮 🔗，属性管理器显示【自动步路】面板。

07 从设计库中将管筒线夹拖动至钢架的小孔中，如图27-66所示。

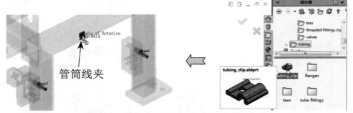

管筒线夹

图27-66　拖动管筒线夹至钢架小孔

08 钢架有两个小孔，需要再次拖动管筒线夹到小孔中。载入管筒线夹后，在配件1中选择管筒端头和线夹的连接点，程序自动创建样条草图，并显示管筒预览，如图27-67所示。

09 继续选择另一线夹连接点和配件2中的管筒线路端点，以此创建出自动步路，如图27-68所示。

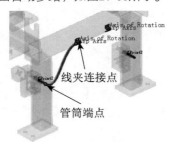

线夹连接点

管筒端点

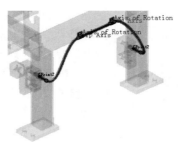

图27-67　选择管筒端点和线夹连接点

图27-68　完成自动步路的创建

10 单击【自动步路】中的【确定】按钮 ✔ 关闭面板。单击图形区窗口右上角的【完成草图】 🔗 按钮，退出草图。最后单击图形区窗口右上角的【完成装配】 🔗 按钮，完成管筒的设计。设计完成的管筒线路如图27-69所示。

图27-69　设计完成的管筒线路

27.5.2　创建正交线路的管筒

通过自动步路也可以创建正交线路。设置完【线路属性】后，在【编辑线路】模式创建草图，但仅能使用直角折弯。下面以实例来说明正交线路的管筒设计方法。

动手操作——正交线路设计

01 打开本例"支架.SLDASM"装配体文件，如图27-70所示。

02 用右键单击配件1中的连接点2，然后执行【开始步路】命令，如图27-71所示。

配件2

连接点2

配件1　连接点2

图27-70　打开装配模型

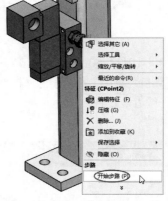

图27-71　执行【开始步路】命令

03 随后打开【线路属性】属性面板。按默认设置，单击【确定】按钮 ✔。

技术要点 📄

注意，在属性面板的【管筒】选项区中一定不要勾选【使用软管】复选框。因为此选项是用来设置自由线路的选项，如图27-72所示。

04 然后将管筒端头的长度设为"60"，如图27-73所示。

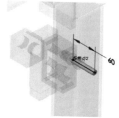

图27-72 取消勾选【使用　图27-73 设置端头长度
软管】复选项

05 在配件2的连接点上单击右键，并选择快捷菜单中的【添加到线路】命令创建端头，然后将长度修改为70，如图27-74所示。

图27-74 添加配件2的管筒线路

06 在菜单栏执行【Routing】|【Routing工具】|【自动步路】命令，打开【自动步路】属性面板。然后选择两个端头草图上的点，随后自动创建正交的管筒线路，如图27-75所示。

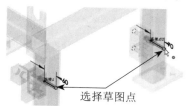

选择草图点

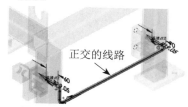

正交的线路

图27-75 创建正交的管筒线路

07 单击面板中的【确定】按钮 ✔，完成管筒的创建。再图形区右上角连续单击 ↩ 按钮和 🔙 按钮结束操作，并将结果保存。

27.6 综合实战——锅炉管道系统设计

引入素材：无
结果文件：综合实战\结果文件\Ch27\锅炉管道系统设计\锅炉管道系统.sldasm
视频文件：视频\Ch27\锅炉管道系统设计.avi

本例的锅炉管道系统中包括2个锅炉装配体、3个管道架，以及其他管道附件，如管道体、阀门等，如图27-76所示。

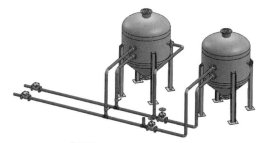

图27-76 锅炉管道系统

操作步骤

1.创建镜像锅炉的管道系统

01 新建装配体文件，如图27-77所示。先不装配零件，直接关闭【打开】对话框和【开始装配体】属性面板，如图27-78所示。

图27-77 新建装配体文件　　　图27-78 关闭
【开始装配体体】面板

02 在设计库中，在routing→piping→equipment文件目录下，找到sample-tank-05锅炉装配体，然后将其拖移到图形区中，如图27-79所示。

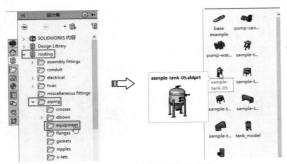

图27-79 加载设计库零件

03 随后单击【SolidWorks】对话框的【确定】按钮，将装配文件重新命名为"锅炉管道系统"，并保存在计算机系统路径中，如图27-80所示。

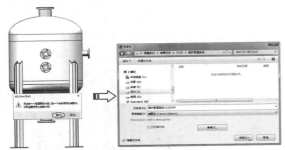

图27-80 保存装配文件

04 单击【插入零部件】属性面板中的【取消】按钮✖，关闭此面板。完成第一个锅炉的加载，如图27-81所示。

05 单击【装配体】选项卡中的【配合】按钮◎，打开【配合】面板。然后选择锅炉装配体的原点和装配环境中的坐标系原点进行重合约束，如图27-82所示。

 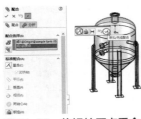

图27-81 创建线路 图27-82 将锅炉原点重合
　连接点 　　　 到坐标系原点

06 利用【基准面】工具，创建一个新基准面1，如图27-83所示。

07 单击【镜像零部件】按钮ᡅᡅ，打开【镜像零部件】属性面板。选择基准面1作为镜像基准面，再选择锅炉装配体作为要镜像的零部件，最后单击【确定】按钮✔完成镜像操作，结果如图27-84所示。

图27-83 创建基准面1

图27-84 镜像锅炉装配体

08 在设计库中将法兰零件拖移到镜像锅炉装配体的管道接口上，如图27-85所示。

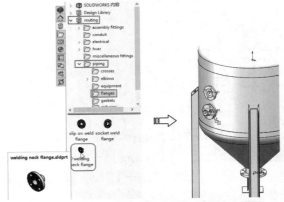

图27-85 选择法兰零件并拖移到管道接口位置

技术要点 📄

拖移法兰时光标拾取到原管道接口位置，Routing将自动选择适合管道接口的法兰规格尺寸。

09 随后弹出【选择配置】对话框。保留默认的配置并单击【确定】按钮，如图27-86所示。

10 在【线路属性】属性面板中也保留默认选项设置，再单击【确定】按钮✔，随后弹出【保存修改的文档】对话框，单击【保存所有】按钮完成保存，如图27-87所示。

图27-86 选择配置

图27-87 保存文档

11 随后在3D草图环境中，修改端头长度为700，如图27-88所示。

12 然后利用【直线】命令，从端头端点出发绘制图27-89所示的3D草图。

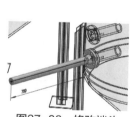

图27-88 修改端头
长度尺寸

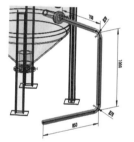

图27-89 绘制3D草图

技术要点 ▤

绘制3D草图时，须按Tab键实时切换草图平面。

13 在设计库中将"globe valve（asme b16.34）fl-150-2500"阀门零件拖移到3D草图的端点，然后选择默认的规格尺寸配置，如图27-90所示。

图27-90 安装阀门

14 修改阀门端头的长度尺寸，如图27-91所示。

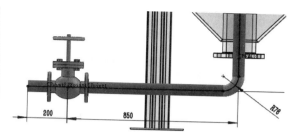

图27-91 修改端头尺寸

15 在设计库中，将routing→piping→threaded fittings（npt）文件目录下的threaded tee（三通管）零件拖移到阀门端头上，如图27-92所示。

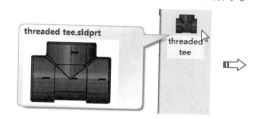

图27-92 装配三通管零件

16 接着再修改三通管水平方向上的端头长度为900，如图27-93所示。

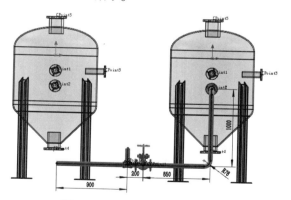

图27-93 修改三通管端头长度

17 同理，再装配threaded tee三通管零件到前一个三通管端头上，如图27-94所示。

18 再修改后一个三通管的端头长度尺寸为2000，如图27-95所示。

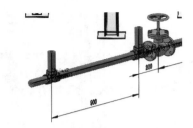

图27-94 装配第二个三通管零件

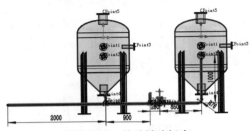

图27-95 修改端头长度

19 设计库中，将routing→piping→valves文件目录下的swing check valve fl -150-2500型管道接头装配到端头上，如图27-96所示。

图27-96 装配管道接头

20 退出3D草图环境和装配体编辑模式。

21 同理，在镜像的锅炉装配体上，按前面创建管道的方法，创建相邻管道接口的管道系统，结果如图27-97所示。

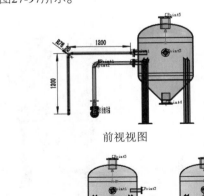

前视视图

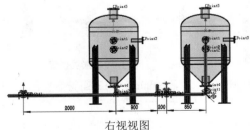

右视视图

图27-97 创建完成的管道

2. 创建第一个锅炉的管道系统

01 将routing→piping→flanges文件目录下的welding neck flange法兰装配到图27-98所示的管道接口上。

02 随后修改其端头长度，如图27-99所示。

 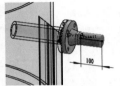

图27-98 装配法兰　　图27-99 修改端头长度

03 利用【直线】工具，在第一根管道的三通管接头上绘制直线，设置其长度为900，如图27-100所示。

04 在菜单栏执行【Routing】|【Rouing工具】|【自动步路】命令，选择法兰端头的点和草图曲线端点来创建自动步路，结果如图27-101所示。

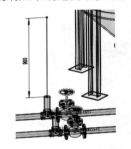 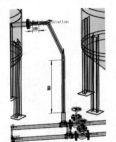

图27-100 绘制3D草图　　图27-101 创建自动步路

技术要点 🔲

　　3D草图直线的长度如果太短，在创建自动步路时会产生不理想的管道路线。如图27-102所示。此外，创建自动步路选择点时，必须先选择法兰端头上的点，否则会弹出警告提示，若强行创建管道，会产生不理想的效果，如图27-103所示。

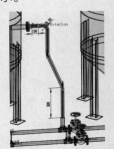 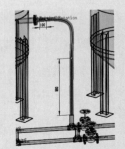

图27-102 另一种线路　　图27-103 不理想的线路

05 完成后退出3D草图环境和装配体编辑模式。接下来需要改变管道中线路的尺寸。首先绘制图27-104所示的辅助线。

技术要点 🗐

由于担心镜像锅炉的管道三通管接头与第一锅炉管道接口不在一个平面内，所以必须要精确定义它们在同一平面上，否则不能正确创建连接管道。

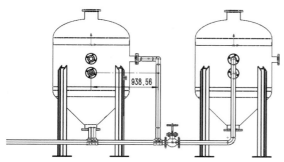

图27-104 绘制草图获得测量数据

06 根据测得的距离参数，选中内侧管道的草图曲线，然后执行右键菜单【编辑线路】命令，修改尺寸，如图27-105所示。

图27-105 修改管道线路尺寸

07 编辑尺寸后，将设计库中的routing→piping→valves文件目录下的sw3dps-1_2 in ball valve阀门装配到三通管竖直方向的端头上，如图27-106所示。

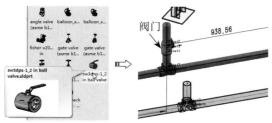

图27-106 装配阀门

08 同理，再修改另一管道中的线路尺寸，并装配相同的阀门，如图27-107所示。

09 接下来再装配法兰零件到图27-108所示的管道接口上。

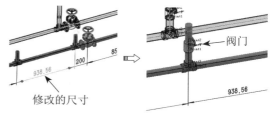

图27-107 修改另一管道中线路的尺寸

图27-108 装配法兰到管道接口上

10 然后在三通管端头上绘制草图直线，绘制将自动生成管道线路，如图27-109所示。

11 将草图曲线的所有几何约束（不包括尺寸约束）全部删除，如图27-110所示。

图27-109 绘制草图　　图27-110 删除几何约束

12 删除后重新约束两条草图直线，水平直线约束为"沿Z"，竖直的直线约束为"沿Y"，如图27-111所示。

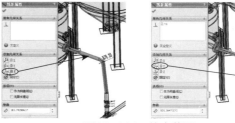

图27-111 约束草图

13 最后退出3D草图环境，打开【折弯-弯管】对话框。选择【制作自定义弯管】单选项，并选择弯管配置。退出装配体编辑模式，完成管道的创建，如图27-112所示。

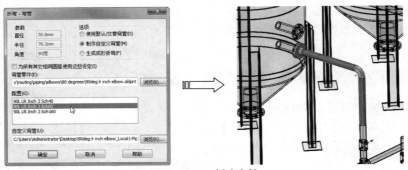

图27-112　创建弯管

技术要点

为什么会产生这样的情况呢？这是因为原先的约束被清除了，后面添加的约束还不至于达到弯管折弯角度为90°的要求。

14 同理，按此方法创建相邻管道接口上的管道系统。至此完成了整个锅炉的管道系统设计，最终结果如图27-113所示。

图27-113　设计完成的锅炉管道系统

在机械制造过程中，数控加工的应用可提高生产率、稳定加工质量、缩短加工周期、增加生产柔性，实现对各种复杂精密零件的自动化加工。

数控加工中心易于在工厂或车间实行计算机管理，还使车间设备总数减少、节省人力、改善劳动条件，有利于加快产品的开发和更新换代，提高企业对市场的适应能力，并提高企业综合经济效益。

知识要点

- ⊙ SolidWorks CAM数控加工基本知识
- ⊙ 通用参数设置
- ⊙ 加工案例——2.5轴铣削加工
- ⊙ 加工案例——3轴铣削加工
- ⊙ 加工案例——车削加工

28.1 SolidWorks CAM数控加工基本知识

在机械制造过程中，数控加工的应用可提高生产率、稳定加工质量、缩短加工周期、增加生产柔性、实现对各种复杂精密零件的自动化加工，图28-1所示为数控加工中心。

数控加工中心易于在工厂或车间实行计算机管理，还使车间设备总数减少、节省人力、改善劳动条件，有利于加快产品的开发和更新换代，提高企业对市场的适应能力，并提高企业综合经济效益。

图28-1 数控加工中心

28.1.1 数控机床的组成与结构

采用数控技术进行控制的机床，称为数控机床（NC机床）。

数控机床是一种高效的自动化数字加工设备，它严格按照加工程序，自动地对被加工工件进行加工。数控系统外部输入的直接用于加工的程序称（手工输入、网络传输、DNC传输）为数控程序。执行数控程序对应的是数控系统内部的数控系统软件，数控系统是用于数控机床工作的核心部分。

主要由机床本体、数控系统、驱动装置、辅助装置等几个部分组成。

➢ 机床本体：是数控机床用于各种切割加工的机械部分，主要包括支承部件（床身、立柱等）、主运动部分（主轴箱）、进给运动部件（工作台滑板、刀架）等。

➢ 数控系统：（CNC装置）是数控机床的控制核心，一般是一台专用的计算机。

> 驱动装置：是数控机床执行机构的驱动部分，包括主轴电动机、进给伺服电动机等。

> 辅助装置：指数控机床的一些配套部件，包括刀库、液压装置、启动装置、冷却系统、排屑装置、夹具、换刀机械手等。

图28-2所示为常见的立式数控铣床。

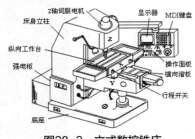

图28-2　立式数控铣床

28.1.2　数控加工原理

当操作工人使用机床加工零件时，通常都需要对机床的各种动作进行控制，一是控制动作的先后次序，二是控制机床各运动部件的位移量。采用普通机床加工时，这种开车、停车、走刀、换向、主轴变速和开关切削液等操作都是由人工直接控制的。

1. 数控加工的一般工作原理

采用自动机床和仿形机床加工时，上述操作和运动参数则是通过设计好的凸轮、靠模和挡块等装置以模拟量的形式来控制的，它们虽能加工比较复杂的零件，且有一定的灵活性和通用性，但是零件的加工精度受凸轮、靠模制造精度的影响，且工序准备时间也很长。数控加工的一般工作原理如图28-3所示。

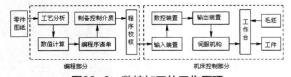

图28-3　数控加工的工作原理

机床上的刀具和工件间的相对运动，称为表面成形运动，简称成形运动或切削运动。数控加工是指数控机床按照数控程序所确定的轨迹（称为数控刀轨）进行表面成形运动，从而加工出产品的表面形状。图28-4所示为平面轮廓加工示意图。图28-5所示为曲面加工的切削示意图。

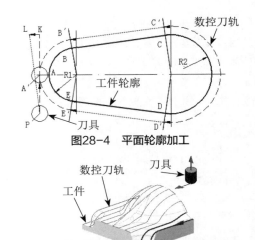

图28-4　平面轮廓加工

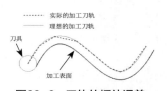

图28-5　曲面加工

2. 数控刀轨

数控刀轨是由一系列简单的线段连接而成的折线，折线上的结点称为刀位点。刀具的中心点沿着刀轨依次经过每一个刀位点，从而切削出工件的形状。

刀具从一个刀位点移动到下一个刀位点的运动称为数控机床的插补运动。由于数控机床一般只能以直线或圆弧这两种简单的运动形式完成插补运动，因此数控刀轨只能是由许多直线段和圆弧段将刀位点连接而成的折线。

数控编程的任务是计算出数控刀轨，并以程序的形式输出到数控机床，其核心内容就是计算出数控刀轨上的刀位点。

在数控加工误差中，与数控编程直接相关的有两个主要部分，如下所述。

> 刀轨的插补误差：由于数控刀轨只能由直线和圆弧组成，因此只能近似地拟合理想的加工轨迹，如图28-6所示。

> 残余高度：在曲面加工中，相邻两条数控刀轨之间会留下未切削区域，如图28-7所示，由此造成的加工误差称为残余高度，它主要影响加工表面的粗糙度。

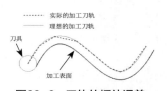

图28-6　刀轨的插补误差

图28-7　残余高度

28.1.3　SolidWorks CAM简介

从SolidWorks 2018版本起，世界级CAM技术将设计和制造领先者软件CAMWorks集成到SolidWorks软件平台中。它是一个经过生产验证的、与SolidWorks无缝集成的 CAM，提供了基于规则的加工和自动特征识别功能，可以大幅简化和自动化CNC制造操作。

SolidWorks CAM提供了两个版本，一个是基础标准版本（SolidWorks CAM Standard），另一个是专业版（SolidWorks CAM Professional，可在官网下载）。在SolidWorks 2020中嵌入的CAMWorks是基础标准版本（SolidWorks CAM Standard），标准版本中只能进行2.5/3轴铣削、孔加工和车削加工。

CAMWorks藉由基于知识的规则分配适当的加工特征，此工艺数据库包含加工过程计划数据，而且可以按照加工设备类型进行自定义。

工艺技术数据库中的加工信息分为以下几类。

➢　机床：包括CNC设备、相应控制器及刀具库提供虚拟机床。

➢　刀具：刀具库可以包括公司设备中所有的刀具。

➢　特征与操作：为特征类型、终止条件及规格的任意组合提供加工顺序和操作。

➢　切削参数：用来计算进给率、主轴转速、毛坯材料和刀具材料的信息。

SolidWorks 2020中的CAMWorks加工工具在【SOLIDWORKS CAM】选项卡中，如图28-8所示。

图28-8　CAMWorks加工工具

CAM的最终目的是产生具有刀具路径的NCI档案，此数据文件中包括切削刀具路径、机床进给量、主轴转速，及CNC舠具补正等数据，并藉由后处理器产生相应机床应用的控制器的NC指令。CAMWorks在SolidWorks 2020中的数控加工流程如下：

（1）导入加工模型；

（2）定义加工类型（定义机床）；

（3）定义加工刀具；

（4）定义加工坐标系；

（5）定义毛坯；

（6）定义可加工特征；

（7）选择加工操作并调整加工参数；

（8）产生刀具轨迹并模拟仿真；

（9）加工程序文件输出。

28.2　通用参数设置

在使用CAMWorks进行数控编程时，无论用户选择何种加工切削方式来加工零件，前期都会做一些相同的准备工作，这些工作就是通用加工切削的参数设置。

28.2.1　定义加工机床

机床的定义其实就是定义加工类型，常见的数控加工类型包括铣削、车削、钻削、线切割等。其中钻削与线切割并入到铣削加工类型中。

在【SOLIDWORKS CAM】选项卡中单击【定义机床】按钮 ⬜，或者在SolidWorks CAM刀具树中右击【机床】项目，选择右键菜单中的【编辑定义】命令，可打开【机床】对话框，如图28-9所示。

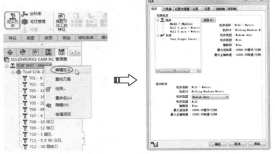

图28-9　打开【机床】对话框

1. 选择可用机床

通过此对话框，可以定义机床类型、刀具、加工后处理设置及加工轴等设置。在【机床】选项卡下的【可用机床】列表中选择可用机床后，须单击 选择(S) 按钮加以确认，如图28-10所示。默认的机床类型为Mill–Metric（包括2.5轴、3轴和孔加工）。

2. 定义刀具库

可在【刀具库】选项卡中定义刀具库刀具，刀具库中的刀具供各铣削加工操作时选用。图28-11所示为【刀具库】选项卡。

图28-10　机床的选择

图28-11　【刀具库】选项卡

在【刀具库】选项卡中可以新建刀具到库中，也可以在库中选择刀具进行编辑定义，或者进行删除库中的刀具、保存刀具库等操作。

3. 后置处理器

后置处理器是将生成的刀轨通过选择合适的数控系统生成所需的NC程序代码。图28-12所示为【后处理器】选项卡。能够提供的数控系统包括法拉科FANUC、艾科瑞ANILAM、AllenBradley、西门子、东芝等。

在可以的后置处理器列表中选择合适的后置处理器后，须单击 选择(S) 按钮加以确认。

4. 设置旋转轴和倾斜轴

在【设置】选项卡中【索引】列表中选择【4轴】选项，可以在【旋转轴】选项卡中定义五轴数控加工中心的第4轴——旋转轴。若选择【5轴】选项，则可以在【倾斜轴】选项卡中定义用于五轴数控加工中心的第5轴——倾斜轴。若选择【无】选项，为默认的2.5轴及3轴加工。图28-13所示为【设置】选项卡。

图28-12　【后置处理器】选项卡　　图28-13　【设置】选项卡

28.2.2　定义毛坯

毛坯是用来加工零件的坯料。默认的毛坯是能够包容零件的最小立方体。用户可以通过对这个包容块进行补偿，或者使用草图和高度来定义坯料。当前，草图可以是一个长方形或者是圆形。

1. 毛坯管理

在【SOLIDWORKS CAM】选项卡中单击【毛坯管理】按钮 ⬢，或者在SolidWorks CAM特征树\SolidWorks CAM操作树\SolidWorks CAM刀具树中右击【毛坯管理】项目，选择右键菜单中的【编辑定义】命令（也可双击【毛坯管理】项目），可打开【毛坯管理器】属性面板，如图28-14所示。

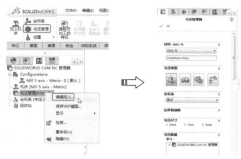

图28-14　打开【毛坯管理器】属性面板

【毛坯管理器】属性面板中提供了如下4种定义毛坯的方法。

➢ 包络块：此类型为包络零件边界而形成矩形块，其边与X、Y和Z轴对齐。可以在下方的【边界框偏移】选项区中定义矩形块的偏移量。

➢ 拉伸草图：此类型适合外形不规则的零件毛坯。通过绘制草图并进行拉伸，得到自定义的毛坯。

➢ STL文件：如果选择此类型，则可以从外部载入STL文件定义毛坯，该文件是从外部CAD系统创建的。

➢ 零件文件：若选择此类型，可以从外部载入SolidWorks零件模型作为毛坯使用。

2. 铣削零件设置（定义加工平面）

铣削零件设置就是铣削工件的加工面设置，也就是定义进行工件切削时与刀具轴垂直的加工平面，其正确的轴向定义为刀具向下铣削的向量，如图28-15所示。

当定义了毛坯零件后，在【SOLIDWORKS CAM】选项卡中单击【设置】|【铣削设置】按钮 ✎ 铣削设置，弹出【铣削设置】属性面板，如图28-16所示。

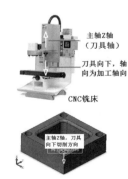

图28-15　定义加工平面示意图

图28-16　【铣削设置】属性面板

【铣削设置】属性面板中几个选项区的作用如下。

➢ 【实体】选项区：用以拾取工件中已有的平面作为机床主轴Z轴向。

➢ 【设置方向】选项区：此选项区用来定义机床主轴Z轴刀具向下方向在工件绝对坐标系的轴向。

➢ 【特征】选项区：此选项区用以设置加工模型的特征，包括面、周长和多表面特征。当建立铣削加工面的同时，其实也自动建立了特征。

28.2.3　定义夹具坐标系统

夹具坐标系统也称加工坐标系或后置输出坐标系。加工零件必须定义夹具坐标系，夹具坐标系可以在定义机床时的【机床】对话框的【设置】选项卡下进行创建，也可以后续独立创建。

在【SOLIDWORKS CAM】选项卡中单击【坐标系】按钮 ↙，弹出【夹具坐标系统】属性面板。定义夹具坐标系有两种方式：SolidWorks坐标系和用户定义。

➢ SolidWorks坐标系：此方式就是指定利用基准坐标系建立的参考坐标系作为加工坐标系，如图28-17所示。

图28-17　选择参考坐标作为夹具坐标系

➢ 用户定义：此种方式需要用户拾取主模型中的某个点（或参考点）来定义夹具坐标系的原点，再根据模型形状来定义夹具坐标系的轴向，如图28-18所示。

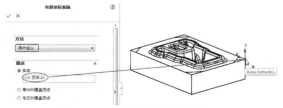

图28-18　用户定义的夹具坐标系

28.2.4 定义可加工特征

在CAMWorks中，只有可加工特征能够进行加工。可以使用下面两种方法来定义可加工特征。

1.自动特征识别

自动特征识别可以分析零件形状，并尝试识别最常见的可进行铣削、车削加工的特征，参照零件的复杂度，自动特征识别可以节省大量时间。图28-19所示为利用【提取可加工的特征】工具进行自动提取的铣削加工特征。

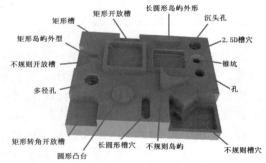

图28-19 自动识别的可加工特征

自动识别可加工特征的操作方法是：在【SOLIDWORKS CAM】选项卡中单击【提取可加工的特征】按钮，系统会自动识别当前模型中所有可加工的特征，如图28-20所示。

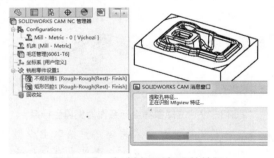

图28-20 自动提取可加工的特征

2.交互添加新特征

当使用【提取可加工的特征】工具不能正确识别所要加工的特征时，可在CAM特征树中【铣削零件设置】项目位置右击，选择右键菜单中的【2.5轴特征】、【零件周长】或【多曲面特征】命令，或者在【SOLIDWORKS CAM】选项卡【特征】命令菜单中选择按钮命令，以手动识别出所需的可加工特征，如图28-21所示。

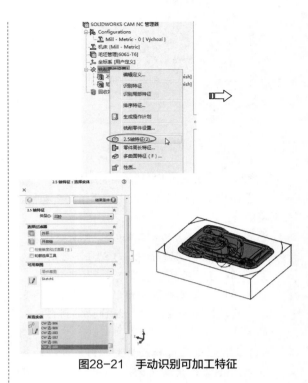

图28-21 手动识别可加工特征

28.2.5 生成操作计划

当SolidWorks CAM正确地提取出可加工特征后，会对可加工特征自动根据工艺技术数据库中的信息来建立相应的加工操作。

在某些情况下，根据工艺技术数据库中定义的加工操作还不足以满足零件加工需求时，需要添加附加操作，也就是在【SOLIDWORKS CAM】选项卡中使用【2.5轴铣削操作】、【孔加工操作】、【3轴铣削操作】或【车削操作】等工具命令来创建新操作。

在【SOLIDWORKS CAM】选项卡中单击【生成操作计划】按钮，SolidWorks CAM会自动创建铣削加工操作来完成零件的加工，生成的操作在【铣削零件设置】项目组中，如图28-22所示。

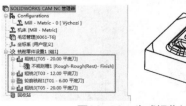

图28-22 生成操作计划

生成的这些操作中，可根据实际加工情况来

自定义加工操作参数。在【铣削零件设置】项目组中双击某一个操作，会弹出【操作参数】对话框，如图28-23所示。

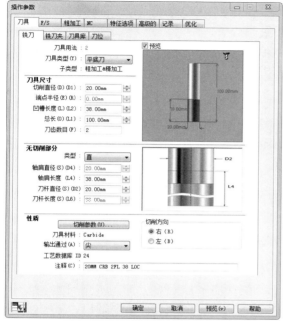

图28-23　【操作参数】对话框

28.2.6　生成刀具轨迹

完成加工操作的参数设置后，可单击【生成刀具轨迹】按钮，自动生成所有加工操作的刀具轨迹，如图28-24所示。

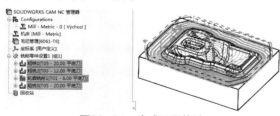

图28-24　生成刀具轨迹

28.2.7　模拟刀具轨迹

生成刀具轨迹后，在【SOLIDWORKS CAM】选项卡中单击【模拟刀具轨迹】按钮，会弹出【模拟刀具轨迹】属性面板，同时系统自动应用毛坯。单击【运行】按钮，自动播放实体模拟仿真，如图28-25所示。

图28-25　模拟刀具轨迹

28.3　实战案例——2.5轴铣削加工

引入素材：综合实战\源文件\Ch28\2.5轴铣削加工\mill2ax_2.sldprt
结果文件：综合实战\结果文件\Ch28\2.5轴铣削加工\mill2ax_2.sldprt
视频文件：视频\Ch28\2.5轴铣削加工.avi

2.5轴铣削包括自动产生粗加工、精加工、螺纹铣（单点或多点）、钻孔、镗孔、铰孔、螺丝攻等加工特征。

2.5轴铣削加工提供快速切削循环及过切保护，支持使用端铣刀、球刀、锥度刀、锥孔刀、螺纹铣刀以及圆角铣刀。

下面以一个典型的机械零件的数控加工来介绍几种常见的2.5D铣削加工操作。要加工的机械零件如图28-26所示。

图28-26　机械零件

1. 创建加工操作前的准备工作

01 打开本例素材源文件"mill2ax_2.sldprt"。

02 由于SolidWorks CAM使用的是默认2.5\3轴铣削机床，所以无须再重新定义机床。

03 单击坐标系按钮，弹出【夹具坐标系统】属性面板。在模型中拾取一个顶点作为夹具坐标系原点，如图28-27所示。单击【确定】按钮完成夹具坐标系的建立。

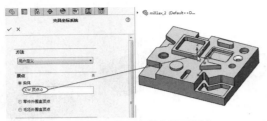

图28-27　拾取夹具坐标系原点

04 单击【毛坯管理】按钮 ⬡，在弹出的【毛坯管理器】属性面板中，保留默认的"包络块"类型，在【边界框偏移】选项区中设置 Z+ 参数为2mm，再单击【确定】按钮 ✓ 完成毛坯的创建，如图28-28所示。

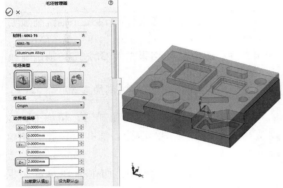

图28-28　创建毛坯

05 单击【提取可加工特征】按钮 ▦，CAM自动识别零件模型中所有能加工的特征，识别的结果如图28-29所示。

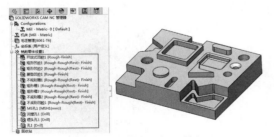

图28-29　提取可加工特征

2. 创建加工操作并模拟仿真

01 单击【生成操作计划】按钮 ▤，CAM自动完成对提取特征创建合适的加工操作，如图28-30所示。

02 从生成的操作来看，有些操作的图标有黄色的警示符号 ⚠，这说明此操作存在一定的问题。右击此图标，选择右键菜单中的【哪儿错了？】选项，如图28-31所示。

图28-30　生成加工操作　　图28-31　检查出错的操作

03 随后弹出【错误】对话框，从中可以找到问题所在，单击【清除】按钮，如图28-32所示。同理，对于其他出错的操作，也执行此清除动作。

图28-32　清除错误

04 单击【生成刀具轨迹】按钮 🖐，CAM自动创建所有加工操作的刀具轨迹，如图28-33所示。

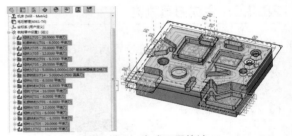

图28-33　生成刀具轨迹

05 在CAM操作树中选中所有加工操作，再单击【模拟刀具轨迹】按钮 ⬡，弹出【模拟刀具轨迹】属性面板，单击【运行】按钮 ▶，进行刀具轨迹的模拟仿真，效果如图28-34所示。

图28-34　刀具轨迹模拟仿真

06 最后单击【保存】按钮 💾 保存数控加工文件。

28.4 加工案例——3轴铣削加工

引入素材：综合实战\源文件\Ch28\3轴铣削加工\
mill3ax_4.sldprt
结果文件：综合实战\结果文件\Ch28\3轴铣削加工\
mill3ax_4.sldprt
视频文件：视频\Ch28\3轴铣削加工.avi

三轴加工主要用于对各种零件的粗加工、半精加工及精加工，特别是2.5轴铣削不能解决的曲面零件的粗加工，如图28-35所示的模具成型零件。

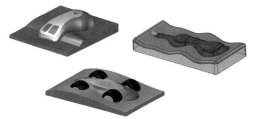

图28-35　模具成型零件

下面以一个典型模具零件的粗加工过程来详解SolidWorks CAM的3轴铣削加工技术。要加工的零件如图28-36所示。

图28-36　模具零件

1. 创建加工操作前的准备工作

01 打开本例素材源文件"mill3ax_4.sldprt"。

02 单击 坐标系 按钮，弹出【夹具坐标系统】属性面板。选择【零件外围盒顶点】选项，接着在预览显示的零件外围盒顶面拾取中间点作为夹具坐标系原点，再在【轴】选项区中激活Z轴收集框，在零件模型上选择竖直边作为参考，并单击 按钮更改方向，结果如图28-37所示。最后单击【确定】按钮 完成夹具坐标系的建立。

03 单击【毛坯管理】按钮 ，在弹出的【毛坯管理器】属性面板中，保留默认的"包络块"类型，单击【确定】按钮 完成毛坯的创建，如图28-38所示。

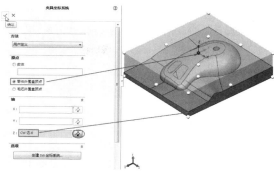

图28-37　拾取夹具坐标系原点

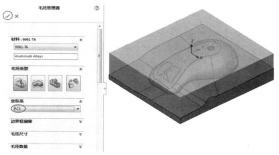

图28-38　创建毛坯

04 单击【设置】|【铣削设置】按钮 铣削设置，弹出【铣削设置】属性面板，在图形区中展开特征树，选择Plane2平面作为加工平面，单击【反向所需实体】按钮 更改方向，如图28-39所示。

05 在CAM特征树或CAM操作树中选中【铣削零件设置】项目，然后在【SOLIDWORKS CAM】选项卡中单击【特征】|【多表面特征】按钮 多表面特征，弹出【多表面特征】属性面板。

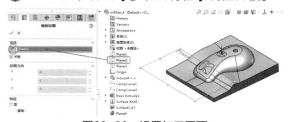

图28-39　设置加工平面

06 在【面选择选项】选项区单击【选择所有面】按钮 ，自动选取成型零件中的所有面，接着单击【清除表面】按钮 ，将【选择的面】列表中的几个面（排在后面的是零件4个侧面和1个底面）进行清除，结果如图28-40所示。

图28-40　选择切削表面

2. 创建加工操作并模拟仿真

01 单击【生成操作计划】按钮，CAM自动创建针对所选曲面合适的加工操作，如图28-41所示。

02 单击【生成刀具轨迹】按钮，CAM自动创建所有加工操作的刀具轨迹，如图28-42所示。

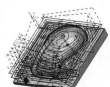

图28-41　生成　　　　图28-42　生成刀具轨迹

加工操作

03 在CAM操作树中选中所有加工操作，再单击【模拟刀具轨迹】按钮，弹出【模拟刀具轨迹】属性面板，单击【运行】按钮，进行刀具轨迹的模拟仿真，效果如图28-43所示。

图28-43　刀具轨迹模拟仿真

04 最后单击【保存】按钮保存数控加工文件。

28.5　实战案例——车削加工

引入素材：综合实战\源文件\Ch28\车削加工\
turn2ax_1.sldprt

结果文件：综合实战\结果文件\Ch28\车削加工\
turn2ax_1.sldprt

视频文件：视频\Ch28\车铣加工.avi

车削加工是在车床上利用车削刀具对旋转的工件进行切削加工的方法，所以只用于加工圆截面的工件，CNC 车床可做各种不同类型的制程加工，通常可将其分成7种型式，如图28-44所示。

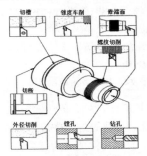

图28-44　常用基本车削加工型式

下面以一个典型轴类零件的车削加工过程来详解SolidWorks CAM的车削加工技术。要加工的轴类零件如图28-45所示。

图28-45　轴类零件

1. 创建加工操作前的准备工作

01 打开本例素材源文件"turn2ax_1.sldprt"。

02 由于SolidWorks CAM使用的是默认2.5\3轴铣削机床，所以需要重新定义机床。单击【定义机床】按钮打开【机床】对话框。

03 在【机床】的【可以机床】列表中选择Turn Single Turret – Metric车床，并单击 选择(S) 按钮确认，单击【确定】按钮完成机床的定义，如图28-46所示。

图28-46　定义机床

04 当定义了机床后，CAM自动完成毛坯和夹具坐标系的创建，如图28-47所示。

05 但是毛坯是根据零件形状自动生成的，却不包括夹具夹持部分的毛坯，所以需要在CAM操作树中双击【毛坯管理】项目，在弹出的【毛坯管理器】属性面板中修改【棒料参数】选项区的参数，如图28-48所示。

图28-47　自动创建毛坯与夹具坐标系

图28-48　修改毛坯

06 单击【提取可加工特征】按钮，CAM自动识别轴零件中所有能车削加工的特征，识别的结果如图28-49所示。

图28-49　提取可加工特征

2. 创建加工操作并模拟仿真

01 单击【生成操作计划】按钮，CAM自动完成对提取特征创建合适的加工操作，如图28-50所示。

02 从生成的操作来看，有4个槽加工操作的图标有黄色的警示符号，说明操作存在问题。选中4个操作并右击，选择右键菜单中的【哪儿错了？】选项，如图28-51所示。

03 随后弹出【错误】对话框。从中可以找到问题所在，单击【清除】按钮，如图28-52所示。同理，对于其他出错的操作，也执行此清除动作。

图28-50　生成车削　　　图28-51　检查出错的
　　　加工操作　　　　　　　　　操作

图28-52　清除错误

04 单击【生成刀具轨迹】按钮，CAM自动创建所有车削加工操作的刀具轨迹，如图28-53所示。

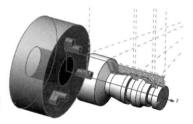

图28-53　生成刀具轨迹

05 在CAM操作树中选中所有加工操作，再单击【模拟刀具轨迹】按钮，弹出【模拟刀具轨迹】属性面板，单击【运行】按钮，进行刀具轨迹的模拟仿真，效果如图28-54所示。

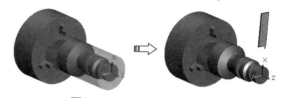

图28-54　刀具轨迹模拟仿真

06 最后单击【保存】按钮保存数控加工文件。